Die wissenschaftlichen Grundlagen des Rundfunkempfangs

Vorträge von

Prof. Dr. K. W. Wagner, Berlin · Prof. Dr. F. Aigner, Wien · Direktor W. Hahnemann, Berlin u. Direktor Dr. H. Hecht, Kiel · Prof. Dr. W. Schottky, Rostock · Postrat Dr. H. Salinger, Berlin · Prof. Dr. R. Rüdenberg, Berlin · Prof. Dr. A. Esau, Jena · Prof. Dr. H. Rukop, Berlin · Prof. Dr. H. G. Möller, Bergedorf · Prof. Dr. H. Barkhausen, Dresden · Obering. B. Pohlmann, Berlin · Prof. Dr. G. Leithäuser, Berlin · Postrat F. Eppen, Berlin · Abt.-Direktor Dr.-Ing. H. Harbich, Berlin

Veranstaltet durch das
Außeninstitut der Technischen Hochschule zu Berlin, den Elektrotechnischen Verein und die Heinrich-Hertz-Gesellschaft zur Förderung des Funkwesens

Herausgegeben von

Prof. Dr.-Ing. e. h. Dr. K. W. Wagner
Mitglied der Preußischen Akademie der Wissenschaften
Präsident des Telegraphentechnischen Reichsamts

Mit 253 Textabbildungen

Berlin
Verlag von Julius Springer
1927

Softcover reprint of the hardcover 1st edition 1927
ISBN-13: 978-3-642-89152-6 e-ISBN-13: 978-3-642-91008-1
DOI: 10.1007/978-3-642-91008-1

Vorwort.

Der mit dem Aufkommen des Rundfunks plötzlich einsetzende große Bedarf an Empfangsgerät für drahtlose Telephonie hat die technische Entwicklung dieser Geräte außerordentlich befruchtet. Dem technischen Fortschritt des Rundfunks ist es sehr zustatten gekommen, daß die wissenschaftliche Grundlage, auf der er sich aufbaut, bereits vorhanden war. Man muß dies als einen sehr glücklichen Umstand betrachten; denn die physikalischen Vorgänge, die sich bei einer Rundfunkübertragung abspielen, sind recht verwickelt. Neben den allgemeinen Beziehungen der Elektrodynamik kommen die Gesetze der Aussendung, Ausbreitung und des Empfangs elektrischer Wellen in Betracht; ferner die Vorgänge in den Elektronenröhren und ihre Wirkungsweise in den verschiedenen Schaltungen als Gleichrichter, Verstärker und Schwingungserreger; endlich die Gesetze der Akustik, die Zusammensetzung der Sprach- und Musikklänge und die Arbeitsweise der elektroakustischen Apparate. Die Kenntnis aller dieser Dinge ist für den Bau eines guten Rundfunkgerätes unentbehrlich, aber nicht leicht zu erwerben, weil sie bisher nirgends im Zusammenhang in der für unseren Zweck nötigen Ausführlichkeit dargestellt worden sind.

Um diesem Mangel abzuhelfen, hat die Heinrich-Hertz-Gesellschaft zur Förderung des Funkwesens Anfang 1925 den Plan gefaßt, eine Vortragsreihe über „Die wissenschaftlichen Grundlagen des Rundfunkempfangs" zu veranstalten. Über andere Gebiete der Elektrotechnik hat der Elektrotechnische Verein seit vielen Jahren mit großem Erfolg ähnliche Vortragsreihen abgehalten, die der Fortbildung der in der Praxis stehenden Ingenieure dienen; seit einiger Zeit werden diese Vorträge im Rahmen des Außeninstituts der Technischen Hochschule zu Berlin veranstaltet. Es war daher das Gegebene, die geplanten Vorträge dieser bestehenden Organisation einzugliedern. Die Vorträge fanden im Winter 1925/26 statt und wurden von 439 Teilnehmern besucht.

Das Thema der Vortragsreihe besteht aus einer Anzahl von Teilgebieten; für diese wurden die ersten Fachleute als Vortragende gewonnen. Der Inhalt der Vorträge gliedert sich nach einem für die ganze Vortragsreihe aufgestellten einheitlichen Plan. Demgemäß baut sich jeder Vortrag auf den vorhergehenden auf und bildet zugleich die Brücke zu den folgenden. Doch bringt jeder Vortrag eine in sich abgeschlossene Darstellung seines Teilgebietes. In bezug auf die Art der Behandlung des Gegenstandes hat selbstverständlich jeder Vortragende volle Freiheit gehabt. Demzufolge kann keine Einheitlichkeit der Darstellung erwartet werden; dafür hat aber die individuelle Behandlung der verschiedenen Themen auch ihren besonderen Reiz.

Von vornherein war in Aussicht genommen, die Vorträge im Druck erscheinen zu lassen. Ein Teil der Vorträge ist für den Druck wesentlich erweitert worden, namentlich diejenigen, deren Gegenstand eine ausgiebige Behandlung in der für den mündlichen Vortrag vorgesehenen Zeit nicht zuließ.

Für das bei der Drucklegung des Werkes gezeigte Entgegenkommen und für die gute Ausstattung gebührt der Verlagsbuchhandlung Julius Springer besonderer Dank.

Zur Zeit Taormina, im April 1927.

Der Herausgeber.

Inhaltsverzeichnis.

I. Die Kulturaufgabe des Rundfunks; seine Organisation und Technik. Inhalt und Ziele der Vortragsreihe.

Von

Karl Willy Wagner (Berlin).

Als der Rundfunk vor einigen Jahren zuerst in Amerika, dann in Europa seinen fast beispiellosen Siegeszug durch die Welt begann, waren es nicht allzu viele, die an die Dauer und Nachhaltigkeit dieser Bewegung glauben wollten. Manche hielten sie für eine durch Neuerungssucht entflammte und durch tüchtige Reklame aufgepeitschte Modesensation und prophezeiten ihr einen ebenso raschen Niedergang. Unter denen, die in das Rundfunkgeschäft hineingingen, taten es manche sicherlich nur in der Meinung, daß es gelte, eine gute Konjunktur nicht zu verpassen. Heute ist die Sensation verflogen, der Rundfunk aber ist geblieben und gewinnt langsamer zwar als unter den Wogen der ersten Begeisterung, aber unaufhaltsam an Boden und Bedeutung, die in der Zahl der Rundfunkteilnehmer — in Deutschland zur Zeit über $1^1/_4$ Millionen, in England über 2 Millionen — ihren Ausdruck findet. Die Geschäftemacher, die am Rundfunk schnell und mühelos verdienen wollten, sind fast alle schwer geschlagen auf der Strecke geblieben. Die ernsthafte Funkindustrie, die den Rückschlag überlebt hat, ringt um ihr Auskommen und bemüht sich redlich, für mäßigen Preis Gutes zu schaffen.

Für den, der gewohnt ist, die Äußerungen, Bestrebungen und Geschehnisse der Gegenwart im Zusammenhang zu betrachten und zu werten, war es nicht schwer, in dem Rundfunk eine dauernde Bereicherung der Ausdrucksmittel unserer Kulturepoche zu erkennen. Wie ich vor $2^1/_2$ Jahren bei der Gründung der Heinrich-Hertz-Gesellschaft ausführte[1]), wird die Menschheit das im Rundfunk ihr dargebotene neue Verkehrsmittel nicht wieder aus der Hand geben; sie wird es vielmehr immer weiter ausbauen. Die Möglichkeit, einen fast unbegrenzten Kreis von Zuhörern jederzeit so leicht erreichen zu können, wird stets den An-

[1]) Elektrische Nachrichtentechnik Bd. 1, S. 1. 1924.

reiz bieten, sich dieses Mittels zu bedienen. Dabei ist der Rundfunk keineswegs nur ein Verkehrsmittel im engeren Sinne, wie etwa Post, Eisenbahn, Telegraph und Fernsprecher; er vereinigt vielmehr verschiedene Vorzüge des Telegraphen mit solchen der Presse, des Theaters und des öffentlichen Vortrags. Man braucht nur an den Wert des Rundfunks für die Volksbildung als Mittel zur Belehrung und zur Verbreitung guter Unterhaltung in den breiten Volksschichten zu denken, um ihn als einen mächtigen Kulturfaktor zu erkennen. Als der Rundfunk aufkam, wollten manche in ihm einen Konkurrenten der Presse, des Theaters, des Konzert- und Vortragssaales erblicken. Schon die kurze Spanne der Entwicklung, die hinter uns liegt, hat gelehrt, daß diese Meinung irrig ist. Die Ausdrucksmittel der genannten Einrichtungen sind doch erheblich verschieden von denen, die dem Rundfunk zu Gebote stehen. Dieser ist rein auf das Gehör angewiesen, und dem müssen auch seine Darbietungen angepaßt sein. Diese Erkenntnis hat sich bereits Bahn gebrochen. Die Presse hat in dem Rundfunk von Anfang an einen Helfer an ihren Aufgaben erkannt; sie hat ihn unterstützt, für ihn geworben und tut dies nach wie vor. Verständige Theaterleute wissen es wohl zu würdigen, daß der Rundfunk durch die Popularisierung der Kunst und die Erweckung des Kunstverständnisses in Kreisen, die der Musik und dem Theater bisher mehr oder minder ferngestanden haben, zugleich auch ein kräftiges Werbemittel für die Darbietungen auf der Bühne ist. Und unter den Künstlern verbreitet sich die Erkenntnis, daß die Technik des Rundfunks eine eigene Darstellungsform verlangt, die sich von den auf offener Bühne wirksamen Formen in wesentlichen Punkten unterscheidet. Die Nichtbeachtung dieses Grundsatzes hat gelegentlich auch bedeutende Künstler um den Erfolg im Rundfunk gebracht, eine schmerzliche Erfahrung, die indessen heilsam gewirkt hat.

Wenn der Rundfunk schon jetzt die verschiedensten Interessenkreise in seinen Bann gezogen hat — ich brauche neben den genannten nur die Kirche, die Wissenschaft und Technik, die Politik, die Börse und den Handel, den Sport, die öffentliche Gesundheitspflege und die Polizei zu nennen —, so stehen wir heute sicherlich erst am Anfang der Ausnutzung der verschiedenen Fähigkeiten, die dem Rundfunk als Mittel zur Verbreitung menschlicher Gedanken innewohnen.

Daneben möchte ich aber noch einer Besonderheit des Rundfunks gedenken. Dadurch, daß er den Raum allseitig und auf jede Entfernung praktisch zeitlos überbrückt, regt er die Phantasie mächtig an. Dies und die Leichtigkeit, auf diesem Gebiet mit geringen Mitteln erfolgreich zu experimentieren, hat zu einem unerhörten Aufschwung des technischen Bastlertums geführt. Die vielen hochwertigen Leistungen aus dem Kreise der Funkbastler lehren eindringlich, daß der Rundfunk ein außerordentlich wirksames Mittel zur Durchdringung des Volkes mit technischem

Geist ist. Wer im Sinne Oswald Spenglers sich bewußt und mit ganzem Herzen als ein Kind des technischen Zeitalters fühlt und kulturelle Entwicklungsmöglichkeiten des abendländischen Menschen vorwiegend in dieser Richtung sieht, wird gerade die zuletzt erwähnte Wirkung des Rundfunks nicht gering einschätzen.

Die Zahl der Funkhörer hat überall beständig zugenommen; die nebenstehende Zahlentafel gibt ein Bild der Entwicklung der Teilnehmerzahlen in Deutschland und in England. Aus Amerika sind zuverlässige Angaben nicht erhältlich, da dort keinerlei Lizenzpflicht besteht.

Zahl der Rundfunkteilnehmer in Deutschland und in England.

Datum	Deutschland	England
1. 10. 23	0	159 000
1. 4. 24	10 000	721 000
1. 10. 24	279 000	
1. 4. 25	780 000	1 349 000
1. 4. 26	1 205 000	1 965 000
1. 6. 26	1 262 000	2 050 000
1. 12. 26	1 337 000	2 130 785

Entsprechend der zunehmenden Entwicklung und Verbreitung des Rundfunks wächst auch seine Bedeutung für die Volkswirtschaft. Der Gesamtwert der in den Vereinigten Staaten von Amerika im Jahre 1924 verkauften Rundfunkapparate beträgt 450 Millionen Dollar, das ist eine Steigerung um 100 Millionen gegenüber der Zahl des Vorjahres. Der Wert der Ausfuhr betrug im Jahre 1924 nur etwa 6 Millionen Dollar; die Erzeugung blieb also zum allergrößten Teil im Inland. Dabei betrachtet man den Inlandsmarkt noch lange nicht als gesättigt und führt als Stütze für diese Auffassung folgendes an: In die Hände amerikanischer Käufer gelangten bisher im ganzen 15 Millionen Personenautomobile, 9 Millionen Musikmaschinen, dagegen nur etwa $3^1/_2$ Millionen Funkempfangsapparate. Nachdem der Markt für Automobile und Phonographen immer noch aufnahmefähig ist, hat man wegen der Absatzmöglichkeit von Funkgerät keine Sorge. Wenngleich nun diese amerikanischen Überlegungen auf die engeren und ärmeren europäischen Verhältnisse nicht übertragbar sind, so darf doch auch unsere Funkindustrie mit Zuversicht in die Zukunft schauen. Sie wird dies vor allem dann tun dürfen, wenn sie sich in ihrer Gesamtheit die Grundsätze zu eigen macht, denen die älteren Funkfirmen ihre Erfolge verdanken; nämlich wenn sie ihre technische Entwicklungsarbeit auf wissenschaftlicher Grundlage durchführt und sich dabei vor allem auf die Ergebnisse eigener technischer Forschung stützt. Die Funktechnik ist trotz aller scheinbaren Einfachheit ihrer technischen Mittel ein recht verwickelter Gegenstand, in den man sich gründlich vertiefen muß, um ihn so weit zu beherrschen, daß man auf diesem Gebiete etwas Gutes leisten kann. Daher mußten notwendig alle scheitern, die ohne Erfahrungen und mit oberflächlichen Kenntnissen der Funktechnik in das Funkgeschäft hineingegangen sind. Mit Dilettantismus ist auf diesem schwierigen Gebiet nichts zu erreichen, und die Herstellung von Funkgerät läßt sich weniger leicht improvisieren als irgendeine andere Fabrikation. Die deutsche Funkindustrie muß ihre Erzeugnisse dauernd verbessern und verbilligen, um in dem Wettbewerb um die Absatzmärkte erfolgreich bestehen zu können. Als ein notwendiges Mittel habe ich bereits die eigene technische Forschung seitens der industriellen Unternehmungen bezeichnet. Man wird hier vielleicht einwenden, daß nur die Großindustrie in der Lage sei, die Mittel für umfangreiche Laboratorien und hochwertige Hilfskräfte aufzubringen. Demgegenüber möchte ich betonen, daß auch kleinere Unternehmungen in einem ihren Kräften angepaßten Umfang technische Entwicklung betreiben können und müssen. Jedes technische Erzeugnis ist verbesserungsfähig, und die an der richtigen Stelle eingesetzte Entwicklungsarbeit hat sich noch immer gut bezahlt gemacht. Sie erhöht den Umsatz und verschafft dem Unternehmen Unabhängigkeit von den anderen. Eine unerläßliche Vorbedingung für den Erfolg einer industriellen Forschungsstelle ist ihre Besetzung mit wirklich leistungsfähigem Personal. Wenige hochwertige Kräfte leisten mehr und kosten weniger als die mehrfache Zahl von Durchschnittsmenschen.

Den Kern der vorhergehenden Ausführungen möchte ich wie folgt hervorheben. Die technischen Aufgaben des Rundfunks sind so schwierig, daß entscheidende Fortschritte nicht durch empirisches Herumprobieren, sondern nur durch systematische Anwendung wissenschaftlicher Methoden zu erzielen sind. Die erste Voraussetzung für erfolgreiches Arbeiten ist Klarheit über die physikalischen Vorgänge und scharfes Erkennen der zu lösenden Aufgabe. Die fundamentale Bedeutung dieser beiden Punkte hat die Heinrich-Hertz-Gesellschaft veranlaßt, in Verbindung mit dem Außeninstitut der Technischen Hochschule zu Berlin und mit dem Elektrotechnischen Verein die Vortragsreihe über die wissenschaftlichen Grundlagen des Rundfunkempfanges zu veranstalten. Der Gegenstand ist in eine Reihe von Sondergebieten aufgeteilt worden; Lichtbilder und Versuche werden die Sondervorträge erläutern. Für jedes Sondergebiet wurde als Vortragender ein hervorragender Fachmann gewonnen. Die vorliegenden Erkenntnisse und Erfahrungen werden somit aus erster Quelle dargeboten; die Vortragsreihe bietet eine einzigartige und nicht wiederkehrende Gelegenheit, sich über alle Fragen des Rundfunkempfangs und den derzeitigen Stand dieser Technik zuverlässig zu unterrichten.

Es ist nützlich, den Ausführungen über die Einzelprobleme einen Überblick über das Gesamtgebiet vorauszuschicken. Organisation und Technik des Rundfunks bedingen sich gegenseitig. Eine gute Organisation muß auf den Stand der Technik Rücksicht nehmen; die technische Entwicklung wiederum wird von der bestehenden Organisation und von ihren Entwicklungstendenzen insofern stark beeinflußt, als diese der Technik die Aufgaben stellen. Daher ist es zweckmäßig, mit einem Blick auf die Organisation des Rundfunks zu beginnen.

Die Rundfunkdarbietungen werden durch Hauptsender und diesen angegliederte Neben- oder Zwischensender verbreitet. Ursprünglich glaubte und hoffte man, weite Gebiete, vielleicht ganze Länder mit einem starken Zentralsender versorgen zu können. Die Stärke des elektromagnetischen Feldes der Rundfunkwellen nimmt jedoch mit zunehmender Entfernung vom Sender so stark ab, daß zur Versorgung von einigermaßen ausgedehnten Gebieten ungeheuer starke Sender erforderlich wären. Selbst wenn man sie bauen könnte, wäre ihre Verwendung unwirtschaftlich; und außerdem würde ihr Feld in einem gewissen Umkreis so stark sein, daß dort der Empfang ferner Rundfunksender nicht mehr möglich wäre. Man hat auch an die Fernverbreitung des Rundfunks durch lange Wellen gedacht, deren Feld ja bekanntlich mit steigender Entfernung vom Sender langsamer abnimmt als das Feld kürzerer Wellen. In dieser Richtung bewegten sich die ersten Rundfunkversuche des Senders Königs Wusterhausen, die seinerzeit auf den Wellen 4000 m und 2400 m durchgeführt worden sind, ferner die Rundfunkdarbietungen des Eiffelturmes auf 2650 m Welle; dem gleichen Zweck dient der englische Großsender in Daventry auf 1600 m Welle und der Deutschlandsender in Königs Wusterhausen mit 1250 m Welle. Mit zunehmender Wellenlänge wächst zwar die Reichweite, namentlich in den Tagesstunden, es wachsen aber auch die Schwierigkeiten, klar und störungsfrei zu empfangen. Auch kann nur eine kleine Zahl solcher Sender zugleich betrieben werden. Es liegt dies daran, daß zu einer guten Übertragung von Sprache und Musik ein Frequenzband von 5000 bis 10 000 Schwingungen in der Sekunde (5 bis 10 Kilohertz) Breite erforderlich ist. Bei langen Wellen umfaßt dieses Band einen erheblichen Wellenbereich. Stark selektive Empfänger mit scharfer Resonanzkurve vermögen einen solchen Wellenbereich nicht aufzunehmen, sie verzerren infolgedessen die Darbietungen, so daß diese hohl oder hallend klingen. Empfänger mit breiter Resonanzkurve verzerren nicht, sind aber auch nicht genügend selektiv gegen fremde Störer. Verzerrungsfreier Empfang und Selektivität gegen Störer lassen sich wohl miteinander vereinigen, wenn man Siebketten in den Empfangsschaltungen verwendet. Nicht zu umgehen ist aber der Nachteil, daß wegen des breiten Wellenbandes, das die Rundfunksender auf langen Wellen ausstrahlen müssen, in dem ganzen zur Verfügung stehenden Wellenbereich nur wenige Sender nebeneinander und neben den vorhandenen Telegraphiesendern Platz finden[1]).

[1]) Gegenwärtig sind in Europa oberhalb des eigentlichen Rundfunkwellenbereiches etwa 30 Rundfunksender im Betrieb. Wie die folgende Zusammen-

Der Umstand, daß ein Rundfunksender ein Frequenzband von 5 bis 10 Kilohertz ausstrahlt, bestimmt die untere Grenze des Frequenzunterschiedes zweier Sender, die noch getrennt wahrgenommen werden können. Hiermit ist auch die Gesamtzahl der Sender, die in einem gegebenen Wellenbereich störungsfrei untergebracht werden können, eindeutig bestimmt. Der für Rundfunkzwecke verfügbare Wellenbereich ist nach beiden Seiten beschränkt. Nach der Seite langer Wellen ist diese Grenze mit Rücksicht hauptsächlich auf den Funkverkehr der Schiffahrt auf 600 m (500 Kilohertz) festgesetzt worden. Nach den kurzen Wellen hin besteht eine, wenn auch nicht sehr scharfe natürliche Grenze wegen der starken Abnahme der Reichweite bei Tageslicht. Geht man auf dieser Seite bis zu 200 m Wellenlänge, entsprechend 1500 Kilohertz, so beträgt das ganze für den Rundfunk verfügbare Frequenzband 1000 Kilohertz. Macht man nun den Frequenzabstand benachbarter Sender gleich 10 Kilohertz, mithin nur ebenso groß wie die größte Breite des von einem Sender benötigten Frequenzbandes, d. h. setzt man die Frequenzspektren der Sender lückenlos nebeneinander, so lassen sich im ganzen nur 100 Rundfunksender unterbringen, die, allerdings nur unter schärfster Ausnutzung ideal guter Abstimmittel, störungsfrei empfangen werden können. Für europäische Verhältnisse ist diese Zahl bereits ziemlich knapp.

In der Tat waren die Ansprüche der verschiedenen Länder auf die Benutzung von Rundfunkfrequenzbändern insgesamt erheblich größer als der ganze verfügbare Frequenzbereich. Ein Ausgleich auf dem Wege der Vereinbarung ist kürzlich durch die „Union Internationale de Radiophonie" in Genf erfolgt. Danach gelten als Normalfrequenzen

stellung der bekanntesten dieser Sender zeigt, liegen ihre Frequenzen zum Teil so nahe nebeneinander, daß diese Sender in größerer Entfernung nicht mehr störungsfrei empfangen werden können, sofern sie gleichzeitig senden.

Sendestelle (Rufzeichen)	Wellenlänge in m	Frequenz in Kilohertz	Sendestelle (Rufzeichen)	Wellenlänge in m	Frequenz in Kilohertz
Genf (hbl) . . .	760	394,0	Königs Wusterhausen (lp) . . .	1250	240,0
Odense	810	370,0			
Lausanne (hb2)	850	352,9	Moskau	1450	206,9
Leningrad . . .	1000	300,0	Daventry (5xx)	1600	187,5
Moskau	1010	297,0	Belgrad	1650	181,8
Amsterdam (pa5)	1050	285,7	Radio Paris (cfr)	1750	171,4
Haag (pcgg) .	1050	285,7	Radio-Carthage .	1800	166,0
Hilversum (hdo)	1060	283,0	Hammeren . .	1900	157,9
Basel	1100	272,7	Amsterdam (pcff)	1950	153,8
Nishnij Nowgorod	1100	272,7	Kowno	2000	150,0
Warschau . . .	1111	270,0	Lyngby (oxe) .	2400	125,0
Sorö	1153	260,0	Eiffelturm (fl) .	2650	113,2
Boden	1200	250,0	Moskau	3200	93,8
Stambul	1250	240,0			

alle durch 10000 teilbaren Werte von 510000 bis 1490000, das sind genau 99 Frequenzen. Von diesen sind 83 als „Einzelwellen" einem bestimmten Sender zur ausschließlichen Benutzung zugewiesen worden, während 16 als „Gemeinschaftswellen" von mehreren Sendern benutzt werden, die mit geringer Leistung senden und so weit voneinander entfernt liegen, daß jeder von ihnen in dem für ihn hauptsächlich vorgesehenen räumlichen Bereich von den übrigen nicht gestört wird. Durch die mehrfache (durchschnittlich achtfache) Benutzung jeder Gemeinschaftswelle war es möglich, in Europa zusammen etwas mehr als 200 Sender vorzusehen, womit der in der nächsten Zukunft zu erwartenden Entwicklung Genüge getan ist. Die Zahl der zugelassenen Sender beträgt

	insgesamt	hiervon benutzen	
		Einzelwellen	Gemeinschaftswellen
in Deutschland	23	12	11
in England	20	12[1])	8
in Frankreich	18	9	9

Die deutschen Sender, ihre Wellenlängen und Normalfrequenzen sowie ihre Leistungen gehen aus der folgenden Zahlentafel hervor. Als Leistung ist nach Vorschrift des Office international de Radiophonie in Genf die Gleichstromaufnahme der Röhren in der Endstufe bei der Einstellung des unmodulierten Senders für Telephonie bezeichnet (Anodengleichstrom mal Anodengleichspannung bei unbesprochenem Mikrophon). Die der Antenne zugeführte mittlere Hochfrequenzleistung beträgt durchschnittlich 50% der vorher genannten Leistung.

Der dichte Einsatz der Sender erfordert eine sehr genaue Einhaltung der Wellenlänge jedes Senders. Die hierzu nötigen technischen Mittel sind in Deutschland von der Physikalisch-Technischen Reichsanstalt in Verbindung mit dem Telegraphentechnischen Reichsamt, in England vom National Physical Laboratory ausgearbeitet worden. Bei uns ist vorgesehen, die Wellenlänge jedes Senders durch die Eigenschwingung eines in seiner Längsrichtung schwingenden Quarzstabes festzulegen. Dessen Schwingungen werden durch das elektrische Feld des Senders erregt; sie werden bei der Übereinstimmung der beiden Schwingungsfrequenzen, d. h. im Resonanzfalle, besonders stark, und geben eine sehr scharfe Anzeige für die richtige Einstellung der Wellenlänge. Jeder Sender erhält als Wellenlängen-Normal seinen eigenen abgestimmten Quarzstab und kann danach jederzeit seine Wellenlänge mit der nötigen Genauigkeit einstellen oder nachprüfen. Neuerdings be-

[1]) 4 Sender (Hull, Stoke-on-Trent, Swansea und Dundee) benutzen die gleiche Welle, so daß England im ganzen 9 Einzelwellen belegt hat.

nutzt man schwingende Quarzplatten in Verbindung mit Elektronenröhren zur Steuerung von Funksendern und erzielt damit eine bis dahin unerreichte Genauigkeit in der Einhaltung der Wellenlänge[1]).

Die deutschen Rundfunksender.

Nr.	Ort	Frequenz / 10 000	Wellenlänge m	Leistung kW	Hauptsender (H) oder Zwischensender (Z)
	a) Sender mit Einzelwellen.				
1	München	56	535,7	4	H
2	Berlin	62	483,9	4	H
3	Langenberg	64	468,8	25	H
4	Frankfurt (Main) .	70	428,6	4	H
5	Hamburg	76	394,7	4	H
6	Stuttgart	79	379,7	4	H
7	Leipzig	82	365,8	4	H
8	Nürnberg	91	329,7	0,7	Z
9	Breslau	93	322,6	4	H
10	Königsberg (Pr.) .	99	303	1	H
11	Dortmund	106	283	0,7	Z
12	Münster (W.) . . .	126	241,9	1,5	Z
	b) Sender mit Gemeinschaftswellen.				
1	Freiburg (Breisgau).	52	577	0,7	Z
2	Berlin II	53	566	2	Z
3	Hannover	101	297	0,7	Z
4	Dresden	109	275,2	0,7	Z
5	Kassel	110	272,7	0,7	Z
6	Kiel	118	254,2	0,7	Z
7	Bremen	119	252,1	0,7	Z
8	Gleiwitz	120	250	0,7	Z
9	Stettin	127	236,2	0,5	Z
10	Speyer	147	204,1	noch nicht	Z
11	Aachen	149	201,3	im Betrieb	Z

Das Ideal vom Standpunkt des Rundfunkhörers wäre ein so dichter Einsatz der Sender, daß man überall mindestens einen Sender mit den einfachsten Empfangsmitteln aufnehmen könnte. Dieser Gedanke läßt sich aber nicht durchführen; aus den oben angeführten technischen Gründen läßt sich die Zahl der Sender und ihre Leistung nicht beliebig steigern; auch aus wirtschaftlichen Gründen würde sich das verbieten. So ist, als ein praktisch mögliches Kompromiß, die in Deutschland und in England durchgeführte Verteilung der Sender und ihre Gliederung in Haupt- und Zwischensender entstanden.

[1]) Hund, A.: Proc. of the Inst. of Radio Eng. New York 1926. — Meissner, A.: ENT Bd. 3, S. 401 1926.

An wichtigen Kulturzentren des Landes sind Hauptsender errichtet. In Deutschland sind außer dem Deutschlandsender in Königs-Wusterhausen zur Zeit deren 9 im Betrieb (vgl. die Karte, Abb. 1). Jeder hat einen Bereich von durchschnittlich 200 km Umkreis zu versorgen. Bei einer wirksamen Antennenhöhe von 50 m und 450 m Wellenlänge

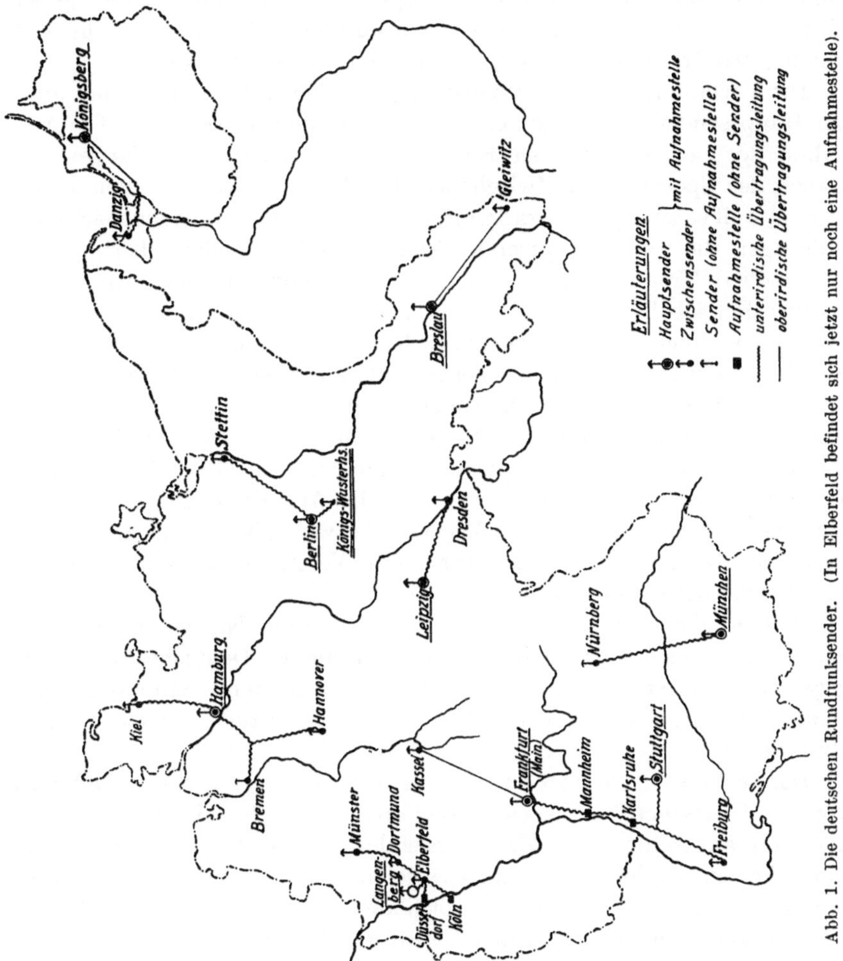

Abb. 1. Die deutschen Rundfunksender. (In Elberfeld befindet sich jetzt nur noch eine Aufnahmestelle).

beträgt der Strahlungswiderstand 20 Ω; einer mittleren Stromstärke von 10 A im Strombauch der Antenne entspricht eine ausgestrahlte Leistung von 2 kW. Unter diesen Umständen hat man bei ungestörter Ausbreitung der Wellen und mittleren Dämpfungsverhältnissen in etwa 28 km Abstand vom Sender eine elektrische Feldstärke von 5 mV pro Meter; das ist ungefähr die Grenze, bis zu der man mit einem einfachen Detektorempfänger an einer Außenantenne üblicher Ausführung noch gut empfangen kann.

Um in größeren Städten, die außerhalb dieses Umkreises, aber innerhalb des Versorgungsbereiches des Hauptsenders liegen, den Detektorempfang zu ermöglichen, errichtet man dort Zwischensender. Sie erhalten ihre Darbietungen in der Hauptsache vom Hauptsender, geben aber, je nach den lokalen Bedürfnissen und Möglichkeiten in mehr oder minder beschränktem Umfang auch ein eigenes Programm.

Die Verbindung der Zwischensender mit dem Hauptsender und auch der Hauptsender untereinander geschieht auf dem Drahtwege. Die Aufnahme der Darbietungen des Hauptsenders durch Funkempfänger zum Zweck der Speisung des Zwischensenders hat sich als unbrauchbar erwiesen, weil es zu häufig vorkommt, daß der Spiegel der atmosphärischen Störungen die vom Hauptsender ankommenden Wellen überbrandet; eine saubere Trennung beider ist dann nicht mehr möglich. Ein zuverlässiger Betrieb hat sich bisher nur in der Weise erreichen lassen, daß man die Darbietungen als solche, d. h. vor der Umsetzung in hochfrequente Schwingungen durch Fernsprechkabeladern nach dem fernen Sender übermittelt. Diese Leitungen müssen für den Rundfunk besonders hergerichtet sein, sie müssen namentlich einen viel größeren Bereich von Schwingungsfrequenzen verzerrungsfrei übertragen können als gewöhnliche Fernsprechadern, weil die Ansprüche des Rundfunks hinsichtlich der naturgetreuen Wiedergabe viel höhere sind als die des Fernsprechbetriebes, bei dem es nur auf die Verständlichkeit und weniger auf die Klangschönheit ankommt.

Eine Möglichkeit der weiteren Verdichtung des Netzes von Sendern wird sich vielleicht aus Versuchen ergeben, die die Deutsche Reichspost gegenwärtig unternimmt und die darauf hinzielen, mehrere (mindestens 3) Sender synchron mit der gleichen Welle zu betreiben (Gleichwellen-Rundfunk).

Der technische Betrieb der deutschen Rundfunksender wird von der Deutschen Reichspost ausgeführt. Für jeden Hauptsender und den ihm angeschlossenen Zwischensender werden die Programme von einer eigenen lokalen Rundfunkgesellschaft gegeben; eine solche Gesellschaft besteht auch für den Deutschlandsender. Diese Gesellschaften werden durch die übergeordnete Reichs-Rundfunk-Gesellschaft m. b. H. zusammengefaßt, in der die Deutsche Reichspost, vertreten durch den Rundfunkkommissar des Reichspostministers, den überwiegenden Einfluß ausübt. Daneben besteht die Drahtloser Dienst A.G., die die Sender mit Nachrichten einheitlich beliefert und in der die politischen Behörden des Reichs und der Länder maßgebend sind. In dieser verwickelten Organisation des deutschen Rundfunks spiegelt sich die Struktur des Deutschen Reichs.

Die Verteilung der Sender in England geht aus der Karte Abb. 2 hervor. Neben dem Zentralsender in Daventry sind 9 Hauptsender (die Namen auf der Karte sind unterstrichen) und 11 Zwischen-

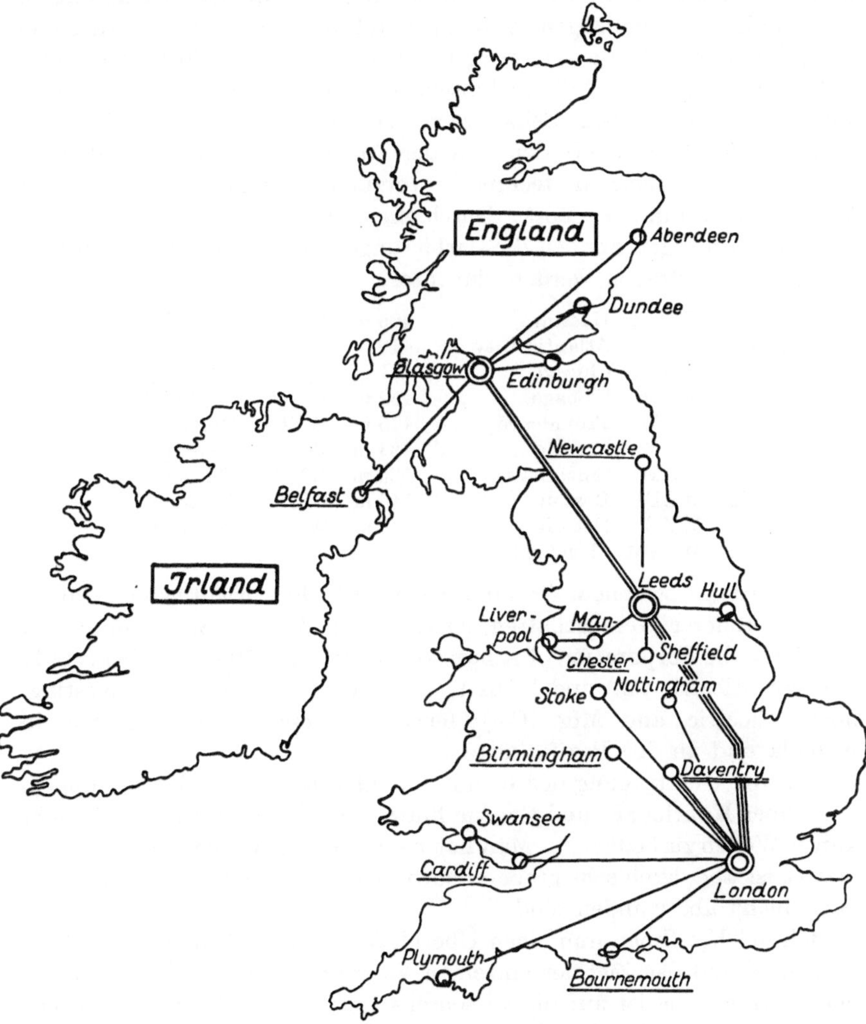

Abb. 2. Die englischen Rundfunksender.

sender vorhanden, die sämtlich durch ein wohlausgebildetes Netz von hochwertigen oberirdischen Leitungen miteinander verbunden sind. Der Rundfunk wird in England einheitlich von einer Gesellschaft, der British Broadcasting Company, betrieben. Die Postverwaltung befaßt sich nur mit der Erteilung der Teilnehmerlizenzen und

Erhebung der Gebühr (10 sh im Jahr) und übt die Oberaufsicht über die Rundfunkgesellschaft aus.

Neuerdings hat sich auch in den Vereinigten Staaten von Nordamerika ein Zusammenschluß einer Anzahl der bedeutenderen Rundfunksender vollzogen, und zwar auf rein privater Grundlage in der „National Broadcasting Company" in New York. Sie stützt sich in erster Linie auf die technische Entwicklung, die das Rundfunkwesen bei dem großen Bellkonzern gefunden hat. Als Hauptsender betreibt die Gesellschaft den von der American Telephone and Telegraph Co. erworbenen technisch vorzüglich eingerichteten Sender WEAF (491 m) in New York. Durch ein wohlausgebildetes Verteilungsnetz von Leitungen können die Darbietungen des Hauptsenders auf z. Z. 35 Sender übertragen werden, darunter

288 m	KFKX	Hastings	405 m	WOR	Newark
299 m	WPG	Atlantic City	416 m	WCCO	Minneapolis
303 m	WGN	Chicago	461 m	WCAE	Pittsburg
303 m	WLIB	Chicago	469 m	WRC	Washington
306 m	WJAR	Providence	475 m	WTIC	Hartford
319 m	WGR	Buffalo	484 m	WOC	Davenport
326 m	WSAI	Cincinnati	535 m	KYW	Chicago
349 m	WEEI	Boston	545 m	KSD	St. Louis
353 m	WWJ	Detroit	545 m	WTAG	Worcester
389 m	WTAM	Cleveland			

Außerdem bestehen Verbindungen mit den wichtigsten Hauptsendern anderer Gesellschaften, so z. B. mit WJZ, 453,3 m in Bound Brook (Radio Corporation of America); mit WGY, 379 m in Schenectady (General Electric Co.) und KDKA, 309 m in East Pittsburgh (Westinghouse Electric and Mfg. Co.); ferner mit den Rundfunknetzen in Kanada und an der Pazifikküste.

Für die Übertragung des Rundfunks über sehr große Entfernungen, z. B. über Kontinente und Ozeane hinweg, hat man versucht, sich sehr kurzer Wellen zu bedienen. Man hat bei diesen Versuchen einige Erfolge erzielt, ist aber auch sehr großen Schwierigkeiten begegnet, die bis heute noch nicht überwunden sind.

Ich möchte Ihnen nun einen Überblick über die Gliederung der Vortragsreihe und das Ziel der einzelnen Vorträge geben. Der Gegenstand der Vortragsreihe ist auf die wissenschaftlichen Grundlagen des Rundfunkempfanges beschränkt worden, weil für eine eingehende Behandlung der Sendetechnik vor einem großen Kreis kaum ein Bedürfnis vorliegt. Mit der Herstellung der Sender befassen sich nur wenige Großfirmen; sie verfügen über die nötigen Kenntnisse und Erfahrungen; die Weiterentwicklung auf dem Sendergebiete liegt somit in guten Händen. Der Bedarf an Sendern ist beschränkt, so daß es keinen Zweck hätte, daß sich weitere Kreise mit ihrer Herstellung beschäftigten.

An der Empfangstechnik dagegen sind nicht nur die zahlreichen Hersteller von Empfangsgerät interessiert, sondern auch ausgedehnte Kreise der Benutzer, vor allem die elektrotechnisch vorgebildeten unter ihnen. Zu ihrer Belehrung und Weiterbildung ist die Vortragsreihe in erster Linie bestimmt. Bei der Behandlung der Fragen und Aufgaben der Empfangstechnik werden sich selbstverständlich auch Hinblicke auf die Sendetechnik vielfach ergeben.

Die nächsten drei Vorträge befassen sich mit den akustischen Problemen. Von Herrn Prof. Dr. Aigner von der Technischen Hochschule in Wien werden Sie Näheres über die im Klang der menschlichen Sprache und der musikalischen Instrumente enthaltenen Schwingungen hören. Für eine gute Wiedergabe dieser Klänge ist die gleichmäßige Übertragung eines Frequenzbandes von 30—10 000 Hertz, also eines Bereiches von mehr als 8 Oktaven, erforderlich, gewiß eine schwierige Aufgabe, wenn man an die vielen Umsetzungen denkt, die von der Originaldarbietung bis zur Wiedergabe vor sich gehen. Die Lösung dieser Aufgabe ist noch nicht vollständig gelungen, sie ist also als ein zu erstrebendes Ziel zu betrachten. Noch viel schwieriger als die gleichmäßige Übertragung eines großen Frequenzbereiches ist die getreue Wiedergabe der außerordentlich großen Lautstärkeunterschiede, die beim Sprechen und erst recht in der Musik vorkommen. Diese Schwankungen umfassen mehrere Zehnerpotenzen, so daß es unmöglich erscheint, mit einem vernünftigen wirtschaftlichen Aufwand technische Einrichtungen zu schaffen, die den ganzen Lautstärkenumfang zu bewältigen imstande wären. Hier liegt ein Punkt vor, wo wir Techniker berechtigt sind, von der Darstellungskunst beim Rundfunk zu verlangen, daß sie den Rahmen des zur Zeit technisch Möglichen nicht überschreite. Herr Prof. Aigner wird im einzelnen darlegen, welche Verzerrungen eintreten, wenn man das Frequenzband oder die Amplituden bei der Übertragung beschneidet. Auch auf die Fragen der Raumakustik, die hier eine große Rolle spielen, wird er eingehen.

Im Anschluß daran werden die Herren Direktor Hahnemann und Dr. Hecht das Schallfeld und die akustischen Schwingungsgebilde vom Standpunkt der technischen Akustik behandeln. Sie werden zeigen, daß man dieses Gebiet mit Hilfe von Begriffen und Überlegungen, die dem Techniker durchaus geläufig sind, rechnerisch behandeln kann. Man ist also auch beim Entwurf von Schallapparaten keineswegs auf ein mehr oder minder planloses Herumprobieren angewiesen, wenngleich es aus Unkenntnis vielfach geschieht.

Damit ist nun auch die Grundlage für die Ausführungen des Herrn Prof. Dr. Schottky von der Universität Rostock gegeben, der Einrichtung und Wirkungsweise des Schallempfängers (des Mikrophons) und des Schallsenders (des Telephons und des Lautsprechers) in zwei Vorträgen ausführlich behandeln wird.

Die folgenden Vorträge betreffen den elektrischen Teil der Rundfunkübertragung. Der Behandlung der Einzelfragen gehen zwei wichtige Vorträge allgemeiner Art voran, in denen Herr Postrat Dr. Salinger die physikalischen Grundlagen der Empfangstechnik darlegen wird. Hierzu gehören auch die Vorgänge, die sich bei der Aufprägung des akustischen Frequenzbandes auf die Hochfrequenzschwingung und bei der Wiedergewinnung des Bandes im Empfänger abspielen, also die Erscheinungen, die man als Modulation oder Demodulation bezeichnet; ferner die Fragen der Abstimmung, der Abstimmschärfe und des elektrischen Nachhalls, die Energieverluste in den Apparaten, und vieles andere. Diese Vorträge bilden die unerläßliche Grundlage für das volle Verständnis der folgenden.

Mit den Vorgängen bei der Aussendung und dem Empfang elektrischer Wellen, und im besonderen mit der Rolle, die der Antenne hierbei zukommt, beschäftigt sich der Vortrag des Herrn Prof. Dr. Rüdenberg. Jede Antenne strahlt auch beim Empfang elektrischer Wellen ihrerseits einen gewissen Betrag an Energie wieder in den Raum hinaus, ein Umstand, den man beachten muß, wenn man die Wirkungsweise und die Eigenschaften einer Empfangsantenne gründlich verstehen will. Die Strahlung von Empfangsantennen ist auch die Ursache für ihre gegenseitige Beeinflussung. Seitdem der Rundfunk über Stadt und Land verbreitet ist, hört man häufiger, daß mit einfachen Detektorempfängern gelegentlich fabelhafte Empfangsleistungen erzielt worden sind. In allen Fällen, in denen man dieser Sache nachgegangen ist, hat sich herausgestellt, daß der Detektorapparat den fernen Sender immer nur dann empfangen hat, wenn ein benachbarter, stark entdämpfter und dementsprechend stark strahlender Röhrenapparat auf den gleichen fernen Sender abgestimmt war. Der Detektorempfänger hat in Wirklichkeit nicht die Strahlung des fernen Senders, sondern die Sekundärstrahlung des Röhrenapparates empfangen, der somit unbeabsichtigt als Relaissender gewirkt hat. Im Rahmen seines Vortrages wird Herr Prof. Rüdenberg auch die Ausbreitung der Wellen an der Erdoberfläche sowie die Richtwirkung zusammengesetzter Antennengebilde behandeln, die ja durch ihre Anwendung bei kurzen Wellen neuerdings wieder großes Interesse haben.

Herr Prof. Dr. Esau von der Universität Jena wird sodann über den Einfluß der Atmosphäre auf die Ausbreitung der Wellen und über die durch luftelektrische Vorgänge hervorgerufenen Störungen des Empfanges vortragen. Zur Verminderung dieser sog. atmosphärischen Störungen sind ungezählte Mittel vorgeschlagen worden, von denen jedoch die meisten versagt haben. Einen gewissen Erfolg erzielt man oft mit gerichteten Empfängern, nämlich dann, wenn die Hauptrichtung der Störungen nicht mit der Empfangsrichtung übereinstimmt.

Die von den Änderungen der Polarisationsebene herrührenden Empfangsschwankungen kann man durch Kombination eines horizontalen Rahmens mit einer vertikalen Antenne beseitigen. Der Empfangsschwankungen durch Interferenz von Strahlen verschiedener Weglänge (Fadings) kann man durch großflächige Empfangsantennensysteme Herr werden. Endlich bespricht Prof. Esau auch die Empfangsstörungen, die von künstlichen Störungsherden herrühren (elektrischen Maschinen, elektromedizinischen Apparaten, Industrieanlagen, Straßenbahnen usw.).

Das Rückgrat der gesamten neuzeitlichen Funktechnik ist die Elektronenröhre. Ohne sie wäre der Rundfunk technisch undenkbar. Der Elektronenröhre sind die nächsten 4 Vorträge gewidmet. Zunächst wird Herr Prof. Dr. Rukop über die physikalischen Eigenschaften und die Wirkungsweise der Röhren im allgemeinen sprechen. Daran schließt sich ein Vortrag des Herrn Prof. Dr. Möller von der Hamburgischen Universität. Er behandelt die Anwendung der Röhre als Gleichrichter, insbesondere in der sog. Audionschaltung, sowie die Entdämpfung von Schwingungskreisen durch rückgekoppelte Röhren und die Erzeugung von Schwingungen. Die elektrischen Vorgänge, die sich in einer rückgekoppelten Audionschaltung abspielen, sind ziemlich verwickelt; sie lassen sich am besten übersehen, wenn man sich der von Herrn Prof. Möller ausgearbeiteten Betrachtungsweise bedient, die sich auf die verschiedenen Röhrenkennlinien stützt und die dem Gedankenkreis des Technikers besonders naheliegt.

Die Verstärkung elektrischer Schwingungen ist unbestrittenes Herrschaftsgebiet der Elektronenröhre. In der Tat gibt es bis jetzt keine andere technische Anordnung, die auf diesem Gebiete auch nur annähernd dasselbe zu leisten imstande wäre. Theorie und Technik der Röhrenverstärker bilden den Gegenstand der Vorträge der Herren Prof. Dr. Barkhausen von der Technischen Hochschule in Dresden und Oberingenieur Pohlmann. Herr Prof. Barkhausen wird die allgemeinen physikalischen Fragen der Verstärkertechnik, sowie die mehrstufigen Hochfrequenzverstärker behandeln, während Herr Pohlmann auf die besonderen technischen Probleme der Niederfrequenzverstärker eingehen wird. Der Niederfrequenzverstärker ist in bezug auf die Güte der Wiedergabe heute noch der schwächste Punkt in den meisten Empfangsapparaten. Der schlechte Ruf des Lautsprechers beruht zwar keineswegs ausschließlich, aber doch in vielen Fällen mit darauf, daß er in Verbindung mit Verstärkern benutzt wird, die für diesen Zweck nicht ausreichen. Ich habe wiederholt beobachtet, daß die Wiedergabe durch den Lautsprecher in erstaunlichem Maße verbessert wird, wenn man ihm einen Verstärker vorschaltet, der eine hinreichende Endleistung entwickelt und einen genügend weiten Frequenzbereich umfaßt. Für die Endleistung ist der Röhrentyp maßgebend. Der übertragene Frequenzbereich hängt von der Bemessung der Kopplungsmittel zwischen den Röhren ab; häufig werden zu kleine Transformatoren mit falsch bemessener oder ungünstig angeordneter Wicklung benutzt, die den übertragenen Frequenzbereich in verheerender Weise beschneiden. Wegen der großen praktischen Bedeutung dieser Fragen verdienen sie Ihre besondere Beachtung.

Der Ehrgeiz jedes Funkbastlers und auch vieler anderer Funkhörer ist die Aufnahme der Darbietungen von weit entfernten Sendern. Hierzu sind verwickeltere Empfangsmittel notwendig, mit denen sich Herr Prof. Dr. Leithäuser in seinem Vortrag beschäftigen wird. Der Fernempfang stellt an die Empfangstechnik verschiedene Aufgaben. Zunächst ist es erforderlich, die ankommenden schwachen Zeichen soweit zu verstärken, daß sie den linearen oder schwach gekrümmten Anfangsbereich der Gleichrichterkennlinie, in welchem eine merkliche Gleichrichtung noch nicht stattfindet, überschreiten; mit anderen Worten: daß sie sich über die sog. Reizschwelle des Gleichrichters (Detektors oder Audions) erheben. Diesem Zweck dienen Hochfrequenzverstärkung und Entdämpfung. Die Hochfrequenzverstärkung der kurzen Wellen des Rundfunkbereichs hat bekanntlich zunächst wegen der inneren Röhrenkopplungen erhebliche Schwierigkeiten bereitet, bis es durch geeignete Entkopplungs-(Neutrodyn-) Schaltungen gelang, sie zu überwinden. Der erhebliche Röhrenbedarf eines Empfängers mit mehrstufiger Hoch- und Niederfrequenzverstärkung läßt sich durch Anwendung der sog. Reflexschaltungen vermindern, die deshalb besonders in den Kreisen der Bastler viel Anklang gefunden haben. Beim Fernempfang von Wellen, die der Welle eines starken Ortssenders naheliegen, macht die Auskopplung dieses Senders oft Schwierigkeit. Hier bringt die Superheterodynschaltung Abhilfe, bei der man durch Überlagerung mit einer Hilfsschwingung eine Zwischenfrequenz erzeugt, auf diese abstimmt, weiter verstärkt und dann gleichrichtet. Auf diese Weise erreicht man hohe Empfindlichkeit und außerordentliche Abstimmschärfe. Die Mittel der Entdämpfung, Entkopplung, Verstärkung und Überlagerung lassen sich übrigens in der verschiedensten Weise miteinander verbinden, wodurch eine große Anzahl von Fernempfangsschaltungen entsteht, von denen jede ihre Vorzüge und Nachteile hat, und die dem Funkliebhaber ein unerschöpfliches Feld der Betätigung bieten. Für die Hersteller von Funkgerät erhebt sich hier die überaus wichtige Frage, ob es möglich ist, einen Fernempfangsapparat zu bauen, der so einfach und zuverlässig arbeitet, daß er auch bei Bedienung durch Laienhand gute Ergebnisse liefert. Ein solcher Apparat darf nur wenige Bedienungsgriffe haben, deren Einstellung auf Grund einer einfachen Regel nicht verfehlt werden kann. Nach den vorliegenden Erfahrungen ist man diesem Ziel mit der Neutrodyn- und der Superheterodynschaltung bisher am nächsten gekommen. Trotz der komplizierten Wirkungsweise der letzteren läßt sich ihre Handhabung verhältnismäßig einfach gestalten. Allerdings ist dieses Ergebnis nur durch richtige Anordnung und Bemessung aller Teile der Schaltung auf Grund von sehr sorgfältigen Studien zu erzielen.

Mit konstruktiven Fragen des Empfängerbaues wird sich der Vortrag des Herrn Postrat Eppen beschäftigen. Von den im ersten und zweiten Rundfunkjahre auf den Markt gebrachten Empfangsapparaten ließen viele in bezug auf die Solidität des Aufbaues beinahe alles zu wünschen übrig. Inzwischen hat die Technik auch in dieser Richtung bedeutende Fortschritte gemacht; Fehler in der Konstruktion der Einzelteile und im Gesamtaufbau kommen aber auch heute noch vor. Nach dem Grundsatz, daß man aus den begangenen Fehlern lernen soll, wird Herr Eppen aus der reichen Prüfungserfahrung des Telegraphentechnischen Reichsamtes eine Blütenlese verfehlter Anordnungen mitteilen und daran die an die Einzelteile eines Empfangsapparates zu stellenden Anforderungen und die beim Zusammenbau zu beachtenden Gesichtspunkte besprechen.

Die Vortragsreihe schließt mit einem Rückblick, in dem Herr Oberpostrat Dr. Harbich eine kritische Würdigung der verschiedenen Empfangsgeräte hinsichtlich ihrer Leistung geben wird, im Vergleich zu dem Aufwand, der Bedienbarkeit, dem Anwendungsbereich und der Störungsempfindlichkeit. Im Anschluß daran wird Herr Dr. Harbich die Möglichkeiten für die Beschränkung der Zahl der verschiedenen Typen von Empfangsapparaten besprechen. Hiermit wird eine Angelegenheit berührt, die für den Wiederaufbau unserer Volkswirtschaft von der allergrößten Bedeutung ist. Die Nöte unserer Zeit sind nur durch eine Erhöhung der Wirtschaftlichkeit in allen Gebieten der Gütererzeugung zu beseitigen. Die Buntscheckigkeit der auf der ersten Großen Deutschen Funkausstellung in Berlin gezeigten Geräte und die Planlosigkeit ihrer Herstellung war geradezu ein Hohn auf den Grundsatz der Wirtschaftlichkeit. Auch in dieser Beziehung haben die zweite und die dritte Funkausstellung beachtenswerte Fortschritte gezeigt; dennoch bleibt noch viel zu tun. Aus der Erkenntnis dieser Notwendigkeit hat die Heinrich-Hertz-Gesellschaft die Veranstaltung der Vortragsreihe über die wissenschaftlichen Grundlagen des Rundfunkempfangs angeregt; sie hat die freudige Zustimmung und Unterstützung des Außeninstituts der Technischen Hochschule und des Elektrotechnischen Vereins erhalten. Maßgebend für die Ausgestaltung des Programms war die Überzeugung, daß technischer Fortschritt sich auf wissenschaftlicher Grundlage, d. h. auf wirklicher Beherrschung des Gegenstandes aufbauen muß und daß als Vermittler der nötigen Kenntnisse nur die ersten Fachleute des Gebietes in Betracht kommen. Die Veranstalter der Vortragsreihe haben Mühen und Kosten nicht gescheut; möge ihr eine nachhaltige Wirkung auf die technische Entwicklung beschieden sein, zum Segen des Rundfunks und der deutschen Wirtschaft.

II. Über die Schwingungen der Sprache und der Musikinstrumente und über die Quellen der Verzerrung.

Von

F. Aigner (Wien).

A. Schwingungen der Sprache und der musikalischen Instrumente.

Von einem modernen Rundfunkempfänger muß heute verlangt werden, daß er die menschliche Sprache in formvollendeter Klarheit wiedergibt, und daß eine musikalische Darbietung ihre künstlerische Wirkung beibehält. Er muß also sowohl den Phonetiker als auch den Musiker zufriedenstellen. Um diese Forderungen technisch verwirklichen zu können, ist zunächst eine eingehende Kenntnis der physikalischen Vorgänge, die sich beim Sprechen und Musizieren abspielen, unumgänglich notwendig.

Akustisch sind Sprache und Musik höchst komplizierte Schwingungsgebilde; doch ist es mühsamer Forschungsarbeit[1]) in neuerer Zeit gelungen, einen tiefen Einblick in die Beschaffenheit der Sprachklänge zu gewinnen.

Die menschliche Sprache besteht bekanntlich aus Vokalen und Konsonanten, die aber pysikalisch typisch von einander verschieden sind. Schon Helmholtz[2]) hat die Theorie aufgestellt, daß jeder Vokal den ihm eigentümlichen Klang der Existenz eines oder mehrerer Töne von bestimmter absoluter Tonhöhe verdankt. Man nennt diese die Vokale charakterisierenden Töne auch „Formanten". Die neuere Forschung hat diese Theorie insofern bestätigt und dahin erweitert, daß jeder anhaltend gesungene, gesprochene oder geflüsterte Vokal nach seinem Anklingen zu einer rein periodischen Schwingung wird, wobei die Formanten stets „harmonisch" zum jeweilig gewählten Vokalgrundton sind. Es haben somit die Formanten keine absolut festen Schwingungs-

---

[1]) Stumpf, C.: Sitzungsber. d. preuß. Akad. d. Wiss. 1918, S. 333; 1921, S. 636. — Miller, D. Cl.: The Science of Musical Sounds, 2. Aufl. New York 1922.

[2]) Helmholtz, H. v.: Die Lehre von den Tonempfindungen als physiologische Grundlage für die Theorie der Musik, 5. Aufl. Braunschweig 1896.

zahlen, sondern sie verschieben sich innerhalb eines gewissen, nicht allzu großen Tonbereiches derart, daß sie immer ganzzahlige Vielfache der gewählten Grundschwingung des Vokales darstellen. Man bezeichnet, dieser neuen Erkenntnis Rechnung tragend, den Tonumfang, in dem sich die Formanten bewegen können, als Formanetnregion. Akustisch gesprochen stellen die Vokale Schwingungen mehrerer enggekoppelter Systeme, die aus dem Kehlkopf, dem Rachen und der Mundhöhle bestehen, dar. Das Stimmband erzeugt dabei einen Klang, dessen Grundton die musikalisch definierte Tonhöhe ist. Dieser Klang ist reich an Obertönen, und die dem Kehlkopf vorgelagerte Mundhöhle greift diejenigen Obertöne verstärkt heraus, die ihrer eigenen Resonanz am nächsten liegen, und strahlt sie besonders kräftig in die Umgebung ab. Die Tonhöhe der Eigenresonanz der Mundhöhle ist dabei noch abhängig von der Mundöffnung, die für den betreffenden Vokal charakteristisch ist. Sämtliche Vokalklänge lassen sich in der eben angeführten Weise als erzwungene Schwingungen eines Resonanzsystems (Kehlkopf, Rachen, Mundhöhle), das von einer einzigen Schallquelle, dem Stimmband, angeregt wird, erklären.

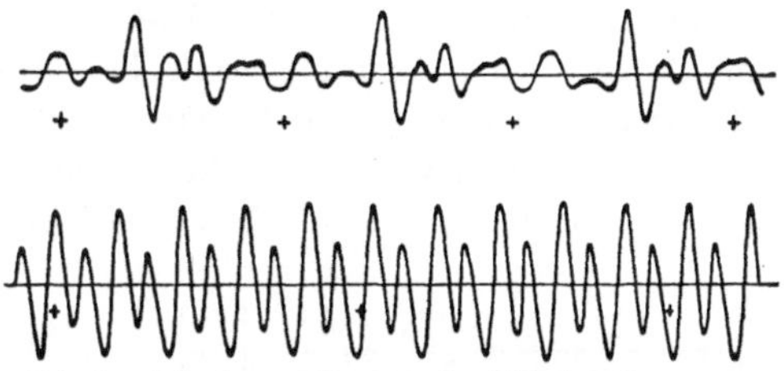

Abb. 1. Schwingungskurven des Vokales *A*.

Abb. 1 zeigt die Schwingungskurven des Vokales *A*, wie sie erhalten werden, wenn ein Baß oder ein Sopran den Vokal *A* singt.

Abb. 2 gibt eine Analyse dieser beiden durchaus verschiedenen Kurven. Als Abszissen sind die sekundlichen Schwingungszahlen der ermittelten Teiltöne und als Ordinaten die diesen Teiltönen relativ zukommenden Schwingungsenergien dargestellt. Der kleine Kreis am jeweiligen Kurvenanfang gibt den Grundton an, auf dem der Vokal *A* gesungen wurde. Ein Blick auf die Abbildung lehrt, daß sowohl bei der Sopran- als auch bei der Baßstimme der Hauptanteil der Schwingungsenergie der Teiltöne im Frequenzgebiet um 900 Hertz herum liegt. Dies ist die Hauptfor-

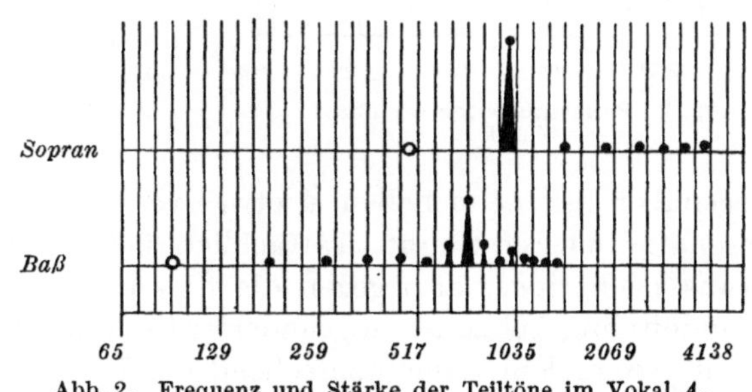

Abb. 2. Frequenz und Stärke der Teiltöne im Vokal *A*.

mantregion des Vokales *A*. So verschieden also die beiden Kurven in Abb. 1 aussehen, haben sie analysiert doch in einem engbegrenzten Frequenzgebiet eine typische Schwingungsenergieanhäufung gemeinsam.

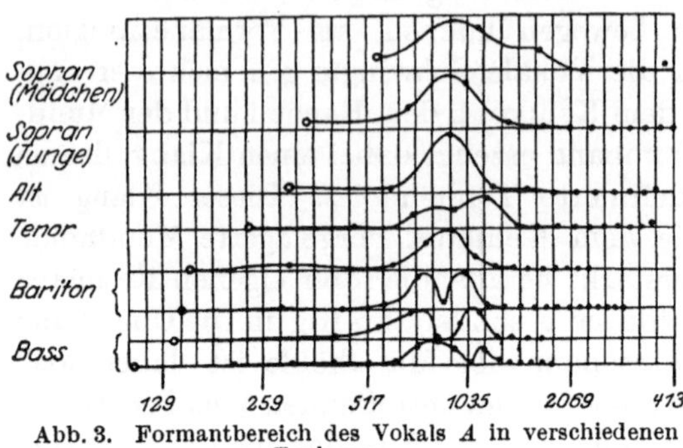

Abb. 3. Formantbereich des Vokals *A* in verschiedenen Tonlagen.

Abb. 3 zeigt, daß dieser Formantbereich durch alle Register der menschlichen Stimme in engen Grenzen an besagter Stelle verbleibt.

Ein interessantes Ergebnis der Analyse der Vokalklänge liefert Abb. 4. Hier handelt es sich um die Formantregion von fünf untereinander verwandten Vokalen, den sogenannten dunklen Vokalen. Die oberste Kurve ist die des hellen *A*, dem *A* der Kinderstimme, daß bei weitgeöffnetem Munde entsteht und annähernd dem *A* im Worte „hart“ entspricht. Die zweite Kurve stellt das *A* des Erwachsenen dar; es ist etwas dunkler, besonders wenn es gedehnt gesprochen wird. Bei seiner Aussprache wird die Mundöffnung

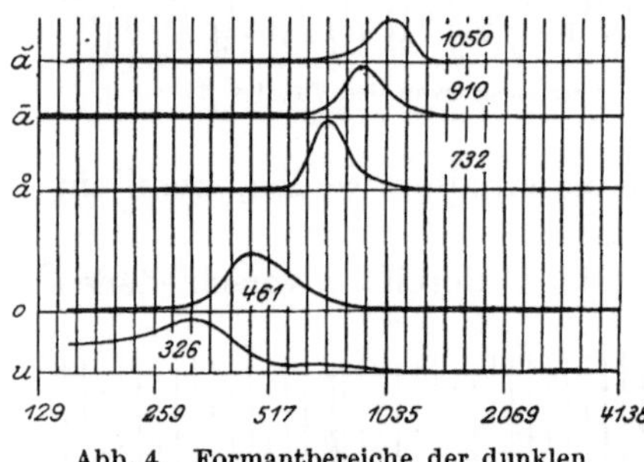

Abb. 4. Formantbereiche der dunklen Vokale.

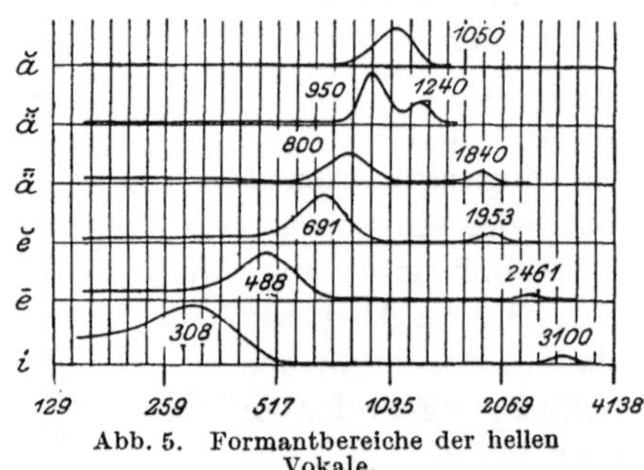

Abb. 5. Formantbereiche der hellen Vokale.

gegenüber der beim hellen *A* etwas verkleinert, also der Mundhöhlenresonator tiefer gestimmt. Tatsächlich rückt auch das Formantmaximum etwas nach links, also gegen die tieferen Töne. Verkleinert man die Mundöffnung bei sonst ungeänderter Stellung der Sprachorgane immer mehr, so rücken dementsprechend die Formantmaxima immer weiter nach links, und es entstehen der Reihe nach das schwedische $\mathring{A} = AO$, der Vokal *O* und schließlich das *U*.

Ganz ähnlich wie die dunklen Vokale einer aus dem andern durch entsprechende Änderung der Mundöffnung entstehen, liegen die Verhältnisse bei den hellen Vokalen in Abb. 5.

Den Ausgangspunkt bildet wiederum das helle *A*. Der Mund bleibt mittelweit geöffnet; der Zungenrücken wird erst ein wenig, dann immer mehr gehoben. Dabei geht der Vokal *A* zunächst in ein Mittelding zwischen *A* und *Ä* über, eine Vokalform, die im reinen Hochdeutsch nicht vorkommt. Dann entsteht der Vokal *Ǟ*, ferner das kurze *Ĕ* und weiter das gedehnte *Ē* und schließlich der Vokal *Ī*. Wie bei den dunklen Vokalen wird auch hier die Mundhöhlenresonanz immer tiefer; doch besteht insofern ein Unterschied, als die hellen Vokale eine zweite, höher gelegene Formantregion besitzen, die zu immer höheren Tönen ansteigt, bis schließlich beim Vokal *I* das Maximum erreicht wird.

Abb. 6 zeigt eine Zusammenstellung der Formanten der einzelnen Vokale. Sie sind durch doppelte Kreise bezeichnet. Außerdem sind durch einfache Kreise einige Nebenformanten angegeben. Sie sind zur Charakterisierung des Vokales nicht unbedingt erforderlich. Zum Teil dienen sie zur feineren Abrundung des Vokalklanges, in der Hauptsache jedoch bedingen sie trotz ihrer relativ sehr geringen Intensität die persönliche Klangfarbe[1]).

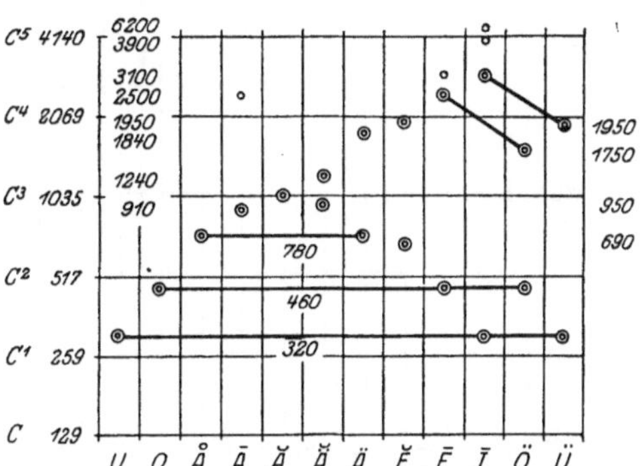

Abb. 6. Zusammenstellung der Formanten der Vokale.

Bemerkenswert sind die vier letzten, rechts stehenden Vokale in Abb. 6. Man sieht, daß der Vokal *Ö* aus dem *Ē* durch Vertiefen des höheren Hauptformanten und ebenso das *Ü* aus dem *Ī* entsteht. Der tiefere Hauptformant bleibt jedoch in beiden Fällen ungeändert.

Alle diese mit den modernsten Mitteln der Feinstrukturanalyse mühsam gewonnenen experimentellen Resultate bestätigen in zwingender Weise die Helmholtzsche Vokaltheorie.

Diese Bestätigung geht aber noch weiter. Beim Flüstern der Vokale erscheinen nur die Formanten; beim stimmhaften Sprechen treten noch die im Kehlkopf erzeugten Töne der Stimme hinzu. Es muß daher möglich sein, Vokale „synthetisch“ herzustellen. Schon Helmholtz[2]) hat mit den damals verfügbaren Mitteln, und zwar mit Hilfe von Stimmgabeln und Resonatoren dieses Experiment erfolgreich angestellt. In neuerer Zeit haben Miller und Stumpf[3]) diese Versuche mit Pfeifen-

---

[1]) Trendelenburg, F.: Wiss. Veröff. a. d. Siemenskonzern Bd. 3, H. 2; Zeitschr. f. techn. Phys. 1924, S. 236.

[2]) Helmholtz, H. v.: l. c. S. 199 und Beilage VIII, S. 631.

[3]) Miller und Stumpf: l. c.

tönen wiederholt. Stumpf konnte jeden Vokal auf einen beliebigen Grundton[1]) aus einfachen Pfeifentönen zusammensetzen, und zwar in einer Vollkommenheit, daß auch ein sorgfältiger Beobachter den künstlichen Vokal von dem gesungenen natürlichen nicht unterscheiden konnte.

Ähnlich wie bei den Vokalen kann man auch bei den Konsonanten von Formantengebieten sprechen, nur liegen hier die Dinge viel verwickelter.

Abb. 7 zeigt die Formantengebiete verschiedener Konsonanten nach Untersuchungen von Stumpf. Die stark ausgezogenen Linien entsprechen dem Frequenzgebiet der Hauptformanten, die schwächer ausgezogenen den Nebenformanten. Die gestrichelten und punktierten Linien geben Tonbereiche an, die von geringerer Wichtigkeit für das Erkennen sind; ihr Hinzutreten bewirkt bloß eine noch schärfere Kennzeichnung des betreffenden Lautes.

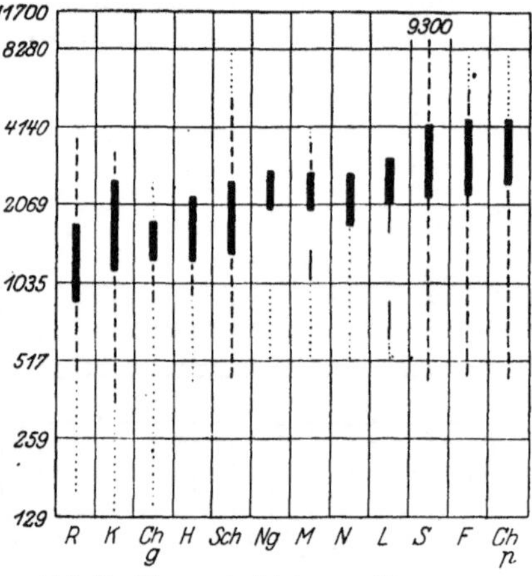

Abb. 7. Formantgebiete von Konsonanten.

Bei den Konsonanten fehlt das typische Merkmal der Vokale, nämlich die Periodizität der Schwingungen. Die Konsonanten stellen einzelne, abklingende Wellenzüge dar, die in ziemlich unregelmäßigen Abständen aufeinanderfolgen.

Wie in der Sprache zwischen den Vokalen und Konsonanten typische Unterschiede vorhanden sind, ist dies auch bei den musikalischen Klängen der Fall. Die Vielgestaltigkeit der musikalischen Instrumente, deren Klangfarbe bekanntlich durch die Zahl und die Intensität ihrer jeweiligen Obertöne bestimmt ist, liefert zwei wesentlich verschiedene Arten von Klängen. Einmal „andauernde“ Schwingungen, wie sie durch Anblasen von Luftsäulen oder durch das Anstreichen von Saiten erzeugt werden. Die verschiedenen Blasinstrumente, die Violine und die ihr verwandten Instrumente geben diesen Klangtypus. Ferner gibt es „ausklingende“ Schwingungen, die beim Anschlagen schwingungsfähiger Körper, z. B. einer Glocke, beim Spielen eines Klavieres oder einer Gitarre entstehen.

Die andauernden Schwingungen sind rein periodischer Natur; neben dem Grundton tritt eine größere oder kleinere Anzahl von harmonischen Obertönen auf. Sie entstehen durch Selbsterregung schwingungsfähiger

[1]) Der Grundton muß unterhalb der Hauptformanten liegen.

Systeme, die mit einer konstanten Kraftquelle, aus der der Energiekonsum gedeckt wird, gekoppelt sind. Demnach gehören zu diesen Schwingungen auch die gesungenen Vokale.

Ein Beispiel für eine andauernde Schwingung liefert uns Abb. 8, in der die Klänge einer Flöte bei verschiedener Spielweise wiedergegeben sind. In mittlerer Tonlage gibt die Flöte nahezu reine Töne, namentlich beim Pianissimo. Wird forte gespielt, so wird die Flöte in den tieferen Registern leicht überblasen, was sich durch das Auftreten vieler Obertöne bemerkbar macht, von denen der zweite besonders stark ist. Zuweilen verschwindet der Grundton ganz, dann schlägt der Ton in die höhere Oktave um. Im Durchschnitt sind die Obertöne der Flöte schwach, was ihr den ausgesprochen weichen Klang verleiht.

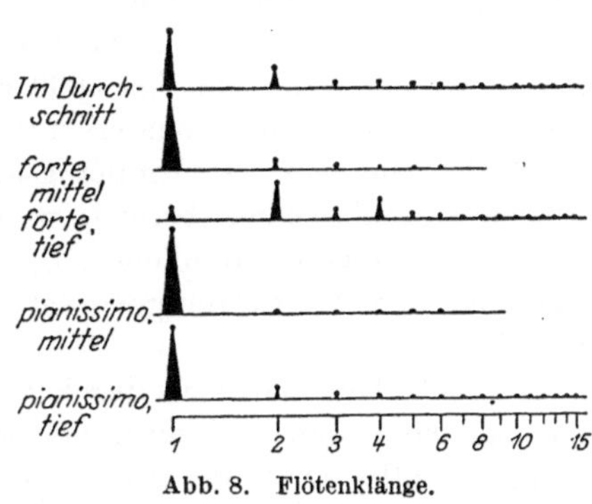

Abb. 8. Flötenklänge.

Im Gegensatz zu den „andauernden" stellen die „ausklingenden Schwingungen Eigenschwingungen angeschlagener, schwingungsfähiger Systeme dar; es erklingt beim Anschlagen der Grundton und die gewöhnlich unharmonischen Obertöne, wodurch die abklingende Gesamtschwingung unperiodisch wird. Es fehlt eine konstante Kraftquelle; der Vorgang entspricht einer Stoßerregung. Ein typisches Beispiel für eine ausklingende Schwingungsform zeigt Abb. 9, die den Klang einer angeschlagenen Glocke wiedergibt. Der periodische Charakter ist verlorengegangen. Die unharmonischen Obertöne ergeben den metallischen Klang des Tones.

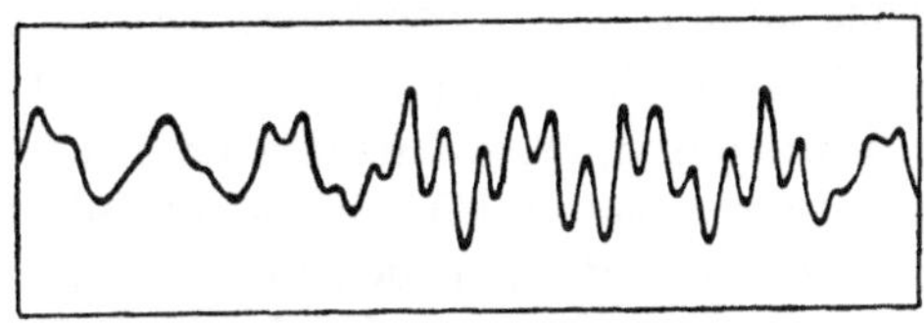
Abb. 9. Klang einer Glocke.

B. Frequenzumfang von Sprache und Musik und der Einfluß der Beschneidung der Frequenzbänder.

Das Nächste, was der Konstrukteur eines Radioempfangsapparates beachten muß, um ihm die eingangs verlangten Qualitäten geben zu können, ist der erforderliche „Frequenzbereich", den der Empfänger gleichmäßig gut durchzulassen hat. Es ist ja nach dem Bisherigen klar, daß in der Empfangsapparatur für Sprache individuell charakterisierende Tonbereiche, etwa Hauptformantregionen der Vokale, und bei musikalischen Darbietungen solche Oberschwingungen, die die Instrumentenklangfarbe bestimmen, nicht unterdrückt werden dürfen.

Eingehende Untersuchungen[1]) haben ergeben, daß bezüglich der Verständlichkeit der Sprache für das gewöhnliche Telephonieren es vollkommen hinreicht, wenn ein Frequenzband von 200 bis 2500 Hertz übertragen wird. Für hochqualifizierte Übertragungen, wie sie der Rundfunk erfordert, braucht man allerdings noch höhere Frequenzen; doch dürfte ein Band, das bei 5000 Hertz abschneidet, im allgemeinen vollständig ausreichen, besonders mit Rücksicht darauf, daß es bis heute noch nicht gelungen ist, Empfangsapparate zu bauen, deren gleichmäßiger Durchlässigkeitsbereich wesentlich über 5000 Hertz hinaufreicht. Auch das gewöhnliche Kopftelephon, wie auch die modernen Telephone für Schwerhörige[2]) setzen hier vorläufig eine ähnliche Grenze.

Natürlich darf man sich durch diese momentanen Beschränkungen nicht beirren lassen und muß sich die Frage vorlegen, wann werden tatsächlich alle, auch die zartesten Feinheiten der Sprache wiedergegeben? Hier liefern die Untersuchungen, daß für diesen extremen Fall ein Frequenzband von 30 bis 10 000 Hertz erforderlich wäre.

Der Umfang der musikalischen Instrumente reicht vom tiefsten Orgelton bis zum musikalisch höchsten Ton der Pikkoloflöte, also bis rund 5000 Hertz. Das sind aber bloß die Grundtöne der musikalischen Instrumente, zu denen noch notwendigerweise die ihre Klangfarbe bestimmenden Oberschwingungen hinzutreten. Es hat sich gezeigt, daß eine einigermaßen getreue Musikwiedergabe ein Frequenzband von 30 bis mindestens 10 000 Hertz erfordert. Letzteres genügt dann auch reichlich für die völlig einwandfreie Übertragung der Sprache.

Wird das Sprachfrequenzband nach oben hin beschnitten, so wird bei immer weiterer Einengung schließlich die Sprache immer dumpfer und letzten Endes gänzlich unverständlich. Ein Zwischenstadium liegt darin, daß man von einer bestimmten Beschneidung des Sprachfrequenzbandes ab einen gut Bekannten nicht als mehr Sprecher erkennt.

Eine entsprechend starke Beschneidung des Musikfrequenzbandes bewirkt zunächst eine Änderung der Klangfarbe der Instrumente, und weiter getrieben werden die Instrumente nicht mehr erkannt, bis schließlich eine Verwechslung mit einem ganz anderen Instrument Platz greift. So wird beispielsweise in einem Empfänger, der bloß ein

---

[1]) Wagner, K. W.: Elektrotechn. Zeitschr. 1924, S. 451. — Trendelenburg: l. c.

[2]) Die modernen Schwerhörigentelephone sind mit einer sehr kleinen Membran ausgestattet, deren Grundschwingung bei 5000 Hertz liegt. Der Rundfunkempfang, besonders für Musik, ist mit diesen Telephonen akustisch besser als mit den üblichen Radioempfangstelephonen.

Frequenzband bis 5000 Hertz gleichmäßig durchläßt, eine Geige in den höheren Tonlagen sehr leicht für eine Flöte gehalten.

Um die Frage zu beantworten, ob es möglich ist, einen Empfänger zu bauen, der dieses breite Frequenzband, das sich für Musik über mehr als 8 Oktaven erstreckt, frequenzunabhängig, also verzerrungsfrei durchläßt, muß kurz darauf hingewiesen werden, wie ein Empfänger in dieser Richtung arbeitet. Der Sender strahlt dem Empfangsapparat eine „modulierte" Welle zu, die normalerweise aus 3 hochfrequenten Schwingungen besteht, nämlich aus der sogenannten Trägerwelle mit der Schwingungszahl H Hertz und den beiden Seitenbändern mit den Schwingungszahlen $H - N$ und $H + N$ Hertz. Dabei bedeutet N nicht eine einzige Schwingungszahl, sondern erstreckt sich über ein ganzes Schwingungszahlenspektrum, nämlich über das den Sender modulierende Niederfrequenzband. Das Empfängeraudion führt dann dem Empfangstelephon infolge der eintretenden Demodulation wiederum das dem Sender modulierende Niederfrequenzband N zu. Wie diese Vorgänge sich abspielen, werden wir bei der Besprechung der Kombinationsschwingungen verstehen lernen. Gegenwärtig ist es zur Beantwortung unserer Frage nach einem Empfänger, der das Frequenzband nicht beschneidet, bloß wichtig daran zu erinnern, daß der Empfangsapparat einen auf H Hertz, also auf die Trägerfrequenz abgestimmten elektrischen Resonanzkreis besitzt, der eine bestimmte Dämpfung hat und die bekannte Resonanzkurve a (Abb. 10) besitzt.

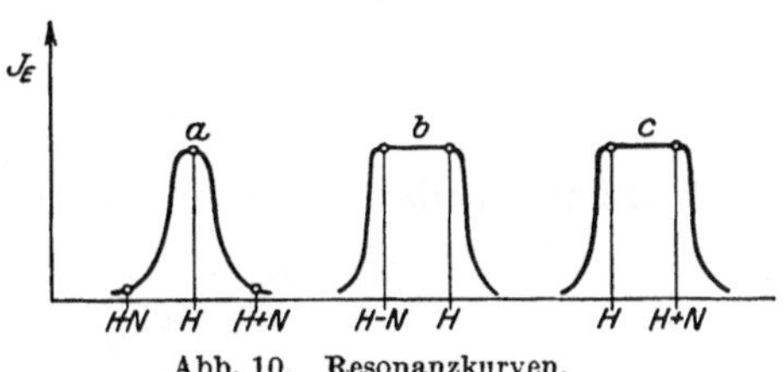

Abb. 10. Resonanzkurven.

Nachdem im Audion des Empfangsapparates das Niederfrequenzband N durch eine Differenzbildung der 3 dem Empfänger treffenden Schwingungen, also entweder durch die Differenz $H - (H - N) = N$ oder $(H + N) - H = N$ infolge des Demodulationsvorganges entsteht, so wird dieses Niederfrequenzband dann und nur dann nicht beschnitten, wenn der Empfangsschwingungskreis die beiden hochfrequenten Seitenbänder $H - N$ und $H + N$ nicht beschneidet. Wie die Resonanzkurve a in Abb. 10 zeigt, ist dies jedoch keineswegs der Fall. Denn die Resonanzkurve fällt je nach der Dämpfung des Kreises mehr oder weniger steil zu beiden Seiten der Resonanzstelle H ab, was bedeutet, daß die von H weiter abliegenden Frequenzen der Seitenbänder intensitätsschwächer wiedergegeben werden als die der Resonanzstelle H näherliegenden Stellen der Frequenzbänder. Die Frequenzbänder rücken um so weiter vom Resonanzpunkt H ab, je größer der Wert des N ist, also je höher der den Sender modulierende Ton war. Dies hat zur Folge, daß nach der Demodulation die höheren Frequenzen des Niederfrequenzbandes gegenüber den tieferen benachteiligt werden, ein Umstand, der um so mehr ins Gewicht fällt, als gerade die hohen und höchsten Frequenzen in ausschlaggebender Weise klangfarbecharakterisierend sind. Es hat also zunächst den Anschein, als ob die gestellte Aufgabe nur durch Kurven von der Form *b* oder *c* in Abb. 10 gelöst werden könnte, bei denen das eine der beiden hochfrequenten Seitenbänder bezüglich aller seiner Frequenzen gleichmäßig gut durchgelassen wird[1]). Derartige Resonanzkurven kann man tatsächlich erzielen, und zwar mit Hilfe der sogenannten Kettenleiter[2]), die allerdings ein viel komplizierteres Gebilde darstellen als ein einfacher Schwingungskreis aus Kapazität und Selbstinduktion.

Daß ein einfacher Resonanzkreis die gestellte Aufgabe, ein Hochfrequenzband endlicher Breite unverzerrt durchzulassen, nicht lösen kann, ersieht man auch rechnerisch. Bezeichnet ϑ das logarithmische Dekrement eines einfachen Schwingungskreises und k einen Proportionalitätsfaktor, so läßt sich die Niederfrequenzenergie E_1, die man nach der Demodulation für einen bestimmten Ton des Niederfrequenzbandes von der Schwingungszahl N_1 in einem Telephonieempfänger erhält, durch die Formel darstellen[3]):

$$E_1 = \frac{k}{4\left(\frac{N_1}{H}\right)^2 + \left(\frac{\vartheta}{\pi}\right)^2}. \tag{1}$$

Es entspricht dann dem tiefsten Ton N_n des Niederfrequenzbandes die Gleichung

$$E_n = \frac{k}{4\left(\frac{N_n}{H}\right)^2 + \left(\frac{\vartheta}{\pi}\right)^2}$$

und den höchsten Ton N_h des Niederfrequenzbandes die Beziehung

$$E_h = \frac{k}{4\left(\frac{N_h}{H}\right)^2 + \left(\frac{\vartheta}{\pi}\right)^2}.$$

Die Formeln besagen, daß E_n und E_h nie einander gleich werden können, sondern daß E_h stets gegenüber E_n benachteiligt werden muß. Es ist also eine exakte Wiedergabe eines Frequenzbandes endlicher Breite unmöglich.

Diese Formeln stehen nun offenbar im Widerspruch mit der Erfahrung. Denn es gelingt ohne Anwendung von Kettenleitern, also lediglich mit einfachen Resonanzkreisen, bekanntlich der Bau von

---

[1]) Beide Seitenbänder sind nicht erforderlich, denn N entsteht immer bereits durch Differenzbildung eines Seitenbandes und der Trägerfrequenz.

[2]) Wagner, K. W.: Zeitschr. f. techn. Phys. Bd. 2, S. 297. 1921.

[3]) Joos, G. und J. Zenneck: Zeitschr. f. Hochfrequenztechn. Bd. 22, S. 93. 1923.

hochwertigen Empfängern. Dieser Widerspruch, der nur ein scheinbarer ist, findet folgende Erklärung: Das menschliche Ohr ist wie alle Sinnesorgane mit Fehlern behaftet und daher kein exakt arbeitender Apparat. Es merkt eine Energiefälschung nicht, wenn diese unterhalb der „Unterschiedsempfindlichkeit“ bleibt. Letztere ist ziemlich groß, denn 2 Töne werden erst dann als eben intensitätsverschieden empfunden, wenn ihre Intensitäten im Verhältnis 1 : 1,25 stehen, also der eine der beiden Töne um 25% intensitätsstärker ist als der andere. Denken wir uns daher einen Sender so moduliert, daß alle Frequenzen des Niederfrequenzbandes gleich große Intensität besitzen, so überträgt sich diese Eigenschaft auch auf die hochfrequenten, vom Sender ausgestrahlten Seitenbänder. Im Empfänger tritt nun infolge der Resonanzkurve eine Verzerrung dieser Seitenbänder ein, indem für das eine Seitenband $H + N$ die höheren und für das andere $H - N$ die tieferen Bandfrequenzen in ihrer Intensität geschwächt werden. Das heißt aber für beide Fälle, daß nach der Demodulation im Telephon die Töne um so mehr in ihrer Intensität reduziert erscheinen, je höher sie sind. Bleibt aber diese Intensitätsreduktion unter einer gewissen Grenze, so wird sie das Ohr praktisch nicht merken. Auf die Resonanzkurve angewendet, bedeutet dies nichts anderes als: sie darf eine gewisse Steilheit nicht übersteigen, oder mit anderen Worten, das Dekrement der Empfangskreise darf nicht unter einen gewissen Betrag sinken, sonst wird eben die Energiefälschung so stark, daß das Ohr die Sache bereits unangenehm empfindet.

Es soll nun versucht werden, das jeweilig zulässige logarithmische Dekrement oder besser den von der jeweiligen Trägerfrequenz unabhängigen Dämpfungsfaktor, der dann eine „physiologische Konstante“ darstellt, zu ermitteln. Die früher erhaltenen Beziehungen liefern uns folgende Ungleichung für die beiden Grenzfrequenzen des Niederfrequenzbandes:

$$E_n > E_h\,.$$

Diese Ungleichung ist nun für das Ohr so lange praktisch eine richtige Gleichung, als es den Fehler nicht merkt. In erster Annäherung darf infolge der Unterschiedsempfindlichkeit des Ohres die linke Seite der Ungleichung 1,25 mal größer sein als die rechte. Setzen wir $1{,}25 = a$, dann verwandelt sich unsere Ungleichung in folgende Gleichung:

$$E_n = a\,E_h\,. \tag{2}$$

Aus ihr können wir nun das logarithmische Dekrement ϑ bzw. den Dämpfungsfaktor δ berechnen und erhalten[1]):

$$\delta = H \cdot \vartheta = 2\pi \sqrt{\frac{N_h^2 - a\,N_n^2}{a - 1}}\,. \tag{3}$$

[1]) Aigner, F.: Zeitschr. f. Hochfrequenztechn. Bd. 25, S. 57. 1925.

Für das maximal zu übertragende Frequenzband ist $N_n = 30$ Hertz und $N_h = 10\,000$ Hertz. Es kann daher in Formel (3) $a \cdot N_n^2$ als um viele Größenordnungen kleiner als N_h^2 gegen letzteres vernachlässigt werden, und wir bekommen für den physiologischen Dämpfungsfaktor den numerischen Wert

$$\delta = 2\pi N_h \frac{1}{\sqrt{a-1}} = 4\pi \cdot 10^4 \,\mathrm{sec}^{-1}. \qquad (3\,\mathrm{a})$$

Die Erfahrung zeigt nun, daß sich das Ohr infolge einer äußerst schmiegsamen Anpassungsfähigkeit eine viel größere als die angenommene Fälschung gefallen läßt. Man kann in der Praxis den rechnerisch ermittelten Wert 20- bis 40 mal und auch noch stärker unterschreiten, ohne daß die akustische Wiedergabe merklich schlechter wird.

Wird aber von diesem noch zulässigen Betrag ab δ etwa durch entsprechende Kreisentdämpfung mittels einer verstellbaren Rückkopplung noch weiter reduziert, so ist eine „gehörrichtige" Wiedergabe des Frequenzbandes nicht mehr möglich; das Ohr merkt dann ganz deutlich die Benachteiligung der hohen Töne gegenüber den tiefen und antwortet mit einer falsch gehörten Klangfarbe, und zwar wird der Klang dumpf, was an jedem sehr stark rückgekoppelten Empfänger zu hören ist.

Aber auch bei richtig eingestellter Rückkopplung kann unter Umständen die Empfangsgüte sehr schlecht werden. Dies tritt dann ein, wenn die Intensität der die Klangfarbe charakterisierenden, hoch liegenden Obertöne bereits unter die „Reizschwelle" des Ohres abgesunken ist und nur noch die immer viel intensiveren Grundschwingungen gehört werden. Die Lautstärke durch weiteres Rückkoppeln zu heben, ist nicht erlaubt, da dann die physiologisch zulässige Dämpfungskonstante unterschritten wird. In einem solchen Falle befindet man sich an der Grenze der Leistungsfähigkeit des betreffenden Empfängers; die Station ist dann mit diesem Apparat prinzipiell nicht mehr einwandfrei zu empfangen.

Bei an der Empfangsgrenze liegenden Stationen wird Musik immer besser gehört als die Sprache, was zunächst deshalb auffallen muß, da Sprache ein viel engeres Frequenzband beansprucht als Musik, daher eine entsprechend größere Kreisentdämpfung zulassen soll. Tatsächlich nützt aber in einem solchen Fall ein stärkeres Rückkoppeln erfahrungsgemäß gar nichts.

Dieser Mißerfolg hat verschiedene Gründe. Zunächst handelt es sich in solchen Fällen meist um eine fremde Sprache, die immer schwieriger zu verstehen ist als die Muttersprache, während Musik sich gleichbleibt. Es ist daher für eine fremde Sprache ein Beschneiden des Sprachfrequenzbandes von 10 kHz auf 5 kHz nicht zulässig. Ferner darf nicht übersehen werden, daß Musik eine Sache des Gemütes ist und daher der

Phantasie und dem Erraten wesentlich mehr Spielraum geboten wird als bei einer Verstandessache, wie sie ein Sprachinhalt darstellt, auch dann, wenn es sich um die Muttersprache handelt. Einen dritten Grund, der die Beschneidung des Sprachfrequenzbandes verbietet, werden wir bei der Besprechung des Nachhalles kennenlernen.

C. Raumakustik.

Wird in einem geschlossenen Raum gesprochen oder musiziert, so treffen die von der akustischen Quelle ausgehenden Schallwellen auf ihrer Wanderschaft durch den Raum auf Hindernisse, wie sie im Raum stehende Gegenstände, ferner die anwesenden Zuhörer und schließlich die den Raum begrenzenden Wände darstellen. An solchen Stellen tritt Schallreflexion ein. Dabei wird ein Teil der Energie, da die Reflexionsstellen nicht absolut schallundurchlässig sind, durchgehen, ein weiterer Teil wird absorbiert. Der Rest wird reflektiert. Dieser geschwächte, reflektierte Wellenzug setzt dann in seiner durch die Reflexion erhaltenen neuen Richtung seine Wanderung durch den Raum fort, bis er an einer zweiten Stelle neuerdings reflektiert wird; und so geht das Spiel weiter, bis sich die bei jeder Reflexion schwächer werdende Schallenergie totgelaufen hat.

Die Schallwellen treffen nun, von allen möglichen Richtungen kommend, teils direkt, teils auf indirekten durch Reflexionen abgelenkten Wegen das Ohr eines Zuhörers. Dadurch, daß nicht bloß direkter, sondern auch indirekter Schall den Gehörapparat in Tätigkeit setzt, wird im allgemeinen eine Schallverstärkung eintreten, die unter sonst gleichen Verhältnissen um so größer ist, je weniger Schallenergie bei den einzelnen Reflexionen verlorengeht, je besser also die Schallhindernisse reflektieren. Es wäre aber verfehlt zu glauben, daß man dadurch einen gut akustischen Raum erhält, wenn man bloß diesem Gesichtspunkt durch Verwendung gut reflektierender Wandbekleidung Rechnung trägt. Denn je kleiner die Schallschwächung bei den Reflexionen ausfällt, um so längere Zeit wird es dauern, bis sich die Schall wellen totgelaufen haben, da sie ja dann mehr Reflexionen vertragen als bei schlecht reflektierendem Material. Dadurch entsteht aber bald ein zu langes „Nachklingen" eines Tones. Man erhält einen zu langen „Nachhall", und die Silben laufen beim Sprechen ineinander.

Macht man hingegen die Wände schlecht reflektierend, dann nimmt die Nachhalldauer ab, da sich die Schallwellen in kürzerer Zeit verbrauchen; das Ineinanderfließen der Silben verschwindet. Dafür wird aber wegen der schlechteren Reflexionsfähigkeit, also der stärkeren Schwächung der reflektierten Wellen, die das Ohr innerhalb der gleichen Zeit treffende Gesamtenergie kleiner, Sprache und Musik also leiser. Nachdem diese beiden Erscheinungen bezüglich ihres Vorteiles für einen gut akustischen Raum gegeneinander arbeiten, muß es irgendein Optimum für die Nachhalldauer geben. Das ganze Problem wurde auf verschiedenen Wegen theoretisch berechnet und lieferte die gleichen Resultate, die dann experimentell verifiziert wurden[1]). Das Ergebnis ist kurz folgendes:

Ist A die Intensität der Schallquelle, E die Schalldichte im Zuhörerraum, a der Absorptionskoeffizient der Raumbekleidung, S die Oberfläche der Luftraumbegrenzung, W das Luftvolumen des Raumes, v die Schallgeschwindigkeit in Luft und t die Zeit, so ist die Schallenergiedichte im Raum zur Zeit t, die mit E_t bezeichnet werden soll, durch folgende Exponentialform gegeben:

$$E_t = \frac{4\,A}{a\,v\,S} \cdot e^{-\frac{a\,v\,S}{4W} \cdot t}. \tag{1}$$

Macht man die erfahrungsgemäße Annahme, daß in Räumen mittlerer Größe E_t nicht mehr störend wirkt, wenn es auf den millionsten Teil des Ausgangswertes $E_0 = 4\,A/a\,v\,S$ abgeklungen ist, so wird der Potenzexponent

$$\frac{a\,v\,S}{4W} \cdot t \sim 14. \tag{2}$$

Mit der physiologisch zu ermittelnden günstigsten Nachhalldauer t_N erhält man aus (2) einen zahlenmäßigen Wert für $a\,v\,S/4W$. W kann ausgemessen werden, und damit ist $a\,v\,S$ bzw. $a\,S$ zahlenmäßig bestimmt; $a\,S$ setzt sich aus einer Anzahl von Summanden $a_k \cdot S_k$ zusammen. Einen solchen Summanden bilden z. B. die Fensterscheiben, deren Gesamtoberfläche etwa S_1 sei. Für a_1 ist der separat zu ermittelnde Absorptionskoeffizient von Glas einzusetzen.

Kennt man einmal die optimale Nachhalldauer, die sich für Sprache zu $^1/_2$ bis zu 1 Sekunde und für Musik zu 1 bis 2 Sekunden ergab, so kann man einerseits für einen neu zu erbauenden Raum auf Grund der Formel (2) die Werte von a, S und W entsprechend richtig verteilen, andererseits einen bereits fertigen, schlecht akustischen Raum durch entsprechende Abänderung dieser Werte zu einem besser akustischen machen. Natürlich sind Ränme, die so groß sind, daß sich bereits ein Echo ausbilden kann, das immer schädlich ist, von diesen Betrachtungen ausgeschlossen.

Nunmehr ist auch der angekündigte dritte Grund verständlich, der im Empfängerreichweitegrenzfall ein stärkeres Rückkoppeln für Sprach-

[1]) Sabine, W. C.: Proc. Am. Acad. of Arts and Science Bd. 42, S. 49. 1906. — Sabine, W. C.: Am. Arch. and Bulding News Bd. 48, S. 7. 1900. — Marage: Cpt. rend. Bd. 142, S. 878. 1906; Journ. de physique. (4) Bd 6, S. 101. 1907. — Jäger, G.: Sitzungsber. d. Akad. d. Wiss., Wien. Mathem.-naturw. Kl. IIa, Bd. 120, S. 613. 1911. — Aigner, F.: Sitzungsber. d. Akad. d. Wiss., Wien. Mathem.-naturw. Kl. IIa, Bd. 123, S. 1489. 1914.

darbietungen, wie dies das schmälere Sprachfrequenzband gegenüber Musikaufführungen scheinbar gestattet, unbedingt verbietet. Der für Sprache erlaubte Nachhall ist eben bloß rund halb so groß als der für Musik. Daher darf durch ein stärkeres Rückkoppeln der „elektrische" Nachhall im Empfänger nicht für Sprache verlängert werden, sondern es muß im Gegenteil der umgekehrte Weg eingeschlagen werden; dann wird sich tatsächlich die Sprachreichweitegrenze eines Empfängers immer früher einstellen als die Grenzreichweite für Musik.

In einem auf optimalen Nachhall gebrachten Raum können wir nun einen Sender modulieren und werden mit ebendiesem Raumnachhall — falls im Empfangsapparat kein neuer mehr hinzukommt — im Kopfhörer, der praktisch infolge seiner großen Dämpfung nachhallfrei ist, Sprache gut verstehen und Musik richtig hören.

Anders wird die Sache, wenn wir einen Lautsprecher zum Abhören aufstellen. Er selbst ist zwar ebenfalls praktisch nachhallfrei, aber er steht nun in einem mit Nachhall behafteten Raum als Schallquelle. Zum Nachhall des Sendermodulationsraumes, den der Lautsprecher richtig wiedergibt, addiert sich jetzt für den Zuhörer der des Zuhörerraumes hinzu. Der Nachhall wird somit zu lang, und zwar beispielsweise doppelt so lang, als er sein dürfte, wenn auch der Zuhörerraum optimalen Nachhall besitzt.

Abhilfe schafft hier der Senderbesprechungsraum, auch „Studio" genannt. Machen wir diesen Raum praktisch nachhallfrei, so arbeitet unter den früher gemachten Annahmen der Lautsprecher nunmehr richtig. Dafür ist aber die Sache im Kopftelephon nicht mehr in Ordnung. Dort hört man jetzt alles vollkommen nachhallfrei; Musik und Sprache klingen schlecht und machen einen unangenehmen, abgehackten Eindruck. Man gibt daher in neuerer Zeit dem Studio so viel Nachhall, daß diese lästige Erscheinung im Kopfhörer gerade verschwindet. Dies ist sehr bald erreicht, denn es zeigt sich die interessante physiologische Erscheinung, daß auch im nachhallfreien Kopftelephon der Nachhall des Studios verlängert erscheint. Es dürfte dies darauf zurückzuführen sein, daß beim Radioempfang die sonst vorhandene Mitwirkung des Auges ausgeschaltet ist und so die Ohrenempfindlichkeit steigt. Etwas Ähnliches finden wir ja auch bei den Blinden, deren Tastempfinden das eines Sehenden weit übertrifft.

Diese Betrachtungen zeigen, daß ein Studio nicht umgangen werden kann, wenn man allen Bedingungen gerecht werden will, nur sind die Versuche über seine beste Nachhalldauer noch nicht abgeschlossen. Solange es Detektorapparate gibt, wird man den Nachhall im Studio so regulieren müssen, daß Sprache und Musik im Kopftelephon nicht abgehackt erscheinen. Gäbe es nur Röhrenapparate, dann wäre es das richtige, das Studio völlig nachhallfrei zu bauen und den jeweils erforderlichen Nachhall durch entsprechendes Rückkoppeln im Röhrenapparat richtig einzustellen. Der Sender hätte dann auch seine größte Reichweite, da bei nachhallfreiem Studio die akustisch zulässige Rückkopplung im Empfänger ein Maximum würde. Wird dabei hinsichtlich des Frequenzbandes die Resonanzkurve zu steil, so könnte dies durch einen entsprechenden Frequenzgang im Empfänger kompensiert werden.

Ein viel schwierigeres Problem als das des Studios ist die Übertragung aus Räumen mit normalem Nachhall, der aber, da die Räume gleichzeitig Studio und Zuhörerraum sind, nicht geändert werden darf. Dies ist der Fall, wenn Vortragsräume, Konzertsäle oder Theater direkt an einen Sender angeschlossen werden. Dieses Problem harrt bis heute noch einer einwandfreien Lösung. Ein Weg, der zum sicheren Ziele führen könnte, wäre der irgendeines Nachhallreduktors. Wie das zu machen ist, ist allerdings noch Zukunftsfrage. Eine nicht unmögliche Lösung ist etwa die, Schallempfänger mit regulierbarer Reizschwelle zu verwenden. Liegt z. B. die Mikrophonreizschwelle für die Senderbesprechung entsprechend hoch über der des menschlichen Ohres und kann man sie überdies noch regulieren, dann hat man es in der Hand, den Nachhall zu reduzieren und zu ändern.

Das Nachhallproblem spielt demnach im Radio sowohl sender- wie empfängerseitig eine viel größere Rolle, als man auf den ersten Blick annehmen würde.

D. Kombinationsschwingungen.

Eine noch bedeutungsvollere Rolle kommt in der Radiotechnik den Kombinationsschwingungen zu. In der Akustik gilt im allgemeinen das „Superpositionsgesetz“, d. h. kleine Amplituden einer beliebigen Anzahl von Einzelschwingungen addieren sich einfach. Anders wird die Sache, wenn die Amplituden eine gewisse Größe überschreiten. Dann gilt das besagte Gesetz der einfachen Amplitudenaddition nicht mehr. Es gilt aber auch dann nicht mehr, wenn zwei oder mehrere Schwingungen, auch kleiner Amplituden, auf ein schwingungsfähiges System mit unsymmetrischer Elastizität einwirken. Dann erzeugen die einwirkenden Schwingungen neue, bei der Einwirkung noch nicht vorhandene Schwingungen, die Helmholtzschen Kombinationsschwingungen[1]).

In jedem schwingungsfähigen System pendelt bekanntlich die von außen in das System hineingesteckte Energie derart hin und her, daß sie von der potentiellen Energieform in die kinetische übergeht und umgekehrt. Es muß daher jedes schwingungsfähige System, ganz un-

[1]) Helmholtz, H. v.: l. c. S. 253 und Beilage XII, S. 650. — Hort, W.: Technische Schwingungslehre, 2. Aufl., S. 764. Berlin, Julius Springer 1922. — Kalähne, A.: Grundzüge der mathem.-phys. Akustik Bd. I, S. 82. B. G. Teubner 1910.

abhängig davon, um welche Schwingungen, ob um elektromagnetische oder mechanische, es sich handelt, notwendigerweise zwei Elemente besitzen, die es der schwingenden Energie gestatten, in potentieller und kinetischer Form aufzutreten. Bei den akustischen Schwingungen stellen Masse und Elastizität diese beiden Energiereservoire dar, und zwar erlaubt erstere eine Energieaufspeicherung in kinetischer, letztere in potentieller Form.

Handelt es sich speziell um harmonische Schwingungen, deren Hauptmerkmal dadurch gegeben ist, daß die Beschleunigung stets der Elongation proportional ist, so werden diese immer dann auftreten, wenn die rücktreibende Kraft der Entfernung des schwingenden Systems aus seiner Ruhelage proportional ist.

Dies ist zwar der häufigste, aber doch ein spezieller Fall. Denn ganz allgemein wird die rücktreibende Kraft als eine Funktion der Entfernung aus der Ruhelage anzusetzen sein. Enthält diese Funktion nur ein lineares Glied bzw. nur Glieder mit ungeradzahligen Potenzen, dann haben wir den früher besprochenen Fall.

Nun kann aber besagte Funktion außer einem linearen Glied auch noch ein quadratisches bzw. eine Anzahl Glieder mit geradzahligen Potenzexponenten enthalten, so daß sich die rücktreibende Kraft, die K genannt werden soll, wenn x die Elongation und a und b Konstante darstellen, falls man sich auf den einfachsten Fall beschränkt, in der Form schreiben läßt:

$$K = f(x) = a x + b x^2 .$$

Ist lediglich das lineare Glied $a x$ vorhanden, so ist $f(x)$ eine symmetrische Funktion, denn wechselt x sein Zeichen, so tut dies auch $f(x)$. Wir haben dann „symmetrische Elastizität“. Tritt aber noch das Glied $b x^2$ hinzu, dann erhalten wir deshalb unsymmetrische Verhältnisse, da x^2 sein Zeichen bei einem Zeichenwechsel von x nicht ändert. Im ersteren Fall zieht die Kraft K das System immer in die Ruhelagezurück, im zweiten Fall der „unsymmetrischen Elastizität“ bewirkt das hinzutretende quadratische Glied, daß es wegen Beibehaltens seines Zeichens in der einen Phase der Schwingung rücktreibend, in der Gegenphase aber hemmend wirkt. Ein Beispiel eines solchen „pseudoharmonischen“ Schwingungsgebildes, für das das Superpositionsgesetz nicht mehr gilt, zeigt Abb. 11.

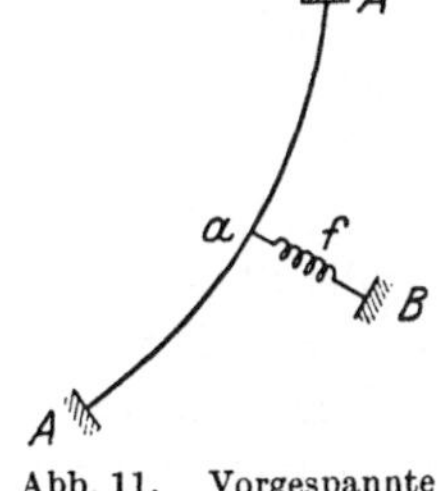

Abb. 11. Vorgespannte Membran.

Eine kreisförmige Membran sei längs ihres Randes A fest eingespannt und in der Membranmitte a sei eine Feder f befestigt, deren zweites Ende bei B festgehalten wird. Die Federspannung gibt der ursprünglich „eben“ gedachten Membran eine gekrümmte Gestalt. Trifft auf dieses schwingungsfähige System nun eine Schwingung auf, die es zum Mitschwingen zwingt, so wird in der Richtung des Federzuges die unter dem Einfluß der auftreffenden Schwingung stehende Membranbewegung gefördert, nach der anderen Schwingungsrichtung hingegen behindert. Eine Symmetrie zu beiden Seiten der Membranruhelage ist also nicht mehr vorhanden.

Stellt man für ein derartiges System die Schwingungsgleichung auf, so liefert, falls wenigstens zwei Schwingungen, etwa von den Schwingungszahlen p und q, darauf einwirken, die Integration dieser Gleichung das Resultat, daß außer den beiden Schwingungen p und q auch noch „neue" Schwingungen, die sogenannten „Kombinationsschwingungen" auftreten.

Bezeichnet man mit m und n ganze Zahlen, dann lautet das Bildungsgesetz für die Kombinationsschwingungen D:

$$D_{n,m} = m p \pm n p \,^{1)} . \tag{A}$$

Wir erhalten also beispielsweise für $n = 0$ und $m = 1$, 2, 3 usw.

$$D_{0,1} = p\,, \quad D_{0,2} = 2p\,, \quad D_{0,3} = 3p \quad \text{usw.}$$

oder für $m = n = 1$ wird

$$D_{1,1} = p \pm q\,.$$

Man nennt speziell die Kombinationsschwingungen, für die im Bildungsgesetz nach der Gleichung (A) das Pluszeichen gilt, Summationsschwingungen und für den Fall des Minuszeichens Differenzschwingungen. Es ist also $p + q$ eine Summations- und $p - q$ eine Differenzschwingung.

Ein akustischer Empfangsapparat, bei dem Helmholtzsche Kombinationsschwingungen auftreten, ist das menschliche Ohr, da sein Trommelfell die erforderliche unsymmetrische Elastizität besitzt. Es ist ähnlich gebaut wie die Membran in Abb. 11, indem bei a (dem Trommelfellnabel) vom ersten Gehörknöchelchen, dem Hammer, der Stiel angewachsen ist, der das Trommelfell nach dem Inneren des Ohres hinzieht.

Werden also auf einem Instrument Doppeltöne gespielt, so hört das Ohr nicht bloß diese Doppeltöne, sondern auch noch eine ganze Anzahl von Kombinationsschwingungen, die erst im Ohr selbst entstehen. Sind speziell die gespielten Doppeltöne um weniger als eine Oktave different, so entsteht im Ohr ein dritter Ton von verhältnismäßig großer Stärke, der tiefer ist als die beiden ihn erzeugenden Töne, nämlich der erste Differenzton $p - q$. Das Ohr hört also mehr Töne, als tatsächlich außerhalb des Ohres objektiv vorhanden sind. Natürlich kann auch das gespielte Instrument selbst unsymmetrische Elastizität besitzen, dann entstehen schon beim Spielen objektiv außerhalb des Ohres Kombinationsschwingungen; das Ohr erzeugt aber dann selbst

[1]) Wo die Differenz für $D_{n,m}$ ein negatives Zeichen liefert, ist einfach der positive Wert zu nehmen, denn das Vorzeichen von $D_{n,m}$ hat nur auf die Phase Bezug, die aber bei der Klangforschung keine Rolle spielt.

noch neue hinzu. Von Musikern hört man oft sagen, dies oder jenes Instrument produziert Untertöne; dies ist eine ganz richtige Aussage eines feinen musikalischen Gehöres. Es handelt sich in solchen Fällen immer um Differenztöne.

Aus der Fähigkeit des menschlichen Ohres, Kombinationstöne zu erzeugen, ergeben sich interessante Erscheinungen und wichtige Konstruktionsvorschriften für eine moderne Radioanlage.

Zunächst ist es klar, daß ein Musikstück eine ganz andere Klangfarbe zeigen müßte, wenn das Ohr mit linearer Elastizität arbeiten würde, denn eine Melodie wäre um eine beträchtliche Anzahl von Tönen ärmer. Musikalisch wäre dies zu begrüßen, denn die Kombinationstöne bringen auch eine Anzahl vom Komponisten nicht gewünschte „Dissonanzen“ in den Klang hinein.

Am Ohr können wir nun allerdings nichts ändern, wohl aber müssen wir sorgfältig bestrebt sein, unser Sende-Ohr, also das Aufnahmemikrophon, möglichst linear arbeiten zu lassen. Denn würde das Aufnahmemikrophon im Studio mit unsymmetrischer Elastizität arbeiten, so würde das Musikstück bereits so in unser Empfangstelephon kommen, wie es das menschliche Ohr erst infolge seiner unsymmetrischen Trommelfell-Elastizität umarbeitet, und der Gehörapparat würde dann neuerdings, sicherlich nicht zum musikalischen Vorteil, die Klänge umstilisieren.

Auf eine weitere interessante Tatsache soll noch kurz hingewiesen werden. Beschneidet man das Musikfrequenzband in einem Empfangsapparat oder auch im Sender nach unten hin, indem man es etwa erst bei 50 Hertz beginnen läßt, so merkt man davon in der Regel überhaupt nichts. Die Erklärung für diese Erscheinung ist die, daß das Ohr in Form von Differenzschwingungen, die unter den Kombinationsschwingungen die stärksten Amplituden haben, sich den weggeschnittenen Bereich selbst wiederum neu schafft. Er wird im allgemeinen nicht dieselben Tonstärken aufweisen und daher musikalisch unrichtig sein; das Gehör merkt dies aber praktisch nicht, da der Mensch für den Zusammenklang sehr tiefer Töne relativ unmusikalisch ist. Dieses Experiment gelingt, und das ist ein Beweis für die Richtigkeit der Erklärung, dann nicht, wenn in einem Musikstück durch diese Frequenzbeschneidung „führende“ Baßstimmen unterdrückt werden.

Ferner soll noch auf eine andere, auf den Kombinationsschwingungen beruhende Erscheinung hingewiesen werden. Es ist bekannt, daß ein Großlautsprecher in nächster Nähe außerordentlich dumpf klingt, in größerer Entfernung hingegen diesen dumpfen Klangcharakter verliert. Dies ist ein selbstverständliches Resultat der im Ohr entstehenden Differenzschwingungen, da deren Amplituden dem Produkt der sie Erzeugenden proportional sind. Steht man daher dem Lautsprecher sehr nahe, so sind seine Tonamplituden sehr groß; ein Differenzton erscheint dann im Ohr im Produkt solch großer Amplituden, also belästigend laut. Geht man weiter weg, so werden die Amplituden der objektiv vorhandenen Töne entsprechend kleiner, und viel rascher verkleinert sich das Produkt der Amplituden, die in einem Differenzton auftreten. Er wird daher nicht mehr wie in unmittelbarer Nähe des Lautsprechers mit störender Wucht hervortreten, und der Klang verliert den dumpfen Charakter.

Die Kombinationsschwingungen spielen noch anderweitig in der Hochfrequenztechnik eine dominierende Rolle. Bei den Elektronenröhren gehorcht Strom und Spannung nicht dem Ohmschen Gesetz. Die sogenannte Kennlinie einer Röhre ist keine Gerade, sondern eine Kurve, die man in erster Annäherung durch eine Potenzreihe darstellen kann. Bricht man die Reihe nach dem 2. Glied ab, so liefert dies, geometrisch gesprochen, eine Parabel. Wir haben dann im elektrischen System ein lineares und ein quadratisches Glied, aus denen sich die Kennlinie zusammensetzt, entsprechend unserer unsymmetrischen Elastizität im mechanischen System. Lassen wir auf den Gitterkreis einer Röhre mit derartiger Kennlinie bei entsprechend richtig gewähltem Arbeitspunkt eine Hochfrequenz von H Hertz und außerdem eine Niederfrequenz von N Hertz einwirken, wie dies praktisch bei den sogenannten fremdgesteuerten Sendern der Fall ist, so entstehen im Anodenkreis nun notwendigerweise wegen der parabolischen Kennlinie Helmholtzsche Kombinationsschwingungen neben den sie erzeugenden H und N. Die wichtigsten sind $H + N$ und $H - N$ [1]). Diese sind aber nichts anderes als die bereits erwähnten beiden Seitenbänder der Trägerfrequenz H eines modulierten Senders. Das wichtigste Senderproblem, die Modulation, beruht also auf der Erzeugung Helmholtzscher Kombinationsschwingungen.

Auch alle Arten von Transponierungsempfängern, wie Superheterodyne, Ultradyne, Tropadyne usw., denen das Merkmal gemeinsam ist, aus einer kurzen ankommenden modulierten Welle mit Hilfe einer zweiten lokal erzeugten Hochfrequenzschwingung eine längere Welle zu erhalten, stellen im Wesen nichts anderes als eine Modulation der Lokalfrequenz durch eine bereits moduliert ankommende Hochfrequenz dar, so daß die Grundeigenschaft aller derartigen Empfänger in der Erzeugung Helmholtzscher Kombinationsschwingungen zu suchen ist.

---

[1]) Die Amplituden der beiden Seitenfrequenzbänder sind gleich groß; es handelt sich hier um einen besonderen Spezialfall von Kombinationsschwingungen. Siehe hierzu nachstehende Literatur: Helmholtz, H. v.: Lehre von den Tonempfindungen, S. 259—261 u. 660. — Waetzmann, E.: Ann. d. Physik (4) Bd. 24, S. 68. 1907. — Schaefer, Cl.: Ann. d. Physik. Bd. 33, S. 1216. 1910. — Schulze, F. A.: Ann. d. Physik Bd. 34, S. 817. 1911. — Waetzmann, E.: Zeitschr. f. Physik Bd. 1, S. 416. 1920; Ann. d. Physik Bd. 62, S. 371 u. 271. 1920. — Horn, J.: Arch. f. Mathem. u. Physik Bd. 28. 1920. — Hamel, G.: Mathematische Annalen Bd. 86, S. 1. 1922.

Aber nicht bloß die Modulation, sondern auch die Demodulation, also das Herausarbeiten der Niederfrequenz aus einer modulierten Hochfrequenz, beruht im wesentlichen auf der Erzeugung Helmholtzscher Kombinationsschwingungen. Über die Demodulation als ein Vorgang der Erzeugung Helmholtzscher Kombinationsschwingungen wäre schließlich noch folgendes zu sagen:

Die ausgestrahlten Hochfrequenzschwingungen, in der Regel die 3 Frequenzen H als Trägerfrequenz und die beiden Seitenbandfrequenzen $H - N$ und $H + N$, treffen im Empfangsapparat den sogenannten Gleichrichter, der entweder ein Kristalldetektor oder eine Röhre in geeigneter Schaltung ist, mit anderen Worten ein System, daß die Eigenschaft besitzt, Helmholtzsche Kombinationsschwingungen zu erzeugen. $H + N$ und H ebenso wie H und $H - N$ liefern als Differenzwellen N, somit die gewünschte Niederfrequenz. Ferner entsteht aber auch aus $H + N$ und $H - N$ die Differenzfrequenz $2N$, also die durchaus nicht gewünschte Oktave der Niederfrequenz, die, falls ihre Amplitude gegenüber der von N einen gewissen Betrag überschreitet, den Empfang außerordentlich störend beeinflußt. Man muß also bestrebt sein, ihren Einfluß unschädlich klein zu machen. Ein viel verwendetes Mittel besteht darin, im Sender dafür zu sorgen, daß $H + N$ und $H - N$ entsprechend kleine Amplituden gegen H haben, d. h. man moduliert den Sender nicht bis zu 100% aus, sondern nur bis zu solchen Beträgen, die den Einfluß der Niederfrequenzoktave im Empfänger physiologisch unmerklich machen. Versuche haben gezeigt, daß man diese Absicht erreicht, wenn man für Sprache den Sender bloß 45 bis 50% und für Musik 30 bis 35% ausmoduliert. Dieses Verfahren, die gefährliche Niederfrequenzoktave unschädlich zu machen, geht allerdings auf Kosten der Senderreichweite.

Ein anderes Mittel zur Bekämpfung der Niederfrequenzoktave besteht darin, durch geeignete Schaltung im Sender dafür zu sorgen, daß der Sender bloß die Trägerfrequenz und eines der beiden Seitenbänder bzw. überhaupt nur ein Seitenband ausstrahlt.

Wird etwa H und $H - N$ ausgestrahlt, so entsteht durch den Demodulationsvorgang im Empfänger die Differenzfrequenz $H - (H - N) = N$. Die Niederfrequenzoktave $2N$ entsteht zwar in diesem Falle auch, wie man aus dem Bildungsgesetz [Gleichung (A) S. 34] der Kombinationsschwingungen leicht ablesen kann, jedoch erst als Kombinationsfrequenz höherer Ordnung mit einer dementsprechend viel kleineren Amplitude als im früheren Falle, wo beide Seitenbänder empfangen wurden. Es kann daher der Sender bei Anwendung dieses zweiten Verfahrens viel stärker ausmoduliert werden, und seine Reichweite steigt.

Wird schließlich bloß eines der beiden Seitenbänder allein ausgestrahlt, dann ist zunächst eine Demodulation nicht durchführbar, da mit „einer" Schwingung allein keine Kombinationsschwingungen herzustellen sind. Dazu sind mindestens 2 Schwingungen erforderlich. Die 2. Schwingung wird dann mit Hilfe eines lokalen Generators, der auf der Trägerwelle H schwingt, zugesetzt. Die Demodulation vollzieht sich nun genau so wie bei der Sendung „Trägerwelle und Seitenband".

Das letztgenannte Telephonieverfahren gestattet eine vorzügliche Konzentration der strahlenden Energie auf das einzig ausgeschickte Seitenband, hat aber mit einer praktisch sehr wesentlichen Schwierigkeit zu kämpfen, die darin besteht, daß dieses Verfahren eine außerordentlich hohe Wellenkonstanz nicht nur im Sender, sondern auf für die im Empfänger zugesetzte Trägerwelle verlangt. Dies ist leicht einzusehen. Nehmen wir nämlich an, daß etwa, um die Sache zu vereinfachen, der Sender mit vollkommen konstanter Welle arbeitet und das eine Seitenband mit der Bandfrequenz $H - N$ ausstrahlt. Der Empfänger liefert mit Hilfe eines Lokalgenerators die erforderliche zuzusetzende Trägerwelle H, die aber um sehr kleine Beträge $\pm \varDelta H$ schwanken soll. Dann ist das Demodulationsresultat im Empfangstelephon ein Niederfrequenzband von dem Wert

$$N \pm \varDelta H = (H \pm \varDelta H) - (H - N).$$

Dabei bedeutet nun der Zusatz $\pm \varDelta H$ nicht etwa, daß die Sache so wirkt, als wenn bei einer Grammophonplatte ein etwas rascherer oder langsamerer Lauf des Uhrwerkes eingestellt wird, wodurch die Tonintervalle nicht gestört werden, sondern lediglich die ganze Musik eine etwas höhere oder tiefere Lage bekommt, sondern das Fehlerglied $\varDelta H$ zerstört radikal die Musikintervalle. Denn greifen wir etwa 2 Werte der den Sender modulierenden Niederfrequenz, die sich um eine Oktave unterscheiden, heraus, und bezeichnen wir diese beiden Töne mit den Schwingungszahlen N_1 und $2 N_1$, so liefert unser Empfänger sie mit den Frequenzwerten

$$N_1 \pm \varDelta H \quad \text{und} \quad 2 N_1 \pm \varDelta H.$$

Diese beiden Töne verhalten sich nun nicht mehr wie ursprünglich im Sender wie 1 : 2, stellen also infolge der Schwankung $\varDelta H$ der im Empfänger erzeugten Trägerwelle keine Oktaven mehr dar. $\varDelta H$ wirkt demnach als Musikintervall zerstörendes Fehlerelement, was ja einleuchtend ist, da die Musikintervalle auf eine geometrische Progression aufgebaut sind, zu der die Schwankung als rein additives Glied hinzutritt.

Überblickt man das über die Kombinationsschwingungen Gesagte, so ersieht man, daß diese speziellen Schwingungen in vielen Belangen für die Sender- und Empfängereigenschaften von großer Wichtigkeit sind, ja noch mehr: sie bilden die Grundlagen der Modulation und Demodulation, stellen somit eines der Fundamente dar, auf denen die Hochfrequenztelephonie gegenwärtig aufgebaut ist.

III. Das Schallfeld und die akustischen Schwingungsgebilde.

Von

W. Hahnemann (Berlin) und **H. Hecht** (Kiel).

A. Das Schallfeld. (Ebene Welle und Kugelwelle.)

Die Schallstrahlung im Schallfeld stellt einen Vorgang dar, bei dem sich Energie in einem Medium (Luft, Wasser) in Form von periodischen mechanischen Schwingungen desselben mit einer bestimmten Fortpflanzungsgeschwindigkeit ausbreitet. Diese Schwingungen sind longitudinaler Art, d. h. solche, bei denen die Richtung der Amplituden des Schwingungsvorganges mit der Fortschreitungsrichtung der Wellen zusammenfällt im Gegensatz z. B. zu den elektrischen Wellen, die transversaler Art sind, d. h. solche, bei denen die Richtung der Amplituden der Schwingungsvorgänge senkrecht zur Fortschreitungsrichtung steht.

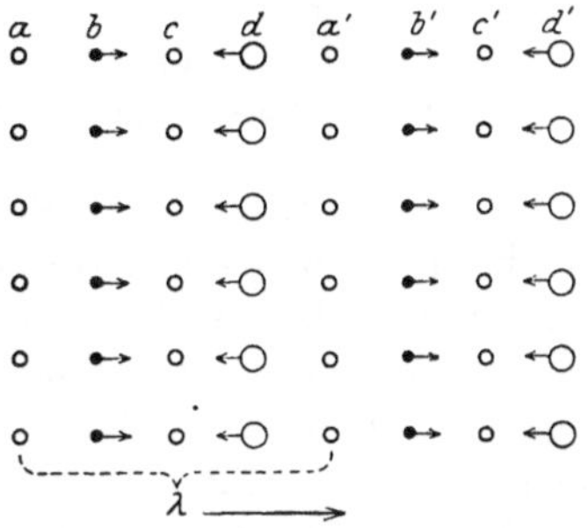

In Abb. 1 ist schematisch ein Beispiel eines solchen longitudinalen Schallfeldes gegeben, welches sich in der Abbildung im Sinne des unten angegebenen großen Pfeiles von links nach rechts fortpflanzt. Die senkrechten Reihen von kleinen Kreisen oder Punkten unter den Buchstaben a, b, c, d, a', b', c', d' sollen den Zustand des Mediums an den fraglichen Stellen zu einer bestimmten Zeit kennzeichnen. Die kleinen Kreise (Reihe a, c und a', c') von mittlerem Durchmesser bedeuten, daß das Medium an diesen Stellen im fraglichen Augenblick unter dem mittleren normalen Druck steht, d. h. seine einzelnen Teilchen daher auch normale Größe haben. Die Tatsache, daß kein Pfeil an ihnen angebracht ist, bedeutet, daß das Medium sich dort momentan in Ruhe befindet. Die Punkte (Reihe b bzw. b') bedeuten, daß dort das Medium unter einem Druck steht, der größer als der normale ist, und daher seine einzelnen Teilchen komprimiert sind. Die nach rechts gerichteten Pfeile an diesen Punkten bedeuten,

a b c d a' b' c' d'

λ

Abb. 1. Ebenes Schallfeld. λ = Wellenlänge.

daß das Medium sich dort nach rechts, also in der Fortpflanzungsrichtung des Schalles bewegt. Die größeren schwachumränderten Kreise (Reihe *d* und *d'*) bedeuten, daß das Medium dort unter einem Druck steht, der kleiner als der normale ist, und daher seine einzelnen Teilchen expandiert sind. Die nach links gerichteten Pfeile an diesen Kreisen bedeuten, daß das Medium sich dort nach links, also entgegengesetzt der Fortpflanzungsrichtung bewegt. Die Schallstrahlung findet nun derart statt, daß sich die für die einzelnen Reihen angegebenen Zustände von links nach rechts verschieben, und zwar von *a* bis *a'* innerhalb einer Periode des Schwingungsvorganges. Der Abstand von *a* bis *a'* ist seine Wellenlänge; er ist gleich den Abständen von *b* bis *b'*, *c* bis *c'* und *d* bis *d'*. Die Flächen von gleichem Zustand des Mediums, sowohl was den Druck als auch die Geschwindigkeit anbelangt, werden Niveauflächen genannt. Im gegebenen Beispiel der Abb. 1 sind diese Niveauflächen als zueinander parallele Ebenen gedacht, die senkrecht zur Bildfläche und zur Abszisse des Bildes stehen. Die senkrechten Linien *a*, *b*, *c* usw. sind die Schnittlinien solcher Niveauflächen mit der Bildebene. Schallwellen solcher Form werden e b e n e W e l l e n genannt.

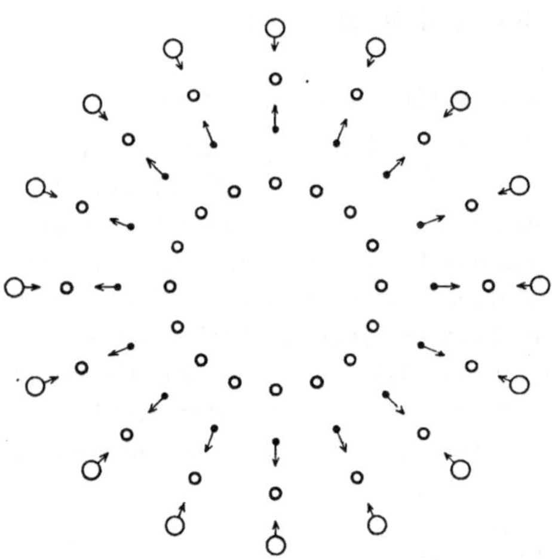

Abb. 2. Kugelförmiges Schallfeld.

Die Niveauflächen können jedoch auch andere Gestalt haben, insbesondere konzentrische Kugelflächen sein. Schallwellen solcher Form werden K u g e l w e l l e n genannt. Solche sind in der Abb. 2 im Schnitt dargestellt. Die Niveauflächen schneiden die durch den Mittelpunkt der Kugelfläche gelegte Bildebene in konzentrischen Kreisen. Diese konzentrischen Kreise sind in der Abbildung durch eine Anzahl kleiner Kreise oder Punkte dargestellt, wobei wieder die Teilchengröße des Mediums an den fraglichen Stellen zur fraglichen Zeit durch die Größe dieser kleinen Kreise oder Punkte angedeutet ist, und die Schwingungsrichtung des Mediums durch die an diesen Teilchen angebrachten Pfeile. Die Fortpflanzungsrichtung dieses Schallfeldes ist von innen nach außen gedacht. Die für die einzelnen konzentrischen Kreise angegebenen Zustände verschieben sich von innen nach außen, und zwar wieder von *a* bis *a'* innerhalb einer Periode des Schwingungsvorganges. Der Abstand von *a* bis *a'* ist wieder die Wellenlänge.

Das Ganze stellt eine Schallquelle dar, bei der die Energie allseitig von innen nach außen gestrahlt wird. Wie wir sehen, ist eine solche Art der Schallquelle ohne Polarität, d. h. sie verhält sich nach allen Seiten gleichmäßig. Bei den transversalen, also z. B. den elektromagnetischen Wellen ist eine solche Anordnung des Strahlungsvorganges nicht möglich. Nach Rayleigh ist dieser Strahlungsvorgang mit nullter Ordnung (d. h. keine Polarität habend) bezeichnet worden. Er ist für die technische Akustik von besonderer Wichtigkeit.

Wir betrachten nun die Vorgänge an einer bestimmten Stelle eines Kugelfeldes konstanter Schallstrahlung. P sei der Maximalwert der dort auftretenden Druckschwankung, I der Maximalwert der dort auftretenden Geschwindigkeit, p und i seien die entsprechenden Momentanwerte, t sei die Zeit, r die Entfernung der betreffenden Stelle vom Kugelmittelpunkt und a die Fortpflanzungsgeschwindigkeit des Schalles im fraglichen Medium. $\omega = 2\pi n$ ist die Kreisfrequenz der Schwingung. Dann ist:

$$p = -P \sin\omega\left(t - \frac{r}{a}\right),$$

$$i = -I \sin\left[\omega\left(t - \frac{r}{a}\right) - \varphi\right].$$

Hierin ist der Winkel φ durch die Beziehung

$$\operatorname{tg}\varphi = \frac{a}{2\pi n r} = \frac{\lambda}{2\pi r}$$

gegeben, worin λ die Wellenlänge des Schwingungsvorganges ist.

Aus diesen Beziehungen sieht man, daß die sinusförmige Veränderung von Druck und Geschwindigkeit in einer Kugelwelle nicht gleichphasig erfolgt, sondern die Geschwindigkeitsänderung der Druckänderung um den Winkel φ nacheilt. Mit wachsender Entfernung von der Kugelmitte wird $\operatorname{tg}\varphi$ und damit auch φ immer kleiner. Im Grenzfall eines sehr großen Abstandes vom Kugelmittelpunkt wird φ praktisch Null. Wir haben es dann mit dem Fall einer ebenen akustischen Welle zu tun. Druck- und Geschwindigkeitsänderung sind hierbei konphas.

Die Beziehung zwischen Druckmaximum und Geschwindigkeitsmaximum ist gegeben durch

$$P = a\varrho \cdot \cos\varphi \cdot I,$$

worin ϱ die Dichte des Mediums bezeichnet. Im Falle der ebenen Welle, wobei $\cos\varphi = 1$ wird, ist

$$P = a\,\varrho \cdot I$$

oder, wenn man an Stelle der Geschwindigkeit I den Ausschlag A einsetzt ($I = \omega A$),

$$\frac{P}{A} = a\,\varrho\,\omega.$$

Diese Größe P/A, d. h. das Verhältnis von Maximaldruck zu Maximalausschlag ist charakteristisch für die verschiedenen Medien und wird als Schallhärte des Mediums für die Kreisfrequenz ω bezeichnet.

Wie wir aus den Gleichungen für p und i des sich ausbreitenden Kugelfeldes gesehen haben, eilt die Geschwindigkeit dem Druck um den Winkel φ nach. Bei einer divergenten Ausbreitung des Schalles tritt also durch das Medium eine die Phase der Geschwindigkeit verzögernde Wirkung auf, das bedeutet, daß hierbei das Medium als mitschwingende Masse wirkt. Diese mitschwingende Mediummasse ist vom Radius R der betreffenden Kugel abhängig und sei mit M bezeichnet. Dann gilt

$$M = 4\pi R^3 \cdot \varrho \cdot \sin^2\varphi .$$

Bei einem Schallfeld, das sich nicht nach außen, sondern nach innen fortpflanzt, kehren sich die Verhältnisse um. Die Geschwindigkeit eilt dem Druck voraus, und das Medium wirkt als Elastizität, nicht mehr als Masse.

B. Die Strahler oder offenen Schwingungsgebilde. (Schallantennen, Strahler nullter und erster Ordnung.)

1. Die Strahler nullter Ordnung sind — wie schon gesagt — in der technischen Akustik von besonderer Bedeutung. Ihre prinzipielle Form wird durch eine Kugel dargestellt, deren Oberfläche an das fragliche Medium angrenzt und in allen ihren Punkten infolge irgendwelcher treibender periodischer Kräfte konphase und radiale Schwingungsbewegungen gleicher Amplitude ausführt. Für die gesamte von einer solchen pulsierenden oder atmenden Kugel vom Radius R ausgestrahlte Leistung L_R gilt die Beziehung

$$L_R = 4\pi R^2 a \varrho \cos^2\varphi \frac{I^2}{2} .$$

Infolge dieser von der Kugeloberfläche an das Medium abgegebenen Schalleistung wird von diesem auf die Kugel eine entsprechende Wattgegenkraft ausgeübt, ähnlich wie bei der Rotation des Ankers im Magnetfeld eines Elektromotors eine Gegen-EMK in der Ankerwicklung auftritt. Wie wir oben gesehen haben, wirkt das Medium auf die atmende Kugel aber auch als Masse, d. h. also auf ihre Oberfläche auch mit einer entsprechenden wattlosen Gegenkraft. Denken wir uns nun die atmende Kugel zunächst selbst masselos und von einer solchen Elastizität, die das Strahlergebilde auf die erregende Frequenz abstimmt, so ist die Strahlungsdämpfung ϑ dieses Gebildes aus dem Verhältnis dieser Wattgegenkraft zu dieser wattlosen Gegenkraft des Mediums oder aus der Größe des durch das Kräftedreieck gegebenen Phasenverschiebungswinkels φ zwischen Druck und Geschwindigkeit an der Kugeloberfläche gegeben. Es gilt dann die Beziehung

$$\vartheta = \frac{\pi}{\operatorname{tg}\varphi} .$$

Die Beziehung zwischen dem Phasenwinkel und dem Radius R der Kugeloberfläche war gegeben durch

$$\operatorname{tg}\varphi = \frac{\lambda}{2\pi R}.$$

Für den Arbeitsvorgang ist für die Berechnung des Wattdruckes usw. die Kosinus-Funktion maßgebend; es ergibt sich hierfür

$$\cos\varphi = \sqrt{\frac{1}{1+\left(\frac{\lambda}{2\pi R}\right)^2}}.$$

Dieser $\cos\varphi$ ist also vom Verhältnis von R zu λ abhängig. Ist

$$\frac{R}{\lambda} = \frac{1}{2},$$

so ist der $\cos\varphi = 0{,}95$, also praktisch noch beinahe 1, für

$$\frac{R}{\lambda} = \frac{1}{4}$$

ist der $\cos\varphi$ noch 0,85, bei $\frac{R}{\lambda} = \frac{1}{8}$

ist der $\cos\varphi$ noch 0,62, bei $\frac{R}{\lambda} = \frac{1}{16}$

wird er 0,36. Nennenswerte Phasenverschiebung tritt also erst auf, wenn der Radius der Kugel wesentlich kleiner als die Wellenlänge λ ist.

Die mitschwingende Mediummasse war

$$M = 4\pi R^3 \varrho \sin^2\varphi$$

oder auch

$$M = 4\pi R^3 \varrho \frac{1}{1+\left(\frac{2\pi R}{\lambda}\right)^2}.$$

Wenn die Wellenlänge groß gegenüber R ist — und dies ist in der technischen Akustik häufig der Fall —, wird die mitschwingende Mediummasse unabhängig von der Frequenz, und es gilt

$$M = 4\pi R^3 \varrho,$$

d. h. die mitschwingende Mediummasse ist also dann gegeben durch das dreifache Eigenvolumen des Strahlers, ausgefüllt mit Außenmedium.

Die Dämpfung ϑ des Kugelstrahlers ohne Eigenmasse war gegeben durch

$$\vartheta = \frac{\pi}{\operatorname{tg}\varphi},$$

und da

$$\operatorname{tg}\varphi = \frac{\lambda}{2\pi R},$$

gilt auch

$$\vartheta = 2\pi^2 \frac{R}{\lambda}.$$

Man sieht aus dieser Beziehung, daß der Strahler nullter Ordnung, d. h. hier die pulsierende Kugel, sehr hohe Strahlungsdämpfung besitzt. Selbst für den Fall, daß

$$\frac{R}{\lambda} = \frac{1}{20},$$

d. h. sein Durchmesser 10 mal kleiner als die Wellenlänge ist, ist die Strahlungsdämpfung gleich eins; für den Fall, daß

$$\frac{R}{\lambda} = \frac{1}{200},$$

d. h. also sein Durchmesser 100 mal kleiner als die Wellenlänge ist, ist die Strahlungsdämpfung immer noch 0,1.

Weiterhin ergibt sich aus dieser Gleichung, daß für einen solchen Strahler nullter Ordnung die Dämpfung umgekehrt proportional der Wellenlänge oder — was dasselbe ist — proportional der Frequenz ist. Hierdurch unterscheidet er sich vorteilhaft von den Strahlungsgebilden der elektromagnetischen Wellen, bei denen die Strahlungsdämpfung mit der dritten Potenz der Wellenlänge abnimmt. Dies hat darin seinen Grund, daß die Strahlungsgebilde der elektromagnetischen Wellen nicht nullter Ordnung sein können, sondern erster oder höherer Ordnung sind. Es wird sich zeigen, daß die akustischen Strahler erster Ordnung ebenfalls eine Strahlungsdämpfung besitzen, die mit der dritten Potenz der Wellenlänge abnimmt.

2. Der Schallstrahler erster Ordnung in seiner prinzipiellen Form ergibt sich dadurch, daß man die eine Hälfte der Oberfläche einer Kugel nach innen schwingen läßt, während sich die andere nach außen bewegt und umgekehrt. An der Kreislinie, in welcher sich beide Kugelhälften berühren (dem Äquator), bildet sich eine Knotenlinie ohne Schalldruck aus. Mit der Zahl dieser Knotenlinien bezeichnet Rayleigh die Ordnung der Strahler. Man erhält denselben Effekt, wenn man die Kugel sich hin und her bewegend, also oszillierend denkt. Der Schallstrahler erster Ordnung in seiner prinzipiellen Form ist also die oszillierende Kugel. Der Schalldruck bzw. die Geschwindigkeit ist auf der Oberfläche dieses Strahlers nicht mehr überall gleich groß, sondern nimmt von den beiden Polen zum Äquater von seinem Maximalwert bis zu Null ab. Für die Dämpfung und die mitschwingende Mediummasse dieses Schallstrahlers erster Ordnung ergeben sich folgende Beziehungen:

$$\vartheta = \pi \frac{\left(\frac{2\pi R}{\lambda}\right)^3}{2 + \left(\frac{2\pi R}{\lambda}\right)^2}$$

und

$$M = \frac{4\pi R^3 \varrho}{3} \cdot \frac{2 + \left(\frac{2\pi R}{\lambda}\right)^2}{4 + \left(\frac{2\pi R}{\lambda}\right)^4}.$$

Hierbei unterscheiden sich charakteristisch die beiden Grenzfälle, in denen der Strahler klein oder groß zur Wellenlänge ist. Es wird im ersteren Falle ($R \ll \lambda$)

$$\vartheta = 4\pi^4 \left(\frac{R}{\lambda}\right)^3$$

und

$$M = \frac{2\pi}{3} R^3 \varrho ,$$

im anderen Falle ($R \gg \lambda$)

$$\vartheta = 2\pi^2 \frac{R}{\lambda}$$

und

$$M = \frac{R\lambda^2 \varrho}{3\pi} .$$

Für den Fall, daß der Strahler erster Ordnung groß zur Wellenlänge ist, unterscheidet sich also seine Strahlungsdämpfung von der eines Strahlers nullter Ordnung nicht. Die Dämpfung wächst proportional mit dem Radius und ist umgekehrt proportional zur Wellenlänge. Wenn aber der Strahler erster Ordnung klein zur Wellenlänge ist, nimmt seine Strahlungsdämpfung sehr schnell, und zwar mit der dritten Potenz des Verhältnisses von R/λ ab, analog zur Strahlungsdämpfung der elektrischen Antennen.

Während bei den Strahlern nullter Ordnung sich die Energie nach allen Seiten gleichmäßig ausbreitet, ist dies bei denen erster Ordnung nicht mehr der Fall. Die Schallenergie ist am größten an den beiden Polen der oszillierenden Kugel und nimmt immer mehr nach dem Äquator zu ab, in dessen Ebene überhaupt keine Energie ausgestrahlt wird. Der Strahler erster Ordnung ist also ein gerichteter Sender. Auch hier sehen wir wieder das Analogon zu den Sendern der elektrischen Wellen. Die einfachste elektrische Antenne, der Dipol, stellt ebenfalls einen Strahler erster Ordnung dar und ist gerichtet. Allerdings tritt das Maximum der Strahlung hier infolge der transversalen Art der elektrischen Wellen in der Äquatorebene auf, im Gegensatz zur longitudinalen Strahlung erster Ordnung, bei der die maximale Strahlung in Richtung der Polachse stattfindet.

Man kann den gleichen Richtungseffekt auch durch Verwendung zweier Strahler nullter Ordnung erhalten, die im Abstand einer halben Wellenlänge in entgegengesetzter Phase schwingen.

3. Die Membran als akustischer Strahler. Die bis jetzt der Betrachtung zugrunde gelegten Schallstrahler, nämlich die pulsierende und die oszillierende Kugel, sind für die analytische Behandlung des Schallfeldes grundlegend geworden. Sie finden aber in dieser Form in der technischen Akustik kaum Anwendung. Die technischen Schallstrahlergebilde unterscheiden sich von ihnen mehr oder weniger. Man kann aber die für diese grundlegenden Formen gefundenen Ergebnisse mit guter Annäherung auf die praktischen Strahlergebilde übertragen. Ein besonders wichtiges Beispiel der Praxis ist die zur Wellenlänge kleine, kreisrunde Schallmembran, auf die in folgendem näher eingegangen werden soll.

Die Membran, die in ihrer Grundform schwingen möge, sei in irgendeinem zylindrischen Gehäuse eingespannt, dessen Inneres nach allen Seiten vom Außenmedium durch Wände getrennt ist, die schallhärter als das Medium sind und mit diesem daher nicht mitschwingen. Wenn auch nicht alle Teile der Oberfläche dieses strahlenden Körpers sich wie bei der pulsierenden Kugel gleichmäßig und mit gleicher Amplitude hin und her bewegen, so gibt es hierbei doch immer nur Flächenteile, die sich entweder alle in das Medium hinein- oder alle aus diesem herausbewegen. Es liegt auch hier offenbar Schallstrahlung nullter Ordnung vor. Eine solche Membran ist also ein Strahler nullter Ordnung.

Auf Grund dieser Anschauungen war es möglich, die Theorie der Membran als Strahler aufzustellen und insbesondere die Beziehungen für ihre Strahlungsdämpfung und ihre mitschwingende Mediummasse zu berechnen.

Für die am Rande im Gehäuse eingespannte, in der Grundform schwingende Membran des Radius R haben sich für die mitschwingende Mediummasse M und die Strahlungsdämpfung ϑ folgende Beziehungen ergeben

$$M = 0{,}4\, R^3\, \varrho$$

und

$$\vartheta = 5\,\frac{R}{\lambda}\,\frac{M}{M+m}\,.$$

m bedeutet hierin die Schwingungsmasse der Membran, die sich aus der Reduktion der gesamten Membranmasse, bezogen auf die Mittelpunktsamplitude, ergibt. Es gilt angenähert

$$m = 0{,}2\,\pi\, R^2\, d\, \varrho',$$

worin d die Membrandicke und ϱ' das spezifische Gewicht ihres Materials bedeutet. Da die gesamte Membranmasse

$$\pi\, R^2\, d\, \varrho'$$

ist, so beträgt also die auf die Mittelpunktsamplitude reduzierte Schwingungsmasse etwa ein Fünftel der gesamten Membranmasse. Die Mediummasse M ist ebenfalls auf die Mittelpunktsamplitude der Membran bezogen. Man sieht, daß die Schwingungsmasse der Membran die Strahlungsdämpfung herabsetzt, und zwar um so mehr, je vergleichbarer ihre Größe der der mitschwingenden Mediummasse wird.

Für an die Luft angrenzende Schallmembranen ist die mitschwingende Mediummasse fast stets klein zur Membranschwingungsmasse. Dann gilt angenähert

$$\vartheta = 5\,\frac{R}{\lambda}\cdot\frac{M}{m}\,.$$

Durch Einsetzen der Dimensionen der Membran bzw. ihrer Materialkonstanten in die Werte von M und m erhalten wir die neue Beziehung

$$\vartheta = 1{,}4 \frac{\varrho}{a} \sqrt{\frac{E}{\varrho'^3}},$$

worin ϱ die Dichte des Mediums, ϱ' die Dichte und E das Elastizitätsmaß des Membranmaterials und a die Fortpflanzungsgeschwindigkeit des Schalles in Luft ist.

Diese Gleichung für ϑ zeigt das interessante Ergebnis, daß für den Fall, in welchem die mitschwingende Mediummasse vernachlässigbar klein gegenüber der Membranschwingungsmasse ist, d. h. also für den Fall der Schallstrahlung in Luft, die Strahlungsdämpfung unabhängig von der Größe der Membran und ihrer Abstimmung ist. Die Strahlungsdämpfung einer solchen Membran in Luft hängt nur von der Art ihres Materials ab. Je größer das Elastizitätsmaß E im Verhältnis zur Dichte ϱ' des Materials der Membran ist, desto größer ist ihre Strahlungsdämpfung. Für eine Membran aus Bronze mit

$$E = 10^{12}\,\mathrm{dyn/cm^2} \quad \text{und} \quad \varrho' = 8{,}5$$

ergibt sich eine Strahlungsdämpfung von etwa 0,002. Diese Dämpfung ist recht klein. Wesentlich größere Strahlungsdämpfungen von Membranen, die frei an die Luft angrenzen, zu erreichen, ist nicht möglich, da Materialien mit wesentlich größeren E/ϱ' als Bronze nicht in Frage kommen. Es ergibt sich also das für die Technik sehr wichtige Resultat, daß frei an die Luft angrenzende Membranen nur ganz geringe Strahlungsdämpfungen haben.

Für Membranen, die als Schallmedium Wasser haben, liegt es wesentlich günstiger. Der Einfluß der Schwingungsmasse der Membran ist infolge der größeren Mediummasse nicht so erheblich, z. B. ergeben sich für eine Bronzemembran bei 1000 Perioden, d. h. also für 1400 m Schallgeschwindigkeit im Wasser etwa bei 140 cm Wellenlänge im Wasser folgende Verhältnisse:

Bei 1 cm Radius der Membran ist die Schwingungsmasse der Membran noch nicht $^1/_{10}$ g, die Mediummasse $^4/_{10}$ g, bei 2 cm Radius der Membran ist die Schwingungsmasse der Membran 1 g, die mitschwingende Masse immer noch 3 g, bei 3 cm Radius ist die Schwingungsmasse der Membran 5 g, die Mediummasse etwa 10 g. Erst bei 8 cm Radius der Membran, und das ist für 1000 Perioden schon eine sehr große Membran, wird ihre Schwingungsmasse gleich der mitschwingenden Mediummasse, und erst bei 20 cm Radius wird erstere doppelt so groß. Dementsprechend zeigt sich auch, daß die Strahlungsdämpfung einer solchen Membran im Wasser für die Technik brauchbare Werte ergibt.

Bei 1 cm Radius ergibt sich für sie eine Strahlungsdämpfung von etwa 0,03, bei 5 cm Radius schon etwa 0,1 und bei 15 cm Radius etwa 0,2.

Letzte beiden Strahlungsdämpfungen sind für viele Fälle der Praxis vollkommen genügend.

Dies ist der Grund dafür, daß bei den Wasserschallapparaten die Membran die Energie direkt an das freie Medium abstrahlt, während bei den Luftschallapparaten immer noch Trichter, Hörner od. dgl. zwischen die Membran und das freie Medium geschaltet werden müssen, um die Strahlungsdämpfung der Membran auf ein praktisch genügendes Maß zu bringen.

Schallstrahler erster Ordnung haben, wie gesagt, wenn sie nicht in ihrer Größe vergleichbar der Wellenlänge sind, gegenüber den Strahlern nullter Ordnung sehr kleine Strahlungsdämpfung. Sie liegen bei den modernen Apparaten der technischen Akustik daher verhältnismäßig selten vor. Praktische Ausführungsformen sind die schwingenden Zungen, wenn sie als Strahler, d. h. mit nennenswerter Abgabe von Schallenergie betrieben werden, Stimmgabeln, Membranen, die mit ihren beiden Seiten an das Medium angrenzen, wie z. B. ein Gong, u. dgl. m. Die Glocken schwingen um zwei Knoten- oder Äquatorlinien und sind daher Strahler von noch höherer (zweiter) Ordnung.

4. Inhomogenes Medium. Bei der vorstehenden Betrachtung war die Annahme eines homogenen und in Richtung des Schallstrahlers unbegrenzten Mediums zugrunde gelegt. Diese Voraussetzungen sind in der Praxis wohl kaum jemals vollkommen erfüllt. Die Homogenität wird in der Luft als Schallmedium hauptsächlich durch Temperaturunterschiede und Beimengungen anderer Gase und Dämpfe, im Wasser durch Temperaturunterschiede und Lösungen von Salzen gestört. Diese Einflüsse verändern die Fortpflanzungsgeschwindigkeit des Schalles in dem betreffenden Medium und rufen eine Abweichung des Schallstrahles von seiner geraden Bahn hervor. Die Bahnkurve wird eine Parabel, wenn in einer zum Schallstrahl senkrechten Richtung die Änderung der betreffenden Größe mit dem Wege konstant ist. Solche Störungen der geraden Bahn durch die Änderung einer Größe des Mediums, von der die Fortpflanzungsgeschwindigkeit des Schalles abhängt, haben eine nicht immer beachtete Rolle bei den Bestimmungen der Fortpflanzungsgeschwindigkeit des Schalles in der freien Atmosphäre gespielt, da erst in neuerer Zeit auf die hier besonders stark störenden Temperaturänderungen und die sich hieraus ergebende Krümmung des Schallweges zwischen den Beobachtungsstationen geachtet worden ist.

Ist die Schallausbreitung durch Begrenzung des Mediums beschränkt, so kann bei gleichzeitigem Vorhandensein einer eine Krümmung hervorrufenden Inhomogenität des Mediums der Fall eintreten, daß es für den von der Schallquelle ausgehenden Strahl überhaupt keine Richtung gibt, in der er ohne Reflexion an den Grenzschichten zu seinem Bestimmungsorte gelangt. Als eines der wichtigsten Beispiele sei hierzu die Krümmung des Schallstrahles durch den Wind in der Nähe der Erdoberfläche und die damit zusammenhängende Abnahme der Hörbarkeit beim Sprechen und Rufen gegen den Wind erwähnt. Nimmt die Windgeschwindigkeit, wie fast stets, mit der Höhe über dem Erdboden zu, so ist der Geschwindigkeitsgradient des Mediums die Veranlassung dazu, daß es keinen direkten Strahl vom Munde des Sprechenden zum Ohre des Hörenden hin gibt. Im Wasser als Schallmedium treten ähnliche Erscheinungen auf, wenn die Dicke der Wasserschicht sehr klein im Verhältnis zu derjenigen Entfernung ist, bis zu der der Schall gelangen soll. Hier ist es im allgemeinen der Temperaturgradient, der es dem Schallstrahl unmöglich macht, ohne Reflexion an den Grenzschichten, Luft und Meeresboden, zum Orte des Empfängers zu gelangen. Hierdurch treten Schwankungen der Reichweiten auch im Wasser auf. Es ist daher ohne weiteres ersichtlich, daß diese Reichweitenschwankungen ebenso wie die Temperaturverhältnisse von der Jahreszeit abhängig sein müssen. Die Erfahrungen der letzten Jahrzehnte haben dies auch in der Praxis bestätigt.

C. Geschlossene Schwingungsgebilde.

1. Allgemeines. Unter geschlossenen Schwingungsgebilden versteht man solche, die keine nennenswerte Energie in das umgebende Medium abstrahlen. Diese Bedingung ist dann erfüllt, wenn die geschlossenen Schwingungsgebilde vernachlässigbar klein zur Wellenlänge des betreffenden Schwingungsvorganges sind. Ihre elementarste Form ergibt sich, wenn bei ihnen der Sitz der potentiellen Energie von dem der kinetischen Energie möglichst scharf getrennt ist. Solche geschlossene Gebilde der elektromagnetischen Schwingungen sind die bekannten elektrischen Schwingungskreise, die im einfachsten Fall aus einer Kapazität und aus einer Selbstinduktion bestehen. Die Kapazität ist als Kondensator möglichst ohne eigene Selbstinduktion und die Selbstinduktion als Spule möglichst ohne Eigenkapazität ausgeführt; beide klein zur Wellenlänge. Es fragt sich nun, welche entsprechenden Formen gibt es für die geschlossenen Schwingungsgebilde in der Akustik.

Bei den meisten in der älteren Akustik verwendeten Schwingungsgebilden, wie z. B. bei den Zungen, Stimmgabeln, Membranen u. dgl. m. sind Masse und Elastizität über das ganze Gebilde verteilt. Dementsprechend ist hier die potentielle und die kinetische Energie nicht getrennt angeordnet. Diese akustischen Schwingungsgebilde ähneln der sog. Seibtschen Spule, bei welcher auch Kapazität und Selbstinduktion über die ganze Spule verteilt sind. Sie stellen also nicht die elementarste Form des akustischen geschlossenen Gebildes dar, das analog sein soll dem obenerwähnten elektrischen geschlossenen Schwingungskreis. Nur bei Trennung von Masse und Elastizität können die gewünschten Grundformen des akustischen Gebildes erhalten und klare und einfache Beziehungen für deren Verhalten aufgestellt werden. Es handelte sich daher in der neueren Akustik darum, dem geschlossenen elektrischen Schwingungskreis analoge geschlossene mechanische Schwingungsgebilde zu finden. Es ergab sich als Grundform des geschlossenen Schwingungsgebildes von fester Materie der sog. Tonpilz; für das geschlossene Schwingungsgebilde von gasförmiger bzw. flüssiger Materie der sog. Tonraum.

2. Der Tonpilz ist in der Abb. 3 dargestellt und besteht aus zwei Massen, die durch eine Elastizität miteinander verbunden sind. Die Massen sind elastizitätsfrei und die Elastizität massefrei gedacht. Die äußere Gestalt der beiden Massen und der sie verbindenden Elastizität sowie die gegenseitige Anordnung sind unwesentlich und in vielen Variationen herstellbar. Veranlaßt durch eine besondere Ausführungsform ist diese Grundform des geschlossenen Schwingungsgebildes mit örtlicher Trennung von Masse und Elastizität Tonpilz genannt worden. Diese besondere Form, die dem Gebilde seinen Namen gegeben hat und in Abb. 3 dargestellt ist, besteht aus zwei Massen, m_1 und m_2, die durch eine Elastizität c derart miteinander verbunden sind, daß die Schwingungsamplituden der beiden Massen in die Richtung der Verbindungslinie der Angriffspunkte der Elastizität fallen.

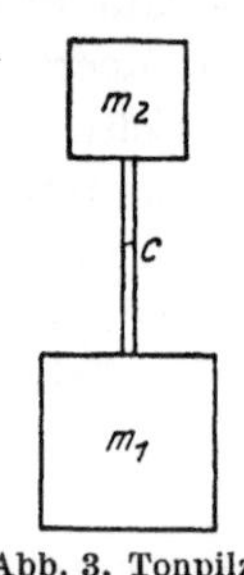

Abb. 3. Tonpilz. m_1, m_2 Massen, c Elastizität.

Der Forderung der masselosen Elastizität kann in der Praxis bei tieferen Schwingungszahlen mit mancherlei Arten von Elastizitäten genügend genau entsprochen werden. Sie ist aber mit zunehmender Schwingungszahl immer schwerer zu erfüllen, so daß bei den in der technischen Akustik gebräuchlichen Schwingungszahlen von 1000 Perioden und mehr fast nur noch die Form des longitudinal beanspruchten Stabes als Elastizität übrigbleibt. Bei Schwingungszahlen, die sich der oberen Hörgrenze nähern, wäre es selbst bei dieser Form mit keinem der vorhandenen Materialien mehr möglich, Tonpilze in reiner Trennung von Masse und Elastizität zu bauen. Damit der longitudinal beanspruchte Stab die elastischen Zustandsänderungen in seiner ganzen Ausdehnung mit gleicher Phase und gleichem Betrage erleidet, muß seine Länge klein zum Viertel der Wellenlänge des betreffenden Tones im Material sein. Ist die Masse des Stabes praktisch nicht mehr zu vernachlässigen, aber doch noch immer sehr viel kleiner als jede der beiden Schwingungsmassen, so kann man ihrem Einfluß durch eine an die Schwingungsmassen anzubringende Korrektur Rechnung tragen. Da der Tonpilz seine Schwingungen ohne Bezug auf außerhalb von ihm liegende Kräfte ausführen soll, so muß sein Schwerpunkt dauernd in Ruhe verharren. Hieraus folgt das für die Akustik wichtige Gesetz des Tonpilzes, daß sowohl die Amplituden wie auch die Schwingungsenergien umgekehrt proportional zu den beiden Massen sind. Es steckt daher die gesamte Schwingungsenergie praktisch allein in der kleineren Masse, wenn das Verhältnis der beiden Massen von 1 sehr verschieden ist. Nur für diesen Fall kann man sich beim Schwingungsvorgang auf Betrachtung der einen Masse allein beschränken. Diesen Grenzfall hat man früher häufig bei der Betrachtung von mechanischen Schwingungsgebilden zugrunde gelegt. Er ist aber nur ein Spezialfall des allgemeinen Tonpilzes, der aus zwei Massen besteht. Will man die Schwingung eines Tonpilzes wirksam dämpfen, so muß man mit den abbremsenden Kräften an der kleineren Masse angreifen, wie man umgekehrt, um möglichst ungedämpfte Tonpilze zu bauen, den Massenunterschied sehr groß wählen und an der größeren Masse die Befestigung oder Aufstellung des Tonpilzes vornehmen wird.

Die Beziehung für die Eigenschwingungszahl des Tonpilzes ist

$$\omega_0^2 \cdot \frac{m_1 \cdot m_2}{m_1 + m_2} \cdot c = 1,$$

wobei c die Elastizität des die Massen verbindenden Stabes ist. Hat dieser die Länge l, den Querschnitt q und das Material das Elastizitätsmaß E, so ist

$$c = \frac{l}{qE}$$

und also

$$\omega_0^2 = \frac{qE(m_1 + m_2)}{l\, m_1 \cdot m_2}.$$

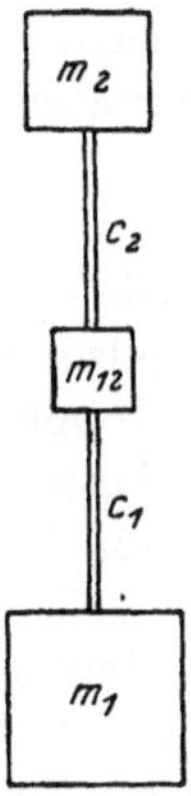

Abb. 4. Gekoppelte Tonpilze. m_1, m_2 freie Massen, m_{12} Kopplungsmasse, c_1, c_2 Elastizitäten.

3. Die gekoppelten Tonpilze. Häufig bestehen die Schwingungsgebilde, die man in der technischen Akustik anwendet, nicht aus einfachen Schwingungsgebilden, sondern aus zwei oder mehr miteinander gekoppelten Gebilden, die man ein Schwingungssystem nennt.

Ein besonders häufiger Fall der Kopplung zweier Schwingungsgebilde ist schematisch in Abb. 4 dargestellt. Die beiden Einzelgebilde mit den Massen m_1 und m_{12} bzw. m_2 und m_{12} und den Elastizitäten c_1 bzw. c_2 sind durch die gemeinsame Masse m_{12} miteinander gekoppelt. Der Kopplungsfaktor eines solchen Gebildes ist gegeben durch

$$k^2 = \frac{1}{1 + \frac{m_{12}}{m_1}} \cdot \frac{1}{1 + \frac{m_{12}}{m_2}}.$$

Ist die Kopplungsmasse m_{12} klein gegenüber den freien Massen m_1 und m_2, so steckt praktisch die gesamte Schwingungsenergie im Kopplungsgliede, und es liegt der Fall der sehr festen Kopplung vor: k^2 wird gleich 1. Ist m_{12} dagegen groß gegenüber m_1 und m_2, so wird die Kopplung loser, und es wird angenähert

$$k^2 = \frac{m_1 \cdot m_2}{m_{12}^2}.$$

Diese Gleichung bildet ein Analogon zu der bekannten Kopplungsformel zweier elektrischer Kreise

$$k^2 = \frac{L_{12}^2}{L_1 \cdot L_2},$$

wenn L_1 und L_2 die Selbstinduktionen der beiden freien Kreise und L_{12} die den beiden Kreisen gemeinsame Selbstinduktion sind. Werden m_1 und m_2 vernachlässigbar klein gegenüber m_{12}, so wird k^2 Null, und es liegt der Fall der extrem losen Kopplung vor. Sind die beiden ungekoppelten Systeme auf die gleiche Eigenfrequenz abgestimmt, ein in der Praxis sehr häufiger und wohl der wichtigste vorkommende Fall, so ergeben sich die beiden Kopplungsfrequenzen aus der in der drahtlosen Technik bekannten Beziehung

$$\omega_n = \omega_0\left(1 \pm \frac{k}{2}\right).$$

Diese Darstellung gekoppelter Schwingungsgebilde, d. h. gekoppelter Tonpilze, gestattet, sich ein anschauliches Bild von allen Vorgängen bei der Kopplung zu machen. Man versteht an Hand dieses Bildes sehr leicht das Auftreten der beiden Kopplungsfrequenzen, das Auseinanderdrängen der ungekoppelten Eigenfrequenzen infolge der Kopplung u. dgl. m.

Die Einführung dieser äquivalenten Tonpilze an Stelle der wirklichen Schwingungsgebilde erleichtert schon bei dem einfachen Schwingungsgebilde die Vorausberechnung und den Bau von Apparaten mit bestimmten gewünschten Eigenschaften in hohem Maße. Sie wird fast unentbehrlich, wenn kompliziert zusammengesetzte Schwingungssysteme vorliegen. Durch den gedanklichen Aufbau der einzelnen Schwingungsgebilde in Form von Tonpilzen schafft man sich ein akustisches Schaltungsschema aus Massen, Elastizitäten und Widerständen, ähnlich einem elektrischen aus Selbstinduktionen, Kapazitäten und Widerständen bestehenden, und kann die entscheidenden Größen berechnen, wozu besonders die Kopplungskoeffizienten gehören, die bei doppel- und mehrwelligen Systemen das Verhalten derselben in ausschlaggebendem Maße bestimmen. Der Tonpilz spielt also dieselbe Rolle wie der geschlossene elektrische Schwingungskreis, den man als Ersatz für eine Antenne zugrunde legt, indem man deren verteilte Kapazität und Selbstinduktion sich an einer Stelle konzentriert denkt und so z. B. ihre Kopplung mit anderen geschlossenen Schwingungskreisen bequem berechenbar macht.

Neben dieser universellen Bedeutung als Repräsentant des Schwingungsgebildes an sich hat der Tonpilz die Eigenschaft, daß er in körperlicher Gestalt selbst Verwendung findet, wenn es sich darum handelt, akustische Schwingungsgebilde mit klaren und wohldefinierten Eigenschaften zu bauen.

4. Der Tonraum ist die Grundform des geschlossenen Schwingungsgebildes für den gasförmigen oder flüssigen Aggregatzustand. Er ist durch 2 Teilräume, die durch einen Kanal miteinander verbunden sind, gegeben. Die beiden Teilräume sind Träger der potentiellen Energie des Schwingungsgebildes, während der Verbindungskanal der Sitz der kinetischen Energie ist. Die Schwingungen des Gases oder der Flüssigkeit gehen dabei derart vor sich, daß Überdruck in einem und Unterdruck im anderen Teilraum stetig miteinander wechseln, während durch den Verbindungskanal Medium herüber- und hinüberströmt.

Diese Grundform des aus gasförmigem oder flüssigem Medium bestehenden Schwingungsgebildes ist in Abb. 5 dargestellt und wird Tonraum genannt. Die beiden Teilräume haben den Inhalt S_1 bzw. S_2, der Verbindungskanal die Länge L und den kreisförmigen Querschnitt F mit dem Radius R.

Da der Verbindungskanal Schwingungsenergie nur in kinetischer und nicht auch in potentieller Form enthalten soll, so müssen seine Abmessungen, insbesondere seine Länge, klein zum Viertel der Wellenlänge des Tones in dem betreffenden Medium sein; denn nur in diesem Falle ist es möglich, daß alle in ihm enthaltenen Mediumteilchen Schwingungen von gleicher Phase und gleicher Größe ausführen. Der Forderung, daß die Wirkung der beiden Teilräume nur elastischer Art sein soll, und daß in ihnen keine Energie in kinetischer Form auftreten soll, kann nur entsprochen werden, wenn die Abmessungen der beiden Teilräume ebenfalls klein zum Viertel der Wellenlänge des Tones in dem sie erfüllenden Medium sind, damit die Druckzustände in jedem von ihnen in allen Punkten stets die gleichen sind, und wenn die kinetische Energie der aus dem Kanal in die beiden Teilräume tretenden Strömungen klein im Vergleich zu der kinetischen Energie der Strömung im Kanal ist. Das letztere ist häufig in der Praxis nicht erfüllt, da man den Verbindungskanal oft sehr kurz wählt oder auch ganz wegläßt und die beiden Teilräume direkt aneinanderstoßen läßt. In diesem Falle ist der der Öffnung benachbarte Teil des Raumes, in dem die divergente Strömung sich ausbreitet, der Sitz der kinetischen Energie, während der übrige Teil des Raumes Träger der potentiellen Energie bleibt.

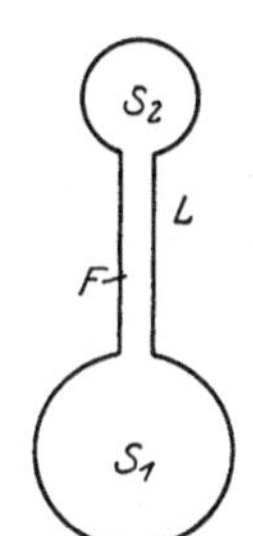

Abb. 5. Tonraum. S_1, S_2 Teilräume, L Länge, F Querschnitt des Verbindungskanals.

Der Tonraum ist in allen seinen Eigenschaften ein Gegenstück zum Tonpilz, insofern man Massen mit Elastizitäten und umgekehrt vertauscht. Wie in dem Tonpilz die Schwingungsenergie einmal in kinetischer Form in den beiden Massen und nach $^1/_4$ Periode in potentieller Form in der Elastizität steckt, so steckt beim Tonraum die Energie einmal in potentieller Form in den beiden Teilräumen und nach $^1/_4$ Periode in kinetischer Form in dem den Verbindungskanal durchströmenden Fluidum. Wie beim Tonpilz sowohl die Bewegungsamplitude als auch die Schwingungsenergie umgekehrt proportional der betreffenden Masse ist, so ist beim Tonraum sowohl die Druckamplitude wie die Schwingungsenergie umgekehrt proportional dem Volumen des betreffenden Teilraumes; und wie bei sehr verschieden großen Massen praktisch die gesamte Schwingungsenergie des Tonpilzes in der kleineren Masse steckt, so ist beim Tonraum bei sehr verschieden großen Räumen praktisch die ganze Schwingungsenergie im kleineren Raume konzentriert. Für die Eigenschwingungszahl des Tonraumes gilt die Beziehung

$$\omega_0^2 = a^2 \frac{F}{L + \alpha} \frac{S_1 + S_2}{S_1 S_2},$$

worin α eine Korrektur ist, die an der Kanallänge anzubringen ist und die von der Strömung in der Öffnung in den beiden Räumen S_1 und S_2 herrührt. Für einen geraden kreisförmigen Kanal ergibt sich für die Korrektur

$$\alpha = \frac{\pi}{2} R.$$

Für die Eigenschwingungszahl des Tonraumes ohne Verbindungskanal, welcher aus zwei direkt aneinander angrenzenden Räumen mit einer gemeinsamen kreisförmigen Öffnung des Radius R besteht, ergibt sich hieraus für die Eigenschwingungszahl die Beziehung

$$\omega_0^2 = 2 a^2 R \frac{S_1 + S_2}{S_1 S_2}.$$

5. Die gekoppelten Tonräume. Ähnlich wie bei dem Schwingungsgebilde aus festem Material treten in der technischen Akustik auch bei den gasförmigen bzw. flüssigen Schwingungsgebilden häufig gekoppelte Gebilde auf; und wie beim Tonpilz der einfachste Fall der Kopplung durch eine gemeinsame Masse erfolgt, so geschieht dies bei Tonräumen durch einen gemeinsamen Schwingungsraum. In der Abb. 6 sind zwei solche miteinander gekoppelte Tonräume dargestellt, wobei das eine Gebilde aus den beiden Räumen S_1 und S_{12} und das andere Gebilde aus den beiden Räumen S_2 und S_{12} besteht. Für die figürliche Darstellung ist eine direkte kanallose Verbindung der entsprechenden Teilräume gewählt. Als Beziehung für den Kopplungsfaktor k ergibt sich folgendes:

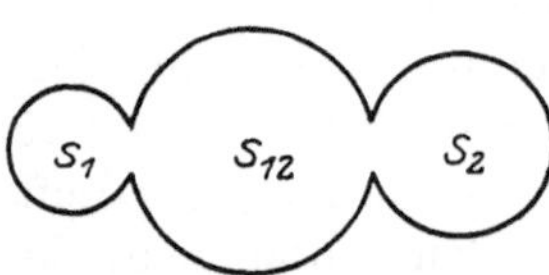

Abb. 6. Gekoppelte Tonräume. S_1, S_2 freie Teilräume, S_{12} Kopplungsraum.

$$k^2 = \frac{1}{1 + \frac{S_{12}}{S_1}} \cdot \frac{1}{1 + \frac{S_{12}}{S_2}}.$$

Diese Formel für den Kopplungsfaktor hat zwei Grenzfälle von praktischer Bedeutung, die sehr lose und die sehr feste Kopplung, und man findet in der Formel das bereits aus der reinen Anschauung sich ergebende und durch Vergleich mit dem Tonpilz zu erwartende Resultat bestätigt, daß der Kopplungsfaktor 0 bzw. 1 wird. wenn der Kopplungsraum S_{12} sehr groß bzw. klein gegen jeden der beiden Räume S_1 und S_2 ist.

6. Der Spezialfall des Helmholtzschen Resonators. Läßt man den einen der beiden Teilräume eines Tonraumes immer größer werden und schließlich in die freie Atmosphäre übergehen, so erhält man ein offenes oder strahlendes Gebilde, das man auch Helmholtzschen Resonator nennt. Im Gegensatz zum Tonraum ist der Sitz der potentiellen Energie jetzt nur noch auf einen Teilraum beschränkt, da im freien Medium keine potentiellen Kräfte mehr auftreten können. Von wattlosen Erscheinungen bleibt dort nur noch die Mediummasse infolge der kinetischen Energie der divergenten Strömung in der Nähe der Öffnung erhalten. Diese wird von bestimmendem Einfluß, wenn der Verbindungskanal sehr kurz ist. Für die Eigenschwingungszahl eines Helmholtzschen Resonators, dessen Abmessungen wie diejenigen des Tonraumes klein zur Wellenlänge gedacht sind, gilt die Beziehung

$$\omega_0^2 = a^2 \frac{F}{L+\alpha} \frac{1}{S},$$

worin S das Volumen des Resonatorraumes ist. α ist wieder eine Korrektur, die von den räumlichen Verhältnissen des Tonraumes abhängt und der divergenten Strömung des Mediums an den Kanaleingängen Rechnung trägt. Für Resonatoren ohne Hals und mit kreisrunder Öffnung des Radius R ergibt sich hieraus für die Eigenschwingungszahl

$$\omega_0^2 = 2\,a^2 \frac{R}{S}.$$

Für die Strahlungsdämpfung gilt die Beziehung

$$\vartheta_s = \frac{2\pi R}{\lambda},$$

wenn der Resonatorenraum ohne Hals mit einer kreisrunden Öffnung des Radius R an das Medium angrenzt. Wenn zwischen dem Resonatorenraum und dem freien Medium noch ein Kanal angebracht ist, gilt

$$\vartheta_s = \frac{2\pi R}{\lambda} \cdot \frac{M}{M+m}.$$

M ist hierbei wieder die im freien Medium mitschwingende Mediummasse, und m ist die im Kanal schwingende Mediummasse. Für diese beiden Massen gelten die Beziehungen

$$M = \frac{\pi^2}{2} R^3 \varrho$$

und

$$m = \pi R^2 L \varrho,$$

wobei ϱ die Dichte des Mediums ist.

Die Strahlungsdämpfung solcher Resonatoren kann sehr groß gemacht werden, was in vielen Fällen der technischen Akustik von Bedeutung ist.

D. Die gekoppelten Schwingungssysteme in der technischen Akustik.

Bei den Sendern und Empfängern der technischen Akustik werden meist gekoppelte Schwingungssysteme verwandt, und zwar sehr häufig bestehend aus einem offenen Schwingungsgebilde und einem oder mehreren geschlossenen Schwingungsgebilden. Häufig tritt auch die Aufgabe auf, von Schwingungsgebilden in fester Form, d. h. von Tonpilzen, auf gasförmige oder flüssige Medien einzuwirken. Mit Rücksicht auf die praktischen Bedingungen der Technik kann man dies meist nicht direkt tun, sondern muß mit den Tonpilzen zunächst Tonräume koppeln, um diese dann auf das fragliche Medium einwirken zu lassen. Bei diesen gekoppelten Systemen spielt die Membran als eines der Schwingungsgebilde eine wesentliche Rolle. Nachstehend werden zwei solche in der technischen Akustik vorkommende gekoppelte Systeme, bei denen die Membran eines der Gebilde ist, behandelt, und zwar ein System, bestehend aus Membran und Tonpilz, und ein System, bestehend aus Membran und Tonraum.

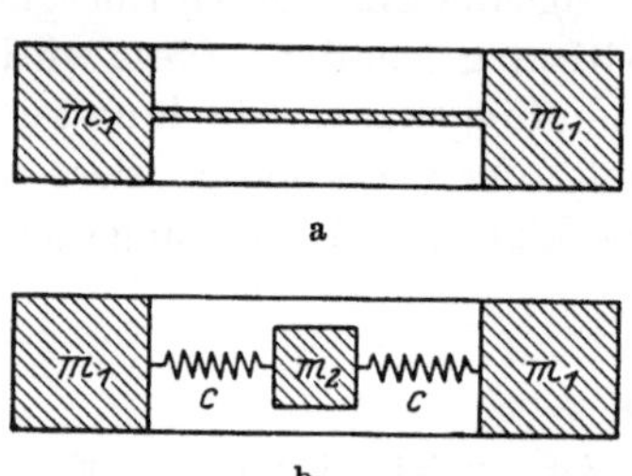

Abb. 7a und 7b. Membran als Tonpilz. m_1 Ringmasse, m_2 Mittelpunktsmasse, c Membranelastizität.

Zunächst ist es notwendig, den mit der Membran äquivalenten Tonpilz aufzustellen. Die einfache und ebene Membran ist ein Schwingungsgebilde mit verteilter Masse und Elastizität; sie ist im Prinzip in der Abb. 7a im Schnitt dargestellt. Das die Membran tragende Gehäuse ist durch einen Ring mit der Masse m_1 angedeutet. Die andere Masse des durch die Membran gegebenen Tonpilzes ist über diese Membran gleichmäßig mit der Elastizität verteilt. Das äquivalente Schwingungsgebilde mit getrennter Masse und Elastizität ist in der Abb. 7b dargestellt, in der m_2 die auf die Mittelpunktsamplitude bezogene Membranmasse ist, während die die beiden Massen verbindenden Federn c die hierauf bezogene Elastizität der Membran darstellen. Da die Massen und die Elastizitäten im einzelnen den betreffenden Werten des ursprünglichen Schwingungsgebildes entsprechen, so ist das neue Schwingungsgebilde mit getrennten Schwingungsträgern ein vollkommenes Äquivalent des alten Schwingungsgebildes mit verteilter Masse und Elastizität. Es hat daher auch die gleichen Eigenschaften und insbesondere gleiche Eigenschwingungszahl und gleiches Amplitudenverhältnis der beiden Massen und ist ein Tonpilz, der sich von der besonderen Ausführung, die in Abb. 3 dargestellt ist, nur durch die Form der Massen und der Elastizität, die hier aus mehreren parallelgeschalteten Teilelastizitäten zusammengesetzt ist, und durch die gegenseitige Anordnung der Energieträger unterscheidet.

Auch wenn die Membran an bestimmten Punkten mit Zusatzmassen oder Zusatzelastizitäten versehen wird, ist für sie stets ein äquivalenter

Tonpilz zu finden, wobei die Membran, die im Mittelpunkt mit einer gegen ihre eigene Schwingungsmasse großen Zusatzmasse versehen wird, ohne weiteres die Form des Tonpilzes mit getrennter Masse und Elastizität annimmt.

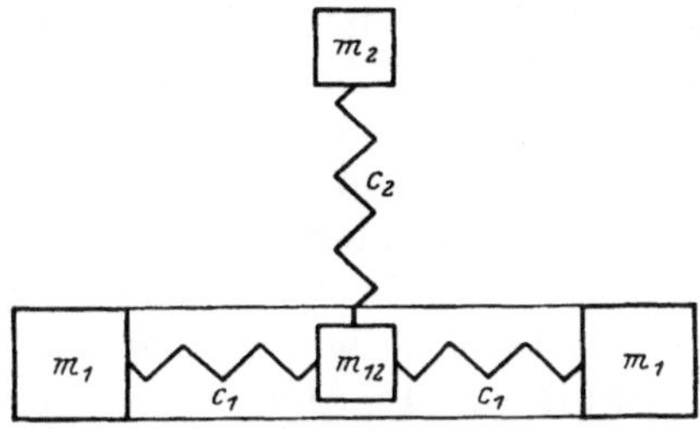

Abb. 8. Membran gekoppelt mit anderem Tonpilz. m_1 Ringmasse der Membran, m_{12} Kopplungsmasse, m_2 freie Masse des anderen Tonpilzes, c_1, c_1 Membranelastizitäten, c_2 Elastizität des anderen Tonpilzes.

Für die **Kopplung eines Tonpilzes** mit einer in der Grundform schwingenden **Membran** ist das einfachste Schema der gekoppelte Tonpilz, wie er in der Abb. 4 gegeben war. Eine etwas andere, der Membran mehr entsprechende Form ist in der Abb. 8 dargestellt. m_1 ist wieder die ringförmige Masse der Membran, mit der durch die Elastizitäten c_1, c_1 die Masse m_{12} verbunden ist, letztere beiden reduziert auf die Mittelpunktsamplitude. Das so gegebene Gebilde ist der äquivalente Tonpilz der Membran. An m_{12} ist durch die Elastizität c_2 die Masse m_2 befestigt. Durch m_2, c_2, und m_{12} ist der mit der Masse gekoppelte Tonpilz gegeben. Die äußere Form und Gestalt der Membran und des Tonpilzes sind hierbei noch ganz beliebig. So kann z. B. die Elastizität des mit der Membran gekoppelten Tonpilzes ebenfalls die Form einer Membran haben. Da meist die Masse des Ringes m_1, der das Gehäuse des Apparates darstellt, in dem die Membran eingespannt ist, gegenüber den anderen beiden Massen m_{12} und m_2 sehr groß ist, gilt für den Kopplungsfaktor des gekoppelten Tonpilzes die vereinfachte Beziehung

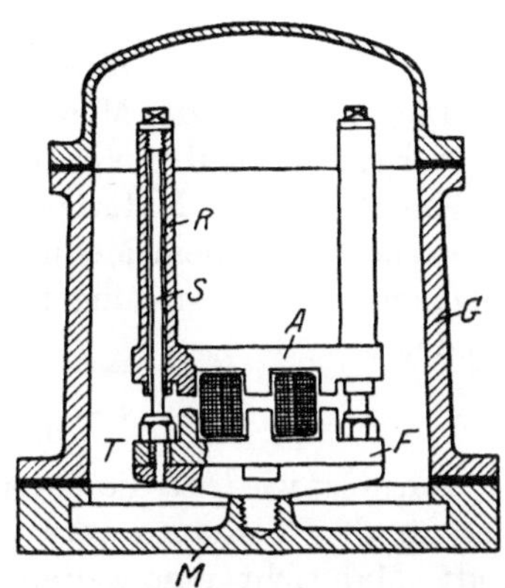

Abb. 9. Unterwasserschallsender. G Gehäuse, M Membran, A, F Elektromagnet, T Befestigungsteil, RS elastisches Stab-Rohr-System.

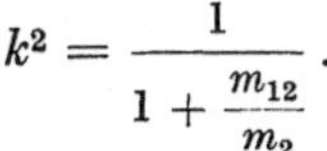

$$k^2 = \frac{1}{1 + \frac{m_{12}}{m_2}}.$$

Man sieht hieraus, daß sich feste Kopplung ergibt, wenn man m_{12} gegenüber m_2 klein macht, und lose Kopplung, wenn man m_{12} gegenüber m_2 groß macht. Als Beispiel eines akustischen Apparates, der aus einem mit einer Membran gekoppelten Tonpilz besteht, sei der in der Abb. 9 dargestellte elektromagnetisch erregte Unterwasserschallsender erwähnt, wie er jetzt fast allgemein in die Unterwasserschalltechnik eingeführt ist. Die Membran M als Strahler nullter Ordnung grenzt hierbei direkt an das Außenmedium, das Seewasser, an. Dies ist möglich, da sich — wie schon oben erwähnt — für Wasserschallstrahlung Membranen mit einer für die Technik genügenden Strahlungsdämpfung bauen lassen. Der aus den beiden elektromagnetischen Teilen A und F und den sie verbindenden Rohren R bzw. Stielen S bestehende Tonpilz ist ein geschlossenes Gebilde, dient zur Erzeugung der Schwingungsenergie und überträgt diese auf die strahlende Membran infolge der durch die den beiden Gebilden gemeinsamen Masse gegebenen Kopplung.

Ein weiteres Beispiel eines häufig vorkommenden akustischen Schwingungssystems ist das, bei dem ein Tonraum mit einer Membran gekoppelt ist. In Abb. 10 ist ein Schema hierfür gegeben. S_1 und S_2 sind die beiden Teilräume des Tonraumes. S_1 ist an seiner unteren Seite durch die Membran abgegrenzt, die in ein Gehäuse großer Masse eingespannt gedacht ist. Die Höhe des an die Membran angrenzenden zylindrischen Teilraumes sei h. Die Kopplung zwischen dem Tonraum und der Membran kommt dadurch zustande, daß zu der Membranelastizität noch die des Teilraumes S_1 zusätzlich hinzukommt.

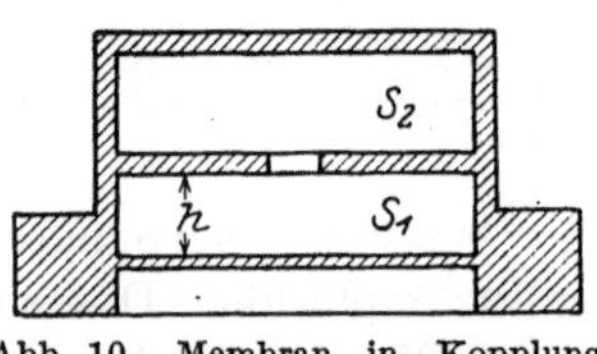

Abb. 10. Membran in Kopplung mit Tonraum. S_1 Kopplungsraum, S_2 freier Tonraum.

Die Elastizität der Membran ist von den Dimensionen und dem Material der Membran, d. h. von ihrer Dicke d, ihrem Radius R und dem Elastizitätsmaß E ihres Materials, abhängig. Die Elastizität des Teilraumes S_1 ist bei gegebenem Medium (Luft) von dem Radius und der Höhe h abhängig. Als Beziehung für den Kopplungsfaktor ergibt sich die folgende:

$$k^2 = \frac{1}{1 + \frac{9}{0{,}22\,\pi} \cdot \frac{1}{a^2 \cdot \varrho} \cdot \frac{h E d^3}{R^4}} \cdot \frac{1}{1 + \frac{S_1}{S_2}}\,.$$

Darin ist wieder a die Fortpflanzungsgeschwindigkeit und ϱ die Dichte des für den Tonraum verwandten gasförmigen Mediums, nämlich der Luft. Man sieht ohne weiteres, daß der Kopplungsfaktor bei gegebenem Membranmaterial (E) und -radius (R), gegebener Frequenz oder — was gleichbedeutend — gegebener Membrandicke (d) und gegebenem Medium ($a\varrho^2$) von der Höhe h des Teilraumes S_1 und von dem Verhältnis der beiden Teilräume zueinander abhängig ist. Es ist klar, daß, wenn der Teilraum S_1 gegenüber S_2 sehr groß ist, d. h. fast die gesamte Energie des Tonraumes im anderen Teilraume S_2 schwingt, die Kopplung zwischen Membran und Tonraum sehr lose sein muß und daß für feste Kopplung der Teilraum S_1 zum mindesten S_2 vergleichbar sein muß. Andererseits wird die Kopplung desto größer, je vergleichbarer die Elastizität des Teilraumes S_1 gegenüber der Membranelastizität, d. h. je geringer die Höhe h wird.

Es dürfte interessieren, daß in diesem Schwingungssystem das prinzipielle Aufbauschema des Telephons gegeben ist. Die Membran ist die Telephonmembran, der Teilraum S_1 ist der Raum zwischen Telephonmembran und Ohrmuschel des Telephons, die Öffnung der Ohrmuschel ist die Öffnung des Tonraumes und der Ohrkanal stellt den Teilraum S_2 dar.

Wird der Teilraum S_2 zu einem offenen Trichter gestaltet, so ergibt sich aus diesem gekoppelten System das prinzipielle Aufbauschema eines Raumstrahlers, d. h. eines elektromagnetischen Senders, der die Energie anstatt dem Ohrkanal an das freie Medium (Luft) ausstrahlt und also einen Luftschallsender darstellt. Dies liegt z. B. bei den Lautsprechern der Rundfunkapparate und bei den modernen elektromagnetischen Luftschallsendern für große Energie vor, wie sie neuerdings für Küstensignalzwecke eingeführt worden sind.

E. Schluß.

Das im vorstehenden Gegebene gibt einen kurzen, natürlich nicht erschöpfenden Überblick der Grundlagen der modernen technischen Akustik. Der Ausbau dieser technischen Wissenschaft in der neueren Zeit hat schon zu erheblichen Fortschritten auf dem Gebiete des Baues technisch-akustischer Apparate geführt. So ist es beispielsweise gelungen, für die erwähnten Wasserschall- und Luftschallsender großer Leistung und für Telephone bestimmten Frequenzbereiches (Monotelephone) einen Gesamtwirkungsgrad von über 50% in der Praxis zu erreichen. Welche Bedeutung darin liegt, zeigt die Gegenüberstellung dieser modernen Apparate mit den früheren, deren Wirkungsgrad wenige Prozente nicht überstiegen hat. Der weitere Ausbau und die erweiterte Anwendung dieser Grundlagen der moderneren technischen Akustik wird noch zu immer größeren Erfolgen in der Entwicklung der Apparate dieser Technik führen. Wie bekannt, ist beispielsweise die Güte unserer Sprechtelephone, wie sie für die Zwecke des Telephon- und Rundfunkverkehrs benutzt werden, durchaus noch nicht nach allen Seiten befriedigend. In besonders starkem Maße besteht das Bedürfnis nach einem besseren Lautsprecher. Es darf erwartet werden, daß durch die Weiterentwicklung auf dem gekennzeichneten Wege auch der Bau voll befriedigender Apparate auf diesen Gebieten gelingen wird.

F. Literatur.

Lord Rayleigh, The Theory of Sound (2 Bde.), London 1894 und 1896.

W. Hahnemann und H. Hecht, Phys. Z. Bd. 17, S. 601. 1916; Bd. 18, S. 261. 1917; Bd. 20, S. 104, 245. 1919; Bd. 21, S. 187, 264, 426. 1920; Bd. 23, S. 322. 1922. Ann. d. Phys. IV, Bd. 60, S. 454. 1919; Bd. 63, S. 57. 1920; Bd. 70, S. 283. 1923.

IV. Elektroakustik.

Von

W. Schottky (Rostock).

A. Das Wiedergabeproblem als Ganzes.

1. Die elektroakustische Gesamtaufgabe. Die Probleme, deren wissenschaftliche Grundlagen in den folgenden beiden Vorträgen entwickelt werden sollen, sind die der Umsetzung von Schall in elektrische Energie und umgekehrt, die Probleme des elektrischen Schallempfängers und Schallsenders, des Mikrophons und des Telephons oder Lautsprechers. Haben sich die vorangehenden beiden Vorträge mit den rein akustischen Grundlagen der Tonwiedergabe und mit dem Zusammenwirken von Membran und Schallraum beschäftigt, so haben wir jetzt an einer nächst tiefer gelegenen Stelle einzusetzen: wir haben das Wechselspiel der elektrischen und mechanischen Kräfte zu verfolgen, die in der Membran den Übergang von Schallenergie in elektrische Energie vermitteln und umgekehrt. Hierbei zeigt sich aber sogleich, daß diese Kräfte von dem an den Schallapparat angeschlossenen elektrischen Stromkreis und ebenso von der akustischen Umgebung des Apparates, seiner Schallführung usw. abhängen. Wir müssen also notwendig rein akustische und rein elektrische Probleme mit in den Kreis unserer Betrachtung ziehen. Zur Kennzeichnung der Tatsache, daß es sich hierbei um eine Synthese aller bei dem Tonwiedergabeprozeß auftretenden akustischen und elektrischen Teilprobleme handelt, ist der neuerdings für dieses Gesamtgebiet aufgekommene Ausdruck Elektroakustik recht geeignet.

Die Aufgaben, die der theoretischen und praktischen Elektroakustik gestellt sind, erkennen wir am besten, wenn wir das Schicksal eines wiederzugebenden Klanges, sei es nun das gesprochene Wort oder eine musikalische Darbietung, von ihrer natürlichen Schallquelle, dem Mund des Sprechers oder dem Instrument des Musikers aus bis zu dem Ohr des mit Kopfhörer oder Lautsprecher bewaffneten Zuhörers verfolgen. Die akustische Gestaltung des Aufnahmeraumes, die Aufstellung des Sprechers oder der Instrumente, denken wir uns durch den Raumakustiker in richtiger Weise gelöst und unserem Schallempfänger einen

Platz angewiesen, wo er, samt der ganzen an ihn angeschlossenen Apparatur, keine andere Aufgabe zu erfüllen hat, als die auf ihn auftreffenden Schallwellen so aufzunehmen, daß sie mit unverändertem Klangcharakter am Ohr des entfernten Zuhörers reproduziert oder, unter einem genügend großen Öffnungswinkel, in den Wiedergaberaum gleichmäßig ausgestrahlt werden können; die weiteren Schicksale des Schalls an den Wänden des Wiedergaberaumes usw. müssen wir auch wieder dem Raumakustiker überlassen.

Bei der so umschriebenen Aufgabe — gleichviel, ob lösbar oder nicht — ergeben sich von selbst 3 Stufen: einmal die vom Schallempfänger zu vollziehende Aufnahme von Schallenergie aus den auf ihn auftretenden Schallwellen und deren Umwandlung in elektrische Wechselströme, dann die Weiterführung, Verstärkung, Schwächung und Wiederverstärkung dieser elektrischen Energie, die im Rundfunk ja eine Fülle von sehr verschiedenartigen Einzelschicksalen darstellt, und schließlich, hinter dem Detektor oder letzten Verstärkerrohr vor dem Schallwiedergabeapparat, die Umwandlung der dort ankommenden elektrischen Ströme in Schallwellen, die zum Ohr des Hörers gelangen.

Unterscheiden wir hierbei bei dem Schallempfänger (Mikrophon) und Schallwiedergabeapparat (Telephon, Lautsprecher) noch die akustische Seite, den Umwandlungsapparat selbst, und den angeschlossenen elektrischen Kreis, so haben wir im ganzen folgendes Schema:

$$\text{Originalklangbild} \rightarrow \text{Mikrophon} \rightarrow \text{Eingangskreis} \rightarrow \text{gesamtes elektrisches}$$
$$\text{Zwischensystem} \rightarrow \text{Ausgangskreis} \rightarrow \left\{\begin{matrix}\text{Telephon}\\ \text{Lautsprecher}\end{matrix}\right\} \rightarrow \text{Wiedergabeklangbild.}$$

Die technische Aufgabe besteht, wie bemerkt, darin, am Ort der Wiedergabe ein Klangbild zu erzeugen, das dem vom Mikrophon aufgenommenen Originalklangbild möglichst genau gleich ist; die wissenschaftliche Aufgabe der Elektroakustik ist es, die Bedingungen hierfür zu untersuchen und die Mittel anzugeben, mit denen diese Bedingungen erfüllt werden können.

2. Einführung der physikalischen Bestimmungsgrößen. Wenn wir uns dem Studium dieser Aufgabe widmen und über ungefähre Begriffe hinauskommen wollen, müssen wir sagen, was denn nun das ist, was am Aufnahme- und Wiedergabeort gleich sein soll; d. h. wir müssen das Klangbild an beiden Orten durch meßbare physikalische Größen zu charakterisieren versuchen. Diese Aufgabe wird erleichtert durch die im Vortrag von Prof. Aigner behandelte Tatsache, daß jedes noch so komplizierte Klangbild sich in sein akustisches Spektrum zerlegen läßt, daß es sich darstellen läßt durch Zusammensetzung einer Anzahl rein periodischer Schwingungen. Läßt man die reinen Teiltöne eines Schallvorganges verschiedene Schicksale erleiden und bringt sie nachher wieder zusammen, so entsteht ein neues Klangbild, das mit dem ursprünglichen dann und nur dann identisch ist, wenn die Intensitäten der verschiedenen Teiltöne bei ihren verschiedenen Einzelschicksalen im ganzen relativ zueinander unverändert geblieben sind[1]). Diese physiologische Tatsache ermöglicht es, die vorliegende Aufgabe von vornherein gewissermaßen spektral zu zerlegen und rein periodische Einzelvorgänge zu betrachten. Wir haben uns also theoretisch nur mit den physikalischen Bestimmungsgrößen rein periodischer Wellen zu beschäftigen und können die gestellte technische Aufgabe so formulieren: die gesamte Anlage muß derart sein, daß die charakteristischen physikalischen Bestimmungsgrößen aller Teilwellen im Wiedergabeklangbild dasselbe Verhältnis zueinander zeigen wie im Originalklangbild. Das heißt aber, daß das Verhältnis der sekundären Größen zu den primären für alle Frequenzen dasselbe sein muß, daß wir, wie man sagt, eine frequenzunabhängige Wiedergabe fordern müssen.

Wir haben nun die physikalischen Bestimmungsgrößen einer einzelnen periodischen Teilwelle aufzusuchen. Im Aufnahmeraum können wir mit hinreichender Annäherung annehmen, daß es sich um eine auf das Mikrophon zukommende freie Kugelwelle[2]) handelt; es ist bekannt, daß im Aufnahmeraum Wandreflexionen unterdrückt werden müssen und daß daher das Auftreffen auch reflektierter Wellen nicht erheblich in Frage kommt. Eine solche Kugelwelle ist aber als Ganzes vollkommen bestimmt, wenn man außer ihrer Periode noch ihre Intensität kennt, die z. B. durch die Energie bestimmt werden kann, welche pro Zeiteinheit durch den räumlichen Einheitswinkel (d. h. den 4πten Teil der Vollkugel) hindurchgeht. Diese Bestimmungsgröße der Kugelwelle hat den Vorteil, daß sie, im Gegensatz zur Druckamplitude usw., von der Entfernung vom Ausgangspunkt der Welle unabhängig ist; wir bezeichnen sie als Winkelintensität K der Welle von der betreffenden Periode[3]).

Die auftretende Schallwelle mit dieser Intensität K ruft nun im Mikrophon elektrische Vorgänge hervor, die sich, wie wir sehen werden, durch das Auftreten einer EMK beschreiben lassen, deren Amplitude wir mit E bezeichnen.

Als nächstes interessieren uns die elektrischen Bestimmungsgrößen, die den Zustand des zu übertragenden Schallvorganges im Eingangskreis der elektrischen Anordnung charakterisieren. Hier werden wir

---

[1]) Auf die Frage des räumlichen Hörens gehen wir am Schluß des I. Teiles ein.

[2]) Bzw. „Quasikugelwelle"; vgl. Z. f. Phys. Bd. 36, S. 696. 1926.

[3]) Für die spezielleren Rechnungen hat allerdings die Druckamplitude als Intensitätsmaß unleugbare Vorteile. Vgl. S. 68 u. 75.

im Rundfunk immer, und auch sonst in vielen Fällen, mit einer Verstärkerröhre zu rechnen haben, die über einen Übertrager mit dem Mikrophon verbunden ist. Die Verhältnisse in diesen beiden Kreisen sind bei gegebener Frequenz durch je eine Spannungsamplitude vollkommen charakterisiert; die Spannungsamplitude am Vorübertrager bezeichnen wir mit V, die am Gitter mit V_G.

Die Untersuchung der „elektrischen Gesamtanlage", die beim Rundfunk die Besprechungsanlage des Senders, den Sender, den Hochfrequenz- und Niederfrequenzempfangsapparat bis zur letzten Röhre bzw. zum Detektor enthält, gehört nicht zu unserem Programm; hierüber werden die späteren Vorträge ausführliche Auseinandersetzungen bringen.

Uns interessieren erst wieder die Vorgänge hinter dem letzten Verstärkerrohr bzw. dem Detektor. In beiden Fällen haben wir es mit einer Vorrichtung zu tun, in der die übertragenen elektrischen Vorgänge eine scheinbare Wechsel-EMK hervorrufen, deren Amplitude für die untersuchte Frequenz wir mit E_1 bezeichnen; wir können so rechnen, als ob wir es mit einem Wechselstromgenerator mit der EMK-Amplitude E_1 zu tun hätten. In beiden Fällen kann der innere Widerstand dieses sekundären Generators mit genügender Annäherung als rein Ohmscher Widerstand betrachtet werden.

Dieser sekundäre Generator kann nun, direkt oder mit einem Übertrager, auf einen Kopfhörer oder auf einen Lautsprecher wirken. Beim Lautsprecher können wir, abgesehen von den komplizierten Fragen der Raumakustik, in einiger Entfernung wieder eine freie Kugelwelle annehmen, die durch eine Winkelintensität K_1 charakterisiert ist. Beim Kopfhörer kommt es erst gar nicht zur Ausbildung einer freien Welle, sondern es liegen andere Verhältnisse vor, die wir später skizzieren. Vorläufig halten wir uns an den theoretisch leichter zu übersehenden Fall der Lautsprecherwiedergabe.

Die Forderung der frequenzunabhängigen Wiedergabe der Teilwellen bedeutet dann, daß für alle Perioden die Winkelintensitäten K_1 zu den Intensitäten K in dem gleichen, von der Frequenz unabhängigen Verhältnis stehen müssen. Es muß also:

$$\frac{K_1}{K} = \text{konst. (frequenzunabhängig)} \quad \text{sein.}$$

Daß in dieser Formulierung die Bestimmungsgrößen der Schallintensität jeder Teilwelle von vornherein im Energiemaß auftreten — K ist ja eine Energie pro Zeit- und Winkeleinheit —, hat für die Behandlung der elektroakustischen Gesamtaufgabe große Vorteile. Die Energie ist ja die einzige Größe, die für akustische und elektrische Vorgänge ohne weiteres vergleichbar ist. Während wir über die Umsetzung etwa von Schalldruckamplituden in elektrischen Spannungen oder Ströme beim Mikrophon oder Lautsprecher von vornherein gar nichts aussagen können, haben wir für den Vergleich der einem Lautsprecher zugeführten elektrischen und der im ganzen abgestrahlten akustischen Energie sofort eine ganz allgemeine Aussage aus dem Energieprinzip: die gesamte akustische Energie kann höchstens gleich der von dem „sekundären Generator" mit der EMK E_1 maximal abgebbaren elektrischen Energie, der elektroakustische Wirkungsgrad kann höchstens $= 100\%$ sein. Wir haben so, bei Einführung energetischer Größen, von vornherein ein Standardmaß für die Güte der elektroakustischen Umsetzung gewonnen, mit dem wir alle erreichten Resultate beurteilen können. Wie man von diesem Standardmaß für den Lautsprecherwirkungsgrad auf Grund gewisser Reziprozitätsbeziehungen auch zu einem Standardmaß für den Mikrophonwirkungsrad gelangt, wird am Schluß des zweiten Abschnittes erörtert werden.

3. Die Einzelanforderungen an Lautsprecher und Mikrophon. Von der Forderung K_1/K frequenzunabhängig kommen wir nun ziemlich zwangläufig zu Einzelforderungen an den Schallempfänger und Schallsender, an das Mikrophon und den Lautsprecher, indem wir K_1/K weiter zerlegen bzw. umformen. Man sieht leicht ein, daß die aufgestellte Forderung, wenn sie für den wesentlichsten Teil des von dem Lautsprecher ausgestrahlten Schallfeldes gelten soll, auch zu der Forderung führt:

$$\frac{L_1}{K} \text{ frequenzunabhängig,}$$

wobei $L_1 = \int K_1 d o$ die gesamte, nach allen Winkelelementen do der Vollkugel von dem Lautsprecher ausgestrahlte akustische Leistung bedeutet. Bezeichnen wir die von dem sekundären Generator maximal abgebbare Leistung mit L_i, so bedeutet das Verhältnis L_1/L_i, das wir mit η bezeichnen, offenbar den gesamten elektroakustischen Wirkungsgrad des Lautsprechers für die betreffende Frequenz.

Nun ist, wenn Z_i den inneren Ohmschen Widerstand des sekundären Generators bedeutet:

$$L_i = \frac{E_1^2}{2} \cdot \frac{1}{4 Z_i}.$$

Mithin wird

$$L_1 = \eta \frac{E_1^2}{2} \cdot \frac{1}{4 Z_i},$$

und wenn Z_i ein konstanter Ohmscher Widerstand ist, wie es beim Detektor und auf der Anodenseite einer Verstärkerröhre der Fall ist, so erhalten wir die Forderung:

$$\frac{\eta E_1^2}{K} \text{ frequenzunabhängig.}$$

Dazu kommt nun aber noch eine Forderung für η allein, die mit der Frage der Absolutlautstärken im Zusammenhang steht. Die obere

Grenze $[L_1]$ der unverzerrten akustischen Absolutleistung L_1 bei einer bestimmten Frequenz ist offenbar, wenn man von Amplitudenverzerrungen des Lautsprechers absieht, gleich der maximalen verzerrungsfreien elektrischen Leistung $[L_i]$, die das letzte Verstärkerrohr abgeben kann, multipliziert mit dem Wirkungsgrad η bei der betreffenden Frequenz:

$$[L_1] = \eta\,[L_i]\,.$$

Nun ist wegen der Eigenschaften der Verstärkerröhre $[L_i]$ für alle Frequenzen gleich. Um also bei allen Frequenzen dieselbe elektrisch unverzerrte maximale Schalleistung abgeben zu können, müßten wir η für sich frequenzunabhängig machen. Diese Forderung kann zwar durch die in Wirklichkeit vorhandenen ungleichmäßigen Anforderungen an Maximallautstärke für die verschiedenen Frequenzen etwas modifiziert werden, sie genügt aber jedenfalls, um eine Frequenzunabhängigkeit von η in erster Näherung als das erstrebenswerte Ziel erscheinen zu lassen (Lautsprecherforderung).

Die Aufgabe der klanggetreuen Wiedergabe zerspaltet sich also, wenn auch nicht streng, so doch mit einer gewissen inneren Notwendigkeit in die beiden Einzelforderungen:

η möglichst groß und möglichst frequenzunabhängig und E_1^2/K möglichst groß und möglichst frequenzunabhängig.

Das Maß für den Mikrophonwirkungsgrad leiten wir aus dem Maß E_1^2/K dadurch ab, daß wir als Zwischengröße die Spannungsamplitude V_G einschieben und setzen:

$$\frac{E_1^2}{K} = \frac{E_1^2}{V_G^2} \cdot \frac{V_G^2}{K}\,.$$

Hier ist das Verhältnis E_1/V_G das Verhältnis der Wechsel-EMK in der letzten Verstärkerröhre zur Wechselamplitude der Gitterspannung an der ersten bei der Schaltung überhaupt benutzten Röhre; das ist eine rein elektrische, nur von den Eigenschaften der Schaltung abhängige Größe. Als Maß für die Güte des Mikrophons bleibt also das Verhältnis V_G^2/K übrig, das allerdings kein energetisches Maß ist und das wir auch deshalb durch kein energetisches Maß ersetzen können, weil die Leistung auf das Gitter meist eine überwiegende Blindleistung ist.

Bisher haben wir noch keinen Grund angegeben, weshalb die beiden Verhältnisse E_1^2/V_G^2 und V_G^2/K für sich frequenzunabhängig sein müßten; und in der Tat könnte man einen nicht zu komplizierten Frequenzgang von V_G^2/K durch Eigenschaften der Schaltung bis zum Erreichen des letzten Verstärkerrohres elektrisch kompensieren. Von solchen Kompensationen ist aber allgemein zu sagen, daß sie sich durch die natürlichen Eigenschaften der einzelnen Teile, des Mikrophons, der elektrischen Anordnung und des Telephons oder Lautsprechers nicht von selbst darbieten; alle diese Teile einzeln werden vielmehr, wenn man sie möglichst wirksam gestalten will, die Tendenz haben, mittlere Frequenzgebiete zu bevorzugen, hohe und tiefe zu unterdrücken. Eine elektrische Kompensation frequenzabhängiger V_G^2/K-Werte wird also nur auf Kosten der Verstärkung oder durch noch größeren Aufwand an Röhren und Batterien möglich sein; beides Maßnahmen, zu denen man aus verschiedenen Gründen nicht gerne greift. Mithin ist die allgemeine Forderung für Mikrophone die, daß V_G^2/K möglichst groß und möglichst frequenzunabhängig sein soll (Mikrophonforderung).

4. Richtungs- und Entfernungsfragen. Vergleichen wir diese „Mikrophonforderung" mit der „Lautsprecherforderung", daß L_1/L_i möglichst groß und möglichst frequenzunabhängig sein soll, so fällt auf, daß in der Mikrophonforderung die Winkelintensität K der (aus einer bestimmten Richtung) ankommenden Schallwelle stehengeblieben ist, während auf der Lautsprecherseite L_1 auftritt, also über die ausgestrahlte Winkelintensität K_1 in allen Richtungen des Raumes summiert wird. Nun beruht der Ersatz von K_1 durch L_1 in der Gesamtforderung: K_1/K frequenzunabhängig, wie bemerkt, auf der Annahme, daß die Frequenzunabhängigkeit von K_1/K „für den wesentlichsten Teil des von dem Lautsprecher ausgestrahlten Schallfeldes gelten soll," d. h. daß innerhalb eines gewissen, von dem Lautsprecher beherrschten Winkelraumes die Intensitäten K_1 der verschiedenen Frequenzen zueinander im gleichen von der Aufstellung des Zuhörers unabhängigen Verhältnis stehen müssen. Wir fragen, ob für das Mikrophon nicht auch eine Annahme über die Richtungsabhängigkeit des Verhältnisses V_G^2/K notwendig ist. Diese Frage ist, wenn das Mikrophon gleichzeitig Schallwellen aus verschiedener Richtung aufnehmen soll (Orchester!), ohne weiteres zu beantworten: wenn keine Fälschung der Klangfarbe der einzelnen Schallquellen und keine Verschiebung der relativen Intensität der verschiedenen Schallquellen gegeneinander eintreten soll, muß das Verhältnis V_G^2/K nicht nur für jede in Frage kommende Aufstellung der Schallquelle die gleiche Frequenzabhängigkeit zeigen, sondern innerhalb des in Frage kommenden räumlichen Winkels vollständig von der Richtung, in der sich die Schallquelle befindet, unabhängig sein.

Auf Grund dieser Zusatzforderung wäre es in der Tat möglich, die Mikrophonforderung, anstatt auf die Intensität einer Schallwelle aus einer bestimmten Richtung, auf die Summe einer ganzen Anzahl unabhängiger Schallwellen gleicher Periode zu beziehen, die gleichzeitig aus dem von der vollen Mikrophonwirkung beherrschten Raumgebiet auftreffen. Doch wird damit, im Gegensatz zur Lautsprecherseite, wo die Einführung von L_1 aus energetischen Gründen von Vorteil ist, nichts gewonnen, und so behalten wir die Mikrophonforderung in der Form bei, V_G^2/K muß möglichst groß, unabhängig von der Frequenz und, innerhalb des Aufstellungsbereiches der Schallquellen, unabhängig von der Richtung sein, aus der die Schallwellen auftreffen.

Obgleich durch diese Frequenz- und Richtungsforderungen die konstruktiv zu lösenden Aufgaben der Elektroakustik vollständig umschrieben sind, wäre das physikalische Bild doch unvollständig, wenn wir nicht auch noch die Rolle der Entfernung der Schallquellen vom Mikrophon und des Zuhörers vom Lautsprecher diskutieren würden. Diese Entfernungsabhängigkeiten sind aber in den praktischen Grenzfällen sehr einfach. Für das Mikrophon ist z. B., wenn die Entfernung der Schallquelle groß gegen die Mikrophondimension ist, wie wir im Rundfunk wohl annehmen können, in allen normalen Fällen[1]) das Verhältnis V_G^2/K dem Quadrat der Entfernung der Schallquelle umgekehrt proportional; eine Schallquelle von gegebener Intensität, auf die halbe Entfernung herangebracht, erzeugt eine doppelte Spannungsamplitude V_G. Hiernach kann man, wie beim direkten Hören, die Wirksamkeit verschiedener Klangquellen, etwa eines Orchesters, gegeneinander abstufen und wohl auch in gewissem Grade Frequenzabhängigkeiten des Mikrophons oder Lautsprechers durch verschiedene Entfernung hoher und tiefer Instrumente faustmäßig korrigieren. Auf der Lautsprecherseite aber wird die Schallausbreitung in einiger Entfernung vom Lautsprecher ebenfalls diesem quadratischen Entfernungsgesetz gehorchen; das Bild wird dasselbe sein, als wenn die zu reproduzierenden Klangquellen mit einer dem Quadrat ihrer Entfernung vom Mikrophon umgekehrt proportionalen Intensitätsabstufung im Lautsprecher selbst angebracht wären. Die Erfüllung unserer Gesamtforderung, daß K_1/K frequenzunabhängig und innerhalb der Aktionsbereiche des Mikrophons und Lautsprechers richtungsunabhängig ist, sorgt in der Tat dafür, daß dieser Grad der klangtreuen Wiedergabe erreicht wird; will man mehr haben, so muß man jeder Klangquelle oder jeder Gruppe von Klangquellen ein besonderes Mikrophon, einen besonderen Lautsprecher und eine besondere elektrische Übertragungsrichtung zuordnen, für die jeweils die Forderung $K_1/K = \text{konst.}$ erfüllt ist, und muß ferner die Lautsprecher im Wiedergabesaal ebenso verteilen wie die Klangquellen mit ihren (möglichst nur ihr Instrument wiedergebenden) Mikrophonen im Aufnahmeraum.

[1]) Anomale Fälle sind solche, wo die von der Schallquelle ausgehende Welle innerhalb der Mikrophondimensionen eine relativ starke seitliche Variation ihrer Intensität zeigt, wie z. B. bei Strahlern erster Ordnung, deren Interferenzzone gerade durch das Mikrophon hindurchgeht. Bei Sprach- und Instrumentalklängen kommt so etwas jedoch kaum in Frage.

B. Mikrophontheorie.

1. Die fünf Bestimmungsfaktoren der Mikrophongüte. Aufgabe der Mikrophontheorie des Rundfunks ist es, für jede Frequenz das Verhältnis der Spannungsamplitude V_G am Gitter der ersten Verstärkerröhre zur Intensität K der auftreffenden Welle, genauer: das Verhältnis V_G^2/K oder $V_G/\sqrt{K}$, zu bestimmen; Aufgabe der Mikrophonkonstruktion ist es, dieses Verhältnis möglichst groß und möglichst frequenzunabhängig, sowie innerhalb des Aktionsbereiches des Mikrophons von der Richtung der auftreffenden Welle unabhängig zu gestalten. Wir beschränken uns im wesentlichen auf die Membranmikrophone, die in der Rundfunkpraxis die wichtigste Rolle spielen.

Die strenge Durchführung der Theorie der Membranmikrophone wird sich, mit Hilfe von Reziprozitätssätzen, an die allgemeine Theorie der Membranlautsprecher anlehnen; wir kommen hierauf im Schlußteil zurück. Um einen direkten Einblick in die Wirkungsweise des Membranmikrophons zu haben, wollen wir jedoch im folgenden unter vereinfachenden Annahmen, die in praxi übrigens meist erfüllt sind, die Mikrophontheorie für sich behandeln. Unsere vereinfachenden Annahmen bestehen hauptsächlich darin, daß wir die „Rückwirkungen", also den Einfluß der durch die Membranbewegung erzeugten elektrischen Ströme und der dadurch bedingten elektrischen Kräfte auf die Bewegung der Membran vernachlässigen, und ebenso einen entsprechenden Einfluß der mechanischen Beweglichkeit auf die elektrischen Eigenwiderstände des Mikrophons. Weitere Vereinfachungen werden an ihrem Ort vermerkt werden.

Dann läßt sich das Verhältnis $V_G/\sqrt{K}$ darstellen als Produkt verschiedener voneinander unabhängiger Teilverhältnisse folgender Art:

1. Das Verhältnis $F/\sqrt{K}$ der Membrankraftamplitude F, die beim Auftreffen einer Welle mit der Winkelintensität K an der Membran angreift, zu $\sqrt{K}$. Dieses Verhältnis bezeichnen wir als den akustischen Gütefaktor des Mikrophons. Es ist, außer von den Mikrophoneigenschaften, von der Entfernung R der Schallquelle von der Mikrophonmembran abhängig. In Fällen, wo diese Abhängigkeit in der schon S. 67 erwähnten umgekehrten Proportionalität mit R besteht, führt man, wie S. 75 genauer begründet werden soll, zweckmäßig das von der Entfernung unabhängige Verhältnis F/P als akustische Güte des Mikrophons ein; P ist die Druckamplitude der frei auftreffenden Schallwelle, die am Ort des Mikrophons herrschen würde, wenn dieses nicht vorhanden wäre. Dementsprechend wird in solchen Fällen auch V_G/P statt $V_G/\sqrt{K}$ als Maß der Gesamtgüte eines Mikrophons, welches auf das Gitter einer Verstärkerröhre arbeitet, eingeführt.

2. Das Verhältnis A_M/F oder U_M/F, welches durch Angabe der bei der Kraftamplitude F auftretenden Membranamplitude A_M oder Geschwindigkeitsamplitude $U_M = \omega A_M$ die Beweglichkeit der Membran charakterisiert (ω Kreisfrequenz der untersuchten Teilschwingung).

3. Das Verhältnis E/A_M oder E/U_M, welches die elektrische Empfindlichkeit des Mikrophons charakterisiert. Wir werden sehen, daß die Mikrophone, ihrem elektrischen Mechanismus nach, in „Elongationsempfänger" zerfallen, bei denen die erzeugte Wechsel-EMK E proportional A_M, also E/A_M eine frequenzunabhängige Konstante ist, und in „Geschwindigkeitsempfänger", bei denen dasselbe für E/U_M gilt. Je nach diesem elektrischen Verhalten wird die Beweglichkeit der Membran durch A_M/F oder U_M/F auszudrücken sein.

4. Das Verhältnis V/E der Klemmspannungsamplitude am Mikrophon oder am angeschlossenen Übertrager zu der Wechsel-EMK E.

5. Das Verhältnis V_G/V der Gitterspannungsamplitude am ersten Verstärkerrohr zur Klemmspannungsamplitude am Mikrophon.

Das Gesamtmaß der Güte eines Mikrophons, welches auf das Gitter eines Verstärkerrohres arbeitet, können wir als Produkt dieser 5 Faktoren darstellen; wir haben offenbar:

$$\frac{V_G}{P} = \frac{F}{P} \cdot \left\{ \begin{matrix} \dfrac{A_M}{F} \cdot \dfrac{E}{A_M} \\ \dfrac{U_M}{F} \cdot \dfrac{E}{U_M} \end{matrix} \right\} \cdot \frac{V}{E} \cdot \frac{V_G}{V},$$

wobei die obere Zeile für Elongationsempfänger, die untere für Geschwindigkeitsempfänger zu benutzen ist.

2. Die verschiedenen Mikrophontypen und ihre elektrische Empfindlichkeit. Man sieht aus dem Ausdruck für V_G/P, daß die Güte eines Mikrophons teils von rein akustischen und mechanischen Eigenschaften (1. und 2. Faktor), teils von rein elektrischen Eigenschaften (4. und 5. Faktor) abhängt, und daß nur die elektrische Empfindlichkeit, die durch den 3. Faktor repräsentiert wird, für den elektroakustischen Umwandlungsmechanismus charakteristisch ist. Um von den bisherigen allgemeinen Betrachtungen zu konkreten Vorstellungen zu gelangen, wollen wir zunächst die Art und Größe dieses Faktors für die wichtigsten Mikrophontypen besprechen und dann vorwärts und rückwärts gehend die akustisch-mechanische und die elektrische Seite einer näheren Betrachtung unterziehen.

Von allen Mikrophontypen am bekanntesten ist wohl das Kohlemikrophon mit seiner flachen Kohlemembran und dahinter gelagerten Kohlekörnern, die bis zu einem gewissen Grade an der Bewegung der Membran teilnehmen, so daß nicht die Membran allein als die bewegte Masse anzusehen ist. In extremer Weise scheint die Rolle der Membran bei dem neuerdings von Reiß konstruierten Kohlemikrophon ausgeschaltet zu sein, hier scheint der periodische Druck der Schallwelle durch eine dünne Gummimembran hindurch wesentlich nur an den elastischen Eigenschaften der dahinter gelagerten Kohlekörner Widerstand zu finden.

Die Theorie der Kohlemikrophone[1]) geht wohl mit Recht davon aus, daß der elektrische Widerstand des Mikrophons proportional der Zusammendrückung der Körnerkammer durch die — mehr oder weniger massive — Membran geändert wird. Die lose aufeinanderliegenden Körner vergrößern durch das Zusammendrücken ihre Berührungsflächen, die selbst so rauh sind, daß die Berührung immer nur an einer Anzahl von Spitzen von atomaren Abmessungen stattfindet. Durch das Zusammendrücken wird also die Zahl dieser ultramikroskopischen Berührungsstellen vergrößert und damit der Übergangswiderstand von einem Korn zum anderen proportional mit der Zahl der neu zur Berührung gebrachten Atomspitzen herabgesetzt. Wenn diese Anschauungen richtig sind, so ist offenbar die Widerstandsänderung des Kohlemikrophons der Verschiebung der Membranfläche aus der Ruhelage proportional, und da beim Vorhandensein einer lokalen Ruhestromquelle, der Mikrophonbatterie, die Widerstandsänderungen äquivalent sind einer wechselnden elektromotorischen Kraft im Mikrophonstromkreise, haben wir im Kohlemikrophon wohl den reinen Typus eines „Elongationsempfängers“ vor uns, d. h. eines Schallempfängers, in dem die auftretenden elektromotorischen Kräfte der Elongation der Membran proportional sind: $E/A_M =$ Konst. Dies Resultat ist es nun, auf das es uns für die elektroakustische Beurteilung dieses Apparates im wesentlichen ankommt; daß zugleich durch die Relaiswirkung der Lokalbatterie ein oder zwei Verstärkerröhren gespart werden, ist zwar eine praktisch sehr angenehme Zugabe, aber es kommt das für die wichtigste Frage der Klangtreue nicht in Betracht und würde besonders bei Rundfunkmikrophonen nicht ausschlaggebend sein.

Eine kleine prinzipielle Unannehmlichkeit der Kohlemikrophone ist die Existenz eines Schwellenwertes. Wenn man sehr schwache Schallwirkungen mit einem Kohlemikrophon aufnimmt, ist es selbst mit noch so großer Verstärkung nicht möglich, ein normales Klangbild herauszuholen; man hört dann entweder gar nichts oder nur Knattergeräusche. Dies Verhalten wäre nach der angedeuteten Atomspitzentheorie leicht zu erklären. Für Rundfunkmikrophone bedeutet es kaum eine Beeinträchtigung, da man es hier meist mit ziemlich starken Schallquellen zu tun hat.

Auf einen anderen Zusammenhang zwischen Membranbewegung und dadurch induzierter elektromotorischer Kraft stoßen wir, wenn

[1]) Vgl. z. B. Pedersen: ETZ 1916, S. 319. — Holm, R.: Z. techn. Phys. Bd. 3, S. 320, 340. 1922. — Schottky, W.: Z. f. Phys. Bd. 14, S. 93. 1923.

wir uns ein gewöhnliches Telephon als Schallempfänger, als Mikrophon benutzt denken. Hier wird proportional der Elongation der Membran der Fluß durch die Magnetspulen des Telephons geändert; die induzierte elektromotorische Kraft ist der Änderungsgeschwindigkeit dieses Magnetflusses und damit der Geschwindigkeit der Membran proportional. Wir haben also hier, wenn wir von gewissen sekundären Erscheinungen absehen, den reinen Typus eines „Geschwindigkeitsempfängers" vor uns. Praktisch wird dieser Typ als Mikrophon kaum verwendet, da er kaum ohne störende Resonanzen herzustellen ist.

Günstiger in dieser Beziehung, im übrigen aber ebenfalls vom Typ der Geschwindigkeitsempfänger sind die elektrodynamischen Mikrophone. Hier wird ein im Ruhezustand stromloser Leiter direkt oder durch seine Verbindung mit einer besonderen Membran durch die Druckschwankungen der Luft in Bewegung gesetzt, und zwar bewegt er sich in einem konstanten Magnetfelde, das übrigens möglichst stark sein muß. Dabei schneidet er die Kraftlinien des Feldes und erzeugt dadurch in sich elektromotorische Kräfte, die der Zahl der pro Zeiteinheit geschnittenen Kraftlinien, also der Geschwindigkeit proportional sind. Diese elektrodynamischen Mikrophone sind, wenn man keine sehr starken statischen Magnetfelder benutzt, verhältnismäßig wenig empfindlich; sie zeichnen sich aber vor den gewöhnlichen elektromagnetischen dadurch aus, daß sie im Ruhestand keine Direktionskraft erfahren und infolgedessen sehr leicht gebaut und lose befestigt sein können, was, wie sir sehen werden, von großem Vorteil ist. Den theoretisch einfachsten Vertreter dieser Gattung stellt das Bandmikrophon dar, in dem der bewegliche Leiter aus nur 3 μ dickem Aluminiumband besteht und zugleich selbst als Membran dient, die zwischen den langen Polschuhen eines Magneten ziemlich lose ausgespannt ist. In England wird im Rundfunk ein elektrodynamisches Mikrophon nach dem Flachspulensystem verwendet, bei dem eine ziemlich starre, jedoch leichte und nur auf Watte gelagerte abgedichtete Flachspule sich im radialen Magnetfelde eines Topfmagneten hin und her bewegt. Natürlich wären noch andere Formen des Stromleiters und Befestigungsarten auf Membranen denkbar. Dagegen spielt es bei diesen Apparaten prinzipiell keine Rolle, ob man mit einem einzigen Leiter oder mit vielen Windungen arbeitet; dadurch wird nur der Anpassungswiderstand des Apparates geändert[1]).

Gehen wir schließlich zu den elektrostatischen oder Kondensatormikrophonen über, so treffen wir hier wieder auf die Type des reinen

[1]) Zu den elektrodynamischen Mikrophonen vgl. die ausführlicheren Beschreibungen, Berechnungen und Abbildungen im folgenden Teil, wo die entsprechenden Typen als Lautsprecher diskutiert sind.

Elongationsempfängers. Die Membran ist hier die eine Platte eines Kondensators; sie ist entweder durch eine dünne Luftschicht oder durch ein elastisches Dielektrikum von der anderen Platte getrennt; eine Batterie von einigen hundert Volt ladet die beiden Platten gegeneinander auf. Durch die Verschiebung der Membran, unter der Wirkung der Schallwellen, wird die Kapazität des Kondensators geändert, so daß bei der angelegten Spannung eine größere oder geringere Ladung auf den beiden Platten vorhanden sein müßte. Die hierdurch hervorgerufene Tendenz, Ladung durch den Schließungskreis abfließen zu lassen, läßt sich als elektromotorische Kraft des Stromkreises darstellen, und zwar als eine der Elongation proportionale elektromotorische Kraft.

Der geschilderte Typ ist ein unsymmetrischer, bei dem die Membran im Ruhezustand einen einseitigen Zug erfährt. Wegen dieses einseitigen Zuges, mehr noch aber wegen des außerordentlich kleinen Zwischenraumes zwischen Membran und Grundplatte sowie im Interesse einer hohen Eigenschwingung (s. w. u.) ist bei frei gespannten Membranen eine ziemliche Direktionskraft auf die Membran notwendig, sie darf also nicht allzu dünn sein und muß ziemlich stark gespannt sein. Ein derartiger Typ ist neuerdings von amerikanischer Seite durchkonstruiert und eingehend in seiner Wirksamkeit untersucht worden[1]). Man kann statt dessen natürlich auch mit symmetrischen Anordnungen arbeiten, wo die Membran mit dem Ruhepotential 0 zwischen 2 Kondensatorplatten mit den Ladungen $+V$ und $-V$ angeordnet ist, von denen die vordere durchbrochen ist. Diese Anordnung bietet jedoch nur in Spezialfällen Vorteile. Bei besonders dünnen und leichten Membranen, die keine starke Eigenspannung vertragen, kann man statt dessen die elastische Wirkung eines auf der einen Seite angebrachten abgeschlossenen Luftpolsters zur Gewinnung der gewünschten Direktionskraft benutzen.

Eine Abwandlung des Mikrophons, bei der noch die Relaiswirkung einer Lokalstromquelle benutzt wird, ist das von H. Riegger[2]) ausgebildete Hochfrequenzkondensatormikrophon, zu dem auch von E. Waltz und H. Meußer[3]) einige Angaben vorliegen. Hier wird die von dem Schall hervorgerufene Bewegung einer dünnen leitenden Membran, welche einer durchbrochenen Gegenbelegung nahe gegenübersteht, dazu benutzt, um die Kapazität eines Hochfrequenzschwin-

---

[1]) Wente, E. C.: Phys. Rev. Bd. 10, S. 39—63. 1917. — Germershausen, W.: Helios Bd. 28, S. 229, 241. 1922. — Martin und Fletcher: J. A. J. E. E. 1924, S. 234.

[2]) Wiss. Veröffentl. Siemenskonz. Bd. III, 2, S. 67—100. 1924; vgl. auch F. Trendelenburg: ebendort S. 43—66.

[3]) D. R. P. 336 015, 1919; Anmeldung W. 55 766 VIII, Kl. 21a, 45, 1920.

gungskreises zu verstimmen, der entweder der Schwingungskreis eines lokalen Hochfrequenzgenerators ist oder der zur Übertragung einer festen Frequenz zwischen abgestimmten Kreisen dient. Dadurch wird die übertragene Hochfrequenzenergie in empfindlicher Weise moduliert und kann dann in bekannter Weise in Niederfrequenz umgewandelt werden. Auch hier haben wir einen reinen Elongationsempfänger vor uns, da die Modulation der Hochfrequenzwelle und damit die EMK im Niederfrequenzstromkreis nur von der augenblicklichen Lage der Membran abhängt. In dieser Beziehung besteht also kein grundsätzlicher Unterschied gegenüber dem gewöhnlichen elektrostatischen Mikrophon. Der Vorteil liegt vielmehr hauptsächlich in der größeren Unempfindlichkeit gegen Störungen; die erste Stelle, wo Niederfrequenzschwingungen auftreten, liegt schon hinter einem Audion, zeigt also schon wesentlich größere Stromamplituden, als sie direkt von dem elektrostatischen Mikrophon geliefert werden würden. Infolgedessen ist das Verhältnis von Signalamplitude zu jeder Art von Störungsamplitude wesentlich verbessert; allerdings hat man eine Hilfsanlage von einigen Hochfrequenzrohren und Schwingungskreisen mit in Kauf zu nehmen.

Damit wären wohl die wichtigsten Typen der heute existierenden Membranmikrophone aufgezählt. Die nächste Frage, die wir zur quantitativen Beurteilung dieser verschiedenen Typen zu beantworten haben, ist die nach dem zahlenmäßigen Verhältnis der erzeugten EMK E zur Bewegung der Membran, also die nach den Zahlenwerten der „elektrischen Empfindlichkeit“. Nun haben wir gesehen, daß diese Mikrophone teils Elongationsempfänger, teils Geschwindigkeitsempfänger sind. Es wird also für die Elongationsempfänger das Verhältnis von E zur Amplitude A_M der Membranelongation, für die Geschwindigkeitsempfänger das Verhältnis zur Amplitude U_M der Membrangeschwindigkeit zu bestimmen sein, da diese Verhältnisse E/A_M und E/U_M für die beiden Typen nach der Voraussetzung konstant sind. (Bei nichtstarren Membranen werden wir unter A_M und U_M natürlich gewisse Mittelwerte zu verstehen haben.)

Die Aufgabe, die Zahlenwerte der elektrischen Empfindlichkeit zu bestimmen, erfordert ein genaueres Eingehen auf die Theorie der verschiedenen Apparate oder auf experimentelle Untersuchungen. Da wir, unserem Gesamtplan gemäß, die Wirkungsweise der umkehrbaren Mikrophontypen genauer erst bei ihrer Diskussion als Lautsprecher behandeln wollen, und da für die Kohlemikrophone genaue Daten, der Natur dieser Apparate nach, nicht zu erhalten sind, beschränken wir uns hier auf die Angabe angenäherter Werte, für E/A_M bzw. E/U_M in Tabellenform (Zahlentafel 1). Die benutzten Unterlagen sind aus den Anmerkungen zu ersehen.

Zahlentafel 1.

Elongationsempfänger	E/A_M (Volt/cm)	Geschwindigkeitsempfänger	E/U_M (Volt/cm/sec)
Elektrostatisch[1]	$5 \cdot 10^5$	Flachspule (100 Wdg.)[4]	10^{-2}
Hochfrequenzkondensator[2]	$8 \cdot 10^4$	Band[5]	10^{-4}
Kohle[3]	$5 \cdot 10^5$		

3. Der akustische Gütefaktor. Nachdem wir uns über die Art und elektrische Wirkungsweise der zu behandelnden Mikrophontypen orientiert haben, folgen wir in der Besprechung der übrigen wirksamen Faktoren nunmehr der Reihenfolge der S. 69 und diskutieren zuerst den akustischen Gütefaktor, der ja zunächst in der Form $F/\sqrt{K}$ auftrat. Um bei gegebener Winkelintensität K einer Kugelwelle, welche aus bestimmter Richtung und bestimmter Entfernung auftritt, die Membrankraftamplitude F zu ermitteln, die durch K hervorgerufen wird, muß man die von der Welle hervorgerufenen Druckamplituden[6]) über der Membran kennen. F ergibt sich dann als Summe der Einzelwirkungen dieser Druckamplituden unter Berücksichtigung ihrer Phase und, unter Umständen, gewisser Faktoren, die mit der Verschiedenheit der Membranamplituden an verschiedenen Stellen (z. B. bei den gewöhnlichen, seitlich eingespannten runden Membranen) zusammenhängen[7]). Für die

[1]) Es sind im wesentlichen die Angaben von Sandemann (a. a. O.) zugrunde gelegt. Plattenabstand 25 μ, Kapazität $500 \cdot 10^{-12}$ F, also Fläche etwa 17 cm². Ein extrem empfindlicher Typ dieser Gattung, über dessen Betriebssicherheit mir nichts bekannt ist.

[2]) Es ist 0,1 mm Plattenabstand angenommen (F. Trendelenburg: a. a. O.) und eine Hochfrequenzwelle von 50 m. Die Empfindlichkeit ist für die wirksame Niederfrequenz-EMK hinter den Schwingungs- und Gleichrichterrohren A, B und G_1, für den Gitterkreis des 2. Gleichrichterrohres aus den Angaben von Trendelenburg errechnet.

[3]) Die hier angenommenen Daten beruhen, mangels genauer Unterlagen, auf nach Literaturangaben und Laboratoriumsergebnissen vorgenommenen Schätzungen. Das Verhältnis E/P (s. w. u.) ist direkt gemessen worden; es liefert indirekt eine Bestätigung des angenommenen E/A_M-Wertes.

[4]) Magnetfeld 2000 Gauß, Spulenumfang 5 cm.

[5]) Magnetfeld 2000 Gauß, Länge 5 cm, Breite 3 mm.

[6]) Vgl. hierzu z. B. W. Schottky: Das Gesetz des Tiefempfangs in der Akustik und Elektroakustik. Z. f. Phys. Bd. 36, II. Teil, S. 689. 1926.

[7]) Hierunter sind die Druckamplituden bei starr festgehaltener Mikrophonmembran zu verstehen. Die Druckschwankungen, die durch die Bewegung der Membran selbst sekundär hervorgerufen werden, werden in der Bewegungsgleichung der Membran als Reaktionshemmungen der Luft mit berücksichtigt. Eine oben nicht ausdrücklich hervorgehobene Voraussetzung ist noch die, daß der Schall nur auf einer Seite der Membran Druckschwankungen hervorruft, die zudem für die ganze Oberfläche der Membran gleich angenommen werden. Der allgemeinere Fall ist natürlich der, daß die Drucke an verschiedenen Stellen der Membran verschieden sind und auch auf der Rückseite angreifen können. Das Druckverwandlungsproblem ist dann für alle Stellen der Membran und gegebenenfalls für ihre beiden Seiten zu lösen.

erste Übersicht genügt es, starre ebene Membranen zu betrachten, dann fallen diese Lokalfaktoren fort. Weiter zeigt sich, daß nur dann, entsprechend den Richtungsaussagen der Mikrophonforderung, innerhalb eines gewissen Winkelraumes Unabhängigkeit von der Richtung der auftreffenden Welle besteht, wenn die Phase der Druckamplitude längs der Membranoberfläche konstant angenommen werden kann. In diesen Fällen, die wir ebenfalls als gegeben annehmen, läßt sich F einfach als Produkt der an der Membran angreifenden Druckamplitude P_M mit der Fläche Q_M der Membran darstellen:

$$F = P_M \cdot Q_M.$$

Es bleibt also in diesem Falle nur das Verhältnis $P_M/\sqrt{K}$ zu bestimmen. Nun läßt sich $\sqrt{K}$ ohne weiteres durch die Druckamplitude P der freien Kugelwelle, die auf das Mikrophon zukommt, ausdrücken; es ist

$$K = \frac{P^2}{2} \cdot \frac{1}{a\varrho} \cdot R^2,$$

wobei R den Radius der auftreffenden Kugelwelle, also die Entfernung zwischen Mikrophon und Schallquelle bedeutet; $a\varrho$ ist das Produkt aus Schallgeschwindigkeit a und Luftdichte ϱ. (Diese Beziehung ergibt sich aus den im vorangehenden Vortrag, S. 41 und 42 angegebenen Formeln für die Gesamtintensität einer Kugelwelle, indem man die Geschwindigkeitsamplitude der Welle durch P ausdrückt und durch Division mit 4π auf den räumlichen Einheitswinkel reduziert.) Hiernach wird also

$$\frac{P_M}{\sqrt{K}} = \frac{P_M}{P} \cdot \frac{1}{R} \cdot \sqrt{2a\varrho},$$

und die Aufgabe ist auf die Bestimmung des Verhältnisses P_M/P zurückgeführt, welches die Verwandlung der Druckamplitude der freien Welle durch das Hineinbringen des Mikrophons in das Schallfeld angibt und das wir deshalb als den Druckverwandlungsfaktor des Mikrophons bezeichnen. Dieser Faktor ist nun bei Mikrophonen, die klein gegen die betreffende Wellenlänge sind, immer gleich 1, da der Schall ohne merkliche Druckvergrößerung um das Mikrophon, als Hindernis, einfach herumgebeugt wird; für einigermaßen frontal auftreffende Wellen, deren Wellenlänge kleiner als der Mikrophondurchmesser ist, tritt dagegen Reflexion und dadurch Verdoppelung des Verhältnisses P_M/P auf. Ist endlich das Mikrophon am Grunde eines Trichters mit dem räumlichen Winkel Ω_T und einer gegen die Wellenlänge großen Mündung angebracht, so findet man $P_M/P = 1/\Omega_T$[1]) für beliebige Aufstellung der Schallquelle innerhalb des von dem Trichter beherrschten räumlichen Winkels. In allen diesen Fällen ist von einer gewissen Entfernung an, für die diese Formeln gelten, P_M/P von der Entfernung der Schall-

[1]) Vgl. die in der Anmerkung 6 v. S. zitierte Arbeit.

quelle unabhängig, so daß F^2/K und damit V_G^2/K dem Quadrat der Entfernung der Schallquelle umgekehrt proportional wird, wie wir es am Schluß des I. Teils (S. 67) schon behauptet hatten.

In Fällen, wo die Membrankraft durch $P_M Q_M$ gegeben ist und das Verhältnis P_M/P von der Entfernung R unabhängig ist, können wir demnach den akustischen Gütefaktor $F/\sqrt{K}$ des Mikrophons in einfacher Weise durch den innerhalb eines gewissen Raumgebietes konstanten Druckverwandlungsfaktor ausdrücken:

$$\frac{F}{\sqrt{K}} = Q_M \cdot \sqrt{2 a \varrho} \cdot \frac{1}{R} \cdot \frac{P_M}{P}.$$

Darüber hinaus können wir aber in den Fällen, wo, wie hier, P_M und damit F durch die Druckamplitude P der freien Welle am Ort des Mikrophons vollkommen bestimmt ist, den akustischen Gütefaktor von vornherein, anstatt auf die Winkelintensität K, auf die Druckamplitude der freien Welle am Ort des Mikrophons beziehen, also F/P an Stelle von $F/\sqrt{K}$ als akustischen Gütefaktor definieren. Wegen der Proportionalität von $\sqrt{K}$ und P ist in der Tat die Mikrophonforderung: $V_G/\sqrt{K}$ möglichst groß und frequenzunabhängig, auch durch die entsprechende Forderung für V_G/P zu ersetzen und man hat überdies in der Druckamplitude P eine anschaulichere Bestimmungsgröße der auftreffenden Welle als in $\sqrt{K}$. Endlich ist es von Vorteil, daß F/P im Gegensatz zu $F/\sqrt{K}$ in den wichtigsten Fällen (nämlich wo die obige Beziehung gilt) ein von der Entfernung der Schallquelle unabhängiges Maß, also eine reine Mikrophoneigenschaft darstellt. Wir wollen deshalb in den folgenden Betrachtungen das Verhältnis F/P als akustischen Gütefaktor und das Verhältnis V_G/P als Gesamtmaß der Güte des Mikrophons beibehalten, indem wir die Fälle, wo F/P nicht von der Art und Entfernung der Schallquelle unabhängig ist, von der Betrachtung ausschließen.

Die Frage, ob an Stelle von P auch die Geschwindigkeitsamplitude U oder die Elongation A der auftreffenden Welle als Bezugsgröße verwendet werden könnte, ist dahin zu beantworten, daß der Ersatz von P durch U wegen der Proportionalität der beiden Größen in ebenen Wellen nur bei größerer Annäherung der Schallquelle (kleine R-Werte) nicht mehr gestattet ist, da hier K nicht mehr U^2, sondern einer von der Wellenlänge abhängigen Funktion von U^2 proportional ist. Der weitere Ersatz von U durch A ist jedoch für keine Entfernung der Schallquelle gestattet, da $U = \omega A$ ist (ω Kreisfrequenz), also A eine ganz andere Frequenzabhängigkeit als U, P oder $\sqrt{K}$ zeigt. Dagegen könnte die Energieströmung S pro Flächeneinheit sehr wohl als Bezugsgröße benutzt werden, da die Beziehungen bestehen:

$$S = \frac{P^2}{2} \cdot \frac{1}{a \varrho} = \frac{K}{R^2}.$$

Wegen der einfachen Sätze für das Verhältnis P_M/P erscheint jedoch die Bezugnahme auf P am zweckmäßigsten, und wir haben also als Maß für den akustischen Gütefaktor des Mikrophons den Ausdruck:

$$\frac{F}{P} = Q_M \cdot \frac{P_M}{P}.$$

Da die S. 69—74 behandelten Mikrophontypen alle mit und ohne Trichter benutzt werden könnten, werden wir beim Vergleich der Typen untereinander keine verschiedenen Annahmen über ihre akustische Ausgestaltung machen; wir werden daher durchweg $P_M/P = 1$ und

$$F = Q_M \cdot P$$

voraussetzen.

Über die Wirkung von Wandreflexionen im Aufnahmeraum sei nur so viel gesagt, daß dadurch etwaige richtungsabhängige Verstärkerwirkungen im akustischen Gütefaktor, wie sie durch Anwendung von Trichtern gegeben sind, verwischt werden würden; wenn der Schall im Durchschnitt von allen Seiten gleichmäßig auf das Mikrophon auftrifft, ist die resultierende Membrankraftamplitude F mit und ohne Trichter ganz die gleiche. Die schädlichen Nachhalleffekte, die unter diesen Umständen auftreten würden, bilden natürlich ein Kapitel für sich.

4. Die Beweglichkeit der Membran. Der nächste zu bestimmende Faktor ist die Beweglichkeit der Membran, die wir, je nach dem Elongations- oder Geschwindigkeitscharakter der betreffenden Mikrophontype, durch A_M/F oder U_M/F charakterisieren wollten. Fragen wir zunächst nicht nach den Zahlenwerten, sondern nur nach dem Frequenzgang dieser Größen, so übersehen wir hier leicht die wichtigsten Spezialfälle.

Ist für alle in Frage kommenden Membrangeschwindigkeiten die elastische Kraft, die die Membran wieder in ihre Ruhelage zu bringen sucht (die Rayleighsche „Restitutionskraft"), groß gegen die Massenträgheit der Membran und der etwa mit ihr mitbewegten Teile, so ist die Elongation der Membran in jedem Augenblick der Kraft, die durch die primär auftretende Schallwelle ausgeübt wird, proportional. In diesem Fall (wo die Eigenschwingung der Membran oberhalb der akustischen Frequenzen liegen muß) erhalten wir frequenzunabhängige Proportionalität zwischen der Kraftamplitude F und der Elongationsamplitude A_M der Membran. Man sieht sofort, daß das für Elongationsempfänger, wo E/A_M frequenzunabhängig ist, zugleich Frequenzunabhängigkeit des Produktes von $A_M/F \cdot E/A_M$, also von E/F bedeutet. Tragen wir E/F in Kurvenform in Abhängigkeit von der Kreisfrequenz ω auf, so erhalten wir also eine zur Abszisse parallele Gerade (Abb. $1a_1$), welche Frequenzunabhängigkeit bedeutet. Damit sind aber, wie wir sehen werden, die Voraussetzungen für klanggetreue Aufnahme schon weitgehend gegeben.

Der andere Grenzfall ist der, in dem die Restitutionskraft außerordentlich gering ist und die Massenträgheit die ausschlaggebende Hemmung bei allen Membranbewegungen ist; die Eigenschwingung der Membran liegt dann unterhalb des akustischen Spektrums. In diesem Falle haben wir Proportionalität zwischen Momentankraft und Momentanbeschleunigung der Membran. Wir können dann keine unter den aufgezählten Mikrophontypen finden, die Proportionalität zwischen

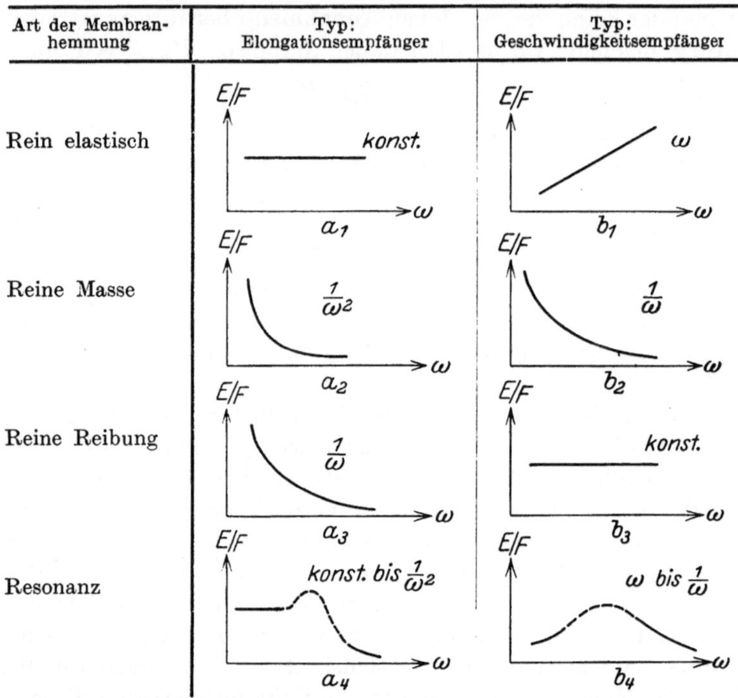

Abb. 1. Frequenzgang von E/F bei verschiedenen Mikrophontypen und Membranhemmungen.

dem Momentanwert der Membrankraft und der EMK des Mikrophonkreises ergibt; vielmehr wird bei dem Elongationsempfänger das Verhältnis der erzeugten EMK zu der Kraftamplitude der primären Welle mit zunehmender Frequenz abnehmen, und zwar proportional dem Quadrat der Frequenz (Abb. $1a_2$), bei dem Geschwindigkeitsempfänger wird wenigstens noch eine Abnahme umgekehrt proportional der 1. Potenz der Frequenz vorhanden sein (Abb. $1b_2$). Dagegen erhalten wir einen für den Geschwindigkeitsempfänger angemessenen Bewegungstypus der Membran, wenn wir den Fall haben, wo die durch die Bewegung der Membran hervorgerufenen Reaktionskräfte der Geschwindigkeit der Membranbewegung proportional sind, wo also eine Nutz- oder Verlustreibung da ist, die groß ist gegen die elastischen und Massenträgheitskräfte der Membran. In der Tat haben wir dann Proportionalität zwischen Kraft und Geschwindigkeit und damit zwischen Kraft F und elektromotorischer Kraft E (Abb. 1 b_3).

Ist keiner dieser Grenzfälle verwirklicht, bei denen die Eigenschwingung entweder über oder unter der Hörbarkeitsgrenze liegt oder überhaupt nicht vorhanden ist, so werden wir die Eigenschwingung und im allgemeinen auch eine Anzahl von Oberschwingungen der Membran im Hörgebiet haben. Sehen wir von den Oberschwingungen ab, so wird eine Resonanzstelle im Hörgebiet vorhanden sein, deren Schärfe von den auf die Membran wirkenden Reibungskräften und Strahlungswiderständen im Verhältnis zu den elastischen und Massenhemmungen der Membran abhängt. Weit unterhalb und oberhalb der Eigenschwingung werden diese letzteren Kräfte die allein maßgebenden sein, und so ergibt sich daraus, für das Verhältnis E/F, eine Änderung des Frequenzganges, derart, daß der Frequenzgang über der Eigenschwingung, gegenüber dem bei tiefen Frequenzen, mit $1/\omega^2$ multipliziert erscheint. So wird bei einem Elongationsempfänger dies Verhältnis E/F unterhalb der Eigenschwingung frequenzunabhängig sein, oberhalb dagegen mit $1/\omega^2$ abnehmen (Abb. 1 a_4). Bei einem Geschwindigkeitsempfänger wird unterhalb der Eigenschwingung ein Gang proportional ω, oberhalb ein Gang proportional $1/\omega$ vorhanden sein. Hier würde also ein Geschwindigkeitsempfänger noch in gewisser Weise im Vorteil scheinen, insofern er wenigstens die hohen und tiefen Frequenzen in gleicher Weise benachteiligt (Abb. 1 b_4).

Die Absolutwerte der Verhältnisse A_M/F und U_M/F sind vollkommen gegeben, wenn man den Widerstand kennt, den die Membran der Kraftwirkung F des Schalles von der Periode, die wir nach unserer Zerlegungsmethode herausgreifen, entgegengesetzt. Bei diesen Bewegungswiderständen einer Membran kann ich mich zum Teil auf die Ausführungen der früheren Vorträge, zum Teil auf die später zu diskutierende Theorie des Lautsprechers berufen. Wir wollen jetzt nur den Umstand benutzen, daß die Schwingungsgleichungen der Membran unter der Wirkung einer periodischen Kraft genau dieselbe Form haben wie die Schwingungsgleichungen eines elektrischen Stromkreises unter der Wirkung einer eingeprägten Wechsel-EMK. Die Geschwindigkeiten entsprechen den Strömen. Wir haben also beispielsweise die Gleichung $U_M = \frac{F}{|\mathfrak{H}|} = \frac{Q_M \cdot P_M}{|\mathfrak{H}|}$ $\left(\text{entsprechend der Gleichung } J = \frac{E}{|\mathfrak{Z}|}\right)$. $|\mathfrak{H}|$ ist die dem Absolutbetrag der Impedanz entsprechende Größe, die wir hier als resultierende „Hemmung“ der Membran bezeichnen wollen. $|\mathfrak{H}|$ setzt sich quadratisch aus der Watt- und Phasenkomponente der Hemmung zusammen:

$$|\mathfrak{H}| = \sqrt{\mathfrak{H}_w^2 + \mathfrak{H}_{ph}^2},$$

und die Watt- und Phasenkomponente der Hemmung hat bei einer einfachen Membran, bei der konstante Elastizität, konstante Masse und konstante Dämpfung vorhanden ist, die Werte[1]):

$\mathfrak{H}_w = r$ (Reibungskonstante),

$\mathfrak{H}_{ph} = \omega\, m - \frac{\alpha}{\omega} = -\omega\, m \left(\frac{\omega_0^2}{\omega^2} - 1\right)$ (m resultierende Membranmasse, α Elastizitätskoeffizient oder Federungszahl der Membran, ω_0 Eigenfrequenz).

Für Membranen, deren Eigenschwingung oberhalb oder unterhalb des Hörgebietes liegt, und die nicht extrem leicht sind, verschwindet r im Hörgebiet gegenüber der Phasenhemmung $\mathfrak{H}_{ph}$, und es wird dann

$$|\mathfrak{H}| = |\mathfrak{H}_{ph}|.$$

Für diesen Fall erhalten wir also, wenn wir gleich auf $P_M = F/Q_M$ statt auf F beziehen:

$$\frac{A_M}{P_M} = \left| \frac{Q_M}{\omega^2\, m} \cdot \frac{1}{\frac{\omega_0^2}{\omega^2} - 1} \right|,$$

$$\frac{U_M}{P_M} = \left| \frac{Q_M}{\omega\, m} \cdot \frac{1}{\frac{\omega_0^2}{\omega^2} - 1} \right|.$$

Das Verhältnis A_M/P_M ist nach der Definition von Hahnemann und Hecht zugleich der reziproke Wert der Schallhärte P_M/A_M der Membran (S. 41).

Man sieht, daß es unter diesen Verhältnissen für eine gegebene Frequenz, z. B. $\omega = 5000$, erstens auf die Eigenschwingung und zweitens auf die Masse $\varrho_M = m/Q_M$ pro Flächeneinheit der Membran ankommt; die Absolutgröße der Membran spielt für das Verhältnis von Membranamplitude zur Druckamplitude (oder Intensität) der ankommenden Welle keine Rolle (wohl aber für das Verhältnis E/A_M bzw. E/U_M). Nehmen wir für die über Hörfrequenz abgestimmten Membranen $\omega_0 = 50\,000$, für die unterhalb abgestimmten ω_0 klein gegen 5000 an, so bekommen wir für $\omega = 5000$ für A_M/P folgende Werte:

hoch abgestimmt $\frac{A_M}{P} = \frac{4 \cdot 10^{-10}}{\varrho_M}$ (frequenzunabhängig),

tief abgestimmt $\frac{A_M}{P} = \frac{4 \cdot 10^{-8}}{\varrho_M}$ (für $\omega = 5000$).

Die Frage der hohen oder tiefen Abstimmung macht also hier für mittlere Frequenzen einen Faktor 1 : 100 aus. Außerdem sieht man, daß die Empfindlichkeit umgekehrt proportional mit der Membranmasse pro Flächeneinheit wächst, so daß hier ein Faktor auftritt, der zuun-

[1]) Die Lufthemmungen, die in der Lautsprechertheorie eine so große Rolle spielen, sind hier gegenüber den Membranhemmungen vernachlässigt.

gunsten des Kohlemikrophons und zugunsten des elektrostatischen Mikrophons und noch mehr des Bandmikrophons spricht.

Bei den Geschwindigkeitsempfängern kommt jedoch, wie wir sehen werden, wesentlich der Fall einer frequenzunabhängigen Reibung bei kleiner Masse und kleiner Restitutionskraft in Frage. Wenn die Reibungshemmung auch an der oberen Grenze $\omega_2 = 50\,000$ größer als die Massenhemmung sein soll, so muß $r > \omega_2 m$ sein; für Membranmassen von weniger als 1 mg/cm² ist jedoch hierbei nicht nur die Hemmung durch die Membranmasse in Rechnung zu setzen, sondern noch eine Strahlungsreibung von der Größenordnung der Luftreibung $Q_M a \varrho = Q_M \cdot 41$ gcm/sec in der fortschreitenden ebenen Welle. Wir schreiben am besten

$$\frac{U_M}{P_M} = \frac{Q_M}{r} = \frac{1}{\varkappa \cdot a \varrho} = \frac{2{,}4 \cdot 10^{-2}}{\varkappa},$$

indem wir unter $\varkappa$ das Verhältnis der Membranreibung pro Flächeneinheit zur Reibung der fortschreitenden Luftwelle verstehen; die untere Grenze für $\varkappa$ ist demnach bei größeren Membranmassen noch durch die Membranmasse mitbestimmt; bei beliebig kleinen Membranmassen kann es aber nicht wesentlich kleiner als 1 werden.

Damit sind die Gesichtspunkte gegeben, nach denen wir in Zahlentafel 2 die Werte von A_M/P_M für Elongationsempfänger und U_M/P_M für Geschwindigkeitsempfänger berechnen konnten, für die Frequenzunabhängigkeit bis $\omega = 50\,000$ gefordert wird.

Zahlentafel 2.

Elongationsempfänger	Abstimmung	Masse/cm²	A_M/P_M	E/P_M
Elektrostatische . . .	hoch	35 mg	$1{,}1 \cdot 10^{-8}$	$50 \cdot 10^{-4}$
Hochfrequenz	hoch	5 „	$8 \cdot 10^{-8}$	$60 \cdot 10^{-4}$
Kohle	hoch	100 „	$0{,}4 \cdot 10^{-8}$	$20 \cdot 10^{-4}$

Geschwindigkeits-empfänger	Reibung	Membranmasse/cm² ohne Luft	$\varkappa$	U_M/P_M	E/P_M
Flachspule . . .	Reibung	5 mg	10	$24 \cdot 10^{-4}$	$0{,}25 \cdot 10^{-4}$
Band	Reibung	0,9 „	2	$120 \cdot 10^{-4}$	$0{,}012 \cdot 10^{-4}$

Zu den berechneten E/P_M-Werten des elektrostatischen und Kohlemikrophons ist zu bemerken, daß sie durch direkte Messungen, die in Amerika gemacht wurden[1]), annähernd bestätigt sind. Im Frequenz-

[1]) Wente E. H., E. K. Sandeman, Martin und Fletcher: a. a. O. Auch mit Werten von E/P_M (= ca. 0,2 Volt/Dyn/cm²), die nach einer im Zentrallaboratorium des Wernerwerks kürzlich von Herrn C. A. Hartmann angestellten und mir freundlichst zur Verfügung gestellten Messung an einem Kohlemikrophon der Type Fmph. 36 bei 40 mA, 70 Ohm, direkt ermittelt wurde, besteht hinreichende Übereinstimmung, wenn man berücksichtigt, daß die Membran bei der obigen Berechnung als an der oberen Hörgrenze ($\omega = 50\,000$) abgestimmt, also stark gespannt angenommen ist. Auf $\omega_0 = 5000$, also 100 mal kleinere Restitutionskraft umgerechnet, ergibt sich der gleiche Wert wie oben.

gang von E/P_M (Abb. 2) zeigen diese Messungen zwar nicht völlige Frequenzunabhängigkeit, wie nach unseren einfachen Annahmen zu erwarten wäre, aber doch nur relativ geringe Änderungen innerhalb der ganzen Skala.

Zur Benutzung von Resonanzerscheinungen, wie sie ja z. B. beim gewöhnlichen Kohlemikrophon zur Erhöhung der Empfindlichkeit in dem für die Sprache wichtigsten Tongebiet verwendet werden, ist zu bemerken, daß in diesem Falle im Resonanzgebiet natürlich nicht mehr die Masse der Membran, sondern nur noch ihre Dämpfung für das Verhältnis E/A_M maßgebend ist. Diese selektive Empfindlichkeit nützt einem aber nichts, wenn schon bei sehr benachbarten Frequenzen die Massenhemmung und die elastische Hemmung wieder groß gegen die Dämpfungshemmung wird; man erhält dann eine sehr verzerrende und in dem größten Teil des Frequenzgebietes, das ja etwa 4 bis 7 Oktaven umfaßt, unempfindliche Anordnung. Man muß also schon die Masse möglichst klein wählen; hat man größere Massen, jedoch an Empfindlichkeit noch etwas herzugeben, so kann man allerdings auch die Resonanzeffekte durch Zusatzdämpfungen irgendwelcher Art ausgleichen und so zu einer einigermaßen befriedigenden Wiedergabe über ein größeres Frequenzbereich gelangen.

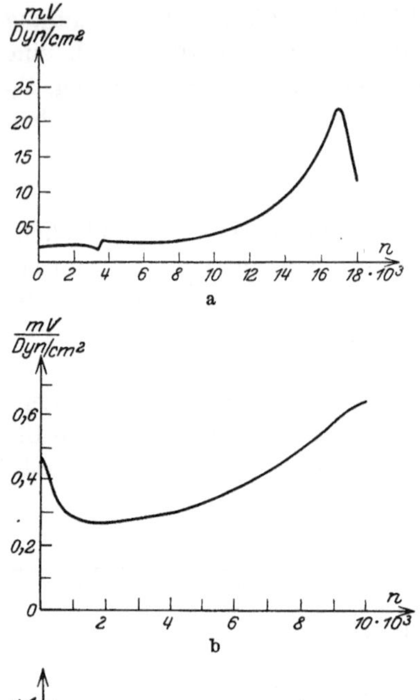

Abb. 2. a) Elektrostatisches Mikrophon nach Wente. b) Elektrostatisches Mikrophon nach Sandemann. c) Frequenzkurven nach Martin und Fletscher. (Empfindlichkeiten im Dämpfungsmaß.) A Kohlemikrophon. B Elektrostatisches Mikrophon.

5. Die Gütefaktoren der elektrischen Kreise. Wir können uns nunmehr der letzten Frage der Mikrophontheorie zuwenden, der rein elektrischen Frage nach der Beziehung zwischen der EMK im Mikrophonkreis, inneren Widerstandseigenschaften des Mikrophons und den Spannungsamplituden V und V_G in den angeschlossenen Kreisen. Es handelt sich um die Bestimmung der beiden letzten Gütefaktoren V/E und V_G/V auf S. 69.

V bedeutet die Spannungsamplitude an der Primärseite des Gitterübertragers, der an das Mikrophon angeschlossen ist. Das Verhältnis

V/E hängt von dem Scheinwiderstand der Primärseite, also von den Eigenschaften des Übertragers und von seiner sekundären Belastung ab. Wir wollen nun vereinfachend annehmen, daß in dem Übertrager der Ohmsche und Wirbelstromverlust zu vernachlässigen ist und daß wir innerhalb des ganzen Frequenzgebietes ideal feste Koppelung zwischen Primär- und Sekundärwicklung haben; das ist zwar bei großen Windungszahlen nicht ganz leicht zu realisieren, aber prinzipiell möglich und wünschenswert. Dann erscheint auf der Primärseite des Übertragers die Induktivität der Primärwicklung einfach mit dem herabtransformierten Scheinwiderstand der Sekundärseite geshuntet, und da dieser Scheinwiderstand der Sekundärseite aus dem Kapazitätswiderstand des Gitters und der Zuleitungen und dem Ohmschen Gitterwiderstand besteht, haben wir folgendes Schaltschema (Abb. 3):

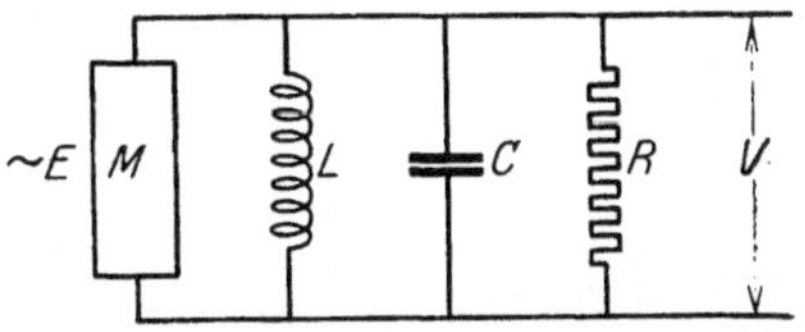

Abb. 3. Schaltschema des Mikrophonkreises.

Nun ist das Verhältnis V/E bestimmt durch:

$$\frac{V}{E} = \left|\frac{\mathfrak{Z}}{\mathfrak{Z} + \mathfrak{Z}_M}\right|,$$

wenn $\mathfrak{Z}$ der Scheinwiderstand des Außenkreises, $\mathfrak{Z}_M$ der des Mikrophons ist. Je nachdem also der innere Widerstand des Mikrophons, wie bei den Kohlemikrophonen und praktisch auch den Bandmikrophonen, ein rein Ohmscher Widerstand ist, oder, wie bei dem elektrostatischen Mikrophon, ein rein kapazitiver, erhalten wir verschiedene Frequenzkurven für den Gang des Verhältnisses E/V. Wir wollen uns diese Kurven für die 3 Extremfälle aufzeichnen, wo das angeschlossene elektrische Gebilde der Abb. 3 keine Resonanz innerhalb des Hörbereiches aufweist, sondern entweder praktisch reine Selbstinduktivität (sehr hohe elektrische Eigenschwingung) oder praktisch reine Kapazität (sehr tiefe Eigenschwingung) oder einen reinen Ohmschen Widerstand (der klein sein muß gegen den induktiven und kapazitiven Widerstand) besitzt. Wir erhalten dann die in Abb. 4 dargestellten Kurven. Alle diese Kurven zeigen, soweit äußerer und Mikrophonwiderstand nicht gleichartig sind, ein Übergangsgebiet, in dem die anfängliche Frequenzabhängigkeit in eine andere übergeht, und zwar findet dieser Übergang immer in dem Gebiet statt, wo äußerer Widerstand und Mikrophonwiderstand einander gleich sind. Durch geeignete Wahl der Absulutgröße des außen angeschlossenen Widerstandselementes hat man es also hier in der Hand, in dem ganzen akustischen Frequenzgebiet entweder nur den Frequenzgang des Gebietes zu benutzen, in dem $\mathfrak{Z} \gg \mathfrak{Z}_M$ ist oder $\mathfrak{Z} \ll \mathfrak{Z}_M$ oder endlich, beide Gebiete, wobei man noch die Wahl der Frequenz, für die $\mathfrak{Z} = \mathfrak{Z}_M$ wird, frei hat. Es sind nun in jeder dieser Kurven innerhalb des Gebietes, das einen einheitlichen Frequenzgang zeigt, die zugeordneten Mikrophontypen vermerkt, deren Frequenzgang E/P_M den elektrischen Frequenzgang V/E gerade kompensiert, so daß ein frequenzunabhängiges Verhältnis V/P_M herauskommt.

Wie man sieht, gibt es viele Kombinationen, die eine frequenzunabhängige Widergabe dieses Verhältnisses gewährleisten würden,

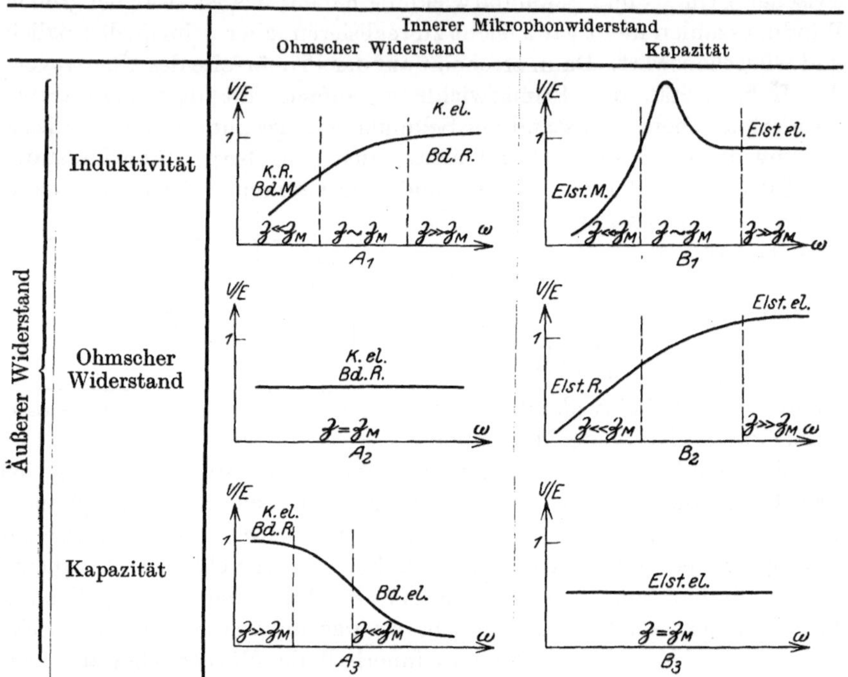

Abb. 4. Frequenzgang von V/E bei verschiedener Art des inneren und äußeren Widerstandes im Mikrophonkreis. (*K.R.*-Kohlemikrophon mit Reibungshemmung; *Bd.M.*-Bandmikrophon mit Massenhemmung; *Elst.el.*-elektrostat. Mikrophon mit elastischer Hemmung usw.)

doch sind nur einige davon energetisch besonders günstig. So z. B. sicher die des mit rein elastischer Hemmung arbeitenden Kohlemikrophons mit einer reinen Induktivität oder Kapazität, vorausgesetzt, daß deren Scheinwiderstand groß ist gegen den Mikrophonwiderstand (Abb. A_1 rechts oder A_3 links). Diese Kombinationen sind deshalb günstiger als die Kombination A_2 mit rein Ohmschem Widerstand, weil eine kapazitative Belastung bei hohem, eine induktive bei tiefen Frequenzen ohnehin durch die Anordnung gegeben ist und das Parallelschalten eines Widerstandes die Spannungsamplitude V nur verkleinern könnte.

Für das Mikrophon mit luftleichtem Band ergeben sich verschiedene Möglichkeiten, je nach der Reibungsdämpfung des Bandes. Bei sehr hohen Frequenzen arbeitet auch ein Band ohne Zusatzdämpfung wesentlich auf Strahlung und sonstige Reibungskräfte, bei tiefen Frequenzen jedoch im wesentlichen auf die mitschwingende Luftmasse. Es würde sich also hier die Kombination A_1 mit rein induktiver Belastung bei tiefen, reiner Widerstandsbelastung bei hohen Frequenzen benutzen lassen, falls man noch dafür sorgt, daß der Übergang in das richtige Frequenzgebiet fällt. Nun ist aber das nach beiden Seiten symmetrische Band in Wirklichkeit nicht ein Strahler nullter Ordnung wie die nur einseitig dem Schalldruck ausgesetzten Mikrophone, sondern ein Strahler 1. Ordnung, der durch einen Kugelstrahler 1. Ordnung mit dem Durchmesser der gesamten Mikrophondimensionen zu approximieren ist. Für einen solchen fällt aber der lineare Wirkungsgrad, als Strahler, von hohen nach tiefen Frequenzen ab, so daß bei tiefen Frequenzen noch ein Faktor ω in dem Frequenzgesetz für den linearen Wirkungsgrad hinzukommt. Dieselbe Änderung des Frequenzganges muß nach dem Reziprozitätsgesetz ein solches Band auch als Aufnahmeapparat zeigen, d. h. das Verhältnis V/P_M müßte, bei rein induktiver Belastung, bei tiefen Frequenzen schließlich doch proportional ω abfallen. Wenn man diesen Gang nicht in einem der weiter folgenden elektrischen Kreise kompensieren will, muß man z. B. durch Anbringung eines geeigneten Trichters dafür sorgen, daß die Membran wesentlich nur auf der Vorderseite wirksam ist, also ein Strahler nullter Ordnung auch bei tiefen Frequenzen bleibt. Eine andere Möglichkeit besteht darin, daß man durch eine rückwärts angebrachte Vorrichtung, die zugleich als reine Dämpfung wirkt und die Rückseite des Bändchens abschließt, einen überwiegenden Reibungsfaktor der Hemmung innerhalb der ganzen Frequenzskala erzielt; dann bekommt man eine frequenzunabhängige Wiedergabe, wenn man das Band entweder auf eine genügend große reine Induktivität (Kurve A_1, rechts) oder auf einen rein Ohmschen Widerstand (Kurve A_2) wirken läßt. Ähnliche Überlegungen gelten für das Flachspulenmikrophon.

Für das rein elastisch gebremste elektrostatische Mikrophon sind prinzipiell folgende 3 Möglichkeiten in Betracht zu ziehen: entweder eine genügend große reine Induktivität (B_1) oder ein genügend großer Ohmscher Widerstand (B_2) oder eine reine Kapazität, deren Scheinwiderstand bei allen Frequenzen klein gegen etwaige parallel gelegte Ohmsche Widerstände ist.

Auf das Hochfrequenzkondensatormikrophon sind alle diese Betrachtungen nicht anwendbar, da hier der Niederfrequenzwiderstand des Mikrophons und des angeschlossenen Kreises nicht in Frage kommt. Die hinter den Gleichrichterröhren wirksame Niederfrequenzspannung ist hier ohne weiteres der Elongation, also bei rein elastischer Hemmung dem äußeren Druck proportional.

Die Bestimmung des Absolutwertes von V/E bei den Niederfrequenzmikrophonen macht keine Schwierigkeiten; ist $\mathfrak{Z} \gg \mathfrak{Z}_M$, so ist $V/E = 1$, ist $\mathfrak{Z} = \mathfrak{Z}_M$, so ist $V/E = 1/2$ usw.

Wir wenden uns jetzt der Bestimmung des letzten Gütefaktors V_G/V zu, der unter unsern idealisierenden Annahmen über den Übertrager einfach gleich dem Verhältnis p der sekundären zur primären Windungszahl ist. Wir beschränken uns hier auf die praktisch wichtigsten Fälle.

Für die Mikrophone mit Ohmschem inneren Widerstand kommt, wie bemerkt, wesentlich der Fall A_1 rechts oder A_3 links in Frage, das Arbeiten auf einen großen wattlosen Scheinwiderstand induktiver oder kapazitativer Art. (Kohlemikrophon mit elastischer Hemmung, Bandmikrophon mit Reibungshemmung.) Die Klemmspannung V ist dann immer $= E$. Wie groß kann nun p gemacht, d.h. wie hoch kann zum Gitter hinauftransformiert werden?

Die primäre Induktanz des Übertragers ist, wenn die Forderung $\mathfrak{Z} \gg \mathfrak{Z}_M$ im ganzen Frequenzgebiet erfüllt sein soll, dadurch bestimmt, daß schon für die unterste noch wiederzugebende Frequenz ω_1, $\omega_1 L_1$ größer als Z_M, etwa $= 2 Z_M$ sein muß. Der Transformationsfaktor p, der möglichst groß sein soll, ist dadurch begrenzt, daß der auf der Primärseite erscheinende, im Verhältnis $1/p^2$ reduzierte Scheinwiderstand der Sekundärseite bei allen Frequenzen noch groß gegen Z_M sein muß. Ist dieser Scheinwiderstand, wie beim Arbeiten auf Elektronenverstärker mit negativer Vorspannung, eine überwiegende Kapazität C_G (bestehend aus der [dynamischen!] Röhrenkapazität sowie der der Zuleitungen und des Übertragers), so wird der Scheinwiderstand primär gleich $1/p^2 \cdot 1/\omega C_G$; sein kleinster Wert wird für die obere Grenzfrequenz ω_2 erreicht. Wählt man

$$\frac{1}{p^2 \omega_2 C_G} = 2 Z_M, \qquad p = \frac{1}{\sqrt{2 \omega_2 C_G Z_M}},$$

so ist die Bedingung $\mathfrak{Z} \gg \mathfrak{Z}_M$ hinreichend im ganzen Frequenzgebiet erfüllt. (Die durch $p^2 \omega_0^2 L C_G = 1$ bestimmte Eigenschwingung der sekundären Übertragerinduktivität mit der Kapazität C_G liegt hierbei, ohne sich bemerkbar zu machen, in der geometrischen Mitte des Frequenzgebietes; wegen $2 Z_M \omega_2 C_G \cdot p^2 = 1$ oder $p^2 \omega_1 \omega_2 L C_G = 1$ ist $\omega_0 = \sqrt{\omega_1 \omega_2}$.)

Für $\omega_1 = 200$, $\omega_2 = 50000$, $C_2 = 40 \cdot 10^{-12}$ Farad ergibt sich

$$\frac{V_G}{V} = p = \frac{500}{\sqrt{Z_M}}.$$

Also finden wir schließlich hier:

$$\frac{V_G}{E} = 1 \cdot p = \frac{500}{\sqrt{Z_M}}.$$

Für Mikrophone mit reiner Kapazität C_M, wie beim elektrostatischen Mikrophon, erhält man, wie eine ähnliche Überlegung zeigt, die günstigsten Verhältnisse bei Benutzung eines Übertragers von genügend hohen Absolutinduktivitäten primär und sekundär und einem Transformationsfaktor

$$p = \sqrt{\frac{C_M}{C_G}}.$$

Es wird dann

$$V = \frac{E}{2} \quad \text{und} \quad \frac{V_G}{E} = \frac{1}{2}\sqrt{\frac{C_M}{C_G}}.$$

Diese Faktoren V_G/E sind in der 3. Spalte der Zahlentafel 3 zusammengestellt; für das elektrostatische Mikrophon ist hierbei die Gitterkapazität C_G gleich 10^{-3} $\mu\mathfrak{F}$ angenommen, was der Forderung Rechnung trägt, daß beim elektrostatischen Mikrophon $\mathfrak{Z}$ auch bei tiefen Frequenzen noch den Charakter eines Kapazitätswiderstandes haben muß, und daß dieser Kapazitätswiderstand nicht über den Ohmschen Gitterwiderstand wachsen darf, der unter etwa $5 \cdot 10^6$ Ohm beträgt. Für das Hochfrequenzkondensatormikrophon ist $V_G/V = 1$ gesetzt, da E schon für das Gitter des Schwebungsfrequenz-Gleichrichterrohres berechnet wurde (unter Berücksichtigung eines Verhältnisses von etwa 1 : 3 für die aus der modulierten Schwebungsfrequenz herauszuholende Tonfrequenzamplitude).

Bei der Annahme $C_G = 40 \cdot 10^{-12}$ Farad für die Widerstandsmikrophone ist noch vorausgesetzt, daß bei getrennter Aufstellung von Mikrophon und erstem Verstärkerrohr der Vorübertrager mit dem 1. Verstärkerrohr zusammengebaut ist, so daß entweder seine Niederspannungsseite direkt zum Mikrophon führt oder zu einem mit dem Mikrophon verbundenen frequenzunabhängigen 2. Übertrager, der den Mikrophonwiderstand zunächst auf einen für das benutzte Kabelstück günstigen Widerstand hinauftransformiert. Andernfalls hätte man in C_G unter Umständen noch große Kabelkapazitäten zu berücksichtigen.

6. Die Gesamtgüte der Membranmikrophone. Wir haben nunmehr die Daten zur Hand, um unter Annahmen, die einen frequenzunabhängigen Wert für unser Maß V_G/P der Gesamtgüte der Mikrophone gewährleisten, den numerischen Betrag dieses Maßes für die verschiedenen Typen anzugeben und damit quantitativ einen Vergleich zu ermöglichen. Da wir den Druckverwandlungsfaktor P_M/P [S. 75], für alle Mikrophontypen $= 1$ setzen wollten, ist durch das Verhältnis E/P_M der Zahlentafel 2 zugleich das Verhältnis E/P gegeben; durch Multiplikation mit V_G/E aus der 3. Spalte der Zahlentafel 3 erhalten wir das gesuchte Verhältnis V_G/P, das in der letzten Spalte von Zahlentafel 3 in Millivolt pro Dyn/cm² angegeben ist.

Zahlentafel 3.

Elongationsempfänger	Mikrophonwiderstand	V_G/E	$V_G/P \frac{\text{Millivolt}}{\text{dyn/cm}^2}$
Elektrostatisch	$C_M = 500$ cm	0,35	1,8
Hochfrequenz	—	1	0,6
Kohle	$Z_M = 65$ Ohm	62	125
Geschwindigkeitsempfänger			
Flachspule	$Z_M = 1000$ Ohm	16	0,4
Band	$Z_M = 0{,}2$ Ohm	1120	1,3

Wie man sieht, ist nach dieser Berechnung, die, soweit sich feststellen läßt, mit der Erfahrung ziemlich übereinstimmt, der Unterschied in der Gesamtempfindlichkeit für die verschiedenen optimal konstruierten Mikrophontypen nicht sehr groß, abgesehen vom Kohlemikrophon, das eine erheblich gesteigerte Empfindlichkeit zeigt. Das spielt jedoch, wie schon bemerkt, bei den Rundfunkmikrophonanlagen keine ausschlaggebende Rolle; was gefordert wird, ist nur, daß die Empfindlichkeit nicht unter einen gewissen Betrag sinkt, damit die elektrischen und Röhrenstörungen nicht in die Größenordnung der aufzunehmenden Klangstärke kommen. Sowohl beim Kohlemikrophon wie bei einer leichten Membran ist es schwierig, für eine wirklich sehr hohe Eigenschwingung zu sorgen. Überhaupt ist es sehr schwer, über die absolute Eignung der verschieden besprochenen Typen irgendein abschließendes Urteil zu fällen; Fragen der Größe, des Gewichtes, der Betriebssicherheit und der bequemen Bedienung spielen hier eine ausschlaggebende Rolle.

7. Vergleich mit dem absoluten Güteoptimum. Zur Vervollständigung der theoretischen Einsicht in die bisher erreichten Resultate auf dem Gebiet des Mikrophonbaues ist jedoch noch eine Frage zu stellen, deren Beantwortung offenbar auch für die Praxis von Bedeutung sein wird. Gibt es für die ohne Relaiswirkung arbeitenden Empfangsapparate ein bestimmtes absolutes Optimum der Empfangsgüte, und wenn ja, wie weit entfernen sich die berechneten Zahlen V_G/P noch von diesem absoluten Optimum?

In der Lautsprechertheorie findet die entsprechende Frage nach dem günstigsten Wert des elektroakustischen Wirkungsgrades eine sehr einfache Beantwortung; das Verhältnis der im ganzen abgestrahlten akustischen Leistung zu der maximal verfügbaren elektrischen Leistung kann höchstens $= 1$ werden, und an der Entfernung der bisher erreichten Wirkungsgrade von dem Wert 100% hat man offenbar einen untrüglichen Wertmesser für das bisher Erreichte und noch Erreichbare. Ein entsprechendes Maß fehlt bisher in der Mikrophontheorie. Es läßt sich jedoch, gleichgültig, ob das Mikrophon auf einen

Ohmschen Widerstand oder, wie bei der Verstärkerröhre, letzten Endes auf eine Kapazität arbeitet, mit Hilfe des im Schlußteil erwähnten Tiefempfangsgesetzes eine solche unüberschreitbare obere Grenze und damit ein Maß für die bisher erreichten Erfolge auch in der Mikrophontheorie ableiten[1]). Für den bei unserer Berechnung zugrunde gelegten Fall des Arbeitens auf eine reine Kapazität $C_G = 40$ cm findet man für ein bis zu $\omega = 50000$ frequenzunabhängig gefordertes Verhältnis V_G/P als absolute obere Grenze den Betrag von 52 mV pro Dyn/cm². Man sieht also, daß bei den ohne Relaiswirkung arbeitenden Typen eine Verbesserung der bisher erreichten Werte auf den 10 bis 50fachen Betrag noch prinzipiell möglich wäre[2]).

8. Bemerkung über membranlose Mikrophone. Zum Schluß möchte ich noch ein Wort über die Theorie der Mikrophone verschiedener Art sagen, die nicht durch bewegte Membranen, sondern auf andere Weise elektromotorische Kräfte erzeugen. Es wäre verkehrt anzunehmen, daß mit der Membran sofort alle Gründe für eine Frequenzabhängigkeit des Verhältnisses V_G/P, das ja auch in diesen Fällen maßgebend ist, fortfallen; unter anderm wird schon der rein akustische Vorgang an dem schallempfindlichen Teil durch den Apparat selbst umgemodelt, und das wird besonders stark der Fall sein bei Apparaten, die mit Trichter arbeiten. Aber auch die Beziehung zwischen diesem bereits verwandelten Druck P_M und der erzeugten EMK wird im allgemeinen von der Frequenz abhängen, so daß man von vornherein nicht weiß, ob man nicht den Teufel der Membraneigenschaften — den man, wie wir gesehen haben, überdies prinzipiell bändigen kann — durch Beelzebub austreibt. Sowohl der Mangel an Raum wie meine Unkenntnis auf diesem speziellen Gebiet hindern mich, auf die Theorie der membranlosen Mikrophone näher einzugehen; auch glaube ich, daß von den wirklich brauchbaren derartigen Apparaten — ich nenne nur das Kathodophon von Vogt, Engl und Masolle — noch keine durchgebildete Theorie existiert, ebensowenig wie meines Wissens systematische Messungen darüber bisher veröffentlicht worden sind.

---

[1]) Schottky, W.: Z. f. Phys. Bd. 36, S. 689. 1926; Telefunken-Ztg. Februar 1926.

[2]) Die obige Angabe bezieht sich, genau genommen, auf ein Mikrophon, das als Schallsender die Schallenergie gleichmäßig nach allen Seiten ausstrahlen würde und als Schallempfänger einen Druckverwandlungsfaktor $P_M/P = 1$ unabhängig von der Richtung der auftreffenden Welle zeigt, wie es bei der Berechnung von V_G/P ja auch bei unseren Apparaten angenommen wurde. Die angedeutete Betrachtungsweise zeigt, daß das absolute Empfangsoptimum durch eine Richtwirkung bei Sendung und Empfang noch verbessert werden kann, indem man z. B. das Mikrophon, ebenso wie den Lautsprecher, mit einem genügend großen und reflexionsfreien Trichter ausrüstet. Da das Mikrophon aber andererseits einen nicht zu engen Raumbereich beherrschen darf, ist dieser Richtwirkung eine Grenze gesetzt; man kann annehmen, daß eine Überschreitung des zehnfachen Betrages von 52 mV pro Dyn/cm² auch mit Benutzung von Richtwirkungen nicht möglich ist.

C. Kopfhörer und Lautsprecher.

1. Spezialprobleme des Kopfhörers. Auf dem Gebiet der Schallgeber, der zur akustischen Wiedergabe von elektrisch übermittelten Klangbildern dienenden Apparate, begegnen wir einem Dualismus, der auf dem Mikrophongebiete nicht in ähnlicher Weise vorhanden ist, dem Dualismus zwischen Nah- und Fernwiedergabe, zwischen Kopfhörern und Lautsprechern. Es wird zweckmäßig sein, wenn wir uns zuerst über den Unterschied in der Wirkungsweise dieser beiden Apparate klar werden.

Der Unterschied in den verlangten Energien und Membranamplituden, den man zunächst für das Wichtigste halten möchte, ist in Wirklichkeit nicht das Entscheidende. Vom akustischen Standpunkt ausschlaggebend ist vielmehr der Unterschied zwischen dem abgeschlossenen System, das der ans Ohr gepreßte Kopfhörer mit der Ohrmuschel und dem Gehörgang bildet, gegenüber dem freien akustischen Strahler, den der Lautsprecher darstellt; ein Unterschied, der auf elektrischem Gebiete als Unterschied zwischen den Vorgängen im geschlossenen Stromkreis und der Strahlungswirkung einer Antenne wohlbekannt ist.

Ebenso nun, wie auf elektrischem Gebiete die Theorie der geschlossenen Wechselstromkreise lange vor der Theorie der Hertzschen Wellen da war, möchte man auch die akustische Theorie des Kopfhörers für die ältere und vollständigere halten. Während jedoch die Literatur über Lautsprecherakustik in den letzten Jahren zu einem ansehnlichen Strom angeschwollen ist, wird man in der ganzen Weltliteratur sehr wenig über die Vorgänge zwischen Telephonmembran und Trommelfell finden[1]). Schuld daran ist sicher nicht die Einfachheit des vorliegenden Problems, sondern wohl eher seine Kompliziertheit und viel mehr noch seine Unbestimmtheit. Während das ganz luftdicht ans Ohr gepreßte Telephon zusammen mit dem Gehörgang fast für das ganze Frequenzbereich in erster Annäherung als einfache Druckkammer von einigen Kubikzentimeter Volumen, in zweiter vielleicht als System von 2 gekoppelten Tonräumen behandelt werden kann, werden, besonders bei tiefen Frequenzen, die Verhältnisse sofort enorm geändert, wenn, wie gewöhnlich, stellenweise etwas Luftzwischenraum zwischen der Hörermuschel und der Ohrmuschel bleibt. Jeder wird schon selbst die Beobachtung gemacht haben, wie der fest angepreßte Hörer die Tiefen herausholt, während schon in wenigen Millimetern Entfernung vom Ohr der sonore Klang zunehmend verschwindet. Ich möchte annehmen, daß beim normal angelegten Hörer das Ein- und Ausströmen der schwingenden Luftmasse durch die Dichtungslücken besonders bei

[1]) Eine ganz rohe Abschätzung unter der Annahme der einfachen Druckkammerwirkung findet man bei Lord Rayleigh: Phil. Mag. (5) Bd. 38, S. 295. 1894.

tiefen Frequenzen noch eine ausschlaggebende Rolle spielt und daß das Maß dieses Ein- und Ausströmens bei kleinen Amplituden durch die wenn auch sehr geringen Gegenwirkungen der von der Mündung dieser Kanäle aus in den Außenraum divergierenden freien Schallwellen bestimmt ist. Es ist jedoch bei sehr großen Membranamplituden auch möglich, daß einmal ein anderer Effekt, nämlich die Massenträgheit des zum Durchtritt durch enge Öffnungen in der freien Atmosphäre gezwungenen Gases eine Rolle spielt, ein Effekt, der eine mit zunehmender Durchtrittsgeschwindigkeit wachsende Hemmung ergibt.

In Zukunft wird man sich vielleicht auch mit diesen Fragen eingehender beschäftigen. Heute jedoch kann von einer wissenschaftlichen Grundlage der Akustik des Kopfhörers noch kaum die Rede sein, und ich muß mich deshalb, soweit die akustischen Vorgänge in Frage kommen, auf die Theorie der Lautsprecher beschränken, die ja auch deshalb zur Zeit von größerem Interesse ist, weil man leichter einen Kopfhörer als einen Lautsprecher findet, der einen in jeder Beziehung zufriedenstellt. Bei dem Lautsprecherproblem aber wollen wir wieder nur den Fall der Fernwirkung betrachten, wo die vom Lautsprecher ausgehenden Wellen schon als fortschreitende Kugelwellen angesehen werden können; die Änderungen des Klangbildes, die man bei großer Annäherung an den Lautsprechertrichter wahrnimmt, sind ja subjektiv nicht so erheblich, daß es lohnte, dafür eine genauere Theorie aufzustellen.

2. Der elektroakustische Wirkungsgrad des Lautsprechers. Anknüpfend an die allgemeinen Gedankengänge auf S. 65 können wir es als die Aufgabe der wissenschaftlichen Erforschung des Lautsprecherproblems bezeichnen, den elektroakustischen Wirkungsgrad η, der das Verhältnis der im ganzen abgestrahlten akustischen Leistung L_1 zur maximalen verfügbaren elektrischen Leistung L_i angibt, für die vorhandenen Lautsprecherkonstruktionen zu bestimmen und die Wirkungen anzugeben, die bei Änderungen oder Neukonstruktionen zu erwarten sind. Genau genommen kommt es allerdings, wie wir sahen, nicht auf die Gesamtleistung L_1, sondern auf die Winkelintensität K_1 in derjenigen Richtung an, in der sich der Zuhörer relativ zum Lautsprecher befindet. Dieser Unterschied verschwindet jedoch in kleineren Räumen, wo durch vielfache Reflexion des Schalles an den Wänden jede Stelle im Zuhörerraum in annähernd gleicher Weise von den nach allen Richtungen vom Lautsprecher ausgesandten Schallwellen getroffen wird. Er verschwindet aber auch im Freien, falls die Ausbreitungsvorgänge derart sind, daß innerhalb eines bestimmten Winkelraumes (der z. B. durch einen großen geraden Trichter des Lautsprechers bestimmt sein kann) der ganze Schall mit konstanter Winkelintensität K_1 konzentriert ist, während außerhalb eines Winkelraumes überall $K_1 \sim 0$ ist. Man hat dann innerhalb des Winkelraumes wieder Proportionalität zwischen K_1 und L_1; gegenüber dem allseitig strahlenden Lautsprecher ergibt sich allerdings bei gegebenem L_1 eine Verstärkung von K_1 im Verhältnis der Vollkugel (4π) zum räumlichen Trichterwinkel. Da diese von der Richtwirkung abhängigen Verstärkungsfaktoren jedoch leicht zu berücksichtigen sind, können wir uns mit der Bestimmung von L_1 statt K_1 und damit also mit der Bestimmung des gesamten elektroakustischen Wirkungsgrades begnügen.

Da η durch L_1/L_i definiert war und $L_i = E_1^2/2 \cdot 1/4\, Z_i$ gesetzt werden konnte (S. 65), wobei E_1 die am sekundären Generator (letzte Verstärkerröhre oder Detektor) auftretende EMK-Amplitude der betreffenden (Niederfrequenz-)Periode bedeutet, so kommt es für die Bestimmung von η darauf an, L_1 ebenfalls in Abhängigkeit von E_1 und Z_i sowie von den Eigenschaften des Lautsprechers anzugeben.

Bei der Lösung dieser Aufgabe wollen wir uns von vornherein auf Membranlautsprecher beschränken; damit scheiden aus der Betrachtung aus z. B. diejenigen Typen, bei denen die Variationen des Schalldruckes durch elektrische Betätigung eines Druckluftventils erzeugt werden. Ferner wollen wir aber auch keine mechanische Hilfsenergie annehmen, wie sie etwa in Th. Edisons Elektromotograph oder dem Johnson-Rahbeck-Huth-Lautsprecher durch die Dauerrotation einer Walze gegeben ist, von der die Membran, entsprechend dem elektrisch bedingten Festhaften eines Schleifkontaktes, mehr oder weniger mitgezogen wird[1]). Wir wollen vielmehr an den gewöhnlichen Membranlautsprecher denken, bei dem durch die von dem Generator in den Lautsprecher hineingeschickten Ströme elektrische Kräfte erzeugt werden, welche direkt einen passend geformten beweglichen Teil des Apparates, eben die „Membran", in Bewegung setzen und dadurch den Schall erzeugen.

Obgleich die Aufgabe der Bestimmung des Verhältnisses von L_1/L_i oder L_1/E_1^2 für diese Apparate eine ganz ähnliche ist wie die der Bestimmung der „Güte" V_G/P oder V_G^2/P^2 eines auf ein Verstärkerrohr arbeitenden Mikrophones, ist unser Vorgehen doch ein anderes. Die beim Mikrophon vorgenommene Zerlegung in verschiedene Faktoren beruht nämlich auf gewissen Annahmen über die praktische gegenseitige Unbeeinflußbarkeit der mechanischen, elektrischen und akustischen Eigenschaften des empfangenden Gebildes; Annahmen, die bei Mikrophonen, die den idealen Anforderungen genügen, hinreichend erfüllt sein werden, die aber zugleich bedeuten, daß der Wirkungsgrad dieser Apparate als Sender relativ schlecht sein muß. Wenn es uns darauf

[1]) Über alle hier nicht behandelten Lautsprechertypen vgl. z. B. das Buch von W. Mönch: Mikrophon und Telephon, Berlin: H. Meusser 1925; ferner den Artikel „Lautsprecher; Allgemeines" in dem demnächst erscheinenden „Handwörterbuch des elektrischen Fernmeldewesens".

ankommt, die Verhältnisse bei besseren Wirkungsgraden durch unsere Theorie mit zu erfassen, müssen wir in anderer Weise vorgehen.

Wir gehen bei der Berechnung von L_1 aus E_1 von der Tatsache aus, daß die durch den Wechselstromgenerator in dem Apparat hervorgrufenen Membranbewegungen in dem aus Generator und Lautsprecher gebildeten Stromkreis gegenelektromotorische Kräfte E_k hervorrufen, die, bei nicht zu großen Amplituden, ihrer Ursache, also E_1, proportional sind. Da der bei der EMK E_1 in den Apparat eintretende Strom (mit der Amplitude J) durch die Ruhewiderstände des Generators und Lautsprechers und eben diese gegenelektromotorische Kraft bestimmt ist, besteht, wie man leicht einsieht, auch Proportionalität zwischen E_1 und J, und damit auch zwischen E_k und J. Diese Proportionalität braucht sich jedoch keineswegs auch auf die Phase zu erstrecken; vielmehr wird das Verhältnis von E_k zu J eine im allgemeinen phasenverschobene oder, in der üblichen Darstellungsweise, komplexe Größe $\mathfrak{R}$ sein, die den Charakter eines durch die Bewegung induzierten Scheinwiderstandes besitzt und die im allgemeinen für jede Frequenz einen anderen Betrag und eine andere Phase haben wird. Gelingt es, diesen Scheinwiderstand $\mathfrak{R}$ für die untersuchte Frequenz nach Größe und Phase zu bestimmen, und ist ferner der Ruhwiderstand $\mathfrak{Z}$ des Lautsprechers (bei festgehaltener Membran) und der innere Widerstand Z_i des Generators bekannt, so kann der unter der Wirkung von E_1 durch den Lautsprecher fließende Strom J berechnet werden aus $J \cdot |\mathfrak{R} + \mathfrak{Z} + Z_i| = E_1$. Um aus dem Strom J die akustische Nutzleistung L_1 bestimmen zu können, ist es nur noch nötig, den Scheinwiderstand zu kennen, der der akustischen Nutzleistung der Membran entspricht und der, da er einen Energieverbrauch herbeiführen muß, ein Ohmscher Widerstand ist. Bezeichnet man diesen mit $\mathfrak{R}_n$ (Nutzwiderstand), so wird $L_1 = \mathfrak{R}_n \cdot J^2/2$, und man erhält durch Berechnung von J aus E_1 und Division mit L_i schließlich:

$$\eta = \frac{4\,\mathfrak{R}_n\, Z_i}{|\mathfrak{R} + \mathfrak{Z} + Z_i|^2}.$$

Da $\mathfrak{Z}$ und Z_i nach bekannten Methoden berechnet oder gemessen werden können, reduziert sich die Aufgabe der Lautsprechertheorie hiernach auf die Bestimmung von $\mathfrak{R}_n$ und $\mathfrak{R}$. (Experimentell kann durch Vergleich der Scheinwiderstände des Lautsprechers bei ruhender und bewegter Membran wohl $\mathfrak{R}$ nach Amplitude und Phase, aber nicht $\mathfrak{R}_n$ gesondert gestimmt werden, da bei der Bewegung der Membran auch noch andere energieverzehrende Vorgänge, die zu Ohmschen Dämpfungswiderständen führen, in der Apparatur auftreten können.)

3. Abhängigkeit der Scheinwiderstände $\mathfrak{R}$ und $\mathfrak{R}_n$ von den elektrischen und mechanisch-akustischen Apparateigenschaften. Die Scheinwiderstände $\mathfrak{R}$ und $\mathfrak{R}_n$ werden bei jedem Lautsprechertyp einerseits von der

Art und Intensität der elektrisch-mechanischen Koppelung zwischen dem Stromkreis und der Membranbewegung abhängen, andererseits aber von den Bewegungshemmungen der Membran, die durch die Rückwirkungen der Luft mitbedingt sind; $\mathfrak{R}_n$ stellt sogar einen Anteil dar, der nur auf die (Nutz-)Rückwirkungen der Luft zurückzuführen ist und der in hohem Grade von der Schallführung abhängen kann. Die Abhängigkeit der $\mathfrak{R}$ und $\mathfrak{R}_n$ von der elektrisch-mechanischen Koppelung und den Bewegungshemmungen der Membran ergibt sich allgemein unter Anwendung eines Reziprozitätstheorems von Rayleigh[1]). Ist U die Geschwindigkeitsamplitude der von der elektrischen Kraft angegriffenen Teile der Membran (oder der Teile, durch die die Membran in Bewegung gesetzt wird), $\mathfrak{F}$ die Amplitude der angreifenden elektrischen Kraft und ist ferner $\mathfrak{E}$ die durch die Bewegung U im Stromkreis induzierte EMK, so gilt, nach dem genannten Theorem, solange keine quadratischen Effekte irgendwelcher Art auftreten, $\mathfrak{F}/J = \mathfrak{E}/U = \mathfrak{M}$. Hierbei sind J und U die absoluten Beträge der betreffenden Amplituden; $\mathfrak{F}$ und $\mathfrak{E}$ jedoch sind komplexe Amplituden, in der Phase auf J bzw. U bezogen. $\mathfrak{M}$ ist eine für jede Frequenz konstante, im allgemeinen komplexe Größe, die das Maß für die elektromechanische Koppelung darstellt. Die Gleichheit dieses Maßes für die Koppelung Kraft-Strom und Bewegung-EMK gestattet die Verhältnisse im Lautsprecher (und Telephon) in Analogie mit der Koppelung zweier elektrischer Stromkreise zu behandeln. Einfacher aber ist es, von elektrischen Bedeutungen mechanischer Größen abzusehen.

Da $\mathfrak{R}$ definitionsgemäß gleich $\mathfrak{E}/J$ ist, errechnet man:

$$\mathfrak{R} = \frac{\frac{\mathfrak{E}}{U}}{\frac{J}{\mathfrak{F}}} \cdot \frac{U}{\mathfrak{F}} = \mathfrak{M}^2 \cdot \frac{U}{\mathfrak{F}}.$$

Hier ist $\mathfrak{F}/U$ im Membransystem das Entsprechende, was $\mathfrak{E}/J$ in einem elektrischen System ist, nämlich der im allgemeinen komplexe Scheinwiderstand, der im mechanischen System als Hemmung $\mathfrak{H}$ (eine komplexe Größe, nicht mit der magnetischen Feldstärke zu verwechseln) bezeichnet wird. Hiernach ist $\mathfrak{R} = \mathfrak{M}^2/\mathfrak{H}$ und die Bestimmung von $\mathfrak{R}$ auf 2 getrennte Aufgaben, die Bestimmung der elektrisch-mechanischen Koppelung $\mathfrak{M}$ und die Bestimmung der Membranhemmung $\mathfrak{H}$, zurückgeführt, beides im allgemeinen komplexe und von der Frequenz abhängige Größen.

Ein Ausdruck für $\mathfrak{R}_n$ ergibt sich, indem man $\mathfrak{H}$ in seine Watt- und Phasenkomponente zerlegt und von der Wattkomponente, die, mit

[1]) Theorie des Schalles, deutsch von Fr. Neesen, Bd. I, § 111. Braunschweig; Vieweg 1879. — Vgl. W. Schottky: Z. f. Phys. Bd. 36, S. 731ff. 1926.

$U^2/2$ multipliziert, die pro Zeiteinheit verbrauchte mechanische Leistung angibt, wieder nur denjenigen Bruchteil bestimmt, der der an die Luft abgegebenen (abgestrahlten) Leistung entspricht, nämlich die „Nutzhemmung“ $\mathfrak{H}_n$, der die Leistung $U^2/2 \cdot \mathfrak{H}_n$ pro Periode entspricht. Da nach der Definition von $\mathfrak{R}_n$ die Beziehung bestehen muß: $J^2/2 \cdot \mathfrak{R}_n = U^2/2 \cdot \mathfrak{H}_n$, so ergibt sich, wegen

$$U = \frac{|\mathfrak{F}|}{|\mathfrak{H}|} = \frac{|\mathfrak{M}|\,J}{|\mathfrak{H}|},$$

für $\mathfrak{R}_n$ der Ausdruck:

$$\mathfrak{R}_n = \frac{|\mathfrak{M}|^2\,\mathfrak{H}_n}{|\mathfrak{H}|^2}.$$

Es ist also zur Berechnung von $\mathfrak{R}_n$ nur noch die Sonderkenntnis von $\mathfrak{H}_n$ nötig. Schließlich wird:

$$\eta = \frac{4\,\frac{\mathfrak{H}_n}{|\mathfrak{H}|^2}\cdot\frac{Z_i}{|\mathfrak{M}|^2}}{\left|\frac{1}{\mathfrak{H}} + \frac{\mathfrak{Z}}{\mathfrak{M}^2} + \frac{Z_i}{\mathfrak{M}^2}\right|^2}.$$

Da in diesem Ausdruck Z_i bzw. $Z_i/|\mathfrak{M}|^2$ durch Anpassung des Lautsprecherwiderstandes an seinen Generator oder durch Zwischenschaltung eines Übertragers jeweils in günstigster Weise gewählt werden kann, sind die beiden Forderungen, welche zu erfüllen sind, um einen möglichst großen Wirkungsgrad η zu erzielen, erstens: $\mathfrak{Z}/\mathfrak{M}^2$ möglichst klein im Verhältnis zu $1/\mathfrak{H}$ oder $\mathfrak{M}^2/\mathfrak{Z}$ möglichst groß im Verhältnis zu $\mathfrak{H}$, und zweitens: $\mathfrak{H}_n$ möglichst groß im Verhältnis zu $\mathfrak{H}$.

4. Die ferromagnetischen Lautsprecher. Die durch den letzten Ausdruck für η gegebene reinliche Trennung der Abhängigkeiten von η in solche mechanisch-akustischer Art ($1/\mathfrak{H}$, $\mathfrak{H}_n/|\mathfrak{H}|^2$) und elektrischer Art ($\mathfrak{Z}/\mathfrak{M}^2$) erlaubt, analog der Besprechung der Mikrophone, die elektrische Wirkungsweise der Lautsprecher als eine Angelegenheit für sich zu behandeln und von den Annahmen, die man über die Membran und die Gestaltung der Schallführung macht, vollkommen zu trennen. Wir werden dementsprechend zunächst die rein elektrische Wirkungsweise der Lautsprecher studieren und dabei die wichtigsten Typen, die ferromagnetischen (mit bewegten Eisenteilen), die elektrodynamischen (mit bewegten Leitern oder Spulen) und die elektrostatischen (mit bewegter Kondensatorbelegung) näher kennenlernen; dann erst werden wir zu den Fragen der mechanisch-akustischen Gestaltung übergehen und, von einfacheren zu komplizierteren Annahmen fortschreitend, gleichzeitig uns an Beispielen über das Zusammenwirken von elektrischen und mechanisch-akustischen Eigenschaften orientieren.

Wir behandeln zunächst die Systeme mit bewegten Eisenteilen, die man gewöhnlich als elektromagnetische Apparate bezeichnet; doch ist diese Bezeichnung etwas farblos, und ich möchte mir daher erlauben, hier dafür den Namen ferromagnetische oder Eisenlautsprecher einzusetzen, um damit auszudrücken, daß die bewegten Teile bei diesen Apparaten aus Eisen bestehen. In den Abb. 5 bis 9 sind verschiedene Haupttypen dieser Systeme schematisch dargestellt. Die liniierten Teile bedeuten den Sitz einer magnetomotorischen Kraft, die entweder durch permanente Magnete oder durch von einem Gleichstrom durchflossene Spulen bewirkt sein kann. *SS* sind die von dem wiederzugebenden Wechselstrom durchflossenen Spulen, *M* die Membran, *Z* und *A* in Abb. 7 bis 9 Zunge und Anker. Der verbreitetste Typ ist wohl

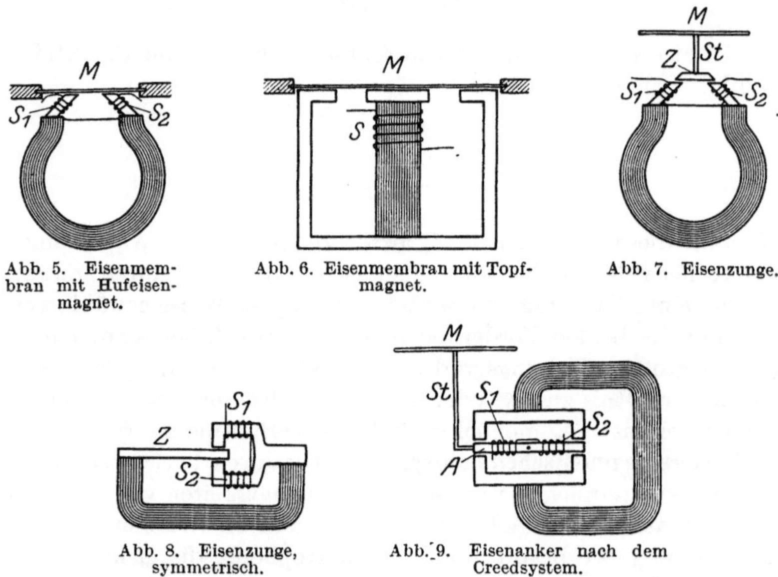

Abb. 5. Eisenmembran mit Hufeisenmagnet.
Abb. 6. Eisenmembran mit Topfmagnet.
Abb. 7. Eisenzunge.
Abb. 8. Eisenzunge, symmetrisch.
Abb. 9. Eisenanker nach dem Creedsystem.
Abb. 5 bis 9. Schemata verschiedener ferromagnetischer Lautsprechersysteme.

der Eisenmembrantyp (Abb. 5), der 1879 von Bell eingeführt und von verschiedenen späteren Erfindern verbessert wurde; so geht z. B. die Kombination von Permanentmagneten mit Weicheisenpolschuhen auf W. v. Siemens zurück. Abb. 6 ist dasselbe System, nur mit Topfmagnet statt Hufeisenmagnet; ebenfalls eine schon sehr alte Konstruktion. Bei anderen Varianten wird die Eisenmembran in der Mitte verdickt oder auf einer leichten Membran von anderem Material befestigt; eine noch weitere Emanzipierung des Ankers von der Membran zeigt das Zungensystem (Abb. 7), bei dem eine in ihrer Eigenschwingung einstellbare Eisenzunge nach Art des Brownschen Relais das ganz unabhängig befestigte Membransystem in Bewegung setzt[1]). Abb. 8

[1]) Die Zunge *Z* ist im Querschnitt gezeichnet; ihre Längsausdehnung erstreckt sich von vorn nach hinten, ihre Bewegung geht von oben nach unten.

stellt die Verwendung eines polarisierten Relais dar, bei dem die magnetische Ruhkraft, die bei den anderen Systemen wirkt, aufgehoben ist, jedoch die größere Gefahr des seitlichen Anschlagens, wie aus dem Relaisverwendungszweck gerade dieses Systems bekannt ist, nicht vermieden wird[1]). Abb. 9 endlich gibt das Magnetsystem des Westernlautsprechers, das mit dem Creedsystem der Relaistechnik identisch ist. Der spezielle Vorzug dieses Systems ist, daß in der Ruhelage kein magnetischer Kraftfluß durch den beweglichen Anker A geht; infolgedessen ist der magnetische Widerstand des Ankers, der, wie wir sehen werden, für die ganze Wirksamkeit maßgebend ist, trotz leichter Konstruktion sehr klein zu halten.

Um die elektrischen Eigenschaften aller dieser Systeme zu erfassen, genügt es, wie wir gesehen haben, den elektromechanischen Koppelungsfaktor $\mathfrak{M}$ und den Ruhewiderstand $\mathfrak{Z}$ der Systeme zu bestimmen. Was die Bestimmung von $\mathfrak{M}$ betrifft, so hat man, gemäß der Definition von $\mathfrak{M}$ nach dem Rayleighschen Reziprozitätstheorem, die Wahl, $\mathfrak{M}$ (für jede Frequenz) aus dem Verhältnis $\mathfrak{E}/U$ oder $\mathfrak{F}/J$ zu bestimmen. Der erste Weg, der sich in unserem Fall nur auf die Gesetze der Induktionseffekte bewegter Eisenteile zu stützen braucht, ist der einfachere.

Man untersuche, bei einer bestimmten Lage der Membran oder des Eisenankers, den magnetischen Induktionsfluß $\int \mathfrak{B}_\nu d\sigma$ durch die gesamte von dem Wechselstrom durchflossene Stromschleife, die aus 1 oder 2 Spulen S besteht. Diesen Induktionsfluß bezeichnen wir als Spulenfluß Ψ. Die durch eine Verschiebung ds des beweglichen Eisenteils des Apparates erzeugte elektromotorische Kraft e im Wechselstromkreis ist dann von der dadurch bedingten zeitlichen Änderung des Spulenflusses abhängig, $e = d\Psi/dt = d\Psi/ds \cdot ds/dt = u \cdot d\Psi/ds$, wenn u die Momentangeschwindigkeit des Bezugspunktes der Membran usw. bezeichnet, durch den ihre momentane Lage bestimmt werden soll[2]). Die aufgestellte Beziehung gilt, wenn e und Ψ in elektromagnetischen Einheiten gemessen werden. $d\Psi/ds$ ist im allgemeinen nicht nur von der Verschiebung, sondern auch von der Geschwindigkeit der Verschiebung abhängig (also nicht gleich dem Wert $\partial\Psi/\partial s$ bei unendlich langsamer Verschiebung). In diesem allgemeinen Falle, der bei dem Auftreten merklicher Wirbelstromwirkungen in festen und bewegten Teilen (als Folge der Membranbewegung) realisiert ist, ist $\mathfrak{M}$ komplex und mit Zuhilfenahme von Wirbelstromuntersuchungen zu

[1]) Den in der Abb. 8 weggelassenen Stift St mit der Membran M hat man sich in der Nähe des Zungenendes befestigt zu denken.

[2]) Bei starren Membranen mit reiner Translationsbewegung ist ds und u für alle Membranteile gleich; bei drehenden oder elastischen Bewegungen wähle man irgendeinen passenden Punkt der Membran (evtl. auch einen Drehwinkel) als Bezugspunkt zur Bestimmung ihrer Lage. Die Größe $d\Psi/dt$ ist natürlich von der Wahl dieses Bezugspunktes unabhängig.

bestimmen[1]). Die Theorie werde unter der vereinfachenden und praktisch in erster Annäherung maßgebenden Annahme $d\Psi/ds = \partial\Psi/\partial s$ weitergeführt. Es gilt dann $e = u \cdot \partial\Psi/\partial s$, $E = U \cdot \partial\Psi/\partial s$; $E/U = \mathfrak{M}$ ist also reell $= M = \partial\Psi/\partial s$; außerdem ist es frequenzunabhängig. Da nach S. 95 $\mathfrak{Z}/\mathfrak{M}^2$ möglichst klein im Verhältnis zu $1/\mathfrak{H}$ sein soll, nimmt also bei gegebenem $\mathfrak{H}$ der Wirkungsgrad des Lautsprechers mit wachsendem $\mathfrak{M}^2/\mathfrak{Z}$ zu; dieser Ausdruck ist bei gegebenem $\mathfrak{H}$ das Maß für die elektrische Güte des Apparates. Bei gegebenem Leitungsquerschnitt ist dieser Ausdruck offenbar unabhängig von der verwendeten Unterteilung des Wechselstromleiters; das gleiche gilt dann (bei geeigneter Anpassung Z_i) von η. Es kann also bei der Berechnung von η für Spulenapparate Ψ und $\mathfrak{Z}$ von vornherein auf eine Windung reduziert und die Änderung des magnetischen Induktionsflusses $\partial\Phi/\partial s$ durch eine (mittlere) Spulenwindung an Stelle der des gesamten Spulenflusses $\partial\Psi/\partial s$ untersucht werden.

Die Methoden, nach denen man bei diesen Apparaten die „Flußempfindlichkeit“ $\partial\Phi/\partial s$ bestimmen kann, ist bei allen Typen sehr ähnlich. Man kann immer $\partial\Phi/\partial s$ in der Form schreiben:

$$\frac{\partial\Phi}{\partial s} = \frac{\Phi_0}{l_m},$$

wobei Φ_0 den in der Ruhelage im ganzen durch den bewegten Eisenteil längs oder (beim Creedsystem) quer hindurchgeschickten Induktionsfluß bedeutet. l_m ist eine Länge, die angibt, um wieviel die Membran bei konstantem $\partial\Phi/\partial s$ verschoben werden müßte, um den Fluß auf Null zu reduzieren: „magnetische Laufstrecke“; es setzt sich zusammen aus der Länge der Luftspalte a und einer auf den Luftquerschnitt umgerechneten äquivalenten Luftlänge Λ des magnetischen Widerstandes in den beweglichen und festen Eisensystemen. Für n (1 oder 2) hintereinandergeschaltete Luftspalte gilt:

$$l_m = a + \frac{\Lambda}{n}\,[2].$$

[1]) Vgl. hierzu M. Poincaré: L'Éclairage Él. Bd. 50, S. 221ff. 1907. Ferner K. W. Wagner: ETZ Bd. 32, S. 80 u. 110. 1911; und H. Carsten: Phys. Z. Bd. 22, S. 501. 1921.

[2]) Man erhält dieses Annäherungsresultat, indem man den Eisenkreis mit den Luftspalten und der Membran bzw. dem Anker als einen streuungsfreien magnetischen Kreis behandelt und die Änderung des Induktionsflusses aus der Änderung des magnetischen Widerstandes bei gegebener magnetomotorischer Kraft E_m berechnet. Indem man den magnetischen Widerstand W_{sp} der Luftspalte durch den Querschnitt Q_{sp} und die Gesamtlänge $n\,a$ der Luftspalte ausdrückt: $W_{sp} = n\,a/Q_{sp}$, und ebenso den magnetischen Widerstand des festen und beweglichen Eisenweges W_f in der Form $W_f = \Lambda/Q_{sp}$ schreibt, erhält man:

$$\frac{\partial\Phi}{\partial s} = \frac{\partial}{\partial s}\left(\frac{E_m Q_{sp}}{n\,a + \Lambda}\right) = -\frac{E_m Q_{sp}}{n\,a + \Lambda} \cdot \frac{n\,\frac{\partial a}{\partial s}}{n\,a + \Lambda} = \frac{\Phi_0}{a + \frac{\Lambda}{n}},$$

Die verhältnismäßig große äquivalente Luftlänge Λ des Permanent-Magnetsystemes kann hierbei durch Weicheisennebenschlüsse, wie sie in Deutschland von Seibt eingeführt worden sind, abgekürzt werden. Bei dem Creedsystem sind diese Nebenschlüsse durch die Konstruktion von vornherein gegeben.

Aus der Gleichung $M = \frac{\Phi_0}{a + \Lambda/n}$ ersieht man zunächst die Notwendigkeit einer Vormagnetisierung; wenn im Normalzustand kein magnetischer Fluß durch Spule und Membran bzw. Anker hindurchgeht, ist die elektrische Güte $= 0$. Mit wachsendem Φ_0 wächst M so lange proportional an, als der Einfluß der Eisensättigung besonders der Membran bzw. des Ankers, der sich in der Vergrößerung der äquivalenten Luftlänge Λ des magnetischen Widerstandes bemerkbar macht, noch nicht überwiegt; offenbar gibt es ein von der Magnetisierungskurve der Eisenteile abhängiges Optimum für Φ_0, da für sehr große Φ_0-Werte Λ wegen der Sättigung des Eisens beliebig groß wird. Dies Optimum ist andererseits auch von der Länge a der Luftspalten abhängig; je größer a, desto größer kann ohne Schaden Λ gewählt werden.

Für einen gewöhnlichen Fernhörer sind die üblichen magnetischen Daten nach Kennelly[1]): $\Phi_0 = 330$ Maxwell, $a = 0{,}75$ mm, $\Lambda/2$ $(n = 2)$ klein gegen a, also $M \backsim \frac{330}{0{,}075} = 4400$.

Praktisch wird die Konstruktion der ferromagnetischen Lautsprecher nicht von der Frage der günstigsten Vormagnetisierung bei gegebenen Membran- bzw. Ankereigenschaften vorwiegend beherrscht, sondern von der verwandten Frage des günstigsten Membran- oder Ankergewichtes, des günstigsten Querschnitts der bewegten Eisenteile. Hier ergibt sich nämlich ein fast tragisch zu nennender Widerstreit zwischen elektrischen und mechanisch-akustischen Anforderungen; es stellt sich heraus, daß man, um eine hinreichende elektrische Güte $(M^2/\mathfrak{Z})$ zu erreichen, die Eisenteile so schwer machen muß, daß die mechanischen Hemmungen, außer in den etwaigen Resonanzstellen, groß gegen die Nutzhemmung $\mathfrak{H}_n$ der Luft werden[2]). Da die Membranhemmungen oberhalb der Eigenschwingung der Membran den Charakter von Massenhemmungen (siehe S. 80), unterhalb den von elastischen Hemmungen besitzen, ist in diesem Falle, wie wir sehen werden, das erstrebte Ziel der Frequenzunabhängigkeit von η nicht zu erreichen; um wenigstens

---

wenn s so definiert ist, daß ds gleich $-da$ wird. Daraus folgt aber nach unserer Definition von l_m der Wert $l_m = a + \Lambda/n$. Beim Creedsystem gilt, wie man sich überzeugt, eine ganz entsprechende Formel, wobei jedoch in Λ der magnetische Widerstand des Permanentsystems nicht enthalten ist. Φ_0 bedeutet hier den Gesamtfluß quer durch die Ankerenden.

[1]) J. tél. 1922, S. 244.

[2]) Eine Ausnahme würde nur der Fall bilden, wo ein Eisenanker eine große, starre, aber luftleichte Membran zu bewegen hätte.

die **wichtigste** Tonlage zu bevorzugen, legt man die Eigenfrequenz, also die Hauptresonanzstelle der Membran, in das mittlere Tongebiet. Nun zeigt sich, indem man die Wirkung einer Querschnittsvergrößerung der bewegten Eisenteile einerseits auf $\mathfrak{H}$ und $\mathfrak{H}_n$, andererseits auf M und $\mathfrak{Z}$ in Rechnung setzt, daß mit zunehmendem Querschnitt des beweglichen Eisenteils die Wiedergabe der hohen und tiefen Frequenzen an sich verbessert wird, jedoch gleichzeitig in noch wesentlich stärkerem Maße die Wiedergabe des Resonanzgebietes. Man nimmt also mit einer Verbesserung des Absolutwirkungsgrades durch Vergrößerung des Eisenquerschnitts gleichzeitig eine steigende Verzerrung zugunsten des mittleren Tongebietes mit in Kauf, und umgekehrt haben Apparate, die diese Verzerrung nicht zeigen, einen unbrauchbar schlechten Wirkungsgrad. An Hand eines durchgerechneten Beispiels (S. 134) wird dies resonanzartige Verhalten der Eisenlautsprecher an einer Eisenmembrantype kurvenmäßig dargestellt werden. Vielleicht erzielt man noch die besten Wirkungen, wenn man die bewegten Massen relativ groß macht und durch zusätzliche Dämpfungen dafür sorgt, daß das Hervortreten der Resonanzlage, das mit den großen Massen verbunden ist, wieder abgeschwächt wird.

Ehe wir die Diskussion der elektrischen Eigenschaften der ferromagnetischen Apparate verlassen, haben wir noch den Einfluß des Scheinwiderstandes $\mathfrak{Z}$ der Spulen auf die elektrische Güte zu diskutieren; dieser Scheinwiderstand ist, ebenso wie der Spulenfluß Ψ, auf eine Windung zu reduzieren. Da wegen des relativ guten Eisenschlusses der Spulen der Widerstand bei nicht zu tiefen und nicht zu hohen Frequenzen (wo der Ohmsche Widerstand bzw. der Wirbelstromwiderstand überwiegt) den Charakter einer Selbstinduktivität (L) hat, ist $\mathfrak{Z}$ prop. ωL zu setzen (L auf eine Windung reduziert), und es stellt sich heraus, daß bei gleichem M bzw. $\partial \Phi / \partial s$ derjenige Apparat die größte elektrische Güte besitzt, dessen Selbstinduktivität am geringsten, bei dem also der magnetische Widerstand für den Eisenkreis der Spulen am größten ist. Dieser Einfluß arbeitet dem günstigen Einfluß kleiner magnetischer Widerstände im Eisen- und Luftweg in dem Ausdruck für $\partial \Phi / \partial s$ etwas entgegen, aber nicht sehr wesentlich; bei Vernachlässigung der Streuung läßt sich der Gesamteinfluß dieser Größen auf die elektrische Güte $M^2/\mathfrak{Z}$ leicht berechnen[1]).

5. Dislokationskräfte bei ferromagnetischen Lautsprechern. Bei Apparaten, die, wie die ferromagnetischen Lautsprecher, mit beweglichen Eisenteilen in einem Dauermagnetfeld arbeiten, tritt noch eine Komplikation auf, die, wenn sie nicht behoben wird, der an sich als günstig befundenen Vergrößerung des Membran- bzw. Ankerquerschnittes

[1]) Man findet $M^2/\mathfrak{Z} = E_m^2 Q_{sp}/(a + \Lambda/n)^3$, während ohne Berücksichtigung von $\mathfrak{Z}$ die 4. Potenz im Nenner stehen würde.

(unter Zuhilfenahme zusätzlicher Dämpfungen) von sich aus eine Grenze setzt. Es handelt sich um den Einfluß des auf einen Eisenteil infolge der Vormagnetisierung wirkenden magnetischen Zuges, der durch eine elastische Gegenkraft wettgemacht werden muß und der, wie man leicht sieht, bei gegebener Kraftlinienverteilung dem Quadrat des Induktionsflusses durch den Eisenteil, also Φ_0^2, proportional ist[1]). Dieser Zug, von der Größenordnung von etwa 50 g, ist nun an sich nicht besonders schädlich, und Konstruktionen, die ihn durch symmetrische Anordnung vermeiden (Abb. 8), haben daher an sich nicht viel Zweck. Viel wichtiger ist jedoch, daß diese magnetische Zugkraft sich bei einer Verschiebung der Membran ändert und infolgedessen, da die Kraftdifferenz gegen die Ruhelage in erster Näherung als der Verschiebung proportionale Kraft auftritt, einen Beitrag zu der durch die Spannung der Membran bzw. die Federung des Ankers gelieferten elastischen Kraft ergibt, die ja dasselbe Verhalten zeigt. Jedoch sieht man leicht, daß dieser magnetische Beitrag zur elastischen Kraft ein negativer ist, da die magnetische Kraft den Eisenteil bei Annäherung an die Pole immer stärker anzuziehen sucht, also nicht ein Zurückziehen des Eisenteiles in die Ruhelage ergibt, sondern eine proportional der Elongation wachsende Tendenz, den Eisenteil noch weiter aus seiner Ruhelage zu entfernen. Man kann daher diese Kraft, im Gegensatz zu der gewöhnlichen elastischen Restitutionskraft, vielleicht passend als Dislokationskraft bezeichnen[2]).

Solange nun diese Dislokationskraft klein gegen die elastische Restitutionskraft der Membran ist, spielt sie für die Gesamtbilanz der Membrankräfte keine Rolle. Sobald sie jedoch in die Größenordnung der elastischen Kraft kommt — die ihrerseits bei vorgeschriebener Lage der Eigenschwingung des beweglichen Eisenteils durch dessen Masse bestimmt ist —, tritt eine Schwierigkeit auf. Man kann zwar unschwer die elastische Kraft um so viel verstärken, daß die für die Eigenschwingung maßgebende Differenz von Restitutions- und Dislokationskraft gerade den richtigen Betrag hat; aber man sieht sofort, daß die Verhältnisse desto labiler werden, je kleiner diese wirksame Differenz gegenüber der Restitutions- und Dislokationskraft einzeln ist. Es genügt dann eine kleine Vergrößerung der Dislokationskraft, wie sie bei Annäherung des Eisenteils an den Magnetpol unvermeidlich ist, um die Dislokationskraft über die Restitutionskraft

---

[1]) Diese Beziehung gilt bei frontalem Kraftlinieneintritt für die frontale Kraft. Sonst gelten andere Gesetze.

[2]) Auf die Bedeutung dieser Wirkung der magnetischen Zugkräfte bin ich selbst durch Erwin Gerlach hingewiesen worden. In der Literatur finde ich bei H. Poincaré (a. a. O.) einige Untersuchungen darüber.

anwachsen zu lassen; der Anker, die Membran, verläßt die Gleichgewichtslage und schlägt an den Pol an.

Vergleicht man nun die Größe der Dislokationskraft bei schweren und leichten Membranen oder Ankern, so erkennt man, daß cet. par. besonders die schweren Systeme in dieser Beziehung gefährdet sind. Verfolgen wir z. B. die Verhältnisse bei einem Eisenmembranlautsprecher bei allmählicher Vergrößerung der Membrandicke d. Die Masse einer solchen Membran wächst proportional d; soll die Eigenschwingung konstant bleiben, so muß die elastische Restitutionskraft ebenfalls proportional d anwachsen. Für die Dislokationskraft kommt es jedoch auf den Ausdruck $\frac{\partial(\Phi^2)}{\partial s} = 2\Phi \cdot \frac{\partial \Phi}{\partial s} = \frac{2\Phi^2}{a + \Lambda/n}$ an. In diesem Ausdruck wächst schon der Zähler angenähert prop. d^2, da man durch die Membran ja einen ungefähr ihrer Dicke proportionalen Ruhefluß hindurchschicken wird. Dazu kommt noch die Verkleinerung des Nenners durch Abnahme von Λ mit wachsendem d, die allerdings bei größeren Membrandicken im Verhältnis zu a nicht mehr in Betracht kommt. Immerhin ergibt sich im ganzen ein Anwachsen des Verhältnisses von Dislokationskraft zu Restitutionskraft ungefähr proportional der Dicke der Membran. Nun ist man bei den gewöhnlichen Membrandicken (0,2 bis 0,6 mm) schon in dem Gebiet, wo die Dislokationskraft eine merkliche Schwächung der Restitutionskraft hervorruft; man erkennt das am besten aus der Herabsetzung der Eigenfrequenz, wenn man die Membran näher an Polschuhe heranschraubt. Eine Vervielfachung der Membrandicke ist also hier schon aus Gründen der Labilität (Anschlagegefahr) nicht mehr möglich, wenn man nicht etwa durch Vergrößerung der Luftspalte die erzielten elektrischen Vorteile wieder aufgeben will.

Durch symmetrische Anordnungen wie in Abb. 8 und 9 wird die Dislokationskraft keineswegs vermindert, sondern es addieren sich, wie die nähere Rechnung zeigt, die Dislokationskräfte auf beiden Seiten. Man könnte also vermuten, daß ein völliger Parallelismus zwischen Dislokationskraft und Flußempfindlichkeit besteht. Das ist indessen doch nicht der Fall. Erstens ist nämlich, bei gegebenem Fluß Φ, die Dislokationskraft der Fläche, auf die sich dieser Fluß zusammendrängt, umgekehrt proportional; große Luftspaltquerschnitte Q_{sp} sind hier von Vorteil. Andererseits kann man auch Anordnungen ersinnen, bei denen die Dislokationskraft praktisch völlig verschwindet.

C. Die elektrodynamischen Lautsprecher. Die elektrodynamischen Lautsprecher besitzen keine bewegten Eisenteile, sondern der von den Wechselströmen durchflossene Leiter ist hier selbst der Teil, der durch die elektrodynamischen Wirkungen, welche ein konstantes (meist elektromagnetisch erzeugtes) Magnetfeld auf ihn ausübt, in Bewegung gesetzt wird.

Die prinzipiell einfachste Form dieser Gattung ist der Bandsprecher[1]), bei dem ein dünnes, von den Wechselströmen durchflossenes Al-Band in seiner ganzen Ausdehnung von elektrodynamischen Kräften angegriffen und in Bewegung gesetzt wird. In der schematischen Darstellungsweise unserer Abb. 5 bis 9 ist der Bandsprecher in Abb. 10 wiedergegeben. Der von oben nach unten durch die in geeigneter Weise eingespannte Bandmembran M fließende Wechselstrom erzeugt in dem senkrecht dazu in seitlicher Richtung verlaufenden statischen Magnetfelde eine von vorn nach hinten gerichtete Kraft, die die Bandmembran im Rhythmus der das Klangbild tragenden Wechselströme bewegt. Eine geeignete Schallführung sorgt dafür, daß das Band, entweder nach einer oder nach beiden Seiten, die Schallbewegung nur durch einen kürzeren oder längeren Trichter dem Außenraum mitteilen kann. Der Zwischenraum zwischen Band und Magnetpolen wird möglichst klein gemacht, um einen direkten Ausgleich der Luftschwankungen um das Band herum zu verhindern.

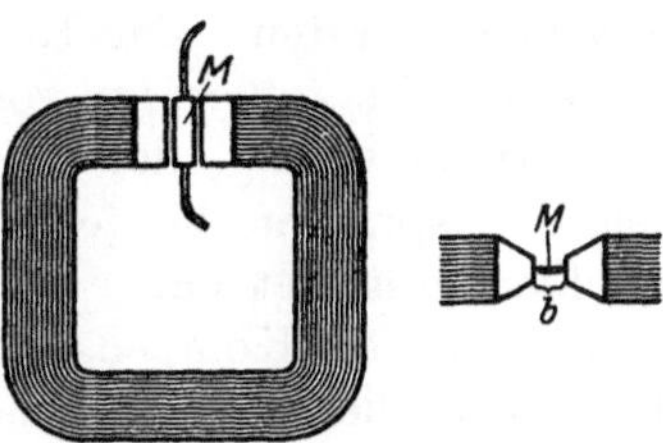

Abb. 10. Schema des Bandsprechers.

Die Berechnung der elektrischen Güte $\mathfrak{M}^2/\mathfrak{Z}$, die bei allen elektrodynamischen Lautsprechern in gleicher Weise erfolgt, möge zunächst an dem vorliegenden Beispiel des Bandsprechers erläutert werden. Bei der Berechnung von M geht man wieder am bequemsten von der Definition $\mathfrak{M} = \mathfrak{E}/U$ aus. Bewegt sich ein Leiter von der Länge l_l senkrecht zu einem konstanten Magnetfelde von H Gauß, so ist die induzierte EMK e, in elektromagnetischen Einheiten,

$$e = u\, l_l\, H\,.$$

Infolgedessen sind e und u in Phase, das Verhältnis $E/U = M$ ist reell,

$$M = l_l \cdot H\,,$$

der elektromechanische Koppelungsfaktor, ist also hier der Stärke des statischen Magnetfeldes und der Länge des Leiters (und Magnetspaltes) direkt proportional.

Nach dem allgemeinen Induktionsgesetz ist jedoch auch eine andere Darstellung für M möglich, die der bei ferromagnetischen Apparaten ganz analog ist. Man kann wieder setzen:

$$M = \frac{\partial \Phi}{\partial s} = \frac{\Phi}{l_m}\,.$$

[1]) Schottky, W. und E. Gerlach: Phys. Z. Bd. 25, S. 672. 1924 (dort auch die ältere Literatur). — Schottky, W.: E. N. T. Bd. 2, S. 157. 1925.

Unter Φ ist hierbei der gesamte magnetische Induktionsfluß zu verstehen, der innerhalb des Magnetspalts, in dem der Leiter arbeitet, übergeht. Die magnetische Laufstrecke l_m würde hier, bei fehlender Streuung, einfach durch die Ausdehnung des Magnetspalts senkrecht zur Bewegung des Leiters gegeben sein (auf diese Länge wird der ganze Fluß durchschnitten); bei Streuung wird l_m noch größer. Beim Bandsprecher, wie bei jedem Magnetspalt, ist die Tiefenausdehnung des Flusses, unabhängig von der Form der Polschuhe, mindestens gleich der Spaltbreite; da diese bei den Großtypen des Bandsprechers etwa 1 cm beträgt, wird auch l_m mindestens gleich 1 cm, während wir bei ferromagnetischen Apparaten $l_m \sim 1$ mm hatten. Man sieht also, daß bei gegebenem magnetischen Gesamtfluß Φ die Flußempfindlichkeit des Bandsprechers (in geringerem Maße gilt das auch für die anderen elektrodynamischen Typen) wesentlich kleiner ist als bei ferromagnetischen Apparaten. Zur Kompensation ist ein erhöhter magnetischer Aufwand (Vergrößerung von Φ bei gleichzeitig verbreiterten Luftspalten) notwendig, der die elektrodynamischen Apparate, besonders den Bandsprecher, bis jetzt nur in Form von Großlautsprechern auszubilden gestattet hat.

Eine weitere Kompensation für die ungünstigeren l_m-Werte ist allerdings bei allen elektrodynamischen Typen durch die Verkleinerung des $\mathfrak{Z}$-Wertes in $M^2/\mathfrak{Z}$ gegeben. Wegen des schlechten magnetischen Schlusses der um den Leiter herumgewirbelten elektrischen Kraftlinien ist nämlich hier, im Gegensatz zu den ferromagnetischen Apparaten, $\mathfrak{Z}$ im wesentlichen nur durch den Ohmschen Widerstand des bewegten Leiters bestimmt. Ist r der spez. Widerstand in elm. Einh., b die Breite, d die Dicke des Leiters, so ist $\mathfrak{Z} = Z = \frac{l_l r}{b d}$ und die elektrische Güte:

$$\frac{M^2}{Z} = \frac{H^2 l_l b}{r} \cdot d\,.$$

Beim Bandsprecher ist $l_l \cdot b$ zugleich die Membranfläche Q_M, also:

$$\frac{M^2}{Z} = \frac{H^2}{\frac{r}{d}} \cdot Q_M\,.$$

Von dieser Formulierung werden wir später bei der Gesamtberechnung (S. 119) Gebrauch machen.

Obgleich nicht direkt in den Zusammenhang gehörig, ist doch hier schon hervorzuheben, daß die eigentlichen Vorzüge des Bandsprechers auf mechanisch-akustischem Gebiet liegen und auf der Verwendbarkeit außerordentlich leichten Membranmaterials (Al von 10 μ Dicke, ca. 3 mg pro cm^2) beruhen. An sich könnte man natürlich auch beim Eisenlautsprecher zur Verwendung sehr dünner Eisenmembranen übergehen; doch ist der Gang des Wirkungsgrades mit der Membrandicke hier ein viel ungünstiger als bei elektrodynamischen Systemen. Wirklich „luftleichte“ Membranen kann man nur bei letzteren benutzen.

Hierbei spielt jedoch noch ein anderer Umstand eine Rolle, der alle elektrodynamischen Apparate vor den bekannten Eisenapparaten auszeichnet. Das ist das Fehlen einer magnetischen Dislokationskraft. Infolgedessen ist man in der Wahl der Restitutionskraft vollkommen frei und kann, was bei an sich guten mechanisch-akustischen Wirkungsgraden von Vorteil ist, die Eigenschwingung trotz der leichten Masse beliebig tief legen.

Ein letzter wesentlicher Vorteil der elektrodynamischen Systeme, der bei der Bandmembran besonders ausgeprägt ist, ist die Möglichkeit großer Membranamplituden ohne die Gefahr des frontalen Anschlagens oder auch nur eines nichtlinearen Verhaltens der auftretenden Kräfte und Induktionswirkungen. Dieser Vorteil hängt mit der allerdings teuer erkauften räumlichen Ausdehnung des statischen Magnetfeldes unmittelbar zusammen. Er ermöglicht mit diesen Systemen, selbst bei kleiner Membranfläche, Absolutlautstärken zu erreichen, die die der Eisensysteme wohl noch übertreffen und aus diesem Grunde ebenfalls das elektrodynamische Prinzip besonders für die Großlautsprecher geeignet erscheinen lassen.

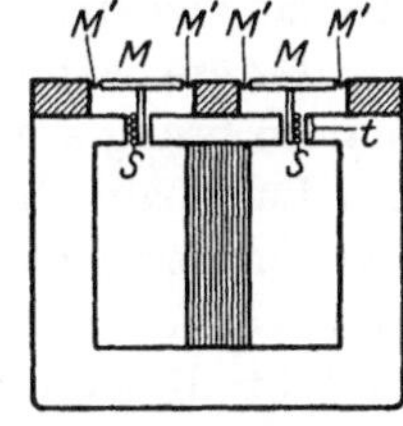

Abb. 11. Schema des Tauchspulenlautsprechers.

Um beim Bandsprecher das Auftreten von nichtlinearen elastischen Kräften bei großen Amplituden — die bei lautstarker Wiedergabe tiefer Töne hier bis etwa 5 mm gehen müssen — zu verhindern, ist das Band gewöhnlich quer geriffelt. Dadurch wird zugleich eine Vertiefung der Eigenschwingung ermöglicht; immerhin macht es Schwierigkeiten, das Auftreten von Flatterschwingungen des Bandes zu verhindern, wenn die Eigenschwingung unter etwa $\omega = 3000$ liegt.

Wenn man das beim Bandlautsprecher verwirklichte Ideal der luftleichten Membran aufgibt und ferner darauf verzichtet, den Angriffsort der Kraft völlig gleichmäßig über die ganze Membran zu verteilen, so kommt man zu anderen, teilweise schon älteren Konstruktionen des elektrodynamischen Typs, die es gestatten, mit einem bedeutend geringeren Aufwand an magnetomotorischer Kraft brauchbare elektrische Wirkungsgrade zu erzielen. Abb. 11 stellt eine von der Marconi-Gesellschaft hergestellte Ausführung vom Tauchspulentyp dar[1]), der auf Versuche von Sir Oliver Lodge (von 1897 an) zurückgeht. Hier bewegt sich eine dünne und leichte Spule in dem ringförmigen Luftspalt eines Topfmagneten von oben nach unten; durch ein zylindrisches

[1]) Veröffentlicht von H. S. Round in der W. W. a. Rad. Rev. Referat: Rév. Téléph. Télégr. 1920, S. 134—143.

Zwischenstück ist diese Spule mit einer möglichst leichten starren Membran verbunden, die ihrerseits durch dünnere bewegliche Membranhäutchen M' an Unterstützungsrändern gehalten ist.

Für die Beurteilung der elektrischen Güte der Anordnung gelten wieder ganz dieselben Gesichtspunkte wie beim Bandlautsprecher. Wir haben zunächst den — wieder allein in Frage kommenden — Ohmschen Widerstand der Spule durch Division mit N^2 auf eine Windung zu reduzieren; unter $\partial\Phi/\partial s$ ist dann die gesamte Flußänderung des durch eine Windung hindurchtretenden Flusses beim Heben und Senken der Spule um die Längeneinheit zu verstehen, und wir finden, daß die magnetische Laufstrecke hier ungefähr gleich der Tiefe t des magnetischen Luftspaltes sein muß. Vom Standpunkt der magnetischen Ökonomie wäre es also vorteilhaft, diesen Luftspalt möglichst wenig tief zu machen, doch scheinen hier schon Erwärmungsgründe einer allzu großen Konzentration — auch die Spule müßte ja entsprechend zusammengedrückt sein — zu widersprechen, so daß man wohl etwa $t = 1/2$ cm wählen wird. Wesentlich größer ist noch der Vorteil, den man in bezug auf den magnetischen Aufwand durch die Verengerung des Luftspalts bei der Parallelstellung[1]) von Spulenfläche und Spaltwänden erreicht. Sieht man aber vom magnetischen Aufwand ab und rechnet mit gleichen magnetischen Feldstärken wie beim Band, so fällt dieser Unterschied nicht mehr ins Gewicht. Es gilt nämlich wieder:

$$\frac{M^2}{Z} = \frac{H^2}{\frac{r}{d}} \cdot b \cdot l_l ,$$

wobei b die Breite, d die Höhe, l_l die Länge des (isolationsfreien) Wickelungsraumes der Spule bedeutet. Es besteht also in der elektrischen Güte kein Unterschied gegenüber dem Bandsprecher, insofern man ja hier wie dort die Wahl von d, b und l_l sowie des Materials (r) frei hat. Der Unterschied liegt vielmehr nur auf der mechanisch-akustischen Seite; beim Tauchspulenlautsprecher kommt zu dem Gewicht des Leiters noch das des Trägers und der Membran hinzu; andererseits fällt der enge Zusammenhang zwischen Leiter- und Membrandimensionen fort. Das würde für den Tauchspulensprecher dann von Vorteil sein können, wenn die zu dem Leiter gehörige Membranfläche bei gleichem M^2/Z kleiner als beim Band gemacht werden könnte; es wird sich nämlich ergeben (S. 113), daß ein gegebener (gewichtslos gedachter!) elektrischer Mechanismus im allgemeinen einen desto größeren Wirkungs-

[1]) Eine interessante Anordnung, bei der die Flächenausdehnung der Spule gleichfalls mit den Polschuhflächen parallel geht, jedoch die Bewegung unter einem Winkel von etwa 45° gegen die Flächennormale verläuft, ist von der Soc. des Établ. Gaumont, Paris 1922, unter Patentschutz gestellt worden (D. R. P. 394 012, 1922; vgl. auch das zitierte Buch von Mönch).

grad η bedingt, je kleiner die Membranfläche ist, die er in Bewegung zu setzen hat.

Nun läßt sich aber bei dieser Anordnung, ebenso wie übrigens beim Bandsprecher, die Membranbreite nicht allzusehr verkleinern, weil sonst die Randeffekte zu großen Schwierigkeiten Anlaß geben. Überhaupt sind die mechanischen Schwierigkeiten bei einer schmalen und nur längs einer Linie elektrisch gesteuerten Membran nicht ganz gering. Es gilt, die Membran, die hier die Gestalt eines flachen Kreisringes hat[1]), so starr zu machen, daß die beiden ungestützten Ränder der Membran — die dünnen Häutchen M' können, da sie die Bewegung der Membran nicht hemmen sollen, nicht als Stützung des äußeren und inneren Randes betrachtet werden —, daß also diese beiden ungestützten Ränder alle Bewegungen der Membranmitte möglichst ungestört mitmachen; d. h. aber, wenn keine störenden Eigenschwingungen auftreten sollen, daß die Eigenschwingungen der ungestützten Randteile über dem Hörgebiet liegen müssen. Das ist nur bei ziemlich erheblichen Membranstärken in einigermaßen idealer Weise zu erreichen. Ferner bietet die Randbefestigung durch die Membranhäutchen M', die einerseits sehr nachgiebig, andererseits sehr reißfest sein müssen, eine nicht unbedeutende Schwierigkeit.

Eine teilweise Umgehung dieser Schwierigkeiten ist, zusammen mit gewissen magnetischen und akustischen Vorteilen, erreicht bei der elektrodynamischen Type, auf die wir jetzt zuletzt noch eingehen wollen, dem von Hans Riegger konstruierten Siemens-Blatthalter[2]). Hier ist es zwar auch nicht die Membran selbst, die die Kraftwirkungen erfährt, sondern besondere mit der Membran in starre Verbindung gebrachte Leiter; aber diese Leiter sind gleichmäßig über die ganze Membran verteilt, und die Membran ist ganz wesentlich größer gewählt als beim Tauchspulenlautsprecher. Dadurch sind alle Randeffekte im Vergleich zu den Flächeneffekten auf ein unwesentliches Maß herabgedrückt, und wegen der Vergrößerung des Verhältnisses von Fläche zur Randlinie ist es bei diesen Membranen möglich, den Rand verhältnismäßig stark in Filz einzuklemmen, ohne daß die dadurch bedingten Hemmungen der als Kolbenmembran arbeitenden Platte gegen die mit der Fläche proportionalen Kräfte und Massenhemmungen zu groß werden. Auf die akustischen Vorteile großer Membranen kommen wir später zu sprechen.

---

[1]) Anm. bei der Korrektur Oktober 1926: Von der General Electric sind inzwischen Tauchspulenlautsprecher konstruiert, die auf eine in sich ziemlich starre Papiermembran von flacher Kegelform arbeiten. Diese, auch bei den Philipslautsprechern verwendete Form einer starren leichten Membran besitzt unzweifelhaft große Vorteile.

[2]) Riegger, H.: Wiss. Veröfftlg. Siemens-Konz. Bd. 3, H. 2, S. 67. 1924.

In Abb. 12 ist ein Beispiel für das elektrische und magnetische Schaltschema des Blatthalters dargestellt. Die ausgezogenen Linien in Abb. 12a bedeuten die auf der Rückseite der Membran befestigten elektrischen Stomleiter; es sind hochgestellte Kupferstreifen von einigen Millimeter Höhe, die mit der aus Pertinax bestehenden Membran fest vernietet sind. Einige quer zu diesen Stromleitern auf der Oberfläche aufgenietete Stege sorgen auch in der Querrichtung für genügende Festigkeit, so daß die — seitlich in Filz gelagerte — Membran weitgehend als in sich starr betrachtet werden kann. Natürlich muß man hierbei eine wesentlich größere Membranmasse pro Flächeneinheit in Kauf nehmen als bei der Bandmembran; die Masse beträgt etwa 50 mg/cm² gegen 3 mg beim Bandsprecher.

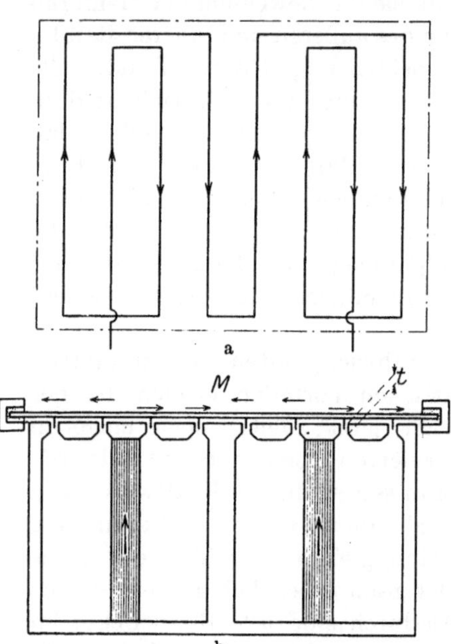

Abb. 12. Schema des Blatthalters. a) Elektrisches Schema; b) Magnetisches Schema.

In dem abgebildeten Schaltschema läuft der Strom immer in 2 benachbarten Leiterstücken parallel. Dementsprechend kann auch der magnetische Kraftfluß durch 2 hintereinanderliegende Spalte immer dieselbe Richtung haben, und man kann z. B. das in Abb. 12b dargestellte Magnetsystem benutzen, in dem die magnetomotorische Kraft durch 2 Spulen geliefert wird, die über die liniierten Eisenteile geschoben sind.

Für die Beurteilung der elektrischen Güte M^2/Z ist derselbe Ausdruck maßgebend wie beim Band und bei der Tauchspule, es besteht also hier, bei gegebenem H, kein prinzipieller Unterschied. Auch das Verhältnis von Leiterlänge l_l zu Membranfläche Q_M, das in den weiterentwickelten Formeln (S. 119) auftritt, ist angenähert das gleiche. Vorteile bietet der Blatthaller jedoch in bezug auf den Aufwand, der zur Erreichung einer großen magnetischen Feldstärke nötig ist; Vorteile nicht nur gegenüber dem Bandsprecher, sondern auch dem Marconi-Lautsprecher. Es kann nämlich die Tiefe des Luftspalts, und damit die magnetische Laufstrecke für das Durchqueren des gesamten durch einen Luftspalt hindurchgehenden Flusses, hier auf etwa 2 mm reduziert werden, da die Spaltbreite mindestens so klein gemacht werden kann wie beim Tauchspulenlautsprecher, und da Erwärmungsfragen bei der Stärke und großen räumlichen Ausdehnung des bewegten Leiters keine Rolle spielen. Andererseits bedingt natürlich die Zahl der verwendeten Magnetspalte, die durch die Verteilung des Leiters über die gazne Membranoberfläche gegeben ist, immerhin einen größeren magnetischen Gesamtaufwand, als bei den ferromagnetischen Lautsprechern nötig ist.

Damit haben wir die Besprechung der elektrischen Eigenschaften der elektromagnetischen und elektrodynamischen Kopfhörer und Lautsprecher beendet. Mit einem dritten öfters diskutierten und versuchten, aber bisher nicht in größerem Umfange eingeführten Typ, dem elektrostatischen, wollen wir uns hier nicht beschäftigen, da die Behandlungsweise nichts prinzipiell Neues bieten würde[1]) und das praktische Interesse noch zweifelhaft ist.

7. Bestimmung der mechanisch-akustischen Faktoren. Wellendivergenz und Membranmasse. Kehren wir, nach der Besprechung der elektrischen Güte $\mathfrak{M}^2/\mathfrak{Z}$ für die wichtigsten Lautsprechertypen, zu dem auf S. 95 aufgestellten Gesamtausdruck für den elektroakustischen Wirkungsgrad η zurück, so bleiben darin jetzt noch die von den Hemmungen $\mathfrak{H}$ abhängigen Glieder $\mathfrak{H}_n/|\mathfrak{H}|^2$ und $1/\mathfrak{H}$ zu untersuchen. Da $1/\mathfrak{H}$ hierbei nicht nur dem Betrag, sondern auch der Phase nach bekannt sein muß, ist die gesamte Wattkomponente $\mathfrak{H}_w$ sowie die Phasenkomponente $\mathfrak{H}_{ph}$ (für jede Frequenz) zu bestimmen, also im ganzen $\mathfrak{H}_n$, $\mathfrak{H}_w$ und $\mathfrak{H}_{ph}$, oder auch, wenn wir die Verlust- oder Dämpfungshemmung $\mathfrak{H}_d = \mathfrak{H}_w - \mathfrak{H}_n$ einführen, die Größen $\mathfrak{H}_n$, $\mathfrak{H}_d$ und $\mathfrak{H}_{ph}$. Bei der quantitativen Durchführung dieser Aufgabe wollen wir uns durchweg auf die Annahme $\mathfrak{H}_d = 0$ beschränken; der ausgleichende Einfluß einer Verlusthemmung $\mathfrak{H}_d$ auf die gefundenen Frequenzkurven läßt sich hinterher leicht abschätzen. Unsere Aufgabe reduziert sich also auf die getrennte Bestimmung der Größen $\mathfrak{H}_n$ und $\mathfrak{H}_{ph}$ in Abhängigkeit von der Frequenz, wie sie durch die mechanisch-akustischen Eigenschaften des Lautsprechers bedingt sind.

Da die Nutzhemmung $\mathfrak{H}_n$ durch die Art der Luftbewegung über der Membran bestimmt ist, kann man diese Aufgabe nicht lösen, ohne zugleich mit der Eigenbewegung der Membran auch den von der Membran angeregten Schallvorgang zu studieren. Wir werden sogar die verschiedenen Fälle der Schallausbreitung von der Membran aus unserer Einteilung zugrunde legen, indem wir über die Bewegung der Membran zunächst die allereinfachsten Annahmen machen.

Bei der Untersuchung der von der Membran hervorgerufenen Schallvorgänge schreiten wir von den einfachsten zu komplizierteren Annahmen fort. Wir betrachten zunächst eine Membrananordnung mit

---

[1]) Vgl. H. Riegger: a. a. O. und den Artikel „Lautsprecher-Theorie“ des Verf. im Handwörterbuch des elektrischen Fernmeldewesens (erscheint 1927).

einem unendlich langen Trichter wie in Abb. 13. M stellt eine Membran dar, die sich als Ganzes in der Richtung der Trichterachse hin und her bewegt. Eine solche Anordnung kann man, wenn man von der fehlenden kleinen Krümmung der Membran absieht, als Teil eines Kugelstrahlers nullter Ordnung mit dem Radius R ansehen, da die von der Membran nach außen fortschreitende Schallwelle sich wegen der geringen Reibung der Luft bereits in geringer Entfernung von den Trichterwänden wie ein Teil einer Kugelwelle verhält. Die Theorie des Kugelstrahlers ist in einem früheren Vortrage gegeben worden. Wir betrachten wieder eine sinusförmige Teilschwingung und stellen uns zunächst die Ausdrücke für die Hemmungen zusammen, die infolge der Bewegung der Luft bei der Geschwindigkeitsamplitude U_M der Membran auf die Membran ausgeübt werden. Zwischen Druck- und Geschwindigkeitsamplitude P und U einer Kugelwelle vom Radius R und der Wellenlänge λ bestehen die Beziehungen[1]):

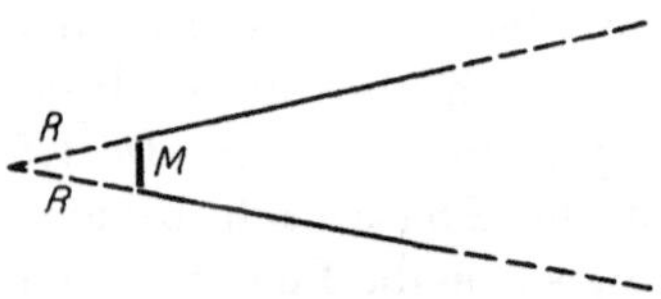

R R M

Abb. 13. Unendlich langer Trichter.

$$P_n = a\varrho \cdot \frac{1}{1+\left(\frac{\lambda}{2\pi R}\right)^2} \cdot U$$

und

$$P_b = a\varrho \cdot \frac{\frac{\lambda}{2\pi R}}{1+\left(\frac{\lambda}{2\pi R}\right)^2} \cdot U.$$

Hierbei bedeutet P_n die Amplitude des Wattdruckes, der mit der Geschwindigkeit in Phase ist und gegen den die Membran nutzbare Arbeit leistet, P_b die Amplitude des um 90° der Geschwindigkeit voraneilenden Blinddruckes, der von der Hin- und Herbewegung der Luftmassen in der Kugelwelle herrührt. Die Gesamtkraft auf die Membran ergibt sich hieraus einfach durch Multiplikation mit der Membranfläche Q_M, und wenn wir von unserer Definition der Hemmung (S. 94 u. f.):

$$\mathfrak{H} = \frac{\mathfrak{F}}{U}$$

ausgehen, und berücksichtigen, daß die hier einzusetzende Membrangeschwindigkeit U mit der Luftgeschwindigkeit in der Kugelwelle vom Radius R identisch ist, so finden wir aus den angegebenen Beziehungen zwischen Druck und Geschwindigkeit ohne weiteres die Ausdrücke für die Lufthemmungen $\mathfrak{H}_n$ und $\mathfrak{H}_b$ der Membran:

$$\mathfrak{H}_n = a\varrho Q_M \cdot \frac{1}{1+\left(\frac{l}{R}\right)^2},$$

$$\mathfrak{H}_b = a\varrho Q_M \cdot \frac{\frac{l}{R}}{1+\left(\frac{l}{R}\right)^2},$$

[1]) Vgl. Vortrag Hahnemann und Hecht, S. 41.

wobei noch für $\lambda/2\pi$, die Größe l eingeführt ist, eine Größe, die wir als Phasenlänge der betreffenden Welle bezeichnen, weil auf diese Länge hin in einer fortschreitenden Welle der Druck oder die Geschwindigkeit noch einigermaßen einheitlich angenommen werden kann. Diese Größe, die mit der Schallgeschwindigkeit a durch die Beziehung zusammenhängt:

$$l = \frac{a}{\omega},$$

spielt in allen akustischen Untersuchungen die ausschlaggebende Rolle. Auch für den Radius R, den Radius des Kugelstrahlers, von dem die Membran als ein Teil angesehen werden kann, haben wir einen besonderen Namen: wir bezeichnen ihn als Divergenzradius der von der Membran ausgehenden Welle, da er ein Maß für die Divergenz dieser Welle darstellt.

Wir sehen, daß bei Divergenzradien R der Membran, die groß sind gegen die Phasenlänge ($l/R \ll 1$), die Lufthemmung eine Nutzhemmung vom Betrage $Q_M a \varrho$ ist wie bei einer ebenen fortschreitenden Welle, während mit abnehmendem R oder zunehmendem l, d. h. für tiefe Frequenzen, $\mathfrak{H}_b$ immer mehr überwiegt und, während es gleichzeitig wie R/l abnimmt, doch schließlich im Verhältnis l/R größer ist als $\mathfrak{H}_n$.

Bei dieser Berechnung haben wir nur die Lufthemmungen auf der Vorderseite der Membran berücksichtigt. Würde die Membran nach hinten in einen gleichen Trichter strahlen wie nach vorn, so würden sich die Hemmungen einfach verdoppeln. Ist die Schallbewegung nach hinten nicht durch einen Trichter eingeengt, so sind bei allen nicht zu hohen Frequenzen die Lufthemmungen viel geringer, da die Ausbreitung auf der Rückseite dann einem viel kleineren Divergenzradius entspricht. In manchen Fällen wird jedoch auch die Membran nach hinten durch einen ziemlich kleinen Luftraum abgeschlossen; dann ergeben sich rein elastische oder dämpfende Wirkungen, die man zu den Eigenhemmungen der Membran hinzurechnen kann. Im allgemeinen genügt es in Fällen, die dem gezeichneten Schema ähneln, für die erste Annäherung, die Lufthemmungen nur auf der Vorderseite der Membran zu betrachten.

Bei der Bestimmung der Eigenhemmungen der Membran gehen wir zunächst von der einfachsten Annahme aus, daß die Membran, die sich starr (als Ganzes) bewegen soll, keine elastischen Hemmungen (und keine Reibung), sondern nur die Bewegungshemmungen ihrer eigenen Massenträgheit erfährt. Diese Annahme entspricht im wesentlichen dem Fall der elektrodynamischen Systeme, wo die Eigenschwingung des Membransystems jedenfalls sehr tief liegt; aber auch bei den elektromagnetischen Systemen erhalten wir wenigstens für die über der Eigenschwingung liegenden Frequenzen aus unserer vereinfachenden Annahme ein richtiges Bild. Die Berücksichtigung der elastischen Kräfte verschieben wir auf ein späteres Kapitel (S. 132).

Da der Trägheitswiderstand der Membran die Amplitude $m_M \omega U$ (m_M Membranmasse) und Phase $+90°$ gegen die Geschwindigkeit besitzt, ist die Massenhemmung $\mathfrak{H}_M$ der Membran eine reine Blindhemmung mit dem Wert:

$$\mathfrak{H}_M = \omega\, m_M$$

und einer Phase von $+90°$ gegen die Geschwindigkeit, also mit positivem Vorzeichen.

Im ganzen haben wir also unter unseren Annahmen eine Watthemmung $\mathfrak{H}_n$ und eine Phasenhemmung

$$\mathfrak{H}_{ph} = \mathfrak{H}_b + \mathfrak{H}_M.$$

Nun hatten wir als Forderungen für $\mathfrak{H}$ (S. 95) erstens $\mathfrak{H}_n \sim |\mathfrak{H}|$, also $\mathfrak{H}_{ph}$ nicht groß gegen $\mathfrak{H}_n$, und zweitens $\frac{1}{|\mathfrak{H}|} = \frac{1}{\sqrt{\mathfrak{H}_n^2 + \mathfrak{H}_{ph}^2}}$ möglichst groß (gegen $\mathfrak{Z}/\mathfrak{M}^2$).

Was das Verhältnis von $\mathfrak{H}_b$ zu $\mathfrak{H}_n$ betrifft, so hängt dies, wie aus den Ausdrücken für diese beiden Größen hervorgeht, unter unseren Voraussetzungen nicht von der Oberfläche der Membran, sondern nur von ihrem Divergenzradius ab und ist gleich dem Tangens des Phasenwinkels der Hemmung oder der Druckamplitude relativ zur Geschwindigkeitsamplitude

$$\frac{\mathfrak{H}_b}{\mathfrak{H}_n} = \operatorname{tg} \varphi = \frac{l}{R}.$$

Dies Verhältnis wird also in zunehmendem Maße größer, d. h. ungünstiger, wenn der Divergenzradius der Membran kleiner oder die Phasenlänge größer wird.

8. Reduzierte Hemmungen und Widerstände. Ehe wir jedoch zur Diskussion der Absolutwerte von $\mathfrak{H}_n$ und $\mathfrak{H}_b$ sowie zu der des Einflusses der Membranmasse (in $\mathfrak{H}_M$) übergehen, wollen wir noch eine Reduktion dieser Größen einführen, die den Einfluß der Membrangröße aus den Hemmungen eliminiert (reduzierte Hemmungen) und zu einem Ausdruck für η führt, in dem die auf S. 93 eingeführten Widerstände $\mathfrak{R}$, $\mathfrak{Z}$ und Z_i, außer durch M^2, auch mit Q_M reduziert erscheinen (reduzierte Widerstände).

Wir schreiben:

$$\mathfrak{H}_n = Q_M\, a\, \varrho\, \mathfrak{h}_n,$$
$$\mathfrak{H}_b = Q_M\, a\, \varrho\, \mathfrak{h}_b,$$
$$\mathfrak{H}_M = Q_M\, a\, \varrho\, \mathfrak{h}_M$$

und bezeichnen die Größen $\mathfrak{h}$ als reduzierte Hemmungen, und zwar reduziert auf die Flächeneinheit der Membran und auf den Wattwiderstand der Luft pro Flächeneinheit in der fortschreitenden Welle, der ja $= a\varrho$ ist.

Wir haben dann für die $\mathfrak{h}$ folgende Werte:

$$\mathfrak{h}_n = \frac{1}{1 + \left(\frac{l}{R}\right)^2},$$

$$\mathfrak{h}_b = \frac{\frac{l}{R}}{1 + \left(\frac{l}{R}\right)^2},$$

und

$$\mathfrak{h}_M = \frac{\omega\, m_M}{a\,\varrho\, Q_M}.$$

Alle diese Größen sind dimensionslos, und $\mathfrak{h}_n$ wird $= 1$, wenn $R \gg l$ ist.

Der Ausdruck für $\mathfrak{h}_M$ legt noch die Einführung einer neuen Hilfsgröße nahe. m_M/Q_M ist die Masse der Membran pro Flächeneinheit oder die Flächendichte, eventuell, wenn die Membran ungleich stark ist, die mittlere Flächendichte der Membran, die wir mit ϱ_M bezeichnen. a/ω ist $= 1/l$. ϱ_M/ϱ aber ist das Verhältnis der Membranmasse pro Flächeneinheit zu der Luftmasse pro Flächeneinheit von 1 cm Höhe; ϱ_M/ϱ gibt also an, wieviel Zentimeter Luftsäule das Gewicht der Membran entspricht. Diese Größe, von der Dimension einer Länge, ist es, die in ihrem Verhältnis zur Phasenlänge einzig in den Ausdruck für die reduzierte Massenhemmung der Membran eingeht; wir bezeichnen sie als „Luftlänge" l_M der Membran und haben dann:

$$\mathfrak{h}_M = \frac{\omega}{a} \cdot \frac{\varrho_M}{\varrho} = \frac{l_M}{l}.$$

Diese Hemmung zeigt also denselben Gang umgekehrt proportional l, den $\mathfrak{h}_b$ bei tiefen Frequenzen zeigt, eben den Frequenzgang einer Massenhemmung, die in demselben Maße wächst, wie die Phasenlänge der untersuchten Schwingung abnimmt

Bei Einführung dieser reduzierten Hemmungen $\mathfrak{h}$, die für eine große Klasse von Membranproblemen zweckmäßig zu sein scheint, läßt sich unser allgemeiner Ausdruck für η (S. 95) nun noch weiter umformen. Durch Verkürzung mit $(1/Q_M\, a\, \varrho)^2$ ergibt sich (mit $\mathfrak{M} = M$, $\mathfrak{Z}_i = Z_i$):

$$\eta = \frac{\frac{\mathfrak{h}_n}{|\mathfrak{h}|^2} \cdot \frac{Z_i}{\frac{M^2}{Q_M a \varrho}}}{\left|\frac{1}{\mathfrak{h}} + \frac{\mathfrak{Z}}{\frac{M^2}{Q_M a \varrho}} + \frac{Z_i}{\frac{M^2}{Q_M a \varrho}}\right|^2}.$$

Vergleicht man diesen Ausdruck mit dem auf S. 93, so erkennt man, daß er aus diesem hervorgeht, indem man alle $\mathfrak{R}$, $\mathfrak{Z}$, Z_i nicht nur durch M^2 (wie S. 95), sondern durch $M^2/Q_M\, a\, \varrho$ dividiert, eine Größe von der Dimension eines elektrischen Widerstandes[1]). Es kommt hiernach

[1]) Man erkennt das daran, daß $\mathfrak{h}$, mithin auch $\mathfrak{h}_n/|\mathfrak{h}|^2$ und $1/\mathfrak{h}$ eine reine Verhältniszahl ist.

also bei der Bildung des Gesamtwirkungsgrades η nur auf das Verhältnis aller elektrischen Widerstände $\mathfrak{R}$, $\mathfrak{Z}$ und Z_i zu einem Normalwiderstand an, der (unter unseren Annahmen) durch die elektromechanische Kopplung M und die Membranoberfläche Q_M sowie die „Schallhärte“ $a\varrho$ des Mediums bestimmt ist. Die durch diesen Normalwiderstand dividierten Scheinwiderstände $\mathfrak{R}$, $\mathfrak{Z}$ und Z_i bezeichnen wir als reduzierte Widerstände $\mathfrak{r}$, $\mathfrak{z}$ und z_i. Wir haben also speziell:

$$\mathfrak{r}_n = \frac{\mathfrak{h}_n}{|\mathfrak{h}|^2}, \qquad \mathfrak{r} = \frac{1}{\mathfrak{h}},$$

$$\mathfrak{z} = \frac{\mathfrak{Z}}{\frac{M^2}{Q_M a \varrho}}, \qquad z_i = \frac{Z_i}{\frac{M^2}{Q_M a \varrho}}.$$

Daraus, daß η nur von den $\mathfrak{r}$, $\mathfrak{z}$ und z_i abhängt, läßt sich, wie hier eingefügt sei, die in auf S. 106 aufgestellte Behauptung rechtfertigen, daß in gewissen wichtigen Fällen (nämlich wenn, wie unter unseren Annahmen, die reduzierten Hemmungen $\mathfrak{h}$ nicht von der Größe Q_M der Membranfläche abhängen) es für den Wert des Wirkungsgrades wesentlich ist, daß ein gegebener elektrischer Mechanismus $[M^2/\mathfrak{Z}]$ auf eine nicht zu große Membranfläche Q_M arbeitet; bei gegebenem $M^2/\mathfrak{Z}$ sind nämlich die $\mathfrak{z}$ der Membranfläche Q_M direkt proportional, werden also bei wachsendem Q_M im Verhältnis zu den $\mathfrak{r}$ immer ungünstiger. Man könnte in Fällen, wo die $\mathfrak{h}$ von Q_M unabhängig anzusehen sind, den Faktor $Q_M\, a\, \varrho$ direkt noch in den Ausdruck für die „elektrische Güte“ hineinziehen und diese, statt durch $M^2/\mathfrak{Z}$, durch $M^2/\mathfrak{Z}\, Q_M\, a\, \varrho$ definieren.

9. Trichterwirkung bei verschieden schweren Membranen. Da, bei dieser Darstellungsweise, die Membranfläche Q_M gewissermaßen noch in das Maß für die elektrische Güte des Apparates eingeht, haben wir für die mechanisch akustischen Bestimmungsgrößen $\mathfrak{h}$ oder $\mathfrak{r}$ nur noch den Einfluß von 2 Apparatkonstanten zu diskutieren, nämlich des Divergenzradius R und der Membranluftlänge l_M, wobei R die „Trichterwirkung“ (stärkere oder schwächere Konzentration des ausgesandten Schalles), l_M den Einfluß der Membranschwere charakterisiert.

Übersichtlicher als eine numerische Diskussion ist eine graphische Darstellung. Da es, außer auf $\mathfrak{r}_n$, auf die beiden Komponenten von $\mathfrak{r} = 1/\mathfrak{h}$ ankommt, die, bei $\mathfrak{h} = \mathfrak{h}_n + i\,\mathfrak{h}_{ph}$, nach bekannten Regeln, die Werte besitzen

$$\frac{\mathfrak{h}_n}{|\mathfrak{h}|^2} = \mathfrak{r}_n,$$

$$-\frac{\mathfrak{h}_{ph}}{|\mathfrak{h}|^2} = \mathfrak{r}_{ph}, \qquad |\mathfrak{h}| = \sqrt{\mathfrak{h}_n^2 + \mathfrak{h}_{ph}^2},$$

so besteht unsere Aufgabe in der Darstellung des Frequenzganges von $\mathfrak{r}_n$ und $\mathfrak{r}_{ph}$.

Dies ist durch Ausrechnung der für $\mathfrak{h}_n$, $\mathfrak{h}_b$ und $\mathfrak{h}_M$ auf S. 113 angegebenen Werte (in Abhängigkeit von l/R und l_M/R) in Abb. 14 geschehen, und zwar in einem doppelt logarithmischen Maßstab, derart, daß ein Skalenteil nach rechts und ein Skalenteil nach oben jeweils eine Verdoppelung der betreffenden Abszisse und Ordinate bedeutet. Als Abszisse ist das Verhältnis l_M/l in dieser Weise logarithmisch aufgetragen; ein Skalenteil nach rechts bedeutet also jedesmal die nächsthöhere Oktave. Wegen $l = a/\omega$ ist l_M/l zugleich gleich dem Verhältnis ω/ω_M, wenn wir unter ω_M die der Luftlänge der Membran entsprechende Kreisfrequenz verstehen, die durch $\omega_M = a/l_M$ definiert ist. Diese charakteristische Frequenz der Membranmasse ist in allen Kurven der Abb. 14 als gleich angenommen; um die Begriffe zu fixieren, nehmen wir an, es sei die Kreisfrequenz 5000, die etwas über der Mitte der Klavierskala liegt, und die einer Phasenlänge $l_M = a/\omega_M = \frac{34300}{5000} = 6{,}86$ cm und einer mittleren Flächendichte der Membranmasse von $1{,}2 \cdot 6{,}86$ mg $= 8{,}2$ mg entspricht. Die Skalenteile nach rechts und links geben dann die Entfernung von dieser Frequenz in Oktaven an.

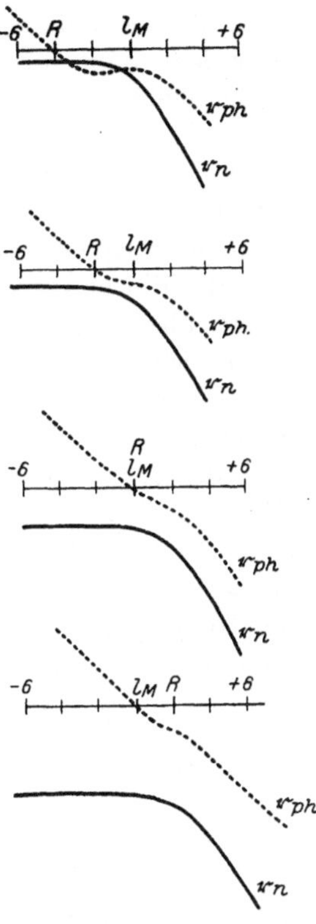

Abb. 14. Frequenzgang von $\mathfrak{r}_n$ und $\mathfrak{r}_{ph}$ bei verschiedenen Divergenzradien.

Die Kurven I bis IV stellen nun die Werte von $\mathfrak{r}_n$ und $\mathfrak{r}_{ph}$ für verschiedene Verhältnisse des Divergenzradius R zur Luftlänge l_M der Membran dar. In der ersten Kurve ist R 4 Oktaven größer als l_M, also $16 \cdot 6{,}86 =$ etwa 110 cm, was bei kleinen Membrangrößen einem außerordentlich spitzwinkligen Trichter entspricht. Man sieht jedoch, daß hier die Verhältnisse mechanisch-akustisch zwischen der Kreisfrequenz $\omega = 5000$ und 4 Oktaven darunter, also etwa $\omega = 300$, außerordentlich günstig liegen; $\mathfrak{r}_n$ nähert sich in diesem ganzen Gebiet 1, und $\mathfrak{r}_{ph}$ liegt z. T. mehrere Oktaven darunter. Das bedeutet, daß in dem Ausdruck für η, der mit Einführung der Komponenten $\mathfrak{r}_n$ und $\mathfrak{r}_{ph}$ sowie $\mathfrak{z}_w$ und $\mathfrak{z}_{ph}$ die Form erhält:

$$\eta = \frac{4\,\mathfrak{r}_n\,z_i}{(\mathfrak{r}_n + \mathfrak{z}_w + z_i)^2 + (\mathfrak{r}_{ph} + \mathfrak{z}_{ph})^2},$$

$\mathfrak{r}_{ph}$ überhaupt nicht abdrosselnd neben $\mathfrak{r}_n$ in Betracht kommt, während andererseits $\mathfrak{r}_n$ den unter normalen[1]) Verhältnissen überhaupt erreichbaren Optimalwert 1, gleich dem Wert für die ebene Welle, besitzt. Bei Frequenzen unterhalb $\omega = 300$ wird zwar $\mathfrak{r}_n$ nicht kleiner, aber $\mathfrak{r}_{ph}$ wächst dauernd weiter, und zwar umgekehrt proportional der Frequenz, wie die unter 45° geneigte Gerade in der logarithmischen Darstellung anzeigt. Bei Frequenzen oberhalb ω_M nimmt ebenfalls, wie man sieht, $\mathfrak{r}_{ph}$ umgekehrt proportional der Frequenz ab; $\mathfrak{r}_n$ dagegen umgekehrt proportional dem Quadrat der Frequenz.

Daß oberhalb l_M und unterhalb R die Phasenkomponente von $\mathfrak{r}$ überwiegt, hängt offenbar damit zusammen, daß die Membran in diesen beiden Gebieten wesentlich nur auf Masse arbeitet, und zwar bei hohen Frequenzen deshalb, weil die mit der Frequenz ansteigende Massenhemmung der Membran die konstant gewordene Nutzhemmung der Luft immer mehr überwiegt; bei den tiefen Frequenzen, wo die Phasenlänge groß gegen den Divergenzradius wird, dagegen aus einem anderen Grunde: die bewegte Luftmenge ist hier zwar größer als die Membranmasse, aber es handelt sich im wesentlichen nur um ein Hin- und Hergehen der Luft, die innerhalb einer Phasenlänge gewissermaßen dem Druck ausweicht, anstatt sich in eine fortschreitende Welle umzusetzen. So haben wir auch in diesem Gebiet eine überwiegende Massenhemmung und damit ein Überwiegen der Phasenkomponente des reduzierten Widerstandes. Daß in dem Fall der Massenhemmung $\mathfrak{r}_{ph}$ umgekehrt proportional der Frequenz abnimmt, also bei den tiefen Frequenzen am größten ist, hängt damit zusammen, daß hier der Absolutbetrag der Hemmung am kleinsten ist. Dadurch wird die Geschwindigkeit der Membran und damit der induzierte Widerstand $\mathfrak{R}$ oder $\mathfrak{r}$ hier am größten und bei hohen Frequenzen am kleinsten. Im Mittelgebiet haben wir annähernd die Verhältnisse in der eben fortschreitenden Welle, also überwiegende, ziemlich frequenzunabhängige Watthemmung $\mathfrak{h}_n$ und einen Wattwiderstand $\mathfrak{r}_n = \mathfrak{h}_n/|\mathfrak{h}|^2 = \mathfrak{h}_n$.

Läßt man den Divergenzradius kleiner, den Trichter weitwinkliger werden, so sieht man, wie sich die Verhältnisse zunehmend verschlechtern; die Kurven II, III, IV entsprechen jedesmal 4 mal kleineren $\mathfrak{R}$-Werten, also bei dem angenommenen Wert für l_M, Divergenzradien von etwa 27,5, 6,9 und 1,7 cm. Wir haben in diesen Kurven also sofort in sehr anschaulicher Weise den Einfluß des an die Membran angesetzten Trichters vor Augen; man sieht, daß es möglich ist, durch genügend spitzwinklige — und (unendlich) lange — Trichter für alle Frequenzen, die unterhalb der charakteristischen Frequenz ω_M der Membranmasse liegen ($l > l_M$), beliebig ideale Werte für den reduzierten Nutzwiderstand zu erreichen. Zugleich ergibt sich jedoch aus der Definition von R,

---

[1]) Vgl. jedoch S. 123.

daß es nicht eigentlich auf den Winkel des Trichters ankommt, sondern einzig darauf, wie weit die Membran vom idealen Fluchtpunkt des Trichters entfernt ist; große Membranen können auch bei recht weitwinkligen Trichtern noch einen großen Divergenzradius haben. So haben z. B. die 3 in Abb. 15 dargestellten Anordnungen alle denselben Divergenzradius.

Bei der Diskussion der Kurven (Abb. 14) war die Annahme, daß die charakteristische Frequenz ω_M der Membranmasse $= 5000$ sei, willkürlich. Wir können offenbar dieselben Kurven benutzen, um die r-Werte für beliebig leichtere und schwerere Membranen zu bestimmen, falls die Divergenzradien zu der entsprechenden äquivalenten Phasenlänge l_M in demselben angenommenen Verhältnis stehen. Man sieht, daß, wenn man l_M, also die Membranmasse, und zugleich den Divergenzradius auf die Hälfte reduziert, alles ungeändert bleibt, nur daß die ganze Lage der reduzierten Widerstandskurve um eine Oktave nach oben verschoben wird. Z. B. würden für $\omega_M = 10\,000$ (Membranmasse 4,1 mg) und $R = 55$ cm zwischen dem Gebiet $\omega = 10\,000$ und 600 ziemlich ideale akustische Verhältnisse bestehen. Wegen dieser Relativität unserer Widerstandskurven brauchen wir sie nur etwas anders zu gruppieren, um aus ihnen sogleich auch den Einfluß einer Veränderung der Membranmasse bei konstantem Divergenzradius der Anordnung herauszulesen. Dies ist in Abb. 16 geschehen, wo die Kurven 14, I bis IV, so untereinandergestellt sind, daß die dem Divergenzradius entsprechende Phasenlänge l immer an der gleichen Stelle der Skala liegt. Ebenso sind hier die Skalenteile in Oktaven von $l = R$, anstatt von $l = l_M$ aus gerechnet. Nehmen wir den Divergenzradius hier etwa durchweg $= 27{,}5$ cm an ($\omega_R = 1250$), so haben die charakteristischen Frequenzen, Luftlängen und Einheitsmassen der Membran die in der Unterschrift der Abbildung zusammengestellten Werte. Man sieht, daß man z. B. im ersten Falle zwischen $\omega = 40\,000$ und $\omega = 1250$ ziemlich ideale akustische Verhältnisse hat, daß sich diese Verhältnisse aber mit zunehmender Membranmasse dauernd verschlechtern.

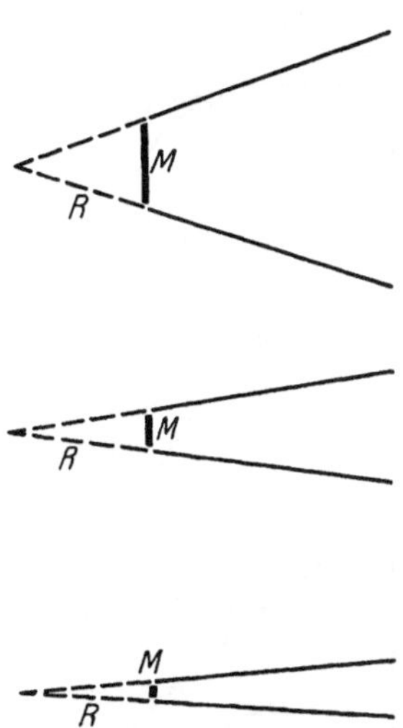

Abb. 15. Trichter mit verschiedenem Öffnungswinkel, aber gleichem Divergenzradius.

Allgemein sieht man, daß eine Annäherung an den Idealwert des akustischen Wirkungsgrades unserer Anordnung nur dann möglich ist, wenn die Luftlänge der Membran kleiner ist als der Divergenzradius und auch dann nur für das Gebiet zwischen den Frequenzen, die diesen beiden Längen entsprechen. Wir kommen so, was die obere Begrenzung unseres Gebietes betrifft, zu der Forderung, daß die Luftlänge der Membran nicht zu weit unter den höchsten noch gut wiederzugebenden Frequenzen liegen darf, d. h. daß die Membrannicht mehr wiegen darf als eine Luftsäule von einigen Zentimeter Höhe. Membranen, die diese Eigenschaften haben, bezeichnen wir als luftleichte Membranen.

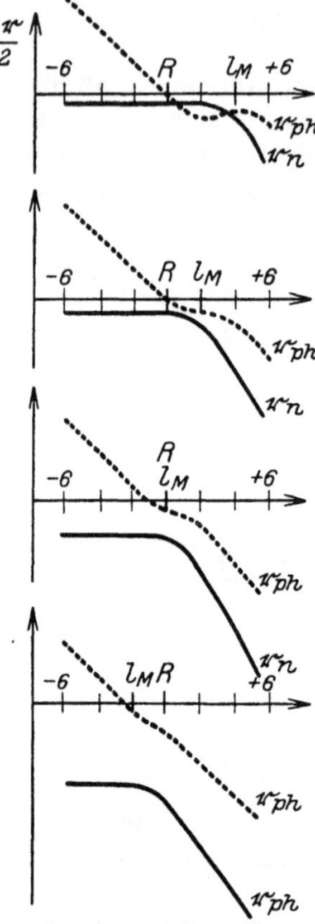

Abb. 16. Frequenzgang von r_n und r_{ph} bei verschiedener Membranmasse.
1. $R = 27{,}5$ cm, $l_M = 1{,}7$ cm, $\varrho_M = 2{,}1$ mg/cm²;
2. $R = 27{,}5$ cm, $l_M = 6{,}9$ cm, $\varrho_M = 8{,}3$ mg/cm²;
3. $R = 27{,}5$ cm, $l_M = 27{,}5$ cm, $\varrho_M = 33$ mg/cm²;
4. $R = 27{,}5$ cm, $l_M = 110$ cm, $\varrho_M = 132$ mg/cm².

10. Anwendung auf den Bandsprecher. Wir geben jetzt eine Anwendung dieses ganzen Schemas auf die Theorie des (mit einem großen Trichter versehenen) Bandsprechers, dessen elektroakustischen Wirkungsgrade η wir seinem Absolutbetrage und Frequenzgang nach bestimmen wollen[1]). Es handelt sich hierbei um den Bandsprecher mit einem großen, etwa 3 m langen Trichter, wie er bei Sprachwiedergabe im Freien öfters Verwendung gefunden hat. Ein solcher Trichter kann, wenn er nicht zu schmalwinklig ist, als unendlich lang angesehen werden. Auf der Rückseite des Bandes soll ein möglichst ungehindertes Ausweichen der Luft möglich sein; dann ist im größten Teil des Frequenzgebietes die Hemmung der Rückseite gegen die der Vorderseite zu vernachlässigen. Wieweit das Band, das ja von einem gleichmäßigen Strom im gleichmäßigen Magnetfelde durchflossen wird, sich hierbei gleichmäßig bewegt und welchen Einfluß die notwendigen Luftzwischenräume zwischen Band und Magnetpolen haben, wollen wir nicht untersuchen; es sind da sicher gewisse unangenehme Effekte vorhanden. Behandeln wir aber das Problem so, als ob sich die Membran als Ganzes gleichmäßig bewegte, und die Luft vollständig nach vorn vor sich wegdrängte. Die Eigenschwingung des Bandes nehmen wir an der unteren Grenze des Hörgebietes an, so daß, abgesehen von etwaigen Oberschwingungen,

[1]) Vgl. hierzu W. Schottky: Elementare Theorie des Bandlautsprechers. ENT Bd. 2, S. 157. 1925.

nur die Massenrückwirkungen zu berücksichtigen sind, was in praxi bei genügend schwacher Spannung des Bandes realisiert ist. Ferner nehmen wir für unsere Rechnung an, daß die Oberfläche der Bandmembran, die bei der großen Type 10 cm² beträgt, auf ein kreisförmiges Gebilde von derselben Flächengröße zusammengezogen wäre; den in Wirklichkeit notwendigen Übergang von der länglichen Form des Bandes zu dem runden oder quadratischen Querschnitt des Trichters kann man ohne große Komplikationen und Verluste vollziehen. Als Öffnungsfläche des 3 m langen Trichters nehmen wir eine Fläche von $100 \cdot 100 = 10\,000$ cm² an. Dann errechnet sich ein Divergenzradius von 10 cm. Die Membran sei aus Aluminium und 10 μ dick. Dann ist die Luftlänge l_M der Membran bei einem effektiven spezifischen Gewicht 3,0 des Aluminium

$$l_M = \frac{3{,}0 \cdot 10^{-3}}{1{,}2 \cdot 10^{-3}} = 2{,}5 \text{ cm}.$$

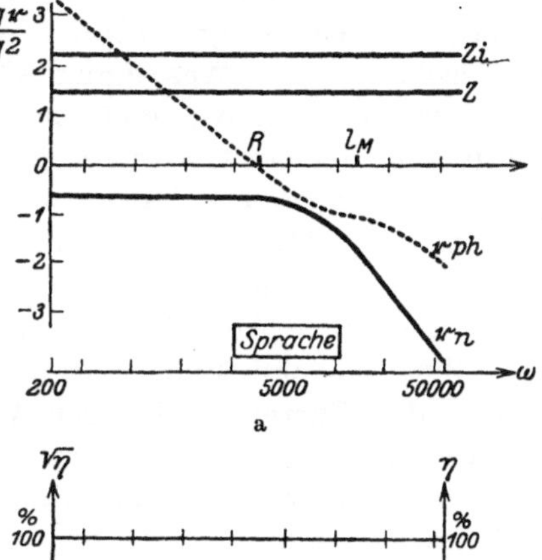

a

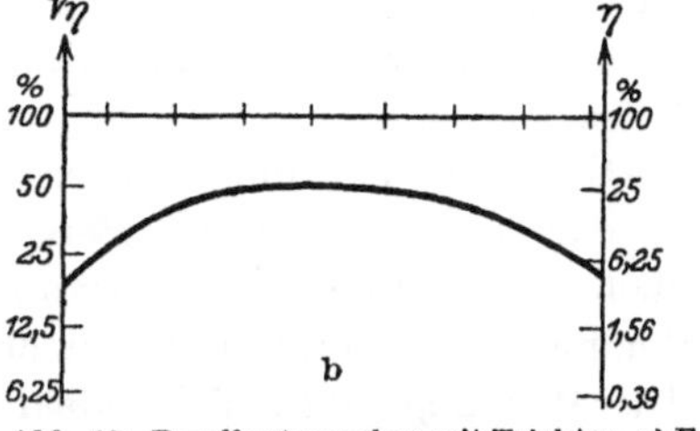

b

Abb. 17. Bandlautsprecher mit Trichter. a) Frequenzgang der Scheinwiderstände; b) Frequenzgang des Wirkungsgrades.

Damit sind die Daten für die $\mathfrak{r}_n$- und $\mathfrak{r}_{ph}$-Kurven gegeben; wir haben ein Verhältnis R/l_M von 1 : 4, können also die Kurven II der Abb. 14 und 16 benutzen, indem wir den Absolutwert der Frequenzen so festzulegen haben, daß dem Punkt R eine Kreisfrequenz $\omega_R = \frac{34300}{10} = 3430$ entspricht. Der Größe l_M entspricht die Frequenz $\omega_M = 13\,700$. Zwischen diesen Frequenzen haben wir also ziemlich ideale mechanisch-akustische Verhältquenzen zu erwarten.

Nun haben wir jedoch noch den reduzierten Ruhewiderstand $\mathfrak{z}$ des Bandes in unser Diagramm (Abb. 17a) einzutragen. Der Widerstand des Bandes ist praktisch ein rein Ohmscher Widerstand, nämlich der Gleichstromwiderstand $Z = R$ des Bandes. Um ihn zu reduzieren, haben wir zu bilden

$$z = \frac{\dfrac{Z}{M^2}}{Q_M a \varrho} = Q_M a \varrho \cdot \frac{\dfrac{r}{d}}{H^2 b l_l} \quad \text{(nach S. 106)}; \quad = a \varrho \frac{\dfrac{r}{d}}{H^2}$$

(wegen $b l_l = Q_M$), unabhängig von l_l und b, nur abhängig von der Banddicke d. Nun ist $a \varrho = 41\ cgs$, $r_{\text{Al}} = 4 \cdot 10^{-6}\ \Omega$, wenn wir die Vergrößerung des Al-Widerstandes durch Beimengungen und eine gewisse Erwärmung mit berücksichtigen. In elektromagnetischen Einheiten, mit denen wir immer gerechnet haben, ergibt das den 10^9fachen Wert $4 \cdot 10^3$, mithin bei $d = 10^{-3}$ cm, $r/d = 4 \cdot 10^6$. Im ganzen wird also

$$z = \frac{41 \cdot 4 \cdot 10^6}{H^2} = \frac{1{,}64 \cdot 10^8}{H^2} = \left(\frac{12\,800}{H}\right)^2.$$

Mit $H = 12\,800$ würde das gerade 1 ergeben; nehmen wir ein Feld von 10 000 Gauß an, so ergibt sich $z = 1{,}64$.

Dieser Wert von z ist nun in Abb. 17a eingetragen. Man sieht, daß er etwa doppelt so groß als der Wert von $\mathfrak{r}_n$ im größten Teil des Frequenzgebietes ist. Was ergibt sich nun im ganzen daraus für ein Wirkungsgrad? Dazu muß noch der Anpassungswiderstand festgelegt sein, der etwas variiert, je nach der Frequenz, für die man die günstigste Anpassung haben will. Wählt man diese $\omega = 5000$, so wird $z_i = 2{,}2$. Mit diesem Wert ergibt sich der in Abb. 17b in derselben Oktavenskala wiedergegebene Frequenzgang; es ist dort $\sqrt{\eta}$ eingetragen, da man aus dem Amplitudenverhältnis zweier Teiltöne viel besser auf die subjektive akustische Wirkung schließen kann als aus dem Verhältnis der Energien, also der Amplitudenquadrate. $\sqrt{\eta}$ bezeichnen wir als „linearen Wirkungsgrad". Man sieht, daß dieser lineare Wirkungsgrad unter den gemachten Annahmen immerhin im größten Teil des Frequenzgebietes 50% erreicht (η selbst 25%), so daß eine subjektiv sehr merkliche Verbesserung in diesem Gebiet überhaupt nicht möglich wäre. Diese Berechnung zeigt also, daß es prinzipiell möglich ist, mit dieser Anordnung gute und weitgehend frequenzunabhängige Wirkungsgrade zu erreichen.

Die Wirkung eines nicht idealen Übertragers zwischen Verstärkerrohr und Band ließe sich in unserem Schaubild dadurch berücksichtigen, daß man noch die Scheinwiderstände einträgt, die in diesem Falle im Bandstromkreise vor und neben den transformierten Ohmschen Widerstand z_i der Stromquelle geschaltet erscheinen. Solche Fragen werden in den späteren Vorträgen besprochen werden. Dagegen sei hier darauf hingewiesen, daß es möglich gewesen ist, die durch die Bewegung induzierten Scheinwiderstände des Bandes, $\mathfrak{R}_n$ und $\mathfrak{R}_{ph}$, direkt durch Impedanzmessungen zu bestimmen, indem man durch Ausschaltung des Feldes H dafür sorgte, daß die Membran bei der einen Messung in Ruhe blieb[1]). Diese Messungen ergaben im Meßgebiet (bis $\omega = 70\,000$) hinreichende Übereinstimmung mit der Theorie, nur daß infolge einer Eigenschwingung des Bandes in der Gegend von etwa $\omega = 3000$ übermäßig hohe $\mathfrak{R}$-Werte auftreten. Allerdings ist es, wie früher bemerkt,

[1]) Vgl. für Telephone hierzu die interessante Zusammenfassung von A. E. Kennelly: Journ. Tél. 1922, S. 244; 1923, S. 4 u. 25.

nicht möglich, durch diese Messungen festzustellen, wieweit der gemessene Wattwiderstand ein Reibungswiderstand $\mathfrak{R}_d$ und wieweit er ein akustisch nutzbarer Widerstand $\mathfrak{R}_n$ ist.

11. Drucktransformation. Wir gehen jetzt, um die Wirkungsgrade auch bei anderen Lautsprechern berechnen zu können, zu Verallgemeinerungen unseres bisherigen einfachen Schemas über, die sich teils auf die akustischen Vorgänge, teils auf die Eigenschaften der Membranen beziehen. Eine erste Verallgemeinerung betrifft die Anwendung einer Drucktransformation, die eine Eerhöhung der Nutzhemmung im Vergleich zur Phasenhemmung bei nicht luftleichten Membranen bewirken soll. Die Notwendigkeit einer solchen Maßnahme ergibt sich in solchem Falle ohne weiteres aus dem außerordentlich starken Abfall des Nutzwiderstandes $\mathfrak{R}_n$ oberhalb der Phasenlänge l_M. Nehmen wir nun, wie bei einer 0,6-mm-Eisenmembran, eine Membranmasse von etwa 400 mg pro qcm, so haben wir $l_M = 400/1{,}2 = 330$ cm und $\omega_M = a/l_M =$ etwa 100, d. h. aber, abgesehen von den nachher zu behandelnden Resonanzeffekten, im ganzen Gebiet und besonders bei hohen Frequenzen einen außerordentlich ungünstigen Wert von $\mathfrak{r}_n$ im Verhältnis zu $\mathfrak{r}_{ph}$.

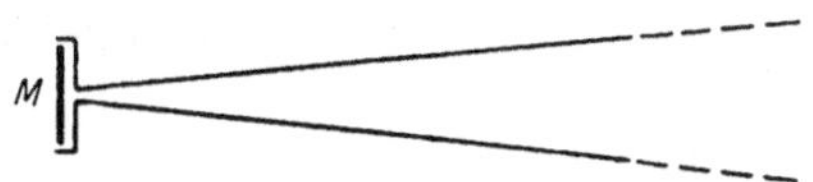

Abb. 18. Trichter mit Drucktransformation.

Hier erreicht man nun eine wesentliche Verbesserung, wenn man eine Schallführung über der Membran benutzt, wie sie in Abb. 18 dargestellt ist. Hier geht der Schall nicht in einen frei an die Membran angeschlossenen Trichter über, sondern die von der Membran hin und her bewegte Luft wird gezwungen, in einen Trichter mit viel engerer Öffnung ein- und auszuströmen. Die dadurch erreichte Wirkung läßt sich außerordentlich einfach erklären, wenigstens dann, wenn alle Schallwege von der Membran bis zu der Verengungsstelle kleiner als die Phasenlänge der betreffenden Frequenz sind. Dann stellt nämlich das ganze Gebiet innerhalb des Vorraumes, der als Schallkapsel bezeichnet wird, in jedem Moment ein Gebiet merklich konstanten Druckes dar, und der Druck, der in der Trichterverengung herrscht, ist derselbe, der auch auf alle Teile der Membran wirkt, die wir uns hier noch als starre Membran bewegt denken wollen. Der Druck in der Trichterverengung läßt sich aber aus dem Reaktionsdruck der in den Trichter hineingesandten Kugelwelle in derselben Weise berechnen, wie wir es früher für die Membran direkt gemacht hatten; er ist durch die Phasenlänge, den Divergenzradius und die Geschwindigkeitsamplitude der Luft an dieser Stelle bestimmt. Diese Geschwindigkeitsamplitude der Luft ist aber nicht gleich der der Membran, sondern, weil alle von der Membran verdrängte Luft durch den kleineren Querschnitt muß, im

Verhältnis der beiden Querschnitte größer. Infolgedessen ist auch der Reaktionsdruck der Luft, d. h. aber die Lufthemmung an der ganzen Oberfläche der Membran, in dem gleichen Verhältnis größer, d. h. wir haben einfach den Druck auf die Membran in einem Verhältnis gleich dem der beiden Querschnitte herauftransformiert. Bezeichnen wir dieses Querschnittsverhältnis und damit unseren Drucktransformationsfaktor mit k, so haben wir jetzt:

$$\mathfrak{h}_n = k \frac{1}{1 + \left(\frac{l}{R}\right)^2},$$

$$\mathfrak{h}_b = k \frac{\frac{l}{R}}{1 + \left(\frac{l}{R}\right)^2},$$

während die Massenhemmung der Membran ungeändert geblieben ist:

$$\mathfrak{h}_M = \frac{l}{l_M}.$$

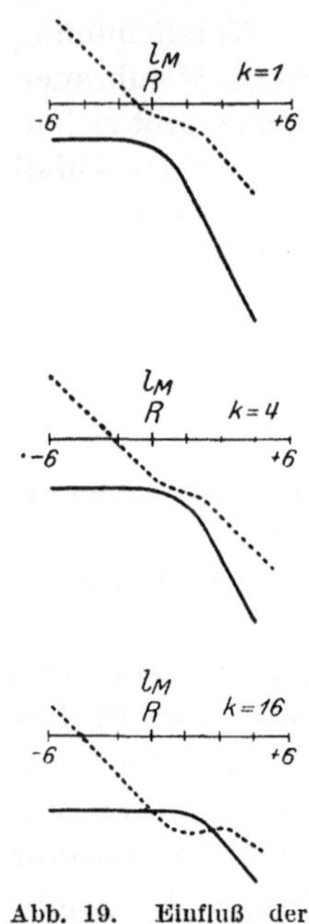

Abb. 19. Einfluß der Drucktransformation auf die reduzierten Scheinwiderstände $\mathfrak{r}_n$ und $\mathfrak{r}_{ph}$.

Die Wirkung dieser Transformation auf die reduzierten Widerstände $\mathfrak{r}_n$ und $\mathfrak{r}_{ph}$ einer Membran ist in den Kurven Abb. 19 dargestellt. Es ist hier der Fall einer mittelschweren Membran, bei der die Luftlänge l_M der Membran gleich dem Divergenzradius ist, zugrunde gelegt, um neben dem Vorteil der Drucktransformation auch die Nachteile zu zeigen. Man erkennt nämlich, daß oberhalb l_M das Verhältnis von $\mathfrak{r}_n$ zu $\mathfrak{r}_{ph}$ mit von 1 zu 4 zu 16 fortschreitender Drucktransformation dauernd gebessert wird. Eine Absolutvergrößerung von $\mathfrak{r}_n$, die ja für das Verhältnis zu den übrigen reduzierten Widerständen des Stromkreises wichtig ist, falls $\mathfrak{r}_n$ diese Widerstände nicht überwiegt, tritt jedoch nur bei immer höher werdenden Frequenzen ein. Und unterhalb R und l_M wird durch die Drucktransformation durchweg eine Verschlechterung des $\mathfrak{r}_n$-Wertes, beim Übergang von $k = 4$ zu $k = 16$ sogar eine Verschlechterung des relativen Verhältnisses zu $\mathfrak{r}_{ph}$ erreicht. Man sieht also, daß man sich hier schon an numerische Berechnungen und graphische Darstellungen halten muß, um die Wirkung einer derartigen Maßnahme, wie sie die Drucktransformation darstellt, vorausbestimmen zu können.

Im ganzen sind es also unter unseren bisherigen Annahmen 3 Kon stanten, nämlich der Divergenzradius R, die Luftlänge l_M der Membran und der Drucktransformationsfaktor k, die die Gestalt der für den elektroakustischen Wirkungsgrad maßgebenden Kurven von der mechanisch-akustischen Seite her bestimmen. Da hiermit die wesentlichsten Züge erfaßt sind und alle anderen Wirkungen sich als weitere Abänderungen dieses Schemas auffassen lassen, kann man hier mit einem gewissen Recht von einer Dreikonstanten-Akustik sprechen, die durch Kurven von der angegebenen Art erschöpfend festgelegt ist. Eine Gesamtübersicht über dieses Kurvensystem, das im Zentrallaboratorium des Wernerwerkes berechnet worden ist, gilt Abb. 20. In den hori-

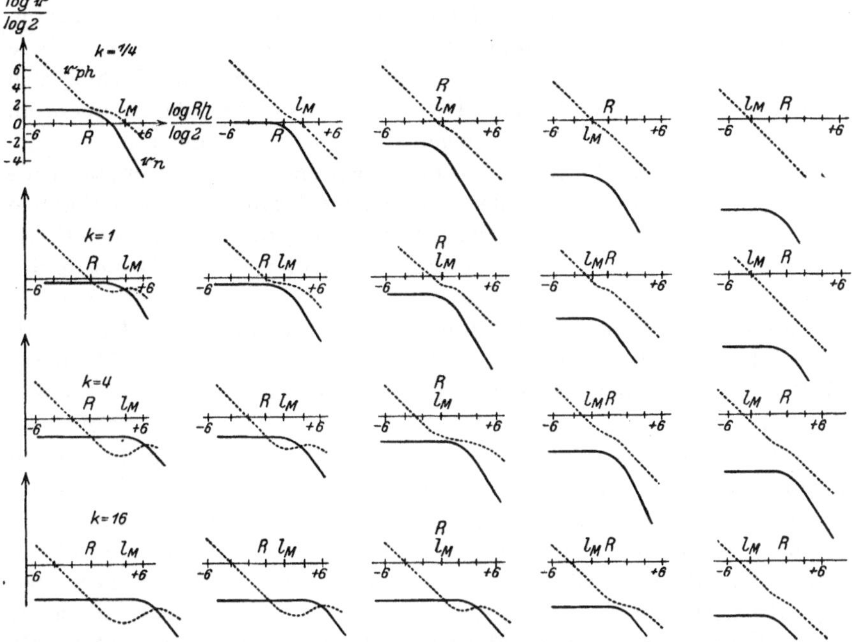

Abb. 20. Gesamtschema der reduzierten Scheinwiderstände $\mathfrak{r}_n$ und $\mathfrak{r}_{ph}$ in Abhängigkeit von R, l_M und k.

zontalen Spalten ist der Einfluß der Massenvergrößerung der Membran, in den Vertikalen der der Drucktransformation zu ersehen. Die Wahl von R ist durch die noch willkürliche Festlegung der Tonskala innerhalb dieser Kurven bestimmt. Es sind auch gebrochene k-Werte berücksichtigt, die einer Erweiterung, statt einer Verengerung des Trichterquerschnittes unmittelbar über der Membran entsprechen. Man sieht, daß auch eine solche Maßnahme unter Umständen von Vorteil sein kann, indem $\mathfrak{r}_n$-Werte größer als 1 erzielt werden. Das Optimum aller Kurven liegt jedoch bei kleiner Membranmasse und großem Divergenzradius ohne Drucktransformation[1]).

[1]) Anm. bei der Korrektur Oktober 1926: Rice und Kellogg geben in einer inzwischen erschienenen Arbeit (Journ. A. J. E. E. Bd. 44, S. 984. 1925) an, daß

12. Trichterresonanzen und Trichterformen. Kehren wir jetzt aus dieser immerhin stark schematisierten Welt in die Wirklichkeit zurück, so begegnet uns sogleich eine große Schwierigkeit, wenn wir versuchen, Trichter mit großem Divergenzradius der von ihrer Grundfläche ausgehenden Welle zu konstruieren. Wenn diese Grundfläche klein ist, weil entweder die Membran klein ist oder eine starke Drucktransformation stattgefunden hat, so brauchen wir, wie wir gesehen haben, außerordentlich spitzwinklige Trichter, um einen großen Divergenzradius zu erzielen. Machen wir nun den Trichter 1 m lang, was in der Praxis, wenigstens für Kleinlautsprecher, schon die obere Grenze bedeutet, so kommen wir zu Trichtermündungsflächen von 10 cm Radius und darunter. Dann tritt aber für alle Frequenzen, deren Phasenlänge nicht klein gegen diese Größe ist, ein sehr unangenehmer Effekt auf: die innerhalb des Trichters stark eingeengte Welle vermag sich plötzlich nach allen Seiten auszubreiten, und es entstehen infolgedessen lange nicht die Druckamplituden, die an derselben Stelle auftreten würden, wenn der Trichter unendlich lang wäre. Das bedeutet aber, wie bei einer kurzgeschlossenen Telegraphenleitung, das Zurücklaufen einer Welle von der Mündung aus; einer Welle, die an der Grundfläche des Trichters zusätzliche Druckwirkungen auf die Membran ausübt, die entweder die ursprünglichen verstärken oder schwächen können. An der Membran wird die Welle von neuem reflektiert und dann zum zweitenmal an der Trichtermündung usw.; wir haben die bekannte Erscheinung der stehenden Wellen, die ausgeprägte Resonanzerscheinungen ergeben für alle Wellenlängen, die zu der Trichterlänge in einem bestimmten Verhältnis stehen. Die Grundschwingung hat die 4fache Trichterlänge $4\,l_T$, die nächste Eigenschwingung liegt bei $2\,l_T$, die dritte bei $\frac{4}{3}\,l_T$, dann l_T, $\frac{4}{5}\,l_T$ usw. Und zwar gehört zu diesen Eigenschwingungen immer abwechselnd ein Schwingungsknoten mit vergrößerter Watthemmung der Luft an der Membran und ein Schwingungsbauch mit verkleinerter Watthemmung. In beiden Fällen tritt gleichzeitig eine Verkleinerung der Phasenhemmung ein. Bei schweren Membranen und nicht allzu hohen Drucktransformationen bedeutet eine Vergrößerung der Watthemmung der Luft bei gleichzeitiger Verkleinerung der Phasenhemmung immer eine Verbesserung des Wirkungsgrades; wir haben also selektiv erhöhten Wirkungsgrad

---

sie eine kleine, massegehemmte Membran, bei der also umgekehrt $l_M \gg R$ ist, zur unverzerrten Schallwiedergabe für besonders geeignet halten. Es entspricht das den Kurven der letzten Kolonne, unterhalb $l = R$, wo $\mathfrak{r}_n$ in der Tat konstant, aber klein gegen $\mathfrak{r}_{ph}$ wird. Indem man den inneren Widerstand z_i konstant und größer als $\mathfrak{r}_{ph}$ macht, erhält man in der Tat einen frequenzunabhängigen Wirkungsgrad, der jedoch nur einen relativ kleinen Absolutwert besitzen kann.

bei den Tönen mit den Wellenlängen $4\,l_T$, $2\,l_T$, l_T, $\frac{2}{3}\,l_T$ usw., dagegen Schwächung bei den dazwischenliegenden Resonanzstellen.

Diese Verhältnisse sind in neuerer Zeit besonders in Amerika eingehend theoretisch und experimentell untersucht worden[1]). In Abb. 21 ist eine von Goldsmith und Minton aufgenommene Kurve dargestellt, die für einen Trichter von 6,63 m Länge und einem Achsenwinkel von $3^1/_2{}^\circ$ die Druckamplituden vor der Membran bei konstanter Membrangeschwindigkeit wiedergibt.

Bei der theoretischen Ermittlung der durch die Trichterresonanzen abgeänderten Hemmungswerte ist es natürlich notwendig, die Vorgänge

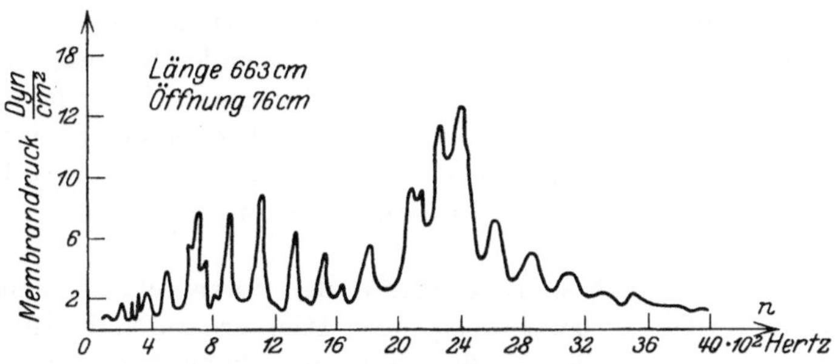

Abb. 21. Druckamplituden bei einem langen Trichter.

an der Trichtermündung einer genauen Untersuchung zu unterziehen, was bisher anscheinend nur für Trichteröffnungen, deren Durchmesser klein gegen die Wellenlänge der betreffenden Frequenz ist, in einigermaßen exakter Weise möglich war[2]). Man kann hier vielleicht das von Hahnemann und Hecht abgeleitete Resultat heranziehen, nach dem die Dämpfung eines mit einer Grundschwingung schwingenden Schallraumes mit kreisförmiger Öffnung einfach durch das Verhältnis des Öffnungsradius r zur Phasenlänge l der betreffenden Schallwelle gegeben ist[3]), was für $\lambda = 4\,l_T$ eine Dämpfung von etwa $\pi/2 \cdot r/l_T$ ergeben würde, während die Oberschwingungen jedenfalls zunehmend stärker gedämpft sind. Bei dem angenommenen Trichter von 1 m Länge und 10 cm Öffnungsradius hätten wir also eine Dämpfung von 1,5/10 = ca. 15%, d. h. bei der Grundschwingung, die hier bei $\omega = 540$ oder dem Klavierton F_1 liegt, immerhin eine sehr ausgesprochene Resonanz.

---

[1]) Vgl. besonders A. G. Webster: Proc. Nat. Ac. Sc. 1919, S. 275—282, und N. Goldsmith, und J. P. Minton: Proc. Inst. Rad. Eng. 1924, S. 423—478.

[2]) Es scheinen die auf diese Weise gewonnenen Resultate mitunter auf kleine Wellenlängen übertragen worden zu sein, ohne daß man sich Rechenschaft darüber gegeben hat, daß die Voraussetzungen der Berechnungen nicht mehr gelten.

[3]) Phys. Z. Bd. 22, S. 359. 1921.

Allgemein muß man bei der genaueren Untersuchung der akustischen Wirkung einer solchen Resonanz immer auf die sonstigen Membranhemmungen sowie auf die Ruhewiderstände des Wechselstromkreises Rüchsicht nehmen; der rationelle Weg ist wieder der, daß man die durch Resonanz verstärkten oder geschwächten Membranhemmungen berechnet[1]) und die daraus sich ergebenden Werte von $\mathfrak{r}_n$ und $\mathfrak{r}_{ph}$ in die entsprechenden Schaubilder einträgt oder direkt numerisch zur Berechnung des Wirkungsgrades η verwendet. Man sieht bei diesem Vorgehen z. B. sofort, daß eine (idealisierte) Membran, die bei unendlich langem Trichter einen frequenzunabhängigen reinen Nutzwiderstand ergeben würde, an den der Quellwiderstand des Generators angepaßt ist, bei allen Abweichungen von diesem Idealwert, also sowohl bei den hemmungsschwächenden wie hemmungsverstärkenden Resonanzen, einen schlechteren Wirkungsgrad zeigen würde. Überhaupt kann ja auch bei Resonanz der Wirkungsgrad nicht mehr als 100% betragen, und wenn der allgemeine Wirkungsgrad sich in diesem Niveau bewegt, so können wenigstens die verstärkenden Resonanzwirkungen auch bei engen Trichtern nicht sehr ausgesprochen sein.

Von diesem Idealfall sind wir aber in der Praxis sehr weit entfernt, und deshalb werden wir bei derartig engen Trichtern durch die Resonanzeffekte sehr gestört; die Schallwiedergabe bekommt den bekannten hallenden und unnatürlichen Trichtercharakter. Würde man nun die konische[2]) Trichterform beibehalten müssen, so könnte man die Resonanzwirkungen nur dadurch herabsetzen, daß man entweder zu weitwinkligeren Trichtern übergeht, die einen schlechteren Divergenzradius haben, oder zu sehr viel längeren Trichtern, die praktisch sehr unbequem sind[3]). Es liegt daher der Wunsch nahe, den Trichter so zu formen, daß man den großen Divergenzradius beibehält, jedoch die Gefahr der Endreflexionen vermeidet oder vermindert. Man erreicht das allgemein dadurch, daß man für den austretenden Schall den Übergang vom engen Trichter zur freien Atmosphäre weniger schroff ge-

---

[1]) Diese Berechnung hat natürlich unabhängig von den Rückwirkungen auf die Membran zu erfolgen.

[2]) Der kreisförmige Querschnitt ist hierbei allerdings keineswegs charakteristisch, sondern nur der Umstand, daß der in dem Trichter fortschreitende Schall als Ausschnitt aus einer Kugelwelle aufgefaßt werden kann derart, daß die Wände überall der Bewegungsrichtung parallel sind. Das kann natürlich auch z. B. mit einem Trichter vom quadratischen Querschnitt erreicht werden.

[3]) Da, wie wir sahen, die Dämpfung der Grundwelle des Trichters nur von r/l_T, d. h. nur von dem Öffnungswinkel des Trichters abhängt, wird man bei der Verlängerung des Trichters die Resonanzstelle bei der Grundschwingung in unveränderter Stärke beibehalten. Der Vorteil liegt nur darin, daß man durch Verlängerung des Trichters diese unangenehmste Resonanzstelle nach beliebig tiefen Frequenzen verlegen kann, bei denen zudem der Wirkungsgrad der übrigen Apparatur schon stark abgesunken ist.

staltet, d. h. indem man den Trichter schon vor seiner Mündung aufbiegt.

In Abb. 22*a* und *b* sind 2 Trichterformen abgebildet, bei denen dieser Gedanke in verschiedener Weise verwirklicht ist. *a* ist ein konischer Trichter mit einem Mündungsansatz, *b* ein sogenannter Exponentialtrichter, bei dem sich schon vom Grund der Membran an die Öffnung des Trichters ständig erweitert. Beide Formen nebst ihren Zwischenstufen sind nicht nur von den Lautsprechertrichtern, sondern schon vom Grammophon her bekannt; der Unterschied der Gebrauchsformen von diesen ist nur der, daß man den Trichter noch in mehr oder weniger willkürlicher Weise zu krümmen pflegt, um an Raumbedarf zu sparen[1]). Diese Krümmungen haben verhältnismäßig wenig Einfluß auf den Klangcharakter, solange ihr Krümmungsradius klein gegen den Trichterdurchmesser gehalten wird; wir können daher von einer genaueren Untersuchung darüber absehen. Ebenso können wir, wie im Vorbeigehen bemerkt sei, von einem Einfluß des Trichtermaterials absehen, das der Laie meist für sehr wichtig hält; man braucht nur die Hemmungskräfte, die bei der periodischen Bewegung einer normalen Trichterwand auftreten würden, mit den Hemmungskräften der auf den Trichter wirkenden Luft zu vergleichen, um zu erkennen, daß der Wirkungsgrad für ein Mitschwingen des Trichters in allen Fällen außerordentlich ungünstig ist, mit Ausnahme derjenigen, in denen etwa eine Resonanzeigenschaft der Trichterwände mit einer zur Erregung dieser Resonanz geeigneten Verteilung der Druckamplitude des Schalles von dieser Eigenfrequenz zusammentrifft. Wenn die Membranmasse nicht klein gegen die Masse des übrigen Apparates ist, kommt natürlich auch eine direkte mechanische Anregung in Frage. Alle derartigen Effekte sind natürlich zu vermeiden.

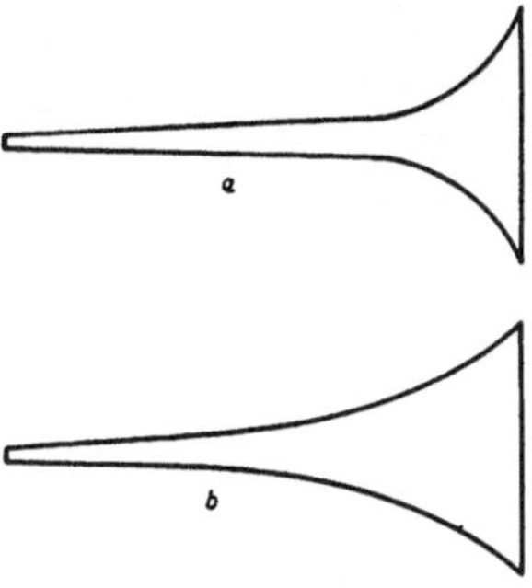

Abb. 22. Verschiedene Trichterformen.

Wie wirken nun die Trichterformen *a* und *b*, und welche ist die akustisch günstigere? Es ist kein Zweifel, daß die Trichterform *b* den ausgesprochenen Gedanken der allmählichen Aufbiegung des Trichters zur Vermeidung von Reflexionen in idealerer Weise verwirklicht als die Form *a*, bei der nur etwa $^1/_4$ der Länge diesem Zweck gewidmet ist. Andererseits hält der Trichter *a* den Schall auf eine längere Strecke

[1]) Ein besonders rationeller Weg zur Erreichung dieses Zieles ist in gewissen modernen Lautsprecherkonstruktionen beschritten worden. Man setzt den Trichter aus mehreren ineinandergebauten Schalen zusammen, zwischen denen der Schall, mit allmählich wachsendem Querschnitt, mehrfach hin und her geht.

zusammen; besonders für tiefe Frequenzen, deren Phasenlänge mehr als die Hälfte der Trichterlänge beträgt, kommt für Form *b* diese Verminderung der Schallkonzentration, die sich als eine Verkleinerung des Divergenzradius auffassen läßt, ungünstig in Frage.

Was das ausmacht, läßt sich nun wieder (ohne Rücksicht auf die Endeffekte) beantworten, indem wir uns den geraden Teil des Trichters *a* und ebenso den exponentiellen Verlauf des Trichters *b* ins Unendliche fortgesetzt denken. Anstatt die Formeln zu diskutieren, die allerdings ziemlich einfach sind und deren Auffindung für den Exponentialtrichter ein Verdienst der amerikanischen Forscher ist[1]), möchte ich diesen Einfluß wieder an Hand einer graphischen Darstellung erläutern. In Abb. 23 sind die Watt- und Phasenhemmungen der unendlich extrapolierten Trichter *a* und *b* aufgetragen, wobei angenommen ist, daß beide Trichter in einer Entfernung von etwa $^1/_5$ der ganzen Trichterlänge von der Membran den doppelten Membrandurchmesser besitzen, wie das etwa der Abb. 22 entspricht. Diese Verdoppelungslänge beträgt in der Figur den 6fachen Betrag des Membrandurchmessers. Als Abszissen sind aufgetragen die Phasenlängen der zu untersuchenden Frequenzen, und zwar in der Art, wie sie in den Trichtern, von der Membran aus gerechnet, zu liegen kommen. Als Ordinaten sind die auf die Einheit der Membranoberfläche und den Faktor $a\,\varrho$ reduzierten Hemmungen $\mathfrak{h}$ aufgetragen. Man sieht, daß in beiden Fällen bei hohen Frequenzen, d. h. kurzen Phasenlängen, der Idealfall der ebenen Welle mit reiner Watthemmung $\mathfrak{h}_n = 1$ vorliegt. Bei tieferen Frequenzen zeigen sich jedoch Unterschiede; während beim konischen Trichter $\mathfrak{h}_n$ selbst und das Verhältnis $\mathfrak{h}_n/\mathfrak{h}_b$ sich ganz allmählich verschlechtert, haben wir beim Exponentialtrichter bei der Phasenlänge $l = \Delta$ ein Absinken der Watthemmung bis auf Null, während gleichzeitig die Phasenhemmung $\mathfrak{h}_b$ hier den Wert 1 erreicht. Δ bedeutet der Theorie

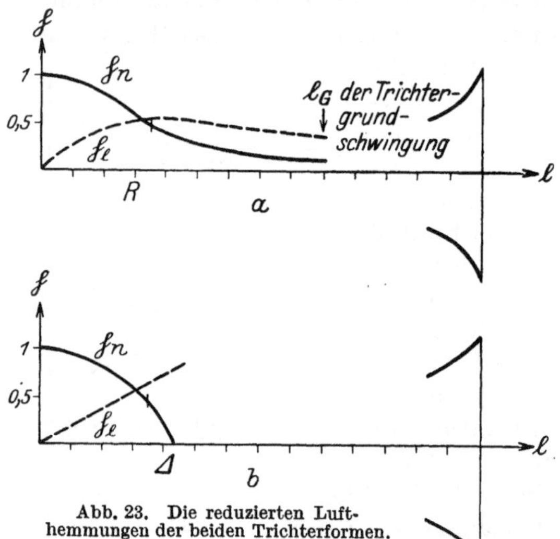

Abb. 23. Die reduzierten Lufthemmungen der beiden Trichterformen.

[1]) Besonders A. G. Webster: a. a. O., und C. R. Hanna und J. Slepian: Am. Journ. Inst. El. Eng. 1924, S. 250—256. Ferner Goldsmith und Minton: a. a. O.

nach die Entfernung, in der beim Exponentialtrichter der Trichterdurchmesser auf den e-fachen Betrag, d. h. etwa auf das 2,7fache gestiegen ist. Nach dieser allerdings vereinfachten Theorie, die aber die wichtigsten Züge richtig wiedergibt, würde also der Trichter a die Oktaven, deren Phasenlängen etwa $^1/_4$ bis $^1/_2$ der Trichterlänge entsprechen, noch brauchbar wiedergeben, während der Exponentialtrichter hier versagen würde.

In der Praxis wird man die Trichterform a offenbar in den Fällen vorziehen, wo der Klangfülle im Baß nachgeholfen werden muß, während der Exponentialtrichter wegen seiner geringeren Selektivität in dem von ihm beherrschten Gebiet wohl mehr für gute Sprachwiedergabe in Frage kommt. Bei Großtrichtern von mehreren Metern Länge, wo die Resonanz der Grundschwingung nicht mehr störend ist, kann man wohl immer ohne Nachteile auf ein langes Stück oder durchweg die konische Form benutzen.

Bei der genaueren Untersuchung der Vorgänge an der Mündung, der Schallausbreitung von der Mündung in den Raum, aber auch schon bei der Aufbiegung von Trichtern mit großem Querschnitt hat man noch auf einen weiteren, bisher wohl nicht genügend gewürdigten Vorgang zu achten, den man allgemein als Loslösung des Schalles von den Trichterwänden bezeichnen kann. Dieses Selbständigwerden der Schallausbreitung, gewissermaßen die Bildung eines freien Schallstrahles, tritt desto früher und energischer auf, je kleiner die Phasenlänge im Verhältnis zum Schallquerschnitt ist. Solche Schallstrahlen werden sich schon im sogenannten unendlich langen Exponentialtrichter in hinreichender Entfernung bilden und somit den an sich ja paradoxen Gang von $\mathfrak{h}$, den die angenäherte Theorie liefert, mildern[1]). Sie werden andererseits an der Trichtermündung eine automatische Verlängerung des Trichters bewirken, indem der Schall sich, für die verschiedenen Frequenzen allerdings in verschiedener Weise, noch ein Stück außerhalb des Trichters in dem durch den Trichter vorgeschriebenen Öffnungswinkel bewegt. Endlich sind diese Strahlwirkungen für die früher erwähnte ungleiche räumliche Verteilung des Schalles in dem vom Trichter beherrschten Raumgebiet maßgebend; eine Wirkung, die allerdings wegen der Wandreflexionen wenigstens in kleineren geschlossenen Räumen und bei nicht zu hohen Frequenzen kaum zur Geltung kommt. Wohl aber spielt so etwas bei der Schallausbreitung im Freien eine gegewisse Rolle; es zeigt sich, daß man in solchen Fällen mit recht großem

[1]) Vielleicht läßt sich die bisherige Theorie des unendlich langen Exponentialtrichters, die darauf hinauslief, den Trichter aus einer Anzahl kurzer Zylinder mit wachsendem Querschnitt zusammengesetzt zu denken, verbessern, wenn man statt dessen passende Ausschnitte aus Kugelwellen verwendet, deren Radien den Trichterwänden an der betreffenden Stelle parallel laufen.

Ausbreitungswinkel der Schallstrahlen aller Frequenzen an der Trichtermündung operieren muß, um überhaupt die sonst auftretenden Ungleichmäßigkeiten der Schallausbreitung infolge von Interferenzerscheinungen vermeiden zu können.

13. Trichterlose Lautsprecher. Der Blatthaller. Wir werden auf die Fragen der Trichterwirkung und besonders der Drucktransformation in einem unserer letzten Kapitel, dem der ferromagnetischen Lautsprecher mit Membranresonanz, noch einmal zurückzukommen haben. Ich kann aber meine Ausführungen über die Ausbreitungsweise und die Hemmungseffekte der abgestrahlten Schallenergie nicht beschließen, ohne zu einem sehr wichtigen und aktuellen Problem, dem der trichterlosen Lautsprecher, Stellung genommen zu haben. Eine kleine Membran, hinten durch eine Kapsel geschlossen, aber nach vorn frei in den Raum strahlend, wird, soviel übersehen wir jetzt schon, für alle Frequenzen, deren Phasenlängen größer als der Membrandurchmesser sind und für die somit keine erhebliche Strahlwirkung eintritt, sehr ungünstige Verhältnisse aufweisen, weil der von der Membran erzeugte periodische Druck sich nach allen Seiten ausbreiten kann. Wir haben eine sehr starke Divergenz der Wellen, also einen kleinen Divergenzradius R, und infolgedessen für die tieferen Frequenzen einen außerordentlich ungünstigen Wert von $\mathfrak{h}_n$.

Anders steht jedoch die Sache, wenn wir eine Membran mit großem Durchmesser verwenden, und noch günstiger wird es, wenn wir die Rückbeugung des Schalles dadurch vermeiden, daß wir die Membran mit einer großen festen flachen Scheibe umgeben, die allerdings als eine Art von flachgedrücktem Trichter aufgefaßt werden kann. Es zeigt sich, daß dann bis zu ziemlich tiefen Frequenzen herab die akustischen Verhältnisse recht günstig sind. Wir können das behaupten, weil wir es hier mit einem klassischen Fall der theoretischen Akustik zu tun haben, der von Lord Rayleigh schon vor etwa 50 Jahren geschaffenen Theorie der „Kolbenmembran in einer starren Wand“[1]). Aus der Rayleighschen Theorie, die von Riegger angewandt[2]) und von kreisförmiger auf quadratische Membrangestalt erweitert worden ist, ergeben sich ohne weiteres die gesamten Hemmungskräfte der Luft auf die Membran und damit auch unsere auf die Einheit der Membranoberfläche und die Normalreibung $a\varrho$ reduzierten Hemmungen $\mathfrak{h}_n$ und $\mathfrak{h}_b$. Es stellt sich heraus, daß man die Verhältnisse bei tiefen Frequenzen ziemlich gut durch die einer Kugelwelle mit dem Divergenzradius von etwa dem 0,8fachen Betrage des Membranradius r_0 approximieren kann; bei einer Membran von 20×20 cm, die einer Kreis-

---

[1]) Theorie of Sound, übersetzt von Fr. Neesen, Bd. II, S. 302. Braunschweig, Vieweg, 1879.

[2]) A. a. O.

membran von 12,7 cm Radius entspricht, haben wir also einen äquivalenten Divergenzradius von 10 cm. Bei ganz hohen Frequenzen wird natürlich $\mathfrak{h}_n = 1$, und $\mathfrak{h}_b$ verschwindet. Dazwischen treten Maxima und Minima ähnlich wie bei den Resonanzen eines Trichters (die hier in der strengen Theorie natürlich sofort mit enthalten sind) auf; doch beschränken sich die Schwankungen immer auf kleine Bruchteile der Gesamthemmung. Aus den Lufthemmungen ergeben sich sogleich die reduzierten Widerstände, falls man noch die Membranhemmungen kennt. Abb. 24a stellt, einer ähnlichen Berechnung von Riegger entnommen, die reduzierten Widerstände $\mathfrak{r}_n = \mathfrak{h}_n/|\mathfrak{h}|^2$ und $\mathfrak{r}_{ph} = \mathfrak{h}_{ph}/|\mathfrak{h}|^2$ für die quadratische Kolbenmembran von 20 cm im Quadrat dar; hierbei ist die Masse pro Quadratzentimeter 50 mg ($l_M = 41$ cm), und es ist auch eine elastische Kraft berücksichtigt, die der Membran eine Eigenschwingung bei $\omega = 250$ verleiht. Wie man sieht, stimmt die Kurve bis auf die durch die Eigenschwingung der Membran hervorgerufene Resonanzzacke, sowie kleine Unregelmäßigkeiten, mit dem allgemeinen Verlauf der Kurven in Abb. 20 überein; auch die Absolutwerte von $\mathfrak{r}$ entsprechen denjenigen, die man für eine Kugelwelle mit dem gleichen R und l_M berechnen würde, falls man noch berücksichtigt, daß Riegger die Membran nach beiden Seiten strahlend annimmt, wodurch alle Lufthemmungen verdoppelt werden (entsprechend $k = 2$).

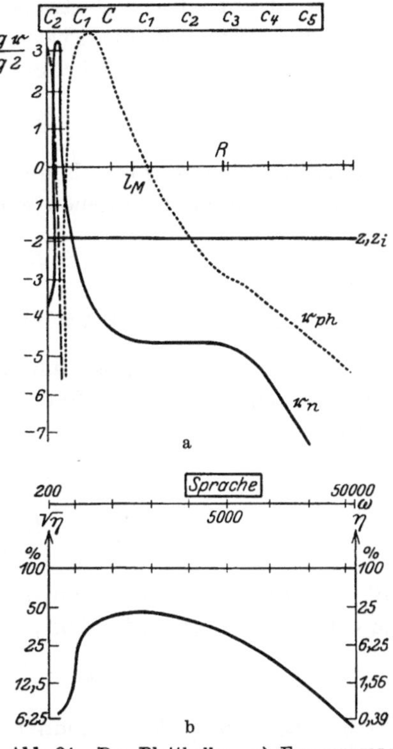

Abb. 24. Der Blatthaller. a) Frequenzgang der reduzierten Scheinwiderstände; b) Frequenzgang des Wirkungsgrades.

Der reduzierte Widerstand $z = Z/M^2 Q_M a \varrho$ ergibt sich, da entsprechend der größeren Membranmasse auch der Querschnitt der Leiter (pro Flächeneinheit der Membran) gewachsen ist, um etwa eine Zehnerpotenz niedriger als beim Bandsprecher. Der Anpassungswiderstand z_i wird, um die hohen Frequenzen nicht noch weiter zu benachteiligen, zweckmäßig $= z$ gewählt. Die Frequenzkurve der unter diesen Annahmen berechneten Wirkungsgrade ist in Abb. 24b in derselben Weise wie für den Bandlautsprecher dargestellt.

14. Elastisch gehemmte Membranen. Der Eisenmembranlautsprecher. Wir kommen jetzt zu einer Frage, die für die ferromagnetischen Lautsprecher beinahe die wichtigste ist: der Frage der Eigenschwingungen der Membran. Wir nehmen dabei die Membran zunächst nach wie vor in sich starr und nur als Ganzes beweglich an; außer den Luft- und Massenhemmungen der Membran soll jedoch jetzt auch eine elastische Hemmung vorhanden sein, herrührend von einer Restitutionskraft, die die Membran als Ganzes mit einer Kraft $\alpha_M x$ in die Ruhelage zurückzuziehen strebt. Diese elastische Widerstandskraft hat die Amplitude $\alpha_M X = \alpha_M U/\omega$ und die Phase $-90°$ gegen die Geschwindigkeit der Membran, infolgedessen haben wir hier eine elastische Hemmung

$$\mathfrak{H}_{el} = -\frac{\alpha_M}{\omega}.$$

Zusammen mit der Massenhemmung ωm_M und der Phasenkomponente der Lufthemmung bekommen wir eine gesamte Phasenhemmung

$$\mathfrak{H}_{ph} = m_M \omega - \frac{\alpha_M}{\omega} + \mathfrak{H}_l$$

oder

$$\mathfrak{H}_{ph} = m_M \omega \left(1 - \frac{\omega_0^2}{\omega^2}\right) + \mathfrak{H}_l,$$

wenn wir mit $\omega_0^2 = \alpha_M/m_M$ die Eigenschwingung der Membran im Vakuum bezeichnen. Daraus finden wir sofort für die reduzierte Hemmung $\mathfrak{h}_{ph} = \mathfrak{H}_{ph}/Q_M a \varrho$ den Ausdruck:

$$\mathfrak{h}_{ph} = \frac{l_M}{l}\left(1 - \frac{\omega_0^2}{\omega^2}\right) + \mathfrak{h}_l$$

oder

$$\mathfrak{h}_{ph} = \frac{l_M}{l}\left(1 - \frac{l^2}{l_0^2}\right) + \mathfrak{h}_l,$$

falls wir unter l_0 die Phasenlänge verstehen, die der Vakuumeigenschwingung der Membran entspricht,

$$l_0 = \frac{a}{\omega_0} = a\sqrt{\frac{m_M}{\alpha_M}}.$$

Da $\mathfrak{h}_n$ ungeändert bleibt, können wir aus diesen Ausdrücken für $\mathfrak{h}$, die jetzt von den 3 Längenkonstanten R, l_M und l_0 abhängen, den Verlauf der $\mathfrak{r}_n$- und $\mathfrak{r}_{ph}$-Kurven berechnen, und wenn wir noch den Einfluß einer Drucktransformation hinzunehmen, die ja immer nur eine $k$fache Vergrößerung des normalen $\mathfrak{h}_n$- und $\mathfrak{h}_l$-Wertes bedeutet, so können wir uns die Kurven einer Vierkonstantenakustik aufzeichnen, die jetzt auch noch den Einfluß der Eigenschwingung der Membran darstellen.

Um zu Anwendungen auf Eisenmembransysteme übergehen zu können, müssen wir uns jedoch noch von einer weiteren bisher stets zugrunde gelegten Voraussetzung frei machen, der Voraussetzung, daß sich die Membran starr als Ganzes bewegt. Wir müssen damit rechnen, daß sich die Membran in der Mitte in einer bestimmten Kurve durchbiegt, während sie an den Rändern fest eingespannt ist (Abb. 25). Nehmen wir zunächst an, daß die Durchbiegungskurve bei allen Frequenzen die gleiche ist, und daß alle Teile der Membran bei jeder Frequenz für sich periodische Bewegungen mit der durch die Durchbiegungskurven an der betreffenden Stelle gegebenen Amplitude ausführen. Dann sind, bei gegebener Gestalt der Kurve, alle Hemmungen in ähnlicher Weise zu ermitteln wie bisher. Für die Bestimmung der Lufthemmungen wollen wir wieder annehmen, daß die Phasenlänge klein gegen den Membranradius ist, und daß wir geschlossene Schallführung, durch Trichter oder eine starre Wand haben, so daß wir über der Membran ein Gebiet homogenen Druckes annehmen können. Dann hängt die Rückwirkung der Luft nur von dem Deformationsvolumen der Membran ab; die Rückwirkung ist dieselbe, als wenn die ganze Membran sich mit einer Geschwindigkeitsamplitude $\overline{U}$ bewegte, die gegeben ist durch den Mittelwert der lokalen Amplitude:

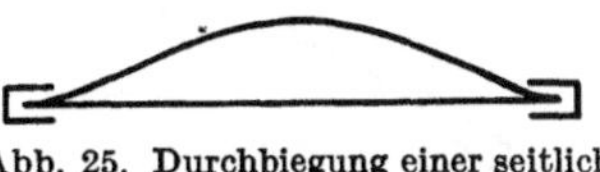

Abb. 25. Durchbiegung einer seitlich eingespannten Kreismembran.

$$\overline{U} = \int \frac{U\,d\sigma}{Q_M} = \frac{\int \frac{U}{U_0}\,d\sigma}{Q_M} \cdot U_0 = f_v U_0 .$$

Hierbei ist U_0 die Amplitude der Membranmitte; f_v ist das Quadrat der von Hahnemann und Hecht als Formfaktor bezeichneten Größe[1]). f_v hat bei kreisförmigen Membranen etwa den Wert $\frac{1}{3}$. Hiernach können wir, wenn wir alle effektiven Hemmungen nach wie vor auf die Geschwindigkeit U_0 des Mittelpunktes der Membran beziehen, schreiben

$$\mathfrak{H}_n = f_v Q_M a \varrho \cdot \mathfrak{h}_n ,$$
$$\mathfrak{H}_b = f_v Q_M a \varrho \cdot \mathfrak{h}_l .$$

In ähnlicher Weise ergibt sich für die Massenhemmungen eine Reduktion durch einen Faktor f_m, der bei Kreismembranen etwa $\frac{1}{5}$ beträgt.

$$\mathfrak{H}_M = f_m\, \omega\, m_M .$$

Die elastische Hemmung läßt sich zu der Massenhemmung der Membran in derselben Weise durch die Größe l_0 in Beziehung setzen wie im bisher betrachteten Fall. Wir können also jetzt, wenn wir noch eine Drucktransformation k berücksichtigen, mit den reduzierten Hemmungen folgender Art rechnen:

$$\mathfrak{h}_n = \frac{k}{1 + \left(\frac{l}{R}\right)^2},$$

$$\mathfrak{h}_{ph} = \frac{k \cdot \frac{l}{R}}{1 + \left(\frac{l}{R}\right)} + \frac{l_M'}{l}\left[1 - \left(\frac{l}{l_0}\right)^2\right],$$

[1]) Hahnemann und Hecht: Phys. Z. 1917, S. 264.

die sich von dem früheren Fall nur dadurch unterscheiden, daß jetzt die ursprüngliche Luftlänge der Membran l_M noch mit f_m/f_v multipliziert erscheint:

$$l'_M = \frac{f_m}{f_v} \cdot l_M .$$

Da dies Verhältnis bei kreisförmigen Membranen etwa $\frac{1}{5}/\frac{1}{3} = 0{,}6$ beträgt, haben seitlich eingeklemmte Kreismembranen bei gleicher Masse eine kleinere Luftlänge als freie Membranen. Ferner ist für den Gesamtwirkungsgrad günstig der Umstand, daß jetzt die Reduktion der übrigen Widerstände des Wechselstromkreises durch Multiplikation mit $\frac{f_v Q_M a \varrho}{M^2}$ anstatt durch denselben Faktor mit der ganzen Membranfläche Q_M zu erfolgen hat. Die Membran erscheint gewissermaßen auf den f_v-fachen Betrag, also auf etwa $\frac{1}{3}$ verkleinert.

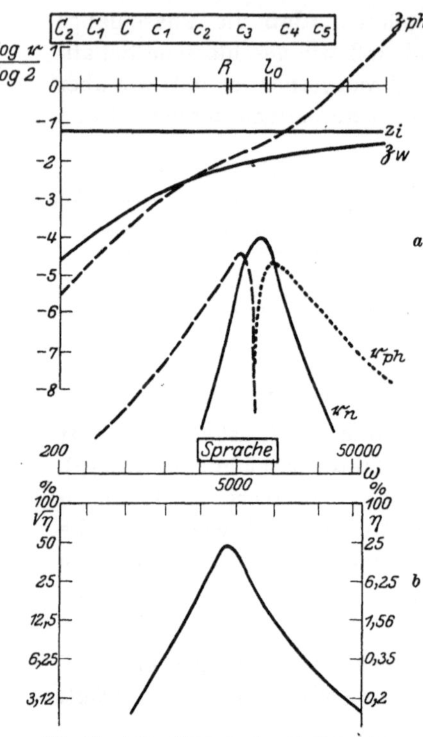

Abb. 26. Der Eisenmembranlautsprecher. a) Frequenzgang der reduzierten Scheinwiderstände; b) Frequenzgang des Wirkungsgrades.

Die Eigenschwingung der Membran in Luft fällt natürlich nicht mit der primär eingeführten Vakuumeigenschwingung, deren Phasenlänge l_0 ist, zusammen, sondern berechnet sich, indem man den Ausdurck $\mathfrak{y}_{ph} = 0$ setzt. Man erhält dann eine andere Eigenschwingung, die offenbar um so mehr nach tiefen Frequenzen verschoben ist, je größer k im Verhältnis zu l'_M ist und je größer der Divergenzradius R ist. Bei Kenntnis dieser 3 Größen kann man leicht die Größe l_0 auf die Phasenlänge l_e der Eigenschwingung in Luft umrechnen und umgekehrt; insbesondere kann man aus der direkt beobachteten Eigenschwingung in Luft die Vakuumeigenschwingung der Membran berechnen[1]). Man findet, daß sich dabei leicht ein Unterschied von einer Oktave ergeben kann.

In Abb. 26a ist in den unteren beiden Kurven der Verlauf von $\mathfrak{r}_n$ und $\mathfrak{r}_{ph}$ aufgetragen, wie er sich für übliche Werte von R, l_0, l'_M und k

[1]) Es gilt: $l_0^2 = l_e^2 \cdot \dfrac{1}{1 + k\,\dfrac{l_e^2}{l'_M R} \cdot \dfrac{1}{1 + \dfrac{l_e^2}{R^2}}}$.

bei einem Eisenmembranlautsprecher mit Trichter und Drucktransformation ergibt [$R = 15$, $l_0 = 7$, $l'_M = 240$ cm; $k = 25$]. Man sieht die starke Wirkung der Resonanz, die noch ausgesprochener vorhanden wäre, wenn sie nicht durch einen hohen Drucktransformationsfaktor gemildert wäre. $\mathfrak{r}_{ph}$ ist unterhalb der Eigenschwingung gestrichelt markiert, oberhalb gepunktet, um die verschiedenen Vorzeichen (unterhalb positiv, oberhalb negativ) anzudeuten. In den beiden Kurven $\mathfrak{z}_w$ und $\mathfrak{z}_{ph}$ sind die reduzierten Ruhwiderstände des Wechselstromkreises aufgetragen, wie sie sich aus gemessenen Impedanzen durch Division mit dem Quadrat der Windungszahl und durch Reduktion mit dem eben erwähnten Faktor ergeben. Man sieht, daß diese reduzierten Widerstände wenigstens bei tiefen Frequenzen, wo der induktive Anteil von $\mathfrak{Z}$ noch nicht zu groß ist, wesentlich tiefer liegen als bei den elektrodynamischen Lautsprechern. In Abb. 26b ist dann der gesamte Wirkungsgrad η für eine Anpassung des Quellwiderstandes, die bei $\omega = 7000$ zum günstigsten Wert von η führt, aufgetragen. Man sieht, daß innerhalb etwa 2 Oktaven um die Resonanzstelle verhältnismäßig gute Wirkungsgrade erreicht werden, daß aber oberhalb und unterhalb ein außerordentlich rapides Absinken stattfindet.

Viel stärker als durch Trichterresonanzen wird also der ganze Klangcharakter bei den Eisenmembranapparaten und ähnlichen Eisenapparaten durch die Resonanz der Membran selbst beeinflußt. Der gezeichneten Kurve für den Wirkungsgrad entspricht ein stark gefärbter und auch etwas hallender Charakter der Klangwiedergabe. Eine Verbesserung des Wirkungsgrades bei hohen und tiefen Frequenzen ohne gleichzeitige Versteilerung des Resonanzeffekts scheint durch kein uns bekanntes Hilfsmittel möglich (s. S. 100). Es bleibt also, wenn man die Selektivität der Frequenzkurve herabmindern will, nur der Weg, den Wirkungsgrad bei den mittleren Frequenzen zu verringern, wodurch der Lautsprecher als Ganzes leiser wird, wenn nicht ein höherer Aufwand mit Röhren betrieben wird. Das ist dem Benutzer meist nicht erwünscht, und so haben wir in der Praxis tatsächlich überwiegend ziemlich stark selektive Lautsprecher. In allen Fällen, wo mehr auf Klangtreue als auf Lautstärke gesehen wird, oder wo genügend elektrische Energie zur Verfügung steht, kann man natürlich mit abgeflachten Kurven arbeiten; das wirksamste Mittel dazu ist die Einführung einer zusätzlichen Hemmung der Membran, die entweder durch energieverzehrende Vorgänge in oder an den bewegten Festteilen oder durch Benutzung irgendwelcher Luftreibungseffekte erzielt werden kann. Einen gewissen dämpfenden Einfluß, der aber nicht von überragender Bedeutung ist, üben auch bei den Eisenlautsprechern die in der Membran oder im Anker durch die Bewegung erzeugten dämpfenden Wirbelströme aus. Bei der Benutzung von Luftreibungseffekten pflegt man die von der Membran nach vorn oder rückwärts weggestoßene Luft zu zwingen, enge Schächte oder Kanäle zu passieren; wegen der außerordentlich geringen Zähigkeit der Luft muß man aber hierbei zu Querschnitten von etwa $^1/_{10}$ mm Breite herabgehen, um wirklich Reibungswirkungen zu erhalten. Eine bekannte Methode ist die, an die Membran auf der Rückseite ebene Flächen bis auf Abstände von dieser Größenordnung heranzuführen, um von der seitlich herausgepreßten Luft die gewünschten Reibungswirkungen zu erhalten; oft wird auch die vordere Schallkapsel so stark angenähert. Eine größere Zahl von Variationsmöglichkeiten erhält man, wenn man besondere Auspuffgitter für die verdrängte Luft benutzt, indem die Luft durch eine Vielheit von engen Kanälen zu strömen gezwungen ist. Ob hierzu natürliche Stoffe, wie Filz oder Haarpackungen, geeignet sind, oder ob man exaktere Gitteranordnungen benutzen muß, ist wohl noch nicht einwandfrei festgestellt.

Die Wirkung irgendwelcher zusätzlicher Membranhemmungen, mögen sie nun Watt- oder Phasenhemmungen sein, und welchen Frequenzgang sie auch immer zeigen mögen, läßt sich durch einfache Addition zu den bisher betrachteten Luft-, Massen- und elastischen Hemmungen berücksichtigen. Infolgedessen läßt sich auch der Einfluß auf die reduzierten Widerstände $\mathfrak{r}_w$ und $\mathfrak{r}_{ph}$ und damit auf den Wirkungsgrad ohne weiteres in Rechnung setzen. Im Resonanzpunkte, wo $\mathfrak{h}_{ph} = 0$ ist, wird offenbar

$$\mathfrak{r}_n = \frac{\mathfrak{h}_n}{(\mathfrak{h}_n + \mathfrak{h}_d)^2} = \frac{1}{\mathfrak{h}_n} \cdot \frac{1}{\left(1 + \frac{\mathfrak{h}_d}{\mathfrak{h}_n}\right)^2}$$

falls $\mathfrak{h}_d$ eine dämpfende Watthemmung bedeutet. Man sieht, daß durch eine zusätzliche Dämpfungshemmung, die gleich der Nutzhemmung ist, $\mathfrak{r}_n$ auf den 4. Teil gesenkt wird, bei doppelter Nutzhemmung auf den 9. Teil usw. In demselben Verhältnis wird der Wirkungsgrad η im Resonanzpunkte verringert, falls die äußeren Widerstände $\mathfrak{z}$ und $\mathfrak{z}_i$ groß gegen die $\mathfrak{r}$ sind. Außerhalb der Resonanzlage wird dagegen der Einfluß einer Dämpfungshemmung dieser Größenordnung bald gering.

15. Oberschwingungen bei ungedämpften und gedämpften Membranen. Ein paar kurze Betrachtungen wollen wir noch den Oberschwingungen der Membran und ähnlichen Problemen widmen. Ein praktisch wichtiges Beispiel für ein System mit geringer Dämpfung ist die an den Seiten eingespannte, metallische Kreismembran. Hier sind nach der Theorie von Kirchhoff und Clebsch eine unbegrenzte Zahl von Oberschwingungen möglich, deren Knotenlinien teils Kreise, teils Durchmesser sind (Abb. 27). Jeder dieser Oberschwingungen entspricht eine besondere

Abb. 27. Form der Oberschwingungen bei Kreismembranen.

Schwingungsform der Platte; falls eine solche Kreismembran weder Kraft- noch Dämpfungswirkungen erfährt, behält sie die Energie jeder derartigen Teilschwingung unbegrenzt lange bei; die verschiedenen Schwingungsformen benehmen sich so, als ob sie einander nichts angingen.

Eine solche Membran würde, wenn sie periodischen Kräften ausgesetzt würde, bei allen Perioden, die einer Eigenschwingung entsprechen, unendlich große Amplituden im Verhältnis zu den Zwischengebieten zeigen (Abb. 28, wo die ersten 5 Oberschwingungen eingetragen sind). Nehmen wir jedoch, wie es in Wirklichkeit der Fall ist, die Eigenschwingungen als durch Strahlung oder Reibung gedämpft an, so ist dies Verhältnis nicht mehr unendlich groß, sondern es kommt eine vielfache Resonanzkurve zustande, zu der alle Eigenschwingungen beitragen. Im allgemeinen wird hierbei eine angreifende periodische Kraft verschiedene Schwingungsformen der Membran gleichzeitig mit endlicher Amplitude anregen.

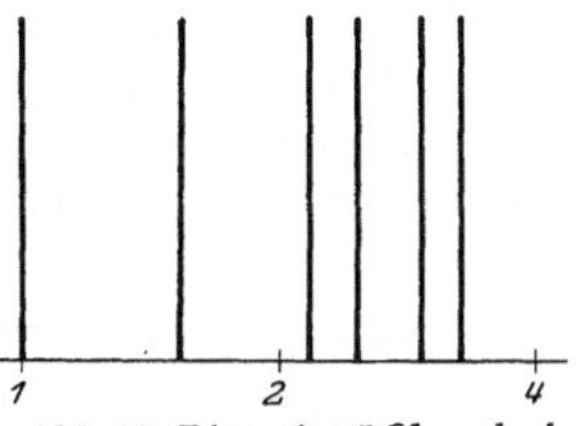

Abb. 28. Die ersten 5 Oberschwingungen einer Kreismembran.

Für die Ausbildung der verschiedenen Schwingungsformen spielt hierbei natürlich die örtliche Verteilung der angreifenden Kraft eine maßgebende Rolle. So kann z. B. eine Kraft, die nur in der Knotenlinie irgendeiner Oberschwingung angreift, diese Schwingung nicht zur Anregung bringen[1]), und allgemein werden verschieden verteilte Kräfte, wie z. B. beim Hufeisen- und Topfmagneten, bei einer Membran von gegebenen Eigenschaften die verschiedenen Oberschwingungen verschieden stark hervortreten lassen[2]).

Bei der Diskussion der **akustischen** Wirkung der verschiedenen Eigenschwingungen wird man, falls die Membran nicht größer als die Phasenlänge ist, für die verschiedenen Schwingungsarten verschiedene Faktoren f_v einführen können, die dem Deformationsvolumen der betreffenden Teilschwingung bei gegebener Amplitude entsprechen. Es kann dabei vorkommen, daß ein solcher Faktor $= 0$ wird, nämlich dann, wenn sich bei der betreffenden Schwingung gewisse Gebiete der Membran um dasselbe Volumen senken, wie andere sich heben. Die

---

[1]) Hierbei ist angenommen, daß die Kraft wirklich das primär Gegebene ist. Ist statt dessen die EMK eines Generatorkreises gegeben und sind etwa die induzierten Bewegungswiderstände groß gegen die Ruhwiderstände des Wechselstromkreises, so würde das Angreifen in einer Knotenlinie dem Fall einer besonders schwer beweglichen Membran entsprechen, so daß die Hemmungen groß, die induzierten Scheinwiderstände gering sind. Dann kann bei gegebener EMK und geringem inneren Widerstand des Generators sogar ein Leistungsoptimum unter diesen Bedingungen vorhanden sein.

[2]) Vgl. z. B. Journ. Inst. El. Eng. Bd. 63, S. 503. 1925.

akustische Hemmung und demnach auch die akustische Nutzwirkung einer derartigen Oberschwingung ist dann gleich Null; desto größer kann, beim Fehlen sonstiger dämpfender Ursachen, und bei geeigneter Angriffsweise der Kraft, die Amplitude der betreffenden Schwingung werden, so daß die Gefahr nichtlinearer Verzerrungen oder von Klirrgeräuschen durch Anschlagen besteht.

Als Gegenstück zu diesen Vorgängen mit verhältnismäßig schwach gedämpften Eigenschwingungen wollen wir zum Schluß noch ein Membransystem mit aperiodischer Dämpfung betrachten, nämlich den Fall, wo in der Mitte einer großen in sich stark gedämpften Hautmembran eine periodische Kraft angreift. Die Membran soll aus Stoff oder Papier bestehen und so starke Eigendämpfung haben, daß bei den verwendeten Perioden die von der Mitte ausgesandten Schallwellen am Rande schon stark gedämpft ankommen und daß die reflektierten Wellen nicht mehr merklich sind. Dann sendet die Membran vom Mittelpunkt aus gedämpfte Wellen von der in Abb. 29 angedeuteten Art aus. Ist dabei die Wellenlänge und die Abklingstrecke der Membranwelle klein gegen die Phasenlänge der Welle in Luft, so kommt offenbar für die Luftverdrängung und damit für die akustische Wirkung nur die Differenz der Volumina in den Wellenbäuchen diesseits und jenseits der Normallage der Membran in Frage, und die Lufthemmungen werden im allgemeinen kleiner gegenüber den Massenhemmungen der Membran sein, als wenn etwa nur der mittelste Teil der Membran seine Schwingungen ausführte. Andererseits fehlen natürlich alle Resonanzerscheinungen; und wenn die Membranmasse die Hauptbelastung des etwa durch einen Anker gesteuerten ganzen Membransystems darstellt, kann für die Gesamtbilanz die scheinbare Abnahme der Membranmasse — es schwingen ja bei höheren Frequenzen immer kleinere Teile der Membran in Phase — von Vorteil sein und unter Umständen die sonst so gefährliche Zunahme der Massenhemmung mehr als ausgleichen. Ob derartige Vorgänge bei den jetzt verwendeten Papierlautsprechern (Pathélautsprecher, Westernlautsprecher) in einigermaßen reiner Form verwirklicht sind, muß ich allerdings dahingestellt sein lassen[1]).

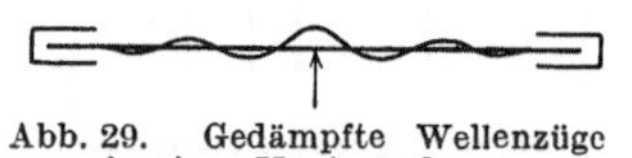

Abb. 29. Gedämpfte Wellenzüge in einer Hautmembran.

[1]) Anm. bei der Korrektur, Oktober 1926: Eine gewisse Rolle spielt dieser Effekt wahrscheinlich auch bei dem in der Zwischenzeit von E. Gerlach entwickelte Faltenlautsprecher der Siemens & Halske A.-G. (Protoslautsprecher), bei dem eine sich allmählich aufbiegende Papierfalte (von der Form der Innenfläche eines aufgeschlagenen Buches) vom Kniff aus elektromagnetisch oder ferromagnetisch in Bewegung gesetzt wird. Als neues Prinzip kommt jedoch hier die Benutzung gekrümmter Membranflächen hinzu, in denen die Fortpflanzungsgeschwindigkeit und damit die phasengleich schwingende Fläche gegenüber gleich schweren ebenen Membranen in einer von der Krümmung abhängigen Weise vergrößert ist.

Damit sind wir am Ende unserer Betrachtungen über die wissenschaftlichen Grundlagen der Kopfhörer- und Lautsprechertheorie angelangt. Notwendig mußten in dem gegebenen Rahmen viele Dinge überhaupt unerörtert bleiben, so die ohne Frage wichtige Rolle der nichtlinearen Vorgänge, der bei größeren Lautstärken leicht auftretenden Differenztöne, ferner die genaueren Fragen der Reibung und Wirbelbildung und anderes mehr. Auch von der großen Anzahl der interessanten Abänderungen und Einzelheiten der modernen Kopfhörer- und Lautsprecherkonstruktionen konnte ich nur einiges berichten, und ich möchte besonders betonen, daß mit der getroffenen Auswahl kein Werturteil gefällt werden soll, sondern daß man darin mehr eine Auswahl nach dem Grade der theoretischen Zugänglichkeit, vielleicht auch in gewissem Grade nach persönlichen Bekanntheitsqualitäten, sehen wolle.

D. Reziprozitätsfragen.

Mit einer dem Mikrophon- und Lautsprecherproblem übergeordneten Frage möchte ich unsere Betrachtungen abschließen. Wodurch unterscheidet sich die Wirkung eines Schallwiedergabeapparates prinzipiell von der des Aufnahmeapparates, und wieweit läßt sich die Theorie des einen auf die des anderen zurückführen? Konkreter: Wie würde z. B. ein fertiger Lautsprecher mit hinreichend frequenzunabhängiger η-Kurve als Mikrophon wirken, wenn man ihn, anstatt mit der Anodenseite des letzten Verstärkerrohres, mit einem Ohmschen Widerstand von der Größe des Anodenwiderstandes verbände, der zu dem Gitter des ersten Verstärkerrohres einer Verstärkeranordnung parallelgeschaltet ist? Wer mit den Reziprozitätssätzen der Akustik bekannt ist, wird zu der Vermutung neigen, daß der Wirkungsgrad beim Empfang, speziell unser Verhältnis V_g/P, wenigstens in seinem Frequenzgang ganz dem linearen Wirkungsgrad $\sqrt{\eta}$ bei der Sendung entspricht. Das trifft aber nicht zu. Es gilt vielmehr ein ganz allgemeines Gesetz anderer Art: der frequenzunabhängige Lautsprecher würde als Empfänger, als Mikrophon, aus einer auftreffenden Schallwelle Energie absorbieren und elektrisch weiterschicken, für die das Verhältnis V_g/P einen Frequenzgang wie $1/\omega$ zeigt; er würde also die hohen Frequenzen unterdrücken, die tiefen bevorzugen. In dieser Gesetzmäßigkeit ist der in der Mikrophontheorie eingeführte Druckverwandlungsfaktor einbegriffen; das Gesetz bezieht sich auf das Verhältnis der absorbierten Energie zu der Energie der freien Welle, wie sie an der Stelle unseres Lautsprechermikrophons anzunehmen wäre, wenn der Apparat nicht da wäre.

Dieses Gesetz des Tiefempfanges, wie wir es nennen können, scheint ganz allgemein auch auf elektrisch absorbierende und emittierende Antennen oder Oszillatorengebilde anwendbar zu sein. Es gilt unter der Voraussetzung, daß die auftreffende freie Welle innerhalb des Bereiches des Aufnahmeapparates als Teil einer Kugelwelle angesehen werden kann. Es ist dann eine strenge Konsequenz eines allgemeinen Reziprozitätstheorems von Lord Rayleigh[1]), und man findet es in allen speziellen Fällen, die man durchrechnet, bestätigt. Das schlagendste Beispiel ist vielleicht ein Beispiel, daß ich als Beispiel des „Flötendeckels“ bezeichnen möchte. Eine Schallwelle trifft auf den Querschnitt eines dünnwandigen zylindrischen Rohres auf, das mit einem Deckel von unendlich kleiner Masse versehen ist, der jedoch einer Reibungskraft unterliegt, die gleich der Reibung in der fortschreitenden Welle ist (Abb. 30). Die Schallwelle wird in diesem Deckel genau denselben Widerstand finden wie in der umgebenden Luft; es wird also nichts reflektiert, vielmehr die ganze auf die Oberfläche des Deckels auftreffende Energie in Reibungsarbeit verwandelt, die übrigens elektrischer Natur sein und eine klangtreue Umwandlung des auftreffenden Schalles bedeuten kann. Benutzt man nun umgekehrt diesen „Flötendeckel“ als Sender, indem man ihn, unter Beibehaltung seiner linearen Reibungseigenschaften, durch eine periodische Kraft bewegt, die wir für alle Frequenzen als gleich annehmen, so wird die ausgesandte Energie durchaus nicht frequenzunabhängig sein. In dem einfachsten Fall, wo der Durchmesser des Deckels klein gegen die Phasenlänge aller Wellen ist, wird sich der Strahler vielmehr in dem Frequenzgang seiner Leistung wie ein kleiner Kugelstrahler von konstanter Geschwindigkeitsamplitude verhalten, der ja bekanntlich proportional dem Quadrat der Frequenz zunehmend emittiert. Der lineare Wirkungsgrad der Emission ist also proportional der Frequenz, die Absorption frequenzunabhängig, das Verhältnis der Frequenzgänge in Absorption und Emission ist das angegebene.

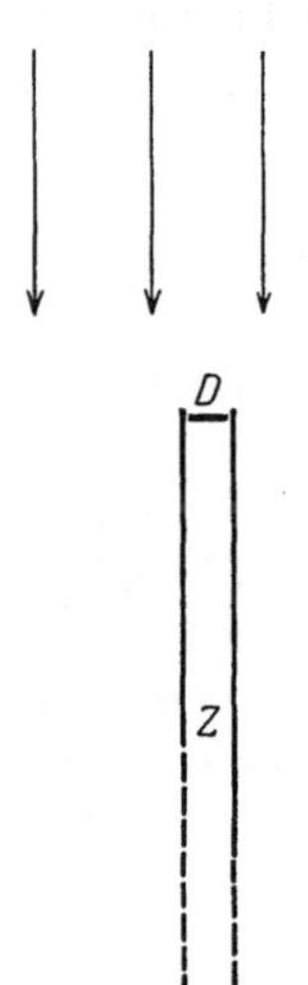

Abb. 30. Beispiel des „Flötendeckels“.

Der Tiefempfangssatz erklärt vielleicht, neben anderen, zufälligeren Momenten den in der Tat doch so grundverschiedenen Typus von Mikrophon und Lautsprecher. Die kleinen trichterlosen Mikrophone mit ihrem meist sehr geringen Divergenzradius scheinen, ganz abgesehen von der Absolutgröße des Wirkungsgrades, dem Elektroakustiker auf den ersten Blick für eine frequenzunabhängige Schallwiedergabe als Lautsprecher unbrauchbar; andererseits wird man schon gefühlsmäßig vermuten, daß die gewöhnlichen Lautsprecher mit ihren großen Trichtern oder Membranen als Mikrophone die tiefen Frequenzen zu

[1]) Theorie des Schalles Bd. I, S. 111.

stark hervortreten lassen werden. Wenn man diesen Gesichtspunkten weiter nachgeht, so wäre es möglich, daß man in Zukunft die Aufgabe, ein frequenzunabhängiges Mikrophon zu bauen — frequenzunabhängig mit Einschluß jenes Druckverwandlungsfaktors —, auch so formuliert: einen Lautsprecher zu bauen, der bei möglichst gutem Gesamtwirkungsgrad einen Frequenzgang seines linearen Wirkungsgrades proportional ω zeigen soll.

Daß das Tiefempfangsgesetz allgemein das bequemste Mittel zu sein scheint, um rein akustische und elektroakustische Empfangsprobleme auf Sendeprobleme zurückzuführen, daß es ferner dem Standardmaß 1 für den elektroakustischen Sendewirkungsgrad η ein (allerdings von der Frequenz abhängiges) Standardmaß für die Güte der ohne Relaiswirkung arbeitenden Mikrophone zur Seite stellt und daß es endlich auch die Richtwirkungen des Empfängers auf die des Senders zurückzuführen gestattet, wurde vom Verfasser in einigen seither erschienenen Veröffentlichungen ausgeführt[1]).

Die Behandlung dieser Reziprozitätsprobleme steht zwar nicht im Vordergrund des praktischen Interesses, gibt aber unseren ganzen Teil- und Spezialuntersuchungen vielleicht einen gewissen philosophischen Abschluß; und so möchte ich damit meine Darlegungen über Mikrophone, Kopfhörer und Lautsprecher beenden.

---

[1]) Das Gesetz des Tiefempfangs in der Akustik und Elektroakustik. Z. f. Phys. Bd. 36, S. 689. 1926. Ferner Telef.-Z. Nr. 42 S. 16. 1926; Z. f. Hochfrequenztechn. Bd. 27, S. 131. 1926.

V. Physikalische Grundlagen der Empfangstechnik.

Von

H. Salinger (Berlin).

Nachdem in den vorangehenden Vorträgen die akustischen Vorgänge, die bei der Rundfunkübertragung auftreten, behandelt worden sind, werden wir uns in den folgenden Ausführungen den elektrischen Vorgängen zuwenden. Hierbei scheiden wir aber die Betrachtung des elektrischen Feldes im Raume sowie die der Wirkungsweise der Antenne aus, da sie von anderer, berufenerer Seite behandelt wird; aus dem gleichen Grunde werden wir alles auf die Elektronenröhren und ihre Schaltmöglichkeiten Bezügliche übergehen. Es bleibt also im wesentlichen die Theorie elektrischer Schwingungskreise und die Betrachtung derjenigen Vorgänge, welche bei der wirklichen Herstellung der Apparate störend auftreten, insofern, als sie Abweichungen von der theoretisch vorausgesetzten einfachen Wirkungsweise der Schaltelemente ergeben.

A. Theorie der Trägerstrom-Telephonie.

Bevor wir daran gehen können, die Schaltungen, die beim Rundfunkempfang in Frage kommen, im einzelnen zu betrachten, müssen wir uns über die elektrischen Vorgänge klar werden, die in diesen Schaltungen stattfinden werden. Es ist allgemein bekannt, daß es sich hierbei um elektrische Schwingungen handelt. Zwei derartige Schwingungsvorgänge können sich nur in drei Punkten voneinander unterscheiden:

1. in der Stärke des Stromes, also in der Amplitude,

2. in der Zahl der Schwingungen in der Sekunde, also in der Frequenz,

3. im Zeitpunkt, zu welchem die Schwingung durch 0 geht, d. h. in der Phase.

Die Frequenz f messen wir durch die Anzahl der Perioden je Sekunde; für die Einheit der Frequenz hat man den Namen des Entdeckers der elektrischen Wellen, Hertz, eingeführt. 100 000 Hertz bedeutet also 100 000 Perioden (200 000 Wechsel) in der Sekunde. Die Zeitdauer einer Periode ist $1/f$ sec.

In den praktischen Berechnungen tritt gewöhnlich eine andere Größe auf, die sogenannte Kreisfrequenz $2\pi f$, die wir mit ω bezeichnen;

es ist aber vorteilhaft, bei zahlenmäßigen Angaben nicht ω auszurechnen, sondern der in Hertz gerechneten Maßzahl von f den Faktor 2π vorauszusetzen. Das Auftreten der Kreiszahl π hat seinen Grund darin, daß man stets sinusförmige Schwingungen betrachtet, das sind diejenigen Schwingungen, die man durch Projektion eines Punktes, der sich gleichförmig auf einem Kreise bewegt, erhält. Abb. 1 veranschaulicht diese bekannte Entstehungsweise der Sinuskurve. Da deren Periode nicht 1, sondern 2π ist, wird der zeitliche Verlauf eines sinusförmigen Wechselstromes durch $A \sin 2\pi f t = A \sin \omega t$ dargestellt.

Nach einem mathematischen Satz läßt sich jeder überhaupt periodische Vorgang durch Addition solcher einfachen Sinuskurven darstellen; dies ist ein Grund, warum man die Betrachtung sinusförmiger Schwingungen zugrunde legt.

Bei den Vorgängen der drahtlosen Telegraphie schwingt nicht nur die Stromstärke und Spannung in den Leitern, sondern auch die elektrische

Abb. 1. Entstehung der Sinuskurve durch Projektion eines umlaufenden Vektors.

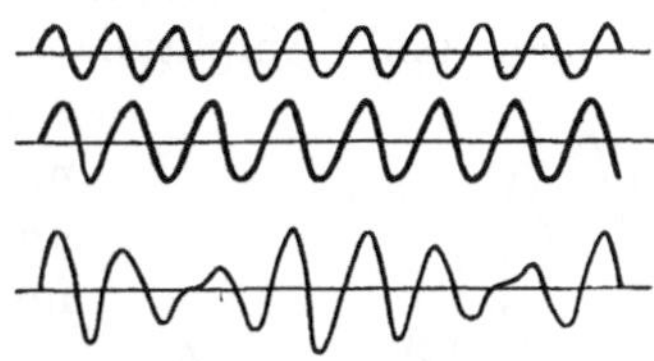

Abb. 2. Schwebungen entstehen durch Überlagerung von Wellenzügen verschiedener Frequenz.

und magnetische Feldstärke im Luftraum in dieser Weise hin und her und breitet sich von der Sendeantenne aus mit einer Geschwindigkeit, die gleich der Lichtgeschwindigkeit $c = 300\,000$ km/sec ist, im Raume aus. In einer Sekunde legt die Welle also die Entfernung c, in $1/f$ sec, d. h. während einer Periode, c/f zurück. Diese Strecke ist die Wellenlänge λ.

Es ist seit den Anfängen der drahtlosen Telegraphie üblich geworden, zur Charakterisierung der Schwingungszahl die Wellenlänge zu benutzen. Man hat aber längst erkannt, daß die Schwingungszahl selbst als Maß sowohl theoretisch als auch praktisch viel besser geeignet ist. Statt von 300 m Wellenlänge werden wir also besser von einer Frequenz von 1 Million Hertz sprechen; statt $\lambda = 600$ m sagen wir $f = 5 \cdot 10^5$.

Mit der bloßen Aussendung solcher Wellenzüge konstanter Amplitude und Frequenz kann man nun bestenfalls telegraphieren, aber weder Musik noch Sprache übertragen. Die Form derjenigen Wellen, die man beim Rundfunk empfängt, ist bekanntlich eine wesentlich andere: die Schwingungszahl ist konstant, aber die Amplitude ist zeitlich veränderlich im Takte der zu übertragenden Vorgänge. Diese Form erinnert an das wohlbekannte, in Abb. 2 wiedergegebene Bild, das man bei der Interferenz zweier Wellenzüge ungleicher Schwingungszahl erhält; man bezeichnet diese Erscheinung als die der Schwebungen. Dies dient uns als Fingerzeig, und wir werden vermuten, daß wir die Schwingungen mit variabler Amplitude ansehen können als bestehend aus einer Anzahl von Wellen zeitlich konstanter, aber untereinander verschiedener Amplituden und Frequenzen.

Wir erkennen aus Abb. 2, daß zwei aufeinanderfolgende Maxima der Schwingungskurve um eine Zeit T auseinanderliegen, während welcher von der schnelleren Frequenz (p) eine Schwingung mehr erfolgt als von der langsameren (q). Es ist also

$$T p - T q = 1, \qquad T = \frac{1}{p - q};$$

die Frequenz der Schwebungen ist demnach $1/T = p - q$. Die Schwingungen bei der drahtlosen Telephonie müssen also aus verschiedenen hochfrequenten Teilwellen (p, q) bestehen, deren Differenzen mit der Frequenz der zu übermittelnden akustischen Vorgänge übereinstimmen.

Um genau zu erfahren, in welcher gegenseitigen Beziehung die Frequenzen und Amplituden dieser Teilwellen zueinander stehen, müssen wir genauer darauf eingehen, wie man die Schwingungen im Sender erzeugt und wie man im Empfänger die Musik, für die sie nur als Träger dienen, wieder herausholt. Das ist dasjenige, was man als Modulation und Demodulation bezeichnet.

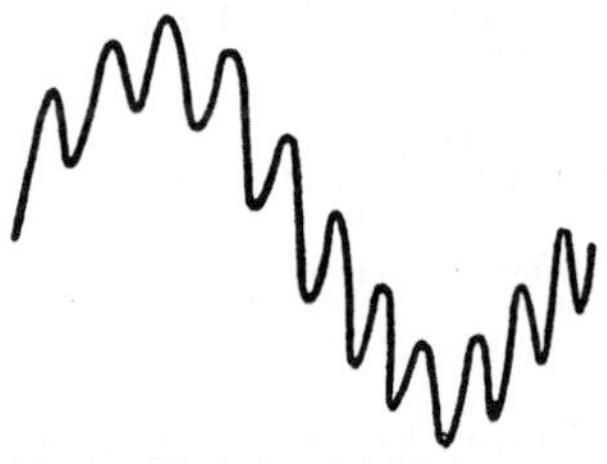

Abb. 3. Einfache Addition zweier Schwingungen gibt keine Modulation.

Zunächst könnte man auf den Gedanken kommen, in der Sendeantenne gleichzeitig die hochfrequente Trägerschwingung und die der Musik oder Sprache entsprechende Niederfrequenzschwingung zu erzeugen und dann die Summe beider auszustrahlen. Aber dann erhält man ein ganz anderes Bild (Abb. 3). Die bloße Addition beider Schwingungen genügt also nicht.

Nun ist schon aus der Akustik bekannt, daß sich zwei Vorgänge nur dann einfach addieren, wenn alle Teile der Anordnung linear arbeiten, d. h. also bei elektrischen Vorgängen, wenn zur doppelten Spannung auch der doppelte Strom gehört. Ist diese Bedingung nicht erfüllt, so treten Kombinationsschwingungen auf, von denen uns hier der sogenannte Summationston und der Differenzton am wichtigsten sind. Deren Frequenzen sind $p + q$ und $p - q$, wenn p und q die Frequenzen der beiden erregenden Töne sind. Verstehen wir jetzt unter p die Trägerfrequenz und unter q die modulierende Frequenz, so erhalten wir also Frequenzen, die in der Nähe der Trägerfrequenz liegen und von ihr nur um die gegen sie kleine Größe q abweichen. Das ist aber nach den Bemerkungen über die Schwebungen genau das, was wir wollen.

Ohne also auf die große Zahl bekannter Modulationsschaltungen näher einzugehen, können wir sagen, daß sie stets nichtlinear arbeitende Glieder enthalten müssen, z. B. Röhren mit krummliniger Charakteristik oder Drosseln mit Eisenkern, bei denen man dann die Magnetisierungskurve des Eisens ausnutzt, oder auch Kohlemikrophone usw.

Nehmen wir als Beispiel den Fall eines fremdgesteuerten Senders, bei dem im Gitterkreis eines „Mischrohres" die Trägerfrequenz und die modulierende Frequenz in Reihenschaltung liegen. e sei die Spannung am Gitter, i der Anodenstrom. Eine lineare Kennlinie würde die Gleichung $i = a + b\,e$ haben, und wenn $e = A_1 \sin 2\pi\,p\,t + A_2 \sin 2\pi\,q\,t$ ist, so enthält auch i wieder nur die Frequenzen p und q. Bei nichtlinearer Kennlinie kann man aber schreiben $i = a + b\,e + c\,e^2 + \cdots$. Wenn wir hier wieder obigen Ausdruck für e einsetzen, entsteht neben Gliedern mit $\sin^2 2\pi\,p\,t$ usw. ein Glied $2\,c\,A_1\,A_2 \sin 2\pi\,p\,t \sin 2\pi\,q\,t$, und dieses ergibt die gewünschten „Seitenwellen", wenn man sich an die Formel erinnert

$$2 \sin 2\pi\,p\,t \sin 2\pi\,q\,t = \cos 2\pi(p - q)\,t - \cos 2\pi(p + q)\,t\,.$$

Die Amplitude dieser Seitenwellen ist proportional zu c, also zur Abweichung der Röhrencharakteristik von der geraden Linie. Man könnte natürlich noch weitere Glieder ($d \cdot e^3$ usw.) berücksichtigen. Dann erhält man aber noch die Frequenzen $p + 2\,q$ und $p - 2\,q$, und das bedeutet einen um so viel größeren Wellenbereich, den der Sender für sich in Anspruch nimmt und auf dem kein zweiter Sender arbeiten darf, ohne zu stören. Das ist also schädlich, und die Charakteristik sollte möglichst nur quadratische Glieder, diese aber nicht zu schwach, enthalten.

Ganz ähnlich ist es nun beim Empfang. Aus den Wellen p und $p + q$ z. B. erhält man da auf dieselbe Weise außer der Summationsschwingung $2\,p + q$, die eine hochfrequente Schwingung ist und uns nicht weiter interessiert, die Differenzschwingung q, das ist aber gerade die gewünschte Niederfrequenz. Auch im Empfänger brauchen wir also Detektoren, Röhren oder andere Vorrichtungen, die nichtlinear arbeiten. Die drahtlose Telephonie beruht somit auf einer zweimaligen Erzeugung von Kombinationsschwingungen.

Sind A_1' und A_2' die Amplituden der Frequenzen p und $p + q$ in der ankommenden Welle, so wird die Amplitude des im Empfangstelephon hörbaren Tones q nach der soeben vorgeführten Rechnung proportional $c'\,A_1'\,A_2'$. (c' ist der c entsprechende Koeffizient der Detektorcharakteristik.) Wir brauchen also erstens eine stark gekrümmte Kennlinie des Detektors (hohes c'), dann aber müssen, um lauten Empfang zu geben, sowohl die Amplitude der Trägerwelle A_1' als auch die der Seitenwelle A_2' groß sein.

Wir sahen, daß das sogenannte Frequenzband des Senders aus der Trägerfrequenz und ihren beiden Seitenwellen besteht, daß wir aber zum Empfang nur eine derselben nötig haben. Sind beide vorhanden, so entsteht zu jedem Ton noch seine Oktave [denn $p + q - (p - q) = 2\,q$], wodurch die Musik etwas aufgehellt wird. Dies braucht noch nicht unbedingt schädlich zu sein, da die hohen Frequenzen bei der Übertragung leicht benachteiligt werden. Trotzdem ist das doppelte Seitenband unerwünscht, denn um so breiter wird das gesamte ausgestrahlte Frequenzband und um so schwieriger also der störungsfreie Empfang benachbarter Wellen. Darum ist es vorzuziehen, das eine der beiden Seitenbänder schon im Sender zu unterdrücken; ob dies mit dem niederen oder dem höheren geschieht, ist gleichgültig. Der dann noch verbleibende Frequenzbereich muß so groß sein, daß alle wichtigen in Sprache und Musik vorkommenden Schwingungen hineinfallen. Diese liegen etwa zwischen 50 und 5000 Hertz; noch größer muß der Frequenzabstand zweier Sender sein, wenn sie nebeneinander arbeiten sollen, ohne sich zu stören. Nach neuen internationalen Vereinbarungen soll dieser Abstand 10 000 Hertz betragen; danach ist die folgende Tafel berechnet, die die Breite des Wellenbereiches angibt, den ein Telephoniesender für sich in Anspruch nimmt. (Wir erkennen übrigens hier einen entschiedenen Nachteil der Rechnung mit Wellenlängen, denn während dieses Frequenzband in Hertz gemessen immer gleich groß ist, ist es in Metern gemessen bei den kürzesten Wellen sehr klein, bei den längsten aber recht beträchtlich.) Im Rundfunkbereich müssen also, wie die Zahlentafel zeigt, benachbarte Sender um 3 bis 12 m in der Wellenlänge verschieden sein.

Zahlentafel 1.

λ m	f Hertz	$\Delta\lambda$ für $\Delta f = 10\,000$ m
30	10^7	0,03
300	10^6	3
600	$5 \cdot 10^5$	12
3000	10^5	300

Man hört manchmal die Ansicht, daß man dieser Konsequenz, daß jeder Sender ein bestimmtes Frequenzband braucht und also in einem begrenzten Gebiet nicht zu viele nebeneinander aufgestellt werden können, durch Verwendung einer Zwischenfrequenz entgehen könne. Wie steht es damit? Nehmen wir an, wir überlagern den höchstmöglichen Ton, $f = 10\,000$, der Zwischenfrequenz z und unterdrücken das untere Seitenband, so erhalten wir die Frequenzen z und $z + 10\,000$. Die so modulierte Zwischenfrequenz wird der eigentlichen Rundfunkfrequenz überlagert. Hier kann man außer dem unteren Seitenband auch noch die Trägerfrequenz r unterdrücken; man erhält die Wellen $r + z$ und $r + z + 10\,000$, deren Differenz im Empfänger den gewünschten Ton gibt. Die gesamte Breite des ausgestrahlten Schwingungsbandes ist aber, wie man sieht, wieder 10 000 Hertz, man hat also in dieser Beziehung nichts gewonnen. Es gibt zwar noch andere Methoden der Verwendung einer Zwischenfrequenz, aber an der eben festgestellten Tatsache ändert sich dabei nichts. Auch bei der weniger gebräuchlichen Besprechungsmethode, die nicht die Amplituden der Trägerschwingung moduliert, sondern ihre Frequenz, wird nichts gewonnen[1]).

Dagegen erhält man wirksame Mittel, um sich vor benachbarten Störwellen zu schützen, wenn man noch die Richtung der einfallenden Wellen und gegebenenfalls auch ihre Polarisation zu Hilfe nimmt, um sie voneinander zu trennen. Aber das gehört zur Antennenfrage und überschreitet den Rahmen dieses Vortrages.

Es ist indes noch eine andere Art des Sendens möglich. Man kann nämlich nur das Seitenband ausstrahlen und auch die Trägerwelle unterdrücken. Man hat dabei den Vorteil, daß die ausgestrahlte Sendeenergie, die immer zum größten Teil in der Trägerwelle liegt, erheblich geringer ist und damit auch die störende Einwirkung des Senders auf benachbarte Empfänger. Man muß dann natürlich die fehlende Trägerwelle entweder im Empfänger selbst wiedererzeugen, oder doch in seiner Nähe, indem man Zwischensender aufstellt, die keine sehr große Energie zu haben brauchen. Es ergibt sich jedoch eine Schwierigkeit. Stellen wir uns eine Trägerwelle von 300 m vor, entsprechend einer Frequenz von 10^6, auf der eine Geige und ein Cello Oktavengänge spielen, sagen wir mit den Frequenzen 400 und 800. Bei Verwendung des oberen Seitenbandes werden also die Schwingungen 1 000 400 und 1 000 800 ausgestrahlt. Ist die in der Nähe des Empfängers erzeugte Trägerwelle auch nur um 1 Hertz von der ursprünglichen verschieden, so hört man im Kopfhörer die Töne 399 und 799, die nicht mehr genau eine Oktave miteinander bilden, sondern eine Schwebung je Sekunde ergeben. Das ist schon recht merklich. Die sekundär erzeugte Trägerwelle müßte also mit der ursprünglichen auf mehr als ein Millionstel genau übereinstimmen. Das ist nur dann zu erreichen, wenn man den Zwischensender vom primären Sender aus direkt steuert.

B. Schaltungen.

1. Abstimmung und Dämpfung. Nun wenden wir uns den Empfangsschaltungen zu. Die Schaltelemente elektrischer Schwingungskreise sind Induktivität, Kapazität und Widerstand. Am einfachsten ist es, diese drei Glieder als in Reihe liegend anzunehmen. Gewöhnlich zeichnet man statt dessen einen geschlossenen Schwingungskreis und nimmt an, daß dessen Spule der Sitz einer von außen induzierten EMK sei; das ist aber nur in der Darstellungsweise von unserer Annahme

[1]) Carson: Proc. Inst. Rad. Eng. Bd. 10, H. 1, S. 57. 1922.

verschieden. Abb. 4a zeigt das Schaltschema, Abb. 4b das Vektordiagramm. In Phase mit dem Strom i liegt die Spannung am Widerstand $e_R = iR$, während die Spannung $e_L = i\omega L$ an der Spule dem Strom um 90° vor-, die Spannung am Kondensator $e_c = i/\omega C$ um eben so viel nacheilt. Die Spannungen setzen sich nach Abb. 4b zu einer resultierenden Spannung

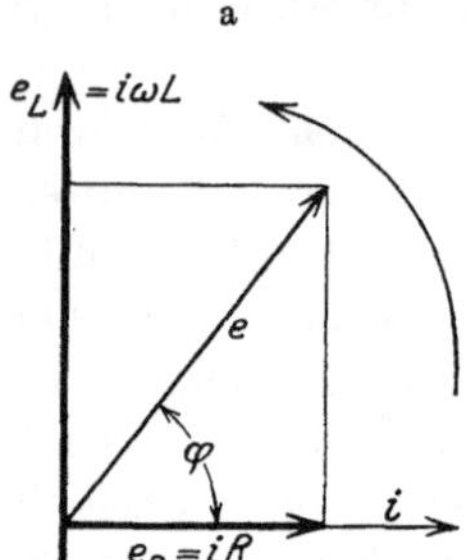

Abb. 4a und b. Einfacher Schwingungskreis.

$$e = i\sqrt{\left(\omega L - \frac{1}{\omega C}\right)^2 + R^2}$$

zusammen, die um einen bestimmten Phasenwinkel φ vom Strom abweicht. Wir können diese Beziehung durch Einführung der Größe $\omega_0 = 1/\sqrt{LC}$, deren Rolle als Resonanzfrequenz wir gleich erkennen werden, so umformen:

$$i = \frac{e\sqrt{\frac{C}{L}}}{\sqrt{\left(\frac{\omega}{\omega_0} - \frac{\omega_0}{\omega}\right)^2 + \frac{R^2}{\omega_0^2 L^2}}}$$

Man bezeichnet $R/2L = \delta$ als Dämpfungskonstante des Kreises, und $\frac{R\pi}{\omega_0 L} = \frac{\delta}{f} = \mathfrak{d}$ als das Dekrement, aus einem Grund, der später klar werden wird. Wenn wir von dem Faktor $\sqrt{C/L}$ absehen (er bedeutet einen reziproken Widerstand), so hängt dann der Strom nur von

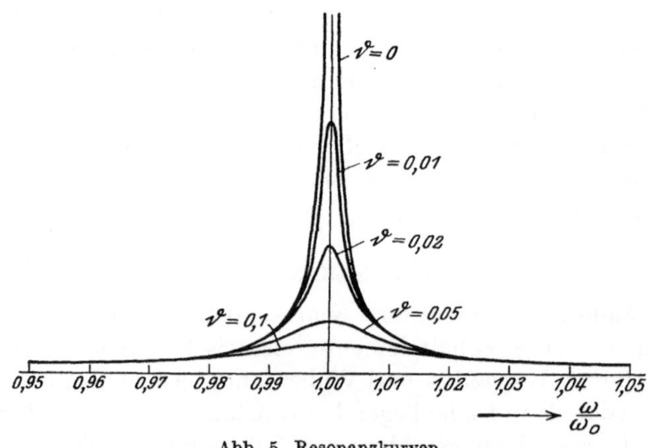

Abb. 5. Resonanzkurven.

dem Verhältnis der erregenden zur Resonanzfrequenz und außerdem vom Dekrement ab, vgl. Abb. 5. Er wird am größten bei der Frequenz ω_0; hier heben sich nämlich der induktive und kapazitive Anteil der Spannung gegenseitig auf. Die Resonanzbedingung ist durch die Thomsonsche Formel

$$\omega_0 = \frac{1}{\sqrt{LC}}$$

gegeben; sie ist in dieser Form richtig, wenn L in Henry, C in Farad gemessen wird. Benutzt man für beide das cm als Maßeinheit, wie in der drahtlosen Technik üblich, so muß man umrechnen:

$$1 \text{ Farad} = 9 \cdot 10^{11} \text{ cm},$$
$$1 \text{ Henry} = 10^{9} \text{ cm}.$$

In diesem Falle ist es aber bequemer, die Wellenlänge λ einzuführen; man erhält sie nach der Formel $\lambda = 2\pi\sqrt{LC}$ in cm, wenn L und C in cm gemessen werden.

Aus Abb. 5 ist zu sehen, daß für jede Frequenz der Strom bei der geringsten Dämpfung am größten ist. Für uns kommt es aber nicht so sehr auf den Absolutbetrag der Stromstärke an, als auf ihre Abhängigkeit von der Frequenz, und da sieht man, daß der Strom bei der Dämpfung 0 überall verschwindend klein wird gegen den Resonanzstrom, der ja rechnerisch unendlich ist, während bei größerer Dämpfung die Stromstärke nicht so sehr von der Frequenz abhängt. Da wir verlangen, daß unsere Schaltungen einen endlichen Frequenzbereich durchlassen, so brauchen wir also eine bestimmte Dämpfung, über deren Zahlenwert uns die obige Gleichung Auskunft gibt. Wir können sie, da praktisch ω sich nur um eine kleine Größe $\Delta\,\omega$ von ω_0 unterscheidet, so schreiben:

$$i = \frac{e}{2L}\frac{1}{\sqrt{(\Delta\,\omega)^2 + \delta^2}}.$$

Man sieht daraus, daß z. B. für $\Delta\omega = \delta$ der Strom 0,7 des Resonanzstromes ist. Nur noch $^1/_3$ des Resonanzstromes erhalten wir etwa bei $\Delta\omega = 2{,}8\ \delta$. Soll diese Stelle etwa für $\Delta\omega = 2\pi \cdot 5000$ erreicht sein (also das gesamte zur Verfügung stehende Band $2\pi \cdot 10\,000$ sein), so folgt $\delta = 11\,000$, und für $f = 600\,000$ ($\lambda = 500$ m) wird dann das erforderliche Dekrement $\mathfrak{d} = 0{,}02$. Das ist praktisch noch gut herstellbar, weniger darf man aber nach unserer Rechnung nicht nehmen. Bei dieser Dämpfung fällt aber auch außerhalb des gewünschten Frequenzbereiches der Strom nur langsam ab; fremde Sender auf benachbarten Wellen werden also leicht stören. Wir erkennen, daß die Forderung der Abstimmschärfe im Widerstreit liegt mit der eines guten Empfangs.

Obwohl diese Betrachtungen einen einfachen Schwingungskreis voraussetzen, wie er etwa beim Detektorempfänger verwirklicht ist, gelten sie doch im wesentlichen auch noch, wenn man kompliziertere Mittel (Entdämpfung mittels Rückkoppelung usw.) anwendet.

Weiter zeigt Abb. 5 deutlich, daß die Dämpfung die Stromamplitude verringert. Hiergegen kann man sich aber bis zu einem gewissen Betrage schützen, wenn man die Dämpfung als Nutzdämpfung ausführt. Es ist ja nicht nötig, daß der Widerstand R nur davon herrührt, daß die Spulen dünndrähtig gewickelt werden, man kann ebensogut den Widerstand des Detektors (oder durch bekannte Schaltungen einen Bruchteil

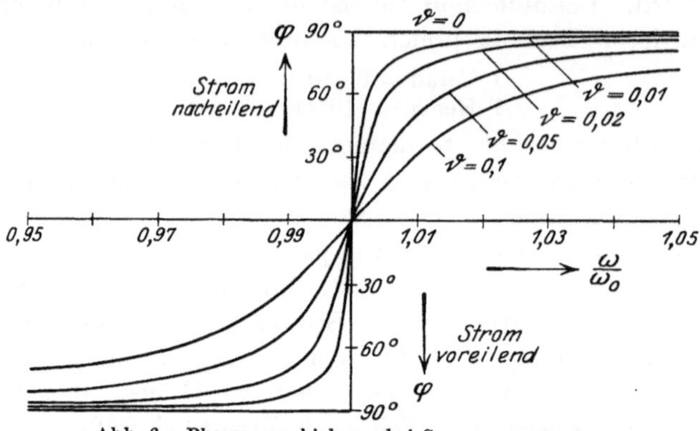

Abb. 6. Phasenverschiebung bei Spannungsresonanz.

davon) wählen; dann hat man die Dämpfung durch solche Widerstände erzielt, die ohnehin in der Anordnung vorhanden sind. Jeder Energieverbrauch bewirkt eine Dämpfung, und je nachdem, ob der Energieverbrauch ungewollt oder gewollt ist, redet man von einer „schädlichen" oder von „Nutzdämpfung"; die Dämpfung an sich ist weder gut noch böse.

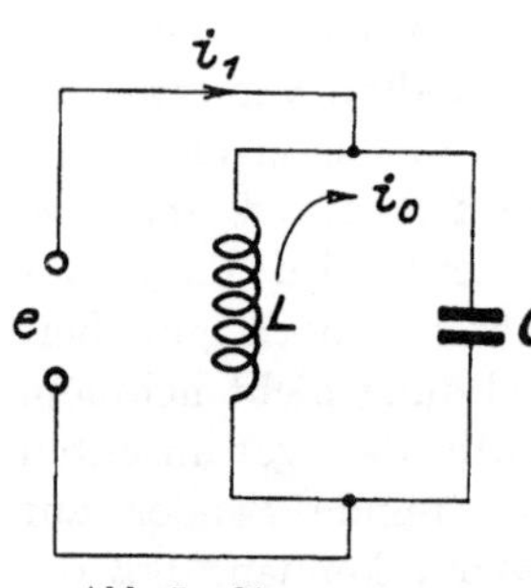

Abb. 7. Stromresonanz.

Manchmal interessiert die Phasendifferenz zwischen Strom und Spannung. Sie ist aus dem Vektordiagramm leicht abzulesen; es ist aber auch physikalisch klar, daß für langsame Frequenzen der Kondensator das größte Hindernis für den Strom bildet, der Kreis sich also wie eine Kapazität verhält, während er für schnelle Schwingungen aus dem gleichen Grund wie eine Spule wirkt. Wäre kein Widerstand vorhanden, so würde also der Strom unterhalb der Resonanz der Spannung um 90° vorauf-, oberhalb um 90° nacheilen. Bei Berücksichtigung der Dämpfung verwischt sich dieses Bild etwas (Abb. 6), genau bei der Resonanzfrequenz sind Strom und Spannung aber immer in Phase.

Ein anderer Fall des einfachen Schwingungskreises liegt dann vor, wenn die erregende EMK auf eine Parallelschaltung von Spule und Kondensator wirkt (Abb. 7). Das kommt z. B. bei der Schwungradschaltung von Antennenkreisen vor oder in den Anodenkreisen abgestimmter Hochfrequenzverstärker. Resonanz tritt hier ein, wenn sich die beiden Teilströme, in die sich i_1 spaltet, gegenseitig gerade aufheben, dann ist der Gesamtstrom (angenähert) 0, der Widerstand des Kreises also sehr groß, und zwar $= \infty$ für verschwindende Dämpfung des Kreises, anderenfalls $= \sqrt{L/C}\,\pi/\mathfrak{d}$ Ohm, wenn L in Henry, C in Farad gerechnet wird. Dieser Fall der sogenannten Stromresonanz stellt insofern eine Umkehrung des bisher betrachteten der Spannungsresonanz vor, als vorher bei der Resonanzfrequenz die Spannung und der Widerstand sehr klein, der Strom recht groß war; hier ist das Gegenteil der Fall, wenn man unter „Strom" den in den Kreis hineinfließenden Strom i_1 versteht. Dagegen der Strom im Kreis selbst, i_0, wird bei Resonanz wieder sehr groß. Solche Kreise stellen ein Mittel zur Reinigung von Oberwellen dar, denn wenn ich mit der Spule L einen weiteren Kreis koppele, so induziert in diesem Kreis wesentlich nur die Komponente von i_1, für die der Kreis LC abgestimmt ist; die Stromkomponenten der Oberschwingungen, für die der Kreis nicht abgestimmt ist, sind dagegen viel kleiner. Die Resonanzfrequenz selbst ist auch jetzt wieder sehr angenähert nach der Thomsonschen Formel zu berechnen.

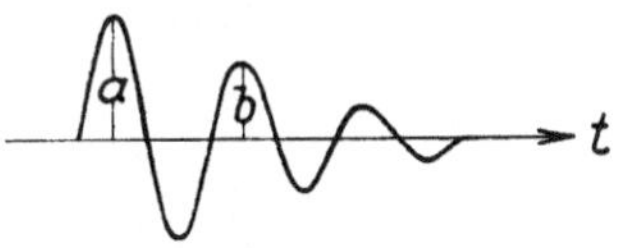

Abb. 8. Gedämpfte Schwingung.

Die Phasen liegen hier natürlich umgekehrt wie im Fall der Reihenschaltung: für die höchsten Frequenzen benutzt der Strom wesentlich nur C, für die niedrigsten L als Weg, also hat der Strom i_1 unter Resonanz Phasennacheilung, über Resonanz Voreilung gegen e.

Bisher haben wir die elektrischen Schwingungen immer als ungedämpft angenommen, da solche allein ja als Träger des Rundfunks dienen können. Nun ist aber jeder einfache Schwingungskreis auch fähig, bei geeigneter Anregung von sich aus gedämpfte Schwingungen zu erzeugen, und wir müssen noch ein wenig auf diese eingehen. Solche Schwingungen haben das Aussehen der Abb. 8 und können z. B. erzeugt werden, indem man den Kondensator auf eine Spannung auflädt und ihn dann über eine Induktivität schließt.

Das Verhältnis je zweier aufeinanderfolgender Maxima bleibt dabei konstant; man bezeichnet den natürlichen Logarithmus dieses Verhältnisses als das Dekrement $\mathfrak{d}$. Dieses Dekrement ist mit der vorher gleichbezeichneten Größe identisch. Je größer also $\mathfrak{d}$ wird, um so schneller schwingt sich der Kreis aus. Genau so ist es aber, wenn er von außen plötzlich in irgendwelche Schwingungen, deren Frequenz mit der Eigenfrequenz des Kreises nicht übereinzustimmen braucht, versetzt wird. Auch dann entstehen zunächst die Eigenschwingungen, die aber schnell abklingen und sich so über die erzwungenen Schwingungen lagern, daß diese eine gewisse Zeit brauchen, ehe sie ihre volle Stärke erlangt haben. Das zeigt Abb. 9, deren obere Hälfte einen angenommenen Verlauf der elektromotorischen Kraft wiedergibt, während die untere Hälfte den dadurch erzeugten Stromverlauf im Schwingungskreis veranschaulicht, unter der Annahme, daß die Frequenz der elektromotorischen Kraft gleich der Eigenfrequenz des Kreises ist. (Ist dies nicht genau der Fall, so wird das Bild verwickelter, da dann abklingende Schwebungen auftreten.) Was nun für eine plötzlich einsetzende und wieder abbrechende EMK gilt, gilt auch allgemein: der Schwingungskreis gibt ihren Verlauf verzerrt wieder, er verzerrt also auch etwas die Musik, die die Schwingungen übertragen sollen, und zwar um so mehr, je geringer sein Dekrement, je schärfer also seine Abstimmung ist.

Diese Erscheinung bezeichnet man als den elektrischen Nachhall. Die Namengebung ist vielleicht etwas irreführend; der Vorgang ist allerdings das genaue Analogon zu der Erscheinung des akustischen Nachhalls im Raum, da auch dort ein plötzliches Aufhören der Tonerzeugung ein allmähliches Abklingen der Luftschwingungen zur Folge hat; aber der elektrische Nachhall bewirkt eine ganz andersartige Verzerrung der Musik, die im Kopfhörer nicht als Nachhall empfunden wird, sondern als Fehlen der höchsten Töne, also als zu dumpfe Klangfarbe, denn schnelle Änderungen der Trägeramplitude, die hohen Frequenzen der Musik entsprechen würden, sind ja jetzt nicht möglich[1]). Es handelt sich in der Tat nur um eine andersartige Betrachtung derselben Tatsache, die wir schon bei der Untersuchung des Frequenzbandes erkannten, daß hohe Abstimmschärfe und guter Empfang widersprechende Forderungen sind, und man kann im einzelnen zeigen, daß man von beiden Betrachtungsweisen aus auch zahlenmäßig genau auf die gleiche Bedingung kommt.

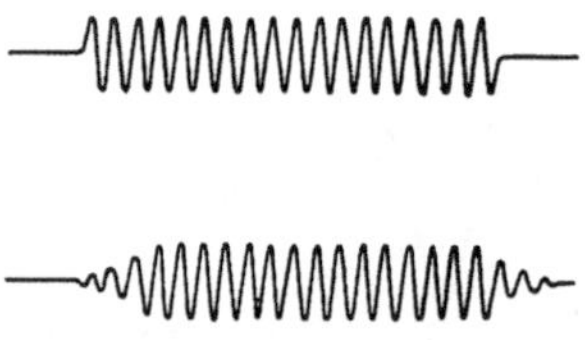

Abb. 9. Elektrischer Nachhall.

Nun sahen wir schon, daß eine genügend gedämpfte Resonanzkurve wenig steil verläuft, so daß man sich nur schwer von Störern frei machen kann. Was wir suchen, ist also eine Resonanzkurve, die sehr steil ist (wie bei sehr schwach gedämpften Kreisen), andererseits aber doch eine gewisse Breite hat (wie bei etwas stärkerer Dämpfung). Mit diesem Ziele wenden wir uns der Betrachtung der Kopplung zu.

2. Kopplung. Die Einführung gekoppelter Kreise ist wohl ursprünglich dem Bedürfnis nach hoher Abstimmschärfe zu danken. Zunächst stellt

[1]) Es ist allerdings anzuerkennen, daß der akustische Nachhall sehr ähnlich klingt, weil er nämlich auch meist nur für die niederen Frequenzen wirksam wird; hohe Töne werden von den Saalwänden stärker absorbiert und hallen daher weniger.

man sich das sehr einfach vor. Der Strom im ersten Kreis verläuft nach der Resonanzkurve; dieser induziert im zweiten Kreis Ströme, für deren Intensität wiederum die Resonanzkurve in Frage kommt. Die gesamte Resonanzkurve sollte also das Produkt der beiden für die einzelnen Kreise gültigen sein, und man sieht leicht, daß dies eine große Abstimmschärfe gibt. Aber diese Betrachtungsweise ist höchstens bei ganz loser Kopplung zulässig. In Wirklichkeit sind die Erscheinungen weit verwickelter, weil der zweite Kreis auf den ersten zurückwirkt.

Die einfachste Schaltung zeigt die Abb. 10. Die Kopplung beider Kreise wird hier durch das gemeinsame Magnetfeld der Spulen bewirkt. Häufig führt man diese Kopplungsart, ohne sie im wesentlichen zu ändern, anders aus, nämlich als direkte Kopplung (wie in Abb. 13). Man kann aber auch zwei Kreise durch ein gemeinsames elektrisches Feld (kapazitiv) miteinander koppeln oder auch durch den Spannungsabfall an einem gemeinsamen Widerstand (vgl. Abb. 11). Diese letztere Art der Kopplung ist allerdings in den Empfangsschaltungen ohne Röhren, wo man Widerstände zu vermeiden trachtet, nicht gebräuchlich, während bekanntlich bei den Hochfrequenzverstärkern die Widerstandskopplung sehr beliebt ist.

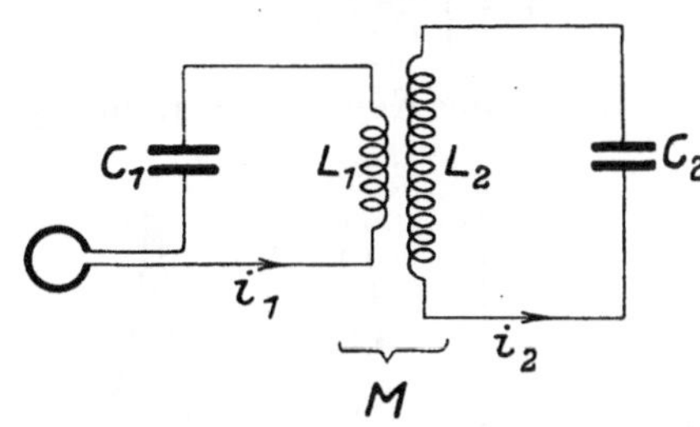

Abb. 10. Induktiv gekoppelte Kreise.

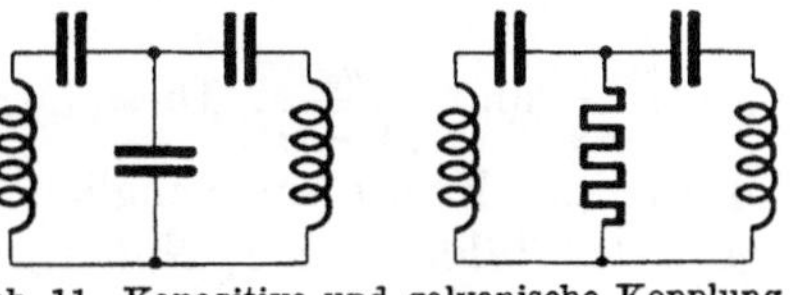
Abb. 11. Kapazitive und galvanische Kopplung.

Wir behandeln die Schaltung der Abb. 10 genauer und fragen nach der Resonanzkurve, d. h. nach dem Verhältnis zwischen Strom und Spannung, wobei wir unter der Spannung die erregende EMK verstehen; der zu betrachtende Strom kann entweder der im Primär- oder der Strom im Sekundärkreis sein. Zunächst vernachlässigen wir die Widerstände, also die Dämpfungen.

Zur erregenden Kraft e tritt im ersten Kreis noch die vom zweiten zurückinduzierte $-i_2 \omega M$; die Spannungsabfälle $i_1 \omega L_1$ und $i_1/\omega C_1$ sind einander entgegengerichtet, also wird

$$e = i_1 \left(\omega L_1 - \frac{1}{\omega C_1}\right) + i_2 \omega M ,$$

genau so

$$0 = i_1 \omega M + i_2 \left(\omega L_2 - \frac{1}{\omega C_2}\right) .$$

Wir nehmen an, daß beide Kreise gleich abgestimmt seien: $L_1 C_1 = L_2 C_2 = 1/\omega_0^2$. Die Rechnung bringt dann den Faktor $\varkappa = M^2/L_1 L_2$ herein, der immer kleiner als 1 ist und der der **Kopplungsfaktor** heißt. Man findet dann

$$i_1 = e\sqrt{\frac{L_2}{C_2}} \cdot \frac{\frac{\omega}{\omega_0} - \frac{\omega_0}{\omega}}{\Delta},$$

$$i_2 = -e\frac{\omega M}{\Delta}.$$

Hierbei ist zur Abkürzung gesetzt

$$\Delta = \sqrt{\frac{L_1 L_2}{C_1 C_2}}\sqrt{1-\varkappa^2}\left[\frac{\omega\sqrt{1-\varkappa}}{\omega_0} - \frac{\omega_0}{\omega\sqrt{1-\varkappa}}\right]\left[\frac{\omega\sqrt{1+\varkappa}}{\omega_0} - \frac{\omega_0}{\omega\sqrt{1+\varkappa}}\right].$$

Δ, d. i. der Nenner von i_1 und i_2, wird bei zwei Frequenzen Null, nämlich

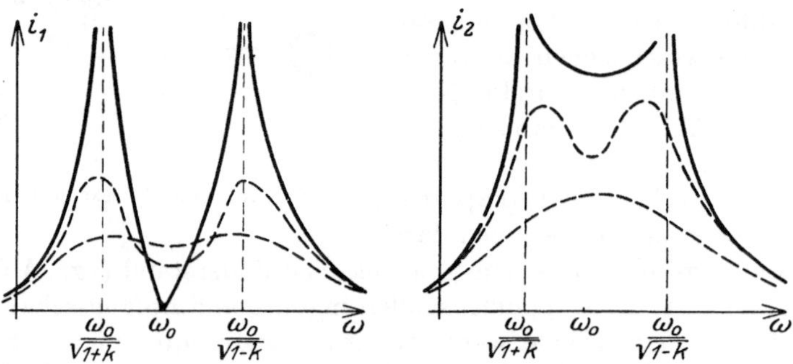

Abb. 12. Resonanzkurven gekoppelter Kreise.

bei $\frac{\omega_0}{\sqrt{1+\varkappa}}$ und $\frac{\omega_0}{\sqrt{1-\varkappa}}$. Diese liegen zu beiden Seiten der Frequenz ω_0, auf die die Kreise ursprünglich abgestimmt waren, und bei der übrigens der Zähler von i_1 Null wird. Man erhält also für den Primär- und Sekundärstrom die stark ausgezogenen Kurven der Abb. 12 (diese geben nur die Stromamplituden, ohne Rücksicht auf die Vorzeichen). Daß die Kurve für den Primärstrom bei $\omega = \omega_0$ Null wird, kann man sich deuten, wenn man in bekannter Weise den Kopplungsübertrager durch die entsprechende Sternschaltung ersetzt (vgl. Abb. 13). Man sieht dann, daß es eine bestimmte Frequenz gibt, bei der der zweite Kreis in Stromresonanz ist und also für den ersten Kreis einen unendlich hohen Widerstand bedeutet.

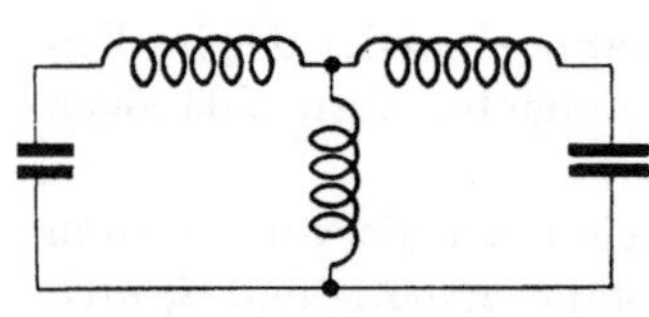

Abb. 13. Gekoppelte Kreise (Ersatzschaltbild).

Diese Kurven gelten für widerstandslose Kreise. Die Dämpfung wird die scharfen Maxima und Minima verwischen; die zwei gestrichelten Kurven zeigen schematisch das Verhalten bei schwacher und stärkerer Dämpfung. Daraus sehen wir: Während bei verschwindender Dämpfung die Resonanzkurve im Sekundärkreis (diese interessiert ja am meisten) immer zweiwellig ist, kann sie bei genügend starker Dämpfung einwellig werden. Je nachdem, ob die Resonanzkurve ein- oder zweiwellig ist, kann man von loser oder fester Kopplung sprechen; aber ob eine gegebene Kopplung lose oder fest ist, läßt sich nur durch Vergleich mit der jeweils vorhandenen Dämpfung feststellen. Haben beide Kreise gleiche Dämpfung $\mathfrak{d}$, so mag man sich als Regel merken, daß die Resonanzkurve im Sekundärkreis nur zweiwellig ist, solange $\mathfrak{d}/\pi < \varkappa$ bleibt.

Bei der Erregung der gekoppelten Kreise zu gedämpften Eigenschwingungen treten diese an den Stellen $\omega_0/\sqrt{1 \pm \varkappa}$ auf (Kopplungswellen).

Aus der mittleren Kurve rechts in Abb. 12 ersieht man, daß man bei geeigneter Kopplung und Dämpfung Kurven bekommt, die für den Empfang recht brauchbar sind. Über die Größe der erforderlichen Kopplung können wir folgende Überschlagsrechnung machen: Wir müßten etwa verlangen

$$\omega_0 \left(\frac{1}{\sqrt{1-\varkappa}} - \frac{1}{\sqrt{1+\varkappa}} \right) = 2\pi \cdot 10000;$$

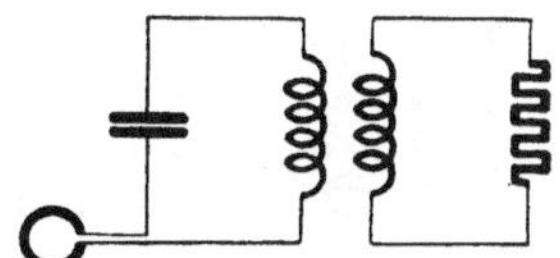

Abb. 14. Kopplung mit einem aperiodischen Sekundärkreis.

da aber zu beiden Seiten der Kopplungsfrequenzen die Kurve nicht sofort abfällt, wollen wir nur den 3. Teil dieser Breite als Abstand der beiden Kopplungsfrequenzen ansetzen. In großer Annäherung wird also $\omega_0 \varkappa = 2 \cdot 10^4$, und für $\omega_0 = 2\pi \cdot 6 \cdot 10^5$ ($\lambda = 500$ m) kommt $\varkappa = 0{,}005$. Das ist eine sehr lose Kopplung; die Dämpfung wird meist größer sein, so daß diese Rechnung nur ganz ungefähr stimmt und daher die Vorteile der Kopplung für unseren Zweck nur auszunutzen sind, wenn man Dämpfungsreduktion oder andere Kunstschaltung verwendet, deren Behandlung nicht hierher gehört. Man muß natürlich auch daran denken, daß die Kopplung von Kreisen nicht nur diesen einen Zweck der Erzielung geeigneter Resonanzkurven hat.

Bei der Behandlung der kapazitiven Kopplung ergibt sich nichts wesentlich anderes. Bei der Widerstandskopplung ist natürlich die Vernachlässigung des Widerstandes nicht mehr möglich.

Man kann nun die Rechnung auch ohne Vernachlässigung des Widerstandes durchführen, doch werden die Ausdrücke ziemlich verwickelt. Wir behandeln daher aus diesem Gebiet nur noch einen einfachen Fall, nämlich den, daß der Sekundärkreis keinen Kondensator enthält, also aperiodisch ist (Abb. 14). Dieser Fall liegt z. B. beim Detektorempfänger mit abgestimmter Antenne vor, die wir durch den Primärkreis darstellen und an die ein Detektor, der als reiner Widerstand angesehen werden kann, induktiv angekoppelt ist.

Wir erfahren alles, was wir wissen wollen, wenn wir nur das Schema der Abb. 15 betrachten und die Frage so stellen: Wie wirkt der Sekundärkreis, an den Klemmen der primären Koppelspule gemessen? Die Bezeichnungen sind aus der Abbildung zu entnehmen, in R_2 ist natürlich der Widerstand der Wickelung L_2 eingerechnet.

Wir haben hier nur bekannte Sätze anzuwenden über das Einbringen von Widerstand usw. in einen Stromkreis mittels eines Transformators, denn das Schema von Abb. 15 ist ja das eines stark streuenden Übertragers. Es erweist sich als bequem, für die Größe $R_2/\omega L_2$ eine Abkürzung einzuführen, wir wollen sie $\mathfrak{d}_2'/\pi$ nennen, um daran zu erinnern, daß sie wie ein durch π dividiertes Dekrement gebildet ist. Es ist aber der Unterschied vorhanden, daß ω die erregende Frequenz und nicht die Eigenfrequenz eines Kreises ist, und daher ist auch $\mathfrak{d}_2'$ keine feste Zahl, sondern mit der Frequenz veränderlich. Die Rechnung ergibt, daß sich die Anordnung von den Klemmen 1, 2 aus gemessen so benimmt, als wenn nur die Primärspule da wäre, aber mit geänderten Werten, nämlich mit einer Induktivität

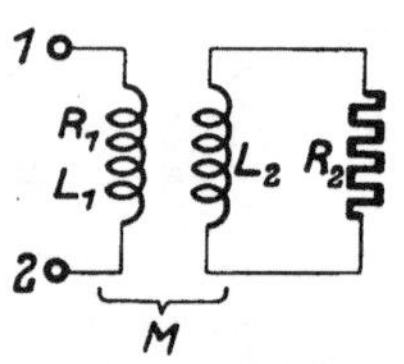

Abb. 15. Aperiodischer Sekundärkreis.

$$L = L_1\left(1 - \frac{\varkappa^2}{1 + \left(\frac{\mathfrak{d}_2'}{\pi}\right)^2}\right)$$

und mit einem Widerstand

$$R = R_1 + \frac{\varkappa^2}{n^2} \cdot \frac{R_2}{1 + \left(\frac{\mathfrak{d}_2'}{\pi}\right)^2}.$$

Dabei ist $n = \sqrt{L_2/L_1}$ das Übersetzungsverhältnis.

Die Induktivität ist also kleiner als bei Leerlauf, und zwar um so kleiner, je kleiner der Belastungswiderstand R_2 ist. Gehen wir wieder zur Abb. 14 zurück, so muß also die im Primärkreis gemessene Resonanzkurve etws verzerrt werden (weil $\mathfrak{d}_2'$ keine Konstante ist) und außerdem ihr Maximum bei einer etwas höheren Frequenz haben, als wenn der Sekundärkreis nicht da wäre. Der Widerstand des Primärkreises wird durch die Ankopplung vergrößert; dies war natürlich zu erwarten.

Über die Resonanzkurve im Sekundärkreis erhalten wir folgendermaßen Aufschluß: Energie wird nur in den Wirkwiderständen verbraucht. Die insgesamt verbrauchte Energie ist also einerseits gleich $i_1^2 R$, andererseits kann man sie aber auch aufspalten in $i_1^2 R_1 + i_2^2 R_2$. Beide Ausdrücke müssen einander gleich sein, woraus wir erhalten

$$i_2 = i_1 \sqrt{\frac{R - R_1}{R_2}} = i_1 \frac{\varkappa}{n} \frac{1}{\sqrt{1 + \left(\frac{\mathfrak{d}_2'}{\pi}\right)^2}}.$$

Da bei Empfängern mit einer einigermaßen brauchbaren Abstimmschärfe ω sich im Bereich der Resonanzkurve kaum ändert, so ist es annähernd gestattet, $\mathfrak{d}_2'$ in allen diesen Formeln als konstant anzusehen;

dann sieht man zunächst, daß die Resonanzkurve von i_2 bis auf einen Faktor die gleiche ist wie die von i_1, also nur unwesentlich von einer normalen Resonanzkurve verschieden. Es ist dann auch möglich, die Dämpfung der Resonanzkurve von i_1 anzugeben. Bei loser Kopplung, wie sie praktisch wohl stets vorhanden ist, wird

$$\mathfrak{d} = \mathfrak{d}_1 + \frac{\varkappa^2}{1 + \left(\frac{\mathfrak{d}_2}{\pi}\right)^2} (\mathfrak{d}_1 + \mathfrak{d}_2),$$

wo wir bei $\mathfrak{d}_2$ den Akzent weggelassen haben, um anzudeuten, daß diese Größe für die Resonanzfrequenz ω_0, die jetzt allerdings nicht genau mit dem Maximum der Resonanzkurve übereinstimmt, zu bilden ist; $\mathfrak{d}_1$ ist das Dekrement des Primärkreises. Durch diese Formel wird das weiter oben Gesagte über die Möglichkeit, den Widerstand des Detektors zur Erzielung einer geeigneten Dämpfung zu verwenden, näher erläutert.

Eine ganz andersartige Behandlung der gekoppelten Kreise müssen wir noch erwähnen, nämlich die Betrachtung dieser Kreise als Siebketten oder als Teile von solchen. Die Siebketten stellen nicht eigentlich eine besondere Art von Schaltungsorganen dar, man kann vielmehr auch die bisher betrachteten Kreise nach der Methode behandeln, die man bei den Siebketten anwendet und die aus der Theorie der Vorgänge auf elektrischen Leitungen stammt. Das Wesentliche ist dabei, daß man sich nicht nur 2 Kreise miteinander gekoppelt denkt, sondern eine ganze Kette untereinander gleicher Kreise, von denen jeder mit dem folgenden gekoppelt ist, annimmt. Im allgemeinen ergibt sich dann, daß eine einfallende Frequenz entweder in jedem folgenden Kreise sehr viel schwächer ist als im vorhergehenden, so daß sie nicht bis ans Ende der Kette durchdringt oder aber, daß sie in den späteren Kreisen mit der gleichen oder fast der gleichen Amplitude erscheint wie im ersten. Dabei zeigt es sich, daß diese Frequenzen sich zu zusammenhängenden Bändern ordnen lassen, derart, daß es Frequenzbänder von endlicher Breite gibt, die durchgelassen werden, während alle anderen Frequenzen abgesperrt werden.

Diejenigen Begriffe, mit denen die Theorie der Siebketten diese Resultate erhält und die man dann natürlich auch für die Behandlung der Vorgänge in einem einzelnen Kreise verwenden kann, sind der Wellenwiderstand und die Dämpfung. Da der letztere Ausdruck hier jedoch etwas ganz anderes besagt als in der Schwingungstheorie, so wollen wir zum Unterschied lieber vom Dämpfungsexponent sprechen. Man versteht hierunter den natürlichen Logarithmus des Verhältnisses der Stromamplituden in zwei aufeinanderfolgenden Kreisen („Gliedern" der Kette). Gehört die betrachtete Frequenz einem Durchlässigkeitsband an, so ist also der Dämpfungsexponent Null, während er im Sperrbereich große positive Werte annimmt. Dies gilt für den Fall, daß man alle Verlustwiderstände vernachlässigt, und es ist sehr bemerkenswert, daß sich trotz dieser Annahme ganz bestimmte Sperrbereiche ergeben.

Die Lage der Sperrbereiche ändert sich nicht, wenn man die Verluste berücksichtigt; im Durchlässigkeitsbereich dagegen ergibt sich in diesem Falle natürlich ein positiver, wenn auch kleiner Wert des Dämpfungsexponenten.

Es scheint also, daß wir hier gerade das erhalten, was wir suchten, nämlich eine Resonanzkurve, die in einem endlichen Frequenzbereich hohe Werte annimmt und beiderseits desselben steil abfällt. Hier ist indes darauf hinzuweisen, daß die Dämpfung allein noch nichts über die Resonanzkurve aussagt; wir müssen auch die andere charakteristische Größe der Kettentheorie, den Wellenwiderstand, betrachten. Das ist derjenige Widerstand, den man an den Eingangsklemmen der Kette messen würde, wenn diese sehr lang wäre, d. h. aus unendlich vielen Gliedern bestände. Senden wir vorn eine bestimmte Energie hinein, so wird diese im Durchlässigkeitsbereich von der Kette aufgenommen und weitergeleitet werden, so daß man einen Verbrauch an Leistung feststellt. Man erhält also einen Wirkwiderstand der Kette, der übrigens noch von der Frequenz abhängt. Im Sperrbereich dagegen wird die Energie nicht weitergeleitet, sie schwingt nur im ersten oder in den ersten Gliedern der Kette, es findet aber (bei Vernachlässigung des Widerstandes) kein eigentlicher Verbrauch an Leistung statt. Daher mißt man im Sperrbereich an den Eingangsklemmen einen Blindwiderstand, der je nach der Phase induktiv oder kapazitiv sein mag. Das Vorhandensein des Verlustwiderstandes in den Kettengliedern übt auch hier wieder einen verwischenden Einfluß aus, so daß man auch im Sperrbereich eine Wirkkomponente und im Durchlässigkeitsbereich eine Blindkomponente findet.

Nun sind die Ketten, die man verwendet, nicht unendlich lang, sondern bestehen sogar meist nur aus ganz wenigen Gliedern. Das ändert an den Verhältnissen im Sperrbereich nicht viel, denn da der Strom doch nicht weit in die Kette eindringt, kann es nichts ausmachen, wenn man sie nach den ersten Gliedern abschneidet. Anders ist es beim Durchlässigkeitsbereich. Der Strom am Ende einer Kette hat nur dann annähernd den Verlauf, den wir vorher aus der Betrachtung des Dämpfungsexponenten erschlossen haben, und dessen Erreichung wir als sehr wünschenswert erkannten, wenn die Kette am Ende mit einem Widerstand belastet ist, der gleich dem Wellenwiderstand ist. Dies kann man meist nur sehr angenähert ausführen, weil der Wellenwiderstand gerade im Durchlässigkeitsbereich ziemlich stark von der Frequenz abhängt. Rechnet man die Aufgabe streng durch, so muß man natürlich bei gleicher Anordnung auch wieder die gleiche Resonanzkurve erhalten wie nach den Methoden der Schwingungstheorie, die übrigens, wie wir sahen, wenn man nichts vernachlässigen will, auch ziemlich umfangreiche Rechnungen erfordern.

Für die Aufgabe, Schaltungen anzugeben, die nur für bestimmte gewünschte Frequenzbereiche durchlässig sind, hat sich die Theorie der Siebketten als außerordentlich wirksam erwiesen. Gerade beim Rundfunk tritt dies allerdings am wenigsten in Erscheinung, da hier die Frequenzbänder wegen der hohen Trägerfrequenz besonders eng sind (gemeint ist hier die relative Breite $\Delta\,\omega/\omega_0$, nicht die absolute Breite $\Delta\,\omega$). Infolgedessen wollen wir von der Durchrechnung von Beispielen absehen und nur zwei ganz besonders einfache Arten von Ketten betrachten, die auch in diesem Gebiet oft von Nutzen sein können, nämlich die Drosselketten und die Kondensatorketten.

Die Drosselketten sind für alle Frequenzen durchlässig, die unterhalb einer bestimmten Grenzfrequenz ω' liegen. Sie sind also dann hervorragend geeignet, wenn man einen Störer beseitigen will, dessen Frequenz etwas oberhalb derjenigen liegt, die man empfangen will. Die Grenzfrequenz ω' muß man dann etwa halbwegs zwischen der störenden und der gestörten annehmen. Die Schaltung eines Gliedes und einer mehrgliedrigen Kette geht aus der Abb. 16 hervor; die Grenzfrequenz bestimmt sich aus der Formel $\omega' = 2/\sqrt{LC}$, sie ist also gleich der Eigenfrequenz des einzelnen Gliedes. Damit hat man zunächst nur das Produkt von L und C bestimmt, aber auch über das Verhältnis von L und C und damit über die beiden Größen einzeln läßt sich eine Aussage machen aus dem Umstand, daß der Wellenwiderstand Z der Kette im Durchlässigkeitsbereich sich nach der Formel berechnet:

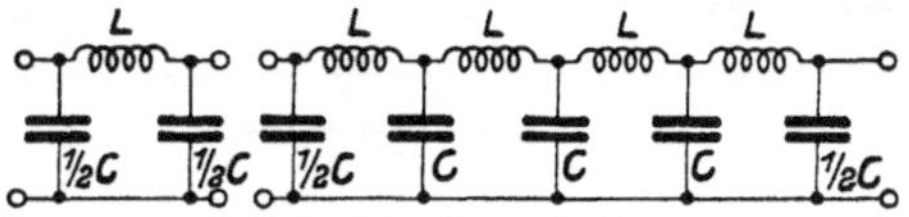

L L L L L
½C ½C ½C C C C ½C

Abb. 16. Drosselkette.

$$Z = \sqrt{\frac{L}{C}} \cdot \frac{1}{\sqrt{1 - \left(\frac{\omega}{\omega'}\right)^2}}.$$

Dies gilt für den Fall, daß die Kette (wie in Abb. 16) mit einem halben Kondensator anfängt; beginnt sie statt dessen mit einer halben Spule, so wird

$$Z = \sqrt{\frac{L}{C}} \cdot \sqrt{1 - \left(\frac{\omega}{\omega'}\right)^2}.$$

Diesen Wellenwiderstand muß man, damit die Kette gut arbeitet, den übrigen Widerständen der Anordnung anpassen; denn es gilt ja der allgemeine Satz, daß man aus einer beliebigen Anordnung, die der Sitz einer EMK ist, dann das Maximum an Leistung herausholen kann, wenn der Widerstand des Stromverbrauchers gleich dem von denselben Klemmen aus nach rückwärts gemessenen des Generators ist. Außerdem haben wir schon vorher gesehen, daß die Anpassung der Widerstände für die gute Wirksamkeit der Siebketten erforderlich ist.

Das Gegenstück zur Drosselkette ist die Kondensatorkette; diese läßt nur alle Frequenzen oberhalb einer bestimmten Grenzfrequenz durch. Ihre Schaltung geht aus Abb. 17 hervor; die Formel für die Grenzfrequenz lautet diesmal $\omega' = 1/2\sqrt{LC}$ (wieder gleich der Eigenfrequenz des Einzelgliedes); für die beiden Wellenwiderstände im Durchlässigkeitsbereich gelten die obigen Formeln, in denen nur statt ω/ω' zu setzen ist ω'/ω.

Wenn der Widerstand, den man hinter die Kette schalten will, sowie die Grenzfrequenz, die sie haben soll, gegeben ist, kann man also leicht die erforderliche Größe ihrer Spulen und Kondensatoren bestimmen.

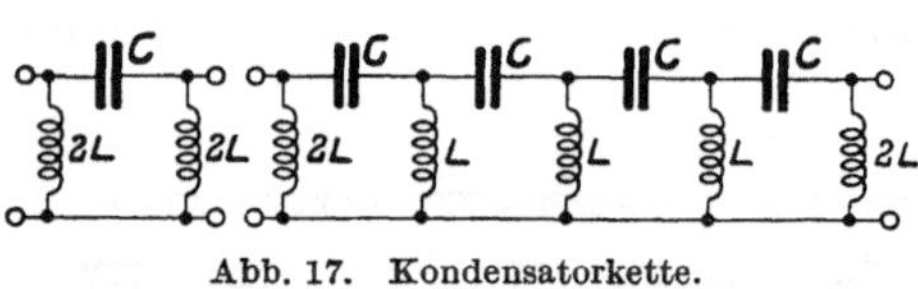

Abb. 17. Kondensatorkette.

Bei allen bisherigen Betrachtungen haben wir mit bestimmten Widerständen, Induktivitäten und Kapazitäten gerechnet, also mit theoretischen Größen. Wir wollen uns nun der Frage zuwenden, wie man diese Größen physikalisch herstellt.

C. Bau der Schaltelemente.

1. Kondensatoren. Wir sahen, daß Widerstand, Kapazität und Induktivität die Grundelemente aller Hochfrequenzschaltungen sind; von diesen werden wir zuerst die Kondensatoren behandeln. Ein Kondensator besteht aus zwei Metallflächen, die einander in kleinem Abstand gegenüberstehen und auf verschiedene Spannung gebracht werden. Ist F der Inhalt einer einzelnen dieser Flächen, a ihr Abstand, so ist die Kapazität $C = \frac{\varepsilon}{4\pi}\frac{F}{a}$, wobei ε die Dielektrizitätskonstante des Isoliermaterials ist; bei Luftkondensatoren ist $\varepsilon = 1$. Werden alle Längendimensionen in cm gemessen, so erscheint auch C in cm. Die Formel setzt eigentlich voraus, daß die Kraftlinien senkrecht von der einen nach der anderen Belegung herübergehen. Das ist aber am Rande der Platten nicht der Fall; der Fehler der obigen Formel kann bei geringer Plattengröße mehr als 10% betragen. In der Regel wird es darauf nicht ankommen, da man ja nur ungefähr zu wissen braucht, wie man einen Kondensator dimensionieren muß, um in einen bestimmten Kapazitätsbereich zu kommen. Bei den kleinen Blockkondensatoren kann die Randkorrektion allerdings beträchtliche

Werte erreichen; aber gerade bei diesen kommt es meist wenig auf den genauen Wert an. Wir wollen aber doch die Kirchhoffsche Korrektion für einen Kreisplattenkondensator vom Radius r und der Plattendicke d angeben, sie beträgt

$$\frac{r}{4\pi}\left(\log \operatorname{nat} \frac{16\pi r}{d} - 3\right) \mathrm{cm}$$

und ist zur Kapazität zu addieren.

Für feste Kondensatoren finden heute in der Empfangstechnik wohl nur die üblichen kleinen Pakete Anwendung. Die beiden Blechplattensätze werden an verschiedenen Seiten des Paketes herausgeführt, wo die Platten miteinander verbunden werden. Die Ausführungsform als Wickelkondensator, wie sie in der Fernsprechtechnik allgemein gebräuchlich ist, ist hier nicht möglich; denn die Metallfolien, die dort die Belegungen bilden, haben einen ziemlich hohen Widerstand, der der Hochfrequenz einen schlechteren Weg bietet als die parallelgeschaltete Kapazität der äußersten Lagen des Wickels; der Strom würde also in den Wickel nicht eindringen, so daß nur der äußerste Teil des Kondensators wirksam wäre.

Für veränderliche Kondensatoren verwendet man allgemein den Drehplattenkondensator, und zwar sind die Platten meist kreisförmig. Dann ist auf dem größten Teil der Skala (etwa von 20° bis 160°) die Kapazität linear abhängig vom Drehwinkel φ. Das ist nun durchaus nicht immer erwünscht. Verlangt man, daß die Kapazität sich prozentisch um gleiche Teile ändere, wenn man um gleiche Winkel weiterdreht, so muß die Begrenzungskurve der Platten eine logarithmische Spirale sein ($r = a\, e^{b\varphi}$). Soll die Wellenlänge linear vom Drehwinkel abhängig sein, so muß r proportional zu $\sqrt{\varphi}$ sein. Am richtigsten ist es wohl, für die Rundfunkanwendungen zu fordern, daß die Frequenz linear vom Drehwinkel abhänge. Dann muß r proportional $1/\sqrt{(a - b\,\varphi)^3}$ sein, wo sich die Konstanten aus der Kapazität beim Winkel 0, dem gewünschten Frequenzbereich und der Größe der zugehörigen Spule bestimmen lassen.

Es ist nun durchaus nicht so, daß die Kraftlinien, die von einer geladenen Platte ausgehen, alle auf der Gegenplatte endigen, wie sie sollen. Andere Kraftlinien gehen zu benachbarten Metallteilen. Das gibt dann Streukapazitäten, die meist unerwünschte Wirkungen haben. Bei Röhrenschaltungen z. B. entstehen dadurch Rückkoppelungen zwischen dem Ausgangs- und dem Eingangskreis; ferner kann man auch die Kapazitäten zwischen den Elektroden der Röhren und die zwischen den Zuführungen im Sockel hierher rechnen, die bei Hochfrequenzverstärkern als Nebenschlüsse wirken und die Verstärkung herabsetzen. Aber auch ohne Röhren können solche Kapazitäten

z. B. zwischen den Kopplungsspulen von Kreisen eine kapazitive Koppelung hervorrufen, die mit der beabsichtigten induktiven nicht in Phase ist und die Resonanzkurve stark verzerrt (über die eigentlichen Spulenkapazitäten werden wir später sprechen). Ganz besonders unangenehm sind schließlich die Kapazitäten zwischen einem Schwingungskreis und der Umgebung, die sich mit jeder Änderung derselben, z. B. mit dem Annähern der Hand, ändern und dadurch zu Verstimmungen, Intensitäts- und Frequenzänderungen Anlaß geben können.

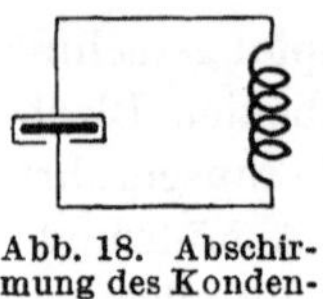

Abb. 18. Abschirmung des Kondensators.

In allen diesen Fällen hilft sorgfältige elektrostatische Abschirmung; z. B. sollte man bei Drehplattenkondensatoren den einen Plattensatz mit einem Gehäuse verbinden, das den Kondensator ganz umhüllt. Ist ein Pol des Kondensators mit Erde verbunden, so muß dies natürlich der äußere sein. Die Anordnung nach Abb. 18 genügt aber noch nicht, denn das Ende A der Spule liegt ja auf dem gleichen Potential wie die innere Kondensatorplatte und ist ungeschützt. Es ist daher vorteilhaft, das Gehäuse innen mit Metall auszuschlagen; Stanniol genügt. (Über die Vermeidung von Wirbelströmen siehe weiter unten.) Man kann auch das Gehäuse mit einem auf Erdpotential befindlichen Punkt der Schaltung verbinden, z. B. mit der Erdklemme des Antennenkreises oder, wenn Röhren benutzt werden, mit einem

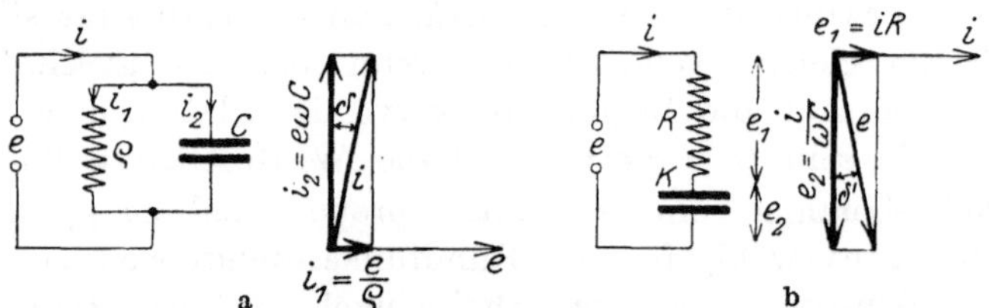

Abb. 19a und b. Schemata und Diagramme für einen Kondensator mit Verlusten; a als Parallelschaltung, b als Reihenschaltung aufgefaßt.

Heizpol. Dieser hat wohl stets eine so große Kapazität gegen Erde, daß er gegen diese keine wesentlichen hochfrequenten Spannungsdifferenzen mehr haben kann.

Wir kommen nun zu den Kondensator**verlusten**. Wie die Erfahrung zeigt, ist die Spannung an einem Kondensator im allgemeinen nicht genau um 90° hinter dem Strom nacheilend, also nicht ganz wattlos. Man kann sich das zunächst schematisch durch einen hohen Widerstand ϱ deuten, der dem Kondensator C parallel liegt (Abb. 19a).

Das Vektordiagramm zeigt sofort, daß die Phasenverschiebung um einen Winkel δ von 90° abweicht, der gegeben ist durch $\mathrm{tg}\,\delta = 1/\varrho\,\omega\,C$ und der der **Verlustwinkel** heißt. Der Phasenwinkel zwischen Strom und Spannung ist also $90^\circ - \delta$, der Leistungsfaktor daher $\cos(90^\circ - \delta) = \sin\delta \approx \operatorname{tg}\delta$, denn δ ist immer sehr klein. Man nennt daher $\operatorname{tg}\delta$ auch den Leistungsfaktor. Man muß sich nur klar sein, daß es sich um eine Verlustleistung handelt und daß also ein möglichst kleiner Leistungsfaktor erwünscht ist. Dieser Verlust erzeugt natürlich in einem Schwingungskreis auch eine Dämpfung. Nun haben wir bei der Betrachtung der Dämpfung immer Widerstände angenommen, die in Reihe im Kreise lagen; wir müssen also unseren Parallelwiderstand erst in einen Reihenwiderstand umrechnen. Abb. 19b zeigt aber, daß bei einer Reihenschaltung der Phasenwinkel δ' gegeben ist durch $\operatorname{tg}\delta' = r\,\omega K$, und wenn man verlangt, daß $\delta = \delta'$ sein und auch e/i, also der Scheinwiderstand, in beiden Fällen den gleichen Wert haben soll, so findet man leicht

$$r = \varrho \sin^2\delta \approx \varrho \operatorname{tg}^2\delta\,, \qquad K = \frac{C}{\cos^2\delta} \approx C\,.$$

Daraus folgt, daß wir in großer Annäherung denselben Kondensator C in Reihe mit einem Widerstand $r = \varrho \operatorname{tg}^2\delta = \frac{1}{\omega C} \operatorname{tg}\delta$ schalten müssen, um dieselbe Beziehung zwischen Strom und Spannung zu erhalten. Je größer ϱ ist, um so kleiner wird r, weil beides geringe Verluste bedeutet. Dieser Ersatzreihenwiderstand ist nun allerdings nicht konstant, sondern ungefähr umgekehrt proportional der Frequenz, denn wir werden sehen, daß $\operatorname{tg}\delta$ kaum von der Frequenz abhängt. Da aber, wie wir mehrfach erkannten, der Frequenzbereich, der uns interessiert, doch nicht groß ist, können wir davon absehen.

Die Frage ist dann, welche Dämpfung bringt ein bestimmter Verlustwinkel in einen Kreis hinein? Schalten wir C mit dem Ersatzwiderstand r und einer verlustlosen Spule L zu einem Kreis zusammen, so wird das Dekrement $\mathfrak{d} = \frac{r\pi}{\omega_0 L} = \pi r \omega_0 C = \pi \operatorname{tg}\delta$, also ist $\operatorname{tg}\delta$ gleich dem durch π dividierten Dekrement. Hat die Spule auch noch Verluste, so addieren sich beide Dekremente, und zwar ist das von den Spulenverlusten herrührende stets das größere. Das zeigt sich, wenn wir nun zu der Frage übergehen, wie groß diese sogenannten dielektrischen Verluste denn nun eigentlich sind und woher sie stammen.

Die Versuche zeigen, daß die Erscheinung nur von dem Isolationsmaterial zwischen den Belegungen, dem „Dielektrikum", abhängt. Luft hat den Verlustwinkel 0; von einem Luftkondensator gilt das aber nicht mehr ganz, da man ihn ohne isolierende Materialien nicht bauen kann. Für alle festen und flüssigen Dielektrika findet man bestimmte Verluste. Man findet ferner, daß der Widerstand ϱ, den wir zu Beginn dieser Betrachtungen einführten, keine eigentliche Leitung zwischen den Platten bedeutet. Denn wenn man den Kondensator mit Gleichstrom untersucht, so ist ϱ außerordentlich groß, wenn man nicht gerade einen schlechten Kondensator gewählt hat und wenn man Kriechverluste vermeidet. Erst beim Messen mit Wechselstrom stellt sich das Vorhandensein merklicher Verluste heraus. Mißt man bei verschiedenen Frequenzen, so ergibt sich, daß $\operatorname{tg}\delta$ wenig von der Frequenz abhängt. Das soll nicht heißen, daß diese Größe frequenzunabhängig sei, sie ist vielmehr eine Materialeigenschaft, deren Frequenzgang für jedes Dielektrikum verschieden ist. Aber dieser Gang bleibt in mäßigen Grenzen; würde man dagegen den Nebenschlußwiderstand ϱ berechnen, so würde man eine starke Veränderlichkeit mit der Frequenz feststellen. Dies ist ein wesentlicher Grund, warum man mit den Verlustwinkeln rechnet.

Messungen von Verlustwinkeln bei Rundfunkfrequenzen sind in letzter Zeit von verschiedenen Seiten erfolgt[1]). Einige Werte gibt die folgende Zahlentafel, die auch die zugleich gemessenen Werte der Dielektrizitätskonstanten enthält, von der ja die Kapazität der Kondensatoren abhängt.

Zahlentafel 2.

	ε	$10\,000\,\delta$
Quarz	4,5	1,2—1,6
„ amorph		10
Glimmer	2,9	4—7
Schwefel	3,0	60
Glas	5,4—7,5	4—70
Porzellan	6,4	120
Hartgummi	2,5—2,8	70—140
Preßspan, trocken	∾ 4,5	240—440
Bakelit		370—600
Hartpapiere	∾ 4,5	250—350
Isolationspapiere		160—300
Holz, trocken		300—1000
„ mit Wachs getr.		150—300
Paraffin	2,1	5,4
Bienenwachs		150
Hexan	1,9	1—5
Xylol	2,4	2
Zelluloid		340—440
Zellon		500—1000

Die Tafel zeigt, daß die Zahlenwerte noch ziemlich unsicher sind, was zweifellos seinen Grund darin hat, daß es sich meist um nicht sehr gut definierte Materialien handelt. Man sieht aber auch, daß die Werte von δ meistens so klein sind, daß es gleich ist, ob man $\operatorname{tg}\delta$ oder δ angibt. Manchmal wird vorgezogen, δ im Winkelmaß zu messen. Dann muß man aus dem Bogenmaß umrechnen; es ist

$$1' = 2{,}9 \cdot 10^{-4},$$
$$1^{\circ} = 174{,}5 \cdot 10^{-4}.$$

Bei guten Materialien bleibt δ unter 1°.

Was die Ursache der Verluste betrifft, so ergibt die Theorie sehr ähnliche Erscheinungen unter der Annahme, daß Stoffe verschiedener

[1]) Schott: Jahrb. drahtl. Telegr. u. Teleph. Bd. 18, H. 2. — Guthrie: Proc. Soc. Rad. Eng. Bd. 12, S. 841. 1924. — Reck: Jahrb. drahtl. Telegr. u. Teleph. Bd. 26, S. 3. 1925. — Möller: Arch. Elektrot. Bd. 15, S. 16. 1925.

Dielektrizitätskonstante und verschiedener Leitfähigkeit aufeinandergeschichtet oder miteinander vermischt werden. Man wird also vermuten, daß die dielektrischen Verluste von Inhomogenitäten des Materials herrühren. Diese Ansicht wird gestützt durch Versuche, die mit Paraffin und Zeresin angestellt wurden. Beide Stoffe lassen sich sehr rein herstellen und haben dann Verlustwinkel von nur einigen Bogensekunden; mischt man aber beide miteinander, so steigt δ sofort. Es werde auch darauf hingewiesen, daß in obiger Zahlentafel die am saubersten definierten Körper (Quarz, Glimmer, einige organische Flüssigkeiten) die niedrigsten Verlustwinkel haben.

Die Erscheinung der dielektrischen Verluste wird manchmal als „dielektrische Hysterese" bezeichnet. Das ist nicht ganz zulässig, es handelt sich hier um Nachwirkungs-, nicht um Hysteresevorgänge. Darauf kommen wir in anderem Zusammenhang noch einmal zurück.

2. Widerstände. Wenden wir uns nun den Widerständen zu! In einfachen Empfangsschaltungen spielt der Widerstand, nämlich der gewollt und bewußt eingeschaltete, so gut wie keine Rolle. Man trachtet stets, die Verluste so klein wie möglich zu halten; die erforderliche Breite der Resonanzkurve kann man ja durch geeignete Wahl der Kopplung erreichen. Etwas anders ist es in den Röhrenschaltungen. Verzerrungsfreie Verstärker verwenden hohe Widerstände in der Größenordnung von 2000 bis 200 000 Ohm, bei der Audionschaltung benutzt man Gitterwiderstände bis zu mehreren Megohm. Widerstände aus Draht kommen hierfür nicht in Frage, man verwendet die sogenannten Silitstäbe; die Masse besteht etwa aus Graphit und Ton und wird unter den verschiedensten Namen benutzt. Man hat aber in neuerer Zeit erkannt, daß diese Silitstäbe viele Untugenden haben. Zunächst ist ihr Widerstandswert in großem Maße von der angelegten Spannung abhängig, man muß also die Widerstände bei der Spannung messen, mit der man sie später benutzen will. Alberti und Günther-Schulze[1]) haben einen Fall mitgeteilt, wo bei einer Steigerung der Spannung von 2 auf 1000 Volt der Widerstand von $3 \cdot 10^6$ auf 16000 Ohm herabging; das ist aber wohl ein Ausnahmefall. Infolge dieser Abhängigkeit ist die Kennlinie des Widerstandsstabes stark gekrümmt, so daß er auch als Detektor wirken kann. Je größer die angelegte Spannung ist, um so größer ist natürlich auch der Strom, der durch den Widerstand hindurchgeht und ihn erwärmt, doch ist die ebenfalls deutliche Abhängigkeit von der Temperatur von der vorher erwähnten Spannungsabhängigkeit zu unterscheiden. Schließlich zeigt sich, daß die kurzen Stäbe durchaus nicht als kapazitätsfrei angesehen werden können; sie benehmen sich vielmehr so, als ob ihnen eine kleine Kapazität parallel liege, die bis zu 20 cm betragen kann. Eine solche Kapazität hat bei einer

[1]) ZS. techn. Phys. 1925, H. 1.

Wellenlänge von 500 m ($\omega = 2\pi \cdot 6 \cdot 10^5$) einen Scheinwiderstand von 15 000 Ohm, so daß also bei hohen Widerständen so gut wie der ganze Strom über diese Kapazität, d. h. als Verschiebungsstrom, verläuft.

Man hat ferner dünne Metallschichten elektrolytisch oder durch Kathodenzerstäubung auf Glas aufgebracht, welche zwar kapazitätsfrei sind, aber noch an den anderen vorher erwähnten Übelständen leiden. Neuerdings sind von Loewe[1]) Widerstände auf den Markt gebracht worden, die von diesen Mißständen frei zu sein scheinen. Ebenso sind hier die allerdings räumlich etwas großen Multohmstäbe[2]) zu nennen.

Sehen wir von den Fällen ab, wo man absichtlich Widerstand in die Empfangskreise einschaltet, so kann in einem erweiterten Sinne jeder in dem Kreis auftretende Verlust als durch einen bestimmten Widerstand erzeugt angesehen werden. Das ist oben bereits für die Kondensatorverluste durchgeführt worden; die Spulenverluste werden wir später behandeln. An dieser Stelle wollen wir uns aber noch mit demjenigen Teil des Verlustwiderstands beschäftigen, der durch die Anwesenheit des Kupfers in den Zuleitungen und Wickelungen notwendig bedingt ist. Dieser Widerstand ist nicht mit dem Gleichstromwiderstand der betreffenden Teile identisch, hier tritt vielmehr die Erscheinung der Stromverdrängung (Hautwirkung) auf.

Stellen wir uns den im Kupferdraht fließenden Strom als aus einzelnen Stromfäden bestehend vor und fassen einen davon ins Auge, so sehen wir, daß er in seiner Nachbarschaft elektromotorische Kräfte induziert, die den dortigen Stromfäden entgegenwirken. Unter dem Zusammenwirken dieser von allen Stromfäden ausgehenden induzierten Felder wird der Strom aus der Mitte des Drahtes heraus und an die Wand gedrängt, so daß der Drahtquerschnitt nicht voll ausgenutzt wird, was sich in einer Erhöhung des Widerstandes äußert. Außerdem tritt noch eine Verringerung der Selbstinduktivität ein, die aber für unsere Anwendungen nicht so sehr in Frage kommt.

Dieselbe Erscheinung wird in der Maxwellschen Theorie etwas anders gedeutet. Da betrachtet man das Feld im Raum als den primären Vorgang, der im Draht fließende Strom ist nur eine sekundäre Wirkung desselben. Bei sehr schnell wechselnden Vorgängen hat dann das Feld gar nicht mehr die Zeit, in den Draht recht einzudringen, bleibt also an der Oberfläche (der „Haut“) und erzeugt nur dort einen Strom.

Für die zahlenmäßige Erfassung des Vorganges ist die Größe maßgebend:

$$x = d \sqrt{\frac{\pi}{8} \mu \omega \sigma 10^{-5}},$$

wobei d der Drahtdurchmesser in Zentimetern ist, $\omega = 2\pi f$ die Kreis-

---

[1]) Loest, W.: Radio-Amateur Bd. 3, S. 621. 1925.

[2]) Lilienfeld und Hofmann: ETZ 1920, S. 870.

frequenz, μ die Permeabilität des Drahtmaterials, σ dessen Leitfähigkeit. Für Kupferdraht ist $\mu = 1$, $\sigma = 57$ zu setzen, dann wird

$$x = 0{,}0374\, d \sqrt{f}.$$

Das Verhältnis R/R_0 des Widerstandes zu seinem Gleichstromwert ist dann durch die folgende Zahlentafel gegeben:

Zahlentafel 3.

x	R/R_0	x	R/R_0	x	R/R_0
0	1,00	2	2,28	4	4,26
0,5	1,02	2,5	2,77	4,5	4,76
1	1,26	3	3,26	5	5,26
1,5	1,77	3,5	3,76		

Außerdem mag man sich merken, daß für kleine x die Nährungsformel

$$R/R_0 = 1 + \tfrac{1}{3} x^4$$

gilt, für sehr große x dagegen wird $R/R_0 = x + \tfrac{1}{4}$.

Z. B. wird bei $f = 10^6$ ($\lambda = 300$ m) für $d = 1$ mm $= 0{,}1$ cm $R/R_0 = 4$; für $d = 0{,}1$ mm dagegen erhalten wir nur $R/R_0 = 1{,}007$. Daraus hat man geschlossen, daß es besser ist, nicht zylindrischen Volldraht zu verwenden, sondern Litze, bei der die einzelnen Teildrähte voneinander isoliert sind; wenn dann durch die Art der Verdrillung dafür Sorge getragen wird, daß jeder Teildraht ebensooft innen wie an der Oberfläche zu liegen kommt, so erhalten alle Teildrähte gleichen Strom, und der Querschnitt wird voll ausgenutzt. Aber so groß auch die Erfolge sind, die man bei der drahtlosen Telegraphie mit längeren Wellen mit der Hochfrequenzlitze erzielt hat, so ist ihre Verwendung im Rundfunkgebiet doch nicht ohne weiteres gutzuheißen. Wir kommen darauf bei der Betrachtung der Spulenverluste zurück.

3. Spulen. Wie die Kondensatoren zur Erzeugung und Aufspeicherung elektrischer, so dienen die Spulen zur Erzeugung magnetischer Felder. Sie haben zwei verschiedene Aufgaben zu erfüllen: einmal will man mit ihrer Hilfe den Kreisen eine gewünschte Eigenfrequenz geben; die hierfür, also für die Abstimmung, maßgebende Größe ist die Selbstinduktion. Außerdem braucht man Spulen zur Kopplung zweier Kreise; dann kommt es auf den Kopplungsfaktor an. Wir sahen, daß dieser außer von der Selbstinduktion beider Spulen auch noch von ihrer Gegeninduktivität abhängt.

Die Formeln für die Selbstinduktion von Spulen sind im allgemeinen ziemlich verwickelt, aber für die Radiotechnik ist eine genaue Berechnung auch nicht erforderlich. Daher werden wir hier für die wichtigsten Spulenformen einige Kurven mitteilen.

Für eine lange, dünne Spule vom Radius r, der Länge l und der Windungszahl n, ein sogenanntes Solenoid, gilt

$$L = \frac{4\pi^2 n^2 r^2}{l}.$$

In dieser und den folgenden Formeln und Kurven erhält man die

Koeffizienten der Selbst- und Gegeninduktion in cm, wenn alle Längen in cm gemessen werden. Es ist in der Rundfunktechnik zur Zeit üblich, Spulen nur durch ihre Windungszahl zu charakterisieren. Es ist aber nicht einzusehen, warum die Spulen nicht ebensogut in cm (oder auch in km) auf den Markt gebracht werden sollen, wie die Kondensatoren; weder die theoretische Vorausbestimmung noch die Messung des Selbstinduktionskoeffizienten ist schwieriger als die der Kapazität. Die Windungszahl, die nur für das Kopplungsvermögen der Spule in Betracht kommt, könnte außerdem angegeben werden.

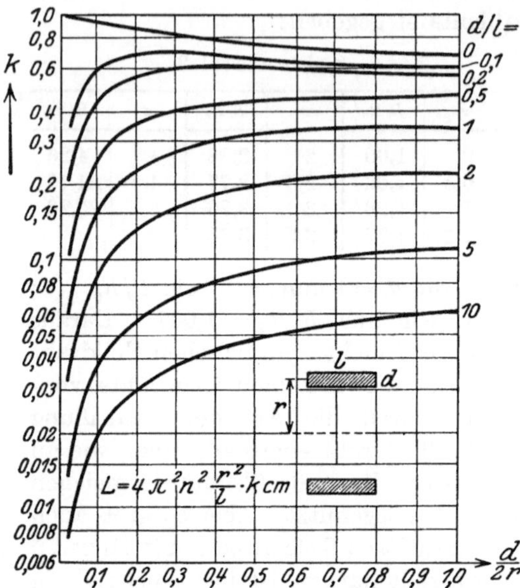

Abb. 20. Faktor k zur Berechnung der Selbstinduktion von Zylinderspulen.

Die soeben genannte Formel kann auch für mehrlagige Spulen verwendet werden, wenn n die Gesamtzahl der Windungen ist und solange die Dicke d der Spulen nicht merklich ist im Vergleich zur Länge. Für dickere Spulen, sowie für solche, die nicht sehr lang sind, kommt zu der obigen Formel noch ein Faktor k hinzu, den man aus den Kurven der Abb. 20 entnehmen kann; unter r ist dann (siehe die Skizze in Abb. 20) der Radius der mittelsten Windung zu verstehen.

Wird die Länge der Spule gegen den Radius oder gegen die Dicke klein, so erhält man Flachspulen mit rechteckigem Wicklungsquerschnitt. Dann ist es vorteilhafter, die Formel

$$L = n^2 \cdot r \cdot h$$

zu benutzen, wo der Faktor h aus der Abb. 21 entnommen werden kann.

Diese beiden Kurventafeln[1]) gelten innerhalb der hier angestrebten Genauigkeit für alle Kreisspulen mit rechteckigem Wicklungsquerschnitt, gleichgültig, ob dieser voll gewickelt oder, wie bei Honigwabenspulen, größtenteils leer ist. Auch für Spulen mit Korbbodenwickelung sind sie zu brauchen, wenn man einen mittleren Wicklungsquerschnitt einsetzt.

---

[1]) Gezeichnet nach den Tafeln bei Grover: Scient. Pap. Bur. Stand. 1922, Nr. 455.

Für den gleichen Fall (Kreisspulen mit rechteckigem Wicklungsquerschnitt) hat Korndörfer[1]) die folgenden empirischen Formeln

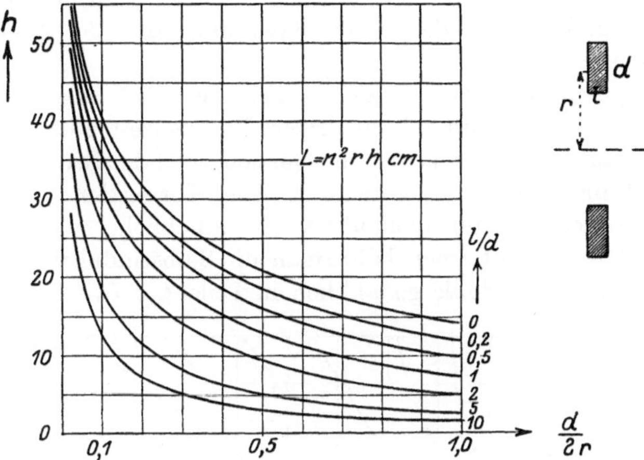

Abb. 21. Faktor h zur Berechnung der Selbstinduktion von Flachspulen.

angegeben, die auf einige Prozent stimmen und sehr bequem sind:

$$L = 21\, n^2\, r \sqrt{\frac{r}{l+d}}, \qquad 1 < \frac{r}{l+d} < 3;$$

$$L = 21\, n^2\, r \sqrt[4]{\left(\frac{r}{l+d}\right)^3}, \qquad \frac{r}{l+d} < 1.$$

Für $d/l > 7$ (Scheibenspulen) gilt auch für $\frac{l+d}{r} < 1$ die erste Formel.

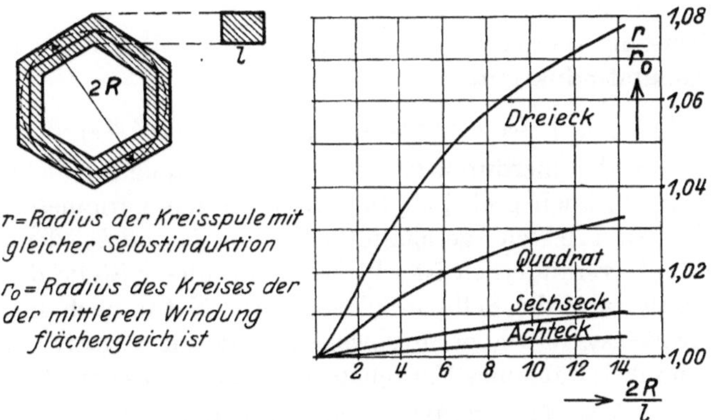

Abb. 22. Zurückführung von Polygonspulen auf Kreisspulen.

Die Spulen der Radiotechnik unterscheiden sich von den bisher betrachteten häufig dadurch, daß sie nicht Kreisspulen sind, sondern Vieleckform haben. Für diesen Fall hat Grover[2]) eine Kurventafel

[1]) ETZ. Bd. 38, S. 521. 1917. [2]) Scient. Pap. Bur. Stand. 1923, Nr. 468.

gegeben, die in Abb. 22 wiedergegeben ist. Man hat, wie die Skizze links in der Abb. zeigt, den Durchmesser $2\,R$ des umschriebenen Kreises der mittleren Windung durch die Länge l zu dividieren und findet dann den mittleren Radius r derjenigen Kreisspule, die die gleiche Selbstinduktion hat.

Die mitgeteilten Kurven beziehen sich eigentlich alle auf diejenige Selbstinduktion, die man mit niedrigen Frequenzen mißt. Die Hochfrequenzwerte sind davon etwas verschieden, weil der Strom den Drahtquerschnitt nicht mehr ganz ausfüllt. Die Korrektion ist aber nicht genau zu berechnen und auch nicht sehr erheblich.

Für andere Spulenformen kann man die Selbstinduktion berechnen, wenn es gelingt, die Spule gedanklich in Teile L_1, L_2 . . . aufzuteilen,

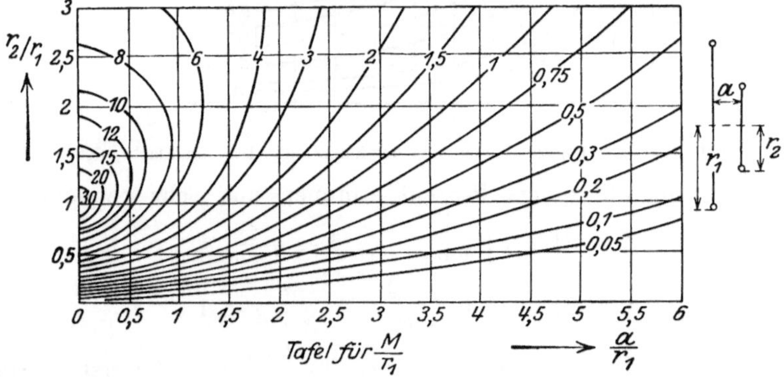

Abb. 23. Zur Berechnung der Gegeninduktion M zwischen zwei Kreisringen.

deren Selbst- und Gegeninduktivitäten M_{12} usw. bekannt sind; dann wird die Gesamtinduktivität

$$L = L_1 + L_2 + L_3 + \cdots + 2\,M_{12} + 2\,M_{13} + 2\,M_{23} + \cdots .$$

Abgesehen von der hierdurch gegebenen Berechnungsmöglichkeit wird diese Anordnung auch praktisch ausgeführt in den Variometern. Diese bestehen aus zwei in Reihe geschalteten Spulen, L_1 und L_2, deren Gegeninduktivität M veränderlich ist. Es werde an dieser Stelle darauf hingewiesen, daß zwar die Selbstinduktion ihrer Natur nach immer eine positive Größe ist, daß aber M sowohl positiv wie negativ sein kann; die Selbstinduktivität eines Variometers ist also zwischen den Grenzen

$$L_1 + L_2 - 2\,|M| \quad \text{und} \quad L_1 + L_2 + 2\,|M|$$

veränderlich.

Damit sind wir schon zur Betrachtung der Gegeninduktion gekommen. Der einfachste Fall ist der der Gegeninduktivität zwischen zwei koaxialen Kreisringen, vgl. die Kurventafel der Abb. 23[1]). Alle

[1]) Curtis und Sparks: Scient. Pap. Bur. Stand. 1924, Nr. 492. Vogdes: Proc. Inst. Rad. Eng. Bd. 13, S. 511. 1925.

Längen und auch der Wert der Gegeninduktion M sind auf den Radius des einen Ringes, r_1, bezogen; es ist gleichgültig, ob dies der Radius des größeren oder des kleineren Ringes ist.

Hat man statt der Kreisringe zwei Spulen, deren Querschnittsabmessungen klein sind gegenüber den Radien, so ist dieselbe Tafel verwendbar, wobei aber die gefundenen Werte noch mit dem Produkt $n_1 n_2$ aus den Windungszahlen beider Spulen zu multiplizieren sind. Sind die genannten Bedingungen nicht mehr erfüllt, so kann man sich ähnlich wie oben helfen, indem man die Querschnitte und damit die Spulen in eine Anzahl von Spulen mit rechteckigem Querschnitt aufteilt, so daß für jede einzelne der Querschnitt klein gegenüber den sonstigen Dimensionen ist. Unterteilen wir in dieser Weise die Spule 1 in die Teilspulen a und b, die Spule 2 in p, q, r, so wird die Gegeninduktivität zwischen 1 und 2:

$$M_{12} = M_{ap} + M_{bp} + M_{aq} + M_{bq} + M_{ar} + M_{br}.$$

Weiter geben wir noch die Formel an für die Gegeninduktivität zwischen zwei koaxialen Spulen, von denen die eine sehr lang ist (l sei die Länge), die andere dagegen kurz; dann wird

$$M = \frac{4\pi^2 r^2 n_1 n_2}{l},$$

wenn r der Radius der innen gelegenen Spule ist; hierbei ist angenommen, daß die kurze Spule in die andere soweit hinein (bzw. über sie hinüber) geschoben ist, daß sie von den Enden genügend weit entfernt bleibt.

Für die übrigen gebräuchlichen Formen von Kopplungen und Variometern sind keine handlichen Formeln vorhanden (zwei nicht parallele Kreisringe wie beim Kugel- und beim Klappvariometer, oder zwei übereinander geschobene, wie beim Flachspulenvariometer). Hier kann man nur experimentell vorgehen. Einen Anhalt gewinnt man aber aus dem Maximalwert der Gegeninduktivität, der bei parallelen bzw. genau aufeinanderliegenden Spulen auftritt und aus den mitgeteilten Kurven berechenbar ist.

Wird eine Spule vom Strom i durchflossen, so ist $i\,\omega\,L$ die Spannung zwischen ihren Enden, und ebenso haben verschiedene Windungen der gleichen Spule eine Spannungsdifferenz gegeneinander. Sie bilden also insofern eine Kapazität, die aufgeladen werden muß. Das bedeutet, daß ein Teil des Stromes nicht als Leitungsstrom durch die Spule fließt, sondern als Verschiebungsstrom sie gleichsam überspringt. In erster Annäherung kann man die gesamte Kapazität einer Spule als ihr parallel geschaltet annehmen. Sie bildet dann mit der Spule zusammen einen Schwingungskreis, der bei einer bestimmten Frequenz („Eigenwelle“ der Spule) in Stromresonanz kommen kann. Liegt nun die Spule in einem einfachen Schwingungskreis, so liegt (unterhalb der

Eigenfrequenz der Spule) die Kapazität des Kreises parallel zu der Spule; diese bewirkt dann nur eine Verschiebung der Abstimmung. Bei komplizierteren Schaltungen entsteht aus dem beabsichtigten Schwingungskreis und demjenigen, den die Spule mit ihrer Kapazität bildet, ein gekoppeltes System. Da bei einem in Stromresonanz befindlichen oder nicht weit davon entfernten Kreis der Strom im Kreise sehr stark ist, so entstehen hohe Verluste, so daß schon dies ein Grund ist, die Spulenkapazität nach Möglichkeit zu vermeiden.

Besonders unangenehm kann die Kapazität bei mehrlagigen Spulen werden, denn dann kommt es vor, daß Windungen, die der Reihenfolge nach weit auseinander liegen und also große Spannungsdifferenzen haben, räumlich unmittelbar benachbart sind. Um das zu vermeiden, ist schon vor dem Bestehen einer Hochfrequenztechnik die Sektorenwicklung von Zylinderspulen eingeführt worden, bei der man also statt einer mehrlagigen Zylinderspule lieber eine Anzahl von Flachspulen auf gemeinsamer Achse baute. Daraus ist, ebenfalls für Zylinderspulen, die Stufenwicklung entstanden. Eine andere Möglichkeit zur Vermeidung der Spulenkapazität besteht darin, den Abstand der einzelnen Windungen zu vergrößern. Man muß bedenken, daß die Kapazität vom Abstand logarithmisch abhängt; das bedeutet, daß eine kleine Erhöhung des Drahtabstandes viel ausmacht, aber eine weitere Erhöhung dann die Kapazität nicht mehr wesentlich verkleinert. Diese Maßnahme ist in verschiedenen Ausführungsformen verwirklicht worden. Verhältnismäßig alt ist die ihrer Form nach als Korbbodenspule bekannte Bauart; eine andere Möglichkeit, bei der die Windungen durch kleine Teile aus Holz, Preßspan od. dgl. auseinandergehalten werden, rührt von Meißner her; damit verwandt ist die jetzt sehr beliebte Form der Honigwabenspule, bei der diese Isolierstücke unnötig sind, weil die Spule sich selber hält. Daß die Windungen im Zickzack geführt werden müssen, bedeutet natürlich einen gewissen Drahtverlust.

Ein Vergleich einiger dieser Wickelungsformen ist für eine bestimmte Spulengröße von Ettenreich[1]) durchgeführt worden. Danach scheint es, als ob die Stufenwickelung die geringste Eigenkapazität und auch die geringsten Verluste hat.

Wir erwähnten, daß die Eigenkapazität der Spule bedeutet, daß ihr ein Kondensator parallel liegt, und dieser ist durchaus nicht verlustfrei, vielmehr enthält er als Dielektrikum Lack oder das sonstige Isolationsmaterial des Drahtes. Wenn L die Selbstinduktion der Spule ist, C ihre Eigenkapazität und $\operatorname{tg}\delta$ der Verlustwinkel derselben, so erkennt man leicht, daß daraus ein scheinbarer Widerstandszuwachs der Spule vom Betrage $\Delta r = L^2 C \operatorname{tg}\delta\,\omega^3$ entsteht (in Ohm, wenn L in Henry und C in Farad gemessen wird). Diese Art der Verluste wächst

[1]) Jahrb. drahtl. Telegr. u. Teleph. Bd. 19, S. 308. 1922.

also außerordentlich stark mit der Frequenz an, und wird natürlich um so stärker, je größer die Eigenkapazität C ist. Leider sind genaue Messungen bei hohen Frequenzen über die Verlustwinkel derjenigen Materialien, die man gewöhnlich zur Drahtisolation benutzt, noch nicht bekannt geworden.

Damit haben wir schon einen Teil der Spulenverluste behandelt. Die Hauptverlustquelle in den Spulen bildet aber deren Widerstand. Die Formeln, die wir vorher für die Stromverdrängung in geraden Drähten ableiteten, sind hier allerdings nicht mehr gültig. Das magnetische Feld hat seinen Sitz wesentlich in dem Raum, den die Wicklung umschließt, und versucht von da aus in den Spulendraht einzudringen. Daher ist der Strom nicht einfach auf eine Oberflächenschicht beschränkt, sondern er drängt sich nach einer Seite, nämlich der nach dem Inneren der Spule gelegenen, zusammen. Aus dem gleichen Grunde tritt auch eine abschirmende Wirkung der innersten Lagen gegen die äußeren auf; diese führen weniger Strom als jene.

Das Eindringen des Feldes in den Draht wird um so mehr gehemmt, je enger die Windungen aneinanderliegen. Die Maßnahme, die Spulen nicht zu dicht zu wickeln, ist also auch vom Standpunkt der Wirbelstromverluste aus vorteilhaft (wir sprechen hier von „Wirbelstromverlusten", denn es ist in der Tat nur eine andere Darstellungsweise, wenn man von Wirbelströmen spricht, die das schwingende Feld in den Leitern induziert, und die das erregende Feld im Innern des Leiters teilweise aufheben).

Die eingehende rechnerische Behandlung der Wirbelstromverluste müßte für jede Spulenform getrennt vorgenommen werden. Geschehen ist es bisher nur für eine mehrlagige Volldrahtspule, wobei man noch voraussetzen muß, daß die Lagen verhältnismäßig dicht aneinanderliegen. Dieser Typ kommt nun in der Rundfunktechnik kaum vor, daher werde hier von der Wiedergabe der etwas umfangreichen Formeln abgesehen.

Wir erwähnten schon, daß man ein Mittel gegen diese Widerstandserhöhungen gefunden hat, indem man statt des Volldrahtes Litze verwendet. Diese Maßnahme ist aber nicht immer vorteilhaft. Man erreicht ja damit nur, daß der Strom gezwungen wird, alle Teildrähte und damit den ganzen Querschnitt gleichmäßig zu durchfließen. Die von den einzelnen Stromfäden in den Nachbaradern induzierten Kräfte, die den Strom zu schwächen trachten, werden aber damit noch nicht beseitigt. Auch hier tritt also eine Widerstandserhöhung auf, die aber erst bei höheren Frequenzen merkbar wird, und zwar so, daß bei genügend hoher Schwingungszahl die Litze schließlich schlechter wird als der Volldraht. Umgekehrt ausgedrückt: wenn wir bei einer bestimmten hohen Frequenz einen Volldraht zu unterteilen anfangen, wird sein Widerstand anfangs größer, und erst bei genügend feiner Unterteilung hat man von der Litze Vorteil. Nun kann man aber nicht beliebig unterteilen, die schwächsten technisch üblichen Drähte haben 0,07 mm Dicke, und daraus folgt, daß die damit hergestellte Litze bei genügend hoher Frequenz schließlich schlechter wird als der Volldraht. Diese Erscheinung tritt bei Spulen schon bei niedrigeren Frequenzen ein, als bei gestreckten Drähten. Der Fall der einlagigen Litzenspule ist von Rogowski[1]) berechnet worden. Für die Grenzwellenlänge, unterhalb derer die Litzenspule höhere Verluste hat als die Volldrahtspule, findet er eine Formel, die wir so schreiben:

$$\lambda = \frac{2{,}8 \cdot 10^6 \, \sigma Q}{\sqrt[3]{z^2}} \, s \text{ cm.}$$

Dabei ist Q der Querschnitt der ganzen Litze, z die Zahl ihrer Einzel-

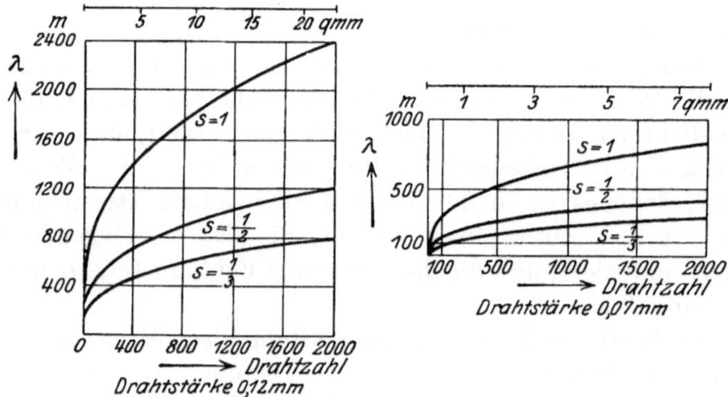

Abb. 24. Grenzwellenlänge, unterhalb derer die Volldrahtspule günstiger ist als die Litzenspule.

drähte, σ die Leitfähigkeit (bei Kupfer = 57). Der Faktor s bedeutet $\sqrt{Q}/g$, g die Ganghöhe; s ist also eine Art Raumausnutzungsfaktor. Bei enggewickelten Spulen mit vernachlässigtem Anteil der Drahtisolation am Querschnitt würde $s = 0{,}89$ sein, in Wirklichkeit ist es immer kleiner, etwa $= {}^1/_2$. Nach dieser Formel hat Rogowski für 0,12 und 0,07 mm starke Einzeldrähte Kurven berechnet, die wir in Abb. 24 wiedergeben, obwohl sie sich nicht genau auf die Rundfunkverhältnisse beziehen. Man ersieht daraus, daß die genannte Grenzwellenlänge gerade im Rundfunkgebiet liegt. Andere Spulenformen sind bisher nicht behandelt worden; es scheint aber nach diesen Ergebnissen bei den Rundfunkwellen der Übergang zwischen dem Bereich des Volldrahtes und der Litze zu liegen, so daß für die Radiotechnik in vielen Fällen der Volldraht vorteilhafter sein wird als die

[1]) Arch. Elektrot. Bd. 8, S. 269. 1919.

Litze, womit nicht ausgeschlossen sein soll, daß in anderen Fällen eine sorgfältig hergestellte und sehr fein unterteilte Litze noch geringere Verluste hat als der Volldraht.

Zu den Wirbelströmen, die im stromführenden Draht selbst entstehen, kommen nun noch diejenigen hinzu, die in benachbarten Metallteilen induziert werden. Auch diese Ströme fließen natürlich nicht umsonst, sondern müssen bezahlt werden; technisch gesprochen, sie bewirken eine Widerstandserhöhung und damit eine erhöhte Dämpfung des Primärkreises. Man muß also beim Zusammenbau hierauf Acht haben; z. B. wäre es grundverkehrt, einen Drehplattenkondensator in unmittelbarer Nähe einer Spule so anzuordnen, daß die Ebenen der Platten der Windungsebene der Spule parallel liegen. Hier kann auch ein anderer Fehler erwähnt werden, der darin liegt, daß eine Selbstinduktion durch einen Gleitkontakt nach Art eines Schiebewiderstandes veränderlich gemacht wird, wobei der Schieber mehr als eine Windung berührt. Die kurzgeschlossenen Windungen sind dann die Quelle hoher Verluste, da sie das Feld der Spule schneiden. Spulen mit Schleifkontakten sind überhaupt nicht empfehlenswert, denn die leerhängenden Teile der Spule verursachen immer Verluste, auch wenn der Gleitkontakt nicht mehr als eine Windung auf einmal berührt.

Eine weitere Quelle der Wirbelstromverluste liegt im Gehäuse. Wir hatten vorher, um die Kapazitätsänderungen durch Annähern der Hand zu vermeiden, die Bekleidung des Gehäuses mit Metall oder doch mit Stanniol empfohlen. Jetzt sehen wir, daß diese zusammenhängenden Metallflächen ungünstig sind. Um die Wirbelströme in ihnen niedrig zu halten, muß man Schlitze anbringen, die die Ausbildung dieser Ströme behindern.

Aber die Wirbelströme im Gehäuse kann man doch auch noch ganz anders, nämlich günstig, bewerten, wenn man folgendes bedenkt: Nicht nur die elektrischen, sondern auch die magnetischen Kraftlinien können als Streulinien unliebsame Störungen zur Folge haben; z. B. wünscht man, daß die einzelnen Resonanzkreise eines abgestimmten Hochfrequenzverstärkers sich gegenseitig nicht koppeln. Auch hier hiflt eine gute metallische Abschirmung, und zwar wirkt diese gerade durch die Wirbelströme, die in ihr fließen. Ein außerhalb gelegener Punkt steht dann nämlich unter der Einwirkung zweier Magnetfelder: des von der primären Spule ausgehenden und des der Wirbelströme, und beide sind entgegengesetzt gerichtet. Daß dies zu einer praktisch 100prozentigen Abschirmung führen kann, erkennen wir, wenn wir bedenken, daß der Hauteffekt ja auch nichts anderes bedeutet, als daß die inneren Teile des Metalls durch die in der Haut fließenden Wirbelströme gegen das Feld geschützt werden, das von außen einzudringen versucht. Um aber diese volle Abschirmung wirklich zu erhalten, muß man die

Wirbelströme frei und unbehindert fließen lassen; man darf also die Metallschicht nicht zu dünn machen, und sie muß möglichst gut geschlossen sein, ohne irgendwelche Schlitze[1]). Darüber, wie dick die Schicht sein muß, kann man sich folgendermaßen Rechenschaft geben: eine Welle, die auf eine dicke Metallplatte auffällt, erfährt in dieser eine räumliche Dämpfung, so daß die Feldstärke in der Tiefe y cm um den Faktor $e^{-\beta y}$ gedämpft wird, wobei $\beta = 2\pi\sqrt{\sigma\mu f \cdot 10^{-5}}$ ist. Für eine Kupferplatte ($\sigma = 57$, $\mu = 1$) folgt bei $f = 10^6$ ($\lambda = 300$ m) $\beta = 150$. In einer Tiefe von 0,2 mm ($y = 0{,}02$) ist daher das Feld auf den 20. Teil seines Oberflächenwertes herabgedämpft. Bei einer Eisenplatte ($\sigma = 57$, $\mu = 100$) genügt dazu schon eine 3,6 mal geringere Tiefe. Voraussetzung ist dabei, daß die Dicke der abschirmenden Platte so groß ist, daß praktisch kein Feld mehr durch sie hindurchkommt. Die soeben im Beispiel angenommenen Tiefen mögen etwa als Mindestdicken angenommen werden.

Die erhöhte Dämpfung der felderzeugenden Spule muß man dabei natürlich in Kauf nehmen. Sie ist, wie die Theorie lehrt, proportional $\sqrt{\mu f/\sigma}$, in dieser Beziehung ist also Eisen eindeutig schlechter als Kupfer. Der physikalische Grund ist der, daß es einmal schlechter leitet, dann aber infolge der hohen Permeabilität die Wirbelströmung auf einen noch engeren Raum beschränkt ist; beides erhöht den Widerstand der Wirbelstrombahn.

Wir weisen noch darauf hin, daß die Verluste nur mit der Wurzel aus der Frequenz wachsen, während sie bei Niederfrequenz, wo das Feld den Querschnitt ganz ausfüllt, bekanntlich quadratisch mit der Frequenz zunehmen. Man führt häufig einen gedachten Widerstand r_w ein, in dem die Verluste ($= r_w i^2$) gleich hoch sind wie die wirklichen Wirbelstromverluste. Man kann dann auch den „Wirbelstromverlustwinkel“ durch $\operatorname{tg} \varepsilon_w = r_w/\omega L$ definieren; wie der dielektrische Verlustwinkel hat auch dieser die Bedeutung eines durch π dividierten Dekrementes. Nach dem eben Gesagten ist $\operatorname{tg} \varepsilon_w$ bei Niederfrequenz proportional der Frequenz, bei sehr hohen Frequenzen dagegen proportional $1/\sqrt{\omega}$.

Übrigens wirken die Wirbelströme im Gehäuse mit ihrem dem primären entgegengesetzten Magnetfeld nicht nur nach außen, sondern auch nach innen, sie schwächen also das Feld in der erregenden Spule; anders ausgedrückt, sie vermindern deren Selbstinduktion. Wir erwähnen das hier nur, weil darauf eine Form von Variometern beruht, bei der eine Metallplatte der Spule mehr oder weniger genähert werden kann. Die Platte verursacht natürlich auch eine zusätzliche Dämpfung der Spule.

4. Über die Verwendung von Eisen. Hier sind wir auf die Frage gestoßen: soll man Eisen im Hochfrequenzkreis verwenden? Wir haben

---

[1]) Morecroft u. Turner: Proc. Inst. Rad. Eng. Bd. 13, S. 477. 1925.

soeben gesehen, daß die Verluste im Eisen recht hoch sind, und was wir hier für den besonderen Fall einer ausgedehnten Platte gezeigt haben, gilt auch allgemein. Daher hat man sich seit den Anfängen der Hochfrequenztechnik bemüht, Eisen möglichst zu vermeiden, und in der Tat sind ja die bei den Rundfunkfrequenzen erforderlichen Werte des Selbstinduktionskoeffizienten so gering, daß man mit Luftspulen von nur wenigen Windungen auskommt. Nun spielt aber in der Technik der geringeren Frequenzen das Eisen eine so ausschlaggebende Rolle und erweist sich als so nützlich, daß man schwerlich annehmen wird, daß es bei den Rundfunkwellen nur schädlich sei. In der Tat ist denn auch das Eisen in neuerer Zeit auf der Sendeseite oft verwandt worden (Hochfrequenzmaschine, Frequenzwandler, Eisenmodulator). Auf der Empfangsseite würden eisengeschlossene Spulen z. B. da sehr vorteilhaft sein, wo es auf die möglichste Vermeidung magnetischer Streulinien ankommt.

Nun haben wir bereits erkannt, daß das Feld in das Eisen besonders schwer eindringt. Man muß ihm also viele Schlitze öffnen, durch die es hinein kann, d. h. man muß das Eisen unterteilen (oder, niederfrequenztechnisch gesprochen, man muß den Wirbelströmen den Weg abschneiden). Anderenfalls würde das Volumen zum großen Teile feldfrei bleiben, also nicht ausgenutzt werden. Betz[1]) hat kürzlich die Aufgabe des Hochfrequenzeisentransformators theoretisch behandelt; er kommt zu dem Schluß, daß die Wirbelstromverluste durchaus erträglich seien, wenn man die Blechdicken kleiner wählt als $10^2/\sqrt{\omega\,\mu\,\sigma}$ cm. Das Isoliermaterial zwischen den Blechen kann etwa gleiche Dicke haben. Unter der Annahme $\sigma = 2$ (legiertes Eisen), $\mu = 150$, $\omega = 2\,\pi \cdot 10^6$ (also $\lambda = 300$ m) findet man eine Höchstdicke von $2{,}3 \cdot 10^{-3}$ cm. Das ist praktisch durchaus ausführbar.

Eine andere Möglichkeit der Verwendung von Eisen im Hochfrequenzkreis bieten die Massekerne, die jetzt bei Pupinspulen eine große Rolle spielen. Die wirksame Permeabilität dieser Kerne ist etwa 30 bis 50. Messungen an solchen mit Hochfrequenz sind aber bisher noch nicht bekannt geworden.

Vom Standpunkt der Wirbelstromverluste ist das Eisen also gar nicht so bedenklich; wie steht es mit der Hysteresis? Man hört manchmal die Ansicht, diese bedeute, daß die Moleküle des Eisens den Feldänderungen nur langsam folgen können; dann wäre das Eisen bei hohen Frequenzen nicht mehr verschieden von einem gewöhnlichen paramagnetischen Körper. Nimmt man die Hystereseschleife bei verschiedenen Frequenzen auf, so findet man in der Tat zunächst, daß sie bei hohen Frequenzen wesentlich anders verläuft; aber das hat seinen Grund in

[1]) Jahrb. drahtl. Telegr. u. Teleph. Bd. 26, H. 2, S. 29. 1925.

den Wirbelströmen, die das Feld im Eisen selbst schwächen. Baut man die Meßanordnung so, daß dieser Fehler vermieden wird, so ergibt sich bei allen Frequenzen die gleiche Hysteresekurve. Da wir die Wirbelstromverluste schon vorher abgetrennt haben, so dürfen wir also annehmen, daß die Hystereseerscheinungen bei den Rundfunkfrequenzen die gleichen sind wie im Niederfrequenzgebiet. Ein wirkliches Nachlassen der ferromagnetischen Eigenschaften, das in dem vorher erwähnten Sinn zu deuten wäre, hat man erst bei noch kürzeren Wellen längen, unter 1 m, beobachtet.

Es ist bekannt, daß durch die Hysterese ein zusätzlicher Verlust entsteht, wobei die während eines Zykels in Wärme umgewandelte Energie durch die Fläche der Hysteresisschleife gegeben ist. Dieser Verlust ist also der Zahl der in der Sekunde durchlaufenen Hysteresisschleifen, d. h. also der Frequenz, proportional.

Nun hängt die Größe der Schleife davon ab, bis zu welcher Maximalfeldstärke man sie durchläuft. Wird das Eisen während des Kreisprozesses völlig gesättigt, so gilt das Steinmetzsche Gesetz, wonach der Verlust proportional $B^{1,6}$ ist; B bedeutet dabei die maximal erreichte Induktion (= Flußdichte). Für uns handelt es sich aber um schwache Felder. Die hier geltenden Gesetze sind kürzlich von Jordan[1]) im Anschluß an eine Arbeit von Rayleigh[2]) klargestellt worden. Wegen der Wichtigkeit, die dieser Gegenstand für große Zweige der Technik hat, wollen wir noch etwas darauf eingehen.

Nach Rayleigh ist bei kleinen Feldstärken die Permeabilität (also auch die Induktivität der Spule, die den Eisenkern umschließt) eine lineare Funktion der Feldstärke $\mathfrak{H}$ (und damit auch der Stromstärke in der Spule):

$$\mu = \mu_0 + 2\nu\mathfrak{H} = \mu_0\left(1 + \frac{2\nu}{\mu_0}\mathfrak{H}\right),$$

wobei wir die Jordansche Bezeichnungsweise beibehalten. μ_0 ist die Anfangspermeabilität.

Den Hystereseverlust kann man durch einen Widerstand r_h ausdrücken, der den gleichen Verlust erzeugen würde. Wir führen auch wieder den Verlustwinkel mittels $\operatorname{tg}\varepsilon_h = r_h/\omega L$ ein, der sich zu den übrigen Verlustwinkeln der Spule addiert. Da wir schon sahen, daß r_h proportional ω ist, ist ε_h von der Frequenz unabhängig. Man findet nach Jordan

$$\operatorname{tg}\varepsilon_h = \frac{8}{3\pi}\,\frac{\nu\mathfrak{H}}{\mu_0 + 2\nu\mathfrak{H}}.$$

Bei ganz kleinen Feldstärken kann man im Nenner das Glied $2\nu\mathfrak{H}$ streichen; dann ist also der Verlustwinkel proportional $\mathfrak{H}$, also auch proportional der Stromstärke i, die in der Spule fließt; und zwar wird

[1]) E. N. T. Bd. 1, S. 7. 1924.

[2]) Phil. Mag. 1887, S. 225.

dann der Verlustwinkel gleich derjenigen Größe, die auch den Gang der Induktivität mit der Stromstärke ausdrückt, abgesehen von dem Faktor $4/3\pi$. Man muß also solche Eisensorten suchen, deren Permeabilität bei schwachen Feldern möglichst konstant ist, dann sind auch die Hystereseverluste klein.

Man sieht aus der gegebenen Formel, daß auch r_h dem Strom proportional ist, sich also sehr abweichend von einem gewöhnlichen Widerstand verhält. Die Hystereseverluste selbst ($= r_h i^2$) wachsen mit der 3. Potenz der Stromstärke. Bei den allerschwächsten Feldern werden sie demnach gegenüber den anderen Verlusten verschwinden. Sie dürften demnach bei Empfangskreisen kaum eine Rolle spielen; dagegen im Anodenkreis von Verstärkerröhren kann man das nicht mehr so sicher behaupten.

Nach dem Gesagten erhält man, wenn man bei irgendeiner Frequenz ω_1 den gemessenen Verlustwinkel (der alle Arten von Verlusten zugleich enthält) als Funktion der Stromstärke oder der Amperewindungen aufträgt, eine gerade Linie (vgl. Abb. 25). Da alle anderen Anteile des Verlustwinkels von der Stromstärke nicht abhängen (oder doch nur wenig; weil nämlich die Permeabilität von der Stromstärke abhängt, so sind auch die Wirbelstromverluste in geringem Grade von ihr abhängig; dies kann man aber leicht berücksichtigen), so ist deren Größe durch die Strecke AO der Abbildung gegeben.

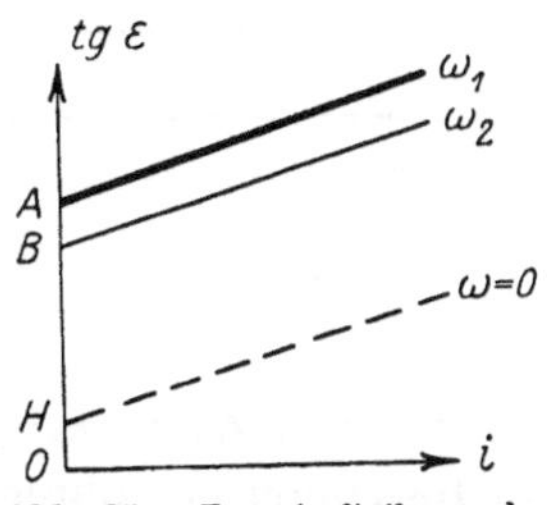

Abb. 25. Zur Aufteilung der Verluste in ihre Komponenten.

Nun wiederholen wir die Messung bei verschiedenen Frequenzen. Der Anteil des Verlustwinkels, der von der Hysterese stammt, ist von der Frequenz unabhängig; das gleiche gilt also auch von der Neigung der Geraden. Da aber die Wirbelstromverlustwinkel von der Frequenz abhängen, erhalten wir eine Schar paralleler Geraden, und die Strecken $AO, BO, \cdots$ sollten uns die Größen $\operatorname{tg} \varepsilon_w$ geben. Macht man dies nun für verschiedene, auch verhältnismäßig niedere Frequenzen (lange Wellen oder Tonfrequenzen), so wird es gelingen, die Messung auf die Frequenz Null zu extrapolieren. Dann sollte die dazu gehörige Gerade eigentlich durch den Nullpunkt gehen; statt dessen findet man noch einen Verlustwinkel HO, der nun weder vom Hysterese- noch vom Wirbelstromverlust herrühren kann. Nach Jordan wird dieser durch die Nachwirkung erzeugt. Darunter versteht man die Erscheinung, die z. B. bei elastischen Vorgängen beobachtet wird, daß die zu einer plötzlich einsetzenden Kraft gehörige Wirkung im Augenblick nur auf einen Bruchteil ihres endgültigen Wertes steigt und erst eine gewisse Zeit braucht, um diesen völlig zu erreichen. Darauf beruhen auch die dielektrischen Verluste, die wir früher besprachen. Bei diesen kann man direkt beobachten, wie die Ladung eines Kondensators, der plötzlich unter Spannung gesetzt wird, sich langsam mit der Zeit ändert. Im magnetischen Gebiet ist die entsprechende Erscheinung noch nicht direkt beobachtet worden, sie läßt sich nur indirekt auf Grund der Konstruktion der Abb. 25 erschließen. Jedenfalls hat die Nachwirkung mit der Hysteresis nichts zu tun; diese bedeutet zwar auch eine Abhängigkeit des magnetischen Zustandes von der Vorgeschichte, aber beim plötzlichen Einschalten einer magnetischen Feldstärke ist der zugehörige Induktionsfluß doch augenblicklich da und ändert sich zeitlich nicht. Jordan hat auch einige Zahlenangaben über die Hysterese- und Nachwirkungsverluste gemacht, die wir hierher setzen, obgleich sie bei niedrigen Frequenzen gewonnen wurden. Der Theorie nach sollten die Zahlen ja von der Frequenz nicht abhängen; aber vielleicht ist das eben nur Theorie.

Zahlentafel 4.

	μ_0	$100 \operatorname{tg} \varepsilon_h / n i$	$1000 \operatorname{tg} \varepsilon_n$
Eisendraht	110	270	4,0
„	80	340	4,0
Stahldraht	70	27	1,2
Amerikanischer Massekern	30	9,2	0,7

In dieser Zahlentafel bedeuten ε_h und ε_n die von der Hysterese bzw. Nachwirkung herrührenden Anteile des Verlustwinkels; ni ist die Zahl der Amperewindungen je Zentimeter Spulenlänge.

Damit wollen wir schließen. Überblicken wir noch einmal das gesamte Gebiet der physikalischen Erscheinungen, die beim Rundfunkempfang eine Rolle spielen, so sehen wir, daß hier, wie überall in der Physik, die Grundgesetze, denen die Vorgänge gehorchen, sehr einfach sind; aus ihrem Zusammenspiel ergeben sich aber bald verhältnismäßig schlecht übersichtliche Wirkungen. Den Physiker interessieren eigentlich nur jene einfachen Gesetze, aber der Techniker ist gezwungen, sich auch mit den verwickelteren Erscheinungen abzugeben, wenn er die Aufgaben lösen will, die ihm die Praxis stellt.

VI. Ausstrahlung, Ausbreitung und Empfang der elektrischen Wellen.

Von

R. Rüdenberg (Berlin).

A. Grundbegriffe.

1. Schwingungsformen von Antennen. Zur Ausstrahlung und zum Empfang der elektromagnetischen Wellen der drahtlosen Telegraphie und Telephonie benutzt man elektrische Schwingungskreise, die man als geschlossene oder offene Kreise bezeichnet, je nachdem die in ihrer Kapazität und Selbstinduktion aufgespeicherte Energie an wenigen Stellen konzentriert ist oder über die Erstreckung des Kreises verteilt ist. Abb. 1 stellt den Typus eines geschlossenen Schwingungskreises dar, in dem die Stromstärke längs der ganzen Leitung konstanten Wert besitzt und die Spannung an der Selbstinduktion L und der Kapazität C konzentriert ist. Die Eigenfrequenz f pro Sekunde oder die Kreisfrequenz ν in 2π sec ist gegeben durch die Thomsonsche Formel

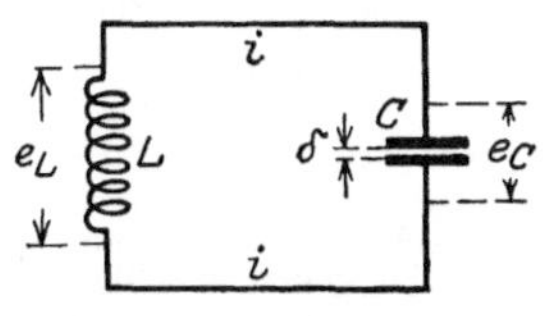

Abb. 1. Geschlossener Schwingungskreis.

$$\nu = 2\pi f = \frac{1}{\sqrt{LC}}. \qquad (1)$$

Ihr entspricht eine Wellenlänge λ der im freien Raum mit Lichtgeschwindigkeit c verlaufenden elektromagnetischen Wellen von der Größe

$$\lambda = \frac{2\pi c}{\nu} = \frac{c}{f}. \qquad (2)$$

Eine Selbstinduktion von $L = 0{,}14$ Millihenry gibt demnach mit einer Kapazität von $C = 0{,}002$ Mikrofarad Eigenschwingungen von $f = 300000$ Per/sec oder $\nu = 1880000$ Per/2π sec. Die entsprechende Wellenlänge ist $\lambda = 1000$ m.

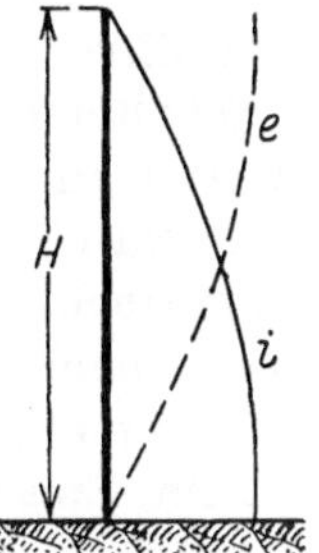

Abb. 2. Viertelwellenschwingung von Antennen.

Das Urbild eines offenen Schwingungskreises stellt Abb. 2 dar, in der ein Leiter von der Höhe H aus der Erdoberfläche herausragt und eine räumlich sinusförmige Verteilung von Spannung e und Strom i besitzt, so daß er in Form einer Viertel-Sinuswelle schwingt. Die Wellenlänge dieser **Marconi**-Antenne ist daher

$$\lambda = 4\,H\,. \tag{3}$$

Für eine Höhe $H = 50$ m wird $\lambda = 200$ m.

Die Eigenfrequenz dieser Antenne läßt sich ebenfalls nach Gleichung (1) berechnen, wenn man sich die Werte L und C eines linearen Leiters im Verhältnis der Mittelwerte von Strom und Spannung, also wie $2/\pi$ verkleinert denkt, einfacher erhält man sie aber aus Gleichung (2) durch Einführen des Wertes von Gleichung (3). Im ebengenannten Falle wird sie $f = 1\,500\,000$ Per/sec.

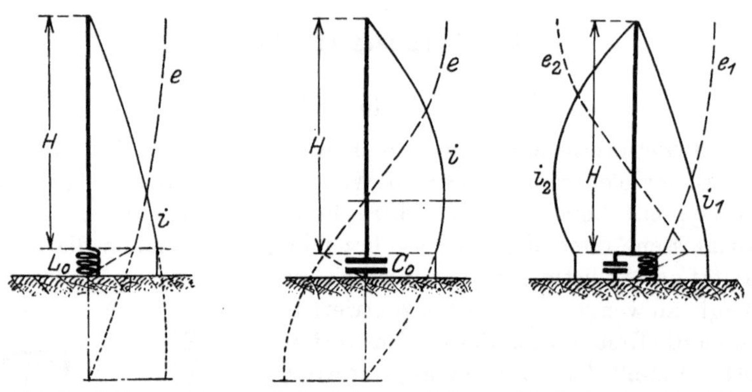

Abb. 3. Antenne mit Verlängerungsspule.

Abb. 4. Antenne mit Verkürzungskondensator.

Abb. 5. Erregung der Antenne durch geschlossenen Kreis.

Durch Einschalten einer Selbstinduktion L_0 am unteren Ende dieser Antenne vergrößert man die gesamte Selbstinduktion und kann daher die Eigenfrequenz dieses Systems entsprechend Gleichung (1) verkleinern. Die Strom- und Spannungsverteilung entspricht dann den i- und e-Linien in Abb. 3, die Eigenwellenlänge erscheint nach Gleichung (2) durch diese Verlängerungsspule künstlich vergrößert.

Schaltet man einen Kondensator C_0 unten in die Leitung, so verringert man durch die Serienschaltung die gesamte Kapazität, und es stellt sich eine Strom- und Spannungsverteilung nach Abb. 4 ein. Der Strombauch und der Spannungsknoten rücken auf die Antenne, die Eigenwellenlänge wird entsprechend Gleichung (1) und (2) durch diesen Verkürzungskondensator verkleinert.

Beim Einschalten eines Schwingungskreises ins untere Antennenende nach Abb. 5 können sich zwei verschiedene Eigenfrequenzen einstellen, deren Strom- und Spannungsverteilung wieder eingezeichnet ist. Die Anordnung ist mehrwellig geworden, die eine Wellenlänge ist größer, die andere geringer als nach Gleichung (3).

In allen Fällen lassen sich bei gegebener Dimensionierung der Antenne und der angeschlossenen Schwingungskreise, auch wenn sie kompliziertere Gestaltung haben sollten, die Verhältnisse mit ausreichender Genauigkeit vorher bestimmen. Im allgemeinen stellt man jedoch die passende Eigenwelle oder Eigenfrequenz dadurch her, daß man eine der eingeschalteten Selbstinduktionen oder Kapazitäten veränderbar vorsieht, so daß man die Wellenlänge willkürlich auf das gewünschte Maß einstellen kann.

Man kann die Antennenanordnung stets in dem Bilde eines elektrischen Dipols nach Abb. 6 idealisieren, in dem eine elektrische Ladung q längs der Antenne auf- und abschwingt. Unter dem Einfluß ihrer Spannung e wird dann eine mittlere Stromstärke

Abb. 6. Gleichwertiger Dipol.

$$i = \frac{dq}{dt} = C\frac{de}{dt} \tag{4}$$

in der Antenne erzeugt, die proportional der Kapazität C der Anordnung ist. Da die linearen Antennen der Abb. 2 bis 5 nur relativ kleine Kapazität besitzen, so ergeben sie auch nur geringe Stromstärken. Die Spannung e kann man wegen der Isolation nicht beliebig steigern. Zur Erzielung stärkerer Wirkungen ist es daher angebracht, das obere Antennenende noch mit einer großen Kapazität gegen Erde zu versehen, so wie es in Abb. 7 dargestellt ist, in der die Verteilung von Strom und Spannung wieder eingezeichnet ist.

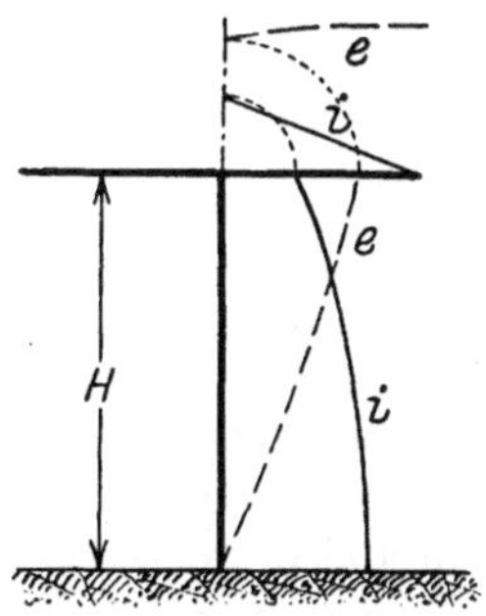

Abb. 7. Antenne mit großer Kapazität.

Man stellt diese Kapazität im allgemeinen ebenfalls aus Drähten her und erhält nach Abb. 8 bei einseitiger Anordnung derselben eine L-Antenne, bei zweiseitiger Anordnung eine T-Antenne und bei radialer Anordnung eine Schirmantenne. Da bei diesen praktisch meist gebräuchlichen Antennenformen die Kapazitätswirkung im wesentlichen auf den wagerechten, die Selbstinduktion im wesentlichen auf den senk-

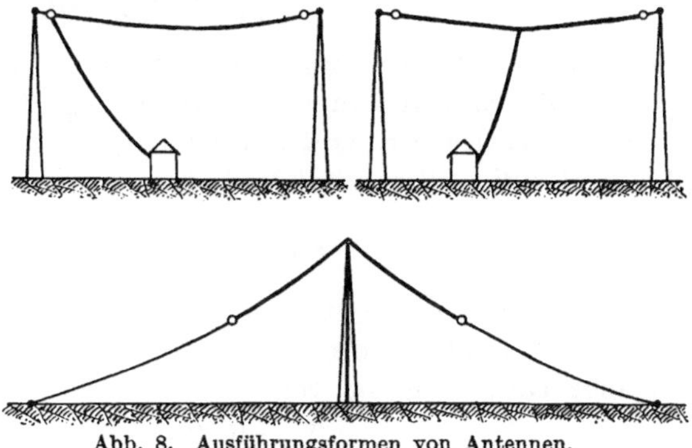
Abb. 8. Ausführungsformen von Antennen.

rechten Leiterteil konzentriert ist, so kann man ihre Eigenfrequenz angenähert nach Gleichung (1) berechnen. Durch Verlängerungsspulen L_0 oder Verkürzungskondensatoren C_0 im Fußpunkt der Antenne kann man die Eigenwellenlänge wie früher in beliebiger Weise einstellen.

2. Elektromagnetische Wellen. Im freien Raume oder in beliebigen Medien können sich fortschreitende Wellen ausbreiten, die bei niedriger Frequenz als elektromagnetische Wellen, bei höherer Frequenz als Wärme- und Lichtstrahlen und bei sehr hohen Frequenzen als Röntgenstrahlen in Erscheinung treten. Wir wollen die näheren Verhältnisse an dem Spezialfall ebener elektromagnetischer Wellen untersuchen, bei denen in dem Koordinatensystem der Abb. 9 nur elektrische Feldstärken in y-Richtung und magnetische Feldstärken in z-Richtung auftreten. Durch Übereinanderlagerung derartiger Wellen in allen möglichen Richtungen können wir beliebige Strahlungsfelder aufbauen.

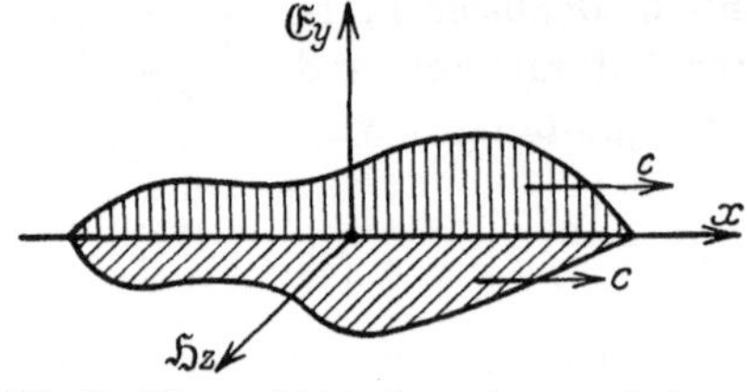

Abb. 9. Ebene elektrische und magnetische Wellen.

Das elektromagnetische Induktionsgesetz nimmt dann mit den Bezeichnungen $\mathfrak{E}$ und $\mathfrak{H}$ für die elektrische und magnetische Feldstärke und μ für die Permeabilität die Form an

$$-\mu \frac{\partial \mathfrak{H}_z}{\partial t} = \frac{\partial \mathfrak{E}_y}{\partial x}. \tag{5}$$

Dabei stellt die linke Seite die zeitliche Änderung des Magnetfeldes und die rechte Seite die induzierte Spannung, beides auf ein Flächenelement bezogen, dar. Nach der Faraday-Maxwellschen Anschauung bringt jede elektrische Feldänderung einen Verschiebungsstrom hervor, der seinerseits genau wie ein Leitungsstrom magnetische Felder erzeugt. Das führt zu der Beziehung

$$\varepsilon \frac{\partial \mathfrak{E}_y}{\partial t} = -\frac{\partial \mathfrak{H}_z}{\partial x}, \tag{6}$$

in der ε die Elektrisierungszahl des Mediums bezeichnet.

Durch Zusammenfassung von Gleichung (5) und (6) erhält man für den räumlichen und zeitlichen Verlauf der elektrischen Feldstärke die Differentialgleichung

$$\varepsilon \mu \frac{\partial^2 \mathfrak{E}_y}{\partial t^2} = \frac{\partial^2 \mathfrak{E}_y}{\partial x^2}, \tag{7}$$

und dieselbe Beziehung gilt auch für $\mathfrak{H}_z$. Diese Gleichung ist nun durch jede beliebige Funktion des Arguments $t - x/c$ zu lösen, was sich durch zweimalige Differentiation von

$$\mathfrak{E}_y = \mathfrak{E}_y(t - x/c) \tag{8}$$

nach t und x sofort ergibt. Als Bedingung erhält man dabei nur

$$c = \frac{1}{\sqrt{\varepsilon\mu}}. \tag{9}$$

Diese Funktion (8) stellt nun eine mit der Geschwindigkeit c in x-Richtung fortschreitende Welle dar. Man erkennt dies daraus, daß die Funktion $\mathfrak{E}_y$ sich nicht ändert, wenn man zeitlich um den Wert Δt und gleichzeitig räumlich um den entsprechenden Wert $\Delta x = c \cdot \Delta t$ fortschreitet. Die Form der Welle ist dabei ganz beliebig und ist in Abb. 9 willkürlich dargestellt. Für die magnetische Feldstärke ergibt sich aus Gleichung (5) oder (6)

$$\mathfrak{H}_z = \sqrt{\frac{\varepsilon}{\mu}}\,\mathfrak{E}_y = \frac{\mathfrak{E}_y}{c}, \tag{10}$$

wobei die letztere Beziehung nur für unmagnetisches Medium, z. B. Luft gilt. Die magnetische Feldstärke ist stets proportional der elektrischen.

Die Lösung der Differentialgleichung führt also auf *wandernde Wellen, deren Form beim Forteilen unverändert erhalten bleibt*, deren Geschwindigkeit nach Gleichung (9) von den Konstanten des Mediums abhängt, und bei denen die elektrischen und magnetischen *Feldstärken* nach Abb. 9 gleichen quantitativen Verlauf haben und *senkrecht aufeinander sowie senkrecht zur Fortpflanzungsrichtung stehen*. Wir haben also transversale Wellen vor uns. In Luft ergibt sich aus Gleichung (9) die Geschwindigkeit zu

$$c = 3 \cdot 10^{10}\ \text{cm/sec} = 300\,000\ \text{km/sec}. \tag{11}$$

Sie ist also gleich der *Lichtgeschwindigkeit* im freien Raum.

Für harmonische Wellen mit der Kreisfrequenz ω verändert sich die Feldstärke nach der Funktion

$$\mathfrak{E}_y = c\,\mathfrak{H}_z = \mathfrak{E}_0 \sin\omega\,(t - x/c) \tag{12}$$

oder nach der entsprechenden Cosinusfunktion. Die *Wellenlänge dieser Sinuswellen* ergibt sich, wenn man bei konstantem t um eine solche Länge λ in x-Richtung fortschreitet, daß das Argument sich um 2π ändert. Das gibt

$$\omega\frac{\lambda}{c} = 2\pi, \tag{13}$$

was natürlich mit Gleichung (2) in Übereinstimmung steht.

Für *Wellen in Leitern*, z. B. im Meereswasser oder im Erdinnern, tritt an Stelle des Verschiebungsstroms der linken Seite von Gleichung (6) vorwiegend der *Leitungsstrom*, der der Spannung $\mathfrak{E}_y$ selbst und dem spezifischen Widerstand s des Materials umgekehrt proportional ist. Man erhält daher als Differentialgleichung

$$\frac{4\pi\mu}{s}\frac{\partial \mathfrak{E}_y}{\partial t} = \frac{\partial^2 \mathfrak{E}_y}{\partial x^2}. \tag{14}$$

Für harmonische Wellen von der Frequenz f führt das zur Lösung

$$\mathfrak{E}_y = \mathfrak{E}_0\, e^{-2\pi\sqrt{\frac{f\mu}{s}}x} \cdot \sin\omega\left(t - \frac{x}{\sqrt{fs/\mu}}\right). \tag{15}$$

Das stellt Wellen dar, deren Geschwindigkeit nicht mehr universell ist, sondern vor allem von ihrer Frequenz abhängt, und die außerdem mit zunehmendem x eine erhebliche Dämpfung ihrer Stärke erleiden. Für Erdboden mit $\mu = 1$ und $s = 10^{13}\,\mathrm{cm^2/sec}$ erhält man bei $\lambda = 300$ m Wellenlänge, also $f = 10^6$ Per/sec nur eine Fortpflanzungsgeschwindigkeit vom zehnten Teil des Lichtes und eine so starke räumliche Dämpfung, daß die Wellen nach etwa 20 m Eindringtiefe ausgelöscht sind. Bei größerer Leitfähigkeit, z. B. bei Meereswasser, sind sowohl Wellengeschwindigkeit wie Eindringtiefe noch wesentlich kleiner. In Metalle dringen die Hochfrequenzwellen überhaupt kaum noch ein, sie werden vielmehr nur von ihrer Oberfläche geführt, auf der die Feldstärke in der umgebenden Luft stets senkrecht stehen muß.

Die elektromagnetischen Wellen sind mit einem Energiebetrag verknüpft, der nach dem Poyntingschen Satze

$$\mathfrak{S} = \frac{1}{4\pi}[\mathfrak{E}\mathfrak{H}] \tag{16}$$

ist. Der Energiefluß steht senkrecht auf $\mathfrak{E}$ und $\mathfrak{H}$ und ist daher nach Abb. 9 in Laufrichtung der Wellen gerichtet. Die Wellen führen demnach strahlende Energie mit sich fort, deren Größe sich in Luft unter Zuhilfenahme von Gleichung (10) aus der elektrischen Feldstärke allein errechnen läßt zu

$$S = \frac{1}{4\pi c}\mathfrak{E}^2. \tag{17}$$

Der Energiefluß ist also dem Quadrat der Feldstärke proportional und sonst nur noch abhängig von der Lichtgeschwindigkeit.

B. Das elektromagnetische Feld des Senders.

1. Das Feld um die Sendeantenne. In seiner berühmten Arbeit über die Ausbreitung der elektrischen Kräfte hat Heinrich Hertz die elektrischen und magnetischen Feldstärken angegeben, die sich in der Umgebung eines schwingenden elektrischen Dipols ausbilden, dessen Ladungsmoment

$$f = l \cdot q \tag{18}$$

durch die Länge l und die wechselnde Ladung q des Dipols bestimmt ist. Um den Strom i im Dipol einzuführen, differenzieren wir das Moment entsprechend Gleichung (4) nach der Zeit und erhalten

$$\left.\begin{aligned} \frac{df}{dt} &= f' = l\,i \\ \frac{d^2f}{dt^2} &= f'' = l\,\frac{di}{dt} \end{aligned}\right\}. \tag{19}$$

Durch die Striche ist dabei die Zahl der Differentiationen angedeutet.

In den Polarkoordinaten der Abb. 10, in denen die Lage jedes Punktes durch seinen Abstand r vom Ursprung, seinen Höhenwinkel ϑ und seinen Längenwinkel φ gegeben ist, ergeben sich dann die magnetischen und elektrischen Feldstärken um den Dipol zu

$$\left.\begin{aligned} \mathfrak{H}_\varphi &= -\frac{\sin\vartheta}{r}\left[\frac{f'}{r} + \frac{f''}{c}\right]_{t-\frac{r}{c}} \\ \mathfrak{E}_\vartheta &= -\frac{\sin\vartheta}{r}\left[\frac{c^2 f}{r^2} + \frac{c f'}{r} + f''\right]_{t-\frac{r}{c}} \\ \mathfrak{E}_r &= 2\,\frac{\cos\vartheta}{r}\left[\frac{c^2 f}{r^2} + \frac{c f'}{r}\right]_{t-\frac{r}{c}} \end{aligned}\right\}. \tag{20}$$

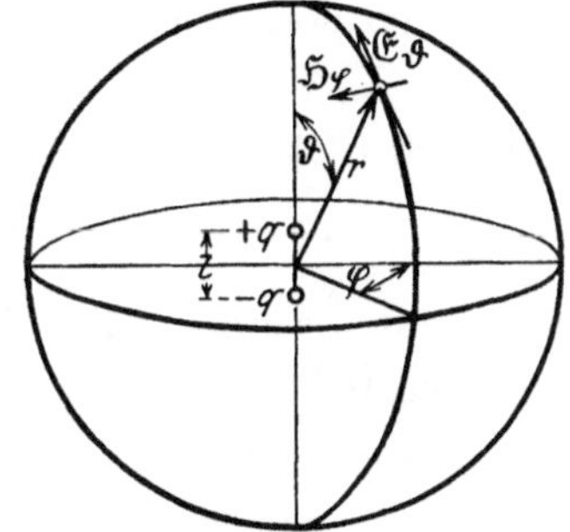

Abb. 10. Polarkoordinaten um einen Dipol.

Darin ist für f, f' und f'' überall das Argument $t - r/c$ zu setzen, so daß wir vom Ursprung nach außen mit Lichtgeschwindigkeit forteilende Wellen vor uns haben. Der Wert dieser Funktionen zur Zeit t im Abstand r ist daher der gleiche, wie er nach Gleichung (18) und (19) im Dipol selbst zu einer Zeit $t - r/c$ war. Es kommt also für die Wirkung an irgendeiner Stelle nicht der gleichzeitige Wert im Dipol in Frage, sondern ein um die Zeit r/c retardierter Wert. Dies liegt im Wesen der Wellenausbreitung mit endlicher Geschwindigkeit begründet.

Aus den Gleichungen (20) erkennen wir, daß das Magnetfeld um den Dipol rein zirkular ist, indem nur die φ-Komponente von $\mathfrak{H}$ auftritt, die längs der Breitenkreise läuft. Das elektrische Feld dagegen ist polar, seine Feldkomponenten laufen lediglich radial und tangential in Richtung der Längenkreise.

Für kleine Abstände r kommen im wesentlichen die ersten Glieder in den Klammern der Gleichung (20) in Betracht, da die anderen hiergegen verschwinden. Das Magnetfeld entspricht dabei mit der ersten Gleichung (19) genau dem Biot-Savartschen Gesetz, das elektrische Feld mit Gleichung (18) genau dem Coulombschen Gesetz. Die Feldstärken nehmen mit der zweiten und gar dritten Potenz der Entfernung ab, so daß die Wirkung der stationären Ladungen und Ströme in einigem Abstande verschwindet. Für mittlere Abstände muß man mit sämtlichen Klammergliedern rechnen.

Für große Abstände r kommen allein die letzten Werte der Klammern in Betracht, ja die radiale Feldstärke $\mathfrak{E}_r$ verschwindet sogar fast vollständig gegenüber der tangentialen $\mathfrak{E}_\vartheta$. Diese letztere und $\mathfrak{H}'_\varphi$ nehmen jetzt nur mit $1/r$, also sehr langsam mit zunehmender Entfernung ab. Es tritt daher im Gegensatz zu den statischen Feldern mit ihren Nahwirkungen hier eine Fernwirkung der elektrischen und magnetischen Felder auf, sofern f'', das nach der zweiten Gleichung (19) die Änderungsgeschwindigkeit des Stromes im Dipol darstellt, ausreichend große Werte besitzt.

Für harmonische Veränderung des Stromes

$$i = J \sin \omega t \tag{21}$$

wird nach Gleichung (19)

$$f'' = \omega l J \cos \omega \left(t - \frac{r}{c}\right), \tag{22}$$

und damit werden die Feldstärken in großer Entfernung nach Gleichung (20)

$$\mathfrak{E}_\vartheta = c \mathfrak{H}_\varphi = -\frac{\sin \vartheta}{r} f'' = -\frac{\omega l J}{r} \sin \vartheta \cos \omega \left(t - \frac{r}{c}\right). \tag{23}$$

Die elektrische Feldstärke im Höhenkreis und die magnetische Feldstärke im Breitenkreis nehmen also beide vom Pol zum Äquator entsprechend dem Sinus des Höhenwinkels zu. In der Polachse sind sie Null, in der Äquatorebene ist das Maximum vorhanden. Beide sind unabhängig vom Längenwinkel φ, das Feld ist zirkular-symmetrisch. Die Feldamplitude ist proportional der Frequenz, der Dipollänge und dem Strom, und umgekehrt proportional dem Abstand vom Dipol.

Wenn man den Strom in Ampere, die Feldstärke in Volt/Meter und den Abstand in Metern messen will, so muß man in Gleichung (23) noch mit 10^{-9} multiplizieren. Ersetzt man außerdem nach Gleichung (13) die Frequenz durch die Wellenlänge und führt den Zahlenwert der Lichtgeschwindigkeit nach Gleichung (11) ein, so erhält man die Spannungsamplitude in der Äquatorebene in Volt/Meter zu

$$\mathfrak{E}_\vartheta = \frac{2\pi c}{r} \frac{l}{\lambda} J \cdot 10^{-9} = 60 \pi \frac{l}{\lambda} \frac{J}{r}. \tag{24}$$

Für $l = 100$ m Dipollänge, $\lambda = 1000$ m Wellenlänge, $J = 100$ A in der Antenne und $r = 1000$ km Abstand, erhält man danach eine elektrische Feldstärke von

$$\mathfrak{E}_\vartheta = 1{,}87\ \mathrm{mV/m}$$

senkrecht auf der Äquatorebene. Das stellt eine leicht nachweisbare Spannung dar.

Zur Bestimmung der Wirkung von beliebigen Antennenformen kann man sich diese stets aus Hertzschen Dipolen zusammengesetzt denken, deren Felder sich einfach übereinanderlagern. Wenn daher die Stromverteilung in der Antenne sowie ihre zeitliche Änderung bekannt ist, so kann man jede derartige Aufgabe lösen. Es interessiert uns hauptsächlich das Feld in großer Entfernung, also in der Fernzone oder Wellenzone, für die der Abstand so groß gegen die Antennenabmessung und ihre Wellenlänge ist, daß wir mit den letzten Gliedern der Gleichung (20) allein rechnen können. Für den Nenner im Ausdruck der Feldstärken genügt es dabei, wenn wir alle Abstände r unter sich gleich und parallel annehmen. Der Beitrag jedes Antennenelementes zur elektrischen Feldstärke ist dann

$$d\mathfrak{E}_\vartheta = \frac{\sin\vartheta}{r}\, d f'' = \frac{\sin\vartheta}{r}\, dl \left(\frac{di}{dt}\right)_{t-\frac{r}{c}}. \tag{25}$$

Für große Entfernung ist nun

$$dl \sin\vartheta = dy \tag{26}$$

das von dort sichtbare Höhenelement der Antenne, wobei die Koordinate y entsprechend Abb. 11 senkrecht zum Abstand r zu zählen ist. An Stelle der Retardierungszeit r/c können wir weiterhin mit einer mittleren für alle Antennenelemente gleichen derartigen Zeit rechnen, die wir nur noch um die Unterschiede x/c der verschiedenen Antennenelemente zu ergänzen haben, wobei x die Antennenerstreckung in Richtung des Abstandes bedeutet. Mit dem mittleren Abstande r_0 und der mittleren Retardierungszeit t_0 erhalten wir alsdann die gesamte Feldstärke an irgendeinem fernen Orte zu

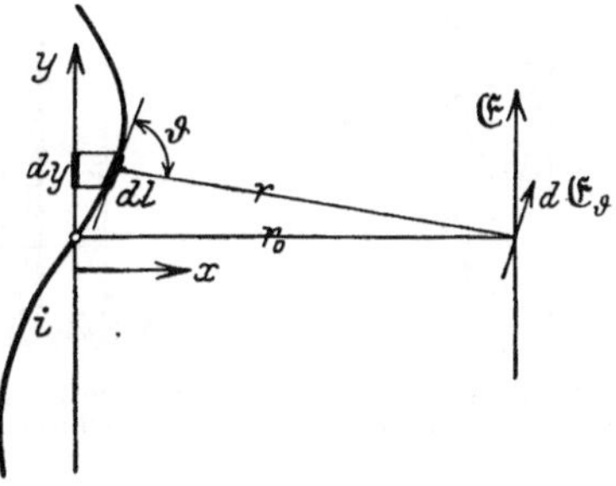

Abb. 11. Feldstrahlung beliebig geformter Antennen.

$$\mathfrak{E} = \frac{1}{r_0}\int \left(\frac{di}{dt}\right)_{t_0-\frac{x}{c}} dy. \tag{27}$$

Da die Strombahn der Antenne, also der Zusammenhang von x und y bekannt ist, so kann dies für beliebige Stromfunktionen jederzeit integriert werden.

Am einfachsten wird die Auswertung für senkrechte Linearantennen und verwandte Formen mit beliebiger räumlicher Stromverteilung, deren Seitenerstreckung klein gegenüber der Wellenlänge ist, und die in stehenden Wellen erregt werden. Denn dann ist x für alle Elemente nahezu das gleiche, so daß es für die Retardierung nicht beachtet zu werden braucht, und die zeitliche Veränderung ist ebenfalls für alle Elemente gleich. Man erhält daher

$$\mathfrak{E} = \frac{1}{r_0}\frac{d}{dt}\int i\,dy = \frac{\bar{l}}{r_0}\frac{di}{dt} = \frac{l}{r_0}\frac{d\bar{i}}{dt}, \tag{28}$$

wobei man nach Abb. 12 entweder $\bar{l}$ als mittlere Antennenlänge und i als Strom im Fußpunkt der Antenne oder $\bar{i}$ als mittleren Strom und l als ganze Länge ansehen kann. Man könnte auch nach Abb. 12 i_b und l_b auf den Strombauch beziehen. Stets bedeutet das in Gleichung (28) stehende Integral die von ferne sichtbare Stromfläche. Für eine Schirmantenne kann dieselbe nach dem Muster der Abb. 13 leicht graphisch konstruiert werden.

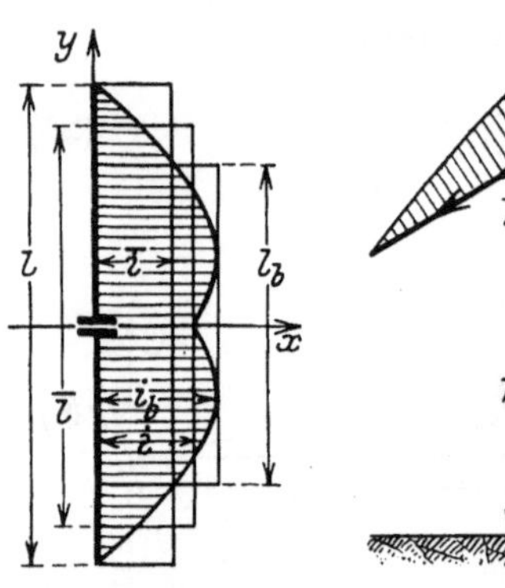

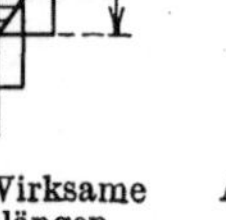

Abb. 12. Wirksame Antennenlängen.

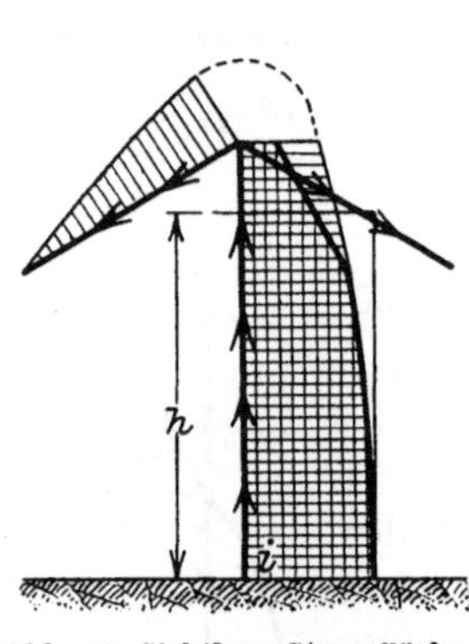

Abb. 13. Sichtbare Stromfläche einer Schirmantenne.

Liegt der betrachtete Punkt nicht in der Äquatorebene, sondern höher, so muß auch bei senkrechten Antennen das schräge sichtbare Stromvolumen in Ansatz gebracht werden. Dabei muß die Retardierungszeit nach Gleichung (27) für die verschieden weit gelegenen Antennenelemente stets mit beachtet werden.

Die von einem geschlossenen Schwingungskreis nach Abb. 1 ausgestrahlten Feldstärken lassen sich ebenfalls in einfachster Weise bestimmen, wenn seine Querdimensionen so klein gegenüber der Wellenlänge sind, daß in Gleichung (27) die unterschiedliche Retardierungszeit x/c vernachlässigt werden kann. Da die Stromstärke und ihre zeitliche Veränderung hier in allen Leiterteilen die gleiche ist, so bleibt bei der Integration über die Leiterlänge schließlich nur das offene Stück der Leitungsbahn, also der Abstand δ der Kondensatorplatten übrig. Es ist demnach

$$\mathfrak{E} = \frac{1}{r_0}\frac{d}{dt}\int i\,dy = \frac{1}{r_0}\frac{di}{dt}\oint dy = -\frac{\delta}{r_0}\frac{di}{dt}. \tag{29}$$

Die Strahlung scheint also hier von den Enden der Leitung auszugehen, die Kapazitätsströme wirken als negativer Dipol.

Durch Vergleich von Gleichung (28) und (29) erkennt man, wieviel stärker offene Kreise mit ihrer großen freien Länge l zur Ausstrahlung befähigt sind als geschlossene Kreise mit ihrem geringen Plattenabstand δ.

2. Gerichtete Strahlung. Die zirkulare Symmetrie des Feldes geht verloren, wenn wir zwei parallele Antennen im Abstande k

nach Abb. 14 gleichzeitig zum Aussenden von Wellen verwenden. Wir wollen den Strom in beiden entgegengesetzt sinusförmig schwingend und unabhängig von der Höhe y annehmen, so daß deren Integration unmittelbar auf die Antennenlänge l führt. Je nach dem Längenwinkel φ, in dem wir die Strahlung in der Äquatorebene bestimmen wollen, erscheint der Abstand der beiden Antennen, die wir auch als einen Vierpol auffassen können, um das Maß

$$x = \pm \frac{k}{2} \cos \varphi \tag{30}$$

vom mittleren Abstand r_0 verschieden. Wir erhalten daher mit Strömen nach Gleichung (21) für die Feldstärke in der Äquatorebene nach Gleichung (27)

$$\left.\begin{aligned} \mathfrak{E} = \frac{lJ}{r_0} \frac{d}{dt} \left[\sin \omega \left(t_0 + \frac{k \cos \varphi}{2c}\right)\right] \\ - \frac{lJ}{r_0} \frac{d}{dt} \left[\sin \omega \left(t_0 - \frac{k \cos \varphi}{2c}\right)\right] \end{aligned}\right\}, \tag{31}$$

und wenn wir dies zusammenfassen

$$\mathfrak{E} = \frac{l\omega}{r_0} J \cdot 2 \cos \omega t_0 \cdot \sin\left(\frac{\omega k}{2c} \cos \varphi\right). \tag{32}$$

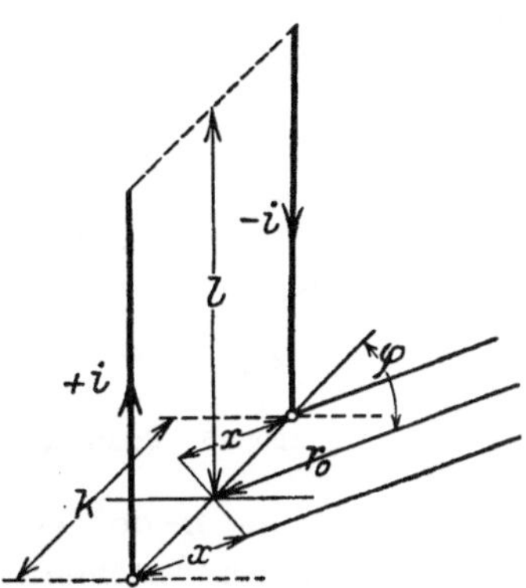

Abb. 14. Doppelantenne oder Vierpol.

Drücken wir darin die Frequenz wieder nach Gleichung (13) durch die Wellenlänge aus und formen auf das praktische Maßsystem um, so wird die Feldstärke in der Ferne

$$\mathfrak{E} = 60 \pi \frac{l}{\lambda} \frac{J}{r_0} \cdot 2 \sin\left(\pi \frac{k}{\lambda} \cos \varphi\right). \tag{33}$$

Gegenüber Gleichung (24) tritt hier also noch ein von der Richtung φ abhängiger Faktor hinzu, dessen Wert für verschieden große Abstände k im Vergleich zur Wellenlänge λ in Abb. 15 aufgetragen ist. Es tritt eine Richtwirkung ein, die Feldstärke wird vorwiegend in der Ebene des Vierpols ausgestrahlt. Senkrecht dazu erfolgt überhaupt keine Strahlung, die Wirkung beider Antennenströme hebt sich hier vollständig auf.

Bei kleinen Antennenabständen heben die entgegengesetzten Ströme ihre Strahlung auch in der Antennenebene zum großen Teil gegenseitig auf, bei größeren Abständen wirken die Antennen wegen ihrer Retardierungszeiten sich nicht mehr so stark entgegen, und für

$$\pi \frac{k}{\lambda} = \frac{\pi}{2}, \tag{34}$$

also für einen Abstand k von einer halben Wellenlänge, unterstützen sie sich wegen der Retardierungszeit sogar in vollem Maße, so daß

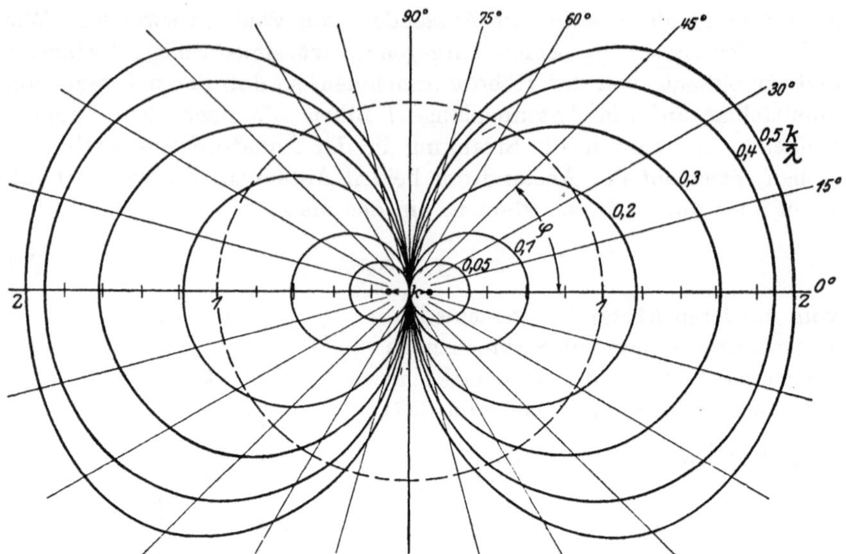

Abb. 15. Polardiagramm der Feldstärke von Vierpolantennen.

die Ausstrahlung in der Verbindungsrichtung den doppelten Wert wie bei der einfachen Antenne erreicht.

Die Wirkung einer ganz geschlossenen Spule oder einer Rahmenantenne, deren Abmessung mäßig groß gegen die Wellenlänge ist, können wir aus Gleichung (33) für den Vierpol entwickeln, wenn wir k/λ so klein ansetzen, so daß wir statt des Sinus das Argument setzen können. Dadurch erhalten wir die Fernwirkung der beiden vertikalen Rahmenseiten vom Abstande k nach Abb. 16 senkrecht zu ihrer Achse. Die horizontalen Rahmenseiten vom Abstand l wirken in Richtung ihrer Achse überhaupt nicht in die Ferne. Im Vergleich mit dem Dipol erhalten wir also aus dem letzten Faktor der Gleichung (33) den Schwächungsfaktor für den Rahmen, wenn wir noch seine Windungszahl w hinzufügen, zu

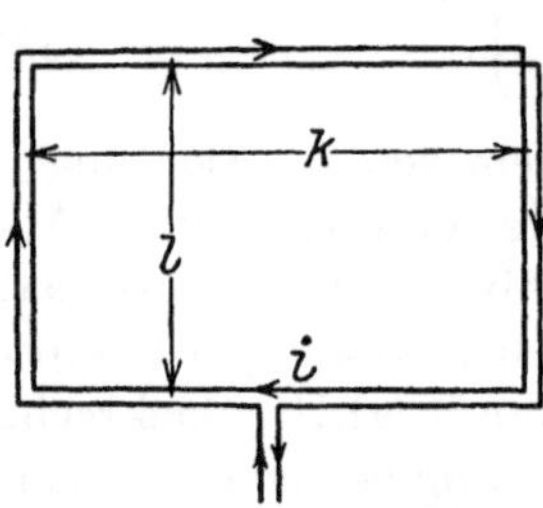

Abb. 16. Rahmenantenne.

$$\frac{\mathfrak{E}_\square}{\mathfrak{E}} = 2\pi w \frac{k}{\lambda} \cos\varphi\,. \tag{35}$$

Die Feldstärke selbst wird in großer Entfernung

$$\mathfrak{E} = 60\pi \frac{l}{\lambda} \frac{J w}{r_0} \cdot 2\pi \frac{k}{\lambda} \cos\varphi = 120\,\pi^2 \frac{k\,l}{\lambda^2} \frac{J w}{r_0} \cos\varphi\,. \tag{36}$$

Die Strahlung ist also proportional der Rahmenfläche und der Zahl ihrer Amperewindungen, sie ist ferner umgekehrt proportional dem Quadrat der Wellenlänge und zeigt außerdem eine Richtwirkung entsprechend dem Cosinus des Winkels, was durch die kleinen Kreisdiagramme von Abb. 15 dargestellt wird.

In ähnlicher Weise kann man auch die Strahlung längs des Höhenwinkels berechnen und findet, daß die Wirkung der vertikalen Rahmenteile mit $\sin^2 \vartheta$ gegen den Pol zu abnimmt, daß aber dort auch die horizontalen Rahmenteile einen mit $\cos^2 \vartheta$ zunehmenden Einfluß haben. Da die Summe dieser beiden Funktionen eins ergibt, so strahlt der Rahmen insgesamt längs jedes Höhenkreises konstante Feldstärke aus. Er stellt idealisiert einen magnetischen Dipol dar, dessen elektromagnetische Feldverteilung ganz analog der eines elektrischen Dipols ist. Nur verläuft hier die elektrische Feldstärke zirkular in der Rahmenebene, also stets parallel zu den Spulenströmen, während die magnetische Feldstärke senkrecht dazu in axialer Richtung verläuft.

Der Schwächungsfaktor für einen Rahmen von derselben Höhe wie eine Linearantenne, der bei $\lambda = 500$ m Wellenlänge eine Breite von $k = 1$ m besitzt und $w = 10$ Windungen enthält, ergibt sich nach Gleichung (35) zu 12,5 %.

Noch stärkere Richtwirkungen sind durch zwei ungleiche Linearantennen oder durch einen Rahmen in Verbindung mit einer schwachen Hochantenne in geeigneter Phase und Lage zu erzielen. Man kann dadurch Systeme entwickeln, die im wesentlichen nur nach einer einzigen Richtung strahlen. Durch Interferenz mehrerer Systeme von Antennen, die ganz analog den Erscheinungen bei der Lichtbeugung wirken, kann man sogar eine beliebig scharfe Ausbildung einseitig gerichteter Strahlen erzielen, jedoch muß das Antennenfeld dafür eine Ausdehnung haben, die groß im Vergleich zur Wellenlänge ist. Mit erträglichen Mitteln läßt sich das nur für kurze Wellen erzielen.

Die Ausbreitung der elektrischen Feldstärke längs des Meridians, die beim Dipol mit $\sin \vartheta$ veränderlich war, kann für Hochantennen ebenfalls nach Gleichung (27) berechnet werden und ergibt bei größeren Abmessungen eine etwas schnellere Abnahme wegen der durch die Retardierungszeit bewirkten Phasenmischung der verschiedenen Antennenelemente. Schwingt die Antenne gar in Oberwellen, so daß die Antennenlänge größer als die Wellenlänge ist, so entsteht durch die Wirkung der positiven und negativen Stromzonen in bestimmten Höhenwinkeln eine vollkommene Auslöschung des Feldes, in anderen Winkeln zeigt sich eine erhebliche Verstärkung. Im allgemeinen ist dabei die Strahlung schräg nach oben wesentlich stärker als die seitliche Strahlung in der Äquatorebene, weil die verschiedenphasigen Ströme sich in letzterer zum großen Teil aufheben, während sie sich nach dem Pol zu unterstützen. Abb. 17 zeigt im Polardiagramm die Verteilung der Feldstärke über den Meridian für die fünfte Oberwelle.

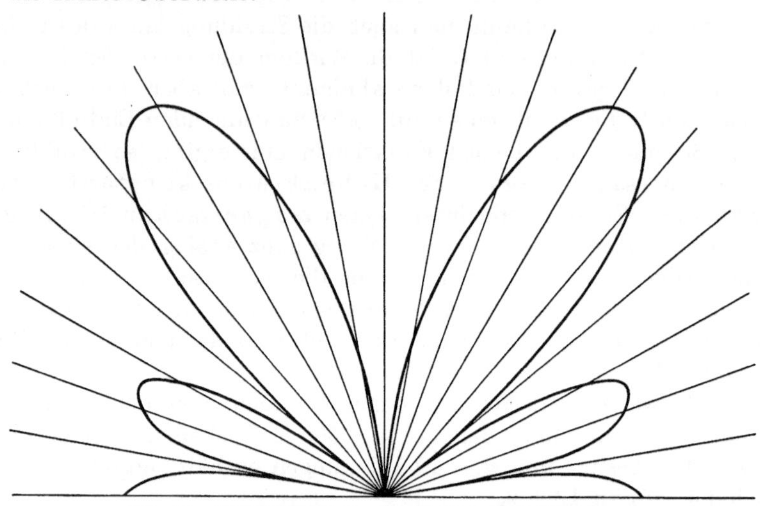

Abb. 17. Vertikaldiagramm der fünften Oberschwingung.

3. Wirkung der Erdoberfläche. Für einen einfachen harmonisch pulsierenden Dipol sind in Abb. 18a, b, c und d die elektrischen Kraft-

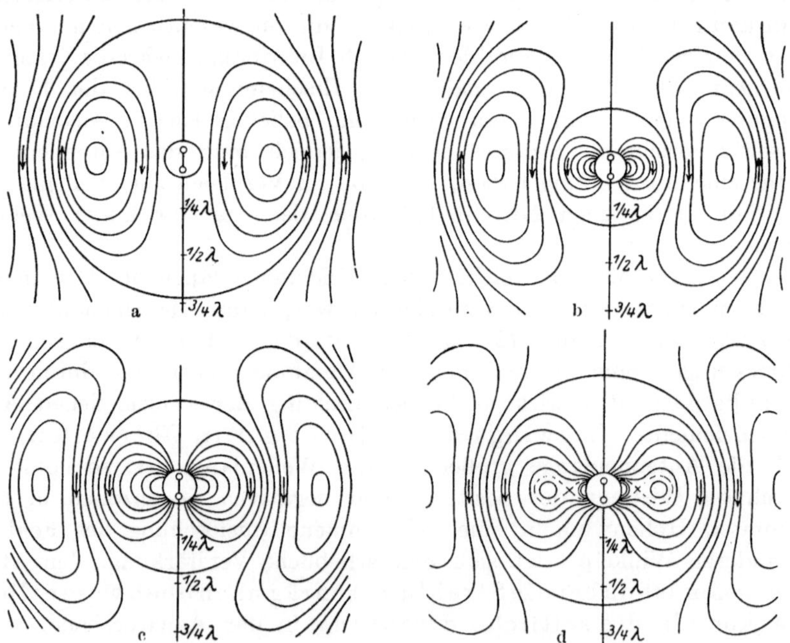

Abb. 18. Elektrisches Feld um einen schwingenden Dipol.

linien in mittleren Entfernungen dargestellt, wie sie von Hertz gezeichnet wurden. Abb. 18a bezieht sich auf die größte Stärke des Stromes, Abb. 18c auf die größte Stärke der Spannung im Dipol, die beiden anderen auf zwischenliegende Werte. Die aus den Polen hervorquellenden Kraftlinien dehnen sich in den Raum hin aus und kehren

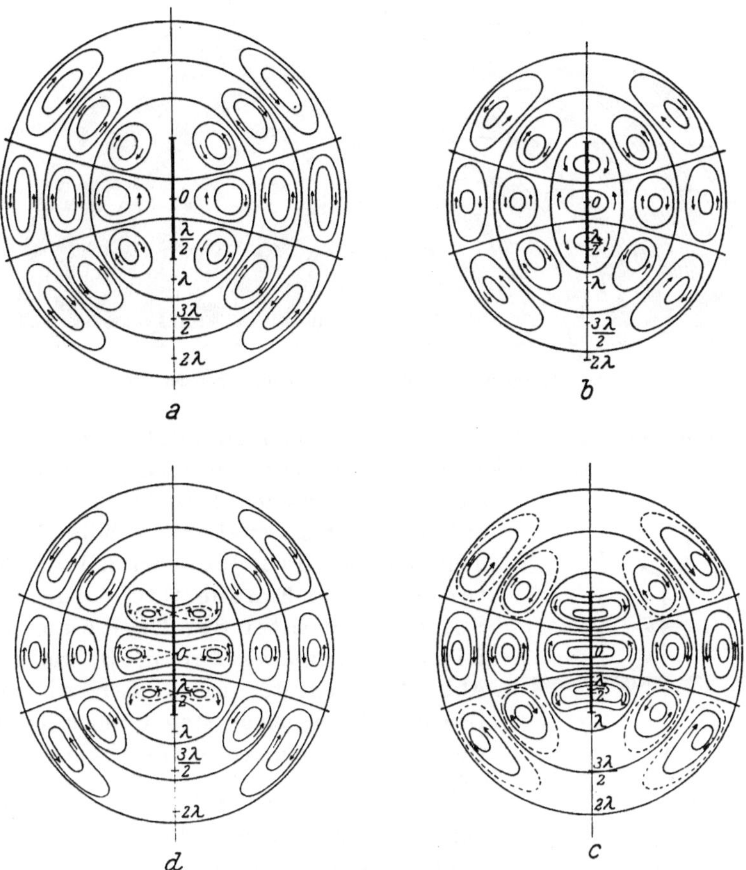

Abb. 19. Dritte Oberschwingung einer Linearantenne.

beim Zurückschwingen des Dipoles nicht wieder vollständig zurück. Ein Teil schnürt sich vielmehr ab und wandert als freie Wirbel in den Raum hinaus.

Abb. 19a, b, c und d zeigt die entsprechende Darstellung für die dritte Oberschwingung einer linearen Antenne, wie sie von Hack nach den Rechnungen von Abraham gezeichnet wurde. Man erkennt hier die feldlosen Zonen zwischen den schräg forteilenden Kraftlinienwirbeln.

Für größere Entfernung sind die Kraftlinien um einen Dipol in Abb. 20 dargestellt, und zwar nur in dem oberen Halbraum, weil nur dieser für die Ausbreitung über die Erde Interesse besitzt. Es ist nämlich bei guter Leitfähigkeit der Erde zulässig, die Feldbilder

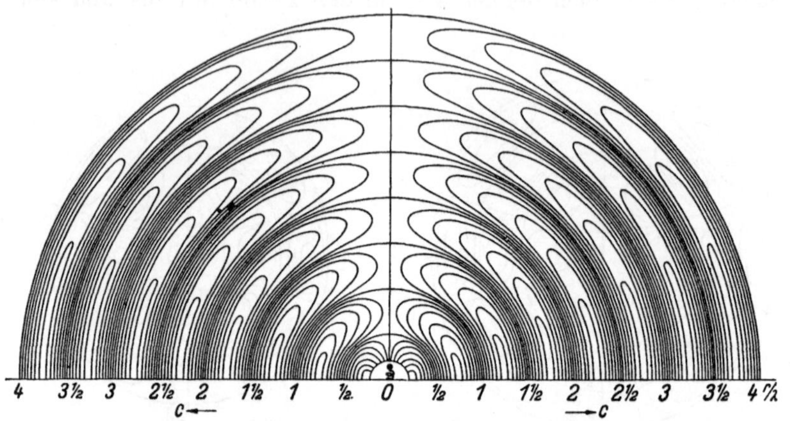

Abb. 20. Wellenausbreitung im Lufthalbraum über der Erde.

der letzten Figuren durch eine Äquatorebene in zwei Hälften zu trennen. Denn die einzige an gut leitenden Oberflächen notwendige Bedingung, daß die elektrischen Kraftlinien senkrecht auf dieser stehen, ist alsdann erfüllt. Daraus geht hervor, daß jede wirkliche Antenne auf der Erdoberfläche durch ihr Spiegelbild unter der Erde zu einem Dipol ergänzt werden muß, wie es in Abb. 21 angedeutet ist. Dessen wirksame Länge l ist demgemäß stets doppelt so groß wie die wirksame Antennenhöhe h anzusetzen,

$$l = 2h, \tag{37}$$

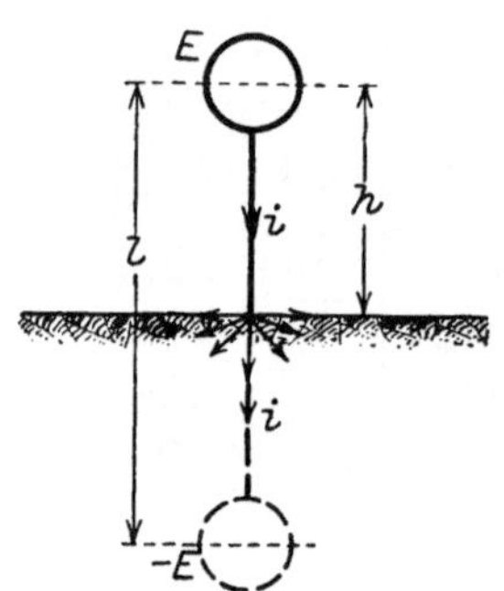

Abb. 21. Hochantenne und ihr Spiegelbild.

um die richtige Fernwirkung zu erhalten. Führt man dies in die Formeln (24) und (33) für die Feldstärke ein, so erhöht sich dadurch der Zahlenfaktor von 60π auf 120π und in Gleichung (36) auf $240\pi^2$.

In Wirklichkeit leitet die Erde nun aber nicht unendlich gut, vor allem nicht bei Stationen auf dem Lande. Daher stellt sich am Fußpunkt der Antenne, dort wo ihre Leitungsströme in die Erde übertreten, ein erheblicher Ausbreitungswiderstand ein, der durch die starke Konzentration der Erdströme am Antennenfuß nach Abb. 21 bedingt ist. Man vermindert diesen Widerstand, der bei Großanlagen vielfach höher als alle anderen Widerstände werden kann, heute dadurch bis zu einem gewissen Grade, daß man Netze aus Kupferdraht unter die Antenne legt, in denen die Erdströme sich entsprechend ihrer Dichte mit geringem Widerstand ausbreiten können. Bei Kleinanlagen, vor allem bei Empfängern, benutzt man meistens die sehr ausgedehnten Rohrnetze für Wasser oder Gas als gute Erdung. Ein erheblicher Vorteil der Rahmenantennen liegt darin, daß dieser Ausbreitungsverlust bei ihnen in Fortfall kommt oder sich doch wenigstens auf einen äußerst geringen Betrag reduziert, der den schwachen Erdströmen entspricht, die vom Magnetfeld des Rahmens in der Erdoberfläche induziert werden.

4. Strahlungsleistung. Mit den Wellen der elektrischen und magnetischen Feldstärke, die von einem schwingenden Dipol in den Raum ausgestrahlt werden, ist eine erhebliche Leistung verknüpft, die wir nach Gleichung (17) für jede Richtung bestimmen können. Um die gesamte Strahlungsleistung W des Dipols zu erhalten, müssen wir den Energiestrom über die Kugeloberfläche integrieren, deren Flächenelement nach Abb. 22 gegeben ist zu

$$d F = r \cdot d \vartheta \cdot 2 \pi r \sin \vartheta = 2 \pi r^2 \sin \vartheta \, d \vartheta. \quad (38)$$

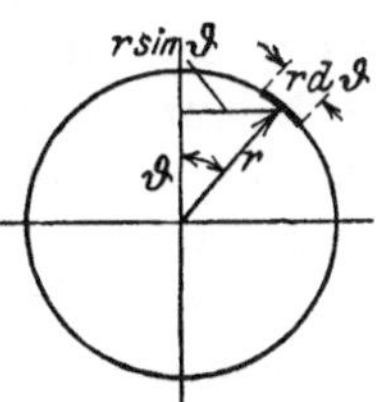

Abb. 22. Kugelfläche um einen Dipol.

Die Leistung ist daher unter Beachtung von Gleichung (23)

$$W = \frac{1}{4 \pi c} \int \mathfrak{E}^2 \, d F = \frac{1}{2} \frac{f''^2}{c} \int_0^\pi \sin^3 \vartheta \, d \vartheta. \quad (39)$$

Da der Wert des bestimmten Integrals gleich 4/3 ist, so erhält man mit Gleichung (19) für die Strahlungsleistung des Dipols

$$W = \frac{2}{3} \frac{f''^2}{c} = \frac{2}{3} \frac{l^2}{c} \left(\frac{di}{dt}\right)^2. \quad (40)$$

Sie ist also nur vom Quadrat der Stromänderung und der Länge des Dipols abhängig. Dagegen ist die Leistung unabhängig vom Kugelradius r, über den integriert worden ist, sie ist also für alle Kugelschalen konstant und stellt eine vom Dipol in den Raum hinausgestrahlte Energie dar, die niemals zu ihm zurückkehrt. Für periodische Ströme ist sie mit Gleichung (22)

$$W = \frac{2}{3} \frac{\omega^2 l^2}{c} J^2 \cos^2 \omega t \quad (41)$$

und wird um so größer, je mehr das Quadrat von Stromstärke, Dipollänge und Frequenz anwächst.

Diese Leistung muß dem Dipol von einer Stromquelle wieder zugeführt werden, wenn er seine Schwingungen dauernd aufrechterhalten soll. Da sie bei periodischen Schwingungen proportional dem Quadrat der momentanen Stromstärke ist, so wirkt der strahlende Dipol auf die Stromquelle genau so wie ein Widerstand zurück. Dessen Betrag R_S ergibt sich aus Gleichung (41) zu

$$R_S = \frac{2}{3}\frac{\omega^2 l^2}{c} = \frac{8\pi^2}{3} c \left(\frac{l}{\lambda}\right)^2, \tag{42}$$

wenn man nach Gleichung (13) die Frequenz durch die Wellenlänge ersetzt.

Drückt man den Widerstand durch Multiplikation mit 10^{-9} im praktischen Maßsystem aus und setzt die Größe der Lichtgeschwindigkeit nach Gleichung (11) ein, so erhält man seinen Wert in Ohm zu

$$R_S = 80\,\pi^2 \left(\frac{l}{\lambda}\right)^2. \tag{43}$$

Der Strahlungswiderstand des Dipols ist also sowohl von der Frequenz oder der ausgestrahlten Wellenlänge λ als auch von der Dipollänge l im quadratischen Maße abhängig, und zwar geht nur deren Verhältnis in die Formel ein. Dieser Strahlungswiderstand tritt zu den sonstigen Widerständen der Antennenanlage noch hinzu und stellt den Nutzwiderstand der Sendeantenne dar, in dem die Rückwirkung des ausgestrahlten elektromagnetischen Feldes auf den Sender enthalten ist.

Für den Halbraum über der Erde ist die Leistung und daher auch der Strahlungswiderstand $\overline{R}_S$ nur halb so groß wie für den bisher betrachteten ganzen Raum

$$\overline{R}_S = \tfrac{1}{2} R_S. \tag{44}$$

Wenn wir außerdem entsprechend Gleichung (37) die äquivalente Antennenhöhe h einführen, so erhalten wir deren Strahlungswiderstand für den Halbraum zu

$$R = 160\,\pi^2 \left(\frac{h}{\lambda}\right)^2. \tag{45}$$

Eine Antenne, deren Höhe gleich $^1/_{10}$ der Wellenlänge ist, besitzt daher einen Strahlungswiderstand von $\overline{R}_S = 16$ Ohm.

Bei ungleichförmiger Stromverteilung entsprechend Abb. 11 oder 12 kann man auch für die Energiestrahlung einen mittleren Strom oder auch eine wirksame Dipollänge oder Antennenhöhe einführen. Streng genommen darf man sie aber nicht nach den gleichen Formeln wie für die wirksame Höhe bei der Feldstrahlung berechnen. Denn hier kommt nicht nur die Äquatorialstrahlung in Betracht, sondern auch die im ganzen Meridian, die wegen der retardierten Zeiten einen etwas geringeren Wert ergibt, als ihn das vom Äquator aus sichtbare Stromvolumen besitzt. Beispielsweise erhält man für eine Viertelwellenantenne mit der wirksamen Höhe $2/\pi\,H$ und einer Wellenlänge von $4H$ nach Gleichung (45) einen Strahlungswiderstand von 40 Ohm, während die genaue Integration, die zuerst von Abraham durchgeführt wurde, 36,6 Ohm ergibt. Man erkennt daraus, daß unterhalb dieser Grundwelle der Antenne die Abweichungen sich in geringen und zulässigen Grenzen halten. Dagegen muß der Strahlungswiderstand für Oberwellen von Antennen durch strenge Integration bestimmt werden.

Da die Verteilungen der elektrischen und magnetischen Felder bei einem Rahmen oder einem magnetischen Dipol gegenüber dem elektrischen Dipol genau gegeneinander vertauscht sind, so erhält man dafür den gleichen Aufbau der Formeln für die Strahlungsleistung und den Strahlungswiderstand, nur sind sie noch mit dem quadratischen Schwächungsfaktor der Feldstärken von Gleichung (35) versehen. Der Strahlungswiderstand des Rahmens ist daher nach Gleichung (43)

$$R_S = 80\,\pi^2 \left(\frac{l}{\lambda} \cdot 2\,\pi\, w\, \frac{k}{\lambda}\right)^2 = 320\,\pi^4\, \frac{(w\, l\, k)^2}{\lambda^4}\,. \quad (46)$$

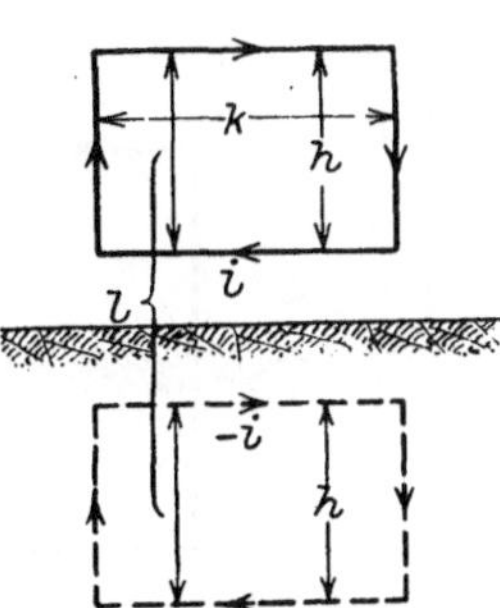

Abb. 23. Rahmenantenne und ihr Spiegelbild.

Er ist quadratisch von der Windungszahl und der Rahmenfläche und mit der vierten Potenz von der ausgestrahlten Wellenlänge abhängig. Für längere Wellen wird die Ausstrahlung von Spulen oder Rahmen daher sehr gering.

Für die praktisch meist benutzte Halbraumstrahlung mit senkrecht auf der Erdoberfläche stehenden elektrischen Kraftlinien hat man auch hier den halben Wert anzusetzen. Dabei ist nach Abb. 23 die tatsächlich benutzte Rahmenhöhe h auch nur die Hälfte der wirksamen Rahmenhöhe l mit Einschluß ihres Spiegelbildes unter der Erde. Den Strahlungswiderstand der Halbraumstrahlung erhält man daher zu

$$R_S = 640\,\pi^4 \left(\frac{w\, h\, k}{\lambda^2}\right)^2. \quad (47)$$

Für Rahmenantennen, deren Höhe und Weite je $^1/_{500}$ der Wellenlänge beträgt, erhält man damit bei 10 Windungen einen Strahlungswiderstand von nur $^1/_{100}$ Ohm. Die Energiestrahlung von Rahmen mäßiger Abmessungen ist daher sehr geringfügig.

Da für die Feldstärke und für die Strahlungsleistung des Rahmens der gleiche Schwächungsfaktor gültig ist, so kann man eine ganz allgemeine Formel für die äquivalente Dipollänge l' des Rahmens aufstellen. Sie ist gleich der wirklichen Höhe l multipliziert mit dem Schwächungsfaktor nach Gleichung (35), also

$$l' = l \cdot 2\,\pi\, w\, \frac{k}{\lambda} = 2\,\pi\, w\, \frac{l\, k}{\lambda}\,. \quad (48)$$

Da man sich jede Rahmenfläche aus beliebigen elementaren Rechtecken mit den Maßen lk aufgebaut denken kann, und der Rahmen im ganzen stets wie ein magnetischer Dipol wirkt, so ist es gleichgültig, welche genaue Form er besitzt, ob seine Windungen auf ein Rechteck, einen Kreis oder eine beliebige andere ebene Fläche aufgewickelt sind. Für eine Wellenlänge von $\lambda = 500$ m, eine gesamte Rahmenfläche $lk = 1$ qm und $w = 20$ Windungen erhält man eine äquivalente Dipollänge von $l' = 0{,}25$ m. Der Rahmen wirkt also in jeder Hinsicht nur wie eine sehr kleine Hochantenne.

Die Strahlung der häufig benutzten L-Antennen mit seitlicher Stromzuführung nach Abb. 24a setzt sich zusammen aus der Horizontalstrahlung der Vertikaldrähte und der Vertikalstrahlung der Horizontaldrähte, beide ergänzt durch ihr Spiegelbild unter der Erde. Die erstgenannte Strahlung liefert die erwünschte Fernwirkung, die letztere,

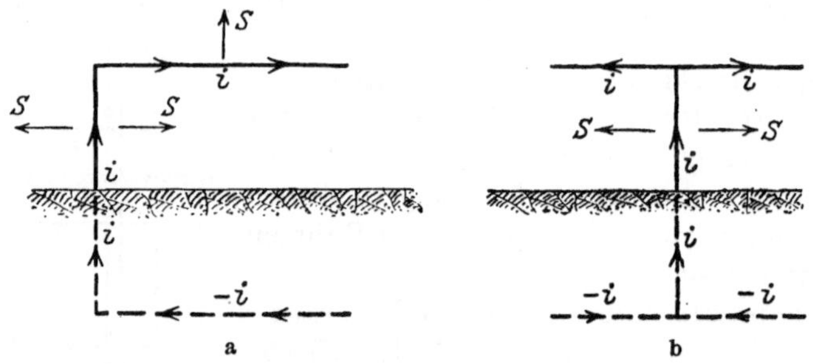

Abb. 24. Horizontal- und Vertikalstrahlung von Antennen.

die bei großer Antennenhöhe und langen Horizontalleitern nicht unbeträchtlich ist, stellt eine unnütze Energievergeudung von der Erde weg dar. Besser sind in dieser Hinsicht die Schirm- oder T-Antennen mit mittlerer Stromzuführung nach Abb. 24b, bei denen sich die Beiträge der Horizontalleiter zur Strahlung im wesentlichen gegenseitig aufheben.

Da die Verteilungen der elektrischen und magnetischen Feldstärken um eine Hochantenne und eine Rahmenantenne lediglich gegeneinander vertauscht sind und die Strahlungsleistung vom Produkt beider Feldstärken abhängt, so kann man für diese beiden Strahlerformen eine allgemeine Beziehung zwischen Strahlungsleistung und Feldstärke angeben. Wir brauchen nur den Zusammenhang von Strom und Feldstärke nach Gleichung (24) in den aus Gleichung (43) folgenden Ausdruck für die gesamte Strahlungsleistung einzusetzen:

$$W = 80\,\pi^2 \left(\frac{l}{\lambda}\right)^2 \frac{J^2}{2} = \frac{1}{90}\,\mathfrak{E}^2\, r^2\,. \tag{49}$$

Dann erhalten wir die Feldstärke zu

$$\mathfrak{E} = 3\sqrt{10}\,\frac{\sqrt{\overline{W}}}{r} = 3\sqrt{20}\,\frac{\sqrt{\overline{W}}}{r}\,, \tag{50}$$

wobei mit $\overline{W}$ die in den Halbraum ausgestrahlte Leistung bezeichnet ist. Jeder ausgestrahlten Leistung entspricht also für jede Entfernung eine ganz bestimmte Feldstärke, unabhängig von der Wellenlänge, der Antennenhöhe oder ähnlichen speziellen Merkmalen. 1 kW Strahlungsleistung im Halbraum erzeugt hiernach in 50 km Entfernung eine Feldstärke von 8,5 mV/m. Bei Antennen mit starker Richtwirkung der Strahlung ist das Verhältnis der Feldstärke zur Leistung natürlich günstiger.

C. Empfang elektrischer Wellen.

1. Spannung in der Empfangsantenne. In der Empfangszone der elektrischen Wellen, also weitab vom Sender, verläuft die elektrische Feldstärke senkrecht zur Erdoberfläche, während die magnetische Feldstärke ihr parallel gerichtet ist, so wie es in dem Querschnittsbild der Abb. 25 dargestellt ist. Außerdem verlaufen in der Erde Ströme parallel zur Oberfläche, die den Ausgleich der Spannungen in den leitenden Erdschichten bewirken. Alle drei Felder können zum Empfang benutzt werden. Die elektrische Feldstärke kann man durch Hochantennen aus dem Raum aufnehmen und im Empfangsgerät nutzbar machen. Die magnetische Feldstärke läßt sich durch ihre Induktionswirkung auf Spulen- oder Rahmenantennen verwenden. Und die Erdströme kann man durch horizontale Erdantennen aufnehmen, das sind Drähte, die in der Fortpflanzungsrichtung der Wellen in oder auf der Erde gelagert sind.

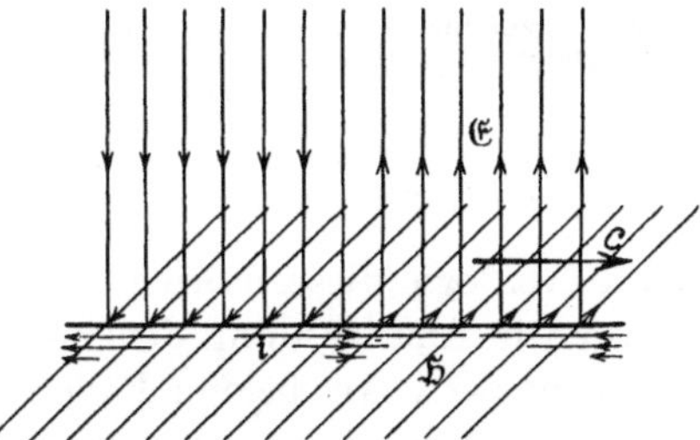

Abb. 25. Felder in der Empfangszone.

In allen Fällen wünscht man in den Empfangsstromkreisen eine möglichst große elektromotorische Kraft zu erhalten, die auf den Detektor wirken soll. Da die magnetischen und elektrischen Kräfte ebenso wie das Erdstromfeld untereinander nach den Regeln des Kapitels 2 fest verknüpft sind, so genügt es stets, nur die von den Wellen auf den Empfangsleiter ausgeübte elektrische Kraft allein zu betrachten. In jedem Leiterelement dl, das nach Abb. 26 einen beliebigen Winkel α mit der Richtung der elektrischen Feldstärke $\mathfrak{E}$ einschließt, wirkt dann eine treibende elektrische Kraft $\mathfrak{E}\,dl\cos\alpha$. Die gesamte von den Wellen im Empfangsleiter erzeugte elektromotorische Kraft ist daher

$$e = \int \mathfrak{E}\, dl \cos\alpha\,, \tag{51}$$

wobei das Integral über die ganze Leiteranordnung zu erstrecken ist.

Wenn die Antenne eine gewisse Ausdehnung in der Laufrichtung der Wellen besitzt, so ist die Feldstärke nicht in allen ihren Punkten gleichphasig. Man muß daher unter $\mathfrak{E}$ in Gleichung (51) einen retardierten Wert $\mathfrak{E}\,(t_0 - x/c)$ verstehen, der auf irgendeinen mittleren Ort der Antenne mit der Eintreffzeit t_0 der Wellen bezogen werden kann. Faßt man die beiden anderen Glieder aus der Gleichung (51) zusammen zu

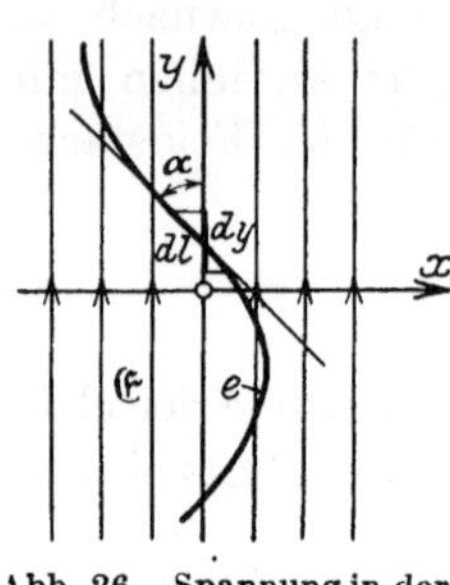

Abb. 26. Spannung in der Empfangsantenne.

$$dl \cos\alpha = dy\,, \tag{52}$$

wodurch nach Abb. 26 das Leiterelement in Richtung der elektrischen Feldstärke dargestellt wird, so erhält man für die elektromotorische Kraft in der Antenne die Berechnungsformel

$$e = \int \mathfrak{E}\left(t_0 - \frac{x}{c}\right) dy\,. \tag{53}$$

Die Analogie dieser Formel für den Wellenempfang zu der Beziehung (27) für die Ausstrahlung der Feldstärke von Sendeantennen ist sehr bemerkenswert. In beiden Fällen ist eine ganz ähnliche Integration über die Leiterelemente auszuführen.

Am einfachsten wird die Berechnung für senkrechte Hochantennen, die genau in Richtung der elektrischen Feldlinien verlaufen. Die Feldstärke ist dann längs des ganzen Leiters gleichphasig und kann in Gleichung (53) daher vor das Integral gezogen werden, so daß dieses nur die Summe aller Leiterelemente von der Gesamtlänge l darstellt. Die elektromotorische Kraft der Linearantenne in freier Luft ist daher

$$e = \mathfrak{E}\, l \tag{54}$$

oder, wenn sie sich als Hochantenne nur im Halbraum über der Erdoberfläche erstreckt,

$$e = \mathfrak{E}\, h\,. \tag{55}$$

Wenn die Wellen schräg zur Antenne einfallen, so daß ihre Feldstärke den Winkel α oder ihre Laufrichtung den Winkel ϑ mit der Antennenerstreckung einschließt, so ist in diesen Formeln noch der Faktor $\cos\alpha$ oder $\sin\vartheta$ hinzuzufügen. Schräg von oben kommende Wellen werden daher von der Hochantenne nur geschwächt aufgenommen.

Rahmenantennen wollen wir mit rechteckiger Form nach Abb. 27 untersuchen, bei der die elektrischen Kräfte auf die horizontalen Leiterteile verschwinden. Die Feldstärken der vertikalen Leiterteile sind wegen ihres Abstandes ein wenig verschieden, so daß wir nach Gleichung (53) ihre elektromotorische Kraft erhalten zu

$$e = \mathfrak{E}_{\left(t + \frac{\Delta x}{2c}\right)} l w - \mathfrak{E}_{\left(t - \frac{\Delta x}{2c}\right)} l w = l w \Delta \mathfrak{E} . \qquad (56)$$

Dabei ist w wieder die Windungszahl des Rahmens und $\Delta \mathfrak{E}$ ist der tatsächliche Feldstärkenunterschied beider Rahmenseiten, der bei beliebiger Einfallsrichtung der Wellen unter dem horizontalen Winkel φ bedingt wird durch den Unterschied des Laufweges der Wellen

$$\Delta x = k \cos \varphi . \qquad (57)$$

Für Rahmenbreiten k, die klein gegenüber der Wellenlänge sind, kann man alsdann schreiben

$$\Delta \mathfrak{E} = \Delta x \frac{d\mathfrak{E}}{dx} . \qquad (58)$$

Wenn man die Feldstärke in der Empfangszone sinusförmig veränderlich annimmt

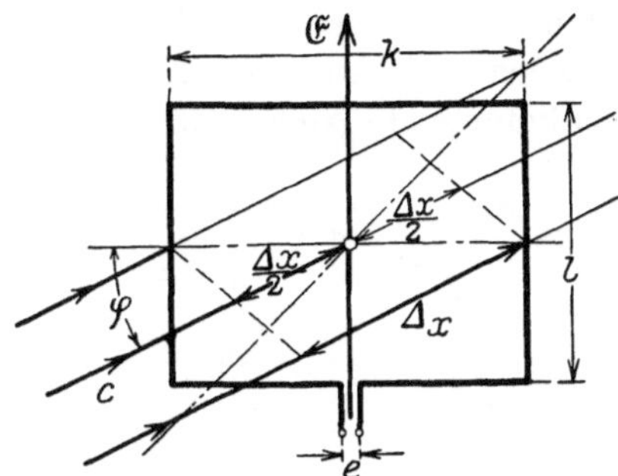

Abb. 27. Rahmenantenne im elektrischen Felde.

$$\mathfrak{E} = \mathfrak{E} \sin \omega \left(t - \frac{x}{c}\right) , \qquad (59)$$

so erhält man nunmehr die elektromotorische Kraft des Rahmens zu

$$e = l w k \cos \varphi \cdot \frac{\omega}{c} \mathfrak{E} \cos \omega \left(t - \frac{x}{c}\right) . \qquad (60)$$

Drückt man darin nach Gleichung (13) die Frequenz durch die Wellenlänge aus, so erhält man für die Amplitude der elektromotorischen Kraft der Rahmenantenne

$$E = \mathfrak{E} l \cdot 2 \pi w \frac{k}{\lambda} \cos \varphi . \qquad (61)$$

Wir erkennen zunächst, daß in dieser Formel genau der gleiche Schwächungsfaktor gegenüber der Hochantenne nach Gleichung (54) auftritt, den wir in Gleichung (35) bereits für die Sendewirkung kennengelernt hatten. Die äquivalente Dipollänge des Rahmens ergibt sich für den Empfang daher genau so groß wie für das Senden gemäß Gleichung (48). Sie ist proportional der Windungszahl und Windungsfläche und umgekehrt proportional der empfangenden Wellenlänge. Auch hier stellt sich der Rahmen als günstig nur für kurze Wellen dar.

Außerdem zeigt sich genau wie dort eine starke Richtwirkung, abhängig vom Einstellwinkel φ der Rahmenantenne gegenüber der Fortpflanzungsrichtung der Wellen. Ist $\varphi = 0$, liegt also die Rahmenebene in der Wellenrichtung, so ist die maximale Empfangswirkung vorhanden. Steht der Rahmen dagegen senkrecht auf der Laufrichtung der Wellen, so ist die Empfangsstärke gleich Null. Die Phase der im Rahmen erzeugten Spannung ist um 90° gegen die der einfallenden Wellen verschoben, wie aus der Cosinusfunktion der Gleichung (60) gegenüber der Sinusfunktion der Gleichung (59) hervorgeht.

Während die Rahmenantenne eine horizontale Richtwirkung zeigt, nimmt sie Wellen, die von oben auf sie fallen, ungeschwächt auf, da alsdann außer den Vertikalteilen l auch die Horizontalteile k des Rahmens aktiv werden. Im Gegensatz zur Hochantenne, die von oben kommende Wellen nur geschwächt aufnimmt, die also vertikale Richtwirkung besitzt und horizontal gleichmäßig aufnimmt, besitzt der Rahmen eine horizontale Richtwirkung und nimmt vertikal ankommende Felder gleichmäßig auf. Dies ist hinsichtlich der unterschiedlichen Wirkung gegenüber atmosphärischen Beeinflussungen zu beachten.

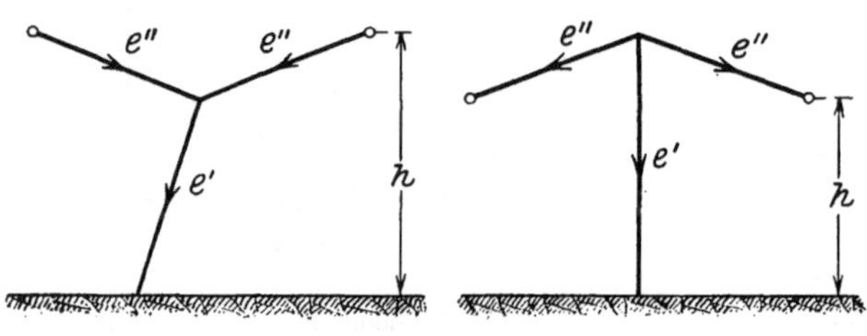

Abb. 28. Wirksame Höhe von Empfangsantennen.

Für L-, T- und Schirmantennen nach Abb. 28 ergibt sich die wirksame Empfangshöhe nach Gleichung (53) etwas anders als bei Sendeantennen. Es kommt jetzt nicht wie früher auf die Stromverteilung in den Leitern an, sondern auf die Feldstärke, die von den eintreffenden Wellen an jedem Punkt des Antennengebildes erzeugt wird. Da diese aber für Antennen mit geringer Horizontalerstreckung gegenüber der Wellenlänge an allen Punkten merklich die gleiche ist, so kommt als wirksame Höhe nach Gleichung (53) und Abb. 28 lediglich der Vertikalabstand des Antennenendes vom Antennenfußpunkt in Betracht. Es hat also bei Empfangsantennen keinen Zweck, ein großes Antennendach auszuführen, ihre Teilspannungen e' und e'' können sich sogar unter Umständen entgegenwirken. Bei Sendeantennen dienten die Horizontalleiter lediglich zur Vergrößerung des Antennenstromes bei einer Spannungshöhe, die durch die Isolierung gegeben war. Bei Empfangsantennen darf die Spannung dagegen ruhig ansteigen, sie bleibt immer noch weit unter dem für die Isolation gefährlichen Wert.

2. Energiebilanz des Empfängers. Wir wollen die im Empfänger erzeugte elektromotorische Kraft in Beziehung setzen zu dem im Sender wirksamen Strom. Mit den Bezeichnungen der Abb. 29 ist der Zusammenhang zwischen Spannung und Feldstärke am Empfangsorte nach Gleichung (53) gegeben zu

$$E = h_2 \mathfrak{E}, \tag{62}$$

während die Feldstärke nach Gleichung (24) und (37) mit dem Sendestrom zusammenhängt nach der Beziehung

$$\mathfrak{E} = 120\,\pi \frac{h_1}{\lambda} \frac{J}{r}. \tag{63}$$

Das liefert für die übertragene Spannung

$$E = 120\,\pi \frac{h_1 h_2}{\lambda r} J. \tag{64}$$

Die Empfangsstärke ist also direkt proportional dem Produkt der beiden Antennenhöhen und der Sendestromstärke, und umgekehrt proportional der Wellenlänge und der Entfernung. Für einen Sendestrom von $J = 10$ A, der aus einer Antenne von $h_1 = 50$ m wirksamer Höhe mit einer Wellenlänge von $\lambda = 500$ m ausgestrahlt wird, erhält man in einer Empfangsantenne von $h_2 = 10$ m Höhe bei einer Entfernung von $r = 10$ km eine Spannung $E = 0{,}38$ V.

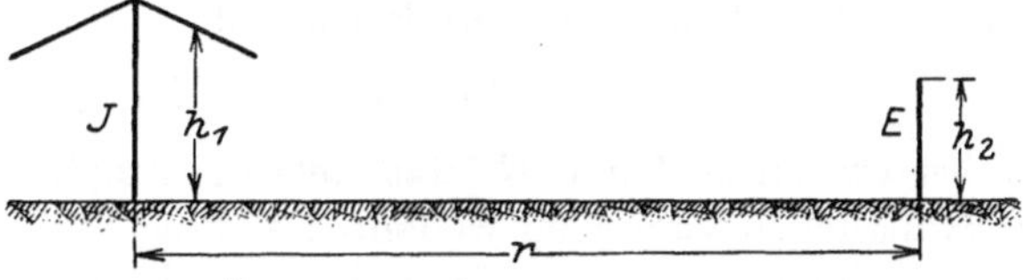

Abb. 29. Übertragung zwischen Sender und Empfänger.

Diese Spannung wirkt auf den Empfangskreis, der in Abb. 30 schematisch dargestellt ist, und versetzt denselben in elektrische Schwingungen. Um eine gute Anzeige der eintreffenden Wellen zu erhalten, pflegt man den Kreis durch Veränderung der Selbstinduktion L oder der Kapazität C stets auf die Frequenz der eintreffenden Wellen abzustimmen. Dann herrscht Resonanz im Empfangssystem, und man erhält die stärksten unter den gegebenen Umständen möglichen Wirkungen. Da man im praktischen Betrieb daher immer Resonanzabstimmung vornehmen wird, so wollen wir diesen Zustand allen weiteren Betrachtungen zugrunde legen.

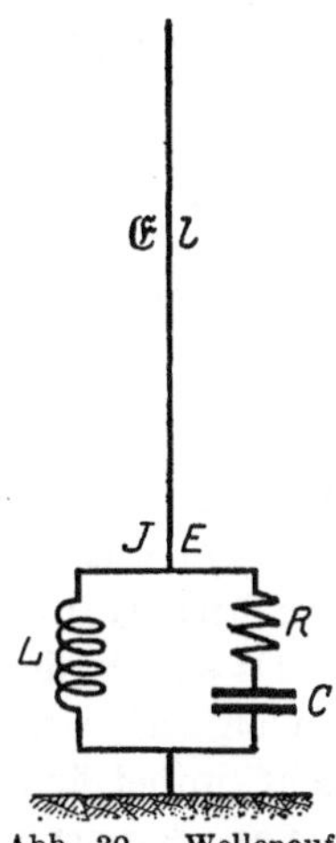

Abb. 30. Wellenaufnahme durch Empfangskreis.

Es ist eine große Zahl von Empfangsschaltungen entwickelt worden, die für direkten Betrieb eines Detektors oder auch für Verstärkerbetrieb zweckmäßig sind. Bei allen diesen Anordnungen kommt es letzten Endes darauf an, dem elektrischen Strahlungsfelde durch die Empfangsantenne einen möglichst großen Betrag von Energie zu entziehen und im Empfänger nutzbar zu machen. Wir können daher die Wechselwirkung aller dieser Empfangsanordnungen mit dem Strahlungsfelde mit einem Schlage übersehen, wenn wir nicht auf die individuelle Art des Stromverlaufs eingehen, sondern nur den Energieaustausch des Empfängers betrachten, der bei allen Schaltungen den gleichen Gesetzen gehorcht. Die Energie setzt sich aus Strom und Spannung zusammen, wir wollen diese beiden Größen stets auf die Antenne selbst beziehen. Mit Hilfe der bekannten Transformationsregeln zwischen induktiv, kapazitiv oder leitend gekoppelten Systemen kann dies bei beliebig komplizierten Kreisen immer leicht geschehen.

Im eingeschwungenen Resonanzzustande pulsiert der größte Teil der auftretenden Energien zwischen der Selbstinduktion und der Kapazität hin und her. Ihr Betrag ist

$$\tfrac{1}{2}\omega L J^2 = \tfrac{1}{2}\omega C E^2\,, \tag{65}$$

wobei wir unter J und E jetzt stets die Amplituden der sinusförmigen Schwingungen verstehen wollen. Da diese Energie bei Resonanz ganz innerhalb des Systems bleibt und weder ab- noch zunimmt, so brauchen wir sie für das Folgende nicht weiter zu beachten.

Aus dem ankommenden Strahlungsfelde wird von der Antenne eine Energie aufgenommen, die bestimmt ist durch das Produkt aus der einfallenden Spannung E mit dem Strom J in der Antenne, welch letzterer berechnet werden soll. Der Mittelwert der einfallenden Energie ist bei Sinusschwingungen

$$W_E = \tfrac{1}{2} E J\,. \tag{66}$$

Durch diesen Energiebetrag werden die Empfangsschwingungen angeregt.

In den Widerständen des Empfängers wird eine Leistung verbraucht, die sich nach dem Jouleschen Gesetz darstellen läßt als

$$W_R = \tfrac{1}{2} R J^2\,. \tag{67}$$

Dieselbe dient in ertser Linie zur Erzeugung der Nutzwirkung, ein Teil geht außerdem nutzlos als Wärme verloren. R bedeutet daher den nützlichen und schädlichen Empfängerwiderstand.

Da sich in der Empfangsantenne unter der Wirkung der einfallenden Wellen elektrische Ströme entwickeln, so rufen diese ihrerseits eine nicht unbeträchtliche Ausstrahlung rund um die Empfangsantenne hervor. Denn das Strahlungsfeld um jede Antenne ist ja nach Gleichung (20) nur durch die Ströme im äquivalenten Dipol selbst bestimmt, unabhängig davon, auf welche Weise diese Ströme entstehen. Bei der Sendeantenne werden sie durch elektromotorische Kräfte aus dem Innern der Sendeanordnung erzeugt. In der Empfangsantenne entstehen sie unter der Wirkung der über den Empfänger hinwegstreichenden Wellen.

Die arbeitende Empfangsantenne strahlt daher einen Energiebetrag in alle Richtungen aus, der sich nach Gleichung (41) berechnen läßt, und der sich wegen seiner quadratischen Abhängigkeit vom Strom genau wie bei der Sendeantenne durch einen Strahlungswiderstand nach Gleichung (43) oder (45) darstellen läßt. Die vom Empfänger in alle Richtungen zerstreute Energie ist daher

$$W_S = \tfrac{1}{2} R_S J^2 . \tag{68}$$

Dieser Betrag läßt sich prinzipiell nicht vermeiden und kommt zu der sonst verbrauchten Energie nach Gleichung (67) noch hinzu.

Nach dem Energiegesetz müssen nun die verbrauchten und zerstreuten Energien nach Gleichung (67) und (68) im Gleichgewicht mit der einfallenden Energie nach Gleichung (66) stehen. Es ist daher

$$W_E = W_R + W_S \tag{69}$$

oder, wenn man die Werte der letzten Gleichungen einsetzt und $J/2$ heraushebt,

$$E = (R + R_S)\, J . \tag{70}$$

Hieraus ergibt sich der Strom im Empfangssystem zu

$$J = \frac{E}{R + R_S} = \frac{\mathfrak{E}\, l}{R + 80\pi^2 \left(\frac{l}{\lambda}\right)^2} . \tag{71}$$

Dabei sind die von der Dipollänge l abhängigen Werte für die elektromotorische Kraft nach Gleichung (54) und für den Strahlungswiderstand nach Gleichung (43) eingesetzt.

Die Stromstärke im Empfänger richtet sich also sowohl nach der elektromotorischen Kraft, die die Antenne aus dem Strahlungsfelde aufnimmt, als auch nach der Summe von Leitungswiderstand und Strahlungswiderstand. Der erstere ist im wesentlichen durch den Nutzwiderstand gegeben und kann in seinem auf die Antenne bezogenen Wert durch Veränderung der Kopplung eingestellt werden. Der letztere ist durch den Aufbau der Antenne selbst gegeben und hängt nur von ihrer wirksamen Dipollänge sowie von der einstrahlenden Wellenlänge ab. Hieraus ergeben sich verschiedene Besonderheiten des Empfangssystems gegenüber den sonst bekannten Schwingungskreisen der Elektrotechnik, die mit unveränderlichem Widerstand behaftet sind.

Wenn der Leitungswiderstand R gegen Null konvergiert, so wird der Strom J nach Gleichung (71) nicht immer größer und größer, sondern er nähert sich dem endlichen Grenzwert

$$J = \frac{1}{80\pi^2} \frac{\lambda^2}{l} \mathfrak{E}, \tag{72}$$

was durch die dämpfende Wirkung der Ausstrahlung bedingt ist. Bei einer Feldstärke $\mathfrak{E} = 10$ mV/m, die mit einer Wellenlänge $\lambda = 500$ m ankommt, erhält man z. B. in einer wirksamen Dipollänge von $l = 20$ m einen maximalen Strom von $J = 1{,}6$ mA.

Dieser Grenzstrom wächst bei gegebener Feldstärke $\mathfrak{E}$ mit zunehmender Wellenlänge quadratisch an und wird mit zunehmender Antennenhöhe oder Dipollänge l kleiner und kleiner. Diese paradoxe Erscheinung erklärt sich ebenfalls durch die bei kurzen Wellen und bei hohen Antennen überhandnehmende Wirkung der Ausstrahlung, die auf den Strom vermindernd einwirkt. Verschwindender Leitungs- und Nutzwiderstand ist zwar weder erreichbar noch erwünscht, jedoch sieht man aus dieser Grenzbetrachtung bereits, daß eine gute Empfangswirkung nicht etwa beliebig hohe Antennen erfordert.

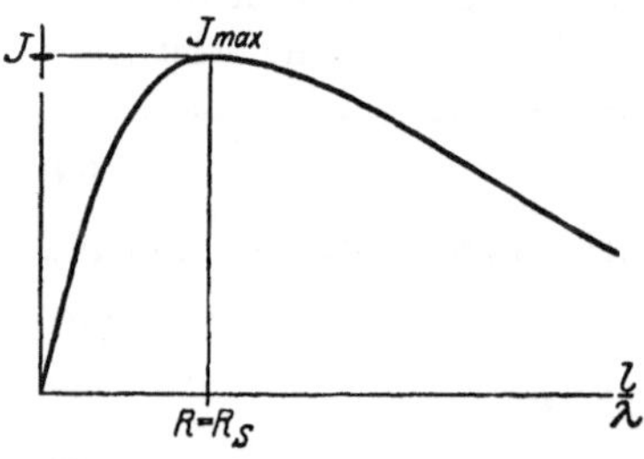

Abb. 31. Maximum der Empfangsstärke.

Tatsächlich verläuft die Stromstärke in Abhängigkeit von der Dipollänge l nach Gleichung (71) wie die Kurve der Abb. 31. Bei kleinen Dipollängen ist der Strahlungswiderstand gering, die Stromstärke nimmt mit der Antennenlänge zu, weil der Einfluß der wachsenden eingestrahlten Spannung überwiegt. Bei großer Dipollänge nimmt der Strom wieder ab, weil die zunehmende Ausstrahlung ihn mehr und mehr dämpft. Dazwischen liegt ein Maximum des Stromes für diejenige Antennenlänge, bei der der Strahlungswiderstand gleich dem Nutzwiderstand ist, also für

$$R_S = 80\,\pi^2 \left(\frac{l}{\lambda}\right)^2 = R\,. \tag{73}$$

Daraus folgt die günstigste Dipollänge zu

$$l_{\text{opt}} = \frac{\lambda}{2\pi} \sqrt{\frac{R}{20}} = \frac{\lambda\sqrt{R}}{28{,}2}\,. \tag{74}$$

Der Strom hat dabei den halben Wert von Gleichung (72).

Für $R = 5$ Ohm auf die Antenne bezogenen Nutz- und Leitungswiderstand wendet man daher am besten eine Empfangs-Dipollänge von etwa 8% der Wellenlänge an. Das gibt nach Gleichung (37) eine wirksame Antennenhöhe von 4% der Wellenlänge, was z. B. bei 500 m Wellenlänge 20 m Antennenhöhe ergibt. Höhere Antennen würden bei 5 Ohm Nutzwiderstand die Empfangswirkung nur schwächen. Man müßte dafür durch Veränderung der Kopplung einen größeren auf die Antenne bezogenen Nutzwiderstand einstellen, ohne daß man dabei natürlich die Resonanzabstimmung stören darf.

Durch Einführen des Stromes nach Gleichung (71) in Gleichung (66) bis (68) erhalten wir die im Empfangssystem wirksamen Energiebeträge. Die aus dem Wellenfeld einfallende Leistung wird

$$W_E = \frac{1}{2}\,\frac{E^2}{R+R_S}\,. \tag{75}$$

Die im Widerstand umgesetzte Leistung wird

$$W_R = \frac{1}{2}\,E^2\,\frac{R}{(R+R_S)^2}\,, \tag{76}$$

und die wieder ausgestrahlte oder zerstreute Leistung wird

$$W_S = \frac{1}{2}\,E^2\,\frac{R_S}{(R+R_S)^2}\,. \tag{77}$$

Von der Widerstandsleistung W_R ist natürlich nur ein Teil in Nutzenergie, z. B. in akustische, umformbar. Die Größe dieser Leistung ist nach Gleichung (76) in zweifacher Weise abhängig vom Widerstand R. Sie folgt einer ähnlichen Kurve wie Abb. 31 und erreicht daher ebenfalls einen Maximalwert, wenn der Nutzwiderstand gleich dem Strahlungswiderstand wird. Dieses Optimumsgesetz (73) gilt also nicht nur für die Antennenhöhe bei festliegendem Widerstand, sondern auch für die Einstellung des auf die Antenne bezogenen Widerstandes bei gegebener Antennenhöhe.

Die ausnutzbare Leistung wird im günstigsten Falle mit $R = R_S$ nach Gleichung (42) oder (43)

$$W_{R\,\max} = \frac{E^2}{2}\,\frac{R_S}{(2\,R_S)^2} = \frac{(\mathfrak{E}l)^2}{8\,R_S} = \frac{3\,\mathfrak{E}^2\lambda^2}{64\pi^2 c} = \frac{\mathfrak{E}^2\lambda^2}{640\pi^2}\,. \tag{78}$$

Dabei gilt der vorletzte Wert im absoluten, der letzte Wert im praktischen Maßsystem. Die maximale Leistung wächst also mit zunehmender Wellenlänge stark an und ist unabhängig von der tatsächlichen Dipollänge, die nur immer nach Gleichung (74) dem Nutzwiderstand R angepaßt sein muß. In diesem Fall ist nach Gleichung (77) die zerstreute Strahlungsenergie

$$W_S = W_{R\,\max} \tag{79}$$

und daher die einfallende Energie

$$W_E = 2\,W_{R\,\max}\,. \tag{80}$$

Es kann also im günstigsten Falle von der aus dem Wellenfelde einfallenden Energie nur die Hälfte nützlich umgesetzt werden, die andere Hälfte wird durch Ausstrahlung wieder in den Raum zerstreut. Der Antennenwirkungsgrad ist höchstens 50 %. Für eine Feldstärke $\mathfrak{E} = 10\,\mathrm{mV/m}$ kann man bei $\lambda = 500\,\mathrm{m}$ Wellenlänge nach Gleichung (78) äußerstenfalls eine Leistung von 4 mW aus dem Felde entnehmen. Die gleiche Menge strahlt in den Raum wieder hinaus.

Wäre der Empfangskreis widerstandsfrei, so wäre die zerstreute Energie gleich der einfallenden und würde den vierfachen Betrag von Gleichung (78) erreichen, wie man aus Gleichung (77) leicht erkennt.

Um große Nutzleistung zu erhalten, erscheinen nach Gleichung (78) bei gegebener Feldstärke lange Wellen besonders günstig. Es ist aber einerseits nicht immer möglich, alsdann nach Gleichung (73) die Antennenhöhe des Empfängers entsprechend groß oder seinen Nutzwiderstand entsprechend klein zu halten. Andererseits ist die vom Sender am Empfangsort erzeugte Feldstärke $\mathfrak{E}$ nach Gleichung (24) selbst abhängig von der Wellenlänge. Setzen wir diese Formel in Gleichung (71) für den Strom ein, so erhalten wir

$$J_2 = \frac{60\,\pi\,\frac{l_1 J_1}{r}\left(\frac{l_2}{\lambda}\right)}{R + 80\,\pi^2\left(\frac{l_2}{\lambda}\right)^2}. \tag{81}$$

In dieser Beziehung, die die Sende- und Empfangsströme verknüpft, tritt die Wellenlänge nur noch im Verhältnis zur wirksamen Empfangslänge auf, so daß sich für die Nutzwirkung die gleiche Kurve wie in Abb. 31 für veränderliche Dipollänge ergibt. Wir erkennen daraus, daß auch für die Wellenlänge ein Optimum besteht, dessen Auftreten ebenfalls durch Gleichung (73) bedingt ist. Diese Beziehung gilt also universell für die günstigste Dipollänge, den günstigsten Nutzwiderstand und die günstigste Wellenlänge.

Alle diese Gesetzmäßigkeiten haben wir zunächst nur für Hochantennen hergeleitet. Da aber bei Rahmenantennen in der günstigsten Stellung die vom Wellenfelde entwickelte elektromotorische Kraft und der Strahlungswiderstand beide den gleichen Schwächungsfaktor besitzen, so gelten die Entwicklungen auch für diese Antennenart. In anderen Rahmenstellungen tritt zwar für die im Rahmen entwickelte Spannung noch der Schwächungsfaktor $\cos\alpha$ hinzu. Da die Optimalgesetze aber nur durch den Nenner der Gleichungen (71), (76) und (81) bedingt sind, in denen neben dem Leitungs- und Nutzwiderstand nur der Strahlungswiderstand steht, der diesen Richtungsfaktor nicht enthält, so gelten sie, und insbesondere die Optimalbeziehung (73) oder (74), allgemein auch für Rahmenantennen.

Wegen ihres sehr kleinen Strahlungswiderstandes und des erheblichen Leitungswiderstandes arbeitet man bei Rahmenantennen fast immer auf dem ansteigenden Kurvenast der Abb. 31. Eine Vergrößerung des Rahmens oder der Windungszahl wirkt daher praktisch fast immer günstig auf die Empfangsstärke, solange keine Nebeneinflüsse, wie störende Windungskapazität, hinzutreten.

3. Rückwirkung auf das primäre Feld. In der Umgebung der Empfangsantenne laufen zwei Wellensysteme durcheinander, nämlich die vom primären Sender einfallenden Wellen, die in dem großen Abstand des Empfängers praktisch als ebene Wellen angesehen werden können, und die von der sekundären Empfangsantenne herrührenden Wellenzüge, die als Kugelwellen von ihr wieder ausgestrahlt werden. Die Feldstärke $\mathfrak{E}_2$ der letzteren berechnet sich für einigermaßen große Abstände r_2 vom Empfänger nach derselben Gleichung (24) wie beim Sender, jedoch aus dem Empfangsstrome J_2, zu

$$\mathfrak{E}_2 = 60\,\pi \frac{l_2}{\lambda} \frac{J_2}{r_2}. \tag{82}$$

Der Empfangsstrom ist nach Gleichung (71)

$$J_2 = \frac{\mathfrak{E}_1 l_2}{R + R_S}. \tag{83}$$

Daraus ergibt sich das Verhältnis der sekundären zur primären Feldstärke zu

$$\frac{\mathfrak{E}_2}{\mathfrak{E}_1} = \frac{60\pi}{R + R_S} \frac{l_2^2}{\lambda r_2}. \tag{84}$$

Es hängt also einerseits vom Nutz- und Strahlungswiderstand des Empfangssystems ab und andererseits von den beiden Verhältnissen seiner Dipollänge zur Wellenlänge und der Dipollänge zum Abstand des betrachteten Punktes.

Am größten wird das sekundäre Feld für den Grenzfall $R = 0$, wobei die Empfangsantenne lediglich eine Zerstreuung der einfallenden Energie hervorrufen würde. Dann ist mit Gleichung (43)

$$\frac{\mathfrak{E}_2}{\mathfrak{E}_1} = \frac{3}{4\pi} \frac{\lambda}{r_2}. \tag{85}$$

Im Abstande einer Wellenlänge vom Empfänger beträgt hierbei das sekundäre Feld ungefähr 24 % des primären, im Abstand von 24 Wellenlängen beträgt es nur noch 1 %. Etwa bis hierher kann man den Störungsbereich also rechnen.

Für den Optimalfall nach Gleichung (73) ist die Störung nur halb so groß, bereits im Abstande von 12 Wellenlängen ist das sekundäre Feld bis auf 1 % des primären abgeklungen. Für diesen Fall sind in Abb. 32 die elektrischen Kraftlinien in der Meridianebene und in Abb. 33 die magnetischen Kraftlinien in der Äquatorialebene dargestellt. Innerhalb des Störungsbereiches interferieren die ankommenden und ausgesandten Wellen miteinander. Es bilden sich Konzentrationen der Feldstärke vor dem Empfänger und Schattenwirkungen hinter ihm aus, die im zuerst behandelten Falle reiner Zerstreuung ohne Energieabsorption noch viel stärker wären.

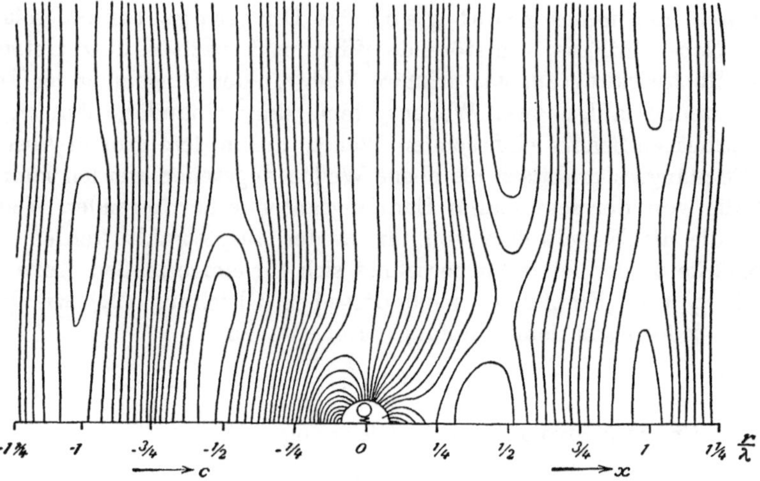

Abb. 32. Elektrisches Feld um den Empfänger.

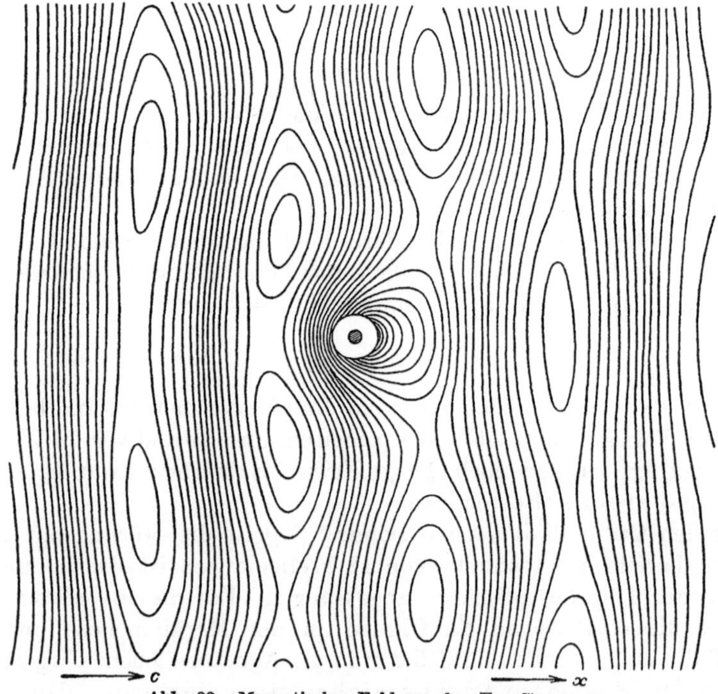

Abb. 33. Magnetisches Feld um den Empfänger.

Durch die Wirkung dieser Interferenzen innerhalb des Störungsgebietes wird die Energie auf die Empfangsantenne übertragen. Wir wollen die vom Empfänger nutzbar absorbierte Leistung vergleichen mit dem Energiestrom, der im ungestörten Strahlungsfelde durch eine bestimmte Fläche wandert. Durch jeden Quadratzentimeter der primären Wellenfläche fließt bei sinusförmiger Feldstärke nach Gleichung (17) im zeitlichen Mittel ein Energiestrom

$$S = \frac{1}{8\pi c}\mathfrak{E}^2 . \tag{86}$$

Die maximal absorbierbare Energie ist andererseits in Gleichung (78) im absoluten Maße gegeben, und daher wird die Fläche, durch die sie im ursprünglichen Strahlungsfelde geflossen ist,

$$F = a^2 \pi = \frac{W_R \max}{S} = \frac{3}{8\pi}\lambda^2 . \tag{87}$$

Dabei wollen wir uns diese Absorptionsfläche kreisförmig mit dem Radius a vorstellen. Derselbe berechnet sich alsdann zu

$$a = \sqrt{\frac{3}{2}}\frac{\lambda}{2\pi} \cong \frac{1}{5}\lambda . \tag{88}$$

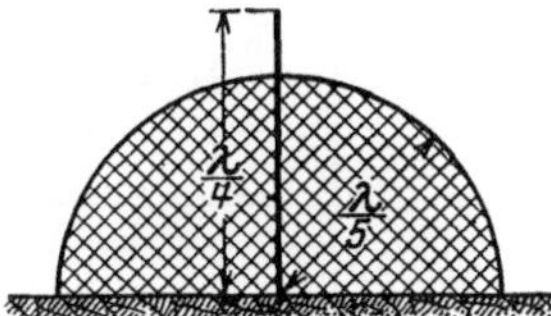

Abb. 34. Absorptionsfläche von Antennen.

Sein Verhältnis zu einer Viertelwellenantenne ist in Abb. 34 bildlich dargestellt.

Da man Empfangsantennen im allgemeinen klein gegenüber der Wellenlänge ausführt, häufig nur zu $^1/_{50}$ der Wellenlänge, so ist die Absorptionsfläche im Verhältnis zur räumlichen Erstreckung solcher Empfangsantennen bemerkenswert groß. Vergleicht man die Absorptionsfläche jedoch mit der um den Sender als Mittelpunkt geschlagenen Kugelfläche, so erkennt man, wie wenig von der gesamten Energie der Raumstrahlung durch den Empfänger nur ausnutzbar ist, noch dazu mit einem Antennenwirkungsgrad, der wegen der Energiezerstreuung im höchsten Falle 50% beträgt.

Den maximalen elektromagnetische Übertragungswirkungsgrad von der Sende- bis zur Empfangsantenne kann man durch Division von Gleichung (78) durch Gleichung (50) bestimmen zu

$$\eta = \frac{W_2}{W_1} = \frac{9}{64\pi^2}\left(\frac{\lambda}{r}\right)^2 . \tag{89}$$

Er ist also nur vom Verhältnis der Wellenlänge zur Entfernung abhängig und beträgt beispielsweise für Wellenlängen von $\lambda = 500$ m und Entfernungen von $r = 50$ km nur $\eta = 1{,}4 \cdot 10^{-6}$. Für jedes kW ausgestrahlte Sendeenergie erhält man also nur gut 1 mW Energie im Empfänger. Mit je größerer Wellenlänge man arbeitet, um so besser im quadratischen Verhältnis wird der maximale Wirkungsgrad.

Durch scharf gerichtete Strahlung des Senders und entsprechende Empfangsvorrichtungen kann man den gesamten Übertragungswirkungsgrad zwar günstiger gestalten, jedoch ist an eine ausnutzbare Übertragung größerer Energiemengen auf erhebliche Entfernungen für andere als Nachrichtenzwecke vorläufig nicht zu denken.

4. Entdämpfung des Empfängers. Sowohl durch den Nutzwiderstand als auch durch den Leitungs- und Strahlungswiderstand wird die Entwicklung einer stark ausgeprägten Resonanz in den Empfängerkreisen hintan gehalten. Abb. 35 stellt eine Reihe von Resonanzkurven

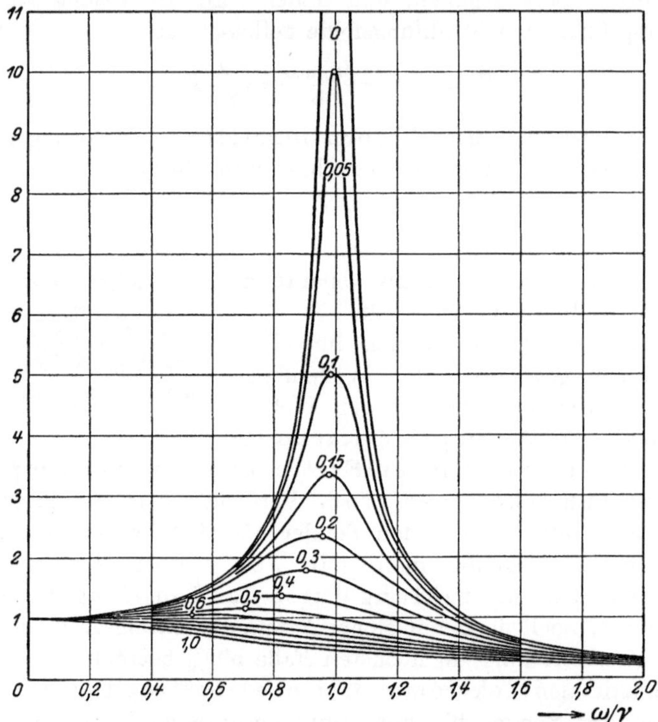

Abb. 35. Resonanzkurven bei verschiedener Dämpfung.

bei verschiedenen konstanten Widerstandsverhältnissen dar und zeigt, daß sowohl die Größe der Resonanzwirkung als auch die Schärfe der Resonanzabstimmung, also die Selektivität, bei erheblichen Widerständen recht schlecht wird. Durch die modernen Mittel der Elektronenröhren kann man nun auf relativ einfache Weise, nämlich durch Rückkopplung, einen negativen Widerstand oder eine Anfachung in die Schwingungskreise einführen und dadurch einen erheblichen Teil der Widerstände neutralisieren. Man erhält dann nach Abb. 35 nicht nur einen sehr viel schmaleren Resonanzbereich und kann dadurch schärfer gegenüber anderen störenden Wellen abstimmen, sondern der Strom im Empfänger wird auch auf ein Vielfaches erhöht, so daß die Empfangswirkung sehr viel stärker ist.

Die der Anfachung A entsprechende Leistung

$$W_A = \tfrac{1}{2} A J^2 \qquad (90)$$

wird dem Schwingungssystem dabei nach Abb. 36 von außen, nämlich von den Elektronenröhren, zugeführt, so daß die Energiebilanz des Empfängers in Erweiterung von Gleichung (69) nunmehr lautet

$$W_E + W_A = W_R + W_S\,. \qquad (91)$$

Dabei ist wieder genau Resonanzabstimmung vorausgesetzt, so daß die in der Selbstinduktion und der Kapazität enthaltenen Energiemengen sich gegenseitig die Wage halten.

Setzt man die Gleichungen (66) bis (68) und (90) nunmehr in Gleichung (91) ein und hebt $J/2$ heraus, so erhält man die Stromstärke zu

$$J = \frac{E}{R + R_S - A}\,. \qquad (92)$$

Man erkennt, daß man dieselbe gegenüber Gleichung (71) durch Verkleinern des Nenners durch die Anfachung A beliebig groß machen kann.

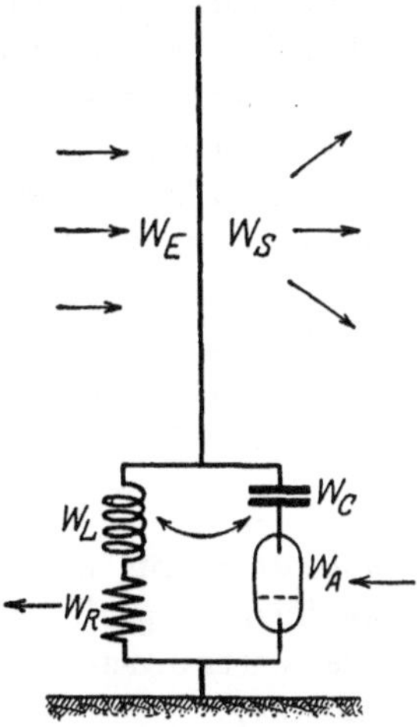

Mit dieser Stromstärke erhält man für die einfallende Leistung

$$W_E = \frac{1}{2}\,\frac{E^2}{R + R_S - A}\,, \qquad (93)$$

für die Nutz- und Widerstandsleistung

$$W_R = \frac{1}{2} E^2 \frac{R}{(R + R_S - A)^2}\,, \qquad (94)$$

Abb. 36. Entdämpfter Empfangskreis.

für die zerstreute Leistung

$$W_S = \frac{1}{2} E^2 \frac{R_S}{(R + R_S - A)^2} \qquad (95)$$

und für die Anfachungsleistung

$$W_A = -\frac{1}{2} E^2 \frac{A}{(R + R_S - A)^2}\,. \qquad (96)$$

Es tritt also in allen Beziehungen anstatt des Leitungswiderstandes R die Differenz $R - A$ auf. Die Anfachung A ist dabei häufig noch abhängig von der Frequenz, sie kann mit ihr zunehmen oder abnehmen oder auch konstant bleiben, je nach der speziellen Schaltung der Rückkopplung der Elektronenröhren.

Man erkennt aus Gleichung (93) bis (96), daß durch Einschaltung einer Anfachung in den Empfänger nicht nur die Nutz- und Widerstandsleistung vergrößert wird, sondern daß gleichzeitig auch mehr einfallende Leistung aus dem Wellenfelde herausgesaugt wird, und daß außerdem eine größere Leistung zerstreut wird. Wird der Wert der Anfachung A von Null bis R gesteigert, so daß Nutz und Leitungswiderstände mehr und mehr neutralisiert werden, so wachsen alle Leistungen erheblich an, bleiben aber durch die Wirkung des Strahlungswiderstandes R_S durchaus endlich. Für

$$A = R \tag{97}$$

wird nach Gleichung (93) und (95) einerseits und (94) und (96) andererseits

$$W_E = W_S \quad \text{und} \quad W_R = W_A \,. \tag{98}$$

In diesem Fall der vollständigen Annullierung der Nutz- und Leitungswiderstände wird daher die gesamte Widerstandsleistung durch die Anfachungsenergie selbst erzeugt, die gesamte einfallende Energie wird als zerstreute Energie wieder ausgestrahlt. Die der Empfangsantenne zuströmende Energie wird also in diesem Falle nicht mehr in Nutzenergie umgewandelt, sondern vollständig wieder abgegeben. Sie dient jetzt nur noch zur richtigen Steuerung des gesamten Empfangssystems und zur richtigen Auslösung der verschiedenen in ihm wirksamen Energiemengen.

Die eingestrahlte Leistung wird in diesem Falle nach Gleichung (93) und (43)

$$W_E = \frac{1}{2}\,\frac{E^2}{R_S} = \frac{\mathfrak{E}^2 \lambda^2}{160\pi^2} \tag{99}$$

und ist damit unter Berücksichtigung von Gleichung (78) und (80) zweimal so groß wie früher bei günstigster Widerstandsabstimmung. Die nutzbare Widerstandsleistung wird nach Gleichung (94) und (99)

$$W_R = \frac{1}{2}\,E^2\,\frac{R}{R_S^2} = W_E\,\frac{R}{R_S} \tag{100}$$

und übertrifft daher die eingestrahlte Leistung um dasselbe Maß, um das der annullierte Nutzwiderstand größer ist als der Strahlungswiderstand. Für derartige entdämpfte Empfangssysteme ist es daher zur Erzielung starker Wirkungen zweckmäßig, den Strahlungswiderstand R_S recht klein und den Nutzwiderstand R recht groß zu halten, und den letzteren durch eine geeignete Anfachungsschaltung zu neutralisieren. Gegenüber den optimalen Werten des Empfängers ohne Anfachung nach Gleichung (78) und (99) kann man alsdann vielfach größere Wirkungen erzielen.

Steigert man die Stärke der Anfachung über R hinaus, so wachsen alle Leistungen in Gleichung (93) bis (96) immer mehr an, und zwar nimmt die einfallende Leistung umgekehrt proportional dem verbleibenden Restbetrag des Widerstandes zu, die drei anderen Leistungen umgekehrt wie das Quadrat dieses Restwiderstandes. Die ausgestrahlte Leistung übertrifft dann also die einfallende erheblich, so daß man den Vorgang nicht mehr gut als Zerstreuung der Wellen betrachten kann. Vielmehr wird jetzt nicht nur die Nutzleistung, sondern auch die ausgestrahlte Leistung zum großen Teil von der Anfachung her geliefert. Die einfallende Leistung sinkt immer mehr auf die Funktion des Steuerns der Energiemengen des Empfängers herab.

Die Feldstärke der ausgestrahlten Energie war in Gleichung (85) für widerstandsfreie Empfänger berechnet, was hier der Anfachung $A = R$ entspricht. Sie beträgt dann im Abstand einer Wellenlänge vom Empfänger bei vollständiger Wellenzerstreuung schon 24 % und kann nunmehr durch die Wirkung einer verstärkten Anfachung weit über den Betrag der einfallenden Feldstärke ansteigen. Benachbarte dritte Empfänger, die von sich aus die einfallenden Wellen nicht hören können, werden durch diese Verstärkungswirkung stark entdämpfter Schwingungskreise häufig zum Mithören angeregt.

Wird die Anfachung so weit gesteigert, daß sie nicht nur den Nutz- und Leitungswiderstand, sondern auch den Strahlungswiderstand vollkommen neutralisiert, oder gar noch weiter, so werden alle Energiemengen nach den Gleichungen (93) bis (96) unendlich groß. In Wirklichkeit macht sich der rückgekoppelte Empfänger schon vorher selbständig und erregt sich in seiner Eigenfrequenz so hoch, bis irgendwie durch seine gekrümmte Kennlinie ein stabiler Zustand eintritt. Die Frequenz dieses bis auf Null entdämpften Empfängers ist nicht mehr unbedingt abhängig von den eingestrahlten Wellen. Die selbsterregten Schwingungen überlagern sich diesen vielmehr, der Empfänger wirkt völlig als wilder Sender mit seiner eigenen Frequenz.

D. Wellenausbreitung längs der Erde.

1. Schattenbildung und Zerstreuung. Während wir über die elektromagnetischen Verhältnisse in den Antennen und ihrer Umgebung sowohl beim Aussenden als beim Empfang der Wellen ziemlich exakte Vorstellungen gewonnen haben, ist dieses für die Ausbreitung der Wellen in dem Raum zwischen Sender und Empfänger bisher nur in mäßigem Umfange gelungen. Für geringe Abstände gilt zwar mit einiger Genauigkeit das Ausbreitungsgesetz der Gleichung (24), nach dem die Feldstärken umgekehrt proportional der Entfernung absinken. Bei größeren Abständen treten jedoch Störungen mannigfaltiger Art an diesem Gesetz ein, deren Ursachen noch nicht vollständig erforscht sind. Wir können deshalb über die Ausbreitung der Wellen längs der Erdoberfläche keine genauen quantitativen Angaben machen und müssen uns für viele der auftretenden Störungserscheinungen mit qualitativen Betrachtungen begnügen.

Wenn sich in der Nähe der Antenne fremde Leiterteile befinden, beispielsweise Eisen- oder Eisenbetonbauten, Masten, Schornsteine oder Türme, Bäume, längere Abspanndrähte usw., so werden in ihnen Gegenströme induziert, die erhebliche Größe besitzen und die Strahlungswirkung der Antenne auf die Hälfte und gar den dritten Teil herunterdämpfen können. Diese fremden Leiter verhalten sich genau so als Sekundärleiter im Felde, wie jede Empfangsantenne und wirken dann besonders stark, wenn die Höhe der Leiter sich der Größe einer Viertelwellenlänge nähert, weil ihre Eigenfrequenz dann in Resonanz mit dem Wellenfeldesteht. Abspanndrähte unterteilt und isoliert man deshalb gewöhnlich in mehrere kurze Strecken, die weit außerhalb des Resonanzbereiches liegen.

Stehen die leitenden Teile, wie Abb. 37 links andeutet, im direkten Kraftlinienbereich der Sendeantenne, so vermindern sie die wirksame Höhe derselben außerordentlich stark, indem sie durch ihre Gegenströme das von ferne sichtbare Stromvolumen erheblich verringern. In diesem Falle tritt eine allseitige Abdämpfung der Strahlung ein, man darf als wirksame Höhe der Antenne nur denjenigen Teil rechnen, um den sie das geerdete Leitergebilde überragt.

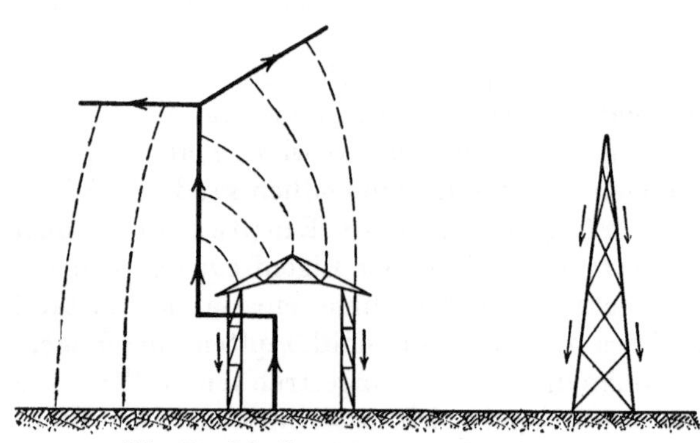

Abb. 37. Schattenwirkung von Eisenbauten.

Stehen solche Eisenkonstruktionen dagegen nach Abb. 37 rechts in einiger Entfernung von der Sendeantenne, so wirken sie nicht auf den gesamten Raum zurück, sondern üben durch ihre phasennacheilenden Ströme nur Schattenwirkungen in der Richtung aus, in der sie stehen.

Besonders in Großstädten tritt eine starke Dämpfung in der Ausbreitung durch die zahlreichen hohen Eisengebäude ein, die einen Teil der auffallenden Wellen in alle Richtungen zerstreuen und dadurch deren Strahlung bis zu einem erheblichen Grade diffus machen. Da jetzt nicht nur die Sendeantenne, sondern auch eine große Zahl räumlich verteilter sekundärer Gebilde in die Ferne strahlen, so werden alle Richtungseffekte natürlich stark verringert.

2. Wirkungen des Erdwiderstandes. Wenn die elektrischen Wellen sich zwischen Sender und Empfänger über einer gut leitenden Ebene ausbreiten, so stehen ihre Kraftlinien auf dieser, wie in Abb. 20, nahezu senkrecht. Merkbare Energie wird dann zwischen den Wellen im Lufthalbraum und den Strömen in der Oberfläche nicht ausgetauscht. Dies ist der Fall bei der Ausbreitung der Wellen über der Meeresfläche.

Wenn der Widerstand der Oberfläche jedoch erheblich ist, wie bei der Erdoberfläche, die aus feuchtem oder trockenem Boden oder gar Gestein besteht, so absorbieren diese schlecht leitenden Schichten eine gewisse Energie, die ihnen aus dem Luftraum zuströmen muß. Die Wellen laufen daher wie in Abb. 38 auf die Erde zu, die elektrischen Kraftlinien stehen schräg auf der Oberfläche.

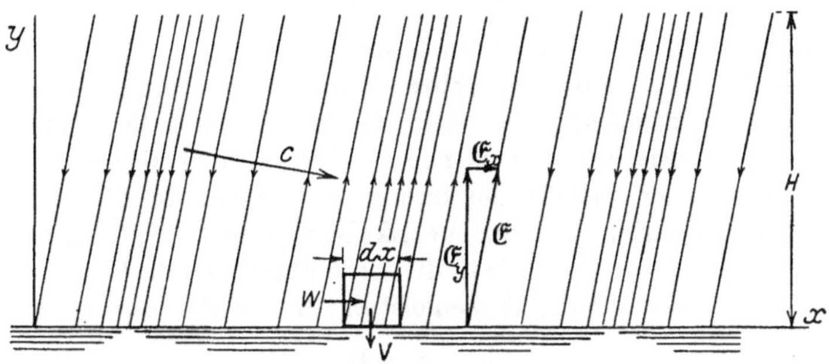

Abb. 38. Feldlinien über trockenem Boden.

Außer der Vertikalkomponente $\mathfrak{E}_y$ der elektrischen Feldstärke tritt jetzt noch eine Horizontalkomponente $\mathfrak{E}_x$ in der Laufrichtung der Wellen auf. Das Verhältnis beider beträgt nach Rechnungen von Zenneck

$$\frac{\mathfrak{E}_x}{\mathfrak{E}_y} = \sqrt{\frac{s}{2 c \lambda}}, \tag{101}$$

wobei s, wie früher, den spezifischen Erdwiderstand bezeichnet. Für sehr trockenen Boden mit $s = 10^{14}\ \mathrm{cm^2/sec}$ erhält man bei einer Wellenlänge von $\lambda = 500$ m ein Feldstärkenverhältnis von 0,18, was schon eine recht bemerkbare Neigung der Feldlinien ergibt. Etwas schräg gestellte Antennen haben hierbei eine günstigere Empfangswirkung, wenn sie in Richtung der Wellen geneigt sind, als wenn die Wellen gegen sie laufen, und analog verhält es sich natürlich beim Senden. Es erklärt sich so die Richtwirkung schräger Antennen. Über feuchtem Boden mit $s = 10^{13}$ ist das Neigungsverhältnis bei der gleichen Wellenlänge 0,06 und über Seewasser mit $s = 10^{11}$ nur 0,006.

Um den Energieverlust der Wellen zu bestimmen, der hiermit verknüpft ist, betrachten wir deren Durchgang durch das in Abb. 38 dick umrandete Rechteck. Der durch jede beliebige Fläche tretende Energiestrom ist nach Gleichung (16) durch das Produkt der magnetischen und elektrischen Feldstärken in dieser Fläche gegeben. Die magnetische Feldstärke $\mathfrak{H}$ ist für alle Flächen die gleiche, sie liegt senkrecht zur Zeichenebene. Die elektrische Feldstärke ist für die Vertikalflächen, also für die von links einfallende Energie $\mathfrak{E}_y$, und für die horizontalen Flächen, also für die in die Erde strömende Energie, $\mathfrak{E}_x$. Auf die Einheit der Breite quer zur Zeichenebene bezogen, strömt daher in die Erde eine Verlustenergie

$$V = \frac{\mathfrak{E}_x \mathfrak{H}}{4\pi} dx = \frac{1}{4\pi c} \mathfrak{E}_x \mathfrak{E}_y dx, \tag{102}$$

während die Leistung der von links einfallenden Wellen ist

$$W = \frac{\mathfrak{E}_y \mathfrak{H}}{4\pi} H = \frac{1}{4\pi c} \mathfrak{E}_y^2 H, \tag{103}$$

wenn man sie über eine noch zu bestimmende Höhe H senkrecht zur Erdoberfläche mißt. Auf den rechten Seiten dieser beiden Gleichungen ist dabei berücksichtigt, daß sich die magnetische Feldstärke nach Gleichung (10) durch das elektrische Feld ausdrücken läßt, dessen absoluter Betrag sich wegen der immerhin mäßigen Neigung der Feldlinien nicht wesentlich von der Vertikalkomponente $\mathfrak{E}_y$ unterscheidet.

Beachtet man nun, daß die in die Erde abströmende Verlustleistung V die von links einfallende Wellenleistung W um den Betrag dW vermindert, so daß

$$V = -dW \tag{104}$$

ist, so erhält man nach Differenzieren von Gleichung (103) und Fortheben der gemeinsamen Faktoren

$$\mathfrak{E}_x \mathfrak{E}_y dx = -2 \mathfrak{E}_y d\mathfrak{E}_y H. \tag{105}$$

Daraus folgt als Differentialgleichung für die räumliche Änderung der Feldstärke

$$\frac{d\mathfrak{E}_y}{\mathfrak{E}_y} = -\frac{1}{2H} \frac{\mathfrak{E}_x}{\mathfrak{E}_y} dx. \tag{106}$$

Dieselbe Beziehung ergibt sich für $\mathfrak{E}_x$ und daher auch für die gesamte Feldstärke $\mathfrak{E}$, da deren Verhältnisse nach Gleichung (101) unveränderlich sind. Wir können den Index y daher jetzt fortlassen.

Wenn man diese Differentialgleichung integriert und rechts das Feldstärkenverhältnis aus Gleichung (101) einsetzt, so erhält man mit irgendeiner Anfangsfeldstärke $\mathfrak{E}_0$

$$\mathfrak{E} = \mathfrak{E}_0 e^{-\sqrt{\frac{s}{2c\lambda}} \frac{x}{2H}}. \tag{107}$$

Die gleiche Beziehung gilt wegen Gleichung (10) auch für die magnetische Feldstärke. Die Amplituden der elektromagnetischen Wellen werden also beim Lauf über Land exponentiell gedämpft mit einem Faktor, der vom spezifischen Widerstand s des Erdreichs abhängt und umgekehrt proportional der Wurzel aus der Wellenlänge λ ist. Die letztere Abhängigkeit wurde von Austin bei zahlreichen Messungen über große Entfernungen experimentell bestätigt.

Diese räumliche Dämpfung kommt zu dem Ausbreitungsgesetz der Gleichung (24), das für gute Leitfähigkeit der Oberfläche gilt, noch multiplikativ hinzu. Man erkennt daher, daß die elektromagnetischen Wellen sich über Land mit einem spezifischen Widerstand von $s = 10^{13}$ bis 10^{14} oder gar Gestein mit 10^{15} viel schlechter ausbreiten als über Wasser mit 10^{11} bis 10^{12}, und daß zur Überwindung großer Entfernungen lange Wellen viel günstiger sind als kurze. Diese beiden Folgerungen aus dem Dämpfungsgesetz der Oberflächenwellen nach Gleichung (107) stehen in voller Übereinstimmung mit zahlreichen Erfahrungen.

Zweifelhaft ist jedoch, wie groß man die Höhe H annehmen soll, die wir hier für nahezu ebene Wellen angesetzt haben, während dieselben in Wirklichkeit einen Teilausschnitt der Kugelwellen um die Sendeantenne herum bilden. Am einfachsten wäre die Höhe zu bestimmen, wenn die Wellen nicht nur im Erdboden, sondern auch hoch oben in der Luft an einer gut leitenden Schicht endigten. Man kleidet manchmal den Einfluß der stark verdünnten, ionisierten und daher leitenden oberen Lufträume in ein derart einfaches Bild und bezeichnet sie als Heaviside-Schicht, weil dieser Forscher zuerst auf ihren Einfluß hinwies. Dann kann man aus den experimentellen Dämpfungsziffern die Lufthöhe H rückwärts berechnen und erhält sie in der Größenordnung von 50 bis 100 km. Wenn die oberen Luftschichten ebenfalls nur unvollkommen leiten, so kann man für sie mit ihrem hypothetischen spezifischen Widerstand s' noch einen zweiten Exponentialfaktor zu Gleichung (107) hinzufügen und erhält die rückwärts errechnete Höhe H der Heaviside-Schicht entsprechend größer.

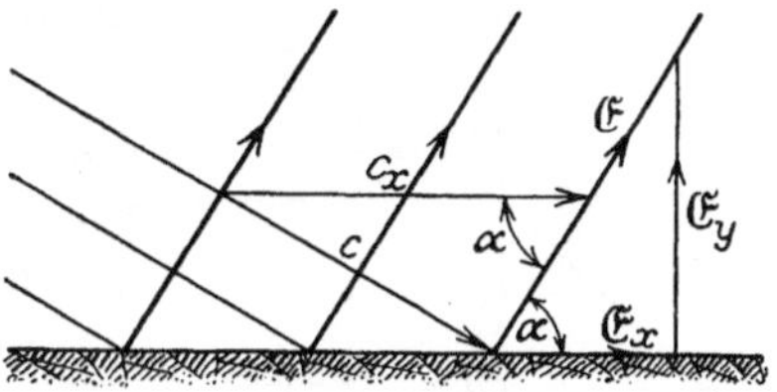

Abb. 39. Phasengeschwindigkeit an der Erdoberfläche.

Da die Wellen mit Lichtgeschwindigkeit schräg auf die Erde zu laufen, so wird ihre Phasengeschwindigkeit an der Erdoberfläche um so größer, je schlechter deren Leitfähigkeit ist. In Abb. 39 stellen die dicken Linien die elektrischen Kraftlinien dar, die unter dem Winkel α zur Erdoberfläche geneigt sind. Dieser berechnet sich daher aus

$$\operatorname{ctg} \alpha = \frac{\mathfrak{E}_x}{\mathfrak{E}_y} = \sqrt{\frac{s}{2 c \lambda}}. \tag{108}$$

Derselbe Winkel bestimmt nach Abb. 39 auch die Phasengeschwindigkeit

c_x längs der Oberfläche nach der Beziehung

$$\sin\alpha = \frac{c}{c_\delta}. \tag{109}$$

Ihr Wert beträgt daher nach einer bekannten Umrechnung

$$c_x = \frac{c}{\sin\alpha} = c\sqrt{1+\operatorname{ctg}^2\alpha} = c\sqrt{1+\frac{s}{2c\lambda}}. \tag{110}$$

Über schlecht leitenden Boden mit dem spezifischen Widerstand $s = 10^{14}$ cm²/sec ergibt das bei einer Wellenlänge von $\lambda = 500$ m eine Geschwindigkeitsvergrößerung um 1,6 %. Über Seewasser ist sie dagegen unmerklich.

Durch diese unterschiedliche Phasengeschwindigkeit treten in der Nähe der Küste beim Übergang zwischen Wasser und Land Brechungserscheinungen der Wellen auf. Ein Wellenstrahl, der nach Abb. 40 über Land unter dem Winkel γ gegen die Küste läuft, pflanzt sich über dem Wasser unter dem kleineren Winkel β fort. Vernachlässigt man die sehr geringe Geschwindigkeitsvermehrung über Wasser, so erhält man nach dem Brechungsgesetz das Winkelverhältnis zu

$$\frac{\sin\gamma}{\sin\beta} = \frac{c_x}{c} = \sqrt{1+\frac{s}{2c\lambda}}. \tag{111}$$

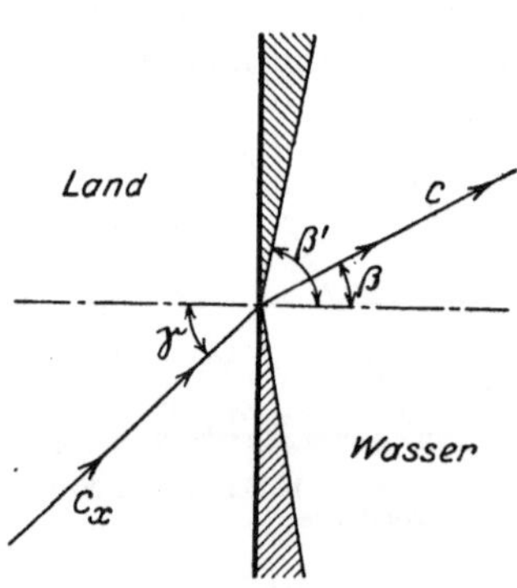

Abb. 40. Brechung an der Küste.

Bei drahtlosen Peilungen kann hierdurch eine Mißweisung von etlichen Graden eintreten, besonders wenn man in Richtung der Küste peilt.

Beim Übergang von Wasser auf Land sind sogar Totalreflexionen möglich, da sich für einen Landwinkel von $\gamma = 90°$ nach Gleichung (111) ein bestimmter Grenzwinkel β' für das Wasser bestimmt aus

$$\sin\beta' = \frac{1}{\sqrt{1+\frac{s}{2c\lambda}}}. \tag{112}$$

Das gibt mit den eben genannten Zahlenwerten einen Grenzwert von $\beta' = 80°$, also einen toten Winkel längs des Ufers von 10°. Bei gebogen verlaufenden Küsten können sich dadurch richtige Schattenzonen ausbilden, die man selbst von nahegelegenen Sendern aus überhaupt nicht mehr erreichen kann. Dies ist in ungünstigen Fällen mehrfach beobachtet worden.

3. Beugung um die Erde. Obgleich sich elektromagnetische Transversalwellen im freien Raum ebenso wie Lichtwellen geradlinig ausbreiten, zeigt die Erfahrung, daß die an der Oberfläche der Erdkugel nach Abb. 41 *erzeugten drahtlosen Wellen der Erdkrümmung folgen.* Es ist daher möglich, sie nicht nur über einen Quadranten, sondern sogar ganz um die Erdkugel herum bis zum Gegenpol zu senden. Verglichen mit den Erscheinungen beim Licht ist dieser Effekt sehr auffallend und kann bisher theoretisch nicht voll erklärt werden.

Alle *Beugungsvorgänge* sind abhängig vom Verhältnis der Wellenlänge zur Dimension des beugenden Körpers. Nun verhält sich eine elektrische Welle von 2 km Länge zum Erddurchmesser von 12 700 km genau so wie eine Lichtwelle von $^{2}/_{10\,000}$ cm Länge, die grünem Lichte entspricht, zu einem Kugeldurchmesser von 1,27 cm. Da man beim Auftreffen dieses Lichtes auf eine derartige Kugel eine

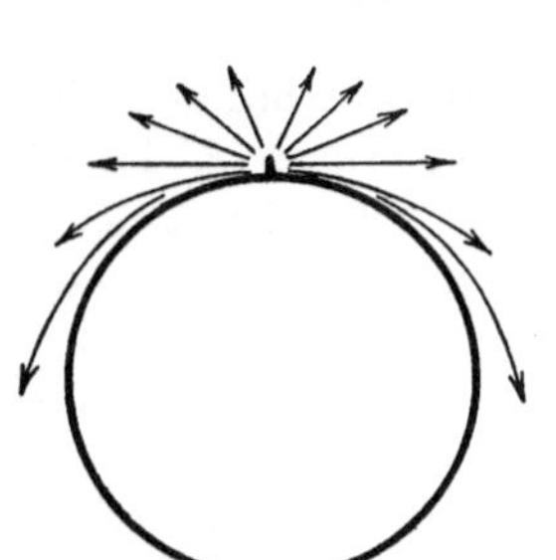

Abb. 41. Beugung um die Erdkugel.

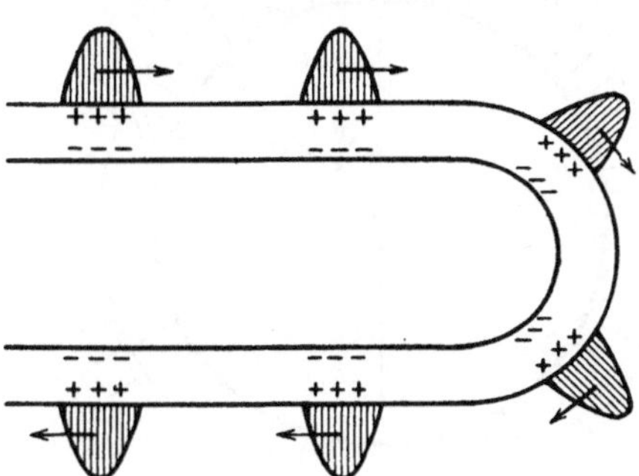

Abb. 42. Drahtwellen auf gekrümmten Leitungen.

scharfe Schattengrenze an der Oberfläche erhält und nicht etwa ein Wandern des Lichtes durch Beugung um die Kugel herum, so hat man geschlossen, daß auch lange elektromagnetische Wellen sich nur ebenso wenig um die Erdoberfläche herum krümmen könnten.

Nun sind aber die Grenzbedingungen an der Oberfläche leitender Körper bei elektrischen und Lichtwellen doch wesentlich verschieden. Während bei ersteren hauptsächlich die Leitfähigkeit maßgebend ist, kommt bei letzteren noch die atomare Beschaffenheit hinzu und kompliziert die Erscheinungen, so daß der experimentelle Vergleich mit dem Licht nicht schlüssig ist.

Tatsächlich beobachtet man bei kurzen Drahtwellen, die man über eine gekrümmte Leitung nach Abb. 42 schickt, daß *sie sämtlichen Krümmungen und Windungen der Leitung folgen.* Sie werden durch die gute Leitfähigkeit der Drähte und die daraus folgende Bedingung, daß die elektrische Feldstärke stets senkrecht auf der Leiteroberfläche stehen muß, fast zwangläufig von diesen geführt. Ähnlich wird man sich auch bei den elektromagnetischen Raumwellen vorstellen können, daß sie *durch die leitende Oberfläche der Erde geführt werden* und sich dabei deren Krümmung anschmiegen.

Wenn wir von einer Absorption der Wellen absehen, so bleibt ihre gesamte Energie bei der Ausbreitung auf immer größere Wellenflächen konstant. Wir können alsdann einige Aussagen über die Abnahme der Feldstärke längs der kugelförmigen Erdoberfläche machen. Die Energiestrahlung ist nach Gleichung (17) für jedes Flächenelement proportional dem Quadrat der Feldstärke, und die Größe der Wellenfläche ist nach Abb. 43 gegeben durch den Umfang des jeweiligen Breitenkreises mit dem Radius ϱ und eine noch zu bestimmende Höhe H, senkrecht von der Erdoberfläche ausgehend. Die gesamte strahlende Energie ist daher

$$\frac{\mathfrak{E}^2}{4\pi c}\cdot 2\pi\varrho H = \text{Konst.} \tag{113}$$

und daraus erhalten wir mit einer Konstanten K die elektrische Feldstärke an der Erdoberfläche zu

$$\mathfrak{E} = \frac{K}{\sqrt{\varrho H}}. \tag{114}$$

Nun läßt sich nach Abb. 43 der Radius ϱ des Breitenkreises ausdrücken durch den Zentriwinkel ϑ und den Abstand r vom Sender.

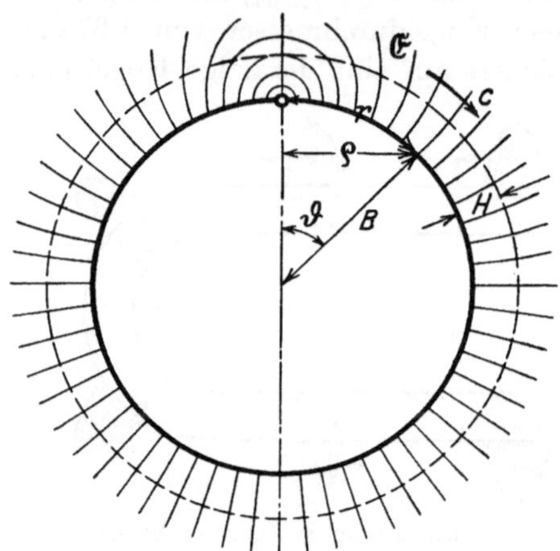

Abb. 43. Wellenausbreitung längs der Erdoberfläche.

Es ist

$$\varrho = B\sin\vartheta = r\frac{\sin\vartheta}{\vartheta}, \tag{115}$$

so daß man für die Feldstärke erhält

$$\mathfrak{E} = \frac{K}{\sqrt{rH}}\sqrt{\frac{\vartheta}{\sin\vartheta}}. \tag{116}$$

Zunächst wollen wir eine Flächenausbreitung der elektrischen Wellen annehmen, etwa derart, daß dieselben innen durch die Erdkugel begrenzt werden und außen durch eine leitende Hohlkugel, die in Abb. 43 gestrichelt eingezeichnet ist und durch die hypothetische Heaviside-Schicht mit ihren ionisierten und gut leitenden dünnen Gasen gebildet werden kann. Die Höhe H ist dann über allen Teilen der Erde ziemlich die gleiche, so daß wir sie mit zu der Konstanten schlagen können. Wir erhalten dann als Ausbreitungsgesetz der Feldstärke

$$\mathfrak{E} = \frac{K}{\sqrt{r}}\sqrt{\frac{\vartheta}{\sin\vartheta}}. \tag{117}$$

Dies ist in Abb. 44 abhängig vom Abstand r gestrichelt dargestellt. Die Feldstärke nimmt für kleine Zentriwinkel ϑ wie die Wurzel

aus dem Abstande vom Sender ab, erreicht beim Durchlaufen des Erdquadranten ein Minimum und nimmt alsdann zum Gegenpol wieder bis auf den gleichen Betrag zu.

Wenn wir dagegen eine **Raumausbreitung der Wellen** annehmen, so müssen wir H proportional dem Abstande r vom Sender setzen und erhalten nunmehr als Ausbreitungsgesetz

$$\mathfrak{E} = \frac{K}{r}\sqrt{\frac{\vartheta}{\sin\vartheta}}. \tag{118}$$

Für kleinen Zentriwinkel ist die Feldstärke jetzt **umgekehrt proportional der Entfernung**, so daß wir ohne weiteres den Anschluß

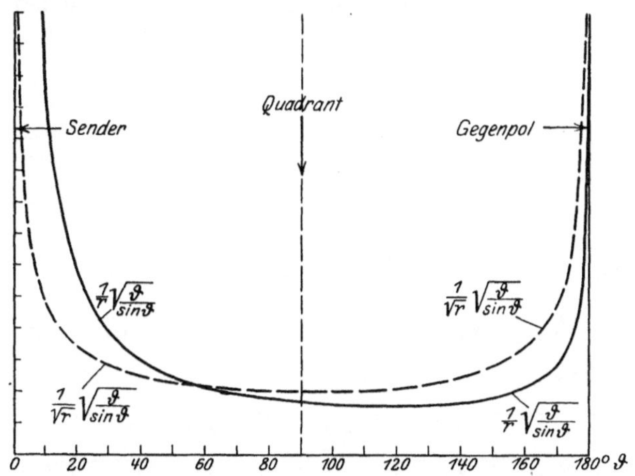

Abb. 44. Verlauf der Feldstärke bis zum Gegenpol.

an die früheren Rechnungen über die ebene Erdoberfläche erhalten. Mit zunehmender Entfernung vom Sender nimmt die Feldstärke auch über den Erdquadranten hinaus noch etwas ab, wie es die ausgezogene Kurve der Abb. 44 darstellt. Erst in großer Nähe des Gegenpoles tritt durch die Wirkung der Winkelfunktion wieder eine erhebliche Steigerung ein.

Nach den bisherigen Messungen **scheint dieses Ausbreitungsgesetz** für normale Verhältnisse **der Wirklichkeit gut zu entsprechen**. Die Steigerung am Gegenpol kommt dadurch zustande, daß die Wellen aus allen Richtungen dort zusammenlaufen. Es ist jedoch zu beachten, daß durch das Zusammenwirken der direkten und der über den Gegenpol laufenden Wellen, und auch durch die Abweichung der Erde von der genauen Kugelgestalt erhebliche Gangunterschiede der Wellen eintreten, und daß sich hierdurch in der Nähe des Gegenpoles starke Interferenzen ausbilden, die dort den Verlauf der Ausbreitungskurve nach Abb. 44 erheblich stören.

Systematische Messungen der Ausbreitung unter genau konstanten Verhältnissen sind so schwierig anzustellen, daß die Meßpunkte nie auf einer glatten Kurve liegen, sondern fast immer einen mehr oder weniger breiten Sternenhimmel bilden. Eine ganz sichere Entscheidung zwischen den Gesetzen der Raumausbreitung nach Gleichung (118) und der Flächenausbreitung nach Gleichung (117) ist daher heute noch nicht möglich.

Während wir diese Ausbreitungsgesetze durch mehr qualitative Überlegungen gewonnen haben, hat man auch versucht, die Beugung der Wellen um eine leitende Kugel durch Anwendung der elektromagnetischen Feldgleichungen nach exakteren Methoden zu untersuchen. Die Durchführung dieser Rechnungen ist jedoch so schwierig,

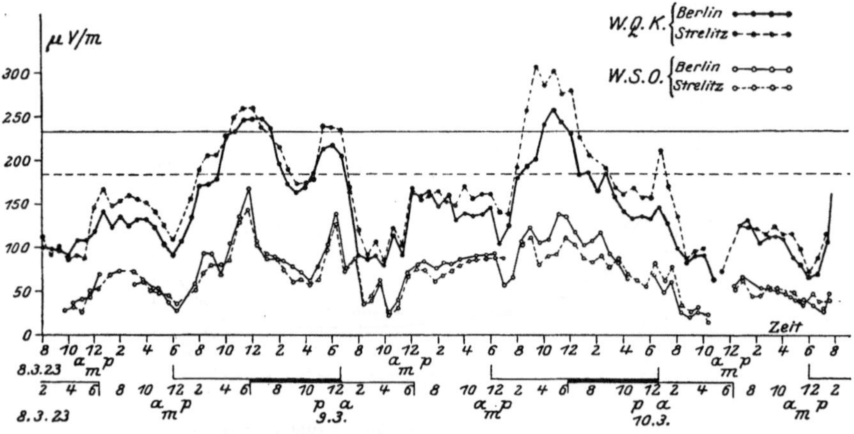

Abb. 45. Tag- und Nachtempfang ferner Großstationen.

daß man sich über die Richtigkeit des Ansatzes und der Resultate noch nicht ganz klar geworden ist, besonders da die letzteren, die von den hier entwickelten stark abweichen, durch die experimentellen Ergebnisse in keiner Weise bestätigt werden.

4. Einfluß der Atmosphäre. Beim Senden über große Entfernungen, etwa über den Erdquadranten von Amerika bis Europa, beobachtet man große Unterschiede in der Intensität des Tag- und Nachtempfanges. Im allgemeinen ist der Tagempfang schlechter und es treten besonders starke Schwankungen beim Sonnenauf- und Untergang an der Sende- oder Empfangsstation selbst auf. Abb. 45 gibt eine Meßreihe des Verlaufs der Feldstärken von weit entfernten Stationen wieder, die über mehrere aufeinanderfolgende Tage aufgenommen ist.

Man hat festgestellt, daß die Störungen auch an weit auseinanderliegenden Orten häufig gleichzeitig auftreten und kann daraus schließen, daß es sich nicht um lokale irdische, sondern mehr um große kosmische Einflüsse handelt. Die Ursache der Schwankungen ist wahrscheinlich in der starken Ionisierung der Luft durch die Sonnenstrahlen zu suchen, die in den hohen Schichten reich an ultraviolettem Licht sind und dort die stark verdünnte Luft in einen mehr oder weniger gut leitenden Zustand versetzen.

Es ist bisher noch unentschieden, ob man den Nacht- oder den Tagempfang als regulären Vorgang ansehen soll, der den einfachsten Ausbreitungsgesetzen gehorcht. Im ersteren Falle muß man starke Absorption der Wellen durch die Tageseinflüsse annehmen. Im letzteren Falle muß man Reflexion oder Brechung der Wellen an den in der Nacht gleichmäßiger verlaufenden Schichtungen der Luft vermuten.

Außer diesen großen Schwankungen treten beim Fernempfang noch zahlreiche schnell verlaufende Störungen mehr lokaler Natur auf, die sich durch Zischen, Prasseln oder Knacken zu erkennen geben und deren zeitlicher Verlauf noch sehr wenig erforscht ist.

Neuere Erfahrungen bei der Übertragung sehr kurzer Wellen lassen auf ein starkes Brechungsvermögen der oberen Luftschichten schließen. Man läßt diese nämlich meistens durch Benutzung der Oberschwingungen linearer Antennen geneigt nach oben strahlen, damit sie sich aus dem Bereich der dämpfenden Wirkung der Erdoberfläche entfernen. Dabei würden sie natürlich in den Weltenraum abstrahlen und könnten sich nicht auf die sehr großen beobachteten Entfernungen von mehreren Tausend Kilometern an der Erde ausbreiten, wenn ihre Bahnen nicht irgendwie der Erdoberfläche zu gekrümmt würden.

In der Erdnähe, also in dichter Luft ist die Bewegung der freien Elektronen und Ionen unter der Einwirkung der elektrischen Wellenfelder vor allem durch innere Reibung bestimmt. Das führt im wesentlichen zu einer Absorption der Wellen durch Umwandlung ihrer Energie in Wärme. Da die Ionisierung der unteren Luftschichten nur sehr schwach ist, so spielt diese Absorption nur eine geringe Rolle.

In den hochgelegenen Luftschichten dagegen, die aus sehr dünnen Gasen bestehen, haben die Ionen eine erhebliche freie Weglänge, die in 100 km Höhe beispielsweise 2 cm beträgt. Dort wird ihre Bewegung unter dem Einfluß der elektrischen Wellenfelder daher vorwiegend durch Beschleunigungskräfte bestimmt. Es gilt dafür die Bewegungsgleichung

$$m \frac{dv}{dt} = q \mathfrak{E}, \tag{119}$$

wenn man unter m die Masse, v die Geschwindigkeit und q die Ladung eines freien Teilchens versteht.

Die Bewegung der geladenen Teilchen bildet einen elektrischen Konvektionsstrom, dessen Wirkungen genau die gleichen sind wie beim Leitungs- oder Verschiebungsstrom. Seine Dichte beträgt

$$\mathfrak{i}_k = n\,q\,v\,, \tag{120}$$

wenn n die Zahl der Ladungsteilchen in der Raumeinheit bedeutet. Setzt man hierin die Geschwindigkeit aus Gleichung (119) ein und integriert für harmonisch verlaufende elektrische Feldstärken mit der Frequenz ω, so erhält man

$$\mathfrak{i}_k = \frac{n q^2}{m}\int \mathfrak{E} \sin \omega\, t\, d\, t = -\frac{n q^2}{\omega\, m} \mathfrak{E} \cos \omega\, t\,. \tag{121}$$

Dieser Konvektionsstrom der geladenen Teilchen tritt zu dem Verschiebungsstrom der Wellen, der in jedem Medium fließt, noch hinzu. Dessen Dichte ist nach Gleichung (6) für periodische Feldstärken

$$\mathfrak{i}_v = \varepsilon \frac{d\,\mathfrak{E} \sin \omega\, t}{d\,t} = \omega\, \varepsilon\, \mathfrak{E} \cos \omega\, t\,. \tag{122}$$

Der gesamte Wellenstrom wird daher als Summe beider Teilströme dargestellt durch

$$\mathfrak{i} = \left(\omega\, \varepsilon - \frac{n q^2}{\omega\, m}\right) \mathfrak{E} \cos \omega\, t = \omega \left(\varepsilon - \frac{Q}{\omega^2} \frac{q}{m}\right) \mathfrak{E} \cos \omega\, t\,, \tag{123}$$

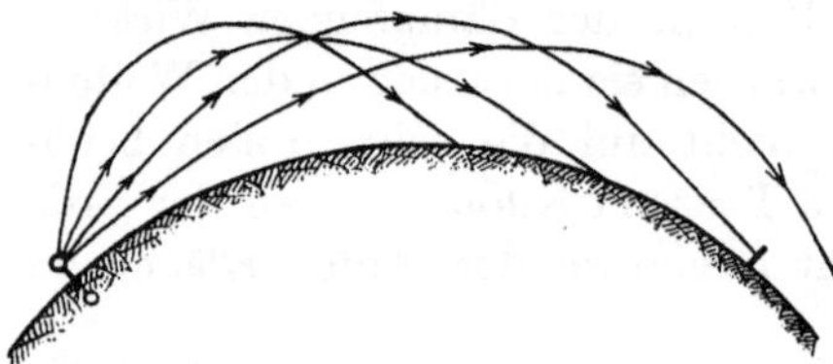
Abb. 46. Brechung in ionisierten Luftschichten.

worin Q als Produkt von n und q die gesamte freie Ladung der Raumeinheit und q/m das bekannte Verhältnis von Ladung zu Masse eines Teilchens darstellt.

Bei nur schwach ionisierter Luft überwiegt der Verschiebungsstrom mit seiner Elektrisierungszahl ε das zweite Glied bei weitem, jedoch wächst das letztere mit zunehmender Stärke der Ionisierung mehr und mehr. Da es nun sicher ist, daß die Ionisierung der Luft mit der Höhe zunimmt, so wird die wirksame Elektrisierungszahl nach Gleichung (123) mit wachsender Höhe immer geringer. Die Wellengeschwindigkeit, die nach Gleichung (9) der Wurzel aus der Elektrisierungszahl umgekehrt proportional ist, wächst daher mit zunehmender Höhe mehr und mehr an, so daß die Laufrichtung der Wellen nicht mehr geradlinig bleibt, sondern wie in Abb. 46 nach der Erde zu gebrochen wird.

Durch diese Brechungsvorgänge in den hohen Luftschichten, die nach Gleichung (123) um so stärker in Erscheinung treten, je kleiner die Frequenz, je größer also die Wellenlänge ist, werden nicht nur die vom Sender tangential ausgestrahlten Wellen, sondern vor allem auch die schräg nach oben ausgesandten Wellen an der Abstrahlung in den Weltenraum gehindert und der Erde wieder zugeführt.

Die Energie der Wellen bleibt daher in der Nähe der Erdoberfläche, so daß wir auf Ausbreitungsgesetze geführt werden, wie wir sie an Hand von Abb. 43 summarisch berechnet hatten.

Erreicht oder übersteigt die Ionisierung einen bestimmten Grenzwert, so sinkt die resultierende Elektrisierungszahl für die betreffende Frequenz nach Gleichung (123) auf Null, die Wellengeschwindigkeit wird unendlich groß. Die Strahlen werden alsdann sämtlich zurückgeworfen, die Grenze wirkt für schief auftreffende Wellen wie eine vollkommen reflektierende Schicht. Kurze Wellen können an einer solchen Grenzschicht entlang laufen, ohne sich weit nach unten bis zur Erde zu erstrecken. Sie werden daher nur wenig durch deren Bodenwiderstand gedämpft und können sich auf sehr große Entfernungen ausbreiten.

Bei einem Empfänger, der in Sichtweite des Senders liegt, kommen dessen Strahlen nicht nur auf direktem Wege an, sondern er wird auch von einer Reihe von Strahlen getroffen, die auf dem Umwege durch höhere Luftschichten zu ihm gelangen und daher einen weiteren Weg durchlaufen haben. Je nach dem Unterschied der Weglängen und Geschwindigkeiten der verschiedenen Strahlen können sich dabei Interferenzen ausbilden, durch die eine Verstärkung oder Abschwächung der Wirkung eintritt. Geringfügige Änderungen der Ionisierung führen dabei zu einem starken Wechsel der Empfangsintensität. Da nun die atmosphärischen Vorgänge, wie uns die wechselnden Winde und Wolken zeigen, besonders am Tage stark variabel sind, so erklären sich die beobachteten Empfangsschwankungen hiernach durch Schlierenbildung in der Ionisierung der höheren Luftschichten.

Jede Schwankung der freien Raumladung Q verändert dort oben die Brechung und Krümmung der elektromagnetischen Strahlen und führt dadurch zu einer anderen Verteilung der auf der Erdoberfläche ankommenden Feldstärken. Bei Nacht liegen die ionisierten Schichten ziemlich regelmäßig über der Erdoberfläche, und daher ist die Empfangsintensität dann einigermaßen konstant. Bei Tag bewirken die Ionisierungsschlieren der Sonnenstrahlen und Luftströmungen eine unregelmäßig fluktuierende Wellenzerstreuung, die eine geringere und stark schwankende Empfangsintensität verursacht.

Gleiche Unterschiede wie durch Änderung der Ionisierung kann man entsprechend Gleichung (123) auch durch Ändern der Wellenlänge oder Frequenz des Senders erreichen. Tatsächlich hat man bei derartigen Versuchen eine Reihe ausgeprägter Maxima und Minima am entfernten Sender beobachtet, was die Grundanschauung dieser Brechungstheorie aufs beste bestätigt.

E. Literatur.

Lehrbücher.

M. Abraham: Theorie der Elektrizität. 7. Aufl. Leipzig 1923.
J. A. Fleming: The principles of wireless telegraphy and telephony. 2. Aufl. London 1910.
H. Rein u. K. Wirtz: Radiotelegraphisches Praktikum. Berlin 1922.
E. Nesper: Handbuch der drahtlosen Telegraphie. Berlin 1923.
J. Zenneck u. H. Rukop: Lehrbuch der drahtlosen Telegraphie. 5. Aufl. Stuttgart 1925.
A. Koerts: Atmosphärische Störungen in der drahtlosen Nachrichtenübermittlung. Berlin 1924.
F. Ollendorff: Die Grundlagen der Hochfrequenztechnik. Berlin 1926.

Schwingungsformen von Antennen.

M. Abraham: Energie elektrischer Drahtwellen. Ann. d. Phys. Bd. 6 S. 217. 1901.
G. Seibt: Elektrische Drahtwellen mit Berücksichtigung der Marconischen Wellentelegraphie. ETZ 1902, S. 315.
F. Emde: Die Schwingungszahl des Blitzes. ETZ 1910, S. 675.
K. W. Wagner: Zur Elektrodynamik von Strahlerkreisen. Arch. Elektrot. Bd. 8, S. 145. 1919.
A. Meissner: Über die Bestimmung der Eigenschwingung von Antennen. Jahrb. drahtl. Telegr. u. Telef. Bd. 14, S. 269. 1919.

Elektromagnetische Wellen.

M. Abraham: Enzyklopädie der mathematischen Wissenschaften Bd. V, 2, Artikel 18; Elektromagnetische Wellen. Leipzig 1906.
Cl. Schaefer: Einführung in die Maxwellsche Theorie der Elektrizität und des Magnetismus. Leipzig 1908.
K. W. Wagner: Elektromagnetische Wellen in elementarer Behandlungsweise. ETZ 1913, S. 1053.
A. Esau: Eigentümlichkeiten und Anwendungsmöglichkeiten kurzer elektrischer Wellen. Elektr. Nachrichtentechnik 1925, S. 3.

Das Feld um die Sendeantenne.

H. Hertz: Untersuchungen über die Ausbreitung der elektrischen Kraft. Leipzig 1894. S. 147.
M. Abraham: Die elektrischen Schwingungen um einen stabförmigen Leiter, behandelt nach der Maxwellschen Theorie. Ann. d. Phys. u. Chem. Bd. 66 (neue Folge), S. 435. 1898.
M. Abraham: Elektrische Schwingungen in einem frei endigenden Draht. Ann. d. Phys. Bd. 2, S. 32. 1900.
F. Hack: Das elektromagnetische Feld in der Umgebung eines linearen Oszillators. Ann. d. Phys. Bd. 14, S. 539. 1904.
M. Abraham: Die Strahlung von Antennensystemen. Jahrb. drahtl. Telegr. u. Telef. Bd. 14, S. 146. 1919.

Gerichtete Strahlung.

J. Zenneck: Über die Wirkungsweise der Sender für gerichtete drahtlose Telegraphie. Phys. Z. Bd. 9, S. 553. 1908.
F. Braun: Über den Ersatz der offenen Strombahnen in der drahtlosen Telegraphie durch geschlossene. Jahrb. drahtl. Telegr. u. Telef. Bd. 9, S. 1. 1914.
E. Bellini: Über die Möglichkeit einer scharf gerichteten Radiotelegraphie. Jahrb. drahtl. Telegr. u. Telef. Bd. 9, S. 425. 1915.
W. Burstyn: Die Strahlung und Richtwirkung einiger Luftdrahtformen im freien Raume. Jahrb. drahtl. Telegr. u. Telef. Bd. 13, S. 362. 1919.
G. Marconi: Drahtlose Telegraphie. Jahrb. drahtl. Telegr. u. Telef. Bd. 21, S. 58. 1923.
G. W. O. Howe: The problems of directive transmission in radio-telegraphy. Electrician Bd. 93, S. 662. 1924.
R. H. White: The theory of the wireless beam. Electrician Bd. 94, S. 392. 1925.

Wirkung der Erdoberfläche.

H. True: Über die Erdströme in der Nähe einer Sendeantenne für drahtlose Telegraphie. Jahrb. drahtl. Telegr. u. Telef. Bd. 5, S. 125. 1911.
L. W. Austin: Antennenwiderstand. Jahrb. drahtl. Telegr. u. Telef. Bd. 5, S. 574. 1912.
M. Abraham: Ein Satz über Modelle von Antennen. Mitt. d. Phys. Ges. Zürich Nr. 19, S. 17. 1919.
A. Meissner: Über den Erdwiderstand von Antennen. Jahrb. drahtl. Telegr. u. Telef. Bd. 18, S. 322. 1921.

Strahlungsleistung.

M. Abraham: Funkentelegraphie und Elektrodynamik. Phys. Z. Bd. 2, S. 329. 1901.
M. Reich: Über die Strahlung einer Antenne in Abhängigkeit von ihrer Form. Phys. Z. Bd. 13, S. 228. 1912.
J. Erskine-Murray: Eine direkte experimentelle Methode für die Bestimmung der Strahlungsnutzleistung, des Erdwiderstandes und des Strahlungswiderstandes eines radiotelegraphischen Senders. Jahrb. drahtl. Telegr. u. Telef. Bd. 5, S. 499. 1912.
B. van der Pol jr.: Über die Wellenlänge und Strahlung mit Kapazität und Selbstinduktion beschwerter Antennen. Jahrb. drahtl. Telegr. u. Telef. Bd. 13, S. 217. 1918.
H. Rausch v. Traubenberg: Über die quantitative Bestimmung elektromagnetischer Strahlungsfelder in der drahtlosen Telegraphie. Jahrb. drahtl. Telegr. u. Telef. Bd. 14, S. 569. 1919.

Spannung in der Empfangsantenne.

J. Zenneck: Über die Wirkungsweise der Empfänger für gerichtete Telegraphie. Phys. Z. Bd. 9, S. 50. 1908.
H. Barkhausen: Theorie der gleichzeitigen Messung von Sende- und Empfangsstrom. Jahrb. drahtl. Telegr. u. Telef. Bd. 5, S. 261. 1912.
L. W. Austin: Die Messung elektrischer Schwingungen in der Empfangsantenne. Jahrb. drahtl. Telegr. u. Telef. Bd. 6, S. 178. 1912.
M. Abraham: Die Spule im Strahlungsfelde, verglichen mit der Antenne. Jahrb. drahtl. Telegr. u. Telef. Bd. 14, S. 259. 1919.

W. Burstyn: Die Schleife als Empfänger. Jahrb. drahtl. Telegr. u. Telef. Bd. 13, S. 378. 1919.

H. H. Beverage, C. W. Rice u. E. W. Kellog: The Wave Antenna. Electrician Bd. 91, S. 269. 1923.

H. Busch: Theorie der Beverage-Antenne. Jahrb. drahtl. Telegr. u. Telef. Bd. 21, S. 290. 1923.

Energiebilanz des Empfängers.

R. Rüdenberg: Der Empfang elektrischer Wellen in der drahtlosen Telegraphie. Ann. d. Phys. Bd. 25, S. 446. 1908.

J. Bethenod: Über den günstigsten Wert des Nutzwiderstandes eines Resonators. Jahrb. drahtl. Telegr. u. Telef. Bd. 6, S. 436. 1913.

H. Rein: Lehrbuch der drahtlosen Telegraphie. 1. Aufl. S. 238. Berlin 1917.

O. Betz: Höhe der Rundfunkantennen. ETZ 1925. S. 148.

O. Betz: Antennenhöhe bei Detektorempfang. Z. Hochfrequenztechn. 1925, S. 128.

Rückwirkung auf das primäre Feld.

R. Rüdenberg: Der Empfang elektrischer Wellen in der drahtlosen Telegraphie. Jahrb. drahtl. Telegr. u. Telef. Bd. 6, S. 170. 1912.

J. Bethenod: Über den Empfang elektromagnetischer Wellen in der Radiotelegraphie. Jahrb. drahtl. Telegr. u. Telef. Bd. 2, S. 603. 1909.

H. C. Forbes: Re-radiation from tuned antenna systems. Proc. Inst. Radio Eng. Bd. 13, S. 363. 1925.

A. Sommerfeld: Das Reziprozitätstheorem der drahtlosen Telegraphie. Z. Hochfrequenztechn. Bd. 26, S. 93. 1925.

W. Schottky: Das Gesetz des Tiefempfangs in der drahtlosen Technik. Z. Hochfrequenztechn. 1926.

Entdämpfung des Empfängers.

R. Rüdenberg: Eine Methode zur Erzeugung von Wechselströmen beliebiger Periodenzahl. Phys. Z. Bd. 8, S. 668. 1907.

A. Meissner: Über Röhrensender. ETZ 1919, S. 65.

H. Rukop: Die Hochvakuum-Eingitterröhre. Jahrb. drahtl. Telegr. u. Telef. Bd. 14, S. 110. 1919.

H. Barkhausen: Elektronenröhren. 2. Aufl. Leipzig 1924.

G. H. Möller: Die Elektronenröhren und ihre Anwendungen. 2. Aufl. Braunschweig 1924.

F. Ollendorff: Der Elektronenröhrer-Verstärker im Wechselstromkreis. Arch. Elektrot. Bd. 13, S. 274. 1924.

L. B. Turner u. F. P. Best: Damping in reception. Electrician Bd. 94 S. 179. 1925.

Schattenbildung und Zerstreuung.

H. Barkhausen: Die Ausbreitung der elektromagnetischen Wellen in der drahtlosen Telegraphie. ETZ 1914, S. 448.

A. Meissner: Über Mehrfach-Antennenanlagen. Telefunken-Ztg. 1923, Heft 29, S. 11.

M. Bäumler: Neue Untersuchungen über die Ausbreitung der elektro-magnetischen Wellen. Elektr. Nachrichtentechn. Bd. 1, S. 50. 1924.

M. Bäumler: Die Ausbreitung der elektromagnetischen Wellen in der Großstadt. Elektr. Nachrichtentechn. Bd. 1, S. 160. 1924.

Wirkungen des Erdwiderstandes.

J. Zenneck: Über die Fortpflanzung ebener elektromagnetischer Wellen längs einer ebenen Leiterfläche und ihre Beziehung zur drahtlosen Telegraphie. Ann. d. Phys. Bd. 23, S. 846. 1907.

A. Sommerfeld: Ausbreitung der Wellen in der drahtlosen Telegraphie. Ann. d. Phys. Bd. 28, S. 665. 1909; Jahrb. drahtl. Telegr. u. Telef. Bd. 4, S. 157. 1911.

M. Reich: Über den dämpfenden Einfluß der Erde auf Antennenschwingungen. Jahrb. drahtl. Telegr. u. Telef. Bd. 5, S. 176. 1911.

L. W. Austin: Versuche auf der drahtlosen Station der Marine der Vereinigten Staaten zu Darien, Kanalzone. Jahrb. drahtl. Telegr. u. Telef. Bd. 11, S. 125. 1916.

T. L. Eckersly: Refraction of electric waves. Jahrb. drahtl. Telegr. u. Telef. Bd. 18, S. 369. 1921.

R. Hullen: Reichweiten in Theorie und Praxis. Jahrb. drahtl. Telegr. u. Telef. Bd. 20, S. 235. 1922.

L. W. Austin: Long distance radio receiving measurements in 1924. Proc. Inst. Radio Eng. Bd. 13, S. 283. 1925.

Beugung um die Erde.

J. A. Fleming: Wissenschaftliche Begründung und ungelöste Probleme der drahtlosen Telegraphie. Jahrb. drahtl. Telegr. u. Telef. Bd. 8, S. 339. 1914.

F. Kiebitz: Über Ausbreitungsvorgänge und Empfangsstörungen in der Funkentelegraphie. Jahrb. drahtl. Telegr. u. Telef. Bd. 22, S. 196. 1923.

O. Laporte: Zur Theorie der Ausbreitung elektromagnetischer Wellen auf der Erdkugel. Ann. d. Phys. Bd. 70, S. 595. 1923.

A. Esau: Drahtloser Empfang am Gegenpol. Telefunken-Ztg. 1924, Heft 36, S. 20.

G. W. O. Howe: A new theory of long distance radio communication. Electrician Bd. 93, S. 282. 1924.

A. S. Eve: On recent advances in wireless propagation both in theory and in practice. Journ. Franklin Inst. Bd. 200, S. 327. 1925.

H. J. Round, T. L. Eckersley, K. Tremellen u. F. C. Lunnon: Report on measurements made on signal strength at great distances during 1922 and 1923 by an expedition sent to Australia. Journ. Inst. El. Eng. Bd. 63, S. 933. 1925.

Einfluß der Atmosphäre.

C. J. de Groot: Über einige Probleme der Energieübertragung zwischen zwei drahtlosen Stationen. Jahrb. drahtl. Telegr. u. Telef. Bd. 12, S. 15. 1917.

M. Bäumler: Das gleichzeitige Auftreten atmosphärischer Störungen. Jahrb. drahtl. Telegr. u. Telef. Bd. 22, S. 2. 1923.

A. Meissner: Die Ausbreitung der elektrischen Wellen über die Erde. Jahrb. drahtl. Telegr. u. Telef. Bd. 24, S. 85. 1924.

J. Larmor: Why wireless electric rays can bend round the earth. Philosoph. Mag. Bd. 48, S. 1025. 1924.

H. W. Nichols u. J. C. Schelleng: Propagation of electric waves over the earth. Bell Syst. Techn. Journ. Bd. 4, S. 215. 1925.

E. V. Appleton u. M. A. F. Barnett: Wireless wave propagation. Electrician Bd. 94, S. 398. 1925.

G. J. Elias: Über den Stand unserer Kenntnisse über die Heavisideschicht. Elektr. Nachrichtentechn. 1925, S. 351.

Übersicht über die Literatur über die Ausbreitung der elektrischen Wellen.

A. Sacklowski: Elektrische Nachrichtentechnik Bd. 4, S. 31. 1927.

F. Formelzeichen.

Lateinische und deutsche Zeichen.

A = Anfachung.
a = Absorptionsradius.
B = Erdradius.
C = Kapazität.
c = Lichtgeschwindigkeit.
d = Differentialzeichen.
E = Spannungsamplitude.
$\mathfrak{E}$ = elektrische Feldstärke.
e = Momentanwert der elektrischen Spannung.
e = Basis der natürlichen Logarithmen = 2,718.
F = Fläche.
f = Frequenz in der Sekunde.
f = Ladungsmoment des Dipols.
H = Höhe von Antennen.
H = Atmosphärenhöhe.
$\mathfrak{H}$ = magnetische Feldstärke.
h = wirksame Antennenhöhe über der Erde.
J = Stromamplitude.
i = Momentanwert der Stromstärke.
i = Stromdichte.
K = Konstante.
k = Abstand benachbarter Antennen, Rahmenbreite.
L = Selbstinduktion.
l = wirksame Dipollänge, Rahmenhöhe.
m = Ionenmasse.
n = Ionenzahl.
Q = Freie Ladung der Raumeinheit.
q = elektrische Ladung.
R = Widerstand.
r = Abstand vom Ursprung.
S = Strahlungsleistung.
$\mathfrak{S}$ = Strahlungsvektor.
s = spezifischer elektrischer Widerstand.
t = laufende Zeit.
V = Energieverlust.
v = Geschwindigkeit.
W = Leistung.
w = Windungszahl.
x = räumliche Erstreckung.
y = Höhenerstreckung der Antenne.

Griechische Zeichen.

α = Neigungswinkel der Kraftlinien.
β = Brechungswinkel.
γ = Brechungswinkel.
Δ = Differenz.
δ = Kondensatorplattenabstand.
ε = Elektrisierungszahl.
η = Wirkungsgrad.
ϑ = Höhenwinkel.
λ = Wellenlänge.
μ = magnetische Permeabilität.
ν = Eigenfrequenz in 2π sec.
π = 3,1416.
ϱ = Radius des Breitenkreises.
φ = Längenwinkel, Richtungswinkel.
ω = Kreisfrequenz in 2π sec.

VII. Störungen des Empfangs durch unregelmäßige Wellenausbreitung. Atmosphärische Störungen.

Von

A. Esau (Jena).

A. Allgemeines.

Unter den Problemen, die die drahtlose Nachrichtentechnik im Laufe ihrer Entwicklung entweder gelöst hat oder noch zu lösen haben wird, ist das der atmosphärischen Störungen besonders wichtig. Es hat die Techniker schon seit den ersten Anfängen der drahtlosen Telegraphie sehr stark beschäftigt und steht heute noch im Brennpunkt ihrer Arbeiten. Wenn auch heutzutage im Vergleich zu einer Zeit vor 15 Jahren beträchtliche Fortschritte in der atmosphärischen Störbefreiung gemacht worden sind, so läßt sich doch nicht verkennen, daß die erzielten Ergebnisse noch weit davon entfernt sind, eine auch nur annähernd den Anforderungen des drahtlosen Betriebes entsprechende Lösung darzustellen. Die hierzu notwendigen Mittel auf der Empfangsseite sind aber so umfangreich nicht nur in bezug auf die eigentliche Empfangsapparatur, sondern auch für die Aufstellung des räumlich ausgedehnten Antennengebildes, daß ihre Verwendung wohl nur für größere Betriebsstationen in Frage kommen kann. Ein weiteres Fortschreiten auf dem bisher praktisch allein erfolgreich gewesenen Wege — scharf gerichtete Empfänger — würde zwar an sich möglich sein, wobei natürlich mit noch größerem Platzbedarf für die Antennen und einer Vergrößerung der Empfangsapparatur gerechnet werden müßte, wenn nicht ein anderer Umstand, der ebenfalls in der Atmosphäre begründet ist, sich hindernd in den Weg stellen würde: die Richtungsänderungen der elektrischen Wellen.

Die besonderen Schaltungen im eigentlichen Empfänger zum Zwecke der Abschwächung atmosphärischer Störungen, die besonders in früheren Zeiten mit Vorliebe vorgeschlagen worden sind und deren Zahl außerordentlich groß ist, haben im großen und ganzen nur sehr bescheidene Ergebnisse geliefert, die weit zurückstehen hinter denen, die durch Anwendung der Richtempfänger erzielt worden sind.

Die modernen Empfangsanlagen benutzen beide Wege und erreichen dadurch die größtmögliche Abschwächung der Störungen, worauf noch näher eingegangen werden wird.

Die Wichtigkeit des atmosphärischen Störungsproblemes erhellt am besten aus der Tatsache, daß zur Zeit besonders im Verkehr mit Orten, die unter starken Luftstörungen zu leiden haben, die aufgewendete Sendeleistung außerordentlich groß gemacht werden muß, um einen Verkehr zu bewerkstelligen, ja, daß es unter Umständen völlig ausgeschlossen ist, ihn durchzuführen. Die Leistung des Senders müßte um ein Vielfaches gesteigert werden, um auch in diesen schwierigen Fällen ein Telegramm einwandfrei zu übermitteln. Dadurch aber würde die Wirtschaftlichkeit dieser Anlagen nicht mehr entfernt gegeben sein.

Die notwendige Steigerung der Energie würde aber auch ohne Rücksichtnahme auf Anlage und Betriebskosten eine Reihe von technischen Schwierigkeiten im Gefolge haben, die auch auf den Betrieb ungünstig einwirken würden.

Zunächst müßte das Antennengebilde der sendenden Station der größeren aufzunehmenden Leistung entsprechend ausgedehnter bemessen werden. Die höheren Spannungen erfordern eine erhöhte Isolation nicht nur der Antennendrähte, die unter dem Einfluß der Luftfeuchtigkeit (Regen und besonders Nebel) stehen, sondern auch der Kopplungsspulen und der Schwingungskreise insgesamt, die den Energietransport vom Generator zur Antenne vermitteln. Vermehrung der Kondensatoreinheiten, verstärkte Kühlmaßnahmen der Transformatoren, Querschnittserhöhung der Selbstinduktionsspulen tragen gleichfalls dazu bei, die Anlage teurer und umfangreicher zu gestalten.

Schwieriger aber als die Lösung dieser Aufgaben ist eine andre: das Tasten derartig großer Energien besonders dann, wenn es sich um Schnelltelegraphie handelt, die vom Betriebsstandpunkt aus schon seit längerer Zeit sehr energisch gefordert und bei weniger hohen Leistungen praktisch angewendet wird.

Wenn es also eines Tages gelänge, die atmosphärischen Störungen praktisch zum Verschwinden zu bringen, so würde es dank der Verstärkereigenschaften der Röhre, die wir heute sehr weitgehend beherrschen, möglich sein, die Senderleistung stark herabzusetzen und damit alle die Schwierigkeiten wirtschaftlicher und technischer Natur mit einem Schlage aus der Welt zu schaffen. Das Problem der Schnelltelegraphie würde damit gleichzeitig einen außerordentlich großen Schritt nach vorwärts getan haben.

In der neuesten Zeit hat die drahtlose Technik noch ein anderes Mittel gegen die atmosphärischen Störungen zu Hilfe genommen, das von den beiden eingangs erwähnten grundsätzlich abweicht: kurze elektrische Wellen. Sie verhalten sich Luftstörungen gegenüber wesentlich anders als die mittleren und langen Wellen, die bis vor kurzem im drahtlosen Verkehr über große Entfernungen ausschließlich verwendet worden sind, und zwar wird ihre Aufnahme viel weniger von ihnen beeinflußt. Zweifellos liegt hierin ein Hauptvorzug der kurzen Wellen, und es ist daher wohl verständlich, daß man auf sie große Hoffnungen für die Erhöhung der Sicherheit des Verkehrs setzt und gleichzeitig auch für eine starke Herabsetzung der Senderleistung, die mit einer erhöhten Wirtschaftlichkeit der Anlage verbunden sein würde.

Wenn auch jene Hoffnungen, die beim Aufkommen der kurzen Wellen vielleicht viel zu hoch gespannt worden waren, sich nicht alle und vor allen Dingen nicht so schnell erfüllt haben, wie manche es annahmen, die die Spitzenleistungen der Amateursender als Betriebsleistungen ansahen, so hat doch ein nunmehr schon längere Zeit laufender Betriebsverkehr vor allen Dingen der deutschen Station Nauen den Beweis erbracht, daß die kurzen Wellen im heutigen drahtlosen Verkehr brauchbar sind und sich einen dauernden Platz sichern werden.

Es wäre aber zur Zeit noch verfrüht, endgültig die langen Wellen fallen zu lassen und nur noch Kurzwellenstationen zu bauen. Diese Umstellung könnte erst dann durchgeführt werden, wenn auch der Tagesverkehr mit kurzen Wellen über große Entfernungen den Anforderungen des Betriebes entsprechend sichergestellt worden wäre, was aber zur Zeit noch nicht mit der nötigen Sicherheit ausführbar erscheint.

Die obigen Ausführungen bezogen sich ausschließlich auf die Mittel zur Störbefreiung bei Telegraphie. In bezug auf den Telephonieempfang ist die Lösung des Problems leider noch nicht so weit gediehen, wenigstens nicht für eine gewöhnliche Rundfunkempfangsanlage, bei der räumlich voneinander entfernte Antennen wohl nur in sehr seltenen Fällen zur Anwendung gebracht werden können. Aber selbst in dem Falle, wo an der Peripherie von Städten beispielsweise oder auf dem Lande ausreichend Platz für scharf gerichtete Empfangsanlagen vorhanden wäre, würde eine derartige Anlage nur eine sehr beschränkte Anwendungsmöglichkeit finden, und zwar einmal aus Gründen der Kosten und andererseits deshalb, weil es mit ihr nur möglich sein würde, diejenigen Stationen aufzunehmen, die in einer bestimmten Richtung, gegeben durch die Anlage selbst, gelegen sind. Alle anderen würden nur stark geschwächt oder gar nicht aufgenommen werden können. Man wird also hier nur die Richteigenschaften der Rahmenantenne ausnutzen können, allenfalls darüber hinausgehend noch die durch das Zusammenarbeiten eines Rahmens und einer ungerichteten Antenne erreichbare einseitige Empfangseinstellung.

B. Arten der atmosphärischen Störungen.

Wenn man schlechthin von atmosphärischen Störungen spricht, so versteht man darunter meistens nur diejenigen, die sich im Empfangstelephon als störende, mehr oder weniger kräftige zahlreiche Geräusche bemerkbar machen.

Daneben aber übt die Atmosphäre noch andere Einflüsse auf Sender und Empfangsanlagen aus, die eine mehr oder weniger starke Beeinträchtigung des Verkehrs zur Folge haben können und die hier zunächst besprochen werden sollen.

1. Sender. Der Sender ist der Atmosphäre unmittelbar ausgesetzt. Infolgedessen wird er besonders bei Regen und Nebel, wenn die Antenne nicht mit einem hohen Sicherheitsgrade isoliert ist, Sprühneigung zeigen, die am Empfänger schwankende Lautstärken zur Folge haben wird. Andererseits beobachtet man in tropischen und subtropischen Ländern bei starker Sonnenstrahlung eine geringere Energieaufnahme der Antenne, die entsprechend eine Schwächung des Empfangs zur Folge hat.

In mittleren und nördlichen Breiten steigt die Dämpfung der Senderantenne stark an, wenn sie mit Rauhreif oder Eis bedeckt ist, und damit sinkt auch die ausgestrahlte Energie. Infolgedessen wird man zu diesen Zeiten mit einer erheblichen Abnahme der Reichweite rechnen müssen. Sendestationen, die während längerer Zeiten diesen Einflüssen ausgesetzt sind, müssen Einrichtungen besitzen, wie beispielsweise elektrische Heizung, die es gestatten, die Antennendrähte von Reif oder Eis zu befreien.

Als weiteren Einfluß hat man die durch Wind hervorgerufenen Antennenbewegungen anzusehen, die insbesondere bei Röhrensendern in direkter Schaltung häufig Wellenlängenänderungen und außerdem Intensitätsschwankungen hervorrufen. Sie machen sich besonders bei kürzeren Wellenlängen sehr unangenehm bemerkbar, da diese gegen Kapazitätsänderungen viel empfindlicher sind als lange. Sie können dadurch unschädlich gemacht werden, daß die Senderantenne besonders an den Teilen, die in der Nähe der Einführungsstelle zu den eigentlichen Senderorganen liegen, fest verspannt wird, so daß Bewegungen nicht eintreten können. Ganz ähnliche Wirkungen treten im Empfänger auf, deren Beseitigung mit den gleichen Mitteln gelingt.

2. Empfänger. Der Einfluß der Atmosphäre auf den Empfänger wird sich in verschiedener Weise äußern: Intensitäts- und Richtungsänderungen der Wellen und das Auftreten von störenden Geräuschen, die gewöhnlich als atmosphärische Störungen im engeren Sinne bezeichnet werden. Wir wollen diese Einflüsse der Reihe nach untersuchen.

C. Intensitätsänderungen.

1. Regelmäßige Intensitätsänderungen. Schwankungen der Empfangslautstärke treten teils regelmäßig, teils aber auch unvorhergesehen mehr oder weniger anhaltend auf. Abgesehen davon, daß bei mittleren und kurzen Wellen ganz allgemein eine starke Zunahme der Empfangsintensität mit eintretender Dunkelheit erfolgt — eine Erscheinung, die schon seit vielen Jahren allgemein bekannt ist —, hat man ebenfalls schon lange beobachtet, daß beim drahtlosen Verkehr über große Entfernungen besonders in der Ost-West-Richtung zu gewissen Zeiten ziemlich regelmäßig eine mehr oder weniger lang andauernde Schwächung der Lautstärke im Empfänger eintritt. Diese Zeiten hängen mit dem Auf- und Untergang der Sonne zusammen und verschieben sich je nach der Jahreszeit entsprechend. Die Dauer dieser Schwächeperiode hängt ab von der Wellenlänge, und zwar derart, daß sie mit länger werdender Wellenlänge abnimmt und schließlich ganz verschwindet. Bei den Wellen der transatlantischen Telegraphie in der Gegend von 20 000 m ist diese Lautstärkenschwankung nur schwach angedeutet und von kurzer Dauer; bei Wellenlängen von 10 000 m aber verschwinden die Zeichen vollkommen über einen Zeitraum, der mehr als 15 Minuten betragen kann.

Auffallend ist, daß der Verlauf dieser Erscheinung an zwei Empfangsorten, die nur wenige hundert Kilometer voneinander entfernt sind, ein gänzlich verschiedener sein kann, was aller Wahrscheinlichkeit nach auf das Verhalten der höheren Luftschichten zurückgeführt werden muß, deren Einfluß uns zur Zeit noch nicht hinreichend bekannt ist.

2. **Unregelmäßige Intensitätsänderungen.** Außer diesen ziemlich regelmäßig eintretenden und verlaufenden Lautstärkeschwankungen findet man besonders im Bereich der mittleren und kurzen Wellen ($\lambda = 150-6000$ m) noch andere, die dadurch gekennzeichnet sind, daß ihr Auftreten völlig unregelmäßig erfolgt. Auch die Größe der Schwächungen und ihre Dauer verläuft völlig regellos. Sie werden durch den Zustand der Atmosphäre und auch das Zwischengelände beeinflußt, und zwar derart, daß sie bei klarem Himmel, wie er in unseren Breiten besonders im Winter beobachtet wird, besonders stark in Erscheinung treten. Über hügeligem Gelände und in Gebirgsgegenden sind diese Erscheinungen, die in der ausländischen Literatur vielfach als Fadings bezeichnet werden, stärker ausgeprägt als über ebenem Boden und auf dem Meere. Sie werden später noch ausführlicher behandelt.

3. Eine besondere Art von „Fadings“ sind diejenigen, die auf **Polarisationsänderungen** der elektrischen Wellen zurückgeführt werden müssen; daß derartige Änderungen besonders bei kurzen Wellen und während der Dunkelheit wirklich vorkommen, ist experimentell sichergestellt. Offen ist nur, ob die beobachteten Schwächungserscheinungen einzig und allein auf diese Ursache zurückzuführen oder aber noch andere mit im Spiele sind.

Die durch Polarisationsänderungen verursachten Abnahmen der Empfangslautstärke können durch eine geeignete Wahl des Empfangssystemes ausgeglichen werden, die näher beschrieben werden soll.

Hat man es mit einer ungerichteten Empfangsantenne zu tun, so wird die von ihr aufgenommene Intensität am größten sein, wenn der elektrische Vektor der Welle senkrecht auf der Erdoberfläche steht, d. h. die Polarisation normal ist. Ändert sich unter dem Einfluß der Atmosphäre die Lage der Polarisationsebene — es sind Änderungen bis zu 70° beobachtet worden —, so nimmt die Empfangsintensität in der Vertikalantenne ab, und zwar erfolgt ihre Abnahme proportional dem Kosinus des Drehungswinkels γ. Ist die Drehung so groß, daß $\gamma = 90°$ wird, so verschwindet die Empfangswirkung in der Antenne vollständig, d. h. man hat die Erscheinung des Fading in der schärfsten Form.

Betrachtet man andererseits ein Empfangssystem mit einer horizontal liegenden Rahmenantenne, so wird in ihm bei normaler Lage der Polarisationsebene überhaupt keine Empfangswirkung auftreten. Sobald aber eine Drehung erfolgt, beginnt sie anzusprechen, und zwar um so stärker, je größer sie wird. Es verhält sich diese Antenne also umgekehrt wie der vertikal aufgestellte gerade Draht; sie spricht am stärksten an, wenn die Polarisationsebene eine Drehung von 90° erfahren hat.

Der Gedanke liegt nahe, die Energie aus beiden Empfangssystemen einem auf die Welle abgestimmten Kreise zuzuführen, der in bekannter Weise mit dem Detektor verbunden ist. Es wird dadurch erreicht, daß der Empfänger stets die volle Energie erhält, und zwar ganz unabhängig davon, welche Drehung die Polarisationsebene unter dem Einfluß der Atmosphäre erfahren hat. Nur der Anteil der beiden Systeme wird dem Polarisationswinkel entsprechend ausfallen.

Mißt man die Ströme in beiden Antennen oder besser noch, registriert man ihren zeitlichen Verlauf auf photographischem Wege, so ergibt sich durch Ausmessung der gleichzeitigen Amplituden unmittelbar der Winkel, um den die Polarisation von ihrer normalen Lage abweicht.

Die Ausführung der beschriebenen Anordnung stößt auf keine besonderen Schwierigkeiten. Man hat nur darauf zu achten, daß die horizontal verlegte Rahmenantenne nicht in großer Erdnähe ausgespannt wird und daß außerdem ihre Windungsfläche nicht zu klein gewählt wird. Anderenfalls wird nicht die ganze in der Vertikalantenne verlorengegangene Empfangsenergie wiedergewonnen.

4. Interferenz. Fadingskönnen aber auch dadurch zustande kommen, daß im Empfänger Wellenenergien zur Wirkung kommen, die auf zwei verschieden langen Wegen vom Sender zum Empfänger gelangt sind, was beispielsweise der Fall ist, wenn außer dem direkten, der Erdoberfläche folgenden Wellenstrahl noch ein oder mehrere am Empfangsort eintreffen, die irgendwie an den höheren Schichten der Atmosphäre eine Beugung erfahren haben: Ist der Gangunterschied beider gleich einer halben Wellenlänge, so wird, wenn außerdem noch ihre Intensität annähernd die gleiche ist, eine Auslöschung eintreten, die als Fading in die Erscheinung tritt, und zwar wird in dem angenommenen Fall die Lautstärke im Empfänger vollkommen verschwinden. Sind die auf beiden Wegen am Empfangsort ankommenden Energien nicht gleich, so tritt nur eine mehr oder weniger große Schwächung ein.

Da als Ursache das Zusammenwirken des direkten und des indirekten Strahles angesehen werden muß, so ist vorauszusehen, daß die Erscheinung verschwinden muß, wenn es gelingt, einen der beiden Strahlenwege unschädlich zu machen oder wenigstens die auf ihm transportierte Energie im Empfänger nur mit einem geringen Betrage zur Wirkung zu bringen. Aus theoretischen Betrachtungen über das Verhalten verschiedenartig gestalteter Empfangssysteme geneigt einfallenden Strahlen gegenüber, ergibt sich, daß die normale ungerichtete Empfangsantenne, wie beispielsweise ein senkrecht hochgeführter Draht, auf derartig einfallende Wellen bereits viel weniger gut anspricht als eine vertikal aufgestellte Rahmenantenne. Hieraus würde sich ergeben, daß die auf Interferenz beruhenden Fadingerscheinungen beim Rahmen stärker ausgebildet sein müßten als in der offenen Antenne.

Eine bessere Ausscheidung des einen Strahles im Empfänger läßt sich dadurch erreichen, daß man an Stelle einer offenen Antenne eine Kombination von zwei oder noch besser mehreren anwendet, deren Abstand der gleiche und deren Standlinie außerdem auf die zu empfangende Station gerichtet sein muß.

Diese Anordnung wird nur in beschränkten Fällen anwendbar sein, da ihre Aufstellung viel Platz erfordert, der vielfach nicht in genügend großem Ausmaß vorhanden sein wird. Sie gestattet außerdem — und das ist ein weiterer Nachteil — nur einen Empfang von Stationen, die in einem um die Standlinie liegenden begrenzten Winkelraum arbeiten; anderswo gelegene Sendestationen werden entweder schwächer oder gar nicht empfangen.

Die Vereinigung beider Mittel an Orten, wo die Raumverhältnisse es gestatten, dürfte zweifellos eine sehr weitgehende Ausscheidung der Fadingerscheinungen und damit eine Verbesserung der Aufnahme zur Folge haben.

D. Richtungsänderungen der ankommenden Wellen.

Es ist schon darauf hingewiesen worden, daß die Anwendbarkeit scharf gerichteter Empfangssysteme zum Zwecke der atmosphärischen

Störbefreiung ihre Grenze an den Änderungen der Einfallsrichtungen der Wellen findet, die in den letzten Jahren Gegenstand vieler Untersuchungen gewesen sind.

Wenn auch noch nicht alle Ursachen für ihr Zustandekommen lückenlos aufgedeckt sind, so weiß man doch schon so viel, daß eine Reihe von ihnen als sichergestellt angenommen werden können. Die Richtungsänderungen spielen eine ganz hervorragende Rolle bei der Ortsbestimmung auf drahtlosem Wege, wo sie zu Mißweisungen Anlaß geben können. Sie sind aber auch von Bedeutung für alle die Empfangsanlagen geworden, bei denen das Antennengebilde aus zwei oder mehreren räumlich von einander getrennten Einzelantennen besteht.

Es handelt sich zunächst um Einflüsse, die von der Umgebung des Empfangsortes abhängen. Besonders große Wellenablenkungen sind auf Bergspitzen beobachtet worden und an Küstenlinien. Senkrecht oder nahezu senkrecht zu ihnen einfallende Wellen werden nicht aus ihrer Richtung geworfen. Die größten Abweichungen treten dann ein, wenn die Einfallsrichtung in einem spitzen Winkel zur Küste verläuft. Ebenes Gelände beeinflußt die Richtung erheblich weniger als Hügelland oder Gebirge.

Auch im Innern größerer Städte wird man vielfach keine eindeutige Richtung feststellen können, da hier durch Blitzableiter, Schornsteine und Häusermassen eine starke Verzerrung des Wellenfeldes eintritt. Peilanlagen müssen aus diesen Gründen möglichst frei aufgestellt werden und an Orte verlegt werden, bei denen durch Voruntersuchungen der Beweis erbracht worden ist, daß störende Umgebungseinflüsse nicht vorhanden sind.

Aber auch an Orten, bei denen derartige Mißweisungen, die im übrigen leicht daran erkannt werden können, daß sie im allgemeinen einen konstanten Wert beibehalten, nicht vorhanden sind, treten Mißweisungen auf besonders zu den Zeiten des Sonnenauf- und -unterganges und während der Nacht; am Tage dagegen wird die Einfallsrichtung der Wellen mit seltenen Ausnahmen unverändert bleiben. Ortsbestimmungen auf drahtlosem Wege werden also bei Helligkeit richtig sein — vorausgesetzt, daß die verwendete Apparatur nicht von störenden Fehlern behaftet ist —, während schon vor Eintritt der Dunkelheit Richtungsschwankungen hervortreten, die unter Umständen Fehler bis nahezu 90° verursachen können. Diese Änderungen erfolgen regellos, nicht nur zeitlich, sondern auch in bezug auf ihre Größe und ihren Sinn, so daß Gesetzmäßigkeiten bisher nicht haben mit Sicherheit abgeleitet werden können. Die Schwierigkeiten liegen hierbei darin begründet, daß die Schwankungen abhängen von einer Reihe von Faktoren, deren Einwirkungen teils im gleichen Sinne, teils aber auch einander entgegenarbeiten.

Von großem Einfluß auf die Erscheinung ist die Wellenlänge. Bei den heute üblichen Wellen für den transatlantischen Verkehr, die zwischen 10000 und etwa 20000 m liegen, sind die beobachteten Richtungsschwankungen sowohl in bezug auf ihre Größe als auch Häufigkeit wenig ausgeprägt. Sie betragen gewöhnlich nur wenige Winkelgrade, die sich der Beobachtung mit nicht besonders empfindlich eingestellten Apparaturen entziehen. Nur sehr selten kommen Fälle vor, wo Abweichungen bis zu 10° beobachtet werden.

Im Bereich der Wellen von 2000—10000 m nehmen die Richtungsänderungen stark zu, und zwar treten sie um so häufiger und stärker ausgeprägt auf, je kleiner die Welle wird. Schwankungen bis zu 70 und 80° gehören durchaus nicht zu den Seltenheiten. In diesem Wellenbereich, der der Hauptsache nach die Wellen des Kontinentalverkehrs umfaßt, darf man deshalb zu den Zeiten großer Richtungsschwankungen nicht mit sehr scharf gerichteten Empfängern arbeiten. Eine Nachstellung der Apparatur, an die man vielleicht denken könnte, und die an und für sich auch technisch ausführbar wäre, kommt praktisch nicht in Frage, da einmal Sinn und Größe der Abweichung von vornherein nicht bekannt ist und andererseits diese Schwankungen so außerordentlich schnell erfolgen können, daß die notwendige Zeit für die Nachstellung nicht vorhanden ist. Empfangsanlagen für diese Wellen sollten deshalb so eingerichtet sein, daß eine Änderung ihrer Richtschärfe ohne Betriebsschwierigkeiten ausgeführt werden kann.

Auch bei den Wellen unter 2000 m bis in die Gegend von 160—200 m finden wir die gleichen Erscheinungen, wobei allerdings an der unteren Grenze dieses Bereiches insofern eine Änderung gegenüber den längeren Wellen eintritt, als man hier sehr häufig Wellen vorfindet, wo eine eindeutige, wenn auch an und für sich falsche Richtung mit der Apparatur überhaupt nicht mehr festgestellt werden kann, der Richtempfänger scheint seine Eigenschaften völlig verloren zu haben, wenigstens für gewisse Zeiten. Der Übergang von einem absolut scharfen Minimum — völliges Verschwinden der Empfangsintensität — zu dem soeben angeführten Fall vollzieht sich manchmal ganz allmählich; gelegentlich aber folgen die Zeiten, wo beide rein vorhanden sind, unmittelbar aufeinander ohne allmähliche Übergänge.

Im Bereich der kurzen Wellen unter 100 m beobachtet man während des Tages genau wie bei den längeren Wellen nur selten Richtungsänderungen. Während aber bei Einbruch der Dunkelheit bei diesen letzteren feststellbare Richtungsänderungen eintreten und nur ganz selten Richtungslosigkeit, ist bei den kurzen Wellen während der Dunkelheit umgekehrt fast nie eine Schwankung beobachtet, wohl aber ein andauerndes Verschwinden jeglicher Richtung die Regel. Die Wellen fallen hier nachts vorzugsweise von oben ein, wodurch im Richtempfänger an Stelle der ihm eigentümlichen Charakteristik die des ungerichteten entsteht, d. h. ein Kreis. Darauf beruht auch die experimentell festgestellte Tatsache, daß in Gebirgstälern kurze Wellen am Tage nicht gehört werden, während sie bei Anbruch der Dunkelheit zuerst schwach, dann immer stärker in die Erscheinung treten. Kurzwellenstationen werden aus diesen Gründen am Tage richtig gepeilt werden können, nicht aber während der Dunkelheit.

Im allgemeinen werden die Richtungsänderungen um so größer ausfallen, je weiter der Empfangsort von der sendenden Station entfernt ist. Die früher aber vielfach verbreitete Ansicht, daß in geringen Abständen vom Sender keinerlei Schwankungen vorkommen, kann nicht mehr als allgemein gültig angesehen werden, nachdem durch Beobachtungen einwandfrei festgestellt worden ist, daß in Entfernungen von weniger als 30 km selbst bei Wellen von mehr als 10000 m Richtungsschwankungen auftreten, die zwar nicht groß sind, aber doch weit über die Grenzen der Beobachtungsgenauigkeit hinausgehen.

Die von der Empfangsapparatur angegebene Richtung weicht also, wie aus dem obigen hervorgeht, unter Umständen recht erheblich von der durch die Verbindungslinie Sender—Empfänger gegebenen ab. Die Größe der Abweichung und auch ihr Sinn wird nun je nach der Art des verwendeten Antennensystemes schwanken. Es möge an dieser Stelle nur kurz angeführt werden, daß einfache Drehrahmen wie auch Goniometeranordnungen, bestehend aus zwei Paaren ungerichteter, senkrecht zueinander angeordneter Antennen oder auch aus zwei sich rechtwinklig kreuzenden Rahmenantennen unter allen Umständen die wahre Richtung der einfallenden Wellen angeben, so lange diese horizontal auf das Empfangssystem treffen.

Fallen die Wellen aber geneigt ein und ist außerdem noch eine Änderung der Lage ihrer Polarisationsebene erfolgt, so tritt nicht nur allgemein eine falsche Richtungsangabe auf, sondern diese wird bei den verschiedenen Systemen ganz verschiedene Größen annehmen können. Die Mißweisung wird außerdem verschieden groß ausfallen, je nachdem der Einfallswinkel, in der Horizontalebene gemessen, näher an 90° oder 0° liegt.

Praktisch liegt der Fall von oben einfallender Strahlen vor bei der Peilung eines Flugzeuges vom Boden aus. Die experimentell bestimmte Richtung wird nach dem Vorhergehenden verschieden ausfallen, je nachdem man die Art der Antenne der peilenden Bodenstation wählt. Daraus erklären sich auch die großen Fehlerschwankungen, die bisher derartigen Peilungen anhafteten. Es lassen sich aber Anordnungen finden, die auch unter diesen besonders schwierigen Verhältnissen absolut richtige Peilungen ergeben, d. h., bei denen die Ursachen für die Fehler: Neigung und anormale Polarisation der Wellen, ausgeschaltet werden können.

Somit dürfte es gelingen, auch bei den kurzen Wellen der drahtlosen Telegraphie während der Dunkelheit einigermaßen sichere Peilergebnisse zu erzielen.

Was die Abhängigkeit der Richtungsschwankungen von der geographischen Breite des Beobachtungsortes betrifft, so scheint aus den bisher vorliegenden Messungen hervorzugehen, daß ihre Größe und Häufigkeit mit der Annäherung an den Äquator zunimmt.

Auch die Wetterlagen beeinflussen die Richtungsänderungen, und zwar besonders dann, wenn ihr Umschlagen sehr plötzlich und kräftig erfolgt. Genauere Schlüsse aus dem vorliegenden sehr unzureichenden Beobachtungsmaterial werden sich aber erst dann ziehen lassen, wenn systematische, in längerem Zeitabschnitte laufende Untersuchungen vorliegen.

Gelegentliche Beobachtungen der Mißweisungen in Abhängigkeit von der Form der Antenne der sendenden Station deuten darauf hin, daß die Größe der Richtungsschwankungen von ihr abhängt. Symmetrische Antennen, wie beispielsweise gradlinig hochgeführte Drähte und Schirmantennen scheinen sich günstiger zu verhalten als T- und geknickte (*L*-) Antennen. Die Unterschiede zwischen diesen beiden Arten treten gewöhnlich nur während der Dunkelheit hervor, während am Tage ein gleiches Verhalten aller die Regel ist. Auch für die endgültige Klärung dieser Frage reicht das vorhandene Beobachtungsmaterial noch nicht aus.

E. Schwankungen der Empfangsintensität.

Wie bereits erwähnt, beobachtet man am Empfänger — auch bei dem mit ungerichteten Antennen ausgerüsteten — außer den Schwankungen der Wellenrichtung auch Änderungen der Empfangsintensität, die in der ausländischen Literatur vielfach als Fadingerscheinungen oder kurz als „Fadings" bezeichnet werden. Sie sind besonders nach dem Aufkommen des Rundfunks Gegenstand zahlreicher Beobachtungen gewesen, und zwar einmal deshalb, weil mit diesem Zeitpunkt eine sendende Station gleichzeitig von sehr vielen Empfängern an den verschiedensten Orten und unter gänzlich voneinander abweichenden atmosphärischen Bedingungen beobachtet werden konnte, und zum andern, weil gerade in dem Bereich der Rundfunkwellen die Erscheinung besonders deutlich in die Erscheinung tritt. Wenn auch die einzelnen Ursachen noch nicht völlig klargestellt sind, die sie herbeiführen, so kann man doch schon eine Reihe von Gesetzmäßigkeiten anführen, denen sie gehorchen.

Zunächst zeigt es sich, daß auch hier, ähnlich wie bei den Richtungsänderungen, eine deutlich nachgewiesene Abhängigkeit vom Empfangsort eintritt, wobei nicht nur dieser Ort selbst, sondern auch seine Umgebung in Betracht gezogen werden muß.

Im Innern großer Häusermassen, in Gebirgsgegenden schwanken die Empfangsintensitäten stärker und häufiger als in der Ebene, in Küstengegenden oder auf dem Meere. Wellen, die sich über Gebirgen fortpflanzen müssen, werden stärker in Mitleidenschaft gezogen wie solche, die ebenes Gelände unter sich haben oder die Meeresoberfläche.

Die Größe der Schwankungen wächst mit dem Abstand des Empfängers von der sendenden Station. In unmittelbarer Nähe sind Änderungen der Lautstärke zwar beobachtet worden, jedoch ist es nicht völlig sicher, ob sie auf dieselben Ursachen zurückgeführt werden können, die den eigentlichen Fadingerscheinungen zugrunde liegen.

Von großem Einfluß auf die „Fadings" ist die Wellenlänge. Bei den langen Wellen über 10 km treten Änderungen der Empfangsintensität eigentlich nur zu gewissen Zeiten ein, die mit dem Sonnenuntergang bzw. dem Sonnenaufgang eng verknüpft sind. Man beobachtet, daß zu diesen Zeiten die Lautstärke der Zeichen mehr oder weniger stark abnimmt, eine Zeitlang unverändert bleibt, um dann wiederum auf den normalen Wert anzusteigen. Die Größe der Abnahme, von Tag zu Tag etwas verschieden, hängt davon ab, ob die Wellenlänge näher an 10 km oder aber bei 20 km und darüber liegt, und zwar sinkt sie um so mehr, je kürzer die Welle wird. Bei den ganz langen Wellen wird man diese regelmäßig wiederkehrenden Schwankungen nur angedeutet finden, während bei den kürzeren Wellen des obigen Bereiches die Zeichen sehr häufig vollkommen verschwinden. Auch die Zeitdauer der Schwächung, die wenige Minuten bei den ganz langen Wellen, eine halbe Stunde und mehr bei den kürzeren betragen kann, ist abhängig von der Wellenlänge. Die Uhrzeiten, bei denen die Schwächung einsetzt, hängen natürlich ab von der Lage des Senders und des Empfängers und außerdem von der Jahreszeit. Sie werden sich also im Laufe eines Jahres verschieben.

Daß die Erscheinung an zwei Empfangsorten, die in bezug auf die Entfernung von der sendenden Station nahe beieinander liegen, gänzlich verschieden verlaufen kann, ist häufig beobachtet worden, was auf Einflüsse zurückzuführen sein dürfte, die entweder von der Umgebung des Empfängers herrühren oder aber von einer verschiedenen Beschaffenheit der Atmosphäre an den beiden Empfangsorten.

Im Bereich der Wellen von 2000—10000 m treten diese Intensitätsschwankungen in verstärktem Maße auf, außerdem aber noch eine andere Art, bei der keine so große Regelmäßigkeiten vorliegen.

Ganz allgemein zeigt sich, daß Fadings dieser Art während des Tages nur sehr schwach ausgebildet sind und verhältnismäßig selten vorkommen, daß aber schon bei Einbruch der Dunkelheit hierin eine Änderung einsetzt. Die Schwankungen werden stärker und zahlreicher, so lange die Dämmerung anhält, um dann bei vollständiger Dunkelheit konstantere Werte einzunehmen mit etwas geringeren Amplituden. Sie dauern die ganze Nacht hindurch an, um mit einbrechender Morgendämmerung allmählich wieder zu verschwinden.

Was die Zeitdauer dieser Erscheinungen in dem angegebenen Wellenbereich betrifft, so ist sie viel kürzer wie bei den vorhin behandelten langen Wellen; es handelt sich hier um Sekunden bis Minuten.

Im Rundfunkbereich treten sie weiter verstärkt auf, sowohl in bezug auf Zahl als auch Amplitude. Sie werden aber im allgemeinen weniger anhaltend, je weiter man mit der Wellenlänge heruntergeht.

Geht man aber zu kurzen elektrischen Wellen über ($\lambda < 150$ m), so zeigt sich, daß die Erscheinung ihren Charakter ändert. Die Lautstärkeschwankungen sind zwar vorhanden, verlaufen aber im allgemeinen so schnell, daß sie sich der Beobachtung leicht entziehen. Auch sinkt die Intensität nicht so weit herunter, daß ein vollständiges Verschwinden der Zeichen eintritt, wie bei den mittleren und längeren Wellen. Zu ihrer Beobachtung muß man daher andere Methoden anwenden, wie beispielsweise die photographische Registrierung, die zwar zunächst etwas mühsam erscheint, aber ausgezeichnete Ergebnisse liefert in bezug auf die Amplitudenverhältnisse, die Zeitdauer und die Art des Abfalles bzw. des Wiederanstieges.

Je weiter man die Welle verkürzt, um so schneller laufen die Erscheinungen ab, so daß man den Eindruck erhält, als ob in jenen Wellenbereichen Fadings überhaupt nicht vorhanden sind.

Außer den örtlichen Einflüssen und der Wellenlänge wirken meteorologische Faktoren auf die Erscheinung ein, und zwar scheint nach den vorliegenden Beobachtungen besonders die Bewölkung eine hervorragende Rolle zu spielen. Bei bedecktem Himmel sind Fadings seltener und weniger kräftig ausgebildet als bei Wolkenlosigkeit, so daß in unseren Breiten wohl die klaren Winternächte die meisten Fadings aufweisen werden.

F. Mittel zur Bekämpfung der Schwankungen.

Wenn auch zur Zeit noch nicht alle die Ursachen aufgedeckt sind, denen die Fadings ihre Entstehung verdanken, so lassen sich doch schon einige, und wahrscheinlich die hauptsächlichsten, anführen: Energiezerstreuung im Zwischenmedium, Drehung der Polarisationsebene der Wellen und Interferenzwirkungen von mehreren Strahlen am Empfangsort. Ob die eine oder die andere von ihnen stärker oder schwächer beteiligt ist und in welchem Maße, kann erst dann entschieden werden, wenn durch Beobachtungen ausreichendes Material geschaffen sein wird, das jetzt noch fast vollständig fehlt.

Eine Energiezerstreuung im Zwischenmedium kann dadurch zustande kommen, daß Einbrüche von kalten oder warmen Luftmassen erfolgen, unter deren Einfluß die Atmosphäre sehr stark inhomogen wird; es bildet sich eine Schichtung stark schwankenden Charakters (Temperatur, Feuchtigkeit usw.), an der eine Zerstreuung der Energie der Welle eintreten wird. Man wird also in den Übergangszeiten von der wärmeren zur kälteren Jahreszeit oder umgekehrt und bei plötzlichen Witterungsumschlägen mit dieser Ursache besonders stark zu rechnen haben, was allem Anschein nach von der Erfahrung bestätigt wird.

Ein Mittel, diese „Fadings" auszuscheiden, dürfte auch in Zukunft wohl kaum gefunden werden, da die Senderenergie unterwegs abgefangen wird und den Empfänger entweder gar nicht oder nur in geringem Betrage erreicht.

Als zweite Ursache kommt die Drehung der Polarisationsebene der Wellen in Betracht, die experimentell schon verschiedentlich nachgewiesen worden ist. Dabei hat sich gezeigt, daß es sich um Drehwinkel handelt, die bis nahe an 90° heranreichen, also sehr beträchtlich sind. Besonders große Werte werden bei sehr kurzen elektrischen Wellen erreicht, während bei mittleren und längeren die Änderungen geringer sind. Ganz lange Wellen ergeben nur Drehungen, die mit seltenen Ausnahmen nicht über wenige Winkelgrade hinausgehen.

Am Tage kommen Polarisationsänderungen nur ganz selten vor, sie erreichen aber auch dann nur geringe Beträge. Sie werden stärker mit einbrechender Dunkelheit, halten die ganze Nacht hindurch mit wechselnder Stärke an, um bei Tagesanbruch wiederum zu verschwinden.

Unter dem Einfluß einer Drehung der Polarisationsebene um den Winkel γ aus der natürlichen senkrechten Lage heraus wird eine ungerichtete Antenne, beispielsweise ein gradlinig hochgeführter gerader Draht, eine Schirm- oder T-Antenne eine Energie aufnehmen, deren Betrag gesetzt werden kann

$$\nu_1^2 = a^2 \cos^2 \beta \cos^2 \gamma,$$

wobei β den Neigungswinkel der einfallenden Welle gegen die Horizontalebene bedeutet und a^2 der Maximalbetrag der Energie ist, wenn γ und $\beta = 0$, d. h. die Wellen horizontal verlaufen und normal polarisiert sind.

Wird also unter dem Einfluß der Atmosphäre die Polarisationsebene gedreht, so nimmt die Empfangsenergie proportional mit dem Quadrat des Kosinus des Drehwinkels ab, so daß also für eine Drehung von 90° die Energie vollständig verschwindet und damit auch die Zeichen.

Verwendet man als Empfangsantenne an Stelle der ungerichteten eine horizontal verlegte Rahmenantenne, so wird man ähnlich wie oben die von ihr aufgenommene Energie darstellen können durch den Ausdruck

$$\nu_2^2 = a^2 \cos^2 \beta \sin^2 \gamma,$$

wobei vorausgesetzt worden ist, daß die Abmessungen des Rahmens so gewählt sind, daß die maximale Empfangsenergie gleich ist der der ungerichteten.

Bei normaler Lage der Polarisationsebene, d. h. $\gamma = 0$ wird diese Antenne überhaupt nicht auf die Senderwelle ansprechen, wohl aber dann, wenn aus irgendwelchen Ursachen eine Drehung erfolgt, und zwar um so stärker, je größer sie wird. Es verhält sich also diese Antenne Polarisationsänderungen gegenüber genau umgekehrt wie die vertikal aufgestellte.

Läßt man beide Antennen auf einen gemeinsamen Kreis arbeiten, der auf die Welle des Senders abgestimmt ist und mit dem Gitter einer Verstärkerröhre oder eines Audions verbunden ist, so addieren sich die beiden Energien, da eine Phasendifferenz wegen der unmittelbaren Nachbarschaft der beiden Antennen praktisch nicht vorhanden ist, zu

$$\nu^2 = \nu_1^2 + \nu_2^2 = a^2 \cos^2 \beta (\sin^2 \gamma + \cos^2 \gamma)$$

oder anders geschrieben:

$$\nu^2 = a^2 \cos^2 \beta .$$

Fallen die Wellen außerdem noch horizontal ein, $\beta = 0$, so wird unter allen Umständen, ganz gleichgültig, um welchen Betrag die Polarisationsebene gedreht worden ist, die größtmöglichste Empfangsenergie $\nu^2 = a^2$ erzielt.

Es stellt also die soeben beschriebene Anordnung ein wirksames Mittel dar, um alle die Fadingerscheinungen zu beseitigen, die auf der Drehung der Polarisationsebene beruhen.

Die Möglichkeiten, zu dem gleichen Ziele zu gelangen, sind mit der angegebenen Anordnung — Kombination einer vertikalen ungerichteten Antenne und einer horizontal verlegten Rahmenantenne — nicht erschöpft. Es bestehen noch andere[1]), die aber vielleicht weniger einfach und praktisch schwieriger ausführbar sein dürften.

Als weitere Ursache für das Auftreten von „Fadings“ haben wir Interferenzwirkungen von zwei oder mehreren Strahlen am Empfangsort kennengelernt. Treffen hier zwei Wellen ein, die vom Sender ausgehend zwei verschieden lange Wege zurückgelegt haben — es wird sich meistens um den direkten Weg handeln als den kürzesten und andere, die zunächst in die höheren Schichten der Atmosphäre führen und von dort aus wieder zur Erdoberfläche zurück — so wird je nach der durch die Wegdifferenz gegebenen Phasendifferenz eine Verstärkung oder Schwächung beider eintreten, die zur vollständigen Vernichtung der Energie führt, wenn jene Differenz 180° beträgt. In diesem Falle beobachten wir im Empfänger Fadingerscheinungen. Auch sie werden

---

[1]) Esau, A.: Jahrb. d. drahtl. Telegraphie 1926.

vorzugsweise während der Dämmerung und während der Nacht eintreten, da zu diesen Zeiten die atmosphärischen Bedingungen für die Vielwegigkeit der Energieübertragung besonders günstig liegen.

Wenn man Anordnungen finden will[1]), die die auf diese Weise zustande gekommenen Fadings beseitigen sollen, so wird ihre Wirkungsweise so einzurichten sein, daß nur der direkte Strahl den Empfänger trifft und alle anderen Übertragungswege ausgeschaltet oder unmöglich gemacht werden. Auch hier läßt sich die beabsichtigte Wirkung nicht mit einer einzigen Antenne erzielen; es müssen vielmehr zwei oder besser noch weitere kombiniert werden. Die Energie in einer offenen ungerichteten Antenne wird wie zuvor gegeben sein durch den Ausdruck

$$\nu_1^2 = a^2 \cos^2\beta \cos^2\gamma .$$

Nimmt man eine zweite gleichartige hinzu, die allein für sich betrachtet ebenfalls die Energie

$$\nu_2^2 = a^2 \cos^2\beta \cos^2\gamma$$

aufnehmen würde, so wird durch Kombination beider eine resultierende Energie auftreten vom Betrage

$$\nu^2 = \nu_1^2 + \nu_2^2 = 2\,a^2 \cos^2\beta \cos^2\gamma \sin^2\left(\frac{\pi\,d}{\lambda}\cos\alpha\cos\beta\right),$$

d bedeutet hierbei den Abstand der beiden Antennenfußpunkte voneinander, α den Winkel, den die einfallende Welle in der Horizontalebene mit der Standlinie der Antenne bildet. Macht man ihren Abstand d so klein, daß an Stelle des Sinus in der obigen Formel sein Argument gesetzt werden kann, so wird

$$\nu_n^2 = \frac{2\,a^2\,\pi^2\,d^2}{\lambda^2}\cos^4\beta\cos^2\gamma\cos^2\alpha .$$

Die Empfangsenergie wird also für geneigt einfallende Strahlen — um diese handelt es sich bei dem vorliegenden Problem — mit der 4. Potenz des Kosinus des Neigungswinkels abnehmen. Für den direkten Strahl würde sich ergeben

$$\nu_d^2 = \frac{2\,a^2\,\pi^2\,d^2}{\lambda^2}\cos^2\gamma\cos^2\alpha$$

und für das Verhältnis beider

$$\frac{\nu_n^2}{\nu_d^2} = \cos^4\beta .$$

Je stärker die einfallende Welle geneigt ist, um so weniger gut wird sie empfangen. Die Anordnung bewirkt also eine starke Abschwächung der von oben her einfallenden Strahlen, die dann bei der Interferenz nicht mehr in ihrem vollen Betrage mitwirken können.

[1]) Esau, A.: Jahrb. d. drahtl. Telegraphie 1926.

Theoretisch könnte man die Abschwächung der indirekten Wellenenergie noch weiter treiben, indem man nicht nur zwei, sondern drei oder noch mehr Antennen in der gleichen Weise zusammenarbeiten lassen würde. Für n Antennen würde man dann für das obige Verhältnis den Wert

$$\frac{\nu_n^2}{\nu_d^2} = \cos^{2n}\beta$$

erhalten, d. h. eine noch stärkere Vernichtung der geneigt einfallenden Strahlen.

Praktisch allerdings wird diese umfangreiche Anordnung nur schwer herstellbar sein, und zwar aus Raummangel. Es ist dafür freies Gelände notwendig, und zwar in um so größerem Umfang, je höher die Antennenzahl gewählt wird. Aus dem Verhalten der verschiedenen Antennenformen geneigt einfallenden Wellen gegenüber läßt sich ferner der Schluß ziehen, daß eine offene Antenne sich in bezug auf ihre Schwächung günstiger verhält als eine Rahmenantenne.

Die Möglichkeit, durch Anwendung zweckentsprechender Empfangsanordnungen die Interferenzen zwischen direkten und indirekten Strahlen, wenn auch nicht vollkommen zu unterbinden, so doch wesentlich abzuschwächen, ist nicht nur in bezug auf die Fadingerscheinungen von Bedeutung, sondern auch, wie schon früher erwähnt, für das Peilen von Flugzeugen. Die fehlerhaften Ortsbestimmungen beruhen auch hier auf der Wirkung geneigt einfallender, anormal polarisierter Wellen und werden natürlich verschwinden, wenn ihre Energie im Empfänger nicht in die Erscheinung treten kann.

Beim Telephonieempfang rufen die Fadings, wie allgemein bekannt sein dürfte, mehr oder weniger starke Lautstärkenschwächungen hervor. Es kann aber auch der Fall eintreten, daß außerdem noch eine Verzerrung der übertragenen Sprache oder Musik eintritt, die dadurch entstehen kann, daß mehr oder weniger große Frequenzbereiche des Seitenbandes sehr stark geschwächt werden, während andere normal oder sogar übernormal bestehen bleiben. Erstreckt sich die Fadingerscheinung andererseits nur auf die Trägerwelle, so bleiben nur die beiden Seitenbänder bestehen, was ebenfalls verzerrend auf die Übertragung einwirken wird.

Man ist früher vielfach der Meinung gewesen, daß eine verschiedene Einwirkung der Fadings auf die einzelnen Teile des Seitenbandes nicht vorkommen könnte, sondern daß vielmehr der ganze Bereich geschwächt oder verstärkt werden würde. Neuere Untersuchungen haben indessen den Beweis erbracht, daß, wenn Fadings eintreten bei einer Wellenlänge von beispielsweise 600 m entsprechend einer Frequenz von 500000, Frequenzen von 500500 bzw. 499500 sehr häufig unberührt bleiben oder aber sogar außergewöhnlich verstärkt werden.

Würde man die Empfangsintensität von zwei Empfängern, von denen der eine auf eine Welle λ, der andere auf eine unmittelbar benachbarte $\lambda \pm \Delta\lambda$ abgestimmt ist, gleichzeitig registrieren, so würden die beiden die Intensität darstellenden Kurven durchaus nicht parallel laufen, sondern sehr häufig sogar entgegengesetzt, was tatsächlich beobachtet worden ist. Es ist selbstverständlich, daß die hierauf beruhenden Verzerrungen bei längeren Wellen mehr ins Gewicht fallen werden als bei kürzeren. Darüber, wie die Verhältnisse bei ganz kurzen Wellen liegen — zu erwarten wäre nach dem Vorhergehenden ein günstiges Bild — läßt sich zur Zeit aus Mangel an Beobachtungsmaterial noch nichts Sicheres aussagen.

Noch weit mehr als die drahtlose Telephonie, besonders wenn es sich um die Übertragung von Sprache handelt, bei der die Seitenbänder eine verhältnismäßig bescheidene Ausdehnung haben, wird die Bildübertragung auf drahtlosem Wege mit den Einwirkungen der Fadingerscheinungen zu rechnen haben, da die Ausdehnung der Seitenbänder hier eine viel größere ist und damit auch die Möglichkeit, daß Teile von ihnen vollkommen verschwinden und im Empfänger nicht zur Wirkung kommen können. Schon aus diesem Grunde empfiehlt es sich — und die Technik hat diesen Weg in richtiger Erkenntnis von vornherein beschritten — Bildübertragungen auf kurzen Wellen auszuführen.

G. Empfangsstörungen, die nicht atmosphärischen Ursprungs sind.

Wenn auch die im folgenden näher zu behandelnden Störungen nicht eigentlich atmosphärischen Ursprungs sind, so erscheint es doch zweckmäßig, an dieser Stelle auf sie einzugehen, da sie im Empfangstelephon oder im Lautsprecher ganz ähnliche Wirkungen hervorrufen wie die gewöhnlich als atmosphärische Störungen, Luftstörungen oder *Xs* bezeichneten.

Es ist sogar oft gar nicht ohne weiteres möglich, zu entscheiden, ob es sich um die eine oder die andere Art handelt.

Zu den nicht eigentlichen atmosphärischen Störungen gehören alle diejenigen, die ihre Entstehung nicht der wechselnden Beschaffenheit der Atmosphäre verdanken, sondern durch Motoren, Generatoren, Automobilzündungen, medizinische Apparate (Bestrahlungs- und Röntgenapparate) und dergleichen mehr erzeugt werden. Eine besondere Art sind die in den Verstärkerröhren selbst entstehenden Geräusche, die unter Umständen, namentlich dann, wenn hochstufige Kathodenverstärker verwendet werden und die erste Röhre stark mit Eigengeräuschen behaftet ist, sehr unangenehm werden können. Man kann oft schon eine wesentliche Beruhigung dadurch erzielen, daß man eine Vertauschung der Röhren vornimmt und die am wenigsten ruhige an das Ende des Verstärkers setzt. Zweckmäßig sollte man aber darüber hinausgehend derartige Röhren ausmerzen und sie durch geräuschfreie ersetzen.

Man kann nun oft nicht von vornherein sagen, ob beobachtete Geräusche im Telephon von atmosphärischen Störungen herrühren oder auf die Röhren zurückzuführen sind. Durch das folgende einfache Mittel gelingt es aber sofort, ihre wahre Ursache zu erkennen. Schaltet man sowohl die Antennen- als auch die Erdleitung vom Empfänger ab und verschwinden dann die Störgeräusche, so hat man es mit Störungen von außerhalb zu tun, die entweder atmosphärischer Natur sind oder aber auch durch Maschinen oder Apparate hervorgerufen sein können. Bleiben sie dagegen, wenn auch etwas weniger stark, bestehen, so ist die Ursache in den Röhren zu suchen und dort zunächst wie erwähnt zu beseitigen.

Allen diesen Störungen ist gemeinsam der Umstand, daß es nicht gelingt, sie durch Schaltungsmaßnahmen am Empfänger vollständig auszuschalten. Wohl kann man bei atmosphärischen Störungen durch geeignete Wahl des Empfangssystemes — Richtantennen — eine gewisse Verbesserung erzielen, niemals sie aber ganz vernichten.

Belastete Motoren oder Generatoren (Lademaschinen, Fahrstuhlmotoren, Antriebsmotoren für Drehbänke, Straßenbahnen), die in der Nähe des Empfangsortes laufen, stoßen den Empfänger auf jeder Welle an, auf die er gerade eingestellt ist. Die Ursache für dieses Anstoßen ist in den Funken am Kollektor der Maschine zu suchen, was dadurch nachgewiesen werden kann, daß die Störungsgeräusche stärker werden, wenn die Belastung vergrößert wird und damit auch das Funkenspiel. Unbelastete Maschinen dieser Art stören kann; wird umgekehrt die Belastung so groß, daß der Funken in einen Lichtbogen übergeht, so verschwinden die Störungen ebenfalls[1]).

Außerdem aber scheint es, als ob unabhängig hiervon in den Maschinen selbst an irgendeiner Stelle Schwingungen höherer Frequenz erzeugt würden, die für ein und dieselbe Maschine eine oder mehrere wohldefinierte Wellen liefern, die nun von den als Antennen wirkenden Zuleitungen ausgestrahlt werden und vom Empfänger längenmäßig nachgewiesen werden können. Ihre Länge hängt, soweit bisher aus den im Gange befindlichen Untersuchungen ersichtlich ist, von der Größe der Maschine ab und außerdem auch noch von dem verwendeten Maschinentyp. Wenn diese Art nur allein vorhanden wäre, so würde es auf verhältnismäßig sehr einfache Weise gelingen, sie im Empfänger unschädlich zu machen, was beispielsweise durch Sperrkreise geschehen könnte, die auf die störende Welle abgestimmt sind.

Die Beseitigung der durch das Funken der Kollektoren erzeugten Störgeräusche ist bisher trotz mancher Versuche noch nicht gelungen,

[1]) Siehe F. Eppen, ETZ. S. 193 1924; S. 97 1927.

und es erscheint zweifelhaft, ob in absehbarer Zeit ein Heilmittel gegen sie gefunden werden wird. Störungen von seiten der Straßenbahnen, die in einzelnen Städten den Rundfunkempfang fast völlig unmöglich machten, lassen sich durch technische Maßnahmen in den allermeisten Fällen, wenn auch nicht vollkommen beseitigen, so doch stark abschwächen[1]).

Kraftübertragungsleitungen können unter Umständen, wie gewisse Vorkommnisse zeigen, ebenfalls zu Störgeräuschen Anlaß geben, wenn Sprühentladungen an den Isolatoren vorhanden sind, was besonders bei feuchtem Wetter der Fall sein kann. Gefährlicher in dieser Hinsicht als Regen sind die dicken Nebel, die vielfach in Flußtälern beobachtet werden. Mittel zu ihrer Beseitigung können auch hier nur an der Störungsquelle mit Erfolg versucht werden.

In Industriebezirken sind die elektrischen Entstaubungsanlagen als starke Störungserzeuger anzusehen. Sie können aber am Ursprungsort durch geeignete Maßnahmen, die die Technik heutzutage beherrscht, sehr stark abgeschwächt werden.

In neuerer Zeit treten zu diesen schon bestehenden Störungsursachen noch weitere, von denen besonders die durch die sog. „medizinischen Heilapparate" (Bestrahlungsapparate), bei denen hochfrequente Spannungen erzeugt und benutzt werden, eine äußerst unangenehme Störung des Rundfunkempfanges verursachen. Ihre Beseitigung ist lange Gegenstand vieler Untersuchungen gewesen, die aber erst ganz kürzlich zu positiven Erfolgen geführt haben. Die angewendeten Mittel sind außerordentlich einfach — die Vorbedingung für ihre Einführung seitens der sie herstellenden Fabriken — und laufen im wesentlichen darauf hinaus, die Ausstrahlung des mit den Apparaten verbundenen Leitungssystems sehr stark herabzusetzen, was durch geeignete Drahtverbindungen zwischen Apparatur und Zuleitungen leicht und wirksam geschehen kann. Diese Schutzanordnungen beseitigen praktisch die von den Hochfrequenzapparaten ausgehenden Empfangsstörungen.

Mit dem Aufkommen der kurzen Wellen sind Störungen neu aufgetreten, die beim Empfang längerer Wellen nicht beobachtet worden waren. Es handelt sich um die Zündungen von Motoren, bei denen allem Anschein nach unmittelbar Wellen von kurzer Länge erzeugt und ausgestrahlt werden. Die Länge dieser Wellen scheint sich zwischen wenigen Metern und etwa 40 m zu bewegen. Das vorhandene Beobachtungsmaterial, aus dem beispielsweise hervorgeht, daß die Reichweite dieser so erzeugten Wellen mehrere hundert Meter betragen kann und höchstwahrscheinlich bei weiterer Steigerung der Empfindlichkeit der Kurzwellenempfänger noch weiter wachsen dürfte, reicht aber noch nicht aus, um mit Sicherheit die Frage zu entscheiden, ob es sich bei den

[1]) Eppen, a. a. O.

Zündvorgängen nur um diese definierten Wellen handelt oder aber außerdem noch ein Anstoßen der im Empfänger eingestellten Wellenlänge durch den Funken erfolgt, in ähnlicher Weise wie bei den bereits erwähnten Motoren.

Zweifellos aber ist die Beseitigung dieser Störungsquelle praktisch außerordentlich wichtig im Hinblick auf die wachsende Bedeutung der kurzen Wellen für den Nachrichtenverkehr und erheischt eine baldige befriedigende Lösung.

H. Eigentliche atmosphärische Störungen.

Die eigentlichen atmosphärischen Störungen, d. h. Störungen, die der wechselnden Beschaffenheit der Atmosphäre ihre Entstehung verdanken, lassen sich in zwei Gruppen unterbringen. Die erste umfaßt alle diejenigen, die nur bei anormalen Wetterlagen auftreten und gewöhnlich zu diesen meistens nicht lange andauernden Zeiten außerordentlich kräftig sind, die zweite dagegen alle die, die auch unter normalen Verhältnissen, wenn auch mit wechselnder Heftigkeit und Häufigkeit vorhanden sind.

Zu der ersten Klasse gehören im Empfänger ausgelöste Störungen, die hervorgerufen werden durch Sandstürme, die in unseren Breiten selten, in Afrika, besonders an den Rändern der Sahara (Tornados), und in Südamerika (Pamperos) aber häufig vorkommen.

Durch die Reibung werden die Staubteilchen sehr stark elektrisch und geben dann ihre Ladungen an die Antennen ab, von denen sie über den Empfänger zur Erde abfließen. Diese hohen Antennenspannungen geben Anlaß zu Überschlägen in den Abstimmkondensatoren nicht nur in der Antenne selbst, sondern auch in den mit ihr gekoppelten Kreisen. Sie waren besonders gefährlich zu einer Zeit, wo die Trennung zwischen Sende- und Empfangsantenne noch nicht durchgeführt war und die hochkapazitätigen Antennengebilde für beide Zwecke benutzt werden mußten und außerdem die sehr empfindlichen Kontaktdetektoren als Indikatoren allein zur Verfügung standen.

Als Mittel zu ihrer Abschwächung hat sich eine Anordnung praktisch sehr gut bewährt, bei der durch eine Drosselspule von ausreichenden Abmessungen eine Ableitung dieser hohen Spannungen zur Erde unter Umgehung der eigentlichen Abstimmittel des Empfängers erfolgt. Die Anschaltung dieser Schutzdrossel erfolgt am Eintrittspunkt der Antenne in die Empfangsapparatur.

Heutzutage wird man in den meisten Fällen um diesen Schutz herumkommen, weil die Empfangsantennen mit der Ausbildung der Verstärkeranordnungen sehr kleine Abmessungen angenommen haben. Dadurch tritt naturgemäß auch eine schwächere Wirkung der Ladungen ein, die noch weiter dadurch herabgesetzt werden kann, daß man die Antennen der direkten Berührung mit dem Staub entzieht, was durch Aufstellung in geschlossenen, nicht mit der freien Atmosphäre in Verbindung stehenden Räumen geschehen kann.

In gleicher Weise, wenn auch viel weniger stark, wirkt Schneetreiben und Graupeln, besonders dann, wenn es sich um trockenen, feinkörnigen Schnee handelt. Auch hier verschaffen die oben angegebenen Schutzmittel eine wesentliche Besserung. Da außerdem diese Zustände im allgemeinen nur von kurzer Dauer sind, wirken sie nur vorübergehend störend auf den Empfang ein.

Auch die bei den früher verwendeten großen und hohen Antennengebilden gefürchteten Aufladungen durch Gewitter sind heutzutage viel weniger gefährlich und störend.

Von Starkstromleitungen, die in der Nähe der Empfangsanlage vorübergeführt sind, gehen unter Umständen Störungen aus, besonders in dem Fall, wo Erdschlüsse auftreten. Es empfiehlt sich daher, unter allen Umständen mehrere hundert Meter von ihnen entfernt zu bleiben, oder aber, falls das nicht möglich ist, sie in der Umgebung des Empfängers zu verkabeln.

Die zweite Klasse der atmosphärischen Störungen bilden alle diejenigen, die ihre Entstehung nicht ausschließlich anormalen Verhältnissen der Atmosphäre verdanken, sondern immer vorhanden sind. Ihre Abschwächung gelingt nicht auf so einfache Weise und mit so geringen Mitteln wie die zuvor erwähnten.

Die Wege, die bisher zu ihrer Beseitigung eingeschlagen worden sind, sind im wesentlichen zweierlei Art. Der erste, jetzt mehr in den Hintergrund getretene läuft darauf hinaus, allein durch Schaltmaßnahmen in der eigentlichen Empfangsapparatur ihre Ausscheidung zu bewirken. Der zweite, neuerdings als wirksamstes Mittel allseitig angewendet, benutzt die Ausschaltung eines großen Teiles der Störungen durch scharf gerichtete Empfangssysteme, wobei zusätzlich auch die durch Schaltanordnungen erzielbaren Verbesserungen angewandt werden.

Neben diesen auf Beseitigung zielenden Versuchen sind im Laufe der letzten Jahre zahlreiche Untersuchungen über die Natur der atmosphärischen Störungen und ihre Abhängigkeit von meteorologischen und örtlichen Einflüssen angestellt worden, auf die zunächst näher eingegangen werden soll.

1. Abhängigkeit von Ort. Allgemein bekannt ist schon seit den ersten Anfängen der drahtlosen Telegraphie die starke Zunahme der atmosphärischen Störungen mit der Annäherung an die subtropische und tropische Zone, wo nicht nur ihre Zahl sehr stark anwächst, sondern auch ihre Stärke, besonders in der tropischen Zone, wo die Störungen eigentlich das ganze Jahr hindurch, auch während der Regenzeit, die Aufnahme stark beeinflussen. Neuere Untersuchungen an sehr vielen Punkten der Erdoberfläche haben dieses bekannte Resultat bestätigt, darüber hinaus aber festgestellt, daß sich auch innerhalb jener als schlecht bekannten Gebiete Zonen befinden, wo die atmosphärischen Störungen gering sind. Sie haben uns in den Stand gesetzt, zwar heute noch nicht für jeden Punkt der Erdoberfläche, aber doch für große Bereiche gewisse Angaben über das Vorhandensein und die Stärke der Störungen einigermaßen zutreffend machen zu können.

Beginnend mit Europa, bei dem unsere Kenntnisse am ausgedehntesten sind, finden wir, daß die Stärke der Störungen am geringsten ist in den nördlichen Teilen, und dort wieder an der norwegischen Küste. Dieses günstige Verhalten ist nicht nur auf Nordeuropa beschränkt, es findet sich überall wieder, so daß es wohl als feststehende Gesetzmäßigkeit betrachtet werden kann, daß an der Küste gelegene Orte im allgemeinen weniger unter atmosphärischen Störungen zu leiden haben als das hinter ihnen liegende Inland. England schneidet ebenfalls günstiger ab als das Festland, und zwar ist die Westküste dem Innern und auch der Ostküste überlegen. In Deutschland liegen die günstigsten Gebiete an der Küste von Schleswig-Holstein und den ostfriesischen Inseln, mit Ausnahme einer stärker gestörten Zone um Cuxhaven herum. Weniger günstig sind die Verhältnisse schon an der Ostseeküste. Mit zunehmender Entfernung von der Küste nehmen die atmosphärischen Störungen zu, und zwar werden sie besonders stark in Gegenden mit viel Wasser (märkische, mecklenburgische, pommersche und ostpreußische Seenplatten) und noch mehr an Gebirgen. Die Abhänge der Alpen, des Erz- und Riesengebirges werden daher als ungünstige Gegenden anzusehen sein. Dieses Verhalten der Gebirge scheint darauf zurückzuführen zu sein, daß die wärmeren Winde an ihnen aufsteigen, sich stark abkühlen und kondensiert werden, wobei diese Störungen bevorzugt erzeugt werden.

Für Mittel- und Westeuropa kommt besonders im Sommer Rußland als Störungsquelle stark in Frage, und zwar handelt es sich dort im wesentlichen um zwei Zentren. Das eine liegt im Tundragebiet um das Weiße Meer herum, während das andere in Südostrußland gesucht werden muß. Während das erstere im Winter verschwindet, hat man mit dem anderen das ganze Jahr hindurch zu rechnen, wobei natürlich die Sommermonate besonders unangenehm sind.

Als sehr stark gestörte Gebiete sind die Küsten des Adriatischen Meeres anzusehen und darüber hinaus auch das östliche Mittelmeerbecken. In seinem westlichen Teile ist es vor allem das Atlasgebirge in Algier und Marokko, das als Störungsherd in Betracht kommt.

In Afrika finden wir Gebiete starker Störungen am Kongo und seinen Nebenflüssen, ferner das ostafrikanische Seengebiet und in Kamerun. Die Zeiten stärkster Störungen fallen zusammen mit den

Übergängen von der Trockenheits- zur Regenperiode. Eine erhebliche Abschwächung der atmosphärischen Störungen tritt auf während der Zeit, wo der Hermaton weht, ein Wind, der aus der Sahara kommt und besonders in Westafrika beobachtet wird. An der afrikanischen Ostküste nehmen die Störungen von der Küste aus nach dem Innern stark zu, eine allgemeine Erscheinung, auf die bereits hingewiesen worden ist.

Über die Verhältnisse in Asien sind wir am wenigsten genau orientiert, besonders über die im Innern gelegenen Teile, Mandschurei und Sibirien. Auch hier verhält sich die Küste des Stillen Ozeans günstiger als das Hinterland, wo als besonders gefährliche Gegenden die Flußniederungen und die dort vorhandenen Sumpfgebiete anzusehen sind. Ganz eigenartig verhält sich Japan, wo in den nördlichen Teilen die Störungen gering sind, besonders im Winter, während in den mehr südlich gelegenen Bezirken die Verhältnisse im allgemeinen schlechter werden. Hier findet man Gebiete mit geringen Störungen in nicht allzu großer Entfernung von solchen, die stark gestört sind, was zweifellos mit dem Gebirgscharakter des Landes zusammenhängt. Es ist daher hier ziemlich schwierig, günstige Plätze für die Aufstellung von Empfangsanlagen zu finden. Am störungsfreiesten sind einige kleine Inseln im japanisch-chinesischen Meer. Die um den Indischen Ozean herumliegenden Gegenden mit Einschluß der Sundainseln sind ebenfalls als störungsreich anzusehen. Hier wechselt die Stärke und Häufigkeit der Störungen ebenfalls mit der Jahreszeit, und zwar beobachtet man eine Zu- oder Abnahme, je nachdem Ost- oder Westmonsunwinde vorherrschen.

Recht genaue Kenntnisse über die örtliche Verteilung der atmosphärischen Störungen besitzen wir in bezug auf Nordamerika. Während die Ostküste und besonders deren südlicher Teil (Florida) zeitweilig starken Störungen unterworfen sind, ist die pazifische Küste (Kalifornien) als ein störungsarmes Gebiet anzusehen, und dementsprechend sind hier die Empfangsverhältnisse besonders günstig. Zu den schlimmsten Gegenden der Erde gehört der mexikanische Golf und die umliegenden Bereiche (Mexiko und die ihm benachbarten mittelamerikanischen Staaten). Dieses äußerst kräftige Störungszentrum beeinflußt die Empfangsverhältnisse in den Vereinigten Staaten sehr stark, besonders in dem Falle, wo es sich um die Aufnahme von Stationen handelt, die in Südamerika liegen (Buenos Aires und Rio). Das günstige Verhalten der Westküste der Vereinigten Staaten findet sich auch in Südamerika wieder vor, wo besonders in Chile recht günstige Empfangsverhältnisse angetroffen werden.

Anfangend vom Kap Horn, der Südspitze des amerikanischen Kontinents, haben wir zunächst auch an der atlantischen Küste in Südargentinien wenig gestörte Gebiete. Nach Norden zu werden die Verhältnisse ungünstiger, besonders in der Umgebung des La Plata (Buenos Aires), wo höchstwahrscheinlich durch Kondensationsvorgänge über den weiten Wasserflächen dieses Flusses die Entstehung von Störungen stark begünstigt wird. Auch der Ostabhang der Anden gehört zu den stark gestörten Gebieten.

In Brasilien finden sich Störungsgebiete in der Umgebung von Rio und im Flußgebiet des Amazonenstromes. Auch die Ostküste hat unter kräftigen Störungen zu leiden, mit Ausnahme weniger ziemlich eng begrenzter Bezirke, zu denen das am Eingang der Bucht von Rio gelegene Kap Frio gehört und die Gegend um Pernambuco herum.

Was die Südseeinseln mit Einschluß des Hawai-Archipels (Honolulu) betrifft, so gehören diese Gegenden zu denjenigen, die im allgemeinen als günstig angesehen werden können.

Das Verhalten der verschiedenen Orte in bezug auf die Stärke der atmosphärischen Störungen zeigt eine auffallend große Ähnlichkeit mit der Verteilung der Gewittertätigkeit auf der Erde, und zwar gehen beide Erscheinungen Hand in Hand. So hat man beispielsweise in der Umgebung von Buenos Aires und auch von Rio eine recht beträchtliche jährliche Gewitterzahl, während Pernambuco und die chilenische Küste sehr gewitterarm sind. Auch an der deutschen Nordseeküste ist die Zahl der jährlichen Gewittertage geringer als im Inlande.

Die Bestimmung der Lage dieser Störungszentren läßt sich mittels Peilapparaturen feststellen, in ganz ähnlicher Weise wie bei der drahtlosen Ortsbestimmung. Es sind erforderlich zwei Richtempfangsanlagen, die entweder als einfache, mechanisch drehbare Rahmenantennen ausgeführt sind oder auch als Goniometer mit zwei sich rechtwinklig kreuzenden Rahmen oder Antennensystemen. Beide räumlich voneinander getrennt aufgestellte Anlagen beobachten gleichzeitig den Einfallswinkel der stärksten Störungen, und zwar möglichst auf der gleichen Welle. Der Schnittpunkt der so festgestellten Richtungen gibt dann die Lage des Störungszentrums an.

Allgemein findet man auf dem Meere geringere Störungen als über Landmassen.

Die Untersuchungen über die Verteilung der atmosphärischen Störungen auf der Erdoberfläche und ihren Zusammenhang mit der Gewitterhäufigkeit ermöglichen es mit einiger Sicherheit vorauszusagen, ob ein für die Errichtung einer Empfangsanlage in Aussicht genommener Ort günstige Empfangsverhältnisse aufweisen wird oder nicht.

2. Abhängigkeit von der Wellenlänge. Beobachtungen über die Abhängigkeit der Störungen von der Wellenlänge, die über sehr lange Zeiträume besonders von Austin ausgeführt worden sind, haben ergeben, daß im allgemeinen, d. h. bei normaler Wetterlage, mit größer werdender Wellenlänge sowohl die Stärke als auch die Zahl der atmosphärischen Störungen wächst. Die langen Wellen der drahtlosen Telegraphie (10—20 km) werden demnach besonders dem Einfluß der Störungen ausgesetzt sein, was von den Betriebserfahrungen bestätigt wird. Man hat deshalb bei den Stationen, deren Wellenlängen über 20 km lagen, eine Herabsetzung der Wellenlängen vorgenommen und damit besonders in dem Verkehr mit tropischen Gegenden gute Erfahrungen gemacht.

Wenn auch infolge größerer Absorption bei kürzeren Wellen die absolute Empfangsintensität geringer ist, so ist doch das für den Betriebsverkehr allein maßgebende Verhältnis von Lautstärke der Zeichen zur Störlautstärke hier beträchtlich günstiger als bei sehr langen Wellen. Beim transatlantischen Verkehr wird man allerdings mit der Verkleinerung der Wellenlänge nicht so weit gehen dürfen, daß die Tagesreichweite der Sendestation unter die zu überbrückende Entfernung sinkt, was bekanntlich dazu geführt hat, daß für diesen Verkehr die Wellenlängen von 10 bis etwa 20 km gewählt worden sind.

Nach dem Vorhergehenden wird man in dem Wellenbereich unter 10000 m bis etwa 3000 m, der dem Kontinentalverkehr zugewiesen worden ist, eine Abnahme der atmosphärischen Störungen erwarten können, die unter normalen Verhältnissen auch beobachtet wird. Indessen zeigt sich gelegentlich, daß bei diesem Bereich angehörenden Wellenlängen Störungen auftreten, die beträchtlich stärker sein können wie die zur selben Zeit auf längeren Wellen vorhandenen. Eine Erklärung für dieses von der allgemeinen Regel abweichende Verhalten läßt sich allem Anschein nach nur in dem verschiedenen Charakter der atmosphärischen Störungen suchen (zeitlicher Verlauf) und ihrem Einfluß auf die verschieden abgestimmten Empfangskreise. Zur Stützung dieser Ansicht läßt sich anführen, daß eine größere Störung der kürzeren Wellen hauptsächlich beobachtet wird bei Gewitterentladungen, die in der Umgebung der Empfangsstation vor sich gehen. So sind viele Fälle beobachtet worden, wo eine Telegrammaufnahme auf langen Wellen auch bei Gewittern befriedigend war, während gleichzeitig auf kürzeren Wellen die Zeichen von den atmosphärischen Störgeräuschen vollständig verdeckt wurden. Viel häufiger als in unseren Breiten kann man diese Erscheinung in subtropischen und tropischen Gegenden beobachten.

Die Wellenlängen des Rundfunkbereiches verhalten sich ganz ähnlich. Auch bei ihnen nimmt unter normalen Verhältnissen der Einfluß der Störungen mit kleiner werdender Welle ab, wobei aber auch unter den vorhin erwähnten Bedingungen das umgekehrte Verhalten eintreten kann.

Geht man zu kurzen Wellen über (< 100 m), so zeigt sich, daß die Intensität der atmosphärischen Störungen der Theorie entsprechend sehr stark abgenommen hat und zwar nicht nur diese, sondern auch ihre Anzahl: Die Störungen verlaufen hier kurzzeitiger, und man hat im Empfangstelephon den Eindruck, daß die bei längeren Wellen vielfach ununterbrochenen Störgeräusche bei den kurzen Wellen in einzelne Stöße aufgelöst sind, die voneinander durch Zeiten getrennt sind, in denen entweder nur schwache oder gar keine Störungen beobachtet werden. Bei Gewittern allerdings treten auch bei ihnen kräftigere Einwirkungen der Störungen zutage.

Beobachtungen des Empfanges bei ganz kurzen Wellen in der Gegend von 3—4 m haben eine weitere Abnahme der Luftstörungen ergeben im Einklang mit der erwähnten Gesetzmäßigkeit. Ausgenommen ist aber auch hier wiederum der Fall, wo starke atmosphärische Entladungen in der Nähe des Empfängers erfolgen, wo die beobachteten Störintensitäten die gleichen Werte annehmen können wie bei längeren Wellen, mit dem einzigen Unterschied allerdings, daß es sich um vereinzelte starke Stöße von geringer Zeitdauer handelt. Aus diesem Verhalten der kurzen elektrischen Wellen atmosphärischen Störungen gegenüber ergibt sich, daß sie, was von der Praxis bestätigt wird, für den Verkehr mit und in den Tropen besonders geeignet sind.

3. Abhängigkeit von der Zeit. Registriert man auf irgendwelche Weise die Zahl und die Intensität der atmosphärischen Störungen, so findet man, daß beide Größen einen zwar von Tag zu Tag etwas verschiedenen, im großen und ganzen aber doch ziemlich regelmäßigen Verlauf nehmen. Auf der ganzen Erde sind die Störungen am schwächsten unmittelbar nach Sonnenaufgang, sie bleiben dann sehr gering während der Morgenstunden bis etwa gegen 10 Uhr vormittags. Von da ab läßt sich eine Zunahme beobachten, die mit fortschreitender Zeit zuerst langsam, dann aber immer schneller erfolgt. Während der Nachmittagsstunden erreichen die Störungen ein Maximum sowohl an Zahl wie auch an Stärke, dessen Höhe im Sommer größer ist als in der kalten Jahreszeit, um dann beim Sonnenuntergang ziemlich plötzlich stark herunterzugehen. Sehr häufig, in tropischen Gegenden besonders ausgesprochen, beobachtet man unmittelbar nachdem die letzten Sonnenstrahlen verschwunden sind, für wenige Sekunden bis zu einigen Minuten ein völliges Verschwinden der atmosphärischen Störungen und vollkommene Ruhe im Empfangstelephon. Nach diesen Augenblicken der Ruhe setzen dann die Störungen wiederum plötzlich ein, nehmen zu mit fortschreitender Dunkelheit, um dann während der Nacht in ziemlich gleichbleibender Stärke bis zum Anbruch der Morgendämmerung bestehen zu bleiben.

Dieser einigermaßen regelmäßige Verlauf findet sich im großen und ganzen auf der ganzen Erde wieder. Abweichungen ergeben sich nur inbezug auf die Amplituden, die natürlich sowohl von der Jahreszeit, als auch von der Breite des Ortes abhängen werden und ferner dann, wenn die normalen Wetterlagen stark gestört werden. So läßt sich beispielsweise ein in den Nachmittagsstunden auftretendes Gewitter schon aus dem abweichenden Kurvenverlauf der Störungen in den frühen Morgenstunden voraussagen. Gewisse Änderungen der Verteilungskurve lassen sich auch in den verschiedenen Jahreszeiten beobachten und man kann aus ihnen einen Sommer- und Wintertyp ableiten, von denen der letztere dadurch ausgezeichnet ist, daß die Amplituden und auch die Zahl der Störungen an sich erheblich geringer sind als während der Sommermonate, was besonders deutlich in den Nachmittagsstunden zum Ausdruck kommt.

Während der angegebene Verlauf der Luftstörungskurve für einen sehr großen Wellenbereich im wesentlichen der gleiche ist, zeigt sich bei ganz kurzen Wellen eine bemerkenswerte Abweichung. Auch in den Sommermonaten sind hier die atmosphärischen Störungen während der ganzen Tagesstunden nicht wesentlich verschieden; es tritt ein ausgesprochenes Maximum in den Nachmittagsstunden bei normalen Wetterlagen nicht auf. Erst nach Sonnenuntergang treten hier die Störungen merkbar hervor, deren Verlauf während der Nachtstunden nicht wesentlich von dem bei längeren Wellen verschieden ist.

Wenn man die Häufigkeit der Störungen während des Tages und der Nacht vergleicht, so findet man, daß ihre Zahl zugleich mit der Stärke um die Mittagsstunden herum anwächst. Man beobachtet dementsprechend im Empfangstelephon ein ununterbrochenes Brodeln, bei dem sich nur hin und wieder vereinzelte starke Geräusche abheben.

Während der Nachtzeiten nehmen die Störungen an Häufigkeit ab und es treten im Telephon mehr zeitlich voneinander getrennte Einzelgeräusche auf, deren Intensität auch in klaren Winternächten gelegentlich sehr beträchtlich sein kann. Wir haben es also mit zwei ausgeprägten Störungsarten zu tun, von denen die einen vorzugsweise am Tage, die anderen während der Dunkelheit vorhanden sind. Die ersteren verschwinden mit eintretender Dämmerung, während die anderen erst mit Anbruch der Dunkelheit deutlich hervortreten.

In der englischen Literatur werden schon seit einer Reihe von Jahren die Störungen nach der Art der von ihnen im Telephon hervorgerufenen Geräusche unterschieden und in drei Klassen geteilt: grinders, clicks und hissing.

Die Grinders entsprechen dem Nachmittagstyp mit dem kontinuierlichen Brodeln; die Clicks sind vereinzelte starke Einschläge, die vorzugsweise während der Nacht vorhanden sind.

Die mit Hissing bezeichneten sind seltener als die beiden anderen Arten und kommen besonders ausgeprägt in südlicheren Gegenden vor. Im Telephon machen sie sich als pfeifende oder auch zischende Geräusche bemerkbar. Sie treten bei uns verhältnismäßig selten auf, beispielsweise in dem eingangs erwähnten Fall, wo die Antenne von Sandkörnern oder Graupeln getroffen wird.

Den Übergang von einem Störungstyp zum anderen kann man sehr deutlich bei Sonnenfinsternissen beobachten, wo bei eintretender Verfinsterung die Störungen abnehmen und den Nachtcharakter aufweisen, um dann beim Ende der Erscheinung wiederum in den normalen Tagesverlauf überzugehen.

Es ist gelegentlich behauptet worden, daß auch das Mondlicht einen Einfluß auf die Störungen ausübt. Aus dem bisherigen Beobachtungsmaterial, das teilweise für, teilweise auch gegen einen Einfluß spricht, läßt sich eine Klärung dieser Frage noch nicht herbeiführen.

Auch die Einwirkung von Nordlichtern ist noch nicht sichergestellt. Während einige Beobachter eine Zunahme der Störungen beobachtet haben wollen, glauben andere irgendwelche Einflüsse verneinen zu müssen.

4. Einfluß der Richtung. Während man über die Abhängigkeit der atmosphärischen Störungen von der Wellenlänge bereits seit längerer Zeit durch sehr ausführliche Beobachtungen von Austin einigermaßen im klaren war, und auch unsere Kenntnis über ihre örtliche Verteilung von Jahr zu Jahr vollständiger und umfassender geworden ist, hat man erst in neuester Zeit ihrer Richtung und ihren Richtungsänderungen Aufmerksamkeit zugewandt.

Wenn es, wie im Vorhergehenden näher ausgeführt worden ist, Orte auf der Erde gibt, die besonders störungsreich sind, so ist ohne weiteres klar, daß für einen beliebig gelegenen Empfänger die atmosphärischen Störungen nicht aus allen Richtungen gleich stark in die Erscheinung treten werden. Man wird vielmehr finden, daß bei der Drehung eines gerichteten Empfängers zwar nicht immer, aber doch sehr häufig, mehr oder minder stark ausgesprochene Haupteinfallsrichtungen der Störungen festgestellt werden können, deren Lage indessen nicht, wie vielleicht vermutet werden könnte, dauernd die gleiche bleibt, sondern einem anscheinend ziemlich regelmäßigen Wechsel unterworfen ist. Derartige Änderungen der Richtung treten ein beim Wechsel der Jahreszeiten einerseits, d. h. also über größere Zeiträume und ferner im Verlauf des Tages. Sie lassen sich während der warmen Jahreszeit besser beobachten als im Winter, wo ihre Intensitäten so gering sind, daß sie sich häufig der Beobachtung entziehen.

Was die Änderung der Richtung mit der Jahreszeit betrifft, so zeigen langjährige Beobachtungen, daß für Mittel- und Nordwestdeutschland beispielsweise — die Messungen wurden in Geltow bei Berlin, und während einer längeren Versuchsperiode gleichzeitig an der Nordseeküste bei List auf der Insel Sylt ausgeführt — während der Sommermonate und der vorangehenden und folgenden Übergangszeiten die Mehrzahl der atmosphärischen Störungen aus einem Winkelraum kommt, der sich von Osten bis Süden erstreckt, wobei im allgemeinen ihre Stärke nach Süden zu abnimmt. Eine Störung dieser Haupteinfallsrichtung findet nur statt, wenn infolge anormaler Wetterlagen Gewitter in anderen Richtungen niedergehen.

Abgesehen davon aber kann man feststellen, daß nur außerordentlich selten auch aus anderen als den angegebenen Winkelräumen starke Störungen im Empfänger beobachtet wurden. Wenn sie aber auftreten — es handelt sich bei uns dann meistens um westliche und nordwestliche Richtungen — so deuten sie darauf hin, daß eine Änderung der bis dahin stabilen Wetterlage in kürzester Frist eintreten dürfte (Annäherung von Tiefdruckgebieten vom Atlantik aus).

Das Verhältnis der Störungsintensitäten in den beiden Rahmenstellungen (Minimal- und Maximalstellung) ist allerdings nicht dauernd unveränderlich. Es ändert sich nicht nur mit der Jahreszeit, sondern auch von Tag zu Tag, ja sogar während eines einzigen Tages unter Umständen sehr stark. Werte von 1 : 20 wechseln ab mit 1 : 1,5 bis 1 : 3, und zwar vielfach in sehr schneller Aufeinanderfolge.

Die räumliche Verteilung der Störungen ändert sich mit der Jahreszeit, und zwar finden wir an den vorher erwähnten Orten während der Wintermonate eine sehr starke Abnahme der Störungen aus der Ostrichtung, die vielfach sogar vollständig verschwinden. Dafür treten im Winter die Störungen aus südlicher und südwestlicher Richtung stärker hervor, so daß man also eine Verschiebung des Winkelraumes von Osten über Süden hinaus nach Südwesten feststellen kann. Die Amplituden der Winterstörungen sind aber beträchtlich geringer als die während der Sommermonate mit hauptsächlich östlicher Orientierung beobachteten.

Die Tatsache, daß man bei uns während der für den Empfang besonders ungünstigen Jahreszeit (Sommer) in erster Linie mit atmosphärischen Störungen von Osten her zu rechnen hat, während die zu empfangenden Stationen der besonders wichtigen Verkehrslinien (Nord- und Südamerika) westlich oder südwestlich, also diametral zu den Hauptstörungsrichtungen gelegen sind, bietet die praktisch weitgehend ausgenutzte Möglichkeit, Empfangssysteme zu verwenden, die südwärts gerichtet, d. h. nach Osten elektrisch abgeblendet sind, auf die weiter unten noch näher eingegangen werden soll. Wesentlich ungünstiger liegen die Verhältnisse, wenn es sich darum handelt, von Stationen in Ostasien (China oder Japan) und den Sundainseln (Java) zu empfangen, bei denen beide Richtungen nahezu zusammenfallen und dementsprechend gerichtete Empfangssysteme nicht so wirkungsvoll sein können, wie beim Empfang vom Westen her.

Ganz ähnlich schwierige, vielleicht noch schwierigere, Verhältnisse liegen in Nordamerika vor beim Empfang von südamerikanischen Stationen (Buenos Aires und Rio), weil dort in der Wellenrichtung das sehr starke Störungszentrum des mexikanischen Golfes liegt. Für den Verkehr mit Mittel- und Nordeuropa kommen diese Störungen weniger in Betracht, da sie nahezu senkrecht zur Wellenrichtung liegen und durch Richtantennen in beträchtlichem Maße ausgeschieden werden können.

Interessanter als diese Richtungsänderungen mit der Jahreszeit sind die täglichen, bei normalen Wetterlagen ziemlich regelmäßig erfolgenden. Sie lassen sich in südlicheren Breiten besser beobachten als bei uns, da ihre Amplituden dort größer sind und normale Wetterlagen (Wolkenlosigkeit, gleichbleibende Temperaturen usw.) länger andauern. Ihr Verlauf ist im allgemeinen so, daß bei Tagesanbruch mit der Abnahme der Störungsintensität eine ausgesprochene Haupteinfallsrichtung auftritt, die während der Vormittagsstunden ihren Ort im allgemeinen nicht ändert. Bei der Annäherung an den Mittag wird die bei der Rahmendrehung beobachtete Erscheinung der nicht gleichmäßigen Störverteilung immer undeutlicher, bis schließlich vor Erreichung des höchsten Sonnenstandes die Störungen von allen Seiten nahezu gleichmäßig stark werden, d. h. also bevorzugte Richtungen nicht mehr vorhanden sind. Diese Erscheinung pflegt einige Stunden anzuhalten, worauf dann bei abnehmender Sonnenhöhe wiederum deutliche Richtungsunterschiede auftreten. Die Haupteinfallsrichtung liegt jetzt aber abweichend zu der während der Vormittagsstunden und zwar zeigt sich, daß die Differenz nahezu 90° beträgt.

Bei eintretender Dunkelheit und während der Nachtstunden beobachtet man gewöhnlich keine bevorzugte Einfallrichtung der atmosphärischen Störungen.

Es scheint somit, daß nur der Störungstyp, der sich im Empfangstelephon durch kontinuierliches Brodeln bemerkbar macht, die soeben erwähnte regelmäßige Richtungsänderung mitmacht, während die Nachtstörungen in Form von vereinzelten starken Einschlägen richtungslos zu sein scheinen. Ähnliche gesetzmäßige Änderungen der Richtung, wie die hier mitgeteilten, in Südamerika festgestellten, sind auch in England und anderen Ländern beobachtet worden, sie sind also nicht als eine besondere Eigentümlichkeit einer bestimmten Zone der Erde anzusehen.

Daß auch neben den gerichteten Störungen, herrührend von gewissen Störungszentren, zu allen Zeiten, vornehmlich aber während der Dunkelheit, noch andere vorhanden sind, die gleichmäßiger über den ganzen Winkelraum verteilt sind, ist bewiesen worden durch eine Reihe von gleichzeitigen Störungsregistrierungen, die von Bäumler vom Telegraphentechnischen Reichsamt nicht nur an räumlich nahen, sondern sehr weit voneinander entfernten Orten vorgenommen worden sind.

In neuerer Zeit ist die Untersuchung der atmosphärischen Störungen noch nach einer anderen Richtung in Angriff genommen worden von Appleton und Morton in England. Sie haben sich die Aufgabe gestellt, den Verlauf der einzelnen Störungen aufzuzeichnen mittels der Braunschen Röhre, in Verbindung mit einer Empfangsanordnung, bei der Eigenschwingungen nach Möglichkeit unterdrückt worden waren. Die Kenntnis dieses Verlaufes ist wichtig, weil dadurch die Möglichkeit geschaffen wird, die Einwirkung der Störung auf einen oder mehrere abgestimmte Kreise rechnerisch zu verfolgen und auf diesem Wege vielleicht neue Mittel zur Abschwächung der Störungen gefunden werden können. Auch könnte man dann aller Wahrscheinlichkeit nach Erklärungen dafür finden, daß, wie bereits erwähnt, gelegentlich abweichend von dem normalen Verhalten, mittlere Wellenlängen stärker gestört werden als längere. Die vorliegenden Untersuchungen können nur als ein erster Anfang angesehen werden. Es dürfte sich empfehlen, mit empfindlicheren Indikatoren über längere Zeiträume und an den verschiedensten Orten derartige Aufzeichnungen vorzunehmen, die einwandfrei aufgenommen, wertvolle Einblicke in den Verlauf der einzelnen Störung und das verschiedentliche Verhalten der Störungen unter sich gewähren könnten.

5. Mittel zur Störbeseitigung. Die älteren Methoden der Störbeseitigung versuchen fast ausnahmslos, das Problem durch Schaltmaßnahmen im Empfänger zu lösen, sei es, daß besonders gebaute Abstimmkreise oder aber besondere Detektoren verwendet werden. Sie haben insgesamt eine wesentliche Verbesserung des Empfanges nicht erzielen können. Es muß allerdings zugegeben werden, daß unter den damaligen Verhältnissen beim Nichtvorhandensein von Verstärkungsmöglichkeiten die Empfangsantennen große Höhen und Längsabmessungen haben mußten, um dem Detektor — Kristalldetektor oder Flemingsches Ventilrohr — eine ausreichende Hochfrequenzenergie zuzuführen. Derartige Antennengebilde übertragen dann aber auch beträchtliche Störungsenergieen, die in sehr vielen Fällen zu einem Niederbrechen des Detektors geführt haben. Eine Besserung trat ein, als an Stelle des Kristalldetektors der Flemingsche Gasdetektor eingeführt wurde, der aber keine sehr große Verbreitung gefunden hat, was wohl darauf zurückgeführt werden muß, daß er eine Heizbatterie benötigt, also mit nicht so einfachen Mitteln auskommt, wie der normale Detektor, und andererseits sehr bald durch die Dreielektroden-Hochvakuumröhre mit wesentlich höheren Leistungen abgelöst wurde. Für Meßzwecke indessen eignet sich ein Zweielektrodenrohr, gleichgültig, ob es von vornherein dementsprechend gebaut ist oder aber aus einem Dreielektrodenrohr durch Kurzschließen von Gitter und Anode hergestellt worden ist, auch heute noch ganz ausgezeichnet, da es sowohl konstanter als ein Kristalldetektor ist, als auch ohne Gefahr überlastet werden kann.

Von den älteren Methoden, die seinerzeit praktisch angewendet worden sind, soll nur die als Detektorgegenschaltung bekannt gewordene angeführt werden. Sie beruht darauf, daß als Indikator nicht ein, sondern zwei Detektoren in Gegenschaltung benutzt werden, D_1 und D_2. Sie sind so ausgewählt — praktisch eine mühsame Arbeit — daß der eine, D_1, eine möglichst große Empfindlichkeit besitzt, während der andere, D_2, unempfindlicher ist. Bei normalem Betrieb wirkt deshalb nur der empfindlichere und das Telephon erhält dementsprechend nur Stromstöße in einer Richtung. Bei sehr starken Signalen oder auch kräftigen atmosphärischen Störungen reagieren beide, und als resultierende Wirkung kommt dann nur eine Differenzwirkung zum Ausdruck, d. h. es tritt in diesem Falle eine Abschwächung ein. Einfacher als bei Kristalldetektoren und besser regulierbar, erweisen sich Gasdetektoren (Flemingrohre), bei denen auf elektrischem Wege durch Änderung der Spannung die verschiedene Empfindlichkeit der beiden Indikatoren hergestellt werden kann.

Die praktischen Erfahrungen, die mit der Anordnung gewonnen worden sind, haben nicht den Erwartungen entsprochen. Eine Reduktion der Störungsintensität tritt zwar ein, wobei aber gleichzeitig und unvermeidlich eine Verstümmelung der empfangenen Zeichen mit in Kauf genommen werden muß, die den Wert der Methode praktisch in Frage stellt. Außerdem hat sich gezeigt, daß je nach dem Charakter der atmosphärischen Störungen, der, wie eingangs ausgeführt worden ist, häufigem Wechsel unterworfen ist, die Einstellung der beiden Detektoren verschieden gewählt werden muß, was immerhin eine nicht unbeträchtliche Zeit erfordert, die eine unzulässige Störung des Betriebes bedeuten würde. Da die angeführten Mängel sich nicht haben beseitigen lassen, so besitzt die an und für sich recht geistreiche Methode heute nur noch historisches Interesse.

Schon frühzeitig hatte man aber eine andere Methode als günstig erkannt, die darin besteht, daß der Detektor nicht unmittelbar in die Antenne eingeschaltet wird, sondern in einen besonderen, mit ihr gekoppelten Kreis gelegt wird und zwar am besten in einen abgestimmten (Sekundärkreis), da hiermit die Kopplung besonders lose gemacht werden kann. Zwecks Steigerung der Wirkung lassen sich auch weitere abgestimmte Kreise zwischen Detektor und Antenne schalten, deren Zahl zwar an und für sich beliebig gesteigert werden kann (hochfrequente Siebkette), ohne daß allerdings über die Anzahl von drei hinaus eine dem Aufwand entsprechende Steigerung der Wirkung praktisch erreicht wird. Es ist außerdem in Betracht zu ziehen, daß die Vermehrung der Kreise eine andere Schwierigkeit im Gefolge hat, die darin besteht, daß die Abstimmung der Apparatur auf die Sendewelle zeitraubender und mühsamer wird, was besonders unangenehm wird, wenn nicht über längere Zeitabschnitte mit ein und derselben Welle gearbeitet wird, sondern ein häufiger Wellenwechsel notwendig wird.

Unabhängig aber davon, ob mit einem oder mehreren Sekundärkreisen gearbeitet wird, empfiehlt es sich, zwecks Abschwächung der atmosphärischen Störungen die Kopplungen loser zu wählen, als die für maximale Empfangslautstärke erforderliche. Die dabei eintretende, relativ geringe Abnahme der absoluten Intensität kann in allen Fällen ohne weiteres in Kauf genommen werden, da mit ihr gleichzeitig eine erhebliche Verbesserung des Verhältnisses $\frac{\text{Lautstärke}}{\text{Störungsintensität}}$ eintritt. Der Grund hierfür liegt darin, daß die Zeichen ungedämpft sind, während die Störungen den Charakter gedämpfter Schwingungen besitzen, bei denen die „optimale" Kopplung fester ist als bei nicht gedämpften. Aus diesem unterschiedlichen Verhalten beider Schwingungsarten folgt, daß die Anwendung loser Kopplungen erst bei der Einführung ungedämpfter Wellen mit Erfolg angewendet werden konnte. Solange gedämpft gearbeitet wurde, war der Unterschied zwischen Zeichen und Störungen in bezug auf die Dämpfung und damit die Kopplung zu gering. Außer hochfrequenten Siebkreisen lassen sich auch hinter dem gleichrichtenden Organ (Detektor oder Audion) im Bereich der niederfrequenten Schwingungen ähnliche Ketten anwenden, deren Wirkung sich zu den im Hochfrequenzbereich liegenden addiert und für deren Bemessung ganz ähnliche Erwägungen gelten wie die zuvor erwähnten. Ihre Anwendung ist im wesentlichen auf den Empfang von Telegraphie beschränkt. Schwierigkeiten treten hier auf, wenn es sich um Schnelltelegraphie handelt, was dazu führt, daß mit wachsender Telegraphiergeschwindigkeit eine Verminderung der Zahl der Kettenglieder eintreten muß, damit nicht ein Nachhallen der Zeichen eintritt, das unter Umständen zum vollständigen Verschwinden der notwendigen Pausen zwischen den einzelnen Morsezeichen führen und damit die Aufnahme unmöglich machen kann.

Handelt es sich aber um den Telephonieempfang, wozu man auch die Bildaufnahme rechnen kann, so ergibt sich aus dem Vorstehenden ohne weiteres, daß niederfrequente Siebketten in diesem Fall wegen ihrer verzerrenden Einwirkung auf die Übertragung nicht angewendet werden sollten. Hier bleibt also die Anwendung von Siebketten nur auf den Hochfrequenzteil der Empfangsanordnung beschränkt.

Gelegentlich wird zur Störbefreiung ein außerordentlich einfaches Verfahren empfohlen, das in Wirklichkeit aber eine Verbesserung der Empfangsgüte nicht zur Folge hat und dessen Wirkung eine nur scheinbare ist. Es besteht darin, daß man parallel zum Empfangstelephon einen Ohmschen Widerstand schaltet, dessen Betrag veränderbar ist. Diese Anordnung entspricht der bekannten „Parallelohmmethode", die dazu dient, die Stärke der Signale zu messen, was dadurch geschieht, daß der parallel zum Empfangstelephon liegende veränderliche Widerstand so gewählt wird, daß gerade ein Verschwinden der Zeichen stattfindet. Bei atmosphärischen Störungen tritt gleichzeitig und in entsprechendem Betrage eine Schwächung der Telephongeräusche ein, nicht aber, wie zuweilen behauptet wird, eine beträchtlich größere. Es wird deshalb ein Herabdrücken der Absolutwerte eintreten, nicht aber eine Verbesserung der Güte. Die Methode dient einzig und allein dazu, das Ohr gegen zu starke Geräusche zu schützen, die es unter Umständen für gewisse Zeiträume taub machen können. Sie wird aber versagen, wenn die Zeichenlautstärke so schwach ist, daß eine weitere Abschwächung durch den Parallelwiderstand nicht in Kauf genommen werden kann.

Von H. de Belleseize ist zur atmosphärischen Störbefreiung eine Anordnung vorgeschlagen worden, die aus einer Anzahl gleichgestimmter Kreise besteht, zwischen denen Verstärkerröhren geschaltet sind. Der letzte dieser Kreise ist mit dem am Anfang der Kette liegenden rückgekoppelt, und zwar ist der Induktionssinn so gewählt, daß für die allen Kreisen gemeinsame Eigenwelle die Rückkopplung eine hindernde ist. Bei anderen Frequenzen, die in der Nähe jener Eigenfrequenz liegen, entsteht in jedem Kreise eine Phasendifferenz gegenüber dem vorhergehenden, die im letzten 180° und mehr betragen kann. Infolgedessen wird hier für die betreffende Frequenz der Rückkopplungssinn richtig und damit die Rückkopplung eine fördernde sein. Wenn man mit dieser Anordnung empfangen will, so muß die Senderfrequenz entweder oberhalb oder unterhalb der Eigenfrequenz liegen. Es tritt hierbei eine gewisse Schwächung der Empfangsintensität ein, die aber praktisch wohl als belanglos anzusehen sein dürfte. Die Luftstörungen stoßen die Eigenschwingungen der Apparatur an und kommen wegen der hindernden Wirkung der Rückkopplung für diese Frequenz nicht so stark zur Geltung.

Inwieweit die Apparatur im Betrieb eine Abschwächung der Störungen ergeben hat, ist leider nicht bekanntgegeben worden.

Alle die angeführten Mittel, die auf Schaltungsmaßnahmen in der eigentlichen Empfangsapparatur beruhen, und die noch durch eine Reihe anderer, ebensowenig erfolgreicher, ergänzt werden könnten, haben bis auf die lose Kopplung, in Verbindung mit hochfrequenten Siebketten, wesentliche, praktisch ins Gewicht fallende Verbesserungen in bezug auf die Ausscheidung oder Abschwächung der atmosphärischen Störungen nicht gebracht.

Man ist deshalb — die ersten Anfänge reichen bereits eine Reihe von Jahren zurück, dazu übergegangen, andere Wege zu beschreiten, die eine Verbesserung durch passende Formgebung der Empfangsantennen oder Anwendung besonderer Mittel zu ihrem Schutz gegen Störungen zu erreichen suchen.

Es ist beispielsweise schon zu wiederholten Malen versucht worden, durch im Erdboden verlegte, blanke oder isolierte Antennendrähte, eine Abschwächung der Störungen herbeizuführen. Leider sind alle diese Versuche erfolglos geblieben, soweit es sich um die „eigentlichen“ atmosphärischen Störungen handelt. Eine gewisse Wirkung tritt bei diesen Anordnungen, wie eingangs erwähnt, nur in den Fällen ein, wo die Störungsursache in Aufladungen der Antenne durch Staub, Hagel, Schnee usw. zu suchen ist.

Von Dieckmann ist seinerzeit ein Antennenschutz angegeben worden, der darin besteht, daß die ganze Empfangsantenne in einen Drahtkäfig eingeschlossen wird, der an verschiedenen Punkten über passend gewählte Widerstände geerdet ist. Er ist wirksam nur in den vorhin angegebenen Fällen, die aber praktisch nur als Ausnahmefälle anzusehen sind.

Einen anderen Weg hat Weagant in Amerika eingeschlagen, der eine gewisse Ähnlichkeit mit den neuzeitlichen Empfangsanordnungen hat. Seine Empfangsantenne besteht aus drei Einzelantennen, die in gewissen Abständen voneinander in Richtung auf die aufzunehmende Station aufgestellt werden müssen. Alle drei arbeiten auf das eigentliche Empfangssystem gleichzeitig. Der Abstand der beiden äußersten ist im Verhältnis zur Wellenlänge so gewählt, daß bei richtiger Anschaltung (Kopplung) zum gemeinsamen Empfangskreis die Empfangswirkungen beider verschwinden, während die Störungen bestehen bleiben. Nimmt man dann die zwischen beiden liegende Mittelantenne hinzu und wählt man ihren Kopplungssinn zum Sammelkreis richtig, so werden die Störungen — für sie ist ihr Kopplungssinn in diesem Falle entgegengesetzt zu den beiden Außenantennen — verschwinden und nur die Zeichen übrigbleiben, die von der mittleren Antenne herrühren. Beim Empfang der bisher für den transatlantischen Verkehr benutzten Wellenlängen von mehr als 10 km müssen die Antennen Abstände von mehreren Kilometern haben; dazu kommt, daß ihre Einstimmung auf die Senderwelle nicht nur in bezug auf Intensität, sondern auch, was von noch größerer Bedeutung ist, in bezug auf ihre Phase außerordentlich exakt ausgeführt werden muß. Die beschriebene Anordnung ist verschiedentlich versucht worden, ohne daß eine merkliche Abschwächung der atmosphärischen Störungen beobachtet werden konnte. Ihr Versagen beruht darauf, daß die atmosphärischen Störungen nicht, wie es bei der Methode die Voraussetzung ist, zum größten Teil von oben einfallen, sondern in ganz ähnlicher Weise wie die Wellen selbst. Sie hat aus diesem Grunde eine Anwendung in der drahtlosen Empfangstechnik nicht gefunden.

Erfolgreicher als diese Anordnungen haben sich die folgenden erwiesen, die insgesamt darauf hinauslaufen, möglichst scharfe Richtwirkungen des Empfangssystems durch Anwendung dafür geeigneter Antennen zu erzielen.

Als einfachste Form ist die Rahmenantenne anzusehen, die besonders gut anspricht auf Wellen, deren Einfallsrichtung in ihre Ebene hineinfällt, während Wellen aus einer 90° davon verschiedenen Richtung, d. h. senkrecht zu ihrer Ebene einfallend — keinerlei Empfangswirkung auslösen, vorausgesetzt, daß der Rahmen in richtiger Weise mit den Verstärkern oder mit dem Audion verbunden ist. Die notwendige Bedingung hierfür ist eine möglichst weitgehende Symmetrie der Schaltung.

Das Verhältnis der im Empfänger von den aus verschiedenen Richtungen einfallenden Wellen induzierten Spannungen bzw. Strömen läßt sich bestimmen mit Hilfe der Gleichung der sogenannten „Richtcharakteristik", die für den Rahmen in Polarkoordinaten (ν und α) die Form hat

$$\nu = a \cos \alpha .$$

Hierin bedeutet ν ein Maß für die induzierte Spannung und α den Winkel, den die einfallende Welle mit der Rahmenebene bildet. Aus der Gleichung ergeben sich für $\alpha = 0$ und $\alpha = 90°$ die Stellungen des maximalen bzw. Nullempfangs und die entsprechenden Zwischenwerte für beliebige, innerhalb dieser Grenzen liegende Einfallswinkel α.

Die Form der Wicklung ist belanglos; die Zahl der Windungen bestimmt, in Verbindung mit dem die Abstimmung bewerkstelligenden Kondensator, den Wellenbereich, der mit dem Rahmen aufgenommen werden kann.

Die Tatsache, daß diejenigen Wellen, die senkrecht, oder nahezu senkrecht zur Rahmenebene einfallen, entweder gar nicht, oder nur in geringem Ausmaß im Empfänger zur Wirkung kommen, läßt sofort erkennen, daß der Rahmenempfänger eine erhöhte Selektivität gegenüber der allseitig gleich empfindlichen ungerichteten Antenne besitzt. Das gleiche gilt auch für die atmosphärischen Störungen.

Die teilweise „Abblendung" des Empfängers wird also einen Teil der Störungen, und zwar diejenigen, die aus Richtungen kommen, die in dem „toten" Winkelbereich liegen, unwirksam machen. Die dadurch bewirkte Verbesserung wird besonders deutlich zur Wirkung kommen, wenn, wie es praktisch häufig der Fall ist, ausgesprochene Störungszentren vorhanden sind, deren Richtung in bezug auf den Rahmen nahezu senkrecht auf der durch seine Ebene gegebenen Hauptempfangsrichtung steht. Zuweilen läßt sich die Störungsrichtung in das Empfangsminimum des Rahmens dadurch bringen, daß man die Rahmenantenne etwas aus ihrer optimalen Empfangsstellung herausdreht. Es tritt dabei zwar eine geringe Schwächung der Empfangsintensität ein, die aber bei nicht zu großen Beträgen, d. h. zu weitem Herausdrehen, ohne weiteres in Kauf genommen werden kann, da die

Abnahme der Störungen erheblich stärker sein und damit das Verhältnis $\frac{\text{Lautstärke}}{\text{Störungen}}$ ein wesentlich günstigeres werden wird.

Die Verbesserung der Empfangsgüte durch die Rahmenantenne wird also nicht einen konstanten Betrag ergeben, sondern, wie aus dem Vorhergehenden folgt, veränderlich und davon abhängig sein, ob die stärksten Störungen im toten Winkel oder in benachbarten Winkelräumen liegen.

Entsprechend, wie der behandelte, mechanisch drehbare Rahmen, verhält sich das Rahmengoniometer. Es unterscheidet sich von der gewöhnlichen Rahmenantenne dadurch, daß die Flächenabmessungen erheblich größer sind, was zur Folge hat, daß eine mechanische Drehvorrichtung nicht mehr in Frage kommen kann. An ihre Stelle tritt eine elektrische Drehung und Einstellung der Hauptempfangsrichtung auf die aufzunehmende Sendestation, die auf verhältnismäßig einfache Weise dadurch erreicht wird, daß an Stelle einer Rahmenantenne zwei vorhanden sind, deren Ebenen rechtwinklig zueinander stehen. Die Einstellung auf eine bestimmte Empfangsrichtung selbst erfolgt mittels einer Spule, die sich im resultierenden Feld von zwei ebenfalls rechtwinklig zueinander gelagerten Feldspulen befindet, die mit den beiden Antennen entsprechend verbunden sind.

Will man eine noch weitergehende Ausschaltung der atmosphärischen Störungen erreichen, so muß man zu anderen Antennengebilden übergehen, die aber im Gegensatz zum Rahmen (wenn man absieht von der in Amerika für den Großempfang viel benutzten Langantenne, auch Beverage-Antenne genannt) aus einer Kombination von zwei oder mehreren Einzelantennen bestehen.

Kombiniert man, d. h. läßt man unter Beachtung gewisser Vorsichtsmaßregeln eine offene ungerichtete Antenne, beispielsweise den geraden Draht zusammenarbeiten mit einer normalen irgendwie drehbaren Rahmenantenne (einfacher Rahmen oder Ganiometer), so erhält man eine Charakteristik, die nicht, wie beim Rahmen, aus zwei sich berührenden Kreisen besteht, sondern aus einer Figur, die als Herzkurve, oder auch als Kardioide bezeichnet wird. Ihre Gleichung lautet, unter Beibehaltung der beim Rahmen gewählten Bezeichnungen,

$$\nu = a(1 + \cos\alpha),$$

woraus sich ergibt, daß für den Einfallwinkel $\alpha = 0$, d. h. die Rahmenebene maximale Empfangswirkung eintritt, und zwar wird sie gleich sein der Summe von Rahmen und Antenne. Für Einfallswinkel $\alpha = 180°$, d. h. für Wellen, die von rückwärts einfallen, wird das Empfangssystem abgeblendet sein. Senkrecht zur Rahmenebene einfallende Wellen werden, im Gegensatz zur normalen Rahmenantenne, mit einem Betrage zur Wirkung kommen, der jedem der beiden, gleichzeitig arbeitenden, Systeme entspricht. Dieses System ist ein einseitiges und kann dazu dienen, die Richtung der einfallenden Wellen eindeutig zu bestimmen, was für drahtlose Ortsbestimmungen von Bedeutung ist.

Die soeben näher beschriebene einseitige Empfangsanordnung ist von besonderer Bedeutung dann, wenn die Haupteinfallsrichtung der Störungen um 180° versetzt ist gegen die Richtung der zu empfangenden Station. Sie ist deshalb insbesondere für den transatlantischen Empfang bei uns vorteilhaft zu verwenden, da, wie bereits zuvor erwähnt, während der Sommermonate die stärksten atmosphärischen Störungen von Osten kommen und damit um 180° versetzt gegen die Empfangsrichtung von Westen.

Die Herstellung dieser herzförmigen Empfangscharakteristik ist an zwei Bedingungen gebunden, und zwar handelt es sich einmal darum, daß die Induktionswirkungen von beiden Antennen, der ungerichteten und dem Rahmen, auf den gemeinsamen Sammelkreis gleich groß sind, was praktisch in sehr einfacher Weise dadurch geschehen kann, daß die Kopplung richtig gewählt wird. Die zweite Bedingung erfordert, daß auch die diesbezüglichen Phasen die richtigen Werte haben; auch hier ist die notwendige genaue Einstellung leicht dadurch erzielbar, daß die Abstimmung in einer der beiden Antennen um kleine Beträge geändert wird, Beträge, die so gering sind, daß eine Änderung der Empfangslautstärke entweder garnicht oder in vernachlässigbarem Maße eintritt.

Wenn man die eben beschriebene Antennenkombination zweimal anwendet, d. h. zwei vollkommen entsprechende Anordnungen in Richtung der einfallenden Wellen so aufstellt, daß ihr Abstand in einer gewissen Beziehung zur Wellenlänge steht, die übrigens durchaus nicht auf einen einzigen Wert beschränkt ist, so erhält man durch die Kombination leicht eine Empfangscharakteristik, die sowohl in bezug auf fremde Störwellen, als auch atmosphärische Störungen eine vielfach größere Abblendung des Empfangsraumes besitzt. Bei ihr ist nicht nur der Winkel tot, der um 180° gegen die Einfallsrichtung der Wellen versetzt ist, sondern auch wie bei der einfachen Rahmenantenne die Winkelräume um 90° und 270° herum und sogar darüber hinaus praktisch auch die Bereiche, die zwischen 90° und 270° liegen. Daß eine solche Anordnung eine Ausscheidung der atmosphärischen Störungen in einem noch viel höheren Maße bewirkt als die beiden vorher erörterten Anordnungen, liegt auf der Hand. Sie ist allerdings beispielsweise für den Rundfunkempfang im bebauten Gelände nur in beschränktem Maße oder überhaupt nicht anwendbar, da ihre Aufstellung viel Platz (freies Gelände) beansprucht. Für eine gute Wirksamkeit wird man den Abstand d der beiden Antennen so wählen müssen, daß das Verhältnis d/λ (Wellenlänge) etwa zwischen $^1/_3$ und $^1/_6$ liegt. Außerdem muß man beachten, daß die Überleitung der Hochfrequenzenergie von den beiden Antennen zum eigentlichen Empfänger durch Erdkabel besonderer Bauart erfolgen muß; schließlich fällt auch die eigentliche Empfangsapparatur viel umfangreicher und schwieriger bedienbar aus als bei den vorhin angeführten einfachen Antennenanordnungen. Auch muß man in Kauf nehmen, daß durch die gegenseitige Lage der beiden Antennen die Hauptempfangsrichtung — es ist die Verbindungslinie ihrer beiden Standorte — festgelegt ist, daß also die Anordnung nur empfangsfähig ist für Stationen, die in einem Winkelbereich liegen, der etwa $\pm 30^\circ$ zu beiden Seiten jener Richtung liegt. Darin liegt eine sehr unangenehme Beschränkung der Empfangsfreiheit, die bei der offenen Antenne, dem einfachen Rahmen und auch bei der Kombination beider nicht vorliegt. Der normale Rundfunkempfänger wird daher die Vorteile der letzten Anordnung nicht genießen können. Sie bildet indessen bei kommerziellen Empfangsanlagen ein wichtiges Mittel gegen Luftstörungen auch dann, wenn Telephonieempfang in Frage kommt.

VIII. Die Wirkungsweise der Elektronenröhren.

Von

H. Rukop (Berlin).

In der Schwachstrom-Technik nehmen heute die Elektronenröhren einen so wichtigen Platz ein, daß ohne sie ein ausgebreiteter Rundfunk praktisch unmöglich wäre, wenn auch im Prinzip die Möglichkeit besteht, sowohl auf der Sendeseite als auch auf der Empfängerseite ohne Röhren auszukommen.

Unter „Röhren", allgemein gefaßt, versteht man hier abgeschlossene Gefäße aus Glas, Quarz usw., auch aus Metall, die entweder hoch evakuiert sind oder bestimmte Gase oder Dämpfe von relativ niedrigem Druck enthalten und mit eingeführten, voneinander isolierten Elektroden (Feldkörpern, Sonden usw.) zur Erzeugung und Beeinflussung einer Hochvakuum-, Gas-, Dampf- oder gemischten Entladung versehen sind. Wenn auch heute die gesteuerten Hochvakuum-Glühkathodenröhren (Elektronenröhren) die für den Rundfunk bei weitem wichtigste Klasse darstellen, so sollen doch zwecks eines besseren Überblickes über die Materie auch die übrigen Klassen von Röhren, soweit sie zum Rundfunk oder zur Nachrichtentechnik überhaupt in Beziehung stehen, hier kurz erwähnt und eingeordnet werden.

Ein Hauptbestandteil vieler Röhrenarten, insbesondere der im Rundfunk verwendeten, ist die Glühkathode. Wegen ihrer universellen Bedeutung sollen zunächst die Eigenschaften der Glühkathoden an sich sowie die der Glühkathodenentladung grundsätzlich auseinandergesetzt werden, bevor auf die einzelnen Klassen von Röhren eingegangen wird.

A. Die Glühkathoden und ihre Eigenschaften.

Eine glühende Elektrode vermag in den umgebenden Raum, sei er von Gas merklichen Druckes angefüllt oder auch möglichst hoch evakuiert, freie Elektrizitätsmengen in Form von negativen Teilchen — Elektronen — zu emittieren. Werden diese Elektronen dauernd durch eine andere Elektrode aufgefangen und abtransportiert, so kommt ein elektrischer Strom zustande. Notwendig ist hierzu, daß die Auffangelektrode positive Spannung gegenüber der glühenden Elektrode hat. Sie muß also Anode bei dieser Entladung sein, die glühende Elektrode Kathode. Daher rührt die Benennung: „Glühkathode".

1. Das Temperaturgesetz der Elektronenemission. Die Emission glühender Elektroden ist zwar schon viele Jahrzehnte im Prinzip bekannt, sie wurde im Laufe der Zeit öfters entdeckt und beschrieben, später von zahlreichen Forschern genauer untersucht[1]). Jedoch sind einige ihrer wichtigsten Gesetze erst vor wenigen Jahren gefunden worden. Eine ihrer hervorstechendsten Eigenschaften ist die des Sättigungsstromes, d. h. die Tatsache, daß jede Glühkathode bei einer bestimmten Temperatur nur einen gewissen Strom maximal abgeben kann. Hierzu ist wiederum eine bestimmte Mindest-Anodenspannung erforderlich, die ,,Sättigungs-

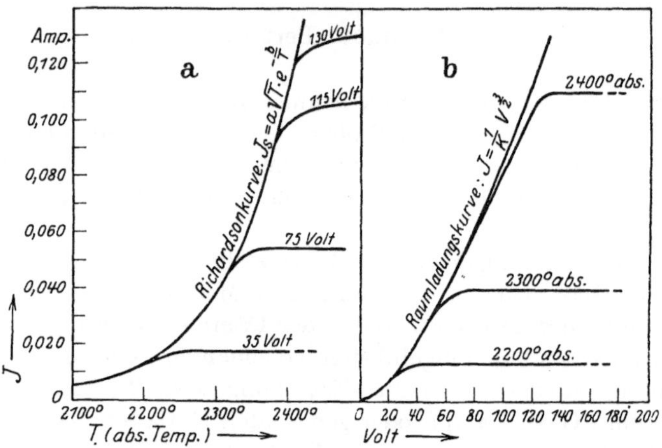

Abb. 1. Richardson-Kurve und Raumladungskurve für Wolfram.

spannung" heißt und sowohl von der Heizung als den übrigen mechanischen Daten der Elektroden abhängt, wie im nächsten Abschnitt ,,Raumladung" näher beschrieben wird. Eine Glühkathode hat also bei einer gewissen Temperatur eine bestimmte Emission, die — homogene Temperaturverteilung vorausgesetzt — proportional der Oberfläche ist und mit der Temperatur in einer komplizierten Gesetzmäßigkeit steigt. Ein Gesetz für die Abhängigkeit der Emission von der Temperatur hat zuerst O. W. Richardson[1]) aufgestellt, welches lautet:

$$J_s = a\sqrt{T}\cdot e^{-\frac{b}{T}},$$

worin J_s die Emission in Ampere pro cm² (identisch mit dem möglichen Sättigungsstrom pro cm²), T die absolute Temperatur, e die Basis der natürlichen Logarithmen und endlich a und b zwei Konstanten bedeuten, die dem jeweiligen Kathodenmaterial eigentümlich sind. Abb. 1

[1]) Siehe hierüber umfangreiche Literaturangaben sowie theoretische Ableitungen bei: O. W. Richardson und A. Karolus, Abhandlung über Glühelektroden in: E. Marx, Handbuch der Radiologie, Leipzig, II. Aufl. 1927, Bd. 4. Siehe auch: W. Schottky, Jahrb. d. Rad. u. El. Bd. 12, S. 147. 1915.

zeigt die Richardson-Kurve für Wolfram [nach J. Langmuir und S. Dushman[1])].

Verschiedene Forscher [W. Schottky, O. W. Richardson, S. Dushman[2])] haben an Stelle des obigen Richardson-Gesetzes ein anderes Gesetz als richtig oder wenigstens möglich hingestellt, welches etwa die Form

$$J_s = A \cdot T^2 \cdot e^{-\frac{B}{T}}$$

haben soll, wobei den Konstanten A und B aber nicht von allen Autoren dieselben Werte beigelegt werden. S. Dushman hält A für eine bei allen Metallen gleiche Konstante.

Für eine Anzahl von Materialien, welche als Glühkathoden in Betracht kommen und über deren spezielle Wirksamkeit und Benutzung in dem späteren Abschnitt A. 3 Ausführliches mitgeteilt wird, sind in den folgenden zwei Zahlentafeln die Glühemissionskonstanten sowohl für das Richardsonsche Gesetz als für das Dushmansche Gesetz enthalten.

Zahlentafel 1. Konstanten des Richardson-Gesetzes.

Material	a	b	Verfasser
Wolfram . . .	$2{,}36 \cdot 10^7$	$5{,}25 \cdot 10^4$	J. Langmuir[3])
Tantal	$1{,}12 \cdot 10^7$	$5{,}0 \cdot 10^4$	
Molybdän . . .	$2{,}1 \cdot 10^7$	$5{,}0 \cdot 10^4$	
Thorium . . .	$20 \cdot 10^7$	$3{,}9 \cdot 10^4$	
Erdalkalioxyde	$(8 \text{ bis } 24) \cdot 10^5$	$(1{,}9 \text{ bis } 2{,}4) \cdot 10^4$	H. D. Arnold und J. C. Davisson[4])

Zahlentafel 2. Konstanten des Dushman-Gesetzes.

Material	A	B	Verfasser
Wolfram . . .	60,2	52 600	S. Dushman und Jessie W. Ewald[5])
Tantal	,,	47 800	
Molybdän . . .	,,	50 000	
Thorium . . .	,,	34 100	
Kalzium . . .	,,	26 000	
Yttrium . . .	,,	37 000	
Zirkon	,,	38 000	
Cer	,,	35 600	
Uran	,,	38 000	

---

1) J. Langmuir: Phys. Zeitschr. Bd. 15, S. 348. 1914; Gen. El. Rev. Bd. 18, S. 327. 1915. S. Dushman: Gen. El. Rev. Bd. 18, S. 156. 1915.

2) W. Schottky: Verh. d. D. Phys. Ges. Bd. 21, S. 529. 1919. O. W. Richardson siehe auch Anmerkung 1, S. 276. S. Dushman: Phys Rev. Bd. 20, S. 109. 1922; Bd. 21, S. 623. 1923.

3) J. Langmuir: Trans. Am. El.-Chem. Soc. Bd. 29, S. 138. 1916.

4) H. D. Arnold: Phys. Rev. Bd. 16. S. 73. 1920. J. C. Davisson und L. H. Germer: Phys. Rev. Bd. 15, S. 330. 1920.

5) S. Dushman und Jessie W. Ewald: Gen. El. Rev. Bd. 26, S. 154. 1923.

Die Emissionsgesetze sind nur dann rein zu finden, wenn sich die Entladungsvorgänge in einem hohen Vakuum abspielen (erfahrungsgemäß ca. 10^{-5} bis 10^{-6} mm Hg), und zwar wird einerseits die spez. Elektronenemission der Kathoden durch gewisse Gase (aktive Gase) stark beeinflußt, andererseits treten Ionisationsströme zu den reinen Emissionsvorgängen hinzu, so daß die Ströme verfälscht werden.

Die Vakuumtechnik für Röhren mit Glühkathoden ist in den letzten Jahren außerordentlich vervollkommnet worden, insbesondere auf der Grundlage von Arbeiten von J. Langmuir und S. Dushman[1]). Es braucht hier wohl nur kurz erwähnt zu werden, daß zur Erzielung eines derartig hohen Vakuums sowohl die Glasgefäße durch Ausheizen bis kurz unter den Erweichungspunkt zur Abgabe der Gase, insbesondere der Wasserhaut, gebracht werden müssen, daß ferner die Metalle, aus denen die Elektroden und ihre Halteteile usw. bestehen, durch Vorerhitzen im Vakuumofen, Elektronenbombardement in der Röhre, Ausglühen durch elektrischen Strom usw. weitgehend von okkludierten Gasen befreit werden müssen. Außerdem ist von vornherein sowohl für das Glas als insbesondere für die Metalle die Wahl der Materialien von größter Wichtigkeit. Bei sehr hoch beanspruchten, nicht gekühlten Anoden usw. sind Metalle wie Tantal, Wolfram und Molybdän bei weitem die besten. Bei geringeren Belastungen oder besonderer Kühlung sind auch Nickel, Eisen, Chrom, Kupfer, sowohl einzeln als miteinander legiert, sehr gut verwendbar.

Gelegentlich werden Röhren jedoch absichtlich mit merklichem Gasinhalt versehen, worauf in späteren Abschnitten noch hingewiesen wird.

Es ist von mancher Seite behauptet worden, daß die Glühelektrodenemission an das Vorhandensein von okkludiertem Gas im Glühfaden gebunden wäre, und daß bei vollständiger Austreibung des Gases aus dem Metall auch die Elektronenemission aufhört. Für diese Behauptungen sind jedoch keinerlei Beweise vorhanden, vielmehr muß man nach dem heutigen Stande der Wissenschaft sagen, daß z. B. ein Wolframfaden nach genügender Entgasung einen konstanten Wert der Emission annimmt, und daß durch noch so weitgehendes Entgasen des Fadens sich weiterhin ein Abfall der Emission nicht einstellt, geschweige denn ein Verschwinden. Entgegengesetzte Beobachtungen dürften auf Fehler in der Versuchsanordnung zurückzuführen sein.

2. Die Raumladung. Im vorigen Abschnitt ist gesagt worden, daß die gesamte Emission nur dann die Anode erreicht, wenn mindestens eine bestimmte Anodenspannung vorhanden ist. Unterhalb dieser Spannung ist in der Tat der Strom auch ein geringerer, und zwar wird

---

[1]) Siehe Anmerkung 1, S. 277.

er durch das von J. Langmuir[1]) sowie von W. Schottky[1]) aufgestellte Gesetz wiedergegeben, dem die von den genannten Autoren gefundene Erscheinung der „Raumladung" zugrunde liegt.

Nach dem ebengenannten Gesetz gilt also unterhalb der Sättigungsspannung die Beziehung

$$J_A = \frac{1}{K} \cdot V_A^{\frac{3}{2}},$$

wobei J_A den Strom nach der Anode, V_A die Spannung zwischen Anode und Kathode (dem negativen Pol dieser, wenn sie elektrisch geheizt ist) bedeuten, ferner K eine von der Elektrodenanordnung abhängige Konstante ist. Letztere kann in einfachen Fällen berechnet werden. So hat z. B. für eine hohle Zylinderanode, in deren Achse die Glühkathode gerade gespannt liegt (s. Abb. 2), K folgende Größe:

$$K = 70000 \frac{r}{l},$$

wobei l und r Länge und inneren Radius des Anodenzylinders in Zentimetern bedeuten, vorausgesetzt, daß die Glühkathode sich durch die ganze Anode erstreckt.

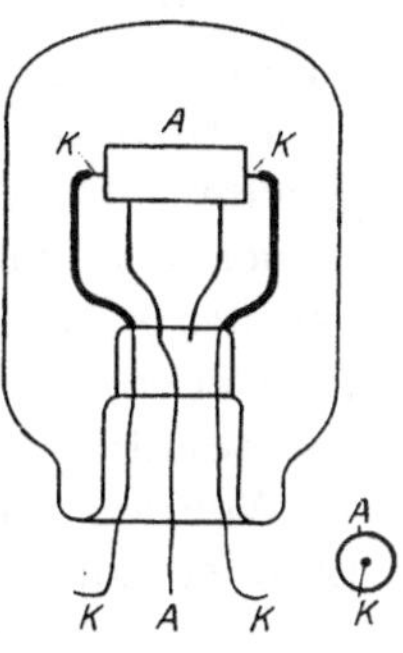

Abb. 2. Ventilröhre mit Glühkathode.

Das obengenannte Raumladungs- oder $V^{\frac{3}{2}}$-Gesetz ergibt Entladungsströme, wie sie in Abb. 1b zu sehen sind.

Die Kurven Abb. 1b zeigen zunächst, daß bei negativen Anodenspannungen überhaupt kein Strom auftritt. Hier ist also eine vollständige Ventilwirkung vorhanden, die eine prinzipielle Eigenschaft der Hochvakuum-Glühkathodenentladung ist. Etwa bei 0 Volt Anodenspannung, manchmal schon bei -2 Volt, in anderen Fällen erst bei ca. $+2$ Volt (s. hierüber Abschnitt A. 4 „Anfangsgeschwindigkeiten, usw.") beginnt der Strom und steigt in einer sanften Krümmung bis zu einer Höhe an, die bei höheren Spannungen konstant bleibt, dem Sättigungsstrom. Aus den verschiedenen Kurven in Abb. 1 ist zu sehen, daß bei höheren Glühtemperaturen der Sättigungsstrom größer ist, und daß gleichzeitig die zu seiner Erreichung erforderliche Spannung (Sättigungsspannung) ebenfalls gewachsen ist. Dies beweisen die in Abb. 1 neben der Richardson-Kurve noch enthaltenen, mit bestimmten Spannungen bezeichneten Kurven, insofern, als bei einer gewissen, niedrig gehaltenen Spannung eine Erhöhung der Heizung keine Stromerhöhung bringt. Der Grund hierfür ist, daß die den Raum zwischen Kathode und Anode erfüllenden Elektronen (die Raumladung) den Stromübergang behindern, wenn sie nicht durch hinreichende Anodenspannungen schnell abtransportiert werden.

---

[1]) J. Langmuir: siehe Anmerkung 1 S. 277. W. Schottky: Phys. Z. Bd. 15, S. 526ff. 1914.

Die $V^{\frac{3}{2}}$-Kurve mit ihrem Sättigungsfortsatz ist diejenige, auf der sich die meisten elektrischen Vorgänge in der Praxis abspielen. Es ist üblich, sie in jedem ihrer Punkte durch die Konstante S, die Steilheit, zu beschreiben, die den Wert

$$S = \frac{dJ}{dV}$$

hat. Meistens wird S der Bequemlichkeit wegen in Milliampere pro Volt angegeben.

3. Materialien für Glühkathoden. Die heute gebrauchten Materialien für Glühkathoden lassen sich in drei technisch wichtige Klassen einteilen, zu denen noch eine vierte, von bisher lediglich physikalischem Interesse, hinzukommt.

a) Blanke, homogene Metalle. Ein blanker, homogener, elektrisch geglühter Metalldraht stellt die einfachste Art der Glühkathode vor. In der Tat finden sich in der Technik der vergangenen Jahre Röhren mit derartigen Elektroden in ungeheurer Zahl, und bis zum Jahre 1920 etwa war es bei weitem die Mehrzahl der hergestellten Röhren. Das wichtigste Material aus dieser Klasse ist das Wolfram.

Wolfram wird in Form von gezogenen Drähten, gelegentlich auch als Einkristalldraht in der Röhrentechnik weitgehend verwendet, und zwar ließen sich die Wolframdrähte, die als Leuchtdrähte in den Glühlampen dienten, ohne weiteres auch als Glühkathoden mit bestem Erfolg benutzen. Sie hatten also ebenso wie die Glühlampendrähte meistens einen Zusatz von Thoriumdioxyd (ca. 0,75%), der zwar die spez. Emission des Drahtes nicht wesentlich beeinflußte, dagegen viel zur Haltbarkeit der Fäden beitrug. In einem späteren Stadium der Entwicklung gelang es erst, vermittels des im Wolframfaden enthaltenen Thoriums erhebliche Fortschritte in der Emission zu erzielen (s. A. 3 b).

Bei jeder Glühkathode läßt sich durch Temperaturänderung zwar eine mehr oder weniger hohe Emission erreichen, aber die in der Praxis zu verwendende Emission ist eine Frage der Wirtschaftlichkeit insofern, als eine Glühkathode für jede Temperatur eine gewisse Lebensdauer hat. D. h. bei höherer Temperatur wird die Glühkathode durch Zerstäuben, Auseinanderkristallisieren usw. eher zerstört als bei niederer. Die Praxis gelangte nun unter Berücksichtigung der für die Heizung der Glühkathode aufzuwendenden elektrischen Leistung, des Anschaffungspreises der Röhren und schließlich gewisser Bequemlichkeitsfragen zu einer üblichen Lebensdauer, die für Röhren der oben erwähnten Art etwa bei 1000 Betriebsstunden lag. Hierfür ergaben sich dann die notwendigen Glühtemperaturen etwa zu 2400° abs. und die erzielte Emission etwa zu 3 mAmp. pro Watt Heizleistung und zu ca. 100 mAmp. pro cm^2 Glühkathodenoberfläche. Die Emission der Wolframkathoden hat eine sehr starke Abhängigkeit von der Temperatur (s. Abb. 1a), demnach auch von der zugeführten Heizleistung, und zwar etwa eine solche, daß im Durchschnitt bei 1% Heizstromänderung die Emission sich um ca. 12%, bei 1% Heizspannungsänderung etwa um 6%, bei 1% Heizleistungsänderung um ca. 4% im selben Sinne ändert. Gleichzeitig ändert sich die Lebensdauer etwa umgekehrt proportional dem Quadrat der Emission. Hieraus ergibt sich z. B., daß die Emission einer Wolframglühkathode bei einer Steigerung der Heizspannung um nur 10% auf das 1,7fache steigt, wobei die Lebensdauer auf ein Drittel herabsinkt. Genauere Daten sind in mehreren Veröffentlichungen[1]) zu finden.

Die viele Jahre üblichen Verstärkerröhren mit Wolframfäden brauchten etwa eine Heizung von 0,5 Amp. und 4 Volt, wobei ca. 5 mAmp. Emission erzielt wurden. Heute sind sie so gut wie vollständig durch die sog. Sparfäden (s. A. 3 b und c) verdrängt. Allerdings werden im Senderröhrenbau nach wie vor Wolframglühkathoden, vorzugsweise bei den stärkeren und stärksten Röhren, verwendet, wo Heizströme bis etwa 100 Amp. anzutreffen sind (s. C. 1 i, S. 303).

b) Kerndrähte mit emittierenden Metallschichten. In neuerer Zeit hat sich eine Klasse von Glühkathoden in der Technik als besonders wichtig erwiesen, die nach dem, was wir heute davon wissen, ebenfalls auf der Emission eines reinen Metalles beruht. Ihr überwiegend wichtigster Vertreter ist die Thoriumkathode. Es handelt sich hier um Drähte, welche nicht etwa massiv aus Thorium bestehen, sondern um solche, welche einen Kerndraht aus Wolfram (evtl. auch Molybdän o. ä.) haben, dessen Oberfläche mit einer Schicht von metallischem Thorium bedeckt ist. Derartige Glühkathoden sind von I. Langmuir[2]) eingeführt worden. Sie werden nach dessen Methode dadurch hergestellt, daß ein Wolframdraht mit Thoriumdioxydzusatz (bis ca. 1%), wie man ihn in der Glühlampentechnik verwendet, nach starker Evakuierung der Röhre mit reduzierenden Substanzen behandelt wird, und zwar bei einer so hohen Temperatur, daß einerseits Diffusion des Thoriumdioxyds aus dem Innern des Drahtes an die Oberfläche und andererseits eine Reduktion zu metallischem Thorium stattfindet. Zur Reduktion kann man Erdalkalien oder auch Kohlenwasserstoffe benutzen, und zwar haben sich für die Fabrikation als das Vorteilhafteste die Erdalkalimetalle, wie Magnesium, Kalzium usw., erwiesen, weil sie weder das Glas angreifen wie Alkalien, noch auch die Festigkeit des Wolframfadens irgendwie beeinträchtigen, wie dies die Kohlenwasserstoffe infolge Karbidbildung tun. Außerdem haben die Erdalkalien vor den Kohlen-

[1]) Siehe H. Rukop: Telefunken-Ztg. Bd. 38/VII, S. 23. 1924.

[2]) J. Langmuir: Phys. Rev. Bd. 4, S. 544. 1914; Bd. 20, S. 107. 1922; Bd. 22, S. 357. 1923.

wasserstoffen noch den Vorzug, allerhand Gasreste in der Röhre zu binden, und dadurch für ein besseres Aufrechterhalten des Vakuums zu sorgen. Das Magnesium usw., welches in diesen Röhren zur Reduktion verwendet wird, sieht man meist als einen silberglänzenden Belag auf der Innenseite des Röhrenkolbens niedergeschlagen.

Die Thoriumglühkathoden zeigen gegenüber den Wolframkathoden außerordentliche Vorteile. Die spezifische Emission des Thoriums ist eine weitaus größere als die des Wolframs, indem man eine bestimmte Emission pro Oberfläche, wie sie Wolfram erst bei 2450° ergibt, bei Thorium schon bei etwa 1700° erhält, so daß die dafür notwendige Heizleistung naturgemäß bedeutend kleiner ist. Außerdem gestattet aber Thorium noch eine größere Emission pro Oberfläche als Wolfram bei der gleichen Lebensdauer, so daß, wenn man die Emissionen bei gleichen Lebensdauern in Beziehung setzt zu den aufgewandten Heizleistungen, sich etwa folgendes Bild ergibt:

Ausgehend von einer Lebensdauer der Glühkathoden, wie sie sich heute für Rundfunkverstärkerröhren unter der Forderung möglichst geringen Heizungsverbrauches als normal ausgebildet hat, nämlich einer solchen von 500 bis 1000 Stunden, gestattet das Wolfram eine Emission von 100 mAmp./cm^2, d. h. von etwa 3 mAmp./Watt Heizleistung, das Thorium dagegen eine Emission von 160 m Amp./cm^2 und hierbei von 32 mAmp./Watt Heizleistung. Da dem Verbraucher ja eigentlich nur die Beziehung zwischen Emission und Heizleistung augenfällig wird, ergibt sich also, daß das Thorium etwa die zehnfache Emission bei gleichem Aufwand und gleicher Lebensdauer zuläßt wie das Wolfram. In der Tat hat diese Eigenschaft, verbunden mit der relativ einfachen Fabrikation der Thoriumfäden, diesen Röhren eine solche Verbreitung gebracht, daß in den letzten Jahren über 50% der gesamten Weltproduktion aus Thoriumröhren bestand.

Die Thoriumfäden sind allerdings gegen unachtsame Behandlung (Überheizen, starke Erschütterung) sehr viel empfindlicher als Wolframfäden. Ebenso muß in der Röhre stets ein vorzügliches Vakuum aufrechterhalten werden, da das reduzierte Thorium sehr empfindlich gegen Reste aktiver Gase ist und bei Vorhandensein solcher schnell seine Emission verliert. Neuerdings sind von J. Langmuir und K. H. Kingdon[1]) Wolframdrähte, welche mit Cäsium bedeckt sind, als Glühkathoden eingeführt worden. Sie zeigen Vorteile bei der Verwendung in Detektorröhren, allerdings auch einige Eigentümlichkeiten, die ihre Verwendbarkeit bisher einschränken.

---

[1]) J. Langmuir und K. H. Kingdon: Phys. Rev. Bd. 21, S. 380. 1923; Bd. 24, S. 510. 1924. Ein Referat über d. gen. Veröffentlichungen siehe bei E. Marx: Handb. d. Radiologie, Leipzig 1927, 2. Aufl., Bd. 4; Abh. von O. W. Richardson und A. Karolus S. 286ff.

c) Oxydkathoden. Die andere Klasse der heute sog. Sparfäden ist die unter dem allgemeinen Namen „Oxydkathoden" zusammengefaßte. Es ist schon im Jahre 1903 durch A. Wehnelt[1]) bekanntgeworden, daß Glühkathoden, welche mit den Oxyden, vorzugsweise der Erdalkalien, überzogen sind, eine hohe Emission ergeben. Diese Wehnelt-Kathoden sind in den letzten Jahren unter dem Einfluß der Verstärkertechnik weitgehend durchgearbeitet und verbessert worden und bilden eine allmählich immer wichtiger werdende Klasse der Glühkathoden, insbesondere für die Empfänger- und Verstärkertechnik des Rundfunks. Im allgemeinen bestehen die Oxydkathoden aus einem Kerndraht (Platin-Iridium, Nickel, Wolfram o. ä.), der mit einer aufgebrachten Schicht bzw. Rinde aus Erdalkalioxyden besteht. Im Laufe der Entwicklung hat es sich gezeigt, daß man nicht nur Oxyde, sondern auch andere sog. metalloidische Verbindungen der betreffenden Metalle benutzen kann, wie Hydride, Sulfide, Selenide, Nitride, Karbide u. ä.[2]). Auch gewisse Salze, insbesondere Karbonate, Nitrate, wurden öfters vorgeschlagen und ausprobiert. Allerdings gehen viele davon während des Glüh- und Evakuierprozesses in den Oxydzustand über.

Als Metalle sind die Erdalkalien die wirksamsten, jedoch geben auch einige andere, im periodischen System der Elemente in der Nähe der Erdalkalien stehende, noch erhebliche Vorteile.

Die Methoden, die Schichten auf die Kerndrähte aufzubringen, sind verschieden. Im allgemeinen wird aus den feingemahlenen Oxyden und einem geeigneten Bindemittel ein Brei hergestellt, in den die Drähte eingetaucht werden. Er wird alsbald durch elektrisches Glühen des Drahtes bei bestimmten Temperaturen getrocknet und festgesintert. Jedoch lassen sich die wirksamen Schichten auch durch Sublimieren, Niederschlagen oder ähnliche Verfahren herstellen.

Die Oxydkathoden, unter denen hier also sämtliche metalloidische Verbindungen mit einbegriffen werden sollen, zeigen in mancher Beziehung die hervorragendsten Eigenschaften von allen bekannten Glühkathoden. Wenn wir wieder eine Lebensdauer von etwa 500 bis 1000 Stunden zugrunde legen wie bei den oben erwähnten Wolfram- und Thoriumkathoden, so lassen die Oxydkathoden noch eine bedeutend höhere Emission pro Watt Heizleistung zu als die Thoriumkathoden, und zwar gibt es Fabrikate, welche mit 80 bis 100 mAmp. Emission pro Watt Heizleistung zu arbeiten gestatten. Infolge der sehr tiefen Temperaturen, bei denen die Oxydkathoden im allgemeinen arbeiten, ergeben sich meistens relativ große Kathodenoberflächen, und diese großen Kathodenoberflächen sind ein weiterer Vorzug der Oxydfäden insofern, als sie die Steilheit der Entladungskurve (s. C. 1 c, S. 289)

[1]) A. Wehnelt: Ann. d. Phys. Bd. 14, S. 425. 1904.

[2]) Siehe hierüber H. J. Spanner: Ann. d. Phys. Bd. 75, S. 609. 1924.

erhöhen, was für die Verstärkereigenschaften der Röhren vorteilhaft ist. Die Oxydkathoden haben die Eigentümlichkeit, daß ihre Entladungskurven nicht einen so wohl definierten Sättigungsstrom aufweisen wie die Wolframkathoden oder die darin nur wenig zurückstehenden Thoriumkathoden.

Es ist möglich, daß der Emissionsvorgang bei der Oxydkathode etwas von dem Charakter einer Lichtbogenentladung hat insofern, als positive Träger, die beispielsweise von der Verdampfung des Oxydes herrühren, durch die Anodenspannung wieder auf den Faden geschleudert werden (Kanalstrahlen) und dadurch an den betreffenden Punkten lokale Erhitzungen hervorrufen. Hierdurch ließe sich der mangelnde Sättigungscharakter der Oxydkathodenentladung einigermaßen erklären, ebenso die Tatsache, daß eine Oxydkathode stets eine etwas unruhigere Entladung hat als eine Thoriumkathode (s. hierüber C. 1 k, S. 306).

d) Gasbeladene Kathoden. Es existiert noch eine vierte Klasse von Kathoden, die heute allerdings nur wissenschaftliches Interesse hat, kein technisches Interesse. Es sind dies die Glühkathoden, welche aus einem gasbeladenen Metall bestehen. Es hat sich gezeigt, daß die Gasbeladung beispielsweise eines Wolframfadens dessen spezifische Emission stark erhöhen kann [s. H. Simon[1])]. Jedoch ließ sich noch nicht eine solche Haltbarkeit dieses Zustandes erreichen, als daß derartige Glühkathoden für die Praxis in Betracht kommen könnten.

4. Anfangsgeschwindigkeiten, Kontaktpotentiale usw. Eine besondere Eigentümlichkeit der Elektronenemission muß hier noch erwähnt werden, weil sie, obgleich auf den ersten Blick unscheinbar, doch eine bemerkenswerte Rolle bei Verstärkerröhren und insbesondere bei Röhren zu Detektorzwecken spielt. Es ist dies die Frage, ob die Entladung genau bei der Anodenspannung Null beginnt. In der Tat ist das keineswegs der Fall, sondern man findet in vielen Fällen, daß schon bei einer Spannung von -1 bis -2 Volt der Anode gegen den negativsten Punkt des Glühfadens sich ein meßbarer Elektronenstrom nach der Anode ergibt. In manchen Fällen ergibt sich auch erst ein meßbarer Elektronenstrom bei $+2$ bis $+3$ Volt Anodenspannung, und außerdem kann man alle Zwischenstufen zwischen den beiden genannten extremen Werten antreffen, also auch gelegentlich ein Beginnen des Elektronenstromes gerade bei 0 Volt Anodenspannung.

Bei diesen Erscheinungen spielen mehrere physikalisch voneinander verschiedene Ursachen mit. Zunächst besitzen die Elektronen im glühenden Metall gewisse Eigengeschwindigkeiten, die sie befähigen würden, beim Austritt gegen ein Feld von einigen wenigen Volt anzulaufen, d. h. schon bei negativen Anodenspannungen einen Strom

[1]) H. Simon: Z. techn. Phys. Bd. 5, S. 221. 1924. Siehe auch R. Suhrmann: Z. techn. Phys. Bd. 4, S. 304. 1923.

zustande zu bringen. Hier ergeben aber die beim Austritt zu leistenden sog. Austrittsarbeiten starke Modifikationen, die von der Natur der Metalle, der Glühtemperatur und ganz besonders der Anwesenheit von Gasen oder Dämpfen auf den Elektrodenoberflächen oder im Inneren abhängig sind und in förderndem oder hinderndem Sinne wirken können. Zahlreiche theoretische und experimentelle Untersuchungen[1]) sind über diesen Gegenstand angestellt worden, die aus den hier mitwirkenden physikalischen Begriffen „Geschwindigkeitsverteilung der freien Elektronen", „thermoelektrische Spannungsreihe", „Voltaeffekt", „Kontaktpotential", „Elektronenaffinität", „Austrittsarbeit", „Abkühlungseffekt" den Stromspannungsverlauf quantitativ erklären wollten. Es sind jedoch bisher keine eindeutigen Resultate erzielt worden. (Siehe auch den Abschnitt: C. 1 g: Gitterströme, S. 298.)

B. Röhren positiver Charakteristik.

Die einfachsten Funktionen haben Röhren mit nur positiver Charakteristik, d. h. solche, deren Stromspannungskurve nur steigende Teile hat, bei denen sich also Strom und Spannung immer im gleichen Sinne ändern, deren dJ/dV also niemals negativ wird. Beispiele positiver Charakteristiken zeigt Abb. 1b. Derartige Röhren können unter keinen Umständen als Verstärker oder Schwingungserzeuger wirken, weil sie für eine ihnen zugeführte oder in ihnen entstehend gedachte Wechselspannung niemals das Charakteristikum einer EMK-Quelle, eines Generators, nämlich eine Phasendifferenz zwischen Strom und Spannung von 180° (genauer ausgedrückt von $> 90°$ bis $< 270°$) aufweisen können. Sie sind aber zur Gleichrichtung, Detektorwirkung sowie auch zur Frequenztransformation verwendbar. Eine Röhre, die eine eindeutige positive Charakteristik hat, kann auch niemals eine größere Leistung in Wechselströmen abgeben, als ihr in irgendwelchen Wechselströmen zugeführt wird, mögen auch beliebige Hilfsgleichspannungen angewendet werden. Dagegen ist zu beachten, daß eine solche Röhre, mit der man ja sowohl tiefere Frequenzen (Detektorwirkung) als auch höhere (Oberfrequenzen) gegenüber der zugeführten Wechselspannung gewinnen kann, für solche fremden, d. h. ihr nicht zugeführten Frequenzen das Charakteristikum eines Generators, einer EMK-Quelle, nämlich Phasendifferenz von annähernd 180° zwischen Strom und Spannung, haben kann. Dies tritt nur bei gekrümmter Charakteristik ein, wie ja überhaupt eine Röhre, die eine lineare positive Charakteristik hätte, zu nichts anderem als jeder Ohmsche Widerstand benutzbar wäre.

---

[1]) Siehe Zusammenstellungen hierüber bei W. Schottky (Anmerkung 1, S. 276), sowie O. W. Richardson und A. Karolus (Anmerkung 1, S. 276). Siehe ferner H. Simon und R. Suhrmann (Anmerkung 1, S. 284), H. Rothe: Z. techn. Phys. Bd. 6, S. 633. 1925.

In der Praxis sind für Gleichrichterzwecke Röhren mit Charakteristiken wie Abb. 1b verbreitet, und zwar sind dies Hochvakuumröhren mit Glühkathode und platten- oder zylinderförmiger Anode wie Abb. 2. Sie werden im Rundfunkempfang vielfach benutzt, um aus Wechselstromnetzen entweder die Röhren der Empfänger und Verstärker direkt mit Gleichstrom zu speisen oder um Akkumulatoren zu laden.

C. Gesteuerte Elektronenröhren (Röhren indirekt negativer Charakteristik).

Von sehr großer Bedeutung für den Rundfunk und für viele andere Zweige der Technik sind die Röhren, die, ganz allgemein gesprochen, negative Entladungscharakteristiken aufweisen. Dies sind Röhren mit Entladungskurven, in denen Teile vorhanden sind, wo dem größeren Strome die kleinere Spannung, dem kleineren Strome die größere Spannung zugehört oder, korrekt ausgedrückt, wo der Differentialquotient dJ/dV negativ ist. Es gibt hier Röhrenarten mit unmittelbarer negativer Charakteristik ohne Hilfsmittel sowie solche mit durch besondere Hilfsmittel erst negativ gemachter Charakteristik, nämlich die sog. „gesteuerten" Röhren. Die ersteren, die Röhren direkter negativer Charakteristik (ungesteuerte Röhren), sind länger bekannt als die gesteuerten, und sie sind sowohl zur Verstärkung als auch zur Schwingungserzeugung benutzt oder wenigstens vorgeschlagen worden.

Heutzutage sind sie von geringerer Bedeutung als die eben genannten gesteuerten Röhren. Sie sollen jedoch der Vollständigkeit halber in dem späteren Kapitel D kurz erwähnt werden, während das vorliegende Kapitel die wichtigste Klasse der Röhren für den Rundfunk und für viele andere Zwecke, nämlich die gesteuerten Elektronenröhren, behandelt. Die „Steuerung" des Entladungsvorganges in den Röhren geschieht entweder durch elektrische oder durch magnetische Felder. In der Praxis findet man so gut wie ausschließlich Röhren mit elektrischer Steuerung, deren es allerdings mancherlei Modifikationen gibt. Jede solche Röhre braucht zur Erzeugung des Steuerfeldes eine (oder mehrere) besondere Steuerelektrode (Feldkörper, Sonde), die meistens im Innern der Röhre angebracht und mit einer Zuleitung versehen ist.

1. Die Eingitterröhre. Die bei weitem wichtigste und verbreitetste Klasse der elektrisch gesteuerten Röhren ist die sog. „Eingitterröhre". Ihr Name rührt daher, daß sie eine Steuerelektrode in Form eines Gitters hat. Diese durchbrochene, aus Metall bestehende dritte Elektrode, allgemein das „Gitter" genannt, liegt zwischen Kathode und Anode im Weg der Entladung.

Die Einführung derartiger Röhren in die Schwachstromtechnik geht auf R. v. Lieben[1]) zurück, der im Jahre 1906 Röhren mit Glühkathoden und elektrischer oder magnetischer Steuerung zur Verstärkung von z. B. Telephonieströmen in Vorschlag brachte. Die Form und Elektrodenausführung der heutigen Röhren wurde unter Beibehaltung des Lieben-Prinzips später von dem Audiondetektor von L. de Forest[2]) (1907) entlehnt, wozu sich in neuester Zeit noch einige Vervollkommnungen, wie die konzentrische Zylinderanordnung der Elektroden [H. J. Round[3])] sowie hauptsächlich die Fortschritte in der Hochvakuumtechnik und der Herstellung wirksamerer Glühkathoden (s. A.), gesellten.

Die Eingitterröhre zeigt in ihrer Verwendung eine überraschende Vielseitigkeit, die aber auf einige wenige Grundeigenschaften zurückzuführen ist, welche hier erläutert werden sollen.

a) Die Entladungsgleichung und ihre Konstanten[4]). Zunächst kann man bei einer Eingitterröhre genau in derselben Weise von einer Entladungskurve oder -gleichung sprechen wie bei einer einfachen Röhre nur mit Glühkathode und Anode. Ihre Entladung wird ebenfalls durch die $V^{\frac{3}{2}}$-Funktion wiedergegeben, an die sich mit einer Übergangskrümmung die Sättigungsgerade anschließt, da ja diese Funktionen im Charakter der Glühkathodenemission begründet sind.

Die Gleichung für den ungesättigten Teil der Entladung in der Eingitterröhre lautet also:

$$J = \frac{1}{K} \cdot V_r^{\frac{3}{2}},$$

wobei J den gesamten Strom nach Gitter und Anode und V_r die „resultierende Spannung“ von Gitter und Anode zusammengenommen bedeutet. Die letztere Größe „resultierende Spannung“ ist allerdings nicht ohne weiteres verständlich und muß erst definiert werden.

Angenommen wird eine Elektrodenanordnung in Form konzentrischer Zylinder, bei der die Kathode K, ein gerader Draht, von einem konzentrischen durchbrochenen Kreiszylinder, dem Gitter G, und beide

---

[1]) R. von Lieben: D.R.P. 179807, 1906. R. von Lieben, E. Reiß und S. Strauss: D.R.P. 249142, 1910. E. Reiß: E.T.Z. Bd. 34, S. 1359, 1385. 1913.

[2]) L. de Forest: V. St. Am. Pt. 879532, 1907.

[3]) H. J. Round: D.R.P. 359839, 1913.

[4]) Zur theoretischen Klarstellung der Funktionen einer Eingitterröhre haben beigetragen: J. Langmuir: Gen. El. Rev. Bd. 18, S. 327. 1915. W. Schottky: Arch. Elektrot. Bd. 8, S. 1. 1919. H. Rukop: Jahrb. drahtl. Telegr. u. Telef. Bd. 14, S. 110. 1919. H. Barkhausen: Jahrb. drahtl. Telegr. u. Telef. Bd. 14, S. 27. 1919. M. Latour: Jahrb. drahtl. Telegr. u. Telef. Bd. 12, S. 288. 1917. M. Abraham: Arch. d. El. Bd. 8, S. 42. 1919. M. v. Laue: Jahrb. drahtl. Telegr. u. Telef. Bd. 14, S. 243. 1919. R. W. King: Phys. Rev. Bd. 14, S. 532. 1919; Bd. 15, S. 256. 1920. J. J. Thomson: Rad. Rev. Bd. 1, S. 544. 1920.

zusammen von einem konzentrischen Anodenzylinder A (s. Abb. 3a und den Querschnitt Abb. 3b) umgeben sind[1]). Der Entladungsstrom ist nun proportional der 1,5-Potenz des Potentials in einer die Kathode konzentrisch umgebenden Zylinderfläche, und dieses Potential ist seinerseits linear von den Potentialen von Gitter und Anode abhängig, wie die Potentialtheorie lehrt. (Hier wird das Potential des negativsten Punktes der Glühkathode stets als 0 angesetzt.) Stellen V_G und V_A die Potentiale von Gitter bzw. Anode dar, so lautet die Entladungsgleichung, bezogen auf die angenommene Zylinderfläche, demnach:

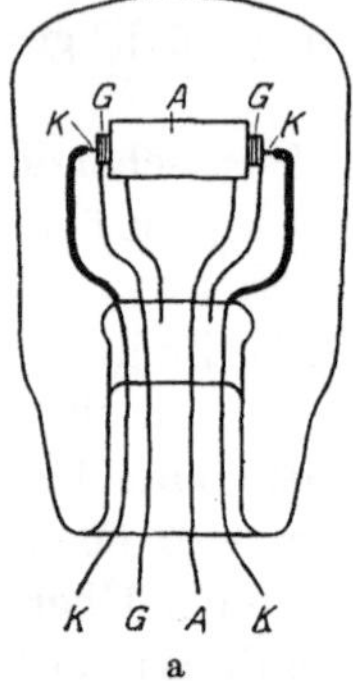

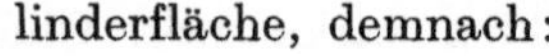

Abb. 3. Eingitterröhre mit Glühkathode.

$$J = \frac{1}{K}(G V_G + D V_A)^{\frac{3}{2}},$$

wobei $1/K$, G und D noch unbestimmte, von der Elektrodenanordnung und der Lage der betrachteten Zylinderfläche abhängige Konstanten sind. Da diese Fläche beliebig angenommen werden kann, soll dies hier so geschehen, daß in den drei Konstanten $1/K$, G und D eine Vereinfachung eintritt, indem $G = 1$ wird. Dann ergibt sich

$$J = \frac{1}{K}(V_G + D V_A)^{\frac{3}{2}},$$

und die resultierende Spannung wird

$$V_r = V_G + D V_A .$$

Hiermit ist die angenommene Potentialfläche allerdings festgelegt; eine theoretische Untersuchung würde zeigen, daß sie fast genau mit der des Gitters zusammenfällt, und zwar hängt dies eben damit zusammen, daß die Konstante des Gitterpotentials gleich 1 gesetzt wurde. Hiermit ist auch die Konstante $1/K$ festgelegt, die sich etwa so ergibt, als ob man es nur mit einer Glühkathode und einer Anode zu tun hätte, welch letztere in der jetzigen Gitterfläche läge. Daher ist bei einer Eingitterröhre:

$$K = \text{ca.}\, 70000 \frac{r}{l}(1 - D),$$

wobei l die wirksame Länge von Glühkathode und Gitter, r den Radius des Gitters, beides in Zentimetern, bedeutet. Der Faktor $(1 - D)$ ist ein Zusatzglied wegen der durch die Gitteröffnungen unvollständigen Zylinderfläche, liegt jedoch nahe an 1.

b) Der Durchgriff. Eine äußerst wichtige und interessante Größe ist die Konstante D. Man ersieht aus der obigen Entladungsgleichung,

[1]) In den schematischen Schaltskizzen sollen die Röhren jedoch stets, wie es z. B. Abb. 7 zeigt, gezeichnet werden (S. 293).

daß die beiden Potentiale V_G und V_A nicht gleichberechtigt in ihr stehen, sondern daß V_A gegenüber V_G mit dem Faktor D behaftet ist. Dies hat folgenden Sinn: Für die Entladung ist maßgebend die elektrische Feldstärke im Kathodenraum. Die Gitterspannung kann nun unmittelbar darauf einwirken, die Anodenspannung aber nur mittelbar, weil nämlich das Gitter die Wirkung der Anodenspannung gegen den Kathodenraum hin abschirmt. Infolgedessen ist der Einfluß der Anodenspannung nur so groß, wie es die Durchlässigkeit des Gitters gegen elektrische Felder gestattet. Dies ist nun eine genau definierbare Größe, welche bereits von J. C. Maxwell und von P. Lenard[1]) behandelt worden ist. Man nennt sie heute „Durchgriff", und sie ist bei einer Eingitterröhre stets eine unbenannte Zahl, und zwar kleiner als 1. Sie hängt von der Konstruktion des Gitters und von dem Abstande Gitter zu Anode ab. Bei größerer Maschenweite des Gitters wird sie größer, ebenso bei Annäherung der Anode an das Gitter. Es sind nun sehr verschiedenartige Konstruktionen des Gitters möglich, und für einige einfachere läßt sich D auch berechnen, z. B. für die Fälle, daß das Gitter aus runden Drähten besteht, die in einer Zylinderfläche spiralig oder achsenparallel o. ä. in gleichen Abständen angeordnet sind. In diesen Fällen erhält man etwa[2])

$$D = \frac{\log \frac{d}{2\pi\varrho}}{\frac{2\pi r}{d} \log \frac{R}{r}},$$

wobei R den Radius der Anode, d den Abstand zweier Gitterdrähte voneinander, ϱ den Radius letzterer, r wie oben den des Gitterzylinders bedeuten.

Die obige Entladungsgleichung läßt die Deutung zu, daß die Gitterspannung auf die Entladung mit ihrer vollen Größe einwirkt, die Anodenspannung jedoch nur mit einem Bruchteil der ihrigen, der gleich der Konstanten D ist. Diese Tatsache ist für den Verstärkungsvorgang von großer Bedeutung, wie später gezeigt wird, und daraus abgeleitet, wird D auch vielfach „die Anodenrückwirkung" genannt.

c) Die Steilheit. Für viele Zwecke, insbesondere die in vorliegendem Werke hauptsächlich zu behandelnde Schwachstromverstärkung, ist es ausreichend und sogar nützlich, für den elektrischen Vorgang nicht die gesamte Entladungskurve zu betrachten, sondern nur den kleinen Teil, auf dem sich der Vorgang abspielt, den man dann mit bester Annäherung als gerade Linie annehmen kann, deren Richtung identisch ist mit der

[1]) J. C. Maxwell: Treat. Bd. 1, S. 310. 1873. P. Lenard: Ann. d. Phys. Bd. 8, S. 149. 1902; siehe auch H. J. v. d. Bijl: Verh. d. D. Phys. Ges. Bd. 15, S. 330. 1913.

[2]) Ableitungen hierfür siehe bei M. Abraham, M. v. Laue, R. W. King, J. J. Thomson (Anmerkung 4, S. 287).

Tangente an der betreffenden Stelle der Kurve. Man erhält dann natürlich an Stelle der $V^{\frac{3}{2}}$-Funktion eine lineare Funktion, welche lautet:

$$J = S(V_G + DV_A),$$

in der nicht mehr die stationären Werte der Ströme und Spannungen gemeint sind, sondern die beim Auf- und Abgehen auf einem kleinen Teil der Kurve sich ergebenden Wechselströme und Wechselspannungen.

Der Faktor S, der identisch mit dem Differentialquotienten dJ/dV_G ist, heißt die „Steilheit" der Entladungskurve, da er, wie im nächsten Abschnitt gezeigt wird, unmittelbar der Anschauung nach als solche gedeutet werden kann.

Bei den meisten Röhren der Praxis ergibt sich aus dem Übergang der $V^{\frac{3}{2}}$-Kurve in den zur Sättigungsgeraden allmählich umbiegenden Teil ein ziemlich langer, fast geradliniger Verlauf der Entladungskurve, so daß eine lineare Darstellung ganz berechtigt ist. Obgleich also der Wert von S, mathematisch gesprochen, von Punkt zu Punkt wechselt, so kann man doch einer Röhre unter Voraussetzung bestimmter Emission und bestimmter Anodenspannung einen konstanten Wert für S zusprechen, der sich dann auf den eben erwähnten langen, ziemlich geradlinigen Teil der Entladungskurve bezieht.

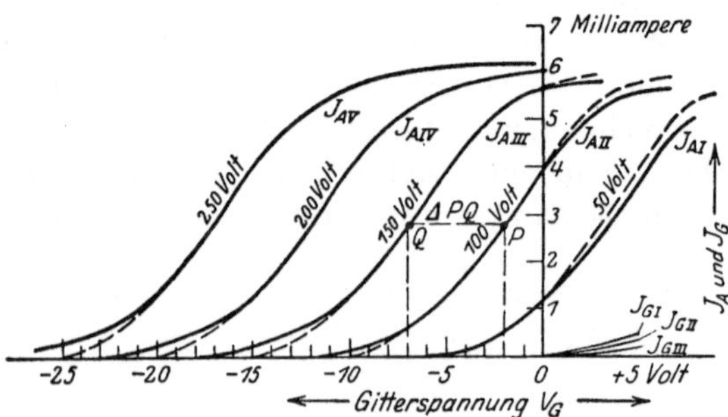

Abb. 4. Kennlinien einer Eingitterröhre.

d) Die Kennlinien. Die Entladungseigenschaften der Eingitterröhre, die im vorhergehenden Abschnitte rechnerisch definiert wurden, sollen nun durch anschauliche Kurven wiedergegeben und erläutert werden. Es hat sich gezeigt, daß für die Praxis eine bestimmte Auftragungsmethode die bequemste ist, der man die Benennung „Kennlinien" (vielfach auch Charakteristiken oder charakteristische Kurven genannt) gegeben hat. Hierbei werden die Ströme als Ordinaten, die Gitterspannungen als Abszissen aufgetragen. Die Anodenspannung ist immer für eine bestimmte Kurve konstant, d. h. die Anodenspannung ist Parameter einer Kurvenschar. Abb. 4 zeigt eine Schar von Kennlinien, die mittleren Werten aus der Praxis entsprechen.

Da die Kennlinien die sich ergebenden Ströme darstellen, ist es ferner notwendig, zu unterscheiden, nach welchen Elektroden diese fließen. In den vorhergehenden Abschnitten ist darauf hingewiesen worden, daß eine Elektrode nur dann Elektronenstrom aufnehmen kann, wenn sie positive Spannung gegen den Glühfaden hat. Dies ist besonders für das Gitter zu berücksichtigen, das also dann Strom aufnehmen kann, wenn es positiv wird, keinen dagegen, wenn es negativ ist. (Hier ist eine kleine Korrektur wegen der in A. 4 bereits beschriebenen Anfangsgeschwindigkeiten und Voltaeffekte nötig, die im folgenden Abschnitte C. 1 g gegeben wird; S. 298.) Die Anode ist sinngemäß immer positiv. Da also die Anode den hauptsächlichen Strom aufnimmt, das Gitter bei positiver Spannung auch Strom aufnehmen kann, sind die Ströme nach der Anode und nach dem Gitter gesondert gezeichnet. Die Summe beider ist immer der Gesamtstrom, und es ist allgemein so, daß bei negativem Gitter der Anodenstrom gleich dem Gesamtstrom ist, da dann eben kein Gitterstrom da ist.

In Abb. 4 stellen die mit J_A bezeichneten Kurven die Anodenströme, die mit J_G bezeichneten die Gitterströme dar. Die Kurven *I*, *II*, *III* usw. gelten je für eine dort vermerkte konstante Anodenspannung. Da für die Kurven *I*, *II* und *III* die notwendigen Gitterspannungen teils negativ, teils positiv sind, existieren dort auch zugehörige Gitterströme J_{GI}, J_{GII}, J_{GIII}. Für die Kurven *VI* und *V* fallen sie weg, da diese hier nur innerhalb des Gebietes negativer Gitterspannungen aufgetragen sind.

Der Anblick dieser Kennlinien zeigt das Auffallende, daß sie alle untereinander gleichförmig, sogar kongruent, erscheinen, nur jeweils um ein bestimmtes Stück nach links mit fortschreitender Anodenspannung verschoben. Dies entspricht auch vollkommen der Entladungsgleichung, und es läßt sich aus ihr leicht ableiten, wie groß der Abstand zweier Kennlinien in Richtung der Abszissenachse sein muß.

Man betrachte zwei Kennlinien, *II* und *III* in Abb. 4, die bei zwei verschiedenen Anodenspannungen aufgenommen sind, in ihren etwa geradlinigen Teilen, und zwar irgend zwei Punkte gleichen Stromes, beispielsweise die Punkte P und Q. Die zugehörigen Abszissen mögen $V_{GP} = -2$ Volt und $V_{GQ} = -7$ Volt sein, die beiden zu den Kennlinien gehörigen Anodenspannungen $V_{AP} = 100$ Volt und $V_{AQ} = 150$ Volt. Aus den zu den beiden Punkten P und Q gehörigen Entladungsgleichungen ergibt sich, da ja in beiden die Ströme einander gleich sind:

$$J_P = J_Q = S(V_{GP} + DV_{AP}) = (S\,V_{GQ} + DV_{AQ})\,.$$

ferner

$$V_{GP} + DV_{AP} = V_{GQ} + DV_{AQ}$$

und hieraus:

$$V_{GP} - V_{GQ} \equiv \Delta_{PQ} = (V_{AQ} - V_{AP})\,D\,.$$

Der Abstand zweier Kennlinien, in Abb. 4 Δ_{PQ} genannt, in Richtung der Abszissenachse gerechnet und im Abszissenmaß ausgedrückt, ist gleich der Differenz der zugehörigen Anodenspannungen multipliziert mit dem Durchgriff D. Hieraus ergibt sich eine einfache Methode zur

Messung der wichtigen Konstanten D, wie im nächsten Abschnitt C 1 e noch näher erläutert wird.

Es ist in dem vorhergehenden Abschnitte c darauf hingewiesen worden, daß die Konstante S in der vereinfachten linearen Entladungsgleichung identisch ist mit dJ/dV_G. Da man die Richtung der Kennlinie anschauungsmäßig auch als ihre Steilheit bezeichnen kann, ergibt sich zwanglos die Benennung „Steilheit" für die Konstante S, die neben D die andere wichtige Konstante der Eingitterröhre ist.

Die eben beschriebenen Kennlinien werden spezieller „Gitterspannungskennlinien" genannt, weil die Gitterspannung hier als Variable dient. Es ist aber auch möglich, andersartige Kennlinien anzugeben, nämlich solche, bei denen die Gitterspannung jeweils konstant, die Anodenspannung aber die Variable ist. Eine solche „Anodenspannungskennlinie" genannte zeigt Abb. 5 im Vergleich zu einer Gitterspannungskennlinie, und zwar ist Kurve K_G die letztere, Kurve K_A die erstere. Im Punkte P stimmen beide Spannungen bei beiden Kurven überein. Bei der Kurve K_G ist dann die Anodenspannung (100 Volt) beibehalten und die Gitterspannung variiert (untere Abszissenachse), bei Kurve K_A ist die Gitterspannung (-2 Volt) beibehalten und die Anodenspannung variiert (obere Abszissenachse). Man sieht, daß bei gleichem Abszissenmaßstabe für beide Kurven die Anodenspannungskennlinie viel flacher verläuft als die Gitterspannungskennlinie, und zwar ergibt sich für die Steilheit der ersteren (S_A), die als $S_A = dJ/dV_A$ zu definieren ist, die einfache Beziehung zu der letzteren (S):

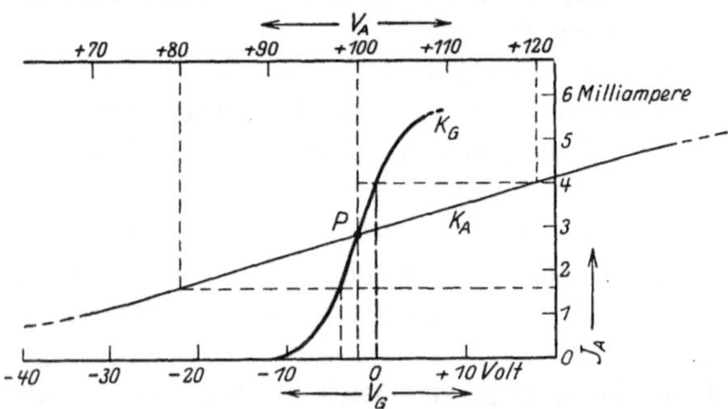

Abb. 5. Anodenspannungskennlinie und Gitterspannungskennlinie.

$$S_A = S \cdot D,$$

wie man aus der linearen Entladungsgleichung $J = S(V_G + DV_A)$ sofort ableiten kann, indem man den Differentialquotienten $S_A = dJ/dV_A$ bildet.

Die Anodenspannungskennlinien sind wenig anschaulich und werden deshalb zur Darstellung der Vorgänge selten herangezogen. Ihre Steilheit S_A ist gleich dem reziproken Werte des „inneren Widerstandes" der Röhre, wie an anderer Stelle (s. Abschnitt C 1 f) abgeleitet werde. Es möge noch darauf hingewiesen werden, daß ein in der Praxis sich abspielender Vorgang in der Röhre weder auf einer bestimmten Gitterspannungskennlinie noch auf einer bestimmten Anodenspannungskennlinie verläuft, sondern auf einer dritten Art von Kurve, die man eine „Arbeitskennlinie" nennt, wie in einem späteren Kapitel dargetan wird (Kap. IX, S.320ff.).

Eine solche Arbeitskennlinie, verglichen mit einer Anodenspannungskennlinie und einer Schar von Gitterspannungskennlinien, zeigt Abb. 6. Die Kurven *I*, *II*, *III*, *IV*, *V* sind Gitterspannungskennlinien. Jede Anodenspannungskennlinie muß in dieser Darstellung eine senkrechte Linie wie die durch den Punkt *P* gezeichnete sein. Die Linie *QPR* stellt aber eine Arbeitskennlinie vor, und man erkennt aus ihrer Lage, daß die Anodenseite der Röhre bei höherer Spannung den kleineren Strom (Punkt *Q*) und bei niederer Spannung den höheren Strom (Punkt *R*) liefert, daß also, allgemein gesprochen, die Röhre die Eigenschaft negativer Charakteristik hat.

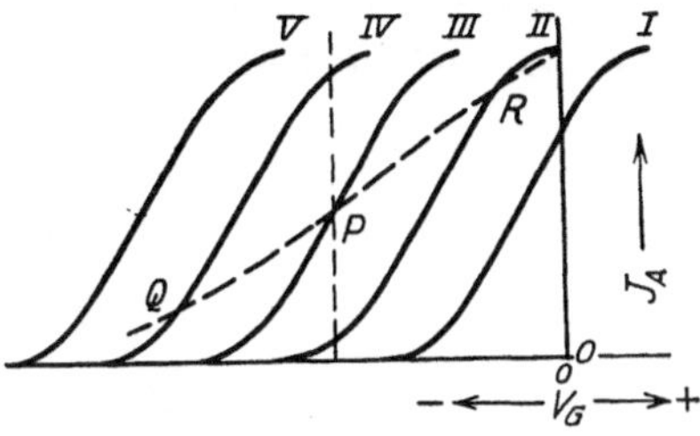

Abb. 6. Arbeitskennlinie.

e) Die Messung der Konstanten. Für eine korrekte Behandlung aller Verstärkerfragen usw. ist es notwendig, die Röhrenkonstanten leicht und eindeutig messen zu können. Auf Grund der vorhergehenden Auseinandersetzungen lassen sich solche Meßmethoden hier sofort ableiten.

α) Messung der Steilheit. Die Messung der Steilheit ist identisch mit der Aufnahme der Gitterspannungskennlinien, wie Abb. 4. Eine solche Messung geschieht ebenso wie die einer Anodenspannungskennlinie in einer Anordnung wie Abb. 7. Hier bezeichnet B_H eine Spannungsquelle (z. B. Batterie) zur Heizung der Glühkathode, R_H den dazugehörigen Regulierwiderstand, B_A die Quelle für die Anodenspannung, B_G die Quelle für die Gitterspannung, M_J Meßinstrumente für die Ströme (Milliamperemeter, Galvanometer), M_V solche für Spannungen (Voltmeter). In Abb. 8 ist die Ableitung der Konstanten *S* aus einer Kennlinienaufnahme verdeutlicht. Das Stück *QR* möge für die Messung dienen. Dort entspricht einer Gitterspannungsänderung von 2 Volt (von —3 auf —1 Volt) eine Anodenstromänderung von 1,2 mAmp.

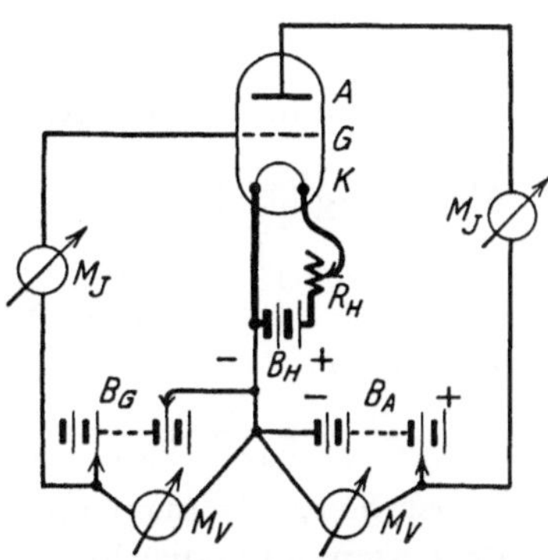

Abb. 7. Schaltschema zur Messung der Röhrenkonstanten.

(von 2,2 auf 3,4 mAmp.). Das heißt, es wird

$$S = \frac{dJ}{dV_G} = \frac{0{,}0012 \text{ Amp.}}{2 \text{ Volt}}.$$

Da es nun üblich geworden ist, bei Röhren die Konstante S in $\frac{\text{Milliampere}}{\text{Volt}}$ anzugeben, ergibt sich für Abb. 8

$$S = \frac{1{,}2 \text{ Milliampere}}{2 \text{ Volt}} = 0{,}60 \left[\frac{mA}{V}\right].$$

β) Messung des Durchgriffes. Eine Methode der Durchgriffs messung ist im vorhergehenden Abschnitt C 1 d bereits angedeutet worden, nämlich die aus dem Abstand zweier Gitterspannungskennlinien. Sie ist aus der Abbildung und den dazu gegebenen Erläuterungen ohne weiteres abzuleiten. Da nämlich

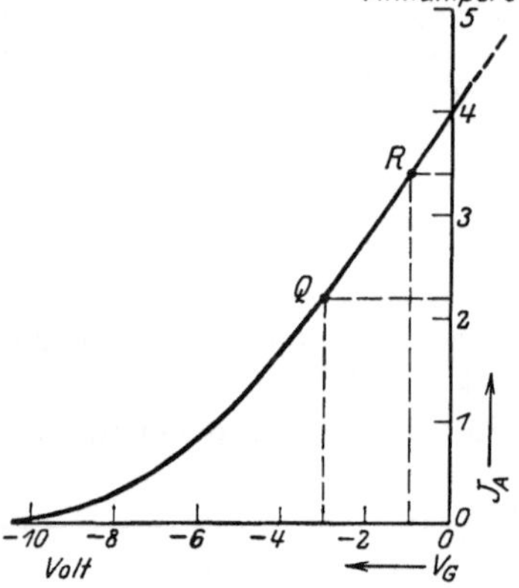

$$\Delta_{PQ} = (V_{AQ} - V_{AP})\, D$$

ist, ergibt sich sofort

$$D = \frac{\Delta_{PQ}}{V_{AQ} - V_{AP}},$$

d. h. der Durchgriff ist gleich dem Abstand zweier Gitterspannungskennlinien in Richtung der Abszissenachse, im Abszissenmaß ausgedrückt, dividiert durch die Differenz der beiden zu den Kennlinien gehörigen Anodenspannungen. Aus

Abb. 8. Auswertung der Konstanten S.

Abb. 4 ergibt sich z. B.

$$V_{GP} = -2 \text{ Volt}, \quad V_{GQ} = -7 \text{ Volt},$$
$$V_{AP} = 100 \text{ ,,} \quad V_{AQ} = 150 \text{ ,,}$$

und daher

$$D = \frac{\Delta_{PQ}}{V_{AQ} - V_{AP}} = \frac{V_{GP} - V_{GQ}}{V_{AQ} - V_{AP}} = \frac{-2 \text{ Volt} + 7 \text{ Volt}}{150 \text{ Volt} - 100 \text{ Volt}} = 0{,}10.$$

Es ist hier, wie auch an manchen anderen Stellen üblich, Brüche in Prozenten auszudrücken. Man sagt also für den vorliegenden Fall: $D = 10\%$.

Die Konstanten S und D können durch eine relativ einfache Messung zusammen festgestellt werden, nämlich durch die sog. Drei-Punkte-Messung, die Abb. 9 zeigt. Sie geschieht ebenfalls in den bisherigen Anordnungen und besteht darin, daß man z. B. vom Punkte Q ausgehend die Gitterspannung um 2 Volt vergrößert, bis man etwa zum Punkte R gelangt, der um 1,2 mAmp. über dem Punkte Q liegen mag. Von hier aus verkleinert man dann die Anodenspannung, bis man auf einen Punkt gleichen Stromes wie Q, nämlich P zurückkommt. War nun hierzu eine Verringerung um 20 Volt, nämlich von 100 auf 80 Volt, nötig, so ergibt sich wie oben:

$$S = \frac{1{,}2\ \text{mAmp.}}{2\ \text{Volt}} = 0{,}6 \left[\frac{\text{mAmp.}}{\text{Volt}}\right] \quad \text{und} \quad D = \frac{\Delta_{VG}}{\Delta_{VA}} = \frac{2\ \text{Volt}}{20\ \text{Volt}} = 10\%.$$

Mit größerer Genauigkeit mißt man D nach der Methode der D-Geraden [W. Hausser[1])]. In einem Koordinatensystem (Abb. 10), das als Abszissen Gitterspannungen, als Ordinaten Anodenspannungen enthält, werden eine größere Anzahl Punkte so zusammengehöriger Gitter und Anodenspannungen, daß sich immer derselbe Strom ergibt, eingetragen. Man erhält dann eine Gerade, und wenn man diese Messungen für eine andere Stromstärke ebenfalls ausführt, eine andere Gerade, die im allgemeinen der ersteren parallel ist. In Abb. 10 sind mehrere derartige Geraden eingezeichnet, die zu derselben Röhre gehören wie die Kennlinienschar in Abb. 4. Die Berechnung der Konstante D aus den D-Geraden lehnt sich unmittelbar an die Rechnung aus dem

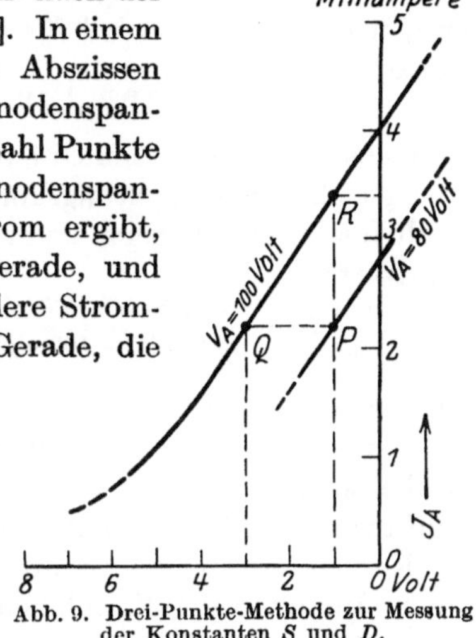

Abb. 9. Drei-Punkte-Methode zur Messung der Konstanten S und D.

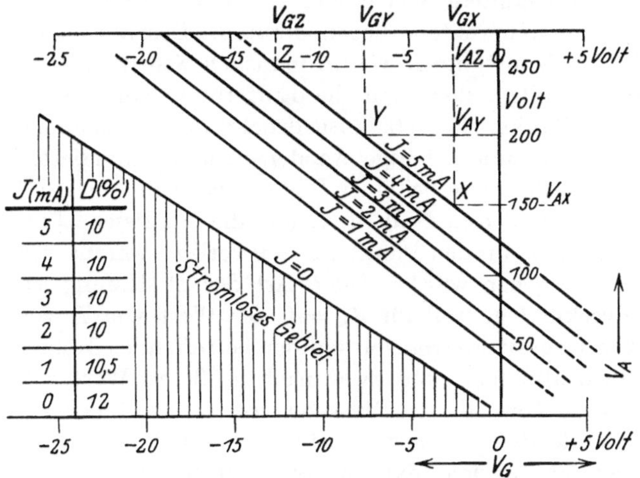

Abb. 10. Geradenschar zur Messung der Konstanten D.

Abstand der Kennlinien an. Es gilt nämlich immer für gleiche Ströme bei den verschiedenen Gitter- und Anodenspannungseinstellungen X,

---

[1]) K. W. Hausser: siehe bei H. Rukop (Anmerkung 4, S. 287).

Y, Z in Abb. 10 die Beziehung

$$V_{GX} + DV_{AX} = V_{GY} + DV_{AY} = V_{GZ} + DV_{AZ} =$$

usw., und daher

$$D = \frac{-\Delta_{GXY}}{\Delta_{AXY}} = \frac{-\Delta_{GXZ}}{\Delta_{AXZ}} = \frac{-\Delta_{GYZ}}{\Delta_{AYZ}}$$

usw., wobei Δ ein Symbol für die Differenz zweier Spannungen ist in der Art

$$\Delta_{GXY} \equiv V_{GX} - V_{GY} \quad \text{oder} \quad \Delta_{AYZ} \equiv V_{AY} - V_{AZ}.$$

Demnach ist D gleich den Differentialquotienten der Geraden in Abb. 10 bzw. gleich ihren Richtungskonstanten (positiv zu setzen), und man erhält aus zwei beliebigen Punkten einer Geraden, z. B. aus X und Y den Wert:

$$D = \frac{-(7\ \text{Volt} - 2\ \text{Volt})}{150\ \text{Volt} - 100\ \text{Volt}} = \frac{5\ \text{Volt}}{50\ \text{Volt}} = 0{,}10 = 10\%.$$

Man erkennt hier eine gewisse Anomalie bei den Geraden kleinster Stromstärke, insofern als diese denen größerer Stromstärke nicht parallel sind, sondern etwas flacher verlaufen. Dies bedeutet, daß für kleinste Stromstärken, d. h. für Ströme in der Nähe der Fußpunkte der Kennlinien, die Konstante D etwas anwächst, wie dies auch aus den Fußpunkten der Kennlinien in Abb. 4 zu erkennen ist. Die wirklichen Ströme werden durch die ausgezogenen Kurventeile dargestellt, während bei konstantem Werte von D die Kennlinienfußpunkte wie die gestrichelten Kurventeile liegen müßten. Deshalb ist es auch unzuverlässig, die Konstante D, wie in manchen Schriften vorgeschlagen, so messen zu wollen, daß man die Entfernung eines Kennlinienfußpunktes vom Punkte $V_G = 0$, ausgedrückt im Abszissenmaße, durch die zu dieser Kennlinie gehörige Anodenspannung dividiert. Dies wäre damit identisch, daß man bei einer D-Messung nach Abb. 10 die Punkte P und Q auf den Strom Null, d. h. auf die Abszissenachse, und den Punkt P außerdem auf den Punkt $V_G = 0$ verlegt, woraus sich $V_{GP} = 0$ und $V_{AP} = 0$ ergeben würde. Diese Art der D-Messung ist also deswegen unzweckmäßig, weil für $J_A = 0$ der Wert von D von dem für die mittleren Gebrauchsstromstärken der betreffenden Röhre geltenden ziemlich stark abweicht, und zwar nach größeren Werten hin.

Eine weitere Methode der Messung von D ergibt sich aus den Definitionen der beiden Steilheitskonstanten S und S_A. Im Abschnitte C 1 c ist gezeigt worden, daß die Steilheit S der Anodenspannungskennlinie den Wert $S_A = S \cdot D$ hat. Hieraus ergibt sich $D = S_A/S$. Aus zwei Kennlinien, einer Anoden- und einer Gitterspannungskennlinie, wie sie Abb. 5 zeigt, kann man D auch ohne Ausrechnung von S und S_A ableiten, indem man die zu der gleichen Anodenstromänderung für beide Kennlinien gehörigen beiden Spannungsänderungen dividiert. Zu der

Anodenstromänderung $\Delta J_A = PX$ gehört einmal die Gitterspannungsänderung $\Delta V_G = QY$, andererseits die Anodenspannungsänderung $\Delta V_A = RZ$, deren Quotient den Durchgriff ergibt. Da nun nach Abb. 5 $\Delta V_G = 4$ Volt und $\Delta V_A = 40$ Volt ist, ergibt sich hierfür:

$$D = \frac{4\,\text{Volt}}{40\,\text{Volt}} = 0{,}10 = 10\%.$$

Schließlich kann man D noch auf eine ganz andersartige Methode messen, nämlich in einer Kompensationsschaltung mit Wechselstromspeisung (Abb. 11[1]). Hierbei wird die Röhre mit der Anodenleitung an das eine Ende a des Brückendrahtes W, die Gitterleitung an das andere, b, die Kathode an den Gleitkontakt k gelegt. Die Batterien B_G und B_A gestatten, die Messung an jedem beliebigen Punkte der Kennlinie vorzunehmen. Durch die Wechselstromquelle $E_\sim$ von gut hörbarer Periodenzahl wird der Brückendraht gespeist. Zur Messung wird der Gleitkontakt so eingestellt, daß der Ton im Telephon T verschwindet. Der Durchgriff ist dann gleich dem Verhältnis der beiden Brückendrahtzweige Z_G und Z_A. Aus der Entladungsgleichung

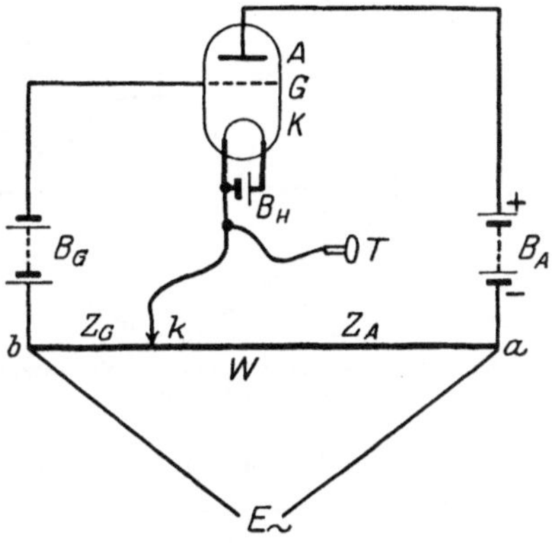

Abb. 11. Messung von D mit dem Brückendraht.

$$J_\sim = S(V_{G\sim} + DV_{A\sim})$$

ergibt sich für $J_\sim = 0$ nämlich: $D = -V_{G\sim}/V_{A\sim}$, und, wenn Z_G und Z_A die Widerstände von den beiden Brückendrahtzweigen vorstellen:

$$D = \frac{Z_G}{Z_A}.$$

f) Der innere Widerstand. Da die Röhre als Stromquelle, nämlich als Quelle des Anodenstromes $J_{A\sim}$ wirkt, hat die hierzu gehörige Strecke, nämlich Anode/Kathode, wie jede andere Stromquelle auch einen inneren Widerstand, $\mathfrak{R}_i$ genannt. Aus der allgemeinen Beziehung für den inneren Widerstand $\mathfrak{R}_i = dV/dJ$ ergibt sich für den vorliegenden Fall der Röhre

$$\mathfrak{R}_i = \frac{dV_{A\sim}}{dJ_{A\sim}}.$$

[1] J. M. Miller: Proc. Inst. Rad. Eng. Bd. 6, S. 141. 1918. H. J. v. d. Bijl: The Therm. Vac. Tub. 1918, S. 203. H. Barkhausen: Jahrb. Drahtl. Tel. Bd. 14, S. 28. 1919. W. Schottky: Tel. u. Fernspr. Bd. 9, S. 31. 1920. F. F. Martens: Zeitschr. f. Phys. Bd. 4, S. 437. 1921.

Leitet man den Wert hierfür aus der Entladungsgleichung

$$J_{A\sim} = S(V_{G\sim} + D V_{A\sim})$$

ab, so ergibt sich

$$\mathfrak{R}_i = \frac{1}{SD} \quad \text{oder} \quad \mathfrak{R}_i SD = 1 .$$

Eine Messung des inneren Widerstandes kann also durch Messung von S und D und Einsetzen der Werte in obige Formel geschehen. Aus den in den oben beschriebenen Messungen gefundenen Werten $S = 0{,}6$ mAmp/Volt und $D = 0{,}10$ ergibt sich z. B.: $\mathfrak{R}_i =$ ca. $13333\ \Omega$.

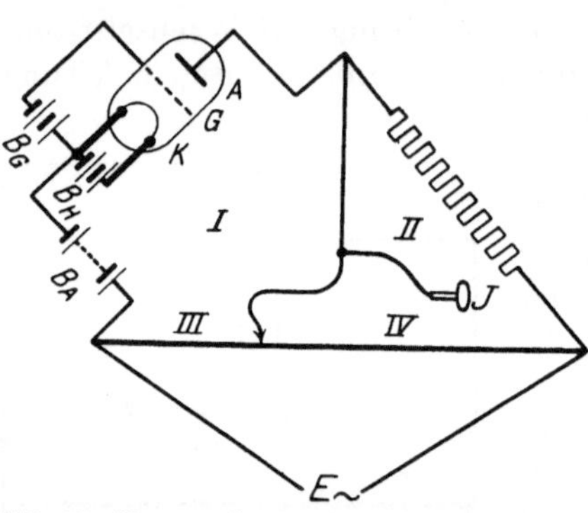

Abb. 12. Messung des inneren Widerstandes in der Brückenschaltung.

Andererseits ist der innere Widerstand gleich dem reziproken Wert der Anodenspannungssteilheit. Denn da $\mathfrak{R}_i = 1/SD$ und $S_A = SD$ ist, so erhält man $\mathfrak{R}_i = 1/S_A$, was ja unmittelbar auf der Hand liegt, da $\mathfrak{R}_i = dV_{A\sim}/dJ_{A\sim}$ und $S_A = dJ_{A\sim}/dV_{A\sim}$ ist.

Ferner läßt sich $\mathfrak{R}_i$ ebenfalls in einer Wheatstoneschen Brückenanordnung messen, wie sie Abb. 12 zeigt[1]). Die Röhre, die zur Einstellung jedes beliebigen Kennlinienpunktes wieder mit ihren Batterien B_G und B_A versehen ist, bildet mit ihrer Anodenseite den einen Brückenzweig I, während die drei anderen II, III, IV aus normalen Ohmschen Widerständen bestehen. Gespeist wird die Anordnung durch die Wechselstromquelle $E_\sim$ von gut hörbarem Tone, am Telephon T wird abgehört, und die Messung geschieht wie die jedes anderen Widerstandes mit Wechselstrom. Es darf hier natürlich nicht mit Gleichstrom gemessen werden, da man ja den scheinbaren Widerstand der Röhre bei kleinen Änderungen bestimmen will, nicht das Verhältnis von Gesamtspannung zu Gesamtstrom, wie es eine Gleichstrommessung ergeben würde.

g) Gitterströme, Kontaktpotentiale. Im Abschnitt A. 4 (S. 284) ist bereits bemerkt worden, daß der Punkt, an dem eine Elektrode Strom aufzunehmen beginnt, nicht genau bei 0 Volt liegt, sondern meistens etwas positiver oder negativer. Dies trifft auch für den Strom nach dem Gitter zu, der in Abb. 4 als etwa bei 0 beginnend gezeichnet ist. Jedoch sind hier einige ausführlichere Betrachtungen nötig, da dieser Punkt für Verstärkerröhren von erheblicher Bedeutung ist. Abb. 13 zeigt in vergrößertem Maßstabe Gitterströme an der Stelle ihres Beginnens, d. h. einen kleinen Ausschnitt um den Koordinatennullpunkt herum aus

[1]) Siehe Anmerkung 1, S. 297.

der Abb. 4. Aus Abb. 13 ist zu ersehen, wie verschieden etwa die Gitterströme bei verschiedenen Exemplaren von Röhren liegen können. D. h. ihr meßbarer Beginn kann zwischen etwa —2 Volt (Kurve J_{GI}) und +3 Volt (Kurve J_{GX}) jeden Wert annehmen. Selbstverständlich sind diese Spannungen wie immer gegen den negativsten Punkt der Glühkathode selbst gerechnet. So unbedeutend diese Erscheinung infolge der an sich geringen Größe der Gitterströme aussieht, so ist sie doch für Verstärkerröhren von gewisser Wichtigkeit insofern, als man dem Beginn des Gitterstromes beim Verstärkervorgang ausweichen muß, wie in den späteren Kapiteln begründet wird. Wenn aber dieser Punkt sich um ± 2 Volt verschieben kann, so macht das in Hinsicht

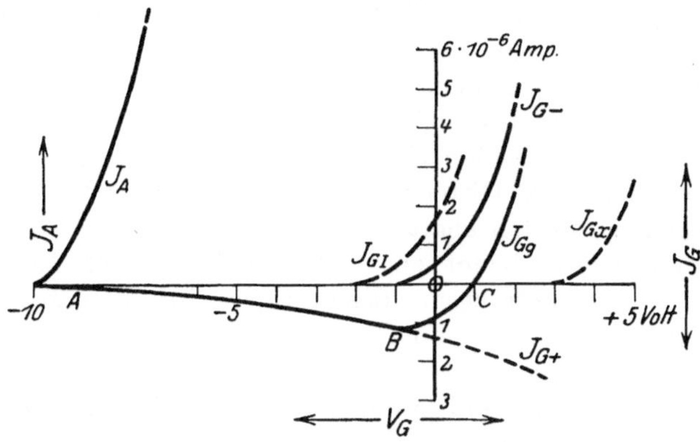

Abb. 13. Verschiedenartige Gitterströme.

auf die geringen Spannungen, mit denen man bei Verstärkern arbeitet, doch sehr viel aus und kann erhebliche Störungen herbeiführen. Die Ursache dieser Verschiedenheiten sind die Kontaktpotentiale, wie bereits im Abschnitt A 4 beschrieben ist. Hierzu kann gesagt werden, daß Röhren mit Wolframkathoden und solche mit Thoriumkathoden meistens, eigentlich immer, Gitterströme haben, welche bereits bei —1 bis —2 Volt beginnen, daß dagegen die Gitterströme von Röhren mit Oxydkathoden u. dgl. in der Mehrzahl der Fälle erst bei positiven Spannungen auftreten. Es kommen bei gewissen Fabrikationsmethoden für Oxydkathoden allerdings auch schon Gitterströme bei 0 Volt oder negativen Spannungen vor. Man kann die Erscheinungen mit der Bildung von Schichten, Doppelschichten, Gasbeladungen verschiedener Verbindungen in den Oberflächen der Kathode oder des Gitters in Zusammenhang bringen, und es existiert hierüber zahlreiches Material, das jedoch zu einer quantitativen Klärung nicht ausreicht[1]).

[1]) Siehe Anmerkung 1, S. 285.

h) Vakuummessung. Eine weitere interessante Erscheinung im Gitterstrom zeigt die Kurve J_{Gg} in Abb. 13. Man sieht hier, daß von Punkt A über B bis Punkt C der Gitterstrom die verkehrte Richtung hat und erst von C an seine normale Lage annimmt. Dieser Verlauf ist auf merkliche Gasreste in der Röhre zurückzuführen[1]). Er entsteht dadurch, daß bei der Entladung der Röhre eine Ionisation der Gasreste eintritt, wobei die positiven Ionen naturgemäß nach den negativen Elektroden hinwandern. Der „verkehrte Gitterstrom" mißt also diejenigen positiven Ionen, welche das Gitter aufgefangen hat. Die in Kurve J_{Gg} gezeichnete Form des Gitterstromes läßt sich sehr leicht erklären durch Zusammensetzung des normalen Gitterstromes mit dem Strom der positiven Ionen. Der normale Gitterstrom bei Hochvakuum würde aussehen wir Kurve J_{G-}. Der Strom der positiven Ionen wird, wie man ohne weiteres einsehen kann, proportional dem sie verursachenden, d. h. dem Anodenstrom sein. Er wird demnach für irgendeinen Gasdruck beispielsweise wie Kurve J_{G+} aussehen. Aus der Superposition der beiden Kurven J_{G+} und J_{G-} ergibt sich dann der resultierende wahre Gitterstrom, Kurve J_{Gg}, der für eine Röhre mit merklichen Gasresten charakteristisch ist.

Diese Erscheinung bietet ein einfaches Mittel zur Messung des Vakuums in Verstärkerröhren. Bekanntlich wird ja immer in einer Röhre ein bestimmter Rest von Gasen zurückbleiben, auch wenn man sie noch so gut zu evakuieren versucht, und mit Hilfe empfindlicher Meßinstrumente ist die Ionisation dieses Gasrestes beim Durchgang von Elektronen meßbar.

Unter gleichbleibenden Bedingungen, d. h. bei konstanter Anodenspannung und konstantem Elektronenstrom nach der Anode, ist der positive Ionenstrom dem restlichen Gasdruck vollständig proportional, und zwar so weitgehend, daß man mit den empfindlichsten Meßmethoden keinerlei Abweichung nach der Seite des höheren Vakuums hin konstatieren kann. Man kann deswegen annehmen, daß hier dieses Proportionalitätsgesetz innerhalb der uns überhaupt interessierenden Grenzen gilt, da ja die Kurve durch den Punkt: $J_+ = 0$, $P = 0$ gehen muß. Nach höheren Drucken hin, beispielsweise 10^{-2} mm Hg und darüber, wird die Messung allerdings durch eintretendes Glimmlicht ungenau. Bei den Drucken, wie sie für den normalen Betrieb der Verstärkerröhren notwendig sind, d. h. 10^{-5} bis 10^{-6} mm Hg, ist sie jedoch außerordentlich bequem und zuverlässig und überhaupt die einzige Methode, welche

[1]) H. Rukop und J. Hausser-Ganswindt: 1915; siehe Telefunken-Zeitung Bd. 19, S. 21. 1920. A. O. Buckley: Proc. Am. Nat. Ac. Sc. Bd. 2, S. 683. 1916. S. Dushman und C. Found: Phys. Rev. Bd. 17, S. 7. 1921. W. Kaufmann und Fr. Serowy: Zeitschr. f. Phys. Bd. 5, S. 319. 1921. H. Simon: Zeitschr. f. Techn. Phys. Bd. 5, S. 221. 1924.

bei abgeschmolzener Röhre die quantitative Messung des Vakuums mit Sicherheit gestattet.

Wendet man eine Anodenspannung an, welche für die Entstehung solcher Ionen günstig ist, so ergibt sich aus der Größe des Elektronenstromes J_-, dem Strom der positiven Ionen J_+ der sog. Vakuumfaktor f zu:

$$f = \frac{J_+}{J_-}.$$

Dieser allein ermöglicht noch nicht den Gasdruck in der Röhre anzugeben. Vielmehr ist hier noch eine Anordnungskonstante F zu berücksichtigen, die davon abhängt, welche Strecke die Elektronen durchlaufen, mit welcher Geschwindigkeit, welche Anodenspannung also verwendet wird, vor allem auch, um welches Gas es sich handelt. Schließlich ist F noch davon abhängig, in welcher Maßeinheit der Druck P angegeben werden soll. Setzt man also

$$J_+ = J_- \cdot P \cdot F, \quad \text{oder} \quad f = P \cdot F,$$

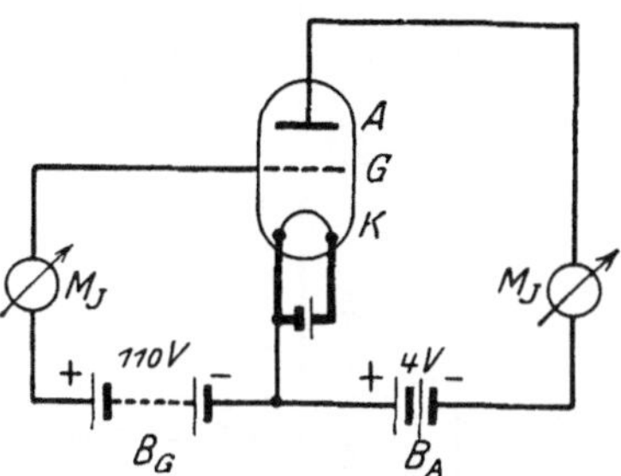

Abb. 14. Schaltschema zur Messung des Vakuums. (Methode II.)

so hat, wie H. Simon[1]) in einer Veröffentlichung angibt, für durchschnittliche Verstärkerröhren bei $V_A = 110$ Volt und bei Angabe des Druckes in Millimeter Quecksilbersäule dieser Proportionalitätsfaktor F, abhängig von der Art des Restgases, einen Wert zwischen etwa 0,3 (Wasserstoff) und 1 (Argon).

Das hier geschilderte Prinzip zur Messung des Vakuums, nämlich vermittels der Ionisation der Restgase, läßt sich bei der Eingitterröhre in einer anderen Schaltanordnung von weit größerer Empfindlichkeit anwenden. Bei dieser Anordnung (s. Abb. 14) erhält das Gitter eine hohe positive Spannung und die Anode eine geringe negative[2]). Es tritt hier das gleiche Phänomen ein, nämlich die Ionisation der Gase beim Durchgang der Elektronen. Man hat bei der zweiten Methode jedoch den Vorteil, daß erstens infolge des positiven Gitters weit größere Ströme durch die Röhre geschickt werden können als bei der ersteren Methode mit dem negativen Gitter, daß zweitens die Elektronen bei dieser Anordnung, da sie ja von der Anode wegen deren negativen Potentials nicht aufgenommen werden können, einige Male hin und her pendeln und auf diese Weise eine größere Ionisation herbeiführen, bis sie schließlich vom hier positiven Gitter aufgefangen werden. Infolgedessen ist auch der Proportionalitätsfaktor F bei der zweiten

[1]) Siehe Anmerkung 1 S. 300.
[2]) Siehe Anmerkung 1 S. 300.

Methode etwa doppelt so groß. Er liegt bei durchschnittlichen Rundfunkverstärkerröhren hier etwa zwischen $F = 0{,}6$ (Wasserstoff) und $F = 2$ (Argon).

Die folgende Zahlentafel 3 gibt einige Daten über den Zusammenhang der Größen P, f und F an. Dort wird die Messung mit negativer Gitterspannung: Methode $I\,[G_-]$, die mit positiver Gitterspannung: Methode $II\,[G_+]$ genannt. V_+ bedeutet die Spannung an der jeweils positiven Elektrode, d. h. bei Methode I die Anodenspannung, bei II die Gitterspannung.

Zahlentafel 3. Gasdruck P im mm Hg bei einer einfachen Verstärkerröhre.

$f = J_+/J_-$ bei $V_+ = 110$ Volt	Methode I $[G_-]$ Argon $F=1$	Stickstoff $F=0{,}8$	Wasserstoff $F=0{,}3$	Methode II $[G_+]$ Argon $F=2$	Stickstoff $F=1{,}4$	Wasserstoff $F=0{,}6$
10^{-2}	$P = 1\cdot10^{-2}$	$P = 1{,}2\cdot10^{-2}$	$P = 3\cdot10^{-2}$	$P = 0{,}5\cdot10^{-2}$	$P = 0{,}7\cdot10^{-2}$	$P = 1{,}7\cdot10^{-2}$
10^{-3}	$1\cdot10^{-3}$	$1{,}2\cdot10^{-3}$	$3\cdot10^{-3}$	$0{,}5\cdot10^{-3}$	$0{,}7\cdot10^{-3}$	$1{,}7\cdot10^{-3}$
10^{-4}	$1\cdot10^{-4}$	$1{,}2\cdot10^{-4}$	$3\cdot10^{-4}$	$0{,}5\cdot10^{-4}$	$0{,}7\cdot10^{-4}$	$1{,}7\cdot10^{-4}$
10^{-5}	$1\cdot10^{-5}$	$1{,}2\cdot10^{-5}$	$3\cdot10^{-5}$	$0{,}5\cdot10^{-5}$	$0{,}7\cdot10^{-5}$	$1{,}7\cdot10^{-5}$
10^{-6}	$1\cdot10^{-6}$	$1{,}2\cdot10^{-6}$	$3\cdot10^{-6}$	$0{,}5\cdot10^{-6}$	$0{,}7\cdot10^{-6}$	$1{,}7\cdot10^{-6}$

Die obengenannten Größen sind so festgesetzt, daß für beide Meßmethoden die Beziehung $f \equiv J_+/J_- = FP$ gilt.

Bei normalen Rundfunkröhren mit Hochvakuum liegt die Konstante F der Restgase meistens sehr in der Nähe des Wertes von F für Wasserstoff bei denselben Vorbedingungen. Die folgenden Daten geben ein Beispiel einer solchen Vakuummessung, und zwar nach Methode $II\,[G_+]$. Die positive Spannung am Gitter sei $V_G = 110$ Volt. Der Elektronenstrom nach dem Gitter sei $J_- = 0{,}010$ Amp. Der Strom positiver Ionen in der Anodenleitung sei $J_+ = 3\cdot10^{-8}$ Amp. Ist nun der Proportionalitätsfaktor für die betreffende Röhrenkonstruktion unter obigen Bedingungen $F = 0{,}6$, so ergibt sich:

$$P_{[\text{mm Hg}]} = \frac{J_+}{J_-\cdot F} = \frac{3\cdot10^{-8}}{0{,}01\cdot0{,}6} = 0{,}5\cdot10^{-5}\,[\text{mm Hg}],$$

d. h. brauchbares Vakuum für eine Verstärkerröhre.

Die Gitterstromkurve J_{Gg} in Abb. 13 dagegen würde, wenn bei $V_G = -1{,}5$ Volt und $V_A = +110$ Volt ein Anodenstrom $J_A =$ ca. 3 mAmp. angenommen wird, einen Gasdruck von etwa 10^{-3} mm Hg, d. h. ein recht schlechtes Vakuum, anzeigen.

Es ist darauf zu achten, daß bei dieser letztgenannten Meßmethode mit positivem Gitter die Messung durch einsetzende Schwingungen, welche von der bereits beschriebenen Pendelung der Elektronen herrühren und von H. Barkhausen und K. Kurz[1]) gefunden wurden, verfälscht werden kann. Bei kleinen Röhren kann man das Auftreten solcher Schwingungen leicht durch geringe Änderung der positiven Spannung am Gitter beseitigen. Bei großen und kräftigen Röhren (Senderöhren) ist diese Erscheinung allerdings so hartnäckig, daß sich dort eine Vakuummessung nach dieser Methode nicht anstellen läßt. Man muß dann die erstgenannte Methode mit negativem Gitter, bei der ja keine Pendelung eintritt, benutzen.

i) Normale elektrische Daten von Rundfunkröhren der Praxis und ihre Beziehung zum Glühfadenmaterial. Die folgende Zahlentafel 4 zeigt durchschnittliche elektrische Daten von

Zahlentafel 4.

Type	Heizung		J_S [mA]	V_A [V]	S [mA/V]	D %	$\mathfrak{R}_i$ Ω	Leistung	Bemerkungen
	V_H [V]	J_H [A]							
RE 062 Telefunken	1,7	0,06	8	40/100	0,5	10	20000	5 mW	Oxydkathode
RE 064 Telefunken	3,5	0,06	8	40/100	0,5	10	20000	5 „	Thoriumkath.
RE 142 Telefunken	1,7	0,15	8	40/120	0,7	10	15000	5 „	Oxydkathode
RE 144 Telefunken	3,5	0,15	8	40/120	0,7	10	15000	5 „	Thoriumkath.
RE 152 Telefunken	1,7	0,15	20	60/120	0,7	20	7500	25 „	Oxydkathode
RE 154 Telefunken	3,5	0,15	20	60/120	0,7	20	7500	25 „	Thoriumkath.
RE 352 Telefunken	1,7	0,35	40	60/200	2,0	10	5000	75 „	Oxydkathode
RE 354 Telefunken	3,5	0,35	40	60/200	2,0	10	5000	75 „	Thoriumkath.
RE 054 Telefunken	2,3	0,06	2	80/200	0,06	3	$0{,}5 \cdot 10^6$	0,5 „	Thoriumkath.
UV 199a Rad. Co. Am.	3,0	0,06	8	40/100	0,4	15	20000	5 „	Thoriumkath.
UV 201a Rad. Co. Am.	5,0	0,25	40	40/200	1,0	12	8000	50 „	Thoriumkath.
RS 228 Telefunken	7	1	0,15 A	220/300	—	—	—	6/10 W	Thoriumkath.
RS 233 Telefunken	10	2,5	0,6 A	1000	—	—	—	100 W	Thoriumkath.
RS 203 Telefunken	30	25	3 A	10 000	—	—	—	5 kW	Molybdänglaskolben
RS 225 Telefunken	36	50	10 A	12 000	—	—	—	20 „	Metallkolben mit Wasserkühlung

[1]) H. Barkhausen und K. Kurz: Phys. Zeitschr. Bd. 21, S. 1. 1920.

Rundfunkverstärkerröhren, die in der Praxis sehr verbreitet sind. Am Schluß der Zahlentafel sind des Interesses wegen auch einige bemerkenswerte Typen von Senderöhren aufgeführt, die natürlich in ihren Daten enorme Unterschiede gegenüber denen der Verstärkerröhren aufweisen.

In Abb. 15 ist eine sehr gebräuchliche Form der Rundfunkverstärkerröhren zu sehen, eine andere in Abb. 16; Abb. 17 zeigt die Kennlinien einiger wichtigen Röhrentypen aus der Zahlentafel 4. Als die am meisten verwendeten Röhren kann man wohl diejenigen bezeichnen, zu denen die Kennlinien Abb. 17a und c gehören. Man ersieht aus diesen, daß die eine Röhrenart (a) eine kleinere Emission (ca. 8 mAmp.) und einen kleineren Durchgriff (ca. 10%) als die zweite Röhrenart (c) hat, welche die Daten $J_S =$ ca. 20 mAmp. und $D =$ ca. 20% aufweist. Es handelt sich in dem einen Falle um eine sog. Anfangsstufenröhre, im zweiten um eine sog. Endstufenröhre. Für die Erzielung der Emission ist natürlich in der schwächeren Röhre auch ein schwächerer Heizaufwand notwendig unter der Voraussetzung, daß die Materialien in beiden dieselben sind. Die in Abb. 17a und c gezeichneten Kennlinien entsprechen einerseits Röhren mit Oxydkathoden, die heute im Rundfunk im allgemeinen mit 2-Volt-Akkumulatoren geheizt werden. Bei gleicher Spannung braucht also die Röhre (a) einen Heizstrom von ca. 0,06 Amp., die Röhre (c) einen solchen von 0,15 Amp., d. h. die beiden Glühkathoden arbeiten mit etwa der gleichen Belastung, nämlich mit ca. 80 mAmp./Watt.

Abb. 15. Normale Rundfunkempfangsröhre. (ca. 2/3 natürl. Größe.)

Abb. 16. Röhre für Rundfunkempfang (Endstufe) oder für kleine Sender.

Vergleicht man hiermit andererseits entsprechende Röhren mit Thoriumkathoden, so findet man, daß man, um bei gleicher Heizstromstärke die gleiche Steilheit S zu erzielen, die Glühkathoden so lang wählen muß, daß sich eine Heizspannung von rd. 4 Volt ergibt. Diese Tatsache, deren innerer Grund oft mißverstanden wird, liegt daran, daß der Thoriumfaden eine passende Emission erst bei einer viel größeren Temperatur (ca. 1800° abs. T.) gibt als der Oxydfaden (ca. 800° abs. T.). Infolgedessen müßte ein Thoriumfaden bei Aufwand gleicher Heizung, d. h. gleicher Heizstromstärke und gleicher Heizspannung, eine viel kleinere Oberfläche haben als der Oxydfaden, da nämlich der Verbrauch an Heizleistung hauptsächlich durch die Abstrahlung, die ja mit der Temperatur außerordentlich steigt, bedingt ist. In den vorhergehenden Abschnitten ist jedoch dargetan worden, daß die Steilheit einer Röhre proportional der Länge des Fadens ist. Sie muß demnach bei einem Oxydfaden, der bei gleicher Spannung bedeutend länger sein kann als ein Thoriumfaden, notwendigerweise größer sein als dieses letztere. Hieraus ergibt sich bei gleichen Heizstromstärken etwa eine Verdoppelung der Heizspannung beim Thoriumfaden gegenüber dem Oxydfaden als nötig, wenn man auf die gleiche Steilheit gelangen will.

Zufälligerweise ergibt sich dann bei gleicher Lebensdauer auch etwa die gleiche Emission, die nämlich bei Thoriumkathoden, wie gesagt, bei ca. 35 mAmp./Watt liegt. Daher kommt es, daß man neben Röhren mit Oxydkathoden auch solche mit Thoriumkathoden, die den ersteren sehr ähnlich sind, sich aber durch etwa die doppelte Heizspannung von ihnen unterscheiden, sehr zahlreich in der Praxis antrifft.

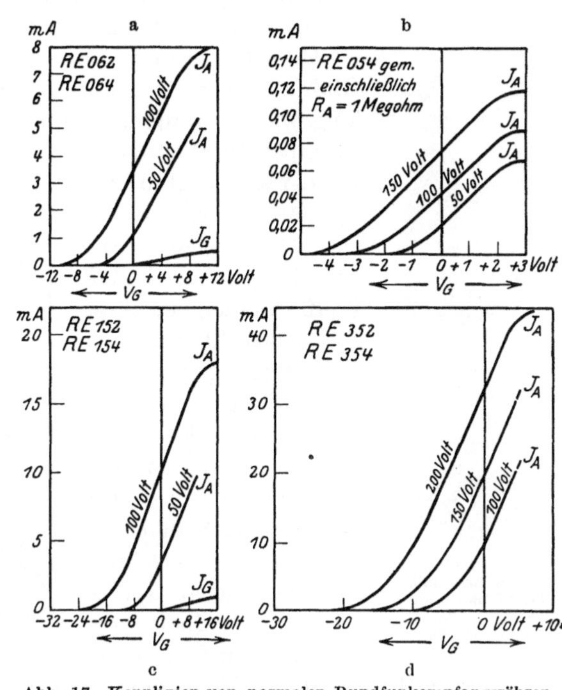

Abb. 17. Kennlinien von normalen Rundfunkempfangsröhren.

Außer den beiden durch Abb. 17a und c gekennzeichneten Arten von Röhren, die man als die für den Rundfunk üblichsten bezeichnen kann, kommen noch zwei andere Arten in bemerkenswertem Umfange vor. Die eine ist eine Röhre von recht kleiner Emission (es genügen da 1—2 mAmp.) und sehr kleinem Durchgriff (ca. 3%) und den Kennlinien Abb. 17b. Sie führt den Namen „Widerstandsverstärkerröhre". Ihre Eigenschaften werden in späteren Kapiteln ausführlicher erläutert. Die andere Art ist verwandt mit der Röhre Abb. 17c, und zwar ebenfalls eine Endleistungsröhre, die die genannte jedoch in der Stärke und Wirksamkeit noch wesentlich übertrifft, indem sie bei kleinerem Durchgriff (ca. 10%) eine sehr hohe Emission (J_S = 30 bis 50 mAmp.), eine hohe Steilheit ($S = 2$ bis 2,5 mAmp./Volt) und eine hohe Anodenbetriebsspannung, bis ca. 200 Volt, aufweist (Kennlinien Abb. 17 d). Andere Röhrentypen, welche sich noch vorfinden, sind von den genannten nicht wesentlich verschieden, abgesehen von den sog. „Raumladungsgitterröhren", die in einem späteren Abschnitt noch beschrieben werden.

Die Abb. 18 und 19 zeigen Ansicht und Kennlinien einer kleinen Senderöhre mit Thoriumkathode (erstgenannte Senderöhre der Zahlentafel 4, Type RS 228, Telefunken), die auch vielfach als sehr leistungsfähige Verstärkerröhre verwendet wird.

Abb. 18. 10 Watt-Senderöhre mit Thoriumkathode (RS 228). (ca. 2/5 natürl. Größe.)

Es soll hier noch auf einen anderen Einfluß des Glühfadenmaterials auf die Steilheit der Kennlinien hingewiesen werden, nämlich auf die recht erhebliche Temperaturabhängigkeit der Konstanten S bei Sparfäden, insbesondere bei Oxydfäden. Aus Abb. 1 b geht hervor, daß Wolframfäden in ihrer Steilheit recht wenig von der Heizung abhängig sind, solange man nicht in die Nähe des Sättigungsknickes gerät. Sehr viel anders ist dies aber bei Oxydkathoden, die nämlich bei erhöhter Heizung meistens eine erhöhte Steilheit bekommen, und zwar in sehr beträchtlichem Maße. Es ist möglich, daß hier die Verdampfung des Oxydes und die damit verbundene Ionisation eine gewisse Beseitigung der Raumladung bewirkt, was ja eine Versteilerung zur Folge haben muß.

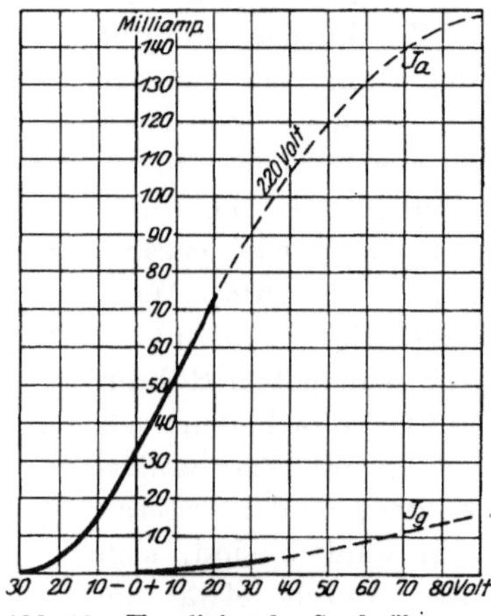

Abb. 19. Kennlinien der Senderöhren RS 228.

Die Thoriumröhren zeigen ebenfalls eine Abhängigkeit der Steilheit von der Heizung, wenn auch nicht so stark wie die Oxydfäden.

k) Einfluß des Gasinhaltes. Jede Röhre enthält notwendigerweise einen gewissen Restgasdruck, den auf Null zu bringen mit unseren physikalischen Hilfsmitteln nicht gelingt. Es entsteht dann die Frage, von welchem Gasdruck an dies an dem Vorgang in der Röhre noch irgendwelchen Einfluß ausübt. Man kann hier sagen, daß bei 10^{-5} bis 10^{-6} mm Druck in einer normalen Verstärkerröhre der Einfluß des Gases merklich verschwunden ist. Jedenfalls an den elektrischen Daten ist keine Änderung mehr festzustellen, wenn man auch den Druck von 10^{-6} auf 10^{-9} erniedrigt, d. h. das Vakuum entsprechend verbessert. Der am schwersten zu vermeidende Einfluß der Gase besteht in einem gewissen Rauschen der Verstärkerröhren im Telephon, welches selbst bei 10^{-5} bis 10^{-6} mm Hg noch nicht vollständig verschwunden ist. Im allgemeinen sind die ruhigsten Röhren, d. h. die am wenigsten rauschenden, die Thoriumröhren, und zwar schon deswegen, weil zur Bewahrung der Thoriumschicht die Aufrechterhaltung eines sehr hohen Vakuums ohnehin erforderlich ist. Jedoch mag dies nicht der einzige Grund sein; denn wenn man eine Oxydröhre auf das gleiche Vakuum bringt wie eine sehr ruhige Thoriumröhre, so wird man bei der Oxydröhre doch ein merklicheres Rauschen übrigbehalten, welches wahrscheinlich auf die stetige Verdampfung des Oxydes, begleitet von Ionenbildung, zurückzuführen ist. Um extrem ruhige Verstärker zu bekommen, wie sie beispielsweise für Meßzwecke notwendig sind, wird man deswegen

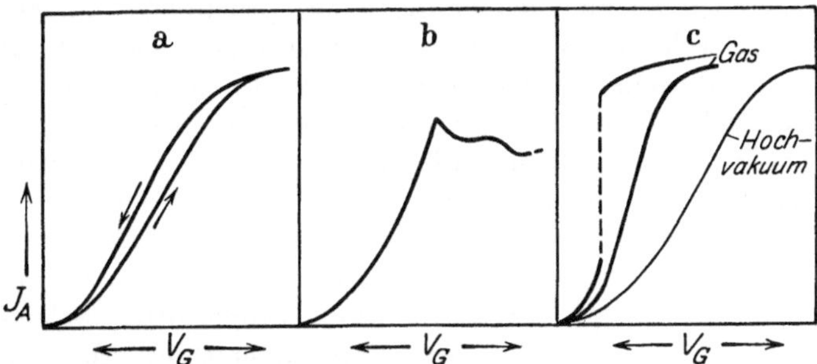

Abb. 20. Kennlinien von Röhren mit erheblichen Gasresten.

stets Thoriumröhren benutzen. Für den normalen Rundfunkempfang sind selbst in vielen Stufen hintereinander Oxydröhren heutiger guter Fabrikation ruhig genug.

Bei merklichen Gasresten in den Röhren werden deren Eigenschaften sehr bald unangenehm. Bei zunehmendem Gasdruck zeigt sich zunächst der bereits in Abb. 13 gezeichnete verkehrte Gitterstrom, der bei Verstärkern eine gefürchtete Ursache zur Selbsterregung (Tönen, Pfeifen) ist. Bei noch größerem Gasdruck findet man schließlich starke Einflüsse auf den Verlauf der Kennlinien, wie sie in Abb. 20 für einige verschiedene Gasdrucke gezeichnet sind).

Allerdings lassen sich durch eine absichtliche Gasfüllung in einer Röhre auch gewisse Vorteile erreichen. Die Kennlinie (Abb. 20c) deutet dies bereits an. Die Steilheit einer Röhre mit merklichem Gasinhalt (ca. 10^{-2} mm) ist eine wesentlich größere als die der gleichen Röhre bei Hochvakuum. Dies läßt sich zur Erhöhung der Verstärkung und Verbesserung der Audionwirkung (s. die späteren Kapitel) verwerten. Allerdings muß man hier das unangenehme Rauschen der Röhre mit in Kauf nehmen, eine Tatsache, die sehr viele Fachleute von der Benutzung von Gasröhren abhält. Für eine Fabrikation solcher Röhren mit merklichem Gasdruck ist es allerdings notwendig, Edelgase zu verwenden, zumal wenn man Sparfäden dabei benutzen will, insbesondere Thoriumfäden, die ja bekanntlich gegen Reste aktiver Gase außerordentlich empfindlich sind.

2. Die Raumladungsgitterröhre. In den Auseinandersetzungen über die Eingitterröhre (C 1) ist darauf hingewiesen worden, daß eine große Steilheit des Anodenstromes in Abhängigkeit von der Gitterspannung erwünscht ist. Die normalen Mittel hierfür, nämlich kleine Gitterdurchmesser und lange Glühfäden, auch Parallelschalten mehrerer Glühfäden, erfordern schließlich einen solchen Aufwand, daß sich vom praktischen Standpunkte Grenzen einstellen.

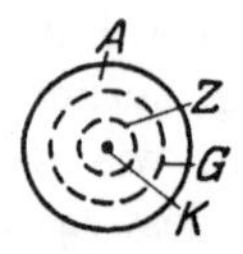

Abb. 21. Querschnitt durch die Elektroden einer Raumladungsgitterröhre.

Es gibt jedoch noch ein prinzipiell anderes Mittel, welches in demselben Sinne wirkt, nämlich das sog. Raumladungsgitter[1]). Es besteht aus einer zweiten gitterförmigen Hilfselektrode, die einer Eingitterröhre so hinzugefügt wird, daß sie zwischen Glühfaden und dem bisherigen Steuergitter liegt. Die prinzipielle Elektrodenanordnung, die sonst mit der zylindrischen von H. J. Round identisch sein kann, zeigt dann im Querschnitt Abb. 21. Hier bedeutet Z das oben beschriebene Raumladungsgitter, welchem, wie das prinzipielle Schaltbild Abb. 22 zeigt, eine positive Spannung erteilt wird, die im allgemeinen etwa gleich der Sättigungsspannung der Röhre bei der normalen Emission sein soll. In Abb. 22 sowie in den folgenden Abbildungen bedeutet $E_{\sim}$ die Stelle, an der die zu verstärkenden usw. Wechselströme der Röhre zugeführt werden, und P irgendein elektrisches Organ, das die Energieentnahme aus dem Anodenkreise bewerkstelligt.

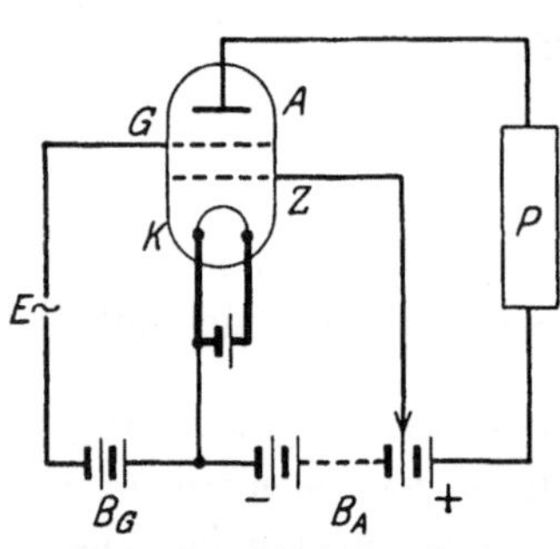

Abb. 22. Schaltbild einer Raumladungsgitterröhre.

Die Wirkung dieses Gitters [J. Langmuir und W. Schottky[1])] besteht in der Beseitigung des Raumladungseffektes, der ja in einer Hochvakuumentladung bekanntlich eine unerwartet hohe Sättigungsspannung nötig macht, d. h. die Steilheit beeinträchtigt. Ein solches Gitter positiver Spannung in unmittelbarer Nähe der Glühkathode kann wie eine zweite Kathode betrachtet werden, die Elektronen mit

[1]) J. Langmuir: D.R.P. 239539, 1913. W. Schottky: Arch. Elektrot. Bd. 8, S. 441. 1920.

erheblicher Anfangsgeschwindigkeit (gleich V_Z, der Spannung des Raumladegitters) emittiert, nämlich die aus den Öffnungen zwischen den Gitterstegen heraustretenden.

Der Übergang dieser Elektronen nach Gitter und Anode vollzieht sich nach einem elektrischen Gesetz, für das eine passende Formel bisher nicht aufgestellt worden ist, und das man am besten aus den Kennlinien der Raumladungsgitterröhren ersieht. Im großen ganzen sind diese Kennlinien denen der Eingitterröhre recht ähnlich (s. Abb. 23), jedoch unter sonst gleichen Verhältnissen merklich steiler.

Obgleich also an Stelle der $V^{\frac{3}{2}}$-Funktion bei der Raumladungsgitterröhre kein einfacher mathematischer Ausdruck besteht, so läßt sich doch ihre Entladung genau wie die der Eingitterröhre durch die vereinfachte lineare Beziehung $J = S(V_G + D V_A)$ mit genügender Genauigkeit bei kleinen Amplituden wiedergeben. Es gelten hier dieselben Konstanten, Konstantenbeziehungen und Meßmethoden.

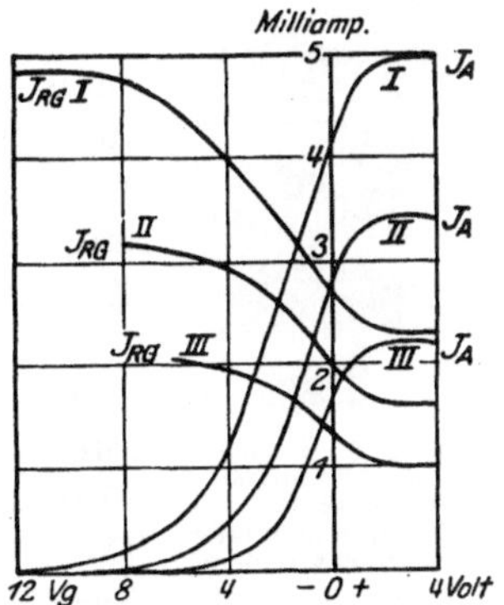

Abb. 23. Kennlinien der Raumladungsgitterröhre RE 072 d.

Außer der erhöhten Steilheit hat aber die Raumladungsgitterröhre noch eine Besonderheit, die sie zu einem schaltungstechnisch recht interessanten Objekt macht. Es ist dies der Strom in dem Raumladungsgitterkreis, der in der Kennlinienzeichnung Abb. 23 durch die Kurve J_{RG} dargestellt ist. Die Raumladungsgitterleitung führt nämlich da, wo der Hauptbereich der Röhre liegt, d. h. an der steilsten Stelle der Kennlinie J_A, Ströme gleicher Größe, aber entgegengesetzter Phase, wie der Anodenkreis. Daher kann man zunächst den Raumladungsgitterkreis ebensogut wie den Anodenkreis zur Energieentziehung benutzen, man kann auch beides kombinieren. Eine besondere Note bringt der Raumladungsgitterkreis dadurch in die Schaltungen hinein, daß seine innere (ungesteuerte) Strom-Spannungscharakteristik eine negative ist (D 2), während ja die Anodenstromspannungscharakteristik der Raumladungsgitterröhre ebenso wie die der Eingitterröhre ohne Steuerung positiv ist und erst durch Gittersteuerung negativ wird. Hieraus ergibt sich nämlich, daß der Raumladungsgitterkreis ohne Steuerung selbsterregungsfähig oder dämpfungsreduzierend ist, eine Eigenschaft, die ein Anodenkreis an sich nicht hat, sondern die ihm erst durch die sog. „Rückkopplung" verliehen werden kann. Durch die negative Charakteristik des Raumladungsgitterkreises werden eine Anzahl interessanter Schaltungen ermöglicht.

Es möge noch darauf hingewiesen werden, daß die Eigenschaft negativer Charakteristik keineswegs aus den Kennlinien Abb. 23 abgelesen werden kann, auch nicht etwa aus der Tatsache, daß dort J_{RG} und J_A entgegengesetzte Richtungskonstanten haben. Dies hat gar nichts miteinander zu tun, sondern die negative Charakteristik würde erst dann hervortreten, wenn man eine Raumladungsgitterspannungs-Raumladungsgitterstrom-Kennlinie aufnähme, d. h. die Raumladungsgitterspannung variierte (s. dies in D 2).

Die Raumladungsgitterröhren können infolge ihrer großen Steilheit mit einem kleineren Durchgriff auskommen als Eingitterröhren gleicher Daten, was eine Verbesserung ihrer Wirkung bedeutet. Jedoch werden sie heute im allgemeinen nicht in dieser Weise angewendet, sondern man benutzt ihre Vorzüge zur Herabsetzung der Anodenbetriebsspannung, so daß man bei viel kleinerem Anodenbatterieaufwand etwa die gleiche Anfangsstufenwirkung erreicht, natürlich nicht die gleiche Endlautstärke. Eine im Rundfunkempfang verbreitete Röhre, zu der die Kennlinien Abb. 23 gehören, zeigt Abb. 24.

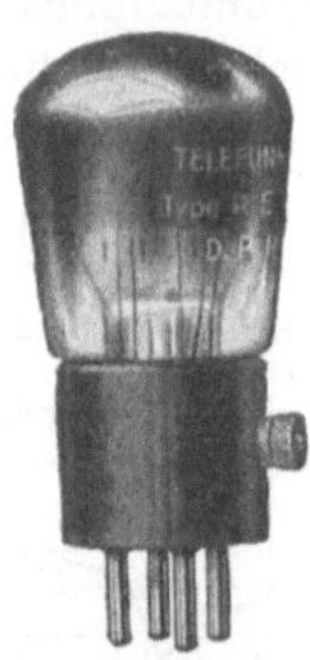

Abb. 24. Normale Raumladungsgitteröhre für den Rundfunkempfang (ca. 2/3 nat. Größe).

3. Die Schutzgitterröhre. Es gibt noch eine andere Art von Röhren, die außer einer Glühkathode, einem Steuergitter und einer Anode eine zweite gitterförmige Hilfselektrode hat. Dies ist die sog. Schutzgitterröhre [W. Schottky[1])]. Hier liegt das zweite Gitter jedoch zwischen Steuergitter und Anode, hat aber auch eine positive Spannung, die im allgemeinen um mehrere Volt kleiner als die der Anode sein soll. Die Wirksamkeit des zweiten Gitters, also des Schutzgitters, besteht darin, daß es den Einfluß der Anodenspannung auf die Entladung herabsetzt, d. h. es verkleinert die Konstante D und damit die Anodenrückwirkung, was, wie in den späteren Kapiteln noch bewiesen wird, ein Vorteil für den Verstärkungsvorgang ist. Man könnte nun annehmen, daß sich eine solche Verkleinerung einfacher dadurch erreichen läßt, daß die Gittermaschen enger gemacht werden. Allerdings trifft das zunächst zu, jedoch würde dabei gleichzeitig die resultierende Gleichspannung geschwächt, was die Steilheit und die Größe der ausnutzbaren Emission herabsetzen, also die Röhre merklich schädigen würde. Durch die positive Gleichspannung des Schutzgitters läßt sich dieser Verlust vermeiden, sie tritt an die Stelle der scheinbar verloren gegangenen Anodengleichspannung ein. Die Entladungsgleichung verdeutlicht dies. Sie lautet, wie sich aus den Potentialverhältnissen in der Röhre und aus dem prinzipiellen Schaltschema Abb. 25 ergibt:

$$J = 1/K(V_G + ZV_Z + DV_A)^{\frac{3}{2}}$$

[1]) W. Schottky: D.R.P. 300617, 1916; siehe auch Anmerkung 1 S. 308.

oder, wenn man zu der vereinfachten linearen Gleichung für kleine Amplituden übergeht:

$$J = S(V_G + Z V_Z + D V_A),$$

wobei V_Z die Spannung des Schutzgitters, Z den Durchgriff dieser durch das Steuergitter in den Kathodenraum, D den Durchgriff der Anodenspannung durch beide Gitter, V_G, V_A, K und S dieselben Größen wie in früheren Formeln bedeuten.

Die Verstärkertheorie, die in den späteren Kapiteln entwickelt ist, zeigt, daß gegenüber einer Eingitterröhre bei gleichem Aufwand durch einen recht kleinen Wert von D gewisse Vorteile zu erzielen sind, wenn man dafür Z einen entsprechenden großen Wert annehmen läßt.

In der Praxis des Rundfunks findet man derartige Schutzgitterröhren kaum, da ihre Vorteile anscheinend nicht augenfällig genug

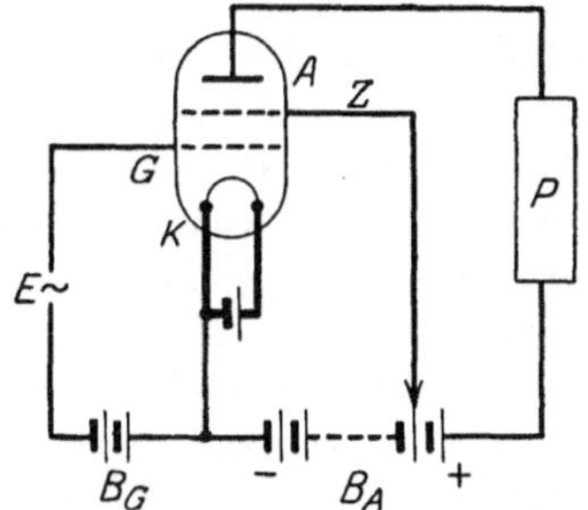

Abb. 25. Schaltbild einer Schutzgitterröhre.

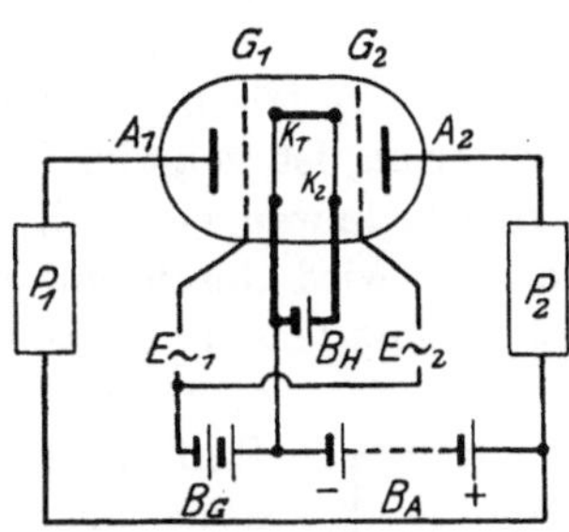

Abb. 26. Gegentaktröhre (Fünf-Elektroden-Röhre).

sind. Der Schutzgitterkreis hat übrigens nicht, wie ein Raumladungsgitterkreis, eine negative Charakteristik, ermöglicht daher nicht dieselben Schaltungen wie die Raumladungsgitterröhre, jedoch auch einige recht interessante, ihr allein eigentümliche.

4. Die Dreigitterröhre. Eine Röhre läßt sich gleichzeitig mit Raumladungsgitter und mit Schutzgitter ausführen [W. Schottky[1])]. Sie bekommt dadurch sehr erhebliche Verstärkungsfähigkeiten usw. Bisher haben sich solche Röhren auch nicht in der Praxis eingebürgert.

5. Die Fünf-Elektroden-Röhre (Gegentaktröhre). Gelegentlich trifft man in der Praxis eine andere Art von Röhren mit fünf Elektroden an, die eigentlich nur eine Kombination von zwei Eingitter-Elektrodensystemen in einem Kolben vorstellt[2]). Abb. 26 zeigt ein prinzipielles Ausführungsschema einer solchen Röhre. Die Glühkathode hat meistens zwei voneinander getrennte wirksame Teile K_1 und K_2, ferner sind zwei Gitter, G_1 und G_2 und zwei Anoden, A_1 und A_2 vorhanden.

[1]) W. Schottky: Siehe Anmerkung 1 S. 308 und 310.

[2]) J. Langmuir: D.R.P. 293539, 1913 u. a. m.

Man verwendet solche Röhren entweder in der sog. Gegentaktschaltung, d. h. in derselben Stufe zu demselben Zweck, wobei nur die beiden Hälften in entgegengesetzten Phasen arbeiten, oder aber, es werden die beiden Systeme zu verschiedenen Zwecken benutzt. So kann die eine als Audiondetektor, die andere als Verstärker arbeiten, oder auch beide als Verstärker in aufeinanderfolgenden Stufen.

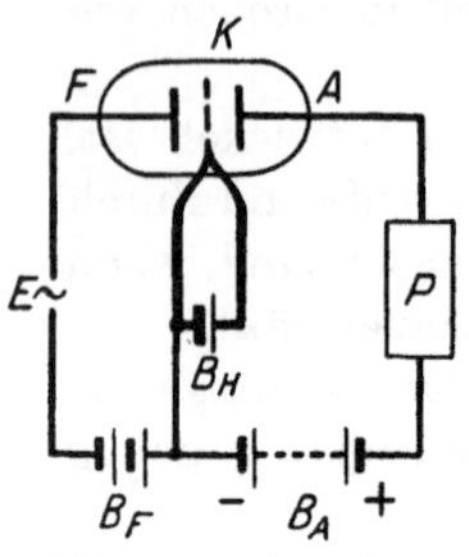

Abb. 27. Zwei-Platten-Röhre.

6. Mehrfachröhren. In ähnlicher Weise, wie es unter 5 beschrieben ist, können auch z. B. drei Elektrodensysteme in einem Kolben untergebracht werden, außerdem auch noch die Kopplungsmittel zwischen den einzelnen Systemen, wenn diese z. B. als aufeinanderfolgende Verstärkerstufen arbeiten. Derartige Röhren sind von S. Loewe und M. v. Ardenne entwickelt worden[1]).

7. Die Zwei-Platten-Röhre. Eine ebenfalls elektrisch gesteuerte Röhre, deren Steuerelektrode aber nicht gitterförmig ist, zeigt im Prinzip Abb. 27 [L. de Forest, W. Wien u. a.[2])]. Hier bedeuten wieder K und A Kathode bzw. Anode, die Steuerelektrode aber wird durch eine auf der der Anode gegenüberliegenden Seite des Glühfadens angebrachte flache Elektrode F gebildet. Da auch eine solche rückwärtige Platte ein elektrisches Feld im Kathodenraume hervorruft, welches zur Steuerung der Entladung geeignet ist, genügt es wohl, darauf hinzuweisen, daß die Art der Konstanten und ihrer Wirksamkeit die gleiche ist wie bei der Eingitterröhre [s. M. v. Laue[3])].

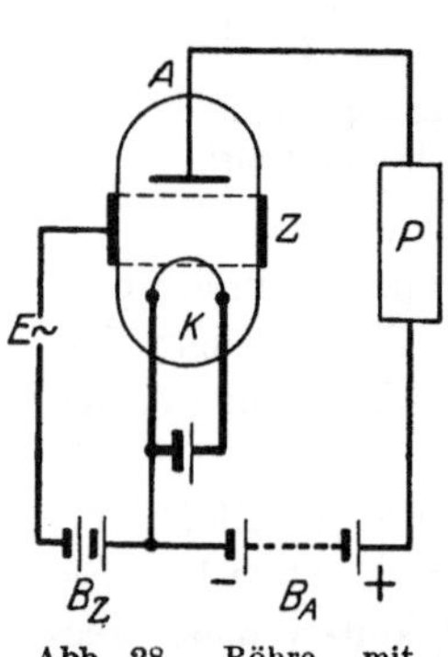

Abb. 28. Röhre mit Außensteuer-Elektrode.

8. Außensteuerröhren. Von H. J. Round sowie von R. A. Weagant[4]) sind Röhren entwickelt und hergestellt worden, die ebenfalls vermittels elektrischer Steuerung einer Entladung zwischen einer Glühkathode und einer Anode arbeiten. Hier ist das Steuerorgan jedoch nicht im Innern des Kolbens, sondern auf seiner Außenseite als Ring in der Höhe zwischen Kathode und Anode angebracht. Ein angenähertes Bild der Anordnung gibt Abb. 28.

9. Die Röhre von H. J. v. d. Bijl. Eine Elektrodenanordnung, die der in C 7 beschriebenen im Prinzip verwandt ist, wurde von H. J. v. d.

[1]) S. Loewe und M. v. Ardenne: Pat.Anm. 1925.

[2]) L. de Forest: Am. Pt. 841387, 1906. W. Wien: Siehe L. Rüchardt: Jahrb. drahtl. Telegr. u. Telef. Bd. 14, S. 619. 1919.

[3]) M. v. Laue: Ann. Physik. Bd. 59, S. 465. 1919; siehe auch Anm. 4, S. 287.

[4]) H. J. Round: Br. Pt. 13247/1914. R. A. Weagant: Am. Pt. 1252520, 1920.

Bijl vorgeschlagen[1]) und auch in der Praxis zeitweise verwendet. Hier bestand die Glühkathode aus einer Spirale, die um die mit einer Isolierschicht versehene Steuerelektrode eines Stäbchens herumgewickelt war. Die Anode umgab beide. Die Steuerung erfolgte wieder durch das von der Spannung zwischen Stäbchen und Kathode herrührende elektrische Feld.

10. Varianten elektrischer Steuerung. In der technischen Literatur finden sich noch zahlreiche andere Vorschläge für Röhren mit elektrischer Steuerung, die den hier aufgeführten mehr oder weniger ähneln, teilweise auch schon sehr alt sind. Es sei z. B. an die allererste elektrische Steuerung von R. v. Lieben, wie er sie als Beispiel in seiner ersten Schrift angab, erinnert. In den vorigen Abschnitten sind die heute wirklich wichtigen Schaltungen und die wenigstens zeitweise wichtig gewesenen ausführlicher behandelt. Auf die Beschreibung der übrigen kann daher hier verzichtet werden.

11. Röhren mit magnetischer Steuerung. Es ist ferner möglich, eine Glühkathodenentladung durch ein magnetisches Feld zu steuern. In der Tat gehören die Vorschläge und Versuche zur magnetischen Steuerung zu den ältesten in der Verstärkerröhrentechnik [P. C. Hewitt, F. K. Vreeland, R. v. Lieben, H. Gerdien, A. W. Hull u. a.[2])]. Die Steuerung kann z. B. ähnlich wie bei einer Braunschen Röhre durch einfache seitliche Ablenkung geschehen. Eine bessere Modifikation der magnetischen Steuerung wurde von H. Gerdien, später von A. W. Hull vorgeschlagen, nämlich ein zu dem im Innern eines Anodenzylinders gerade ausgespannten Glühfaden paralleles Magnetfeld, das einen spiraligen Elektronenweg veranlaßt und eine viel bessere Ausnutzung der Entladung gestattet.

Eine andere sehr interessante magnetische Steuerung schlug ebenfalls A. W. Hull[3]) vor, die allerdings nur für Röhren von enormen Heizstromstärken zu brauchen ist. Sie geschieht durch das Magnetfeld des Glühfadens selbst. Für den Rundfunkempfang dürfte sie daher wenig Interesse haben.

12. Röhren ohne Glühkathoden. a) Andersartige unselbständige gesteuerte Entladung. In den vorhergehenden Abschnitten sind stets nur Röhren mit Glühkathoden erwähnt worden. Es besteht auch die theoretische Möglichkeit, Röhren mit lichtelektrischer oder radioaktiver Emission zu bauen. Allerdings kann man sich leicht durch eine

---

[1]) H. J. v. d. Bijl: 1914; vgl. H. Eales: Jahrb. drahtl. Telegr. u. Telef. Bd. 12, S. 308. 1917.

[2]) P. C. Hewitt, F. K. Vreeland, R. v. Lieben, H. Gerdien, A. W. Hull: Siehe Literaturangaben in J. Zenneck und H. Rukop; Lehrbuch d. drahtl. Telegr. u. Telef., 5. Aufl. 1925, S. 861ff.

[3]) A. W. Hull, J. Langmuir: El. World, Bd. 80, S. 881. 1922.

quantitative physikalische Betrachtung überzeugen, daß mit den heutigen Hilfsmitteln an derartige Röhren nicht zu denken ist. In der Praxis ist daher nichts dergleichen vorhanden.

b) Selbständige Entladung. Es wäre aber durchaus denkbar, daß Röhren mit merklichem Gasinhalt und selbständiger Entladung zu Verstärkerzwecken, auch mit Steuerelektroden verwendet würden. In der Tat sind hier zahlreiche Versuche gemacht worden, die auch gelegentliche annehmbare Resultate ergeben haben [W. Kossel, E. Marx, E. Nienhold, F. Schröter[1])]. Jedoch zu einer Einführung in die Praxis ist es wegen der nicht überwundenen Nachteile von Röhren mit nur selbständiger Entladung nicht gekommen. Auf Gasröhren wird auch in dem folgenden Abschnitt D, Röhren direkter negativer Charakteristik, noch kurz eingegangen.

D. Röhren direkter negativer Charakteristik.

Im Kapitel C sind mehrere Arten einer Klasse von Röhren beschrieben, deren Grundeigenschaft ist, infolge einer Steuerung durch elektrische Felder (oder magnetische) die Eigenschaft einer EMK-Quelle, d. h. einen negativen Wert von dV/dJ oder, wie man sagt, eine negative Charakteristik anzunehmen. Da diese negativen Charakteristiken erst durch einen Hilfsvorgang, eine „Steuerung" zustandekommen, sind sie „indirekte negative" Charakteristiken genannt worden. Es gibt nämlich auch mehrere Arten von Röhren, deren Charakteristik ohne Hilfsfelder, d. h. ohne Steuerung, an sich negativ ist, die daher „direkte negative" Charakteristiken heißen sollen.

Die Organe direkter negativer Charakteristik eignen sich sowohl zur Verstärkung wie zur Schwingungserzeugung. Letzteres ist von W. Dudell[2]), ersteres von P. C. Hewitt, E. Weintraub und M. Latour[3]) gefunden worden. Die Bedingungen für beides führen auf die gleichen Schaltschemen und die gleichen Ausdrücke, bei denen lediglich eine Vertauschung der Zeichen $<$ und $>$ die eine Bedingung in die andere übergehen läßt. Es handelt sich in allen Fällen darum, daß der äußere Widerstand im Röhrenkreise nahe dem Betrage des negativen der Röhre gebracht werden muß. Ob jedoch der innere oder der äußere größer oder kleiner sein soll, ist von dem gewünschten Effekt, dem Schaltschema und der Eigentümlichkeit der Röhre usw. abhängig.

Es gibt negative Charakteristiken von zwei verschiedenen Typen, wie Abb. 29a und b. Im allgemeinen werden in der Literatur die Cha-

---

[1]) F. Schröter: D.R.P. 299654, 1915. E. Nienhold: D.R.P. 319806, 1916. W. Kossel: D.R.P. 367438, 1917. E. Marx: D.R.P. 349784, 1913. Ann. Physik. Bd. 67, S. 77. 1922; Bd. 70, S. 257. 1923.

[2]) W. Duddell: loc. cit. Anm. 2, S. 313.

[3]) P. C. Hewitt, E. Weintraub und M. Latour: loc. cit. Anm. 2, S. 313.

rakteristiken wie 29b mit vertauschten Koordinaten dargestellt, so daß sie auf den ersten Blick auch wie 29a aussehen. Jedoch ist eine zwingende Notwendigkeit hierfür nicht vorhanden. Von diesem Typ der negativen Charakteristik hängen aber die Bedingungen ab. Es ist hier jedoch nicht der Ort, darauf näher einzugehen, sondern es sollen hier hauptsächlich verschiedene Arten von Röhren und die dazugehörigen Charakteristiken beschrieben werden.

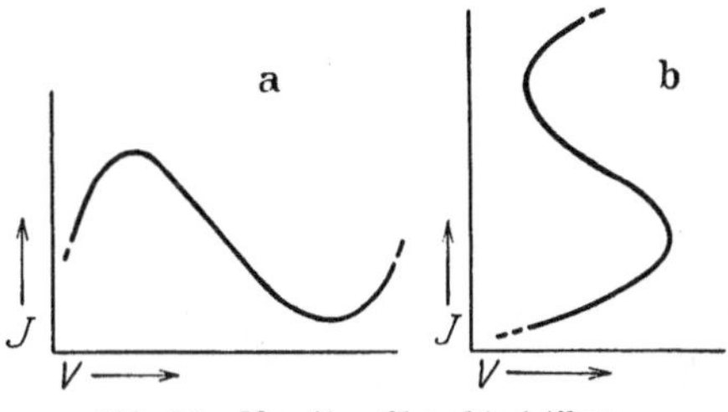

Abb. 29. Negative Charakteristiken.

1. Sekundärstrahlungsröhren. a) Sekundärstrahlung der Anode (Dynatron). Von A. W. Hull ist ein System negativer Charakteristik gefunden worden, welches auf der Emission sekundärer Kathodenstrahlen beruht[1]). Die betreffende Anordnung läßt sich mit einer normalen Eingitterröhre, die eine Belastung von mehreren Watt bei einigen Hunderten Volt verträgt, leicht ausführen. Trägt man nämlich für eine solche Eingitterröhre die Abhängigkeit des Anodenstromes von der Anodenspannung auf, wenn gleichzeitig das Gitter eine hohe positive Gleichspannung hat, so erhält man etwa Kurven wie Abb. 30. Bei Punkt A, d. h. bei $V_A = 0$, ist natürlich auch $J_A = 0$, und bei steigendem V_A steigt auch J_A (Kurve AB). Nunmehr tritt aber, wenn gewisse Anodenspannungen erreicht sind, die Emission sekundärer Kathodenstrahlen auf, die, vorausgesetzt, daß V_G erheblich größer als V_A ist, so daß die sekundären Elektronen nach dem Gitter hinüberströmen können, den Anodenstrom alsbald sinken läßt (BC). Die sekundäre Elektronenemission kann so groß sein, daß sie die primäre Aufnahme übertrifft, und in diesem Falle kehrt sich der Anodenstrom sogar um (CD). Kommt die Anodenspannung der Gitterspannung nahe (D), so

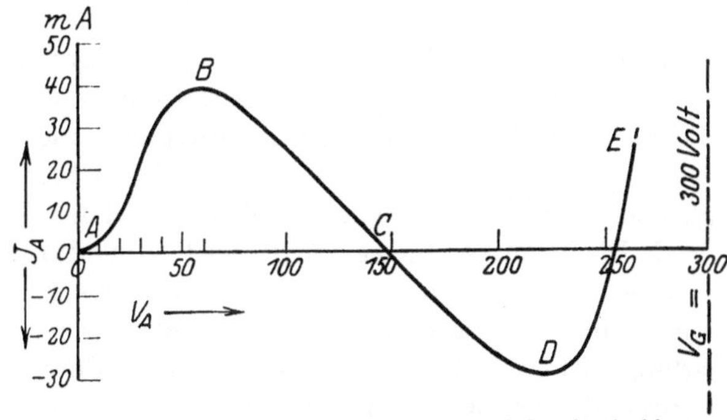

Abb. 30. Negative Charakteristik infolge Sekundärstrahlung. (Dynatron.)

[1]) A. W. Hull: Jahrb. drahtl. Telegr. u. Telef. Bd. 14, S. 47 und 157. 1919.

wird der Strom sekundärer Elektronen von dem Gitter nicht mehr voll aufgenommen, und der Anodenstrom muß wieder steigen (DE), bis er schließlich wieder seine wahre Richtung annimmt.

Auf der Strecke BCD der Kennlinie Abb. 30 ist nun offenbar dV/dJ negativ, und dieser Teil ist sowohl zur Schwingungserzeugung wie zur Verstärkung geeignet.

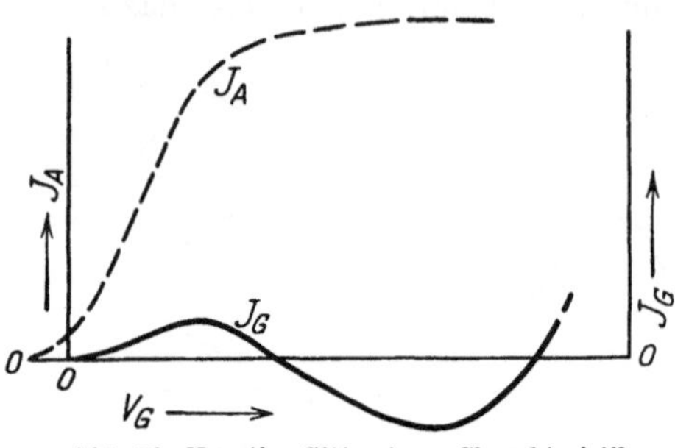

Abb. 31. Negative Gitterstrom-Charakteristik bei einer Eingitterröhre.

b) Sekundärstrahlung des Gitters. Ein sehr ähnlicher Effekt, der auch auf sekundären Kathodenstrahlen beruht, kann im Gitterkreis einer Eingitterröhre auftreten[1]). Abb. 31 zeigt als Beispiel eine Gitterstromkennlinie, wo sich zwischen B und C eine Strecke negative Charakteristik befindet. Eine solche kann immer nur bei positiven Gitterspannungen auftreten. Im allgemeinen müssen solche Zustände, da sie die normale Verwendung einer Eingitterröhre stark stören können, durch geeignete Konstruktion sowie Oberflächenbehandlung möglichst vermieden werden. Eine Verwertung dieser Erscheinung zur Verstärkung oder Schwingungserzeugung ist zu wenig lohnend, dürfte daher in der Praxis kaum vorkommen.

c) Röhre mit Gasresten. Bei Eingitterröhren mit schlechtem Vakuum oder mit absichtlicher Gasfüllung kann eine negative Charakteristik, die aber auf Ionisation beruht, auftreten, und zwar hier bei negativen Gitterspannungen. Dies geht aus Abb. 13 hervor, und hierfür gilt das gleiche wie für den eben beschriebenen Fall der Gittersekundärstrahlung.

2. Die negative Charakteristik der Raumladungsgitterröhre. Einerseits gehört die Raumladungsgitterröhre zu den gesteuerten Röhren (C 2), anderseits ist dort bereits darauf hingewiesen worden, daß die Raumladungsgitterstrecke eine direkte negative Charakteristik enthält[2]). Der Grund hierfür ist gewiß nicht ohne weiteres ersichtlich. Er liegt darin, daß die resultierende Spannung in der Gitterfläche nicht nur von Gitterspannung und Anodenspannung abhängt, sondern auch von der Raumladungsgitterspannung. Durch Erhöhung letzterer wird gleichzeitig die genannte resultierende Spannung mit erhöht. Das hat nun, da in der Raumladungsgitterröhre nach den drei Elektroden hin zusammen normalerweise Sättigungsstrom herrscht, nur eine andere Verteilung der Ströme zur Folge. Bei Erhöhung beider Spannungen steigert aber die Kombination Gitter-Anode ihre Stromaufnahme, so daß notwendiger-

[1]) Patentanmeldungen.

[2]) W. Schottky: Arch. Elektrot. Bd. 8, S. 441. 1919. H. Rukop: D. R. P. 406534.

weise das Raumladungsgitter trotz seiner erhöhten Spannung diesen Strom abgeben muß, was mit einer negativen Charakteristik identisch ist. Dieser Vorgang an der Raumladungsgitterstrecke wird durch Abb. 32 wiedergegeben, in der als Abszisse die Raumladungsgitterspannung V_Z, als Ordinaten die Ströme J_Z nach dem Raumladungsgitter dienen, während V_A und V_G fest sind. Der Raumladungsgitterstrom zeigt ein Maximum P etwa bei $V_Z = 30$ Volt, der Sättigungsspannung für die betreffende Emission, und fällt dann wieder von diesem Punkte an nach größeren Spannungen hin (PQ), so daß hier der Teil negativer Charakteristik vorliegt.

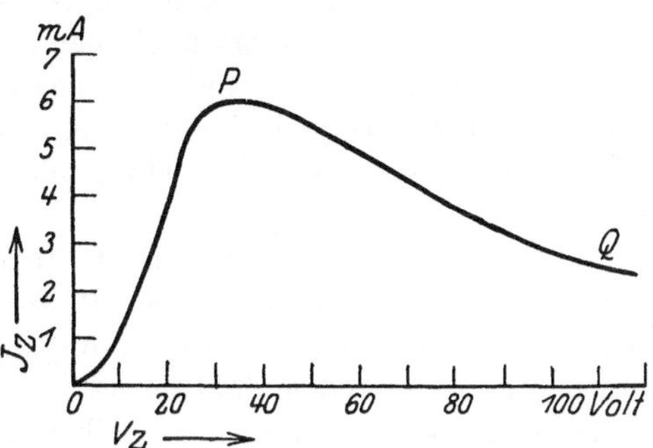

Abb. 32. Negative Charakteristik im Raumladungsgitterkreise.

Auf Grund dieser ist es z. B. möglich, in einer Schaltung wie Abb. 33, wo Gitter und Anode unmittelbar über ihre Spannungsquellen mit der Kathode kurzgeschlossen sind, Selbsterregung des Kreises LC, oder wenigstens starke Dämpfungsreduktion herbeizuführen. Im Rundfunkempfang werden mit Raumladungsgitterröhren mancherlei Schaltungen ausgeführt, die diese Eigenschaft benutzen.

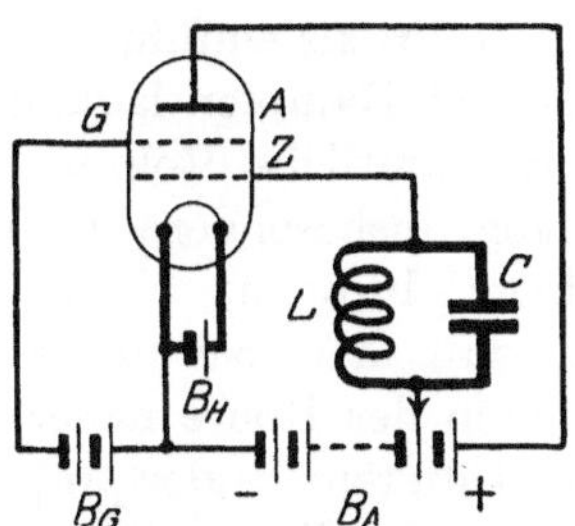

Abb. 33. Schwingungserzeugung im Raumladungsgitterkreis.

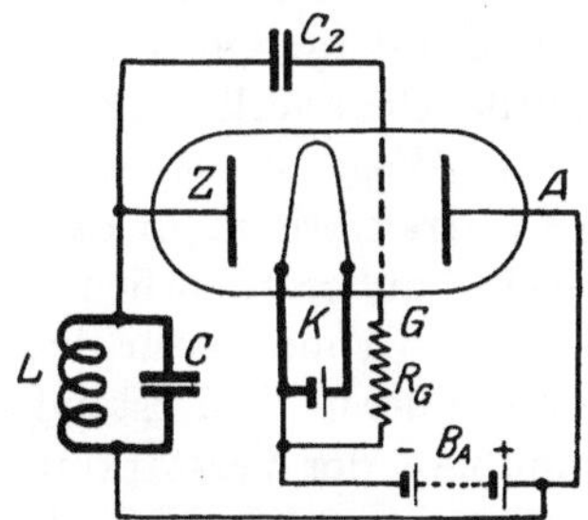

Abb. 34. Schwingungserzeugung mit der Negatron-Röhre.

3. Das Negatron. Eine Röhre spezieller Elektrodenausführung mit negativer Charakteristik wurde von J. Scott-Taggart vorgeschlagen, die er „Negatron" nannte[1]). Ihre prinzipielle Ausführung und Schaltung zeigt Abb. 34. Sie hat auf einer Seite der Glühkathode K ein Gitter G und eine Anode A, auf der anderen Seite eine plattenförmige zweite Anode Z. Im Kreise dieser letzteren entsteht die negative Charakteristik, wenn außerdem von Z nach G eine Leitung gelegt wird, die die

[1]) J. Scott-Taggart: Rad. Rev. Bd. 2, S. 598. 1921.

Wechselspannung von Z auf G übertragen kann (nicht die Gleichspannung), z. B. über den Kondensator C_Z, während am Gitter eine passende negative Gleichspannung über den Widerstand R_G erteilt wird. Der Kreis LC wird dann zu Schwingungen erregt, wenn die Grenzbedingung erfüllt ist, oder sein Dekrement wird vermindert, was man für die Zwecke des Empfanges ausnutzen kann.

Es läßt sich allerdings auch behaupten, daß das Negatron zu den durch Steuerung, d. h. indirekt negative Charakteristik besitzenden Röhren gehört, da ja hier eine Spannung von Z auf G erst übertragen wird. Jedoch ist eine solche Unterscheidung nicht von großer Wichtigkeit.

4. Die Habann-Röhre. Von E. Habann[1]) ist ferner eine Röhre direkter negativer Charakteristik entwickelt worden, die eine Glühkathode, eine Anode, mehrere mit Gleichspannungen versehene Hilfselektroden und ein magnetisches Gleichfeld besitzt. Ein in ihrer Anodenseite liegender Schwingungskreis kann zur Selbsterregung gebracht werden. Die Arbeitsweise der Röhre beruht ebenfalls auf wechselnder Stromverteilung und ist etwas fernliegend, als daß hier eine eingehende Beschreibung nötig wäre.

5. Gas- und Dampfentladungsröhren. Es dürfte bekannt sein, daß Röhren mit selbsttätigen Entladungen in Gasen und Dämpfen evtl. auch unter Zuhilfenahme von Glühkathoden direkte negative Charakteristiken zeigen können. Sie könnten also zu Verstärkungs- und Schwingungserzeugungsschaltungen verwendet werden. Allerdings muß man sagen, daß sich derartige Röhren nicht in die Praxis einführen konnten, da die große Unzuverlässigkeit der Gas- und Dampfentladungen hier hindernd im Wege steht. Überhaupt sind sämtliche Röhren direkter negativer Charakteristik in der Behandlung, insbesondere für Verstärkungszwecke außerordentlich viel weniger bequem, als gesteuerte Röhren. Der Grund dafür liegt darin, daß man bei ungesteuerten immer den äußeren Widerstand dem inneren der Röhre nahezu gleich machen muß, da der Verstärkungsgrad der Differenz beider proportional ist, so daß eine genaue Einstellung nötig wird. Eine Änderung dieser Differenz von z. B. 1% auf 10%, wie sie in der Technik durchaus alltäglich ist, würde den Verstärkungsgrad entweder auf den zehnten Teil bringen oder, wenn sie zufällig nach der anderen Seite geschieht, die Selbsterregung des Verstärkers veranlassen.

Diese Frage hat eine recht allgemeine Bedeutung und kann überhaupt zur Kennzeichnung eines Verstärkers oder einer bestimmten Schaltung herangezogen werden. Es gibt nämlich einerseits Verstärker, welche scheinbar durch Erhöhung der EMK, andererseits solche, die

[1]) E. Habann: Jahrb. d. drahtl. Telegr. u. Telef. Bd. 24, S. 115. 1925.

durch Verkleinerung des Widerstandes wirken. Während die ersteren gegen eine Änderung des äußeren Widerstandes selbst im Betrage 1:2 fast vollständig unempfindlich sind, werden die letzteren, da ja bei ihnen eine Differenzbildung der beiden Widerstände vorliegt, durch kleine Änderungen eines Gliedes der Differenz erheblich in ihrer Wirksamkeit geändert, was eine außerordentlich störende Erscheinung ist. Zu den Verstärkern mit Erhöhung der EMK gehören nun die gesteuerten Röhren, während diejenigen direkter negativer Charakteristik zu den Verstärkern mit Verringerung des Widerstandes gehören.

Aus diesen Gründen sind die ungesteuerten Röhren im Vergleich zu den gesteuerten nur in verschwindendem Umfange in der Praxis anzutreffen.

Die bei weitem überwiegende Verbreitung haben die gesteuerten Hochvakuumröhren, und darunter wiederum die Eingitterröhre, die bei ihren klaren und einfachen Funktionen erstaunlich vielseitige und auch quantitativ überraschende Anwendungen gestattet.

IX. Das Schwingaudion[1]).

Von

Hans Georg Möller (Hamburg).

Das Schwingaudion ist eine Kombination eines Audiongleichrichters und eines rückgekoppelten Röhrengenerators. Um die Wirkungsweise dieser Kombination verstehen zu können, müssen wir zunächst die Einzelapparate: den Audiongleichrichter und den rückgekoppelten Röhrengenerator behandeln. Die Kombination der gewonnenen Ergebnisse wird dann leicht zu einer Theorie des Schwingaudions führen.

A. Die Audiongleichrichtung.

1. Gleichrichterschaltungen. Das Hohagesche Röhrenvoltmeter (Abb. 1) arbeitet ohne Anodenspannung; das Gitter kann als Raumladungsnetz verwendet werden. Die Gleichstromenergie liefert die Wechselstromquelle, der Gleichstromausschlag steigt mit der Wechselspannung.

Die Gleichrichterröhre (Abb. 2) arbeitet als Verstärker mit dahintergeschalteten Hohagevoltmeter. Die an dem negativ vorgespannten

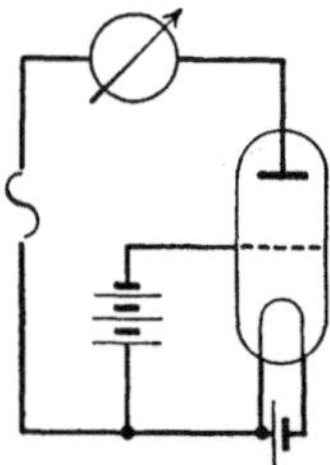

Abb. 1. Hohage-Röhrenvoltmeter.

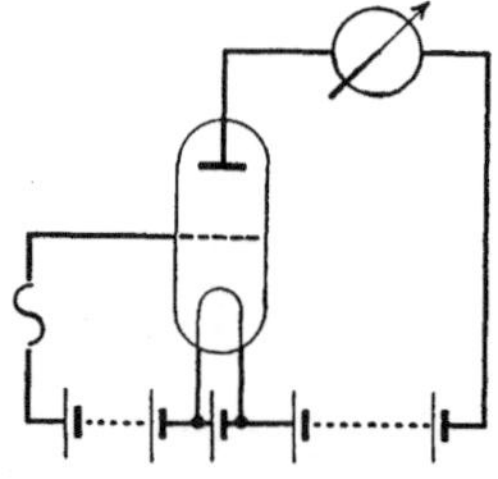

Abb. 2. Gleichrichter.

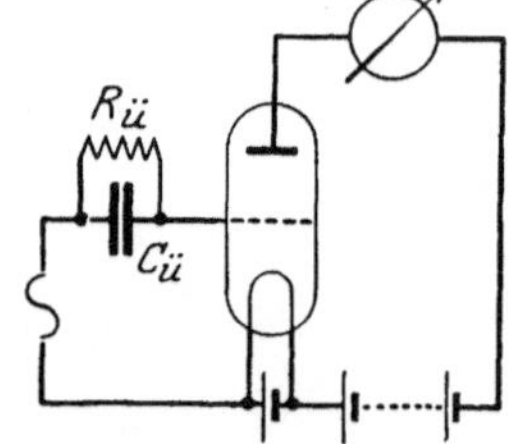

Abb. 3. Audiongleichrichter.

Gitter liegende Wechselspannung steuert lediglich den Anodenstrom, ohne selbst Energie zu liefern. Die Gleichrichtung erfolgt am unteren Knick der Anodenkennlinie. Die Gleichstromenergie entstammt der Anodenbatterie. Der Anodenstrom steigt mit der Wechselspannung.

Der Audiongleichrichter wirkt als Gleichrichter mit dahintergeschalteter Gleichstromwiderstandsverstärkung (Abb. 3). Die Gleich-

---

[1]) Die hier benützten Bezeichnungen sind am Ende des Aufsatzes zusammengestellt.

richtung erfolgt im unteren Knick der Gitterkennlinie im Gitterkreis. Die Gittergleichstromenergie entstammt der Wechselstromquelle. Der „Gleichrichtereffekt" (Gittergleichstrom) erzeugt einen Spannungsabfall im Silitstab. Dieser steuert, wie in jedem Verstärker, den Anodenstrom. Die Gitterkapazität dient zum Durchlassen der Gitterwechselströme. Beim Einschalten der Wechselspannung sinkt der Anodenstrom. Die Wirksamkeit des Audiongleichrichters hängt außer von der Röhre, von der Größe des Gitterblockwiderstandes $R_ü$ und des Blockkondensators $C_ü$ ab.

2. Allgemeine Bemerkungen über das Arbeiten mit Röhrenvoltmetern. a) Ist die Gestalt der Anoden- (Gitter)-Kennlinie durch

$$i = f(e)$$

gegeben und die Wechselspannung

$$e = \mathfrak{E} \cos \omega t$$

klein und sinusförmig, so berechnet sich der entstehende Gittergleichstrom, im folgenden „Gleichrichtereffekt" genannt, zu

$$\delta i = \frac{1}{T}\int_0^T f(E + \mathfrak{E} \cos \omega t)\, dt - f(E) = \frac{1}{4}\left(\frac{\partial^2 f}{\partial e^2}\right)_{e=E} \mathfrak{E}^2 .$$

b) Für nicht sinusförmige Spannungen ist δi keine Funktion von $\mathfrak{E}_{\text{eff}}$ allein, sondern von der Kurvenform abhängig.

c) Bei nicht symmetrischen Wechselspannungen erhält man durch Umpolen der Wechselspannung verschiedene δi-Werte.

3. Abhängigkeit der δE_g-$\mathfrak{E}_g$-Kurve von $C_ü$ und $R_ü$ beim Audiongleichrichter. a) Vorbemerkung über Charakteristik, Durchgriff und Verteilungskurve. Das Verhalten einer Röhre ist durch die beiden Scharen der Anoden- und Gitterkennlinien dargestellt. Wenn man vom Einfluß der Sekundärelektronen absieht, kann man diese beiden Kurvenscharen durch 2 einzelne Kurven: die Charakteristik und die Verteilungskurve und die Durchgriffszahl D ersetzen.

Die Charakteristik verbindet den gesamten Elektronenstrom i_e mit der Steuerspannung $e_{st} = e_g + D e_a$. Die Verteilungskurve soll das Verhältnis i_g/i_e in Abhängigkeit von i_e, e_g und e_a festlegen.

Genügt hierzu eine einzelne Kurve?

Da die Bewegungsgleichungen für die Elektronen und die Differentialgleichungen für das elektrische Feld linear sind, hängt die prozentische Verteilung i_g/i_e nicht von den Spannungen einzeln, sondern nur von deren Verhältnis ab. Auch ist sie vom Absolutwerte i_e unabhängig, da in der Nähe von Gitter und Anode die Raumladungen keine Rolle mehr spielen. Diese Bemerkungen zeigen, daß die Verteilung tatsächlich durch eine einzige Kurve, die „Verteilungs"kurve (Abb. 4) dargestellt werden kann. Für sehr kleine Gitterspannung drückt sich der Gitterstrom i_g durch

$$i_g = i_e \frac{e_g}{e_g + D e_a} \operatorname{tg} \varkappa \approx \frac{i_e e_g}{D e_a} \operatorname{tg} \varkappa = i_e \frac{e_g}{e_a} \zeta$$

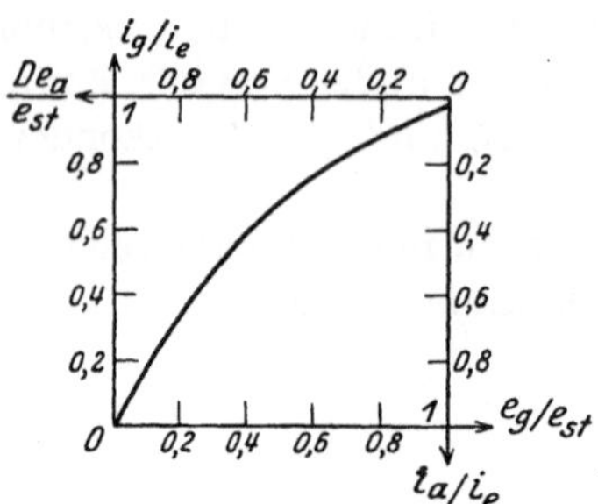

Abb. 4. Verteilungskurve.

aus. $\zeta = \operatorname{tg}\varkappa/D$ sei „Verteilungszahl" genannt. $\varkappa$ ist der Neigungswinkel der Verteilungskurve Abb. 4 für $e_g/e_{st} = 0$.

b) Nach diesen Bemerkungen berechnet sich durch eine einfache Integration der Gitterstrom für negative Gitterspannungen zu

$$i_g = \frac{\zeta}{e_a} A e^{-\vartheta e_g},$$

wobei

$$A = \frac{K T J_s}{\varepsilon}, \qquad \vartheta = \frac{\varepsilon}{K T};$$

T die Temperatur, J_s der Sättigungsstrom, K die molekulare Gaskonstante und ε die Elektronenladung ist. Der Gitterstrom ist also durch eine Exponentialfunktion darstellbar. Der Gleichrichtereffekt berechnet sich dann zu

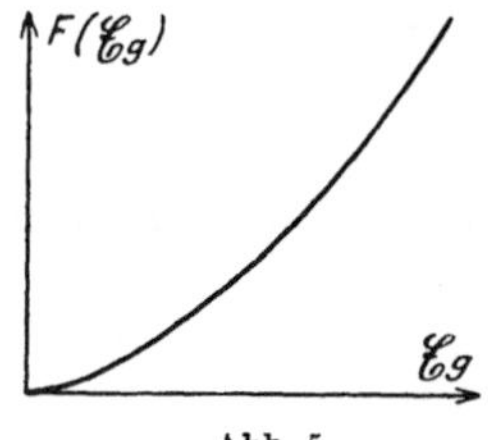

Abb. 5.

$$\delta i_g = \frac{1}{T} \int_0^T \frac{A \zeta}{e_a} e^{-\vartheta \delta E_g + \mathfrak{E}_g \cos \omega t} dt - J_g$$

und da

$$\frac{A \zeta}{e_a} e^{-\vartheta \delta E_g} = J_g,$$

$$\delta i_g = J_g F(\mathfrak{E}_g); \qquad \text{wobei} \qquad F(\mathfrak{E}_g) = \frac{1}{T} \int_0^T e^{-\vartheta \mathfrak{E}_g \cos \omega t} dt - 1$$

in Abb. 5 dargestellt ist[1]). $F(\mathfrak{E}_g)$ ist als Verhältnis zweier Ströme $\delta i_g/J_g$ eine reine Zahl.

c) Die Bemerkung, daß $\delta i_g/J_g$ eine Funktion nur von $\mathfrak{E}_g$ ist, führt zu folgender Konstruktion der durch die Audiongleichrichtung entstandenen Vorspannung δE_g:

In Abb. 6 ist *0* die Spannung des negativen Glühfadenendes, *1* die Spannung des dem Glühfaden zugewandten Silitstabendes (*0* und *1* fallen wohl meist zusammen), *2* die Gitterruhespannung, *3* die mittlere

[1]) Setzt man $\vartheta \mathfrak{E}_g = x$, so ist F durch die Reihe

$$F = \frac{x^2}{4} + \frac{x^4}{64} + \frac{x^6}{2304} + \frac{x^8}{36864} + \frac{x^{10}}{2{,}15 \cdot 10^7} + \cdots$$

zu berechnen, für sehr hohe $\mathfrak{E}_g$-Werte ist F proportional $e^{\vartheta \mathfrak{E}_g}$.

Gitterspannung bei angelegter Wechselspannung, *1,2* ist der Spannungsabfall des Ruhegitterstromes über dem Silitstab, *1,3* mit δE_g bezeichnet, der Spannungsabfall des Gitterstromes J_g + des Gleichrichtereffektes δJ_g über dem Silitstab.

Der Gleichrichtereffekt δi_g hat nun sowohl den über den Silitstab abfließenden Strom i_1 zu liefern, als auch den Ausfall an Gitterstrom i_2 zu decken. δi_g ist in den Winkel zwischen der Widerstandslinie und der Gitterkennlinie einzubauen. δi_g selbst, von J_g abhängig, ist zunächst nicht bekannt. Wohl aber können wir für eine gegebene Gitterspannungsamplitude $\mathfrak{E}_g$ aus Abb. 5 das Verhältnis

$$\frac{\delta i_g}{J_g} = F(\mathfrak{E}_g) = \frac{b}{a}$$

entnehmen. Wir konstruieren, wie in Abb. 6 angegeben, die Gerade 4, die alle Ordinaten zwischen der Abszissenachse und der Widerstandslinie im Verhältnis b/a teilt. Ihr Schnittpunkt S mit der Gitterkennlinie gibt dann die gesuchte Spannung δE_g an. — Durch Wiederholung dieser Konstruktion findet man die δE_g-$\mathfrak{E}_g$-Kurve (Abb. 7).

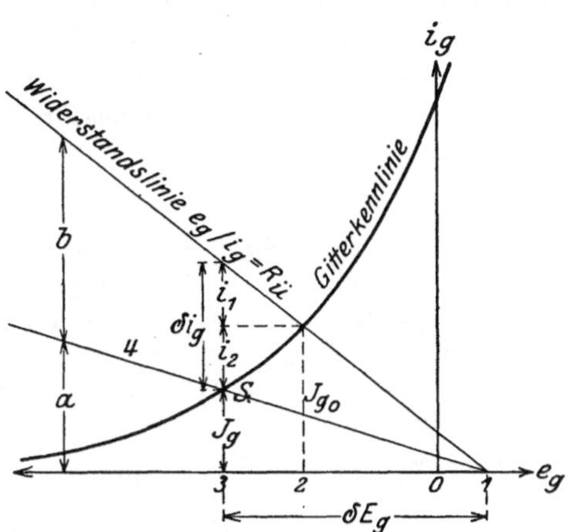

Abb. 6. Konstruktive Ermittlung der Audiongleichrichtung.

d) An Hand der Konstruktion (Abb. 6) erkennen wir folgende Gesetzmäßigkeiten:

Verringert man den Leitwert des Silitwiderstandes $1/R_ü$ und die Ordinaten der Gitterkennlinie (z. B. durch Erhöhung von e_a) in gleichem Maße, so bleibt die δE_g-$\mathfrak{E}_g$-Kurve erhalten.

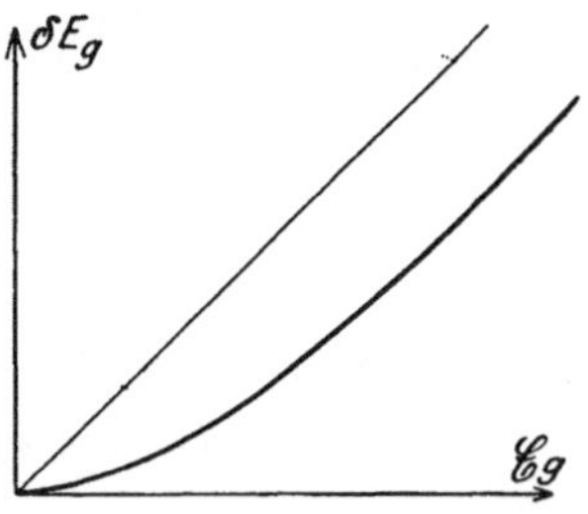

Abb. 7. Verschiebung der mittleren Gitterspannung als Funktion von $\mathfrak{E}_g$ beim Audiongleichrichter.

Erhöht man den Silitwiderstand, so steigt die δE_g-$\mathfrak{E}_g$-Kurve steiler an, erhöht man die Anodenspannung, so wird sie flacher.

Verschiebt man die Spannung 1 nach positiven Werten, so wird die δE_g-$\mathfrak{E}_g$-Kurve steiler, δi_g wächst und damit die von $\mathfrak{E}_g$ aufzubringende Leistung.

Die δE_g-$\mathfrak{E}_g$-Kurve erreicht für hohe $\mathfrak{E}_g$-Werte asymptotisch die Steilheit von 45°. Die δi_a-$\mathfrak{E}_g$-Kurve erhält man schließlich durch Multiplikation mit der jeweiligen Steilheit der Anodenarbeitskurve S. Da für negative Gitterspannung S sinkt, wird die Steilheit der δi_a-$\mathfrak{E}_g$-Kurve ein Maximum durchlaufen (Abb. 8).

4. Der Einfluß des Gitterkondensators $C_ü$ und des Gitterwiderstandes $R_ü$ bei der Gleichrichtung modulierter Wellen. Schwankt die Amplitude $\mathfrak{E}_g$ z. B. im Takte einer Sprachschwingung um $\Delta\mathfrak{E}_g$, so hat der Gleichrichtereffekt nicht nur, wie in Abb. 6, den über den Silitstab abfließenden Strom $i_1 = \Delta\delta E_g/R_ü$ zu liefern und den Gitterstromausfall $i_2 = \Delta\delta E_g\, d\, i_g/d\, e_g$ zu decken, sondern auch noch den Kondensator $C_ü$ aufzuladen:

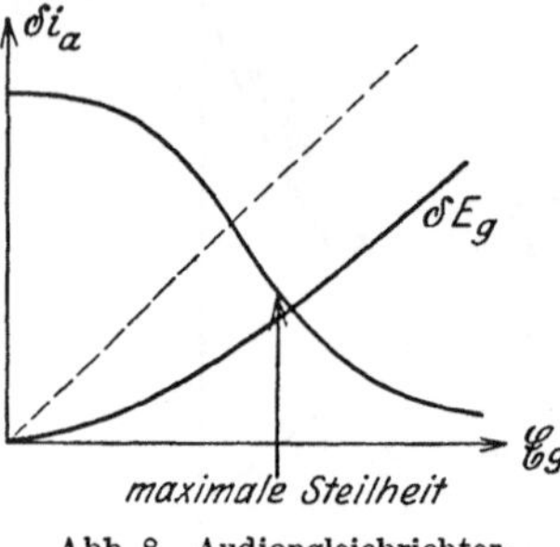

Abb. 8. Audiongleichrichter-Eichkurve.

$$i_3 = C_ü \frac{d\,\Delta\,\delta E_g}{d\,t}.$$

Dieser Ladestrom i_3 bedingt sowohl eine Verzögerung der Verschiebung $\Delta\delta E_g$, im folgenden kurz Δ genannt, gegenüber $\mathfrak{E}_g$, als auch eine Verringerung von Δ, die um so deutlicher hervortritt, je größer $C_ü$ ist und je höher die Frequenz Ω der Sprachschwingung ist. Der Kondensator $C_ü$ bedingt also eine Verringerung der Lautstärke und Sprachklarheit. Diese ungünstige Wirkung des Kondensators $C_ü$ wird um so stärker sein, je größer $R_ü$ ist. Bei unendlich großem $R_ü$ würde sich ja der Kondensator überhaupt nicht entladen, Δ der Sprachmodulation gar nicht mehr folgen. Wir übersehen die Verhältnisse am einfachsten, wenn wir von der Strombilanz

$$\Delta\,\delta\,i_g = C_ü \frac{d\,\Delta}{d\,t} - \Delta\left(\frac{1}{R_ü} + \frac{d\,i_g}{d\,e_g}\right)^{1)}$$

ausgehen.

$\delta\,i_g$ hängt nun, wie im vorigen Abschnitt auseinandergesetzt, von i_g und $F(\mathfrak{E}_g)$, ersteres wieder von Δ ab:

$$i_g = i_{g\,\text{mittel}} + \Delta\frac{d\,i_g}{d\,e_g},$$

Für $\Delta\,\delta\,i_g$ erhalten wir

$$\Delta\,\delta\,i_g = i_{g\,\text{mittel}}\frac{d\,F}{d\,\mathfrak{E}_g}\Delta\mathfrak{E}_g + F(\mathfrak{E}_g)\frac{d\,i_g}{d\,e_g}\Delta,$$

und als Gleichung zur Berechnung von Δ:

$$C_ü\frac{d\,\Delta}{d\,t} - \Delta\left(\frac{1}{R_ü} + \frac{d\,i_g}{d\,e_g}[1 + F(\mathfrak{E}_g)]\right) = i_{g\,\text{mittel}}\left(\frac{d\,F}{d\,\mathfrak{E}_g}\right)_{\mathfrak{E}_{g0}}\Delta\mathfrak{E}_g = B\cos\Omega t.$$

Es sei Ω die Sprachfrequenz, α die „prozentische Aussteuerung" (die prozentische Schwankung der Gitterspannungsamplitude mit dem Mittelwert $\mathfrak{E}_{g_0}$). Dann ist

$$\mathfrak{E}_g = \mathfrak{E}_{g_0} + \mathfrak{E}_{g_0}\,\alpha\cos\Omega\,t.$$

1) — Zeichen, Δ ist positiv, wenn die Gitterspannung steigt, ihr negativer Absolutwert sich verringert.

Wenn die Aussteuerung klein ist, können wir das 2. Glied für $\Delta \mathfrak{E}_g$ einsetzen und erhalten

$$B = i_{g\,\text{mittel}} \cdot \frac{dF}{d\mathfrak{E}_g} \alpha \cdot \mathfrak{E}_{g_0}.$$

Die Lösung der Differentialgleichung lautet dann:

$$\Delta = \frac{B \cos \Omega t}{\sqrt{\Omega^2 C_{ü}^2 + \left(\frac{1}{R_{ü}} + \frac{d i_g}{d e_g}[1 + F(\mathfrak{E}_{g_0})]\right)^2}}.$$

Diese Endformel sagt aus:

Für große Werte des Blockkondensators $C_{ü}$ nimmt die Gitterspannungsverschiebung Δ und mit ihr die Veränderung des Anodenstromes und die Lautstärke mit $1/\Omega$ ab. Hohe Frequenzen werden schwächer übertragen. Die Sprache wird leise und namentlich undeutlich.

Für niedrige $C_{ü}$-Werte, werden alle Sprachfrequenzen gleich gut übertragen, die Wiedergabe ist sauber und lautstark.

Eine allzu weitgehende Verringerung von $C_{ü}$ würde allerdings den Hochfrequenzladeströmen den Weg zum Gitter sperren. Man soll mit $C_{ü}$ nicht unter den 5fachen Wert der zwischen Gitter und Kathode liegenden scheinbaren Röhrenkapazität heruntergehen. $C_{ü} = 500$ cm hat sich als günstig erwiesen.

Da eine Erhöhung des Silitwiderstandes eine Erniedrigung von $i_{g\,\text{mittel}}$ und des Faktors A (vgl. Abb. 6) zur Folge hat, wird hierdurch eine Erhöhung der Lautstärke nicht erzielt, wohl aber eine Verschlechterung der Sprachklarheit, da, wie ebenfalls Abb. 6 zeigt, mit $R_{ü}$ auch $d\,i_g/d\,e_g$ sinkt. — Die oben abgeleitete Formel wurde durch die Messungen Kuhlmanns quantitativ bestätigt.

5. Maximale Empfindlichkeit für modulierte Wellen. Die Lautstärke ist proportional $\Delta\,\delta\,i_a$. Sie hat, wie Abb. 8 zeigt, ein Maximum. Da man es beim Schwingaudion in der Hand hat, durch Entdämpfung mit der Rückkopplung die Amplitude der Trägerfrequenz beliebig zu vergrößern, wird man am günstigsten an der mit maximale Steilheit bezeichneten Stelle (Abb. 8) arbeiten.

B. Der Röhrengenerator.

1. Amplituden- und Phasenbilanz. Da die zahlreichen Rückkopplungsschaltungen, die man bei Empfängern anwendet, gegenüber der ursprünglichen induktiven Schaltung von Meißner etwas prinzipiell Neues nicht bringen, werde ich mich auf die Meißnerschaltung (Abb. 9) beschränken. Die weiterhin gebrauchten Buchstaben entnehme man Abb. 9.

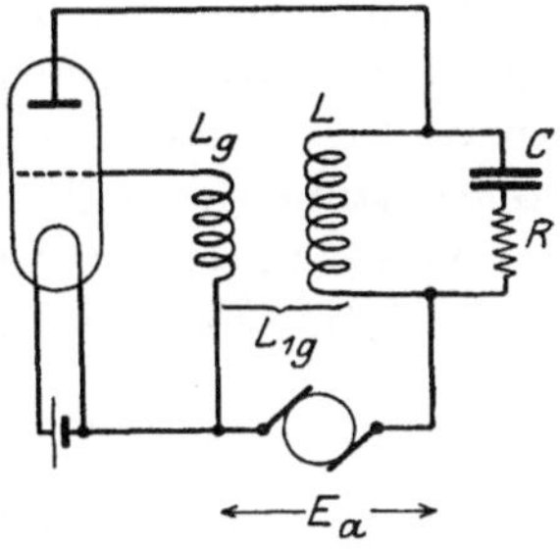

Abb. 9. Meißner-Schaltung.

Im rückgekoppelten Generator treibt der Anodenwechselstrom $\mathfrak{J}_a$ den Wechselstrom im Schwingungskreis $\mathfrak{J}$. Dieser erregt über die Rückkopplung L_{1g} die Gitterspannung $\mathfrak{E}_g$. Diese bildet zusammen mit $D\mathfrak{E}_a$ die Steuerspannung $\mathfrak{E}_{st}$, und diese schließlich steuert wieder den Anodenstrom.

Kontinuierliche Schwingungen können nur entstehen, wenn der ursprüngliche Anodenstrom dem über diesen Kreislauf erregten in Phase und Amplitude gleicht.

Würde die erregte Amplitude größer sein wie die ursprüngliche, so würde sich die Schwingung aufschaukeln, bis die Gleichheit der Amplituden erreicht ist. Wir werden die Größe der Amplitude beim rückgekoppelten Sender aus dem Prinzip der Amplitudenbilanz berechnen.

Würde der erregte Anodenstrom dem ursprünglichen in der Phase nachhinken, die neue Erregung zu spät eintreffen, so würde hierdurch die Schwingung verzögert, die Wellenlänge vergrößert, bis die Phasen stimmen. Das Prinzip der Phasenbilanz wird zur Berechnung der Frequenz dienen.

Den geschilderten Kreislauf kann man auch an jeder anderen Stelle, beim Schwingungskreisstrom $\mathfrak{J}$ oder bei der Gitterspannung $\mathfrak{E}_g$ beginnen.

2. Einführung der Schwinglinien. Bei Wechselstromvorgängen pflegt man nicht mit den Momentanwerten von Strom und Spannung, sondern mit deren Amplituden zu rechnen. Diesen Gedanken folgend, wollen wir beim Röhrengenerator ebenfalls nicht mit den Momentanwerten von i_e und e_{st}, die durch die Charakteristik verbunden sind, sondern mit deren Amplituden $\mathfrak{J}_e$ und $\mathfrak{E}_{st}$ arbeiten und die Eigenschaften der Röhre durch eine $\mathfrak{J}_e$-$\mathfrak{E}_{st}$-Kurve, die „Schwinglinie", darstellen.

3. Graphische Konstruktion der Schwinglinie. Die graphische Konstruktion einer Schwinglinie ist in Abb. 10 angedeutet. Man zeichne die Charakteristik, markiere auf ihr den Schwingungsmittelpunkt M, zeichne unter der e_{st}-Achse mit der Zeitordinate t nach unten die sinusförmigverlaufende Steuerspannung auf, und konstruiere punktweise rechts der Charakteristik den zeitlichen Verlauf von i_e. Für einen Punkt ist die Konstruktion in Abb. 10b durchgeführt. Dann ermittle man mit dem harmonischen Analysator die Grundschwingung der i_e-t-Kurve $\mathfrak{J}_e$. Diese Konstruktion wiederhole man für verschiedene Steuerspannungsamplituden. Trägt man zusammengehörige Werte von $\mathfrak{J}_e$ und $\mathfrak{E}_{st}$ in einem Diagramm auf, erhält man die Schwinglinien (Abb. 11)[1]. Für kleine Amplituden $\mathfrak{E}_{st} = d\,e_{st}$ und $\mathfrak{J}_e = d\,i_e$ gilt:

$$\frac{\mathfrak{J}_e}{\mathfrak{E}_{st}} = \frac{d\,i_e}{d\,e_{st}} = S = \text{Steilheit im Schwingungsmittelpunkt.}$$

[1]) Der geschilderten umständlichen Konstruktion wird man die viel bequemere in Abschnitt 9 zu besprechende experimentelle Aufnahme der Schwinglinie vorziehen.

Die Anfangssteilheit der Schwinglinie gleicht also der Steilheit der Kennlinie im Schwingungsmittelpunkt. Für sehr große Steuer-

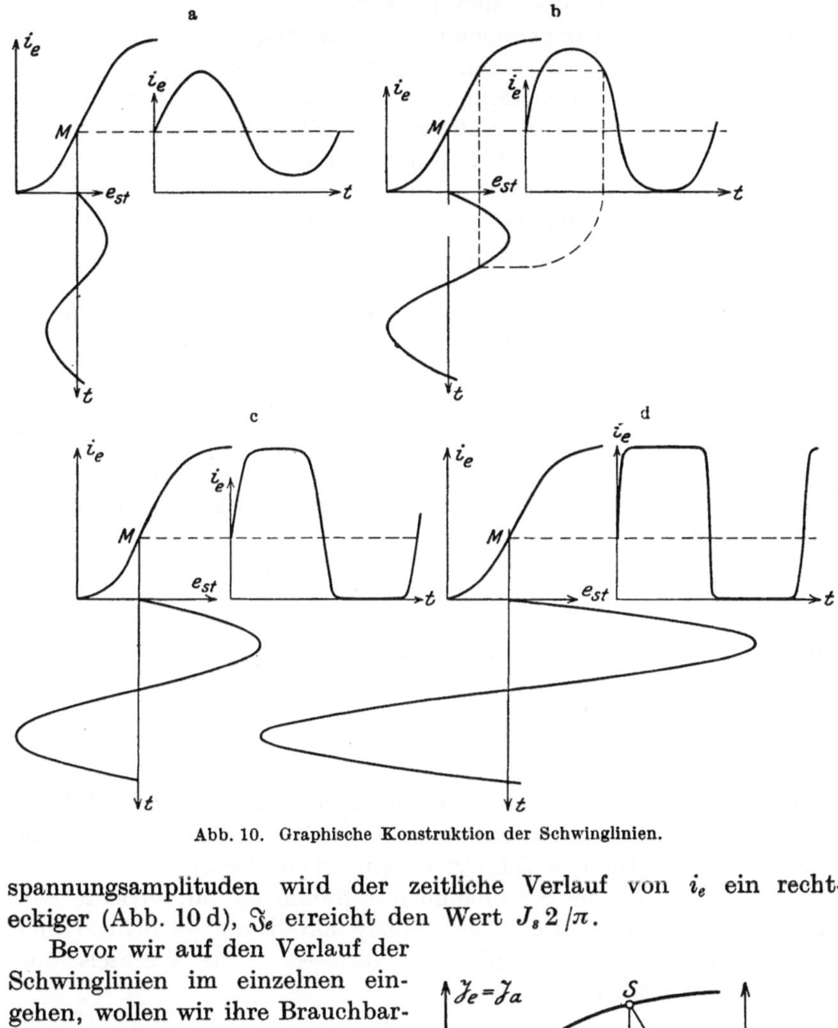

Abb. 10. Graphische Konstruktion der Schwinglinien.

spannungsamplituden wird der zeitliche Verlauf von i_e ein rechteckiger (Abb. 10 d), $\mathfrak{J}_e$ erreicht den Wert $J_s 2/\pi$.

Bevor wir auf den Verlauf der Schwinglinien im einzelnen eingehen, wollen wir ihre Brauchbarkeit zur Behandlung der Vorgänge in Röhrengeneratoren an einer Reihe von Beispielen erläutern. Um zunächst ganz einfache Verhältnisse zu haben, sei vorerst auf die Gitterströme keine Rücksicht genommen.

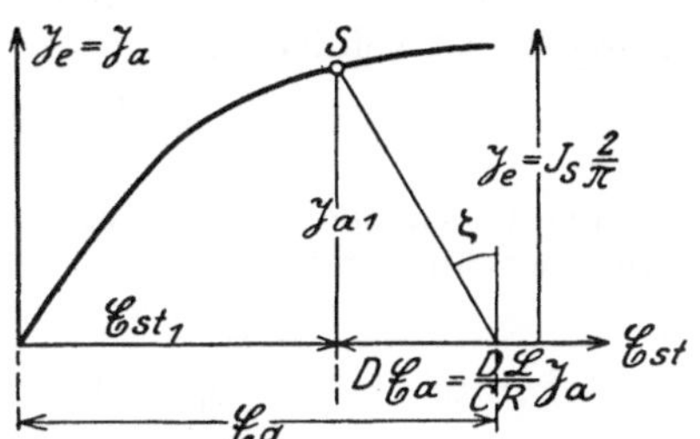

Abb. 11. Schwinglinie und Konstruktion der Amplitude des fremd erregten Generators.

4. Bemerkung für die Versuche. Ich möchte mich bei meinen Vorführungen einer Apparatur bedienen, die auch weniger bemittelte Amateurvereine leicht beschaffen können, einer kleinen Verstärkerröhre mit Heizakkumulator und einfacher Anodenbatterie und dem teuersten, einem Milliamperemeter. Die Schwingungen sind zwar so schwach, daß wir sie an einem Hitzdrahtinstrument nicht ablesen können. Durch die Gitterblockierung wird die Apparatur gleichzeitig zum Audiongleichrichter, so daß wir die Schwingungsamplitude mit Hilfe der Gleichrichterkurve (Abb. 8) am Absinken des Milliamperemeterausschlages erkennen können.

5. Konstruktionen im Schwingliniendiagramm. a) Der fremderregte Generator. Gegeben sei die Schwinglinie, die eingeprägte Gitterspannung $\mathfrak{E}_g$ und die Daten L, C, R des Arbeitskreises. Der Arbeitskreis sei auf die Frequenz des Steuersenders, der die Gitterspannung $\mathfrak{E}_{g_1}$ liefert, abgestimmt. Wie groß sind $\mathfrak{J}_{a_1}$, $\mathfrak{E}_{st_1}$, $\mathfrak{E}_{a_1}$ und die Leistung W des Generators?

Im Resonanzfall wirkt ein Schwingungskreis in der Anordnung (Abb. 9) wie ein Ohmscher Widerstand von L/CR Ohm[1]). Steigt die Steuerspannung $\mathfrak{E}_{st}$ und mit ihr $\mathfrak{J}_a$, so sinkt die Anodenspannung $\mathfrak{E}_a$. $\mathfrak{E}_a$ und $\mathfrak{E}_{st}$ haben 180° Phasenverschiebung. $\mathfrak{E}_a$ ist als „ohmscher" Spannungsabfall $\mathfrak{J}_a\ L/CR$ und

$$\mathfrak{E}_{st} = \mathfrak{E}_g - D\mathfrak{E}_a = \mathfrak{E}_g - \mathfrak{J}_a \frac{DL}{CR}.$$

Abb. 11 ist dann folgendermaßen zu konstruieren: Man berechne oder konstruiere erst den Winkel ζ:

$$\operatorname{tg}\zeta = \frac{DL}{CR}\,\mathfrak{m}.$$

(Sind die Maßstäbe der Figur $\mathfrak{i}$ Amp/cm und $\mathfrak{e}$ Volt/cm, so ist DL/CR in Ohm auszurechnen und mit $\mathfrak{m} = \mathfrak{i}/\mathfrak{e}$ zu multiplizieren, $\mathfrak{m}$ hat die Dimension von 1/Ohm, $\mathfrak{m}\,DL/CR$ ist eine reine Zahl.)

Dann trage man im Schwingliniendiagramm $\mathfrak{E}_g$ auf, errichte eine Grade unter dem Winkel ζ. Ihr Schnittpunkt S mit der Schwinglinie gestattet die gesuchten Amplituden abzulesen. Die Wechselstromleistung W ist schließlich

$$W = \mathfrak{E}_a \cdot \mathfrak{J}_{a_1}.$$

---

[1]) Der Widerstand des Schwingungskreises berechnet sich nach der Kombinationswiderstandsformel

$$\mathfrak{R} = \frac{\mathfrak{R}_1\,\mathfrak{R}_2}{\mathfrak{R}_1 + \mathfrak{R}_2} \quad \text{zu} \quad \mathfrak{R} = \frac{(j\,\omega\,L + R)\cdot\dfrac{1}{j\,\omega\,C}}{j\,\omega\,L + R + j\,\omega\,C},$$

vernachlässigt man R neben $\omega\,L$ und bedenkt, daß im Resonanzfall $j\,\omega\,L = -1\,j/\omega\,C$, so erhält man $\mathfrak{R} = L/CR$.

b) **Der rückgekoppelte Generator.** Die Anodenspannung gleicht dem Schwingungskreisstrom $\mathfrak{J}$ mal ωL, wenn $\omega = 2\pi\nu$ die Kreisfrequenz ist; die durch die Rückkopplung erregte Gitterspannung ist $\omega L_{1g}\mathfrak{J}$. $\mathfrak{E}_g$ und $\mathfrak{E}_a$ stehen im Verhältnis L_{1g}/L. Da nun $\mathfrak{E}_a = J_a L/CR$, so folgt

$$\mathfrak{E}_g = \mathfrak{E}_a \frac{L_{1g}}{L} = \mathfrak{J}_a \frac{L_{1g}}{CR} \quad \text{und} \quad \mathfrak{E}_{st} = \mathfrak{E}_a - D\mathfrak{E}_a = \mathfrak{J}_a \frac{L_{1g} - DL}{CR}.$$

$\mathfrak{E}_{st}$ und $\mathfrak{J}_a$ sind einander proportional; der Zusammenhang der Anodenstromamplitude mit der erregten Steuerspannung ist im Schwingliniendiagramm durch eine Gerade gegeben. Wir wollen sie „**Rückkopplungsgerade**" nennen. Sie ist gegen die Senkrechte um einen Winkel α geneigt.

$$\operatorname{tg}\alpha = \frac{L_{1g} - DL}{CR}\,\mathfrak{m}; \quad \text{dabei heißt} \quad \frac{L_{1g} - DL}{CR}$$

der **Rückkopplungsfaktor**, abgekürzt $\mathfrak{R}.\mathfrak{K}.\mathfrak{F}.$; seine Dimension ist Ohm. Nach dem Prinzip der Amplitudenbilanz gibt der Schnittpunkt S der Schwinglinie mit der Rückkopplungsgeraden die Amplitude an (Abb. 12).

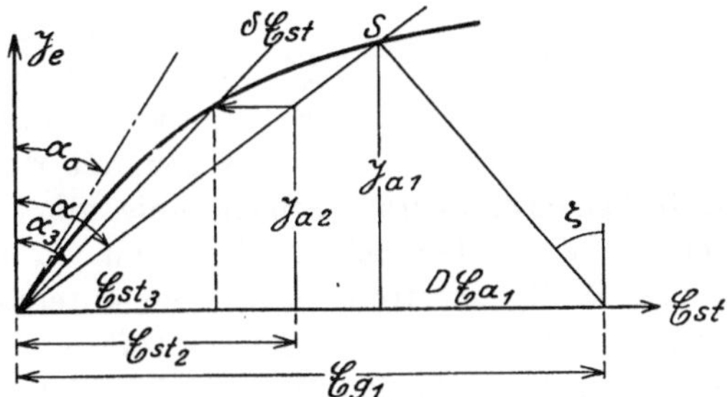

Abb. 12. Konstruktion der Amplitude des rückgekoppelten Generators.

Würde die Schwingungsamplitude erst die Größe $\mathfrak{J}_{a_2}$ erreicht haben, so würde über Schwingungskreis und Rückkopplung $\mathfrak{E}_{st_2}$ induziert, während nur $\mathfrak{E}_{st_3}$ gebraucht würde. Die Phasenbilanz ist nicht erfüllt, die Schwingungen schaukeln auf sich. Die Differenz $\delta\mathfrak{E}_{st}$ wird, wie in Abschnitt B 8 näher ausgeführt werden soll, mit der Aufschaukelgeschwindigkeit in einfachem Zusammenhange stehen.

Lockert man die Rückkopplung so weit, daß der $\mathfrak{R}.\mathfrak{K}.\mathfrak{F}.$ auf den Wert $\operatorname{tg}\alpha_0$ gesunken ist, so erlöschen die Schwingungen.

c) **Der gemischt erregte Generator.** Bei rückgekoppelten Röhrenempfängern setzt sich die Steuerspannung aus der von der Antenne aufgefangenen „Fernerregung" $\delta\mathfrak{E}_g$ und der über die Rückkopplung induzierten „Lokalerregung" $\mathfrak{E}_{st}$ zusammen. Wenn der Empfänger auf den Sender abgestimmt ist, liegen $\delta\mathfrak{E}_g$ und $\mathfrak{E}_{st}$ in Phase, sie sind algebraisch zu addieren. Abb. 13 ist dann folgendermaßen zu konstruieren. Man berechne $\operatorname{tg}\alpha = \frac{L_{1g} - DL}{CR}\,\mathfrak{m}$, trage im Schwingliniendiagramm $\delta\mathfrak{E}_g$ ab und errichte die Rückkopplungsgerade unter dem Winkel α. Ihr Schnittpunkt S mit der Schwinglinie gibt die Amplituden an. Wenn $\operatorname{tg}\alpha$ nur ein wenig kleiner als α_0, der

$\mathfrak{R}.\mathfrak{K}.\mathfrak{F}.$ ein wenig kleiner als die Einsatz- oder Grenzrückkopplung $\mathfrak{R}.\mathfrak{K}.\mathfrak{F}_0$. ist, und wenn die Schwinglinie schwach gekrümmt ist, kann $\mathfrak{E}_{st}$ leicht $\delta\mathfrak{E}_g$ um das 10fache oder mehr übersteigen. Abb. 13 zeigt die bekannte hohe Empfindlichkeit des Schwingaudionempfanges.

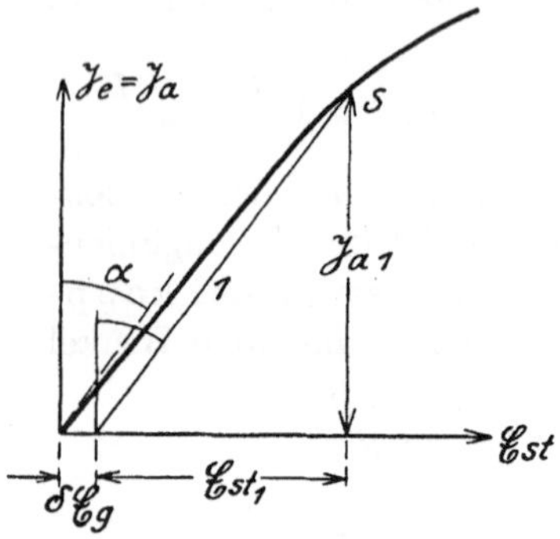

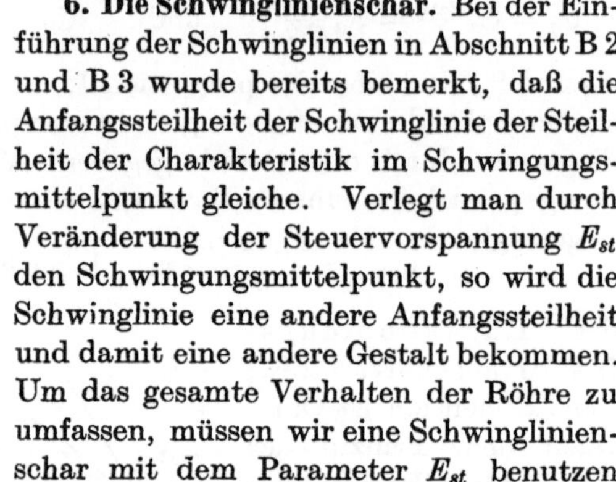

Abb. 13. Der gemischt erregte Generator. Fall des durch Rückkopplung entdämpften Schwingaudionempfängers.

6. Die Schwinglinienschar. Bei der Einführung der Schwinglinien in Abschnitt B 2 und B 3 wurde bereits bemerkt, daß die Anfangssteilheit der Schwinglinie der Steilheit der Charakteristik im Schwingungsmittelpunkt gleiche. Verlegt man durch Veränderung der Steuervorspannung E_{st} den Schwingungsmittelpunkt, so wird die Schwinglinie eine andere Anfangssteilheit und damit eine andere Gestalt bekommen. Um das gesamte Verhalten der Röhre zu umfassen, müssen wir eine Schwinglinienschar mit dem Parameter E_{st} benutzen (Abb. 14). Die oberste Schwinglinie gilt für $E_{st} = E_s/2$, sie steigt am steilsten von allen Schwinglinien an, $\mathfrak{J}_e$ erreicht bei $E_{st} = E_s/2$ den halben Sättigungsstrom $J_s/2$. Die unterste Schwinglinie gilt für die Steuerspannung $E_{st} = 0$. Sie verläuft im Nullpunkt wagerecht. $\mathfrak{J}_e$ erreicht bei $E_{st} = E_s$ den Wert $J_s/3$. Alle Schwinglinien erreichen für $E_{st} = \infty$ die Höhe $\mathfrak{J}_e = J_s\, 2/\pi$. Ihre Anfangssteilheit gleicht der Steilheit der Charakteristik im Schwingungsmittelpunkt. Diese Bemerkungen genügen, um Abb. 14 qualitativ zu zeichnen.

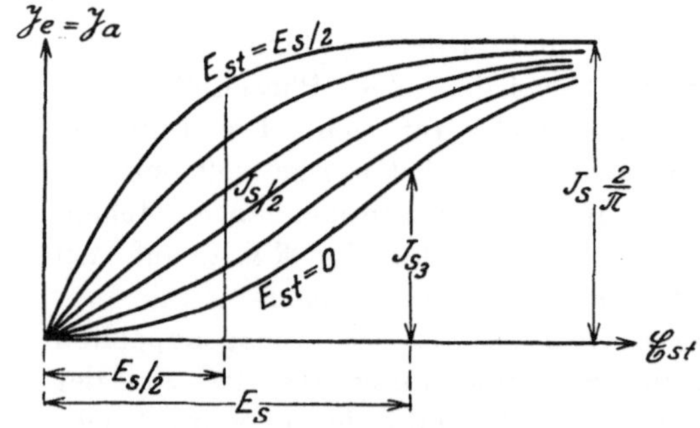

Abb. 14. Die Schwinglinienschar.

7. Folgen, Reißen, Springen. Hat man die Röhrenheizung und die Anoden- und Gitterspannung so eingestellt, daß die Schwinglinie die Gestalt der Abb. 15a hat, so werden, wenn man die Rückkopplung festigt, die Schwingungen kontinuierlich mit ganz kleinen Amplituden einsetzen, mit fester werdender Rückkopplung kontinuierlich ansteigen, mit loser werdender allmählich auf Null sinken. Rukop hat hierfür den Ausdruck geprägt: die Schwingungen „folgen“.

Arbeitet man mit einer Schwinglinie von der Gestalt Abb. 16a, so „springen“ die Schwingungen bis zur Amplitude $\mathfrak{J}_{e_1}$, „folgen“ bei fester werdender Rückkopplung, ebenso bei loser werdender bis zur Amplitude $\mathfrak{J}_{e_2}$ und „reißen" dann ab (Versuche). Auf die von Rukop entdeckten Reißgebiete bei mittleren Amplituden kommen wir im Abschnitt 12 zu sprechen.

8. Berechnung der Aufschaukelgeschwindigkeiten. Die Amplitude einer anklingenden oder abklingenden Schwingung von der Form

$i_a = \mathfrak{J}_a e^{\beta t} \cos \omega t = \mathfrak{J}_a e^{(\beta + j\omega) t}$

läßt sich nach der im Abschnitt B 3 b Abb. 12 bez. Abb. 18 beschriebenen Konstruktion ebenfalls ermitteln. Es ist lediglich der $\mathfrak{R}.\mathfrak{K}.\mathfrak{F}.$ neu zu berechnen. Die Frequenz ω gleicht auch jetzt der Resonanzfrequenz

$$\omega_0 = \sqrt{1/LC},$$

wie man mit dem Phasenbilanzprinzip nachweisen kann.

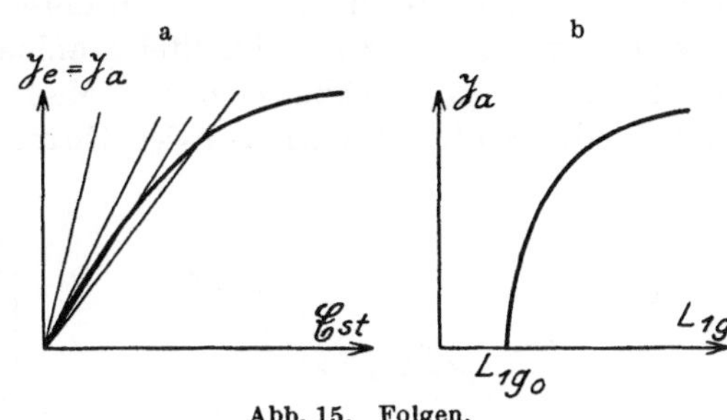

Abb. 15. Folgen.

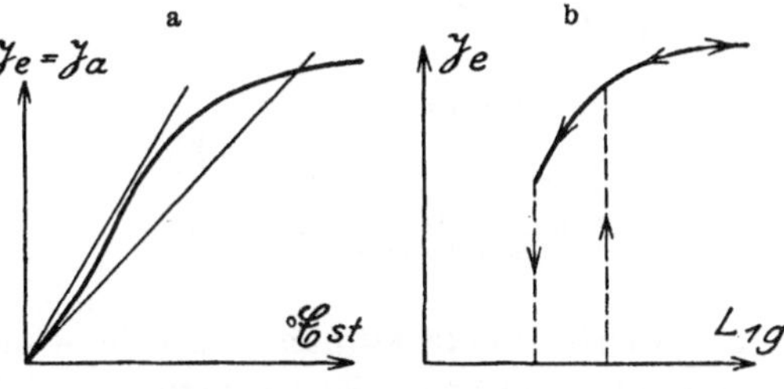

Abb. 16. Reißen und Springen.

Der Arbeitskreis setzt der anklingenden Schwingung den Kombinationswiderstand

$$\mathfrak{R}_a = \frac{[(j\omega + \beta)L + R]\dfrac{1}{(j\omega + \beta)C}}{(j\omega + \beta)L + R + \dfrac{1}{(j\omega + \beta)C}} = \frac{1}{2C(d + \beta)}$$

entegen, wobei $d = R/2L$. An die Stelle von $L/CR = 1/2Cd$ tritt $1/2C(d + \beta)$. Dementsprechend erhält der $\mathfrak{R}.\mathfrak{K}.\mathfrak{F}.$ den Wert:

$$\operatorname{tg}\alpha = \frac{L_{1g}/L - D}{2C(d + \beta)}, \qquad \text{während} \qquad \operatorname{tg}\alpha_0 = \frac{L_{1g}/L - D}{2Cd}$$

war. β berechnet sich hieraus zu

$$\beta = \frac{\operatorname{tg}\alpha - \operatorname{tg}\alpha_0}{\operatorname{tg}\alpha} d = \frac{\delta \mathfrak{E}_{st}}{\mathfrak{E}_{st}} d = \delta \mathfrak{E}_{st} \frac{d}{\operatorname{tg}\alpha_0} \frac{1}{\mathfrak{J}_a},$$

wie man aus Abb. 17 abliest. Nun ist aber $\beta = \frac{d\mathfrak{J}_a}{\mathfrak{J}_a dt}$; wir erhalten für die Aufschaukelgeschwindigkeit

$$\frac{d\mathfrak{J}_a}{dt} = \delta \mathfrak{E}_{st} \cdot \frac{d}{\operatorname{tg}\alpha_0}.$$

Abb. 17 zeigt: Wie zu erwarten, wird die Aufschaukelgeschwindigkeit Null im Schnittpunkte S, der ja das Vorhandensein kontinuierlicher Schwingungen kennzeichnet. Sie ist aber auch Null für die Amplitude Null. Schwingungen, die von Null an einsetzen, werden zunächst sehr langsam anwachsen. Für Schnelltelegraphie ist ein Anfangsstoß etwa von der Größe $\mathfrak{J}_{\text{anf}}$ (Abb. 17) nötig. Man erzielt ihn durch Anodentastung oder kräftiges Umladen des Gitters nach Abb. 18.

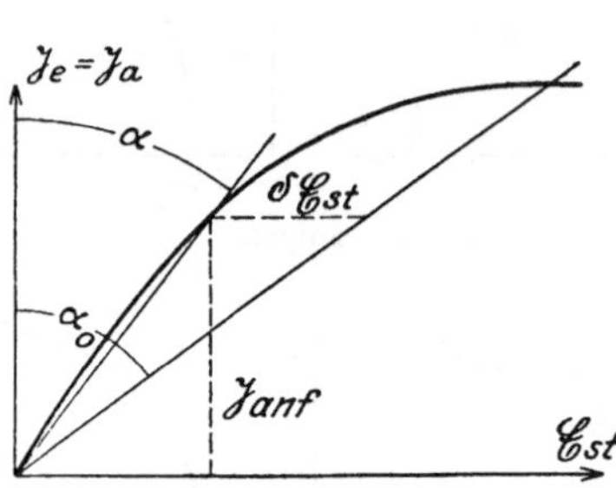

Abb. 17. Konstruktion der Aufschaukelgeschwindigkeit.

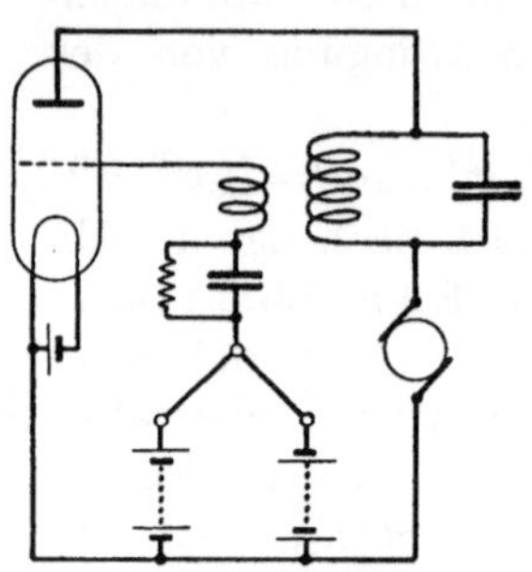
Abb. 18. Schnelltelegraphietastung.

9. Experimentelle Aufnahme der Schwinglinie. Die in Abschnitt B 3 angedeutete punktweise Konstruktion der Schwinglinie ist recht mühsam. Um so einfacher gestaltet sich die experimentelle Aufnahme. Die Gitter- und Anodenspannungsamplituden werden an den Saitenelektrometern $V_{\sim}$ abgelesen und $\mathfrak{E}_{st} = \mathfrak{E}_g - D\mathfrak{E}_a$ berechnet (Abb. 19). $\mathfrak{J}_e$ erhält man, indem man mit dem Gleichstromamperemeter $A_=$ den Gittergleichstrom $J_=$ und mit den Hitzdrahtinstrument $A_{\sim}$ den gesamten Strom $J_{\text{eff}}^2 = J_{\sim}^2/2 + J_=^2$ mißt und $J_e = \sqrt{J_{\text{eff}}^2 - J_=^2}$ berechnet.

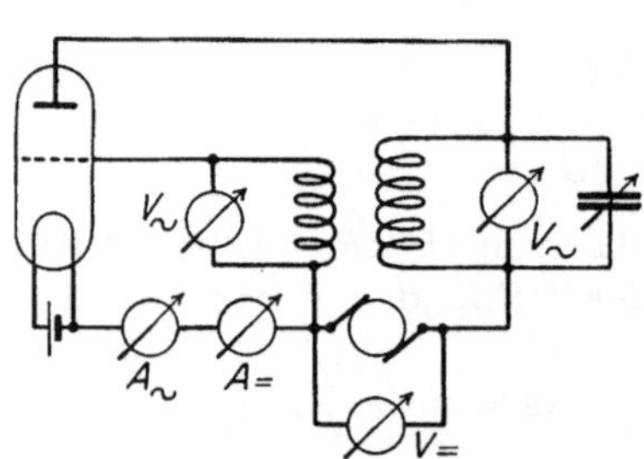

Abb. 19. Experimentelle Aufnahme der Schwinglinien.

Gleichzeitig können auch Gitter- und Anodenvorspannung und $\mathfrak{J}_g$ gemessen werden.

10. Einführung reduzierter Koordinaten. Das Schwingliniendiagramm gestattet bereits, für jede beliebig dimensionierte Generatorschaltung, jede Anodenbetriebsspannung und Gittervorspannung die Arbeitsweise der Röhre zu überblicken. Nur verschiedene Sättigungsströme (Heizungen) müssen noch in den Bereich der Betrachtung gezogen werden:

Die Charakteristik läßt sich mit Hilfe von zwei Formeln:

$$i_e = 1{,}465 \cdot 10^{-5} \frac{l}{r\beta^2(1 + D)} e_{st}^{\frac{3}{2}} \qquad \text{(a)}$$

für das Raumladungsgebiet und

$$i_e = J_s \tag{b}$$

für das Sättigungsgebiet darstellen.

Wenn wir mit E_s die Sättigungsspannung, d. h. die Steuerspannung bezeichnen, bei der der Sättigungsstrom erreicht wird, können wir die 1. Formel (a) schreiben:

$$i_s = 1{,}465 \cdot 10^{-5} \frac{l}{r\beta^2(1+D)} E_s^{\frac{3}{2}} \left(\frac{e_{st}}{E_s}\right)^{\frac{3}{2}} = J_s \left(\frac{e_{st}}{E_s}\right)^{\frac{3}{2}} \quad \text{oder} \quad \frac{i_e}{J_s} = \left(\frac{e_{st}}{E_s}\right)^{\frac{3}{2}}.$$

Formel (b) lautet einfach:

$$\frac{i_e}{J_s} = 1.$$

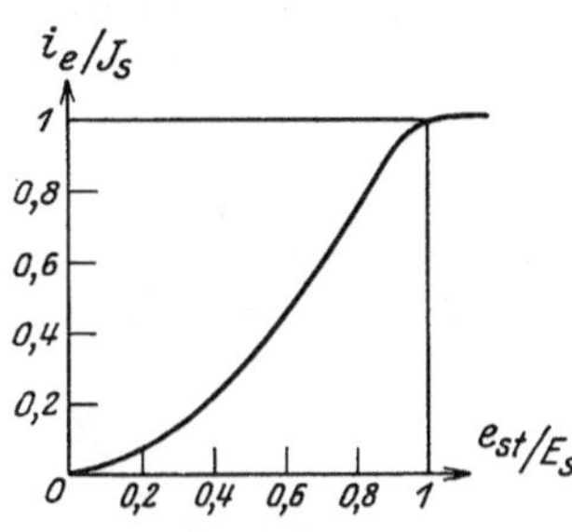

Abb. 20. Kennlinien für alle Heizungen, durch reduzierte Koordinaten dargestellt.

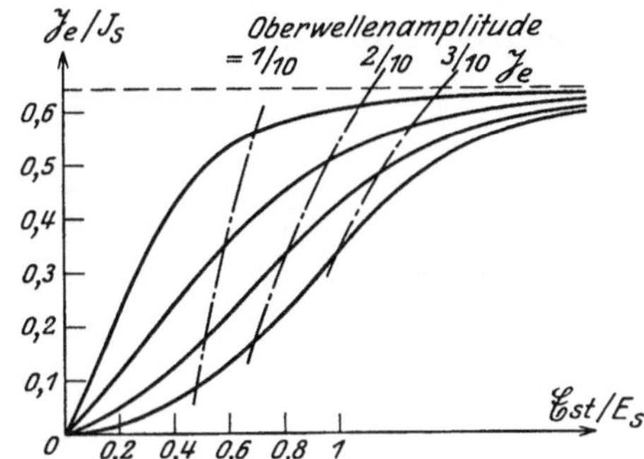

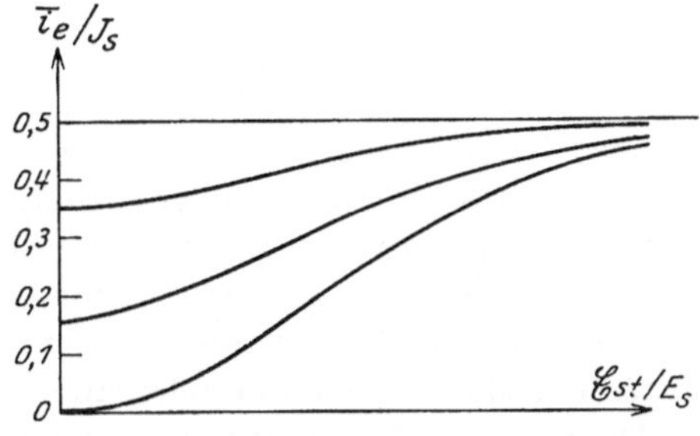

Abb. 21 und 22. Schwing- und Leistungsliniendiagramm für alle Heizungen in reduzierten Koordinaten.

Mit Hilfe der reduzierten Koordinaten e_{st}/E_s und i_e/J_s können wir nicht nur alle Betriebsspannungen, sondern auch alle Sättigungsströme (Heizungen) durch eine einzige Kurve umfassen (Abb. 20).

Diese reduzierten Koordinaten wollen wir nun auch in das Schwingliniendiagramm einführen. Wir erhalten dann das universelle, für jede Heizung gültige Diagramm (Abb. 21).

11. Leistungslinien. Um auch die von der Anodenbatterie geliefert Leistung und nach Abzug der Wechselstromleistung die Verluste in der Röhre übersichtlich darzustellen, tragen wir noch den mittleren Elektronenstrom (am Gleichstrommilliamperemeter abzulesen) in Abhängigkeit von der Steuerspannung auf, Abb. 22. Wir bedienen uns praktischerweise hierzu wieder der reduzierten Koordinaten (Abb. 20) und der Steuervorspannung E_{st}/E_s als Parameter.

Schließlich kann man im Schwingliniendiagramm die Punkte, bei denen die Oberwellen $\frac{1}{10}$, $\frac{2}{10}$, $\frac{3}{10}$ usw. der Grundschwingungsamplitude erreichen, durch strichpunktierte Linien verbinden.

12. Verfeinerung der Theorie durch Berücksichtigung der Gitterströme. Der Anodenstrom ist die Differenz des Elektronenstromes und Gitterstromes $i_a = i_e - i_g$. Sind i_e und i_g in Phase, was praktisch stets erfüllt ist, so gilt das gleiche für die Amplituden $\mathfrak{J}_a = \mathfrak{J}_e - \mathfrak{J}_g$. Bisher hatten wir die den Schwingungskreis treibende Anodenstromamplitude einfach mit $\mathfrak{J}_e$ identifiziert. Wir wollen nun die Gitterströme berücksichtigen, im Schwingliniendiagramm die Schwinglinie ($\mathfrak{J}_e - \mathfrak{E}_{st}$-Kurve) und die Gitterschwinglinie ($\mathfrak{J}_g - \mathfrak{E}_{st}$-Kurve) einzeichnen und die Anodenschwinglinie ($\mathfrak{J}_a - \mathfrak{E}_{st}$-Kurve) durch Differenzbildung konstruieren (Abb. 23).

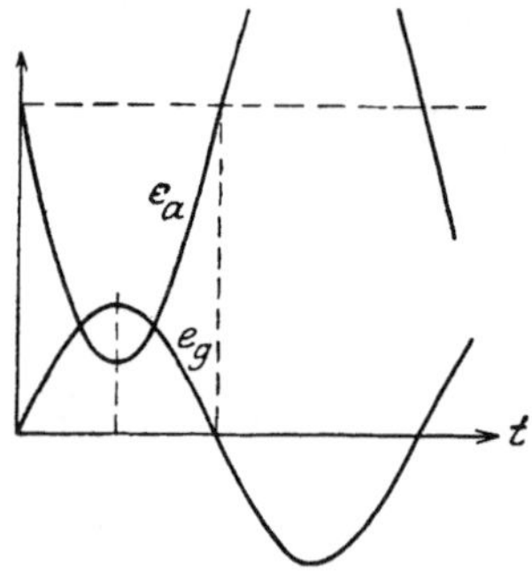

Abb. 23. Überspannter Betrieb.

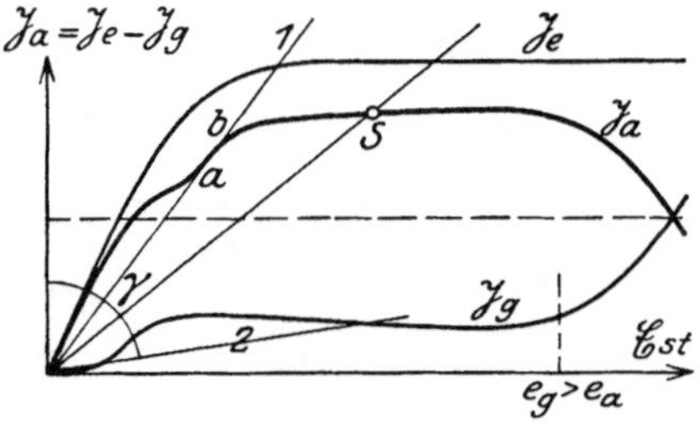

Abb. 24. Anoden- und Gitterschwinglinien. 2. Rukopsches Reißgebiet.

Die Gitterschwinglinie steigt parabolisch zunächst auf einen niedrigen Wert. Erst wenn die Anodenspannung in der Mitte der ersten Halbperiode niedriger wie die Gitterspannung wird (überspannter Betrieb, $e_g > e_a$ in Abb. 23), nimmt $\mathfrak{J}_g$ größere Werte an. Der mittlere Teil der Gitterschwinglinie kann sogar nach rechts hin fallen, wenn am Gitter ein starker Sekundärelektronenstrom ausgelöst wird.

Die in Abb. 24 konstruierte Anodenschwinglinie zeigt uns 3 typische Wirkungen der Gitterströme.

a) Die Anodenkennlinie und mit ihr die Leistung sinkt bei sehr hohen Steuerspannungen wieder. Mit fester werdender Rückkopplung überschreitet die Leistung ein Maximum (Versuch).

b) Bei wachsender Gitterspannung steigen die Gitterverluste $\mathfrak{E}_g \cdot \mathfrak{J}_g/2$.

c) Bei mittleren Amplituden (zwischen a und b, Abb. 24) können Reißgebiete auftreten (Rukop).

13. Veränderung der Frequenz durch die Gitterströme. tg γ (Abb. 24), multipliziert mit dem Maßstabsverhältnis $\mathfrak{m}$, gleicht dem Widerstande R_g des Gitterkreises für die Grundschwingung. R_g ist für lose Rückkopplungen hoch, für festere Rückkopplungen sinkt R_g. Für lose Rückkopplungen gleicht $\mathfrak{E}_g$ der in der Rückkopplungsspule induzierten Spannung $\mathfrak{E}'_g$, bei fester Rückkopplung entsteht $\mathfrak{E}_g$ durch Teilung der Spannung $\mathfrak{E}'_g$ durch die Widerstände $j\omega L_g$ und R_g:

$$\mathfrak{E}_g = \mathfrak{E}'_g \frac{R_g}{j\omega L_g + R_g}.$$

$\mathfrak{E}_g$ hat gegen $\mathfrak{E}'_g$ eine Phasenverschiebung. Nach dem Prinzip der Phasenbilanz bedingt diese eine Frequenzänderung $\delta\omega = d\frac{\omega L_g}{R_g}$ (Versuch). $d = R/2L$ = Dämpfung des Arbeitskreises.

14. Das Verhalten der Röhren bei Veränderung der Heizung und Betriebsspannung. Strom- und Spannungsbegrenzung der Schwingungen. Einige qualitative Regeln über die Konstruktion der Gitterschwing-

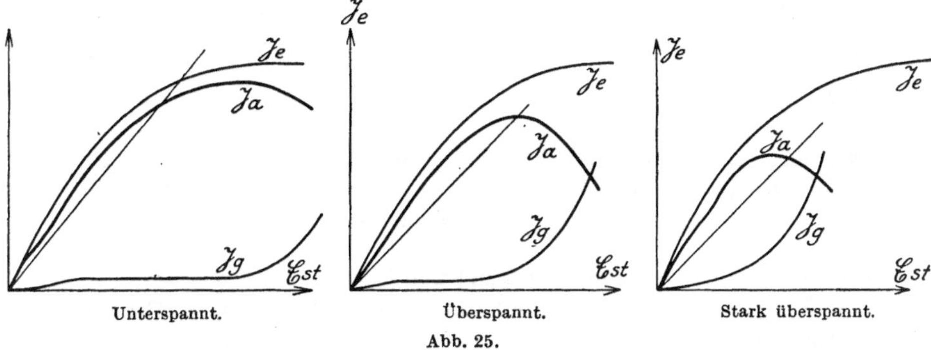

Unterspannt. Überspannt. Stark überspannt.

Abb. 25.

linien seien vorausgeschickt: Der Punkt $e_a < e_g$ (Abb. 24) wird bei um so höherem $\mathfrak{E}_{st}/E_s$ erreicht, je größer E_{st}/E_s und je kleiner L/CR ist. Punkt $e_g > e_a$ wird also nach rechts verschoben durch Erhöhung der Betriebsspannung E_a, Erniedrigung der Heizung (J_s) (Verringern von E_s) und Verringern des Kreiswiderstandes L/CR, also durch alle Maßnahmen, die zur „Unterspannung" des Betriebes führen.

Die Neigung $\operatorname{tg}\alpha$ der Rückkopplungsgeraden im reduzierten Schwingliniendiagramm beträgt ($\mathfrak{m}$ = Maßstabsverhältnis) $\operatorname{tg}\alpha = \mathfrak{R}.\mathfrak{K}.\mathfrak{F}.\ J_s/E_s\,\mathfrak{m}$.

Da bei stärkerer Heizung J_s/E_s steigt, so steigt auch die Neigung der Rückkopplungsgeraden bei konstant gehaltener Einstellung der Apparatur.

Die Anwendung dieser Regeln sei an der Besprechung einiger Fälle gezeigt:

1. Durch Verkleinern des Schwingungskreiskondensators wird L/CR und $\operatorname{tg}\alpha = L_{1g} - DL/CR$ vergrößert. Die Röhrenleistung durchläuft ein Maximum, dessen Lage von der Größe der Rückkopplung L_{1g} abhängt (Abb. 25. Versuch).

2. Bei überspanntem Betrieb ist dies Maximum schmal, bei unterspanntem breit (Versuch).

3. Eine Erhöhung der Betriebsspannung (Übergang von b zu a) bewirkt bei überspanntem Betrieb eine starke Erhöhung der Leistung. (*Spannungsbegrenzung der Schwingungen.*) Bei unterspanntem Betrieb ist die Leistungserhöhung gering (Abb. 26, Versuche).

4. Eine Erhöhung der Heizung bewirkt bei unterspanntem Betriebe eine Erhöhung der Leistung fast im Verhältnis der Sättigungsstromquadrate. (*Strombegrenzung der Schwingung.* Übergang von b zu a und zur Rückkopplungsgeraden 2, Abb. 26). Bei überspanntem

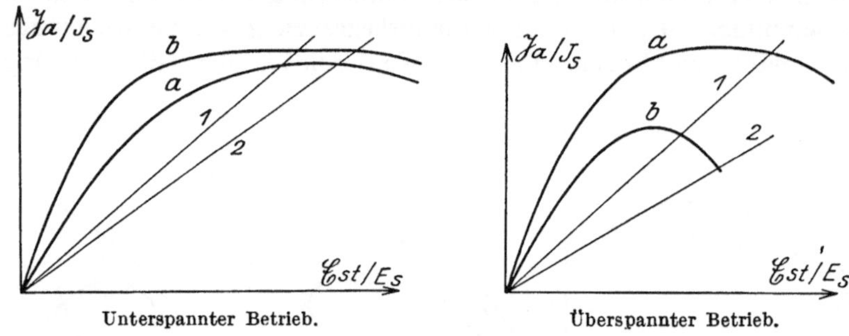

Unterspannter Betrieb. Überspannter Betrieb.

Abb. 26 und 27. Verschiedene Heizungen.

Betrieb (analoger Übergang von a zu b und 1 zu 2 in Abb. 27) sinkt $\mathfrak{J}_a/J_s$. Sinkt $\mathfrak{J}_a/J_s$ stärker, als J_s steigt, so kann die Leistung bei Erhöhung der Heizung sogar abnehmen (Versuch).

Diese einfachen Beispiele mögen zeigen, daß das Hilfsmittel der Schwinglinien tatsächlich geeignet ist, sämtliche beim Arbeiten mit Röhrensendern auftauchende Fragen rasch und bequem zu überblicken.

C. Das Schwingaudion.

Um zunächst eine Reihe einfacher und instruktiver Versuche vorführen zu können, für die nur eine billige Apparatur nötig ist, beginnen wir mit dem Audionwellenmesser. Er unterscheidet sich von einem gewöhnlichen Schwingaudionempfänger nur durch ein in den Anodenkreis eingeschaltetes Milliamperemeter. Zwar sind die von ihm erregten Schwingungen nur schwach. Mit einem Hitzdrahtinstrument sind sie nicht nachweisbar. Da aber die Röhre zugleich als Generator und Audiongleichrichter arbeitet, ist die Schwingungsamplitude am Gleichstrommilliamperemeter ablesbar.

Während man beim Arbeiten mit dem Hitzdrahtinstrument starke Röhren mit hohen Betriebsspannungen (1000 Volt) benötigt, die Apparatur also sehr teuer wird, können wir jetzt alle Versuche mit einer kleinen Empfangsröhre ausführen. Hierin liegt ein wesentlicher Vorteil des Audionwellenmessers.

1. Der Audionwellenmesser. a) Die Einstellung von Heizung und Betriebsspannung. Der Wellenmesser wird dann die höchste Empfindlichkeit haben (das gleiche gilt für jeden Audionempfänger), wenn sich bei einer Veränderung der Schwingungsamplitude der Anodenstrom möglichst stark ändert. Das ist der Fall, wenn die Schwinglinie im Anfang möglichst geradlinig verläuft, wenn sie eben noch keinen Wendepunkt hat, wenn wir also an der Grenze zwischen „Folgen“ und „Reißen“ arbeiten. Die Einstellung der Röhre auf diese Grenze kann durch Herabmindern der Heizung oder Erhöhen der Anodenspannung geschehen (Versuch).

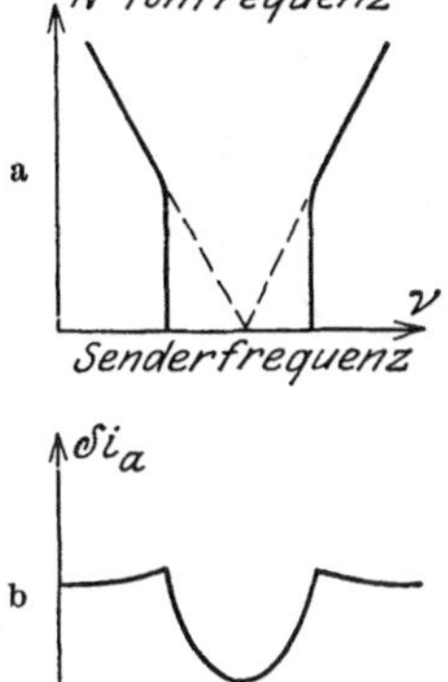

Abb. 28. Mitnahmebereichempfang.

b) Die Abstimmung auf einen Sender geschieht α) nach der Schwebungsmethode (Versuch) oder β) durch Beobachtung des Mitnahmebereiches. Jede Abstimmung kann durch Veränderung der Empfänger- oder der Senderfrequenz erfolgen. Um die Frequenz des Empfängers durch einen Hilfsüberlagerer kontrollieren zu können, wählen wir den zweiten Weg.

Wir beobachten zunächst den von Sender und Empfänger herrührenden Schwebungston. Er setzt in der Nähe der Abstimmung aus (Abb. 28a, Versuch). Die Beobachtung des Milliamperemeters zeigt uns, daß die Empfängerschwingungen im stummen Bereich keineswegs aussetzen, sondern im Gegenteil besonders stark sind (Abb. 28b, Versuch).

Die Frequenz des Empfängers kontrollieren wir durch den Ton N' des Empfängers mit einem Hilfssender (Abb. 28c, Versuch). Im stummen Bereich verändert sich dieser Hilfston, ein Zeichen dafür, daß der Empfänger vom Hauptsender mitgenommen wird. Ich habe daher den stummen Bereich, in dem nicht etwa deswegen keine Schwebungen entstehen, weil die Empfängerschwingungen aussetzen, sondern weil Sender und Empfänger synchron laufen, den „Mitnahmebereich“ genannt.

Durch Festigen der Rückkopplung und Lockern der Kopplung zwischen Sender und Empfänger läßt sich der Mitnahmebereich auf ein sehr schmales Frequenzgebiet beschränken (Versuch). Mit dem Mitnahmebereichempfang können sehr feine Abstimmungen erzielt werden.

Außerdem ist er von allen Störungen frei. Das Einschalten des Hilfssenders ändert z. B. am Milliamperemeterausschlag nichts (Versuch).

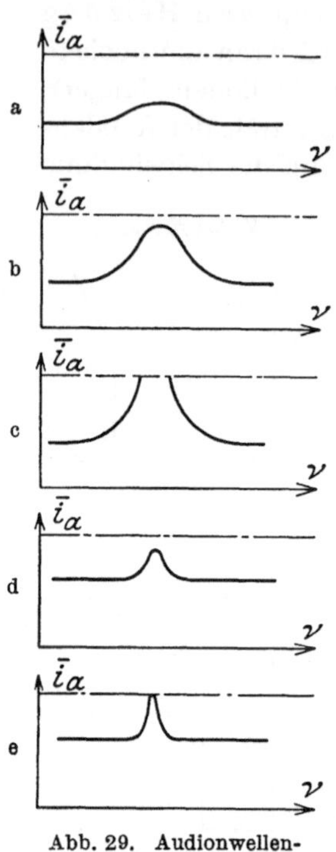

Abb. 29. Audionwellenmesser. Resonanzkurven.

c) Abstimmung des Audionwellenmessers auf einen Resonanzkreis. Ein mit dem Audionwellenmesser gekoppelter Resonanzkreis entzieht dem Audion Energie, die Audionschwingungen sinken, der Milliamperemeterausschlag steigt. Man erhält eine „Resonanzkurve" (Abb. 29a, Versuch). Koppelt man den Schwingungskreis fester, so wird die Energieentziehung stärker, der Milliamperemeterausschlag steigt höher (Abb. 29b, Versuch). Koppelt man noch fester, so löschen die Schwingungen in der Resonanzlage ganz aus (Abb. 29c, Versuch).

Lockert man auch die Rückkopplung, so kann man zu den außerordentlich scharfen Resonanzkurven (Abb. 29d und e, Versuche) gelangen.

Bei fester Rückkopplung und fester Sekundärkopplung lassen sich auch die Zieherscheinungen demonstrieren (Abb. 30, Versuch).

d) Eine einfache Dämpfungsmessung. Man kopple so fest zurück, daß der Milliamperemeterausschlag z. B. von 2 mA auf 1 mA sinkt, koppele mit dem Resonanzkreis so fest, daß in der Resonanzlage der Milliamperemerterausschlag z. B. auf 1,9 mA steigt, und nehme Resonanzkurve 1 auf (Abb. 31). Dann schalte man einen Normalwiderstand R_n in den Resonanzkreis und nehme die Resonanzkurve 2 auf, nachdem man die Kopplung mit dem Meßkreise wieder so eingeschaltet hat, daß

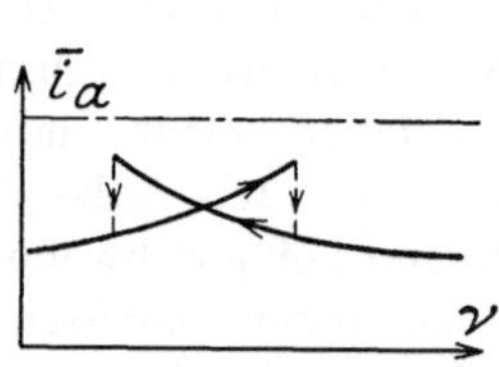
Abb. 30. Zieherscheinungen.

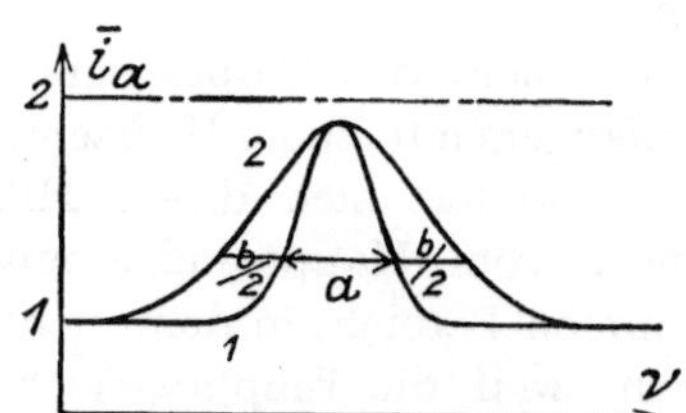

Abb. 31. Dämpfungsmessung mit dem Audionwellenmesser.

in der Resonanzlage 1,9 mA erreicht werden. Dann ziehe man in beliebiger Höhe eine wagerechte Gerade. Der gesuchte Sekundärkreiswiderstand R_x ist dann

$$R_x = R_n \frac{a}{b}.$$

Das Bequeme an der Messung ist, daß man keinerlei Audiongleichrichtereichung braucht.

2. Der Schwingaudionempfänger. Der Schwingaudionempfänger kann verwendet werden:

a) Als Telegraphieempfänger mit Relais für ungedämpfte Wellen ohne Überlagerung. Bei starkem Empfang (vorheriger Hochfrequenzverstärker) empfiehlt es sich, mit der Rückkopplung unterhalb der

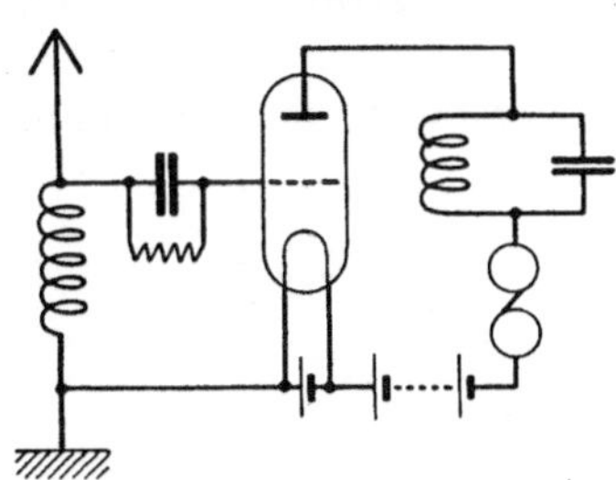

Abb. 32. Schwingaudionmitnahmebereich-Telegraphieempfänger.

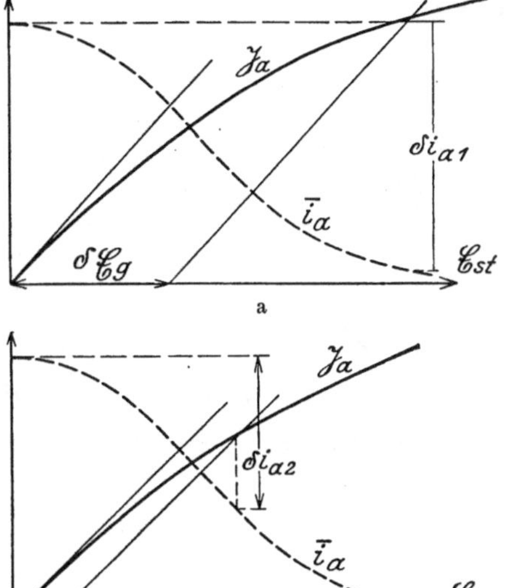

Abb. 33. Mitnahmebereichempfang. a) starker, b) schwacher Empfang.

Grenzrückkopplung zu bleiben und nur Dämpfungsreduktion anzuwenden, bei sehr schwachem Empfang kann man mit Vorteil im Mitnahmebereich arbeiten. (Vgl. Abb. 32 und 33 a, b; arbeite im Punkte größten $d\,\delta\,i_a/d\mathfrak{E}_g$!)

b) Als Telephonieempfänger für modulierte Wellen. Um eine möglichst große Lautstärke zu bekommen, ist die Entdämpfung so weit zu treiben, daß man auf dem steilsten Teil der $\delta\,i_a$-E_{st}-Kurve arbeitet. Die hierfür nötige Rückkopplung wird meist noch wesentlich unterhalb der Grenzrückkopplung liegen.

Die Dimensionierung der Gitterblockierung wurde bereits im Kapitel A 4 (Audiongleichrichtung) besprochen.

c) Als Überlagerungsempfänger für Telegraphie. Hier sind 2 Fälle zu unterscheiden, der Empfang mit einem hohen und einem niedrigen Ton. Bei dem hohen Überlagerungston weicht die Senderfrequenz von der Empfängerfrequenz so weit ab, daß eine Verstärkung der Senderfrequenz durch Entdämpfung nicht in Frage kommt. Es schwankt dann um $\delta\,\mathfrak{E}_g$. Man kopple so fest zurück, daß man im steilsten Teil der $\delta\,i_a$-$\mathfrak{E}_g$-Kurve arbeitet (Abb. 34, Versuch). Bei einem niedrigen Überlagerungston hat der Schwingungskreis Zeit, sich aufzuschaukeln. Jetzt gibt die losere Rückkopplung die höhere Lautstärke, obwohl wir den steilsten Teil der δi_a-$\mathfrak{E}_g$-Kurve noch nicht erreicht haben (Abb. 34 und 35, Versuch).

Obwohl sich nach Kapitel B 8 die Aufschaukelgeschwindigkeiten und damit die Wirkungsweise des Empfängers bei mittleren Schwebungstönen unschwer ermitteln lassen, begnügen wir uns mit den beiden Extremfällen: keine und volle Aufschaukelung.

d) Versuche über die Dimensionierung der Gitterblockierung.

1. Versuch. Empfang mit tiefen Tönen. Eine Verringerung von C_u schwächt den Empfang.

2. Versuch. Eine Erhöhung von $R_ü$ verstärkt den Empfang.

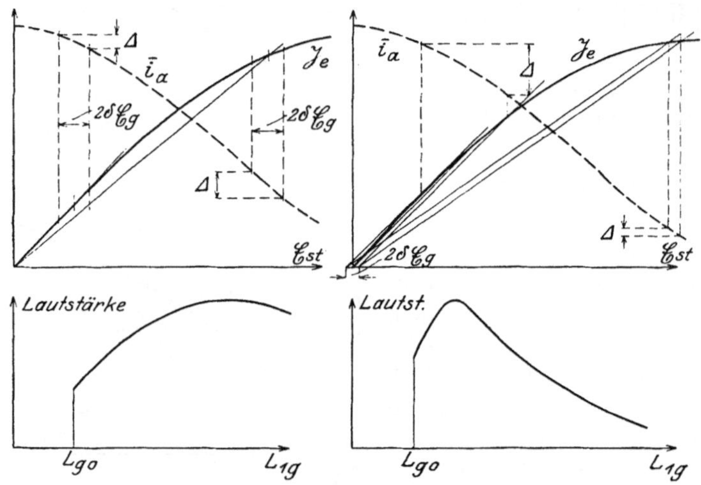

Abb. 34 und 35. Überlagerungsempfänger für Telegraphie.
Hoher Überlagerungston, Seitenband liegt außerhalb der Resonanz. | Tiefer Überlagerungston, Seitenband liegt noch im Resonanzmaximum.

3. Versuch. Empfang mit hohen Tönen. Eine Verringerung von $C_ü$ verstärkt den Empfang.

4. Versuch. Eine Erhöhung von $R_ü$ schwächt den Empfang. Die theoretische Erklärung dieser Versuche liegt in der auf S. 325 (A 4) abgeleiteten Formel über die Audiongleichrichtung modulierter Wellen.

Für die Anwendung einer über der Hörbarkeitsgrenze liegenden Zwischenfrequenz ist die Audiongleichrichtung wegen der großen Relaxationszeit der Gitterblockierung unbrauchbar. Hier muß die an sich unempfindlichere Gleichrichterröhre (Abb. 2) benutzt werden.

D. Bezeichnungen.

$A = \frac{KTJ_s}{\varepsilon}$ = Abkürzung.

a, b = Abschnitte in Figuren.

$B = \alpha\, \mathfrak{E}_{g_0} \frac{dF}{d\mathfrak{E}}$ = Abkürzung.

C = Kapazität des Schwingungskreises.

$C_{ü}$ = Gitterkapazität.

D = Durchgriff.

d = Dämpfung = $R/2L$.

E = Spannung.

E_{st}, E_a, E_g = Steuer-, Anoden-, Gittervorspannung.

$\mathfrak{E}$ = Amplitude der Spannung.

e = Momentanwert der Spannung.

$\mathfrak{E}_{g_0}$ = mittlere Amplitude.

E_s = Sättigungssteuerspannung.

f = Funktion.

$$F(x) = \frac{1}{2\pi} \int_0^{2\pi} e^{-\vartheta x \cos\alpha}\, d\alpha.$$

$i, I, \mathfrak{J}$ = momentaner Wert, Gleichstromanteil, Amplitude des Stromes.

I_s = Sättigungsstrom.

$j = \sqrt{-1}$.

K = molekulare Gaskonstante.

L = Selbstinduktion, L_g = Selbstinduktion der Rückkopplungsspule, L_{1g} = Gegeninduktivität, Schwingungskreis, Gitterkreis.

l = Glühdrahtlänge.

$\mathfrak{m}$ = Maßstabsverhältnis.

R = Schwingungskreiswiderstand.

R_x = Sekundärkreiswiderstand.

R_n = Normalwiderstand.

$R_{ü}$ = Gitterblockierungs- (Silit-) Widerstand.

R_g = Widerstand der Elektronenstrecke Glühdraht—Gitter.

$\mathfrak{R}.\mathfrak{K}.\mathfrak{F}.$ = Rückkopplungsfaktor $\left(\text{Für Meißnerschaltung } \frac{L_{1g} - DL}{RC}\right)$.

r = Gitterzylinderradius.

S = Kennlinienteilheit (in Abbildungen Schnittpunkt).

T = Schwingungsdauer (in einigen Formeln absolute Temperatur!).

t = laufende Zeitkoordinate.

W = Leistung.

α = Neigung der Rückkopplungsgeraden.

β = Abklinggeschwindigkeit: $\beta = \frac{d\mathfrak{J}}{\mathfrak{J}dt}$.

$\operatorname{tg}\gamma = R_g$.

ε = Elektronenladung.

δ, Δ = Variationszeichen; Δ allein = Abkürzung für $\Delta\,\delta E_g$.

$\operatorname{tg}\zeta = DL/CR$.

$$\vartheta = \frac{\varepsilon}{kT} = \frac{\text{Elektronenladung}}{\text{molekulare Gaskonstante} \times \text{absolute Temperatur}}.$$

$\varkappa$ = Anfangssteilheit der Verteilungskurve.

ω = Hochfrequenz = $2\pi\nu$.

Ω = Tonfrequenz = $2\pi N$.

X. Allgemeine Verstärkertheorie.

Von

Heinrich Barkhausen (Dresden).

Das Problem des Verstärkers oder Telephonrelais ist kein neues, sondern schon ein altes, lange ungelöstes Problem, älter als der Rundfunk, ja schon so alt wie die Telephonie überhaupt, also nahezu 50 Jahre. Relais heißt „Vorspann"; das Wort stammt noch aus der Zeit des alten Postkutschenbetriebes und bedeutet das Vorspannen eines neuen frischen Pferdes an Stelle des müden, abgetriebenen. Mit Hilfe des Telephonrelais sollte das in der Telegraphie schon lange ausgeführte Problem gelöst werden, dem Strom, der bei großen Entfernungen zu schwach wird, von neuem wieder eine genügende Stärke zu geben. Die ersten Versuche, dies Problem auch für die Telephonie zu lösen, bewegten sich in der Richtung, daß man das Telephon auf ein Mikrophon wirken ließ. Derartige, auf mechanischen Schwingungen beruhende Verstärker haben sich jedoch im Betriebe nicht bewährt, weil sie zu leicht gestört werden. Erst in den letzten 10 Jahren ist es gelungen, Verstärker herzustellen, die an Betriebssicherheit und Wirkamkeit die kühnsten Hoffnungen übertroffen haben, die man an die Lösung dieses Problems je geknüpft hat. Das ist erreicht, indem man nach dem Vorgang von R. v. Lieben und Lee de Forest Elektronenröhren für Verstärkerzwecke verwandt hat.

Die Theorie dieser Verstärker ist im Grunde einfach: Von der durch eine Heizbatterie B_h (Abb. 1) zum Glühen gebrachten Kathode K geht ein Elektronenstrom zur Anode A, der sich im Meßinstrument J_a als Ausschlag bemerkbar macht (Versuch). Dieser Strom J_a läßt sich nun durch ein zwischen K und A liegendes Gitter G weitgehend beeinflussen. Dabei zeigt sich folgendes: Von einem positiven Potential am Gitter ausgehend, erhält man mit steigender Gitterspannung E_g ein Anwachsen des Anodenstroms bis zu einem gewissen Sättigungswert, über den hinaus kein weiteres Vergrößern von J_a möglich ist. Eine Abnahme des positiven und ein Übergang zum negativen Potential des Gitters bewirken eine Abnahme von J_a bis auf Null. Die so erhaltene Kurve (Abb. 2), die unmittelbar die Steuerwirkung der Gitterspannung auf den Anodenstrom angibt, bezeichnet man als Charakteristik der Röhre.

Diese Steuerwirkung besteht nun nicht nur für langsame Potentialänderungen des Gitters, wie sie hier durch Hin- und Herregulieren von E_g mit Hilfe des Potentiometers von Hand hervorgerufen wurden. Der Elektronenstrom ist vielmehr infolge seiner Trägheitslosigkeit imstande, auch den schnellsten Spannungsschwankungen momentan zu folgen. Wenn man daher dem Gitter etwa durch einen Transformator T_r (Abb. 1) eine Wechselspannung $\mathfrak{E}_g$ beliebig hoher Frequenz aufdrückt, so entstehen in genau der gleichen Frequenz Schwankungen $\mathfrak{J}_a$ des Anodenstroms, deren Verlauf man durch eine einfache Konstruktion aus der Charakteristik quantitativ ableiten kann (Abb. 2). Da ein Meßinstrument diesen schnellen Schwankungen nicht mehr zu folgen imstande ist, ersetze ich es beim Versuch durch einen Lautsprecher, in dem die schnellen Stromschwankungen sich als Ton bemerkbar machen. Da die Elektronen nahezu mit Lichtgeschwindigkeit, d. h. praktisch unendlich schnell fliegen, ist in dieser Hinsicht eine Verstärkung bis zu den höchsten Frequenzen, den kürzesten Wellen ohne weiteres möglich. Daß trotzdem bei Wellenlängen unter etwa 100 m alle diese Verstärker versagen, hat andere Gründe, auf die später eingegangen werden soll.

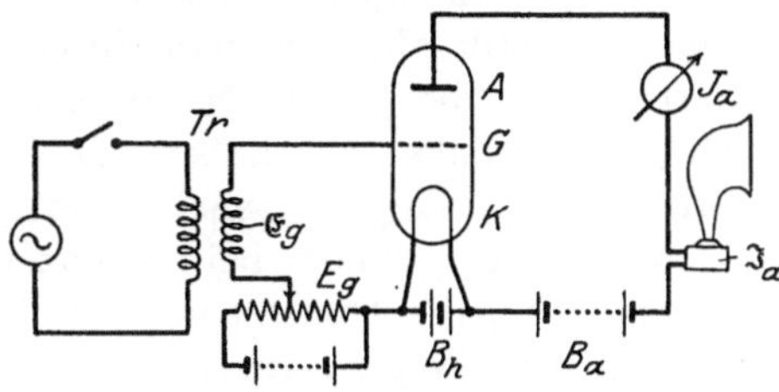

Abb. 1. Grundsätzliche Schaltung eines Röhrenverstärkers.

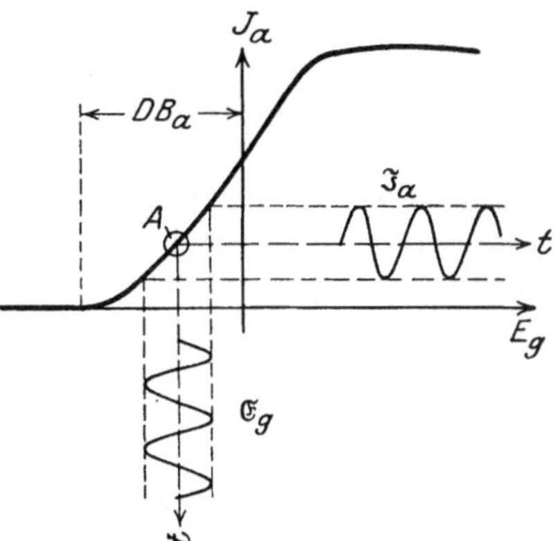

Abb. 2. Charakteristik einer Röhre. Erklärung der Verstärkerwirkung.

Es kommt bei den Verstärkern im allgemeinen darauf an, mit möglichst kleinen Spannungsschwankungen $\mathfrak{E}_g$ am Gitter möglichst große Stromschwankungen $\mathfrak{J}_a$ im Anodenkreise hervorzurufen. Wie ein Blick auf die Abb. 2 zeigt, ist nun das Verhältnis beider nichts anderes als die Steilheit S der Charakteristik an der betreffenden Stelle:

$$S = \frac{\mathfrak{E}_a}{\mathfrak{J}_g} \quad \text{oder} \quad \mathfrak{J}_a = S\mathfrak{E}_g. \tag{1}$$

Die Steilheit S, die Steuerfähigkeit des Gitters auf den Anodenstrom ist durch die Raumladungswirkungen bestimmt. Sie ist um so größer, je näher das Gitter an den Heizdraht herangelegt wird und je länger man den Heizdraht macht. Aus konstruktiven Gründen widersprechen sich diese beiden Bedingungen, so daß man praktisch über $S = 3 \cdot 10^{-4}$ Amp/Volt nicht wesentlich hinaus kommt und diese Größe bei fast allen Röhrentypen die gleiche ist.

Wie Abb. 2 zeigt, ist die Steilheit einer bestimmten Röhre an verschiedenen Stellen der Charakteristik verschieden groß. Sie ist in der Mitte am größten und nimmt nach oben und unten schließlich bis auf Null ab. Sie hängt also wesentlich von dem Arbeitspunkt A auf der Charakteristik ab, den man durch entsprechende Wahl der Anodenbatterie B_a (die ganze Charakteristik wird durch B_a um den Betrag DB_a nach links verschoben, D = Durchgriff, vgl. später) oder der Gittervorspannung E_g beliebig verlegen kann.

Wenn ich daher bei gleichzeitiger Überlagerung der Wechselspannung $\mathfrak{E}_g$ die Gitterspannung E_g von negativen Werten über Null zu positiven Werten verändere (Versuch), so verschiebt sich der Arbeitspunkt, wie auch am Ausschlag des Gleichstrominstrumentes I_a zu erkennen ist, aus dem Nullgebiet allmählich ins Sättigungsgebiet, der Lautsprecher, der den sich überlagernden Wechselstrom $\mathfrak{J}_a$ anzeigt, tönt am Anfang und am Ende unhörbar, in der Mitte am lautesten. Es ist also von großer Wichtigkeit, daß man durch richtige Wahl der Gitter- und Anodengleichspannung einen günstigen Arbeitspunkt auf der Charakteristik einstellt.

Die Frage der Verzerrung soll hier nur kurz gestreift werden. Solange die Charakteristik geradlinig ist, solange also die Stromänderungen proportional den Spannungsänderungen sind, ist die Stromkurve $\mathfrak{J}_a$ die formgetreue Abbildung der Spannungsschwankungen $\mathfrak{E}_g$. Da man genügend kleine Strecken der Charakteristik stets als geradlinig betrachten kann, wird bei kleinen Spannungsänderungen stets eine formgetreue Abbildung der Spannung durch den Strom eintreten. Am Anfang der Charakteristik und im Sättigungsgebiet bestehen jedoch keine proportionalen Zusammenhänge mehr, daher wird in diesen Bereichen eine Verzerrung eintreten. Man muß sich also hüten, die Spannungsschwankungen $\mathfrak{E}_g$ so groß werden zu lassen, daß man auch nur zeitweise in diese Bereiche hineingerät. Das ist besonders bei Lautsprechern zu beachten.

Bisher war immer nur von den Schwankungen der Gitterspannung $\mathfrak{E}_g$ und des Anodenstromes $\mathfrak{J}_a$ die Rede. Es kommt aber auch auf die Schwankungen des Gitterstromes $\mathfrak{J}_g$ und der Anodenspannung $\mathfrak{E}_a$ an. Denn das allgemeine Verstärkerproblem besteht darin, die Steuerleistung $\mathfrak{N}_g = \mathfrak{E}_g \mathfrak{J}_g$ des dem Gitter zugeführten Wechselstroms möglichst klein zu machen, dagegen aus der Röhre eine möglichst große Wechselstromleistung $\mathfrak{N}_a = \mathfrak{E}_a \mathfrak{J}_a$ herauszuholen.

Es sei zunächst die Gitterstromfrage behandelt. Diese löst sich in einfachster Weise dadurch, daß es ein einfaches Mittel gibt, den ganzen Gitterstrom vollständig zu Null zu machen. Man braucht nämlich nur dafür zu sorgen, daß die Gitterspannung auch bei Überlagerung der Wechselspannung $\mathfrak{E}_g$ dauernd negativ bleibt, d. h. man muß eine negative Vorspannung E_g anwenden, die etwas größer als die größte Amplitude der Wechselspannung ist. Da bei Hochvakuumröhren ein Gitterstrom nur durch die auf das Gitter auftreffenden Elektronen gebildet, ein negatives Gitter aber von Elektronen nicht erreicht werden kann, kann sich irgendein Strom nicht ausbilden. Es ist das ein außerordentlich wichtiger Punkt, weil dann die Röhre an sich zum Steuern überhaupt gar keine Leistung braucht, also theoretisch selbst die allerkleinsten Steuerwirkungen die größten Röhren aussteuern könnten. Praktisch ist freilich zum Erzeugen der erforderlichen Gitterwechselspannung immer eine gewisse Leistung in den zugehörigen Schaltelementen wie Transformatoren u. dgl. erforderlich, wie später ausgeführt werden wird. Aber man kann doch bei geeigneten Maßregeln z. B. erreichen, daß die winzige Lichtwirkung eines weit entfernten Sternes noch eine große, gut meßbare Steuerwirkung auf den Anodenstrom einer Verstärkerröhre hervorruft und so die Helligkeit des Sternes genau zu messen gestattet.

Bei kleinen zu verstärkenden Wechselspannungen $\mathfrak{E}_g$ genügt schon eine kleine negative Gitterspannung E_g, z. B. ein Trockenelement. Ja, bei Röhren mit Oxydkathoden stellt sich durch das bei diesen hohe Kontaktpotential oft schon von selbst eine ausreichende negative Gittervorspannung her. Das gleiche tritt ein, wenn man das Gitter durch einen Kondensator abriegelt. Vielfach zweigt man auch das Gitter vom negativen Pol der Heizbatterie ab und legt zwischen diesen und die Kathode den Heizregulierwiderstand R_h. Der Spannungsabfall $I_h R_h$ bildet dann die negative Vorspannung. Will man dagegen größere Wechselspannungen verstärken, so muß man eine besondere Gitterbatterie E_g verwenden. Damit dann der Arbeitspunkt noch auf die Mitte der Charakteristik fällt, muß man dann freilich die Anodenbatterie B_a so groß wählen, daß die ganze Charakteristik bis zur Sättigung ins Gebiet negativer Gitterspannung (links von der Ordinatenachse in Abb. 2) verschoben wird.

Die zweite Frage, die nach dem Einfluß der Schwankungen $\mathfrak{E}_a$ der Anodenspannung, ist nicht ganz so einfach zu beantworten. Diese Schwankungen entstehen dadurch, daß die Stromschwankungen in dem Wechselstromwiderstand $\mathfrak{R}_a$ des Anodenkreises, bei Abb. 1 z. B. in dem Lautsprecher, einen schwankenden Spannungsabfall, eine Wechselspannung $\mathfrak{E}_a = -\mathfrak{J}_a \mathfrak{R}_a$ hervorrufen, die sich der Batteriespannung B_a überlagert. Man hat es ganz in der Hand, durch entsprechende Bewickelung $\mathfrak{R}_a$ und damit auch $\mathfrak{E}_a$ klein oder groß zu machen. Die von der Röhre abgegebene Wechselstromleistung $\mathfrak{N}_a = \mathfrak{E}_a \mathfrak{J}_a = \mathfrak{J}_a^2 \mathfrak{R}_a$ wird daher zunächst um so größer, je größer $\mathfrak{R}_a$ gemacht wird, aber nur so lange, wie durch das größer werdende $\mathfrak{E}_a$ nicht $\mathfrak{J}_a$ abnimmt. Es ist nämlich zu beachten, daß der Elektronenstrom in der Röhre nicht nur durch die Gitterspannung, sondern auch durch die Anodenspannung beeinflußt wird, durch letztere freilich nur D mal so schwach wie durch die Gitterspannung. Der Durchgriff D ist wie die Steilheit S durch die Röhrenkonstruktion bedingt, hängt aber nicht vom Arbeitspunkt ab, sondern praktisch nur von der Maschenweite des Gitters. Man kann also im Gegensatz zur Steilheit S dem Durchgriff D einer Röhre eine beliebige Größe geben. Bei den meisten Röhren wird $D = 0{,}1 = 10\%$ gemacht, so daß also 90% der Anodenrückwirkung durch das Gitter abgeschirmt werden. Die obige Formel (1) geht im Falle, daß auch Schwankungen $\mathfrak{E}_a$ der Anodenspannung vorhanden sind, über in

$$\mathfrak{J}_a = S\,(\mathfrak{E}_g + D\,\mathfrak{E}_a)\,. \tag{2}$$

Unter Berücksichtigung von $\mathfrak{E}_a = -\mathfrak{J}_a \mathfrak{R}_a$ ergibt sich hieraus

$$\mathfrak{J}_a = \frac{\mathfrak{E}_g}{D} \frac{1}{R_i + \mathfrak{R}_a}\,; \qquad \mathfrak{E}_a = -\frac{\mathfrak{E}_g}{D} \frac{\mathfrak{R}_a}{R_i + \mathfrak{R}_a}\,, \tag{3}$$

wenn zur Abkürzung gesetzt ist

$$R_i = \frac{1}{SD}\,. \tag{4}$$

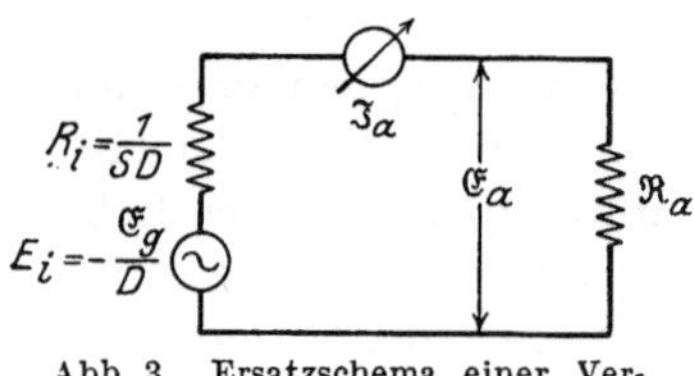

Abb. 3. Ersatzschema einer Verstärkerröhre.

Man überzeugt sich leicht, daß man die gleichen Formeln (3) auch erhält, wenn man die Röhre durch eine EMK E_i von der Größe $-\mathfrak{E}_g/D$ und dem inneren Widerstand R_i ersetzt (Abb. 3). Dies Ersatzschema ist außerordentlich bequem und gestattet, mit einem Blick die ganzen Verhältnisse im Anodenstromkreise zu überschauen. Man sieht z. B. ohne weiteres, daß man $\mathfrak{R}_a$ nicht zu groß machen darf, weil dann $\mathfrak{J}_a$ immer kleiner wird, während $\mathfrak{E}_a$ niemals größer als $-\mathfrak{E}_g/D$ werden kann. Dieser Grenzfall wird für $\mathfrak{R}_a = \infty$ erreicht wenn also z. B. eine sehr große Drosselspule im Anodenkreise liegt. Es wird dann $\mathfrak{E}_g + D\mathfrak{E}_a = 0$, d. h. die Steuerwirkung $\mathfrak{E}_g$ des Gitters wird durch die Anodenrückwirkung $D\mathfrak{E}_a$ vollständig aufgehoben. Es treten dann überhaupt keine Stromschwankungen $\mathfrak{J}_a$ auf, was ja bei $\mathfrak{R}_a = \infty$ auch nicht möglich wäre. Maßgebend ist in allen Fällen das Verhältnis der Größe von $\mathfrak{R}_a$ zu R_i.

Man bezeichnet R_i wohl als den wirksamen inneren Widerstand der Röhre gegenüber Stromschwankungen, muß sich aber immer klar darüber bleiben, daß R_i nur eine Rechengröße ist und sich nur auf die Stromschwankungen, den Wechselstrom bezieht, also nicht etwa zur Berechnung des Gleichstroms und der Gleichspannung verwandt werden kann, die sich bei einem Ohmschen Widerstande im Anodenkreise in der Röhre einstellen. — Aus der Formel $R_i = 1/SD$ folgt, daß R_i ebenso wie S und D eine Röhrenkonstante ist, die aber ebenso wie S mit dem Arbeitspunkt auf der Charakteristik veränderlich ist. In der Mitte der Charakterisik, wo S am größten ist, ist R_i am kleinsten. Für $S = 3 \cdot 10^{-4}$ Amp/Volt und $D = 0{,}1$ ergibt sich $R_i = 33\,000$ Ohm. Bei Röhren mit kleinerem Durchgriff wird R_i entsprechend größer.

Nach einem bekannten Gesetze der Schwachstromtechnik erhält man aus einer Stromquelle die größte Leistung, wenn man den äußeren Widerstand der Apparatur dem inneren Widerstand der Stromquelle gleichmacht. Doch kommt es nur auf eine Gleichheit der Größenordnung nach an. Eine Änderung im Verhältnis 1 : 2 macht noch kaum etwas aus. — Wenn es also darauf ankommt, eine möglichst große Leistung aus einer Röhre herauszuholen, wenn also z. B. ein Telephon im Anodenkreise möglichst laut tönen soll, so muß man ihm so viele Windungen geben, daß sein wirksamer Wechselstromwiderstand $\mathfrak{R}_a$ angenähert gleich dem inneren Widerstand R_i der Röhre wird. Auf den Gleichstromwiderstand kommt es dabei an sich nicht an, dieser sollte vielmehr möglichst klein sein. Praktisch ist freilich meist der Gleichstromwiderstand proportional dem Wechselstromwiderstand, letzterer nämlich etwa 5mal so groß wie ersterer, so daß auch ersterer als Maß gelten kann. Ist er z. B. 2000 Ohm groß, so kann man etwa $\mathfrak{R}_a = 10\,000$ Ohm setzen. Höher kann man schlecht gehen, weil sonst der Draht der Wicklung allzu dünn werden würde. Der innere Widerstand der Röhre ist im allgemeinen höher. Bei Verwendung mehrerer Telephone ist es daher zunächst besser, sie in Reihe und nicht parallel zu schalten. Bei Röhren mit hohem inneren Widerstand empfiehlt es sich, die Widerstandsanpassung durch einen Transformator vorzunehmen, wodurch man zugleich den Anodengleichstrom vom Telephon fernhält.

In manchen Fällen, besonders dann, wenn die Verstärkerröhre auf das Gitter einer weiteren Röhre arbeiten soll, die keinen Gitterstrom besitzt, kommt es nicht auf eine möglichst große Leistungsabgabe, sondern lediglich auf die Erzeugung einer möglichst hohen Spannung an. Es ist dann nach (3) der Spannungsverstärkungsgrad

$$\frac{\mathfrak{E}_a}{\mathfrak{E}_g} = \frac{1}{D}\frac{\mathfrak{R}_a}{R_i + \mathfrak{R}_a} = \frac{1}{D}\frac{1}{1 + \frac{R_i}{\mathfrak{R}_a}}. \qquad (5)$$

Dann darf man natürlich nicht mehr $\mathfrak{R}_a = R_i$ machen, sondern muß $\mathfrak{R}_a$ so groß wie möglich nehmen. Es kommt aber nur auf das Verhältnis von $\mathfrak{R}_a$ zu R_i an. Ist $\mathfrak{R}_a$ schon 10mal so groß wie R_i, so hat man schon 90% der maximal möglichen Spannung erreicht und kann durch weitere

Steigerung von $\mathfrak{R}_a$ höchstens noch 10% gewinnen. Es genügt also im allgemeinen $\mathfrak{R}_a = 10\,R_i$, d. h. also etwa $\mathfrak{R}_a = 500\,000$ Ohm zu machen. Aber das ist schon vielfach leichter gesagt als getan. Schaltet man nämlich eine Drosselspule als $\mathfrak{R}_a$ in den Anodenkreis, so muß man dieser bei tiefen Frequenzen eine ungeheure Windungszahl geben, während bei hohen Frequenzen die natürliche Kapazität der Spule und der Zuleitungen einen unvermeidlichen niedrigohmigen Nebenschluß darstellt (vgl. Zahlentafel 1). Bei mittleren Frequenzen erhält man durch das Zusammenwirken dieser Kapazität mit der Induktivität der Drosselspule Resonanzerscheinungen. $\mathfrak{R}_a$ und damit die Verstärkung sind dann stark von der Frequenz abhängig, wenn man nicht besondere Vorsichtsmaßregeln beachtet. Außerdem tritt dann sehr leicht eine Selbsterregung, ein Pfeifen der Verstärker ein.

Diese Frequenzabhängigkeit und Neigung zum Pfeifen vermeidet man, wenn man einen gewöhnlichen Ohmschen Widerstand als $\mathfrak{R}_a$ verwendet. Und da man in neuerer Zeit solche hochohmige Widerstände einigermaßen unveränderlich und betriebssicher herzustellen gelernt hat, bedient man sich ihrer in immer steigendem Maße. Bei ihnen tritt nur dadurch eine andere Schwierigkeit ein, daß sie im Gegensatz zu einer Drosselspule auch den Gleichstrom I_a nicht durchlassen, die Gleichspannung E_a an der Röhre um den Spannungsabfall $I_a \mathfrak{R}_a$ kleiner ist als die Batteriespannung B_a. Das macht nichts aus, wenn man weitere, genügend hohe Anodenbatterien zur Verfügung hat. Man muß dann einfach B_a um den Spannungsabfall $I_a \mathfrak{R}_a$ höher nehmen, um dieselbe Spannung an der Röhre und damit denselben Arbeitspunkt auf der Charakteristik wiederherzustellen. Aber für $I_a = \frac{1}{2}$ mA und $\mathfrak{R}_a = 500\,000\ \Omega$ ergibt das schon eine Zusatzbatterie von 250 Volt! Will man keine Zusatzbatterien verwenden, so wird mit wachsendem $\mathfrak{R}_a$ die Spannung $E_a = B_a - I_a \mathfrak{R}_a$ immer kleiner. Der Arbeitspunkt rückt dadurch immer tiefer auf der Charakteristik herunter in das Gebiet, wo die Steilheit S immer kleiner wird. Dadurch wird aber der innere Widerstand der Röhre $R_i = 1/SD$ immer größer. Daher wird der Verstärkungsgrad nach (5) mit wachsendem $\mathfrak{R}_a$ schließlich wieder kleiner werden, nämlich dann, wenn R_i im Verhältnis stärker zunimmt als $\mathfrak{R}_a$, das Verhältnis $R_i/\mathfrak{R}_a$ also wieder größer wird. Wann das eintritt, hängt von dem Verlauf der Charakteristik im unteren Bereich und von der Höhe der verwandten Anodenspannung ab. Nach neueren Versuchen von Ardenne erhält man noch gute Verstärkungen mit sehr hohen Widerständen $\mathfrak{R}_a$ auch dann, wenn der Arbeitspunkt dadurch bis nahe an die Nullinie heruntergedrückt wird.

Bei sehr hohen Frequenzen wird schließlich jede Verstärkung durch die Wirkung der unvermeidlichen natürlichen Kapazität der Anode und ihrer Zuleitungen unmöglich gemacht. Diese hat normal die Größenordnung von etwa 30 cm, und für diesen Wert zeigt Zahlentafel 1, wie der durch diese Kapazität bedingte scheinbare Widerstand $1/\omega C$ mit der Frequenz abnimmt. Durch einen solchen Widerstand muß man sich also Anode und Kathode von selbst schon verbunden denken. Beträgt dieser Widerstand z. B. nur 10 000 Ohm, so hat es praktisch gar keinen Einfluß mehr, ob man den zu ihm parallel liegenden Ohmschen oder induktiven Widerstand 100 000 oder 500 000 Ohm oder noch höher macht. Es bleibt in allen Fällen praktisch $\mathfrak{R}_a = 1/\omega C = 10\,000$ Ohm. Sobald $\mathfrak{R}_a$ klein gegen R_i wird, kann man statt (5) setzen

$$\frac{\mathfrak{E}_a}{\mathfrak{E}_g} = \frac{1}{D}\frac{\mathfrak{R}_a}{R_i} = S\mathfrak{R}_a .$$

Da S nicht wesentlich über $3 \cdot 10^{-4}$ Amp/Volt getrieben werden kann, wird für $\mathfrak{R}_a = 3300$ Ohm $S\mathfrak{R}_a = 1$, d. h. $\mathfrak{E}_a = \mathfrak{E}_g$, die entstehende Anodenspannung nicht größer als die aufgewandte Gitterspannung. Daraus folgt, daß man überhaupt keine Verstärkung mehr erreichen kann, wenn $\mathfrak{R}_a$ unter etwa 5000 Ohm sinkt, oder nach Zahlentafel 1, wenn die Wellenlänge unter etwa 300 m sinkt. Nur durch Verwendung von Drosselspulen, die mit der parallel liegenden natürlichen Kapazität in Resonanz stehen, also gewissermaßen einen Sperrkreis für die Resonanzfrequenz bilden, kann man noch etwas weiter, etwa bis 100 m, herunter kommen, aber nur bei Abstimmung auf die Resonanzwelle.

Zahlentafel 1. Kapazitiver Widerstand $1/\omega C$ für $C = 28{,}6$ cm.

$f =$ 50	500	5000	50 000	500 000	$5 \cdot 10^6$ Hertz
$\lambda =$ 6000	600	60 km	6 000	600	60 m
$1/\omega C =$ 10^8	10^7	10^6	100 000	10 000	1000 Ω

Wenn man bei tieferen Frequenzen $\mathfrak{R}_a$ groß gegen R_i macht, so erhält man die maximal mögliche Spannungsverstärkung $\mathfrak{E}_a/\mathfrak{E}_g = 1/D$. Je kleiner man den Durchgriff D der Röhre macht, desto größer wird also unter dieser Annahme die Verstärkung, aber desto größer wird auch R_i und desto schwieriger ist es, $\mathfrak{R}_a$ groß gegen R_i zu machen. Dazu kommt, daß bei kleinem D auch die Charakteristik weniger ins Gebiet negativer Gitterspannung verschoben wird. Kann man dies nicht durch Anwendung höherer Anodenbatterien rückgängig machen, so verschiebt sich entweder der Arbeitspunkt auf den ungünstigeren, tieferen Teil der Charakteristik, wo auch R_i größer wird, oder man kann die negative Gittervorspannung nicht hoch genug machen und erhält dann schädliche Gitterströme. Je kleiner der Durchgriff einer Röhre, desto höhere Anodenbatterien und höhere wirksame Widerstände $\mathfrak{R}_a$ erfordert sie. Im allgemeinen hat sich ein Durchgriff von 10% gut bewährt. Man kommt dann mit etwa 50 Volt Anodenspannung aus und erhält einen inneren Widerstand R_i von etwa 30 000 Ohm, mit dem sich in normalen Fällen noch gut arbeiten läßt. Die Spannungsverstärkung einer Röhre wird dann maximal 10fach. Das ist aus dem Grunde ausreichend, weil man dann beliebig höhere Verstärkungen viel einfacher und betriebssicherer durch Verwendung mehrerer Röhren in Kaskadenschaltung herstellen kann (vgl. später).

Es bleiben noch die Schaltungsmaßnahmen im Gitterkreise zu besprechen. Es wurde schon bemerkt, daß bei negativer Gittervorspannung der Gitterstrom der Röhre vollständig Null ist, d. h. die Röhre einen unendlich großen Widerstand darstellt. Man muß daher auch den wirksamen Widerstand $\mathfrak{R}_g$ der Schaltung möglichst hoch machen. Bei Hochfrequenzverstärkern muß man also dem abgestimmten Schwingungskreis, der im allgemeinen direkt mit dem Gitter verbunden ist, eine möglichst große Induktivität L und kleine Kapazität C geben und ferner den Dämpfungswiderstand R möglichst klein halten (Dämpfungsverminderung durch Rückkopplung!). Denn vom Gitterkreis gesehen, besitzt die Parallelschaltung von Spule und Kondensator bei Resonanzabstimmung einen wirksamen Widerstand $\mathfrak{R}_g = L/CR$. Es ist ja auch ohne weiteres klar, daß durch diese Maßnahmen die Spannung am Kondensator des Schwingungskreises und somit am Gitter der Röhre in die Höhe getrieben wird. Und auf diese kommt es ja allein an. Bei Tonfrequenz kann man die Stromquelle (z. B. ein Mikrophon) vielfach nicht hochohmig machen. Man erreicht dann die Widerstandsanpassung und Spannungserhöhung durch einen Transformator, dem man sekundär möglichst viel Windungen gibt.

Ein sehr hoher wirksamer Widerstand $\mathfrak{R}_g$ hat aber auch mancherlei Nachteile. Zunächst ist ein sehr hoher Widerstand überhaupt nur bei bester Isolation anfrechtzuerhalten. Dann wirken bei höheren Frequenzen wieder die natürlichen Kapazitäten (vgl. Zahlentafel 1) wie eine schlechte Isolation. Man kann diese Wirkung durch eine richtig abgestimmte Spule oder Transformator zwar abschwächen, erhält dann aber eine starke Frequenzabhängigkeit, also bei Sprachverstärkung eine starke Verzerrung, bei Hochfrequenz die Notwendigkeit der Abstimmung. Ferner wird bei hohem Widerstand $\mathfrak{R}_g$ die Gitterzuleitung sehr spannungsempfindlich, weil dann störende Influenzladungen schwer abfließen können. Die Gitterzuleitung muß daher elektrostatisch gut abgeschirmt und so kurz wie möglich gehalten werden. Nicht abschirmen lassen sich aber praktisch die von der Anode in der Röhre herrührenden Influenzladungen. Da die an der Anode entstehende Wechselspannung im allgemeinen $1/D$, d. h. also etwa 10 mal so groß ist wie die Gitterwechselspannung, wird die Wirkung der Kapazität zwischen Gitter und Anode nahezu verzehnfacht, und wenn Anoden- und Gitterspannung nicht in

Phase sind (das hängt von der Art des Anodenwiderstandes $\mathfrak{R}_a$ ab), so tritt zu der kapazitiven Wirkung ähnlich wie bei einer positiven oder negativen Rückkopplung eine dämpfungsvermindernde, leicht zu Selbsterregung Anstoß gebende oder aber eine dämpfungvermehrende, die Spannungsschwankungen erniedrigende Wirkung hinzu. Es ist daher praktisch unzweckmäßig und bei höheren Frequenzen wegen der Wirkung der natürlichen Kapazitäten sogar ganz unmöglich, den wirksamen Gitterwiderstand über etwa 1 Million Ohm zu treiben. Bei ganz hohen Frequenzen sinkt $\mathfrak{R}_g$ infolge der natürlichen Gitterkapazität entsprechend den in Zahlentafel 1 angegebenen Werten stark ab.

Als linearen Verstärkungsgrad W eines Verstärkerapparates bezeichnet man die Wurzel aus dem Verhältnis der vom Verstärker abgegebenen Leistung $\mathfrak{N}_a = \mathfrak{E}_a \cdot \mathfrak{J}_a$ zu der dem Verstärker zugeführten Leistung $\mathfrak{N}_g$. Bei endlichem Gitterwiderstand $\mathfrak{R}_g$ ist angenähert $\mathfrak{N}_g = \mathfrak{E}_g^2/\mathfrak{R}_g$. Unter Berücksichtigung der Formeln (3) für $\mathfrak{E}_a$ und $\mathfrak{J}_a$ wird dann

$$W = \sqrt{\frac{\mathfrak{N}_a}{\mathfrak{N}_g}} = \frac{1}{D}\,\frac{\sqrt{\mathfrak{R}_a\mathfrak{R}_g}}{R_i + \mathfrak{R}_a} \tag{6}$$

oder, da im Falle $\mathfrak{R}_a = R_i$ die größtmögliche Leistungsabgabe $\mathfrak{N}_a$ stattfindet,

$$W \leqq \frac{1}{2D}\sqrt{\frac{\mathfrak{R}_g}{R_i}} = \frac{1}{2}\sqrt{\frac{S}{D}\mathfrak{R}_g}\,.$$

Für eine normale Röhre mit $S = 3 \cdot 10^{-4}$ Amp/Volt und $D = 0{,}1$ wird also

$$W \leqq \sqrt{\frac{3}{4}\,\frac{\mathfrak{R}_g}{1000}}\,.$$

Für $\mathfrak{R}_g = 1\,000\,000$ Ohm erhält man also mit einem Einröhrenverstärker maximal eine $\sqrt{\frac{3000}{4}} = 27$fache Verstärkung. Je kleiner $\mathfrak{R}_g$ wird, desto geringer wird die Verstärkung, und für $\mathfrak{R}_g \leqq 5000$ Ohm wird man praktisch überhaupt keine Verstärkung mehr erhalten. Das ist dieselbe Grenze, die bei der Spannungsverstärkung für den Widerstand $\mathfrak{R}_a$ gefunden wurde, und es gilt auch hier die Folgerung, daß wegen der unvermeidlichen natürlichen Kapazitäten unter etwa 300 m (oder mit Abstimmung 100 m) Wellenlänge eine Verstärkung mit normalen Elektronenröhren unmöglich ist. Auch das oben über den günstigsten Durchgriff D Gesagte gilt hier ohne weiteres. Überhaupt besteht bezüglich der Leistungsverstärkung und der Spannungsverstärkung kein wesentlicher Unterschied. Man beachte besonders, daß die betreffenden Formeln (5) und (6) für den Verstärkungsgrad identisch werden, wenn $\mathfrak{R}_g = \mathfrak{R}_a$ wird. Bei Mehrfachverstärkern, bei denen man die Anode der ersten Röhre unmittelbar (im allgemeinen nur über einen Sperrkondensator zum Fernhalten der hohen Anodengleichspannung) mit dem Gitter der folgenden Röhre verbindet, wird ja an sich das $\mathfrak{R}_a$ der ersten Röhre mit dem $\mathfrak{R}_g$ der zweiten Röhre identisch. Man sieht, daß ein Zwischentransformator (abgesehen von dem Fernhalten der Anodengleichspannung) zwischen zwei Röhren vor der direkten Verbindung nur dann eine merkliche Verbesserung bringt, wenn $\mathfrak{R}_g$ wesentlich größer als $\mathfrak{R}_a = R_i$ gemacht wird. Im allgemeinen wird man mit der direkten Verbindung ebenso weit kommen, indem man dann $\mathfrak{R}_a \geqq 10\, R_i$ macht und für Tonfrequenz Röhren mit etwas kleinerem Durchgriff nimmt. Bei Hochfrequenzverstärkern wird ein Herauftransformieren der Spannung überhaupt sinnlos, sobald die natürlichen Kapazitäten die wirksamen Widerstände unter die Größe von R_i herabsetzen.

Man kann durch besondere Röhrenkonstruktionen, besonders durch Doppelgitterröhren die Steilheit S etwas vergrößern (Raumladegitter) oder den Durchgriff D verkleinern, ohne höhere Anodenbatterien zu brauchen (Anodenschutzgitter), und so etwas höhere Verstärkungen mit einer Röhre erreichen. Das hat aber nur dort einen Zweck, wo die normalen Röhren versagen, d. h. gar keine oder nur eine ganz kleine Verstärkung ergeben, also besonders bei Hochfrequenzverstärkern für Wellenlängen unter 1000 m. In allen anderen Fällen kann man viel einfacher und betriebssicherer höhere Verstärkungen durch einen Mehrfachverstärker erreichen. Dieser beruht darauf, daß man den verstärkten Strom einer weiteren Röhre zuleitet, hier nochmals verstärkt und so, wenn man will, weiter fortfährt. Verstärkt 1 Röhre nur 10fach, so verstärken 2 Röhren schon 100fach, 3 Röhren 1000fach, 6 Röhren millionenfach. Man kann so ohne wesentliche Schwierigkeiten nahezu unbegrenzte Verstärkungsgrade erhalten. Dies sei an einem einfachen Versuch gezeigt. Wenn man einen Eisendraht durch Nähern oder Entfernen eines Stahlmagneten ummagnetisiert, so geht das nicht gleichmäßig, sondern sprunghaft vor sich, indem die einzelnen kleinen Molekularmagnete ruckweise herumklappen. Dadurch entstehen in einer den Eisendraht umgebenden Spule ganz winzige Induktionsspannungen, die selbst bei 1000facher linearer Verstärkung durch 3 Röhren, d. h. millionenfacher Leistungsverstärkung, im Lautsprecher nur eben hörbar sind (Versuch). Schaltet man jetzt noch einen weiteren Verstärker mit 3 Röhren dahinter, so erhält man millionenfache lineare Verstärkung, also billionenfache Leistungsverstärkung, und man hört bei jeder Bewegung des Magneten ein lautes prasselndes Geräusch. Man könnte ohne weiteres noch einen Dreifachverstärker, dessen Röhren nur für größere Leistungen bemessen sein müßten, dahinterschalten, und die winzigen umklappenden Molekularmagnete würden einen ohrenbetäubenden Spektakel erzeugen! Die einzige Schwierigkeit ist die, daß bei so gewaltigen Verstärkungsgraden außerordentlich leicht Selbsterregung, Pfeifen eintritt. Denn wenn bei billionenfacher Leistungsverstärkung nur der billionste Teil der verstärkten Leistung auf die Eingangsseite zurückwirkt, so ist das schon eine hinreichende Rückkopplung, um Selbsterregung zu veranlassen. Aber das sind Schwierigkeiten, die sich überwinden lassen, am einfachsten, indem man Eingangs- und Ausgangsseite räumlich voneinander trennt, getrennte Apparaturen in verschiedenen Zimmern aufstellt. — Besonders wichtig ist, daß die Elektronenröhrenverstärker keinerlei Schwellwert besitzen, also noch die allerkleinsten Ströme genau so gut verstärken wie größere Ströme. Das ist natürlich von der allergrößten Bedeutung für die drahtlose Telegraphie geworden und hat dort zu einer ganz anderen geistigen Einstellung geführt. Denn während man früher nur danach trachtete, möglichst große Lautstärken im Empfänger zu erzielen, ist dies Problem jetzt durch die Möglichkeit beliebiger Verstärkung ganz zurückgetreten. Dafür ist jetzt ein anderes Problem in den Vordergrund gerückt, das der Beseitigung von Störungen. Diese werden nämlich leider von den Verstärkern im allgemeinen mit verstärkt, und wenn die Stärke der Störungen die der zu empfangenden Zeichen übertrifft, so ist auch durch die größten Verstärkungen eine Verbesserung des Empfanges nicht mehr zu erreichen. Lediglich die Störungen sind es, die jetzt nach Erfindung der Verstärker der drahtlosen Nachrichtenübermittlung Grenzen setzen.

XI. Niederfrequenzverstärker.

Von

B. Pohlmann (Berlin-Siemensstadt).

A. Grundbeziehungen.

Der Niederfrequenzverstärker hat die Aufgabe, niederfrequente Ströme, Spannungen oder Leistungen zu verstärken. Der Ausdruck Niederfrequenz steht hier im Gegensatz zu Hochfrequenz, wie sie in der drahtlosen Nachrichtenübermittlung verwendet wird, und zwar handelt es sich im besonderen um das Frequenzgebiet, das Sprache und Musik umfaßt, also den Bereich von etwa 50 bis 10 000 Hertz.

Wir wollen uns zuerst darüber klar werden, was wir unter der Verstärkung eines Verstärkers verstehen müssen. Man trifft häufig auf die Meinung, daß es sich bei der Ermittlung der Verstärkung um die Feststellung des Verhältnisses der von dem Verstärker abgegebenen zu der von ihm aufgenommenen Leistung handelt. Diese Definition gibt aber kein richtiges Bild über die Wirkung des Verstärkers an der Stelle seiner Verwendung. Im allgemeinen interessiert vielmehr die Frage, welche Leistung in den Empfänger gelangt, wenn man ihn einmal über den Verstärker mit dem Sender, das andere Mal unmittelbar mit dem Sender verbindet. Das Verhältnis der so definierten beiden Leistungen ergibt die wirklich erzielte Verstärkung, die Betriebsverstärkung der Leistung. Die Quadratwurzel aus der Leistungsverstärkung bezeichnet man als lineare Verstärkung.

Die von dem Empfänger bei unmittelbarer Verbindung mit dem Sender aufgenommene Leistung hat ihr Maximum dann, wenn beide aneinander angepaßt sind, d. h. wenn Sender und Empfänger in ihren Scheinwiderständen übereinstimmen. Da man diesen Fall durch Zwischenschaltung eines geeigneten Übertragers immer mit großer Annäherung verwirklichen kann, vergleicht man zur Verstärkungsbestimmung die vom Empfänger bei Einschaltung des Verstärkers aufgenommene Leistung mit der maximal von dem Sender an den Empfänger bei Anpassung abgebbaren Leistung.

Im Rundfunkempfänger ist der Sender, der auf den Niederfrequenzverstärker arbeitet, entweder ein Detektor, ein Audion oder bei Mehrfachverstärkern eine vorhergehende Röhre. Alle 3 haben einen bestimmten inneren Widerstand R_s und eine bestimmte Leerlaufspannung (EMK) E_s.

Die oben definierte, von einem solchen Sender an den angepaßten Empfänger abgebbare Leistung ist

$$N_s = \frac{E_s^2}{4R_s};$$

denn der durch den Empfängerwiderstand R_a (Abb. 1) fließende Strom ist gleich

$$\frac{E_s}{R_s + R_a},$$

die an R_a abgegebene Leistung demnach

$$N_s = \frac{E_s^2 R_a}{(R_s + R_a)^2}.$$

N_s hat sein Maximum für $R_s = R_a$, wie eine einfache Rechnung zeigt. Daraus folgt die maximal an den angepaßten Empfänger abgegebene Leistung zu

$$N_{s\,\max} = \frac{E_s^2}{4R_s}.$$

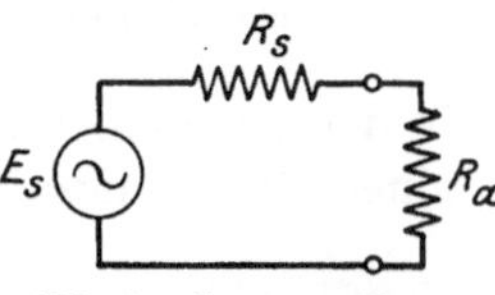

Abb. 1. Leistungsübertragung vom Generator auf den Verbraucher.

Es liegt nunmehr die Aufgabe vor, diese zur Verfügung stehende Leistung für die Aussteuerung der Verstärkerröhre nutzbar zu machen und aus der Röhre möglichst viel Leistung in den Empfänger zu bringen.

In folgendem soll gezeigt werden, in welcher Weise diese Aufgabe bei Verwendung von Hochvakuumröhren für die Erzielung einer Niederfrequenzverstärkung gelöst werden kann.

Wenn dem Gitter einer Röhre eine Wechselspannung E_g aufgedrückt wird, so erzeugt sie im Anodenstromkreis einen Strom J_a, der im Anodennutzwiderstand R_a einen Spannungsabfall

$$E_a = -J_a \cdot R_a$$

entstehen läßt.

Geradliniges Kennlinienfeld vorausgesetzt, ist dann der Anodenstrom

$$J_a = S(E_g - DR_a J_a)$$

oder

$$J_a = \frac{E_g \cdot S}{1 + DS \cdot R_a} = \frac{E_g}{D} \cdot \frac{1}{\frac{1}{DS} + R_a}.$$

Die Röhre kann also als ein Generator mit der Leerlaufspannung (EMK) E_g/D und dem inneren Widerstand $R_i = 1/DS$ angesehen werden.

B. Anpassung an den Generator. Kopplung zwischen zwei Verstärkerstufen.

Die Aufgabe der günstigsten Röhrenausnützung fällt erstens mit der Frage zusammen, wie man an das Gitter eine möglichst große Wechselspannung heranbringt; und zweitens muß man darauf achten, daß man bei gegebener Gitterspannung eine möglichst große Anodenwechselspannung oder Anodenleistung dem Rohr entnimmt, je nachdem man mit der Anodenwechselspannung das Gitter einer nächsten Röhre steuern oder an einen Verbraucher eine möglichst große Leistung abgeben will. Wir wollen uns zuerst mit der Frage beschäftigen, in welcher Weise die Leistung des Senders für die Aussteuerung der Verstärkerröhre nutzbar gemacht werden kann, und zwar betrachten wir den Fall, daß der Sender selbst eine Verstärkerröhre ist.

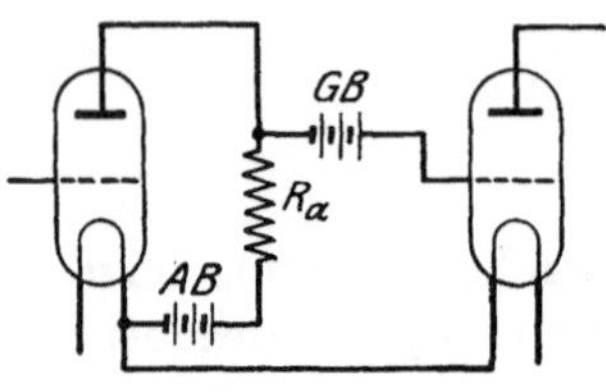

Abb. 2. Kopplung durch Widerstand und Gitterbatterie.

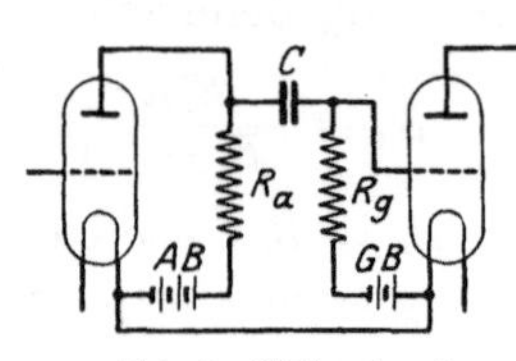

Abb. 3. Widerstand-Kapazitätskopplung.

Mit ihr steht zur Erzeugung der Gitterwechselspannung eine EMK E_0 mit dem inneren Widerstand $R_i = 1/SD$ zur Verfügung. Legt man in den Anodenkreis einen Widerstand Ra, so erzeugt die EMK auf ihm einen Spannungsabfall

$$E_0 \frac{R_a}{\frac{1}{SD} + R_a}.$$

Diese Spannung legt man, wie in Abb. 2 dargestellt ist, an das Gitter der zweiten Röhre, wobei man zur Erzeugung der richtigen negativen Gittervorspannung eine entsprechende Gitterbatterie GB in den Gitterkreis einzuschalten hat.

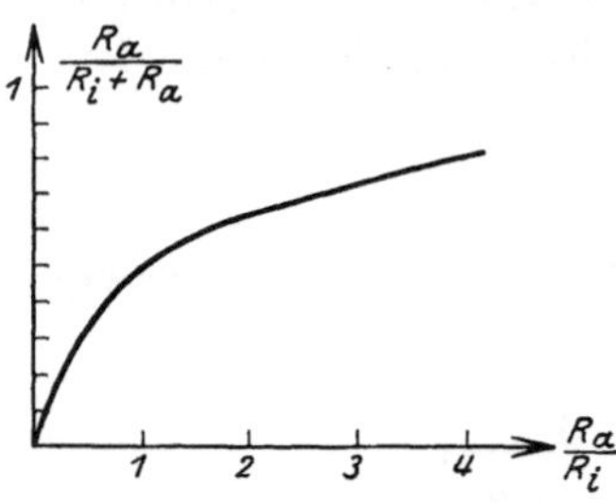

Abb. 4. Auf das Gitter der zweiten Stufe übertragene Spannung abhängig vom Verhältnis des äußeren Widerstandes zum inneren Röhrenwiderstand.

Da diese Gitterbatterie einen großen Teil der Anodenspannung kompensieren muß, ist es vorteilhaft, das Gitter über einen Blockkondensator C mit der Anode der vorhergehenden Röhre zu verbinden und die Gittervorspannung durch einen gegen R_a großen Widerstand R_g zuzuführen. (Abb. 3).

Dann ist die an R_a sich ausbildende Spannung mit großer Genauigkeit durch R_a allein bestimmt und wirkt mit ihrem vollen Werte auf das nächste Gitter. Die Abhängigkeit dieser Gitterwechselspannung vom Nutzwiderstand R_a zeigt, daß man R_a von der Größenordnung des inneren Widerstandes machen muß, wenn man einen wesentlichen Teil der EMK E_0 an das Gitter der nächsten Röhre bringen will.

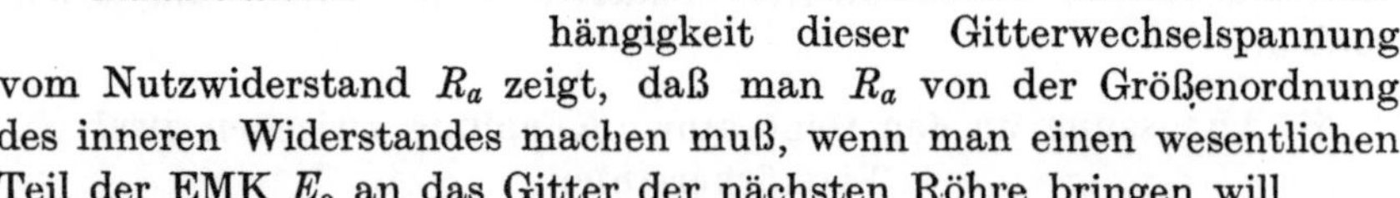

Die Kurve in Abb. 4 zeigt für verschiedene Verhältnisse R_a/R_i die auf das Gitter übertragene Spannung als Bruchteil von E_0. Man sieht daraus, daß man bei einem Werte $R_a/R_i = 4$ schon nahezu das

Maximum erreicht. Eine Steigerung über diesen Wert hinaus bringt keine wesentliche Erhöhung der Gitterspannung, wohl aber ist sie für die Gleichstromverhältnisse im Anodenkreis der 1. Röhre nachteilig. Wenn man auf einer vorgegebenen Kennlinie arbeiten will, ist eine bestimmte Anodenspannung erforderlich. Die Anodenbatterie muß nun nicht nur diese Anodenspannung, sondern auch den Gleichspannungsabfall am Widerstand R_a decken, wächst also mit Vergrößerung von R_a unter Umständen auf unerwünscht hohe Werte. Den Gleichspannungsabfall vermeidet man, wenn man als Anodenwiderstand eine Drossel wählt, deren Wechselstromwiderstand $j\omega L$ mit R_i vergleichbar ist und deren Gleichstromwiderstand gegen R_i klein gehalten wird. Wenn es sich darum handelt, einen nicht zu breiten Frequenzbereich zu verstärken, wählt man vorteilhaft als Kopplungswiderstand einen Schwingungskreis, den man auf die mittlere zu übertragende Frequenz abstimmt (Abb. 5).

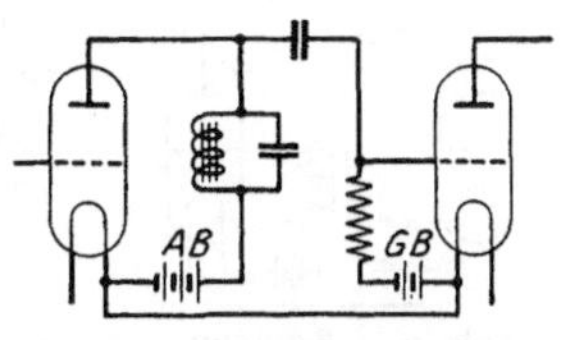

Abb. 5. Kopplung durch einen Schwingungskreis.

Es läßt sich nun zeigen, daß man, falls der Resonanzwiderstand L/RC des Schwingungskreises genügend groß ist, eine größere Gitterspannung erzielen kann, wenn man die Anode nicht mit dem Ende der Spule, sondern, wie bei einem Autotransformator, mit einem Teilpunkt der Wicklung verbindet. In diesem Falle ist als Belastungswiderstand R_a nicht der Wert L/RC, sondern $\frac{1}{ü^2}\frac{L}{RC}$ zu setzen, wobei $ü$ das Verhältnis der Teilwindung zur Gesamtwindung an der Spule ist. Dann ist die Anodenspannung gleich

$$E_0 \frac{\frac{1}{ü^2}\frac{L}{RC}}{\frac{1}{SD}+\frac{1}{ü^2}\frac{L}{RC}}.$$

Diese Spannung mit $ü$ multipliziert, gibt die Gitterspannung

$$E_g = E_0\, ü \frac{\frac{1}{ü^2}\frac{L}{RC}}{\frac{1}{SD}+\frac{1}{ü^2}\frac{L}{RC}}.$$

In Abhängigkeit von $ü$ hat E_g ein Maximum. Es ist

$$\frac{dE_g}{dü} = \frac{-\frac{1}{ü^2}\frac{L}{RC}\left(\frac{1}{SD}+\frac{1}{ü^2}\frac{L}{RC}\right)+\frac{1}{ü}\frac{L}{RC}\cdot 2\cdot\frac{1}{ü^3}\frac{L}{RC}}{\left(\frac{1}{SD}+\frac{1}{ü^2}\cdot\frac{L}{RC}\right)^2} = 0$$

oder

$$\frac{1}{SD} = \frac{1}{ü^2}\frac{L}{RC}.$$

$\frac{1}{\ddot{u}^2}\frac{L}{RC}$ ist aber derjenige Scheinwiderstand, den man bei der Resonanzfrequenz an dem $\ddot{u}$ten Teil der Spule messen würde. Die Gitterspannung hat also ein Maximum, wenn der Belastungswiderstand gleich dem inneren Widerstand des Generators ist.

Praktisch bringt man auf demselben Kern eine zweite Wicklung an, wodurch man dann den Gitterkreis von dem Anodenkreis vollkommen trennen kann und somit den Blockkondensator und den hochohmigen Gitterwiderstand spart (Abb. 6). Der Scheinwiderstand eines solchen Übertragers (Resonanzübertragers) hat genau dieselbe Form wie der eines Schwingungskreises der oben betrachteten Form, und für das Verhältnis $\ddot{u}$ seiner Windungszahlen gelten die oben angegebenen Regeln.

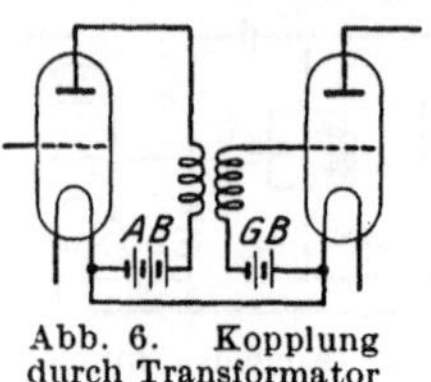

Abb. 6. Kopplung durch Transformator (Übertrager).

In Abhängigkeit von der Frequenz zeigt der Scheinwiderstand eines Resonanzübertragers die bekannte Resonanzkurve (Abb. 7). η bedeutet das Verhältnis der Betriebsfrequenz zur Resonanzfrequenz. Er ist für tiefe Frequenzen annähernd positiv imaginär, mit wachsender Frequenz wächst sein Betrag, und sein Phasenwinkel nimmt ab, bis in der Resonanz der Betrag sein Maximum und die Phase den Wert

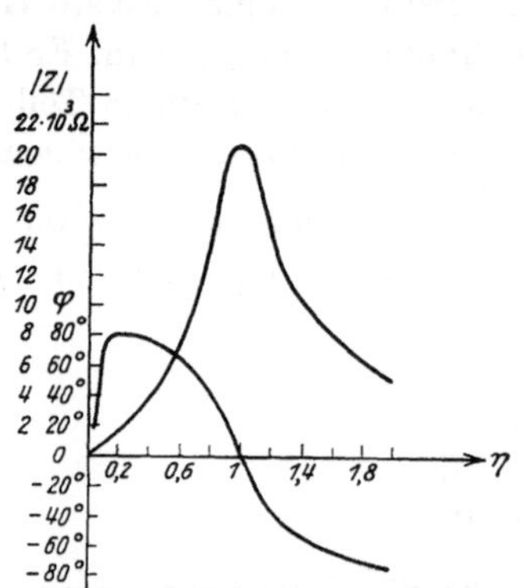

Abb. 7. Scheinwiderstand eines Resonanzübertragers nach Betrag und Phase.

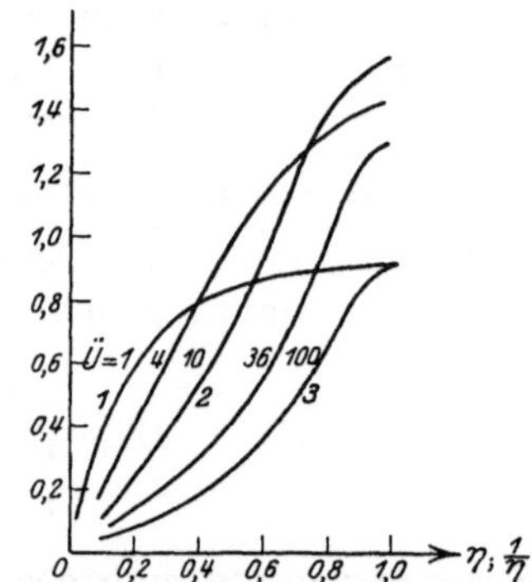

Abb. 8. Frequenzkurven der von einem Resonanztransformator übertragenen Gitterspannung für verschiedene Werte des Übersetzungsverhältnisses.

0° erreicht. Jenseits der Resonanz ist der Verlauf der Kurve so, daß für Frequenzen über und unter der Resonanz, die zur Resonanzfrequenz reziprok sind, die Beträge gleich und die Phasen entgegengesetzt gleich sind. Es entspricht der Frequenz $\frac{1}{2}f_0$ die Frequenz $2f_0$ usw.

Diesem Verlauf von R_a folgt nun die Gitterspannung. Ist der Scheitelwert $\frac{1}{\ddot{u}^2}\frac{L}{RC}$ größer als $1/SD$, so spricht man von Überanpassung des Anodenwiderstandes und bekommt eine flache Resonanzkurve für die Gitterspannung (Abb. 8, Kurve 1).

Für den Scheitelwert $\frac{1}{ü^2} \frac{L}{RC} = \frac{1}{SD}$ erreicht das Maximum der Gitterspannungskurve sein **Maximum** (Kurve 2), und für **Unteranpassung** mit $\frac{1}{ü^2} \cdot \frac{L}{RC} < \frac{1}{SD}$ wird die Resonanz immer schärfer ausgeprägt, aber das Maximum immer niedriger (Kurve 3).

Will man daher bei einer bestimmten Frequenz eine möglichst große Gitterspannung erzielen, hat man den Resonanzkreis so zu wählen, daß er für diese Frequenz in Resonanz ist und sein Resonanzwiderstand $\frac{1}{ü^2} \frac{L}{RC}$ dem inneren Widerstand des Generators angepaßt ist.

Beabsichtigt man das besonders scharfe Hervorheben einer einzigen Frequenz, also hohe Selektivität, so benutzt man den Fall der Unteranpassung. Für die Übertragung eines breiteren Frequenzbandes liefert die Überanpassung ein Mittel, bei Herabsetzung der Gitterspannung für die Umgebung der Eigenschwingung die weiter entfernten Frequenzen genügend stark zu übertragen.

Da die Gitterspannung proportional dem Übersetzungsverhältnis $ü$ des Transformators ist, wird man die Induktivität so groß machen, wie es irgend zulässig ist. Dabei ist die obere Grenze durch die **Eigenkapazität** der Wicklungen und die Gitterkapazität der Röhre gegeben, die schließlich allein genügen, um die Anodenkreisresonanz auf die Frequenz zu legen, die man zu übertragen wünscht.

Man hat demnach am günstigsten auf einem gegebenen Eisenkern so viele Sekundärwindungen anzubringen, daß die Eigenschwingung des Übertragers auf die gewünschte Frequenz zu liegen kommt, und die Primärwindungen je nach Überanpassung oder Unteranpassung zu wählen.

Die Eigenkapazität der Übertragerwicklung, die die Anzahl der aufzubringenden Windungen und damit die Möglichkeit eines Heraufübersetzens der Anodenwechselspannung begrenzt, wird durch besondere Anordnung der Sekundärwicklung möglichst herabgedrückt, am einfachsten dadurch, daß man die Wicklung in mehreren Abteilungen aufbringt, die durch Zwischenwände voneinander getrennt sind.

Gelegentlich kann das Bedürfnis bestehen, die Frequenzunabhängigkeit der Übertragung noch weiterzutreiben, als es durch bloße Überanpassung erreichbar ist. Dazu gibt es zunächst das Mittel der **Entzerrung**. Durch einen gedämpften Schwingungskreis in Brücke an einer geeigneten Stelle der Schaltung kann man die Frequenzen in der Umgebung der Resonanz derart schwächen, daß die Resonanzkurve in beliebigen Grenzen abgeflacht wird (Abb. 9).

Solche Schaltelemente nennt man Entzerrer. Eine zweite Art der Entzerrung ist die, daß man den Imaginärteil des Scheinwiderstandes eines Übertragers unterhalb der Resonanzfrequenz durch einen in Reihe geschalteten Kondensator, oberhalb durch eine Induktivität kompensiert, wodurch für die betreffenden Frequenzbänder eine Vergrößerung des Stromes erreicht wird, der den Übertrager durchfließt, und damit eine Erhöhung der Spannung der sekundären Anschlußpunkte (Abb. 10).

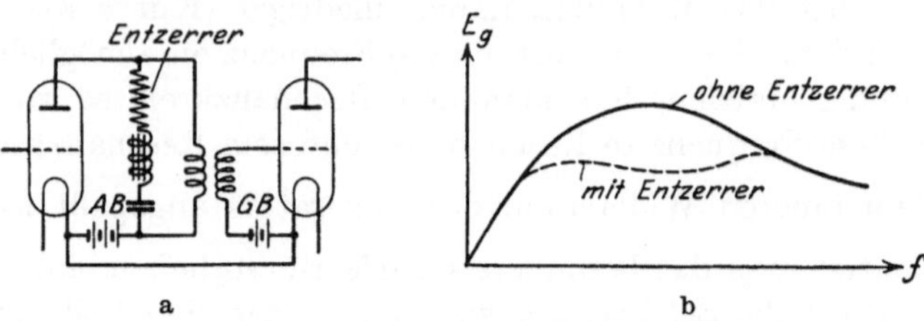

Abb. 9. Einfluß eines entzerrenden Stromzweiges auf die Frequenzkurve der auf das Gitter der zweiten Verstärkerstufe übertragenen Spannung.

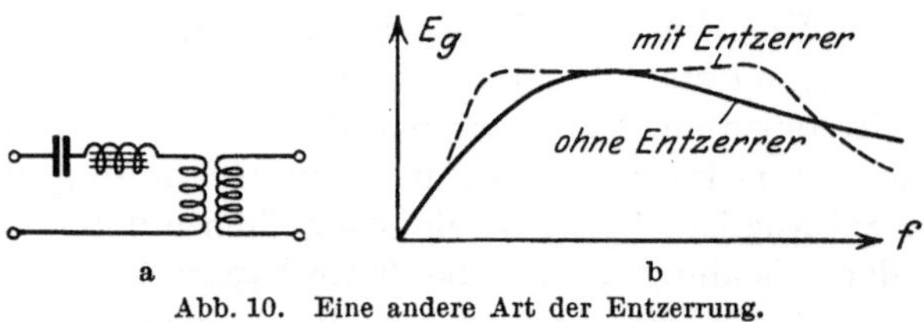

Abb. 10. Eine andere Art der Entzerrung.

Diese Art der Entzerrung hat der vorherigen gegenüber den Vorteil, daß sie nirgends schwächt, also die Übersetzung des Übertragers voll ausgenutzt wird. Dagegen bei gleichstromdurchflossenem Übertrager den Nachteil, daß der Reihenkondensator den Weg für den Gleichstrom sperrt, dem daher durch eine parallel zum Kondensator geschaltete besondere Drossel ein Weg geschaffen werden muß.

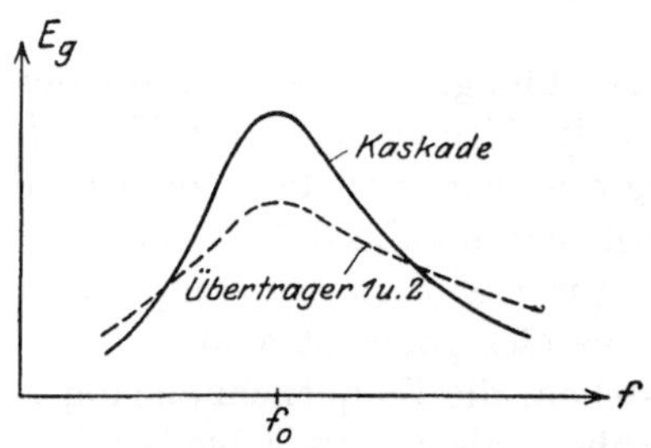

Abb. 11. Frequenzkurve der Verstärkung einer Kaskade, wenn die Resonanzfrequenzen der Übertrager gleich sind.

Bei Kaskadenschaltungen hat man eine zweite Möglichkeit, den Übertragungsbereich zu erweitern, indem die Resonanzfrequenzen der einzelnen Resonanzübertrager so über das zu übertragende Frequenzband verteilt werden, daß das Produkt der einzelnen Übertragungsfaktoren

$$\frac{\Re_{a_1}}{R_i + \Re_{a_1}} \cdot \frac{\Re_{a_2}}{R_i + \Re_{a_2}} \cdot \frac{\Re_{a_3}}{R_i + \Re_{a_3}} \cdots$$

nnerhalb des Frequenzbandes möglichst konstant wird. So kann bei einer Kaskade mit zwei derartigen Übertragern die Kurve, die sich bei gleichen Eigenschwingungen ergibt (Abb. 11), durch Auseinanderlegen der Eigenfrequenzen ganz erheblich abgeflacht werden, wie das Abb. 12 zeigt.

Durch die Wahl der Übertragungsresonanzen und durch Verwendung geeigneter Entzerrungsmittel hat man es in der Hand, der Frequenzabhängigkeit der Verstärkung in weiten Grenzen mit fast beliebiger Genauigkeit zu begegnen.

C. Anpassung an den Verbraucher.

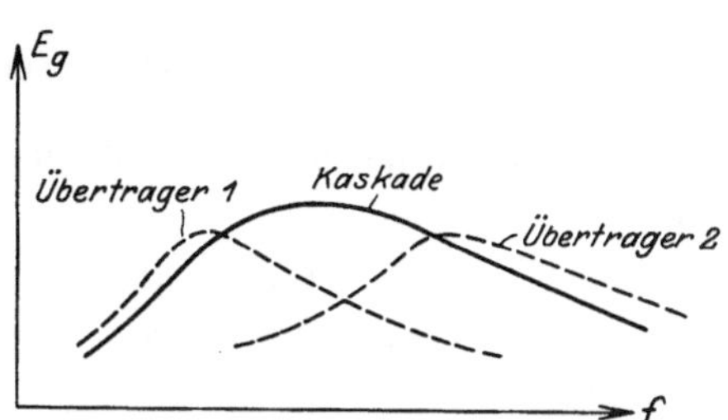

Abb. 12. Frequenzkurve der Verstärkung einer Kaskade, wenn die Übertrager in der verschiedenen Stufen verschiedene Resonanzfrequenzen erhalten.

In obigem ist auseinandergesetzt, in welcher Weise eine dem Verwendungszweck der Röhre angepaßte Gittervorspannung aus einem Generator gegebener Leistungsfähigkeit zugeführt werden kann. Wir haben als Beispiel eines Generators eine Verstärkerröhre gewählt und haben damit gleichzeitig das Problem der Kopplung zweier aufeinanderfolgender Verstärkerröhren behandelt. Wir kommen nunmehr zur Beantwortung der Frage, wie man den Verbraucher an die Röhre anschließen muß, damit die zur Verfügung stehende Leistung so gut als möglich nutzbar gemacht wird.

Wie oben gezeigt ist, wird von der Röhre mit dem reellen inneren Widerstand R_i die maximale Leistung an einen Verbraucher mit rellem Scheinwiderstand R_a abgegeben, wenn $R_i = R_a$ ist. Man hat deshalb beispielsweise den Scheinwiderstand der Rundfunkhörer und Rundfunklautsprecher so bemessen, daß er von der Größenordnung des inneren Röhrenwiderstandes ist. Wenn man mit Röhren arbeitet, die größere Leistung abgeben können, wird man jedoch vorteilhaft zwischen Röhre und Verbraucher einen Übertrager schalten. Denn Röhren für größere Leistung arbeiten mit verhältnismäßig hohen Anodenruheströmen, so daß bei dem sich aus dem geringen Wickelraum der Magnetsysteme ergebenden hohen Ohmschen Widerstand ein verhältnismäßig großer Gleichspannungsabfall im Hörer ergibt, der die Anodenspannung herabsetzt. Das hier zu behandelnde Problem besteht darin, aus einem Generator mit dem inneren Widerstand R_i größte Leistung mittels eines Übertragers auf einen Verbraucher R_a zu übertragen (Abb. 13).

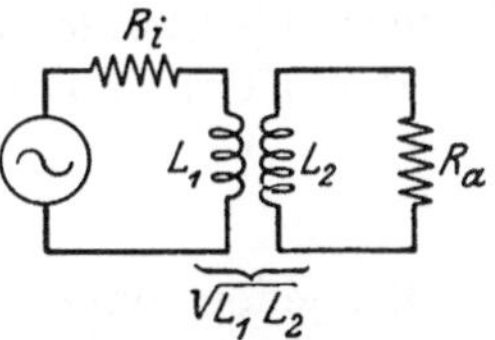

Abb. 13. Anordnung eines Übertragers zwischen Stromquelle (letzte Verstärkerstufe) und Stromverbraucher (Kopfhörer oder Lautsprecher).

Die Gleichstromwiderstände der beiden Wicklungen mögen gegen R_i und R_a vernachlässigbar sein. Für den Primär- und Sekundärkreis gilt

$$E = J_1 R_i + J_1 j\omega L_1 - J_2 j\omega\sqrt{L_1 L_2},$$
$$0 = J_2(j\omega L_2 + \mathfrak{R}_a) + J_1 j\omega\sqrt{L_1 L_2}.$$

Setzt man den aus der 2. Gleichung für J_2 folgenden Wert in die 1. ein, so erhält man für J_1 die Gleichung

$$E = J_1\left(R_i + j\omega L_1 - \frac{(j\omega\sqrt{L_1 L_2})^2}{j\omega L_2 + \mathfrak{R}_a}\right).$$

Der Scheinwiderstand des mit $\mathfrak{R}_a$ belasteten Übertragers ist demnach gleich

$$j\omega L_1 - \frac{(j\omega\sqrt{L_1 L_2})^2}{j\omega L_2 + \mathfrak{R}_a} = \frac{j\omega L_1 \cdot \mathfrak{R}_a}{j\omega L_2 + \mathfrak{R}_a} = \frac{j\omega L_1 \cdot \mathfrak{R}_a \frac{L_1}{L_2}}{j\omega L_1 + \mathfrak{R}_a \frac{L_1}{L_2}}.$$

Er kann also dargestellt werden durch eine Parallelschaltung von einer Induktivität L_1 und dem Belastungswiderstand $\mathfrak{R}_a$, multipliziert mit L_1/L_2, dem Quadrat des Übersetzungsverhältnisses des Übertragers. Daraus folgt ohne weiteres, daß $j\omega L_1$ groß sein muß gegen $L_1/L_2 \cdot \mathfrak{R}_a$ bzw., $j\omega L_2$ groß gegen $\mathfrak{R}_a$ sein muß, wenn der Übertrager möglichst verlustfrei übertragen soll, wobei natürlich die Bedingung zu erfüllen ist, daß die Ohmschen Widerstände der Wicklungen klein gegen die an sie angeschlossenen Widerstände bleiben. Unter diesen Bedingungen ist die Frequenzabhängigkeit des Übertragers selbst für breite Frequenzbereiche nur gering.

Da die Verlustwiderstände des Übertragers im selben Sinne wirken wie die Ohmschen Widerstände der Wicklungen, sind sie sinngemäß bei der Erfüllung der obigen Bedingung zu berücksichtigen. Man wird deshalb mit kleineren Übertragertypen nur auskommen, wenn man die Verlustwiderstände durch Verwendung möglichst verlustfreien Eisens für den Kern und durch Unterteilung des Kernes niedrig hält.

D. Rückkopplungen.

Bei jedem ohne besondere Schutzmaßnahmen gebauten Verstärker bestehen zwischen den einzelnen Schaltelementen Kopplungen durch die kleinen Kapazitäten, die zwischen den Schaltelementen untereinander und zwischen den Schaltelementen und Erde (Gehäuse) liegen. Dadurch gelangt aus den Teilen, die verstärkte Spannung führen, Energie auf die Schaltungsteile zurück, die vor dem Gitter der Röhren liegen. Da im Gitterkreis ganz außerordentlich hohe Wechselstromwiderstände liegen, so werden selbst über die kleinen Kopplungskapazitäten beträchtliche Teile der verstärkten Spannung auf das Gitter einer Röhre zurückgelangen und zu unerwünschten Erscheinungen Anlaß geben können, die man als Störungen durch Rückkopplung bezeichnet.

Wir betrachten einen Verstärker, dessen Eingangs- und Ausgangsseite rückgekoppelt sind. Legt man an den Eingang eine Wechselspannung E, so wird an der Ausgangsseite verstärkte Spannung auftreten, von der ein bestimmter Teil über die Rückkopplungselemente wieder am Eingang wirkt; dieser Teil sei $E n e^{j\alpha}$; diese rückgekoppelte Spannung wird ebenfalls verstärkt und wirkt auf den Eingang mit der Spannung $E(ne^{j\alpha})^2$ usf., so daß die resultierende Eingangsspannung

$$E_r = E(1 + ne^{j\alpha} + [ne^{j\alpha}]^2 + \cdots)$$

oder

$$E_r = E\frac{1-(ne^{j\alpha})^x}{1-ne^{j\alpha}}\Bigg|_{x\to\infty}.$$

ist. Für $n > 1$ wächst dieser Wert, unbegrenzte Leistungsfähigkeit des Verstärkers vorausgesetzt, über alle Grenzen. In Wirklichkeit erreicht er einen Grenzwert, der durch die Leistungsfähigkeit des Verstärkers bestimmt ist. Der Verstärker pfeift. Für $n < 1$ ist

$$E_r = E\frac{1}{1-ne^{j\alpha}}$$

d. h.

$$E_r > E \quad \text{für} \quad |1 - ne^{j\alpha}| < 1,$$

$$E_r < E \quad \text{für} \quad |1 - ne^{j\alpha}| > 1.$$

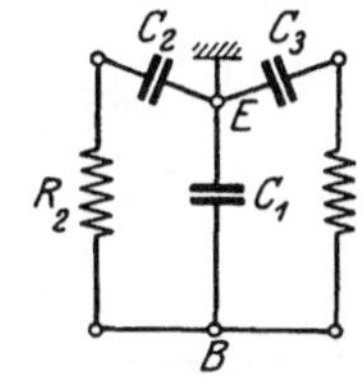

Abb. 14. Beseitigung kapazitiver Rückkopplung durch Erdung der Batterie.

In Abb. 14 bezeichnet R_1 die verstärkte Spannung führende Wicklung eines Nachübertragers und R_2 die Gitterwicklung eines vorangehenden Übertragers. Sie sind durch gemeinsame Batterien für Wechselstrom an je einem Ende miteinander verbunden. Die anderen Enden und die zu ihnen führenden Leitungen mögen die Erdkapazität C_1, C_2, C_3 haben.

Man erkennt, daß die Kapazitäten C_1 und C_3 einen Spannungsteiler bilden, so daß auf C_1 ein Teil der Spannung in R_1 entfällt. Diese Teilspannung gibt zu einem Spannungsabfall auf R_2 über C_2 Veranlassung, der, wie oben ausgeführt, je nach seiner Größe und Phase Pfeifen hervorruft oder eine mehr oder minder erhebliche Störung in den Gang der Verstärkung bringt. Beachtet man, daß R_1 und R_2 als Resonanzübertrager eine starke Phasenänderung mit der Frequenz zeigen, so ergibt sich, daß die Rückkopplung eine frequenzabhängige Verstärkungsänderung hervorruft. Eine gleichmäßige Übertragung des ganzen Frequenzbandes ist damit unmöglich gemacht. Erdet man aber die Batterien, so wird die Kapazität C_1 zwischen E und B kurzgeschlossen, und ein Spannungsübergang von R_1 nach R_2 ist unmöglich gemacht. Die Batterieerdung stellt somit das vorzüglichste und einfachste Mittel zur Vermeidung kapazitiver Rückkopplungen dar.

Ganz entsprechend muß man auch dafür sorgen, daß alle Zwischenkreise, die an sich keine Batterien enthalten und galvanisch nicht mit der Batterieerde verbunden sind, geerdet werden, und zwar nicht allein um Rückkopplungen zu vermeiden, sondern auch um die Kapazität der einzelnen Übertrager eindeutig zu definieren, da sonst Abweichungen von der normalen Resonanzkurve Verzerrungen hervorrufen würden.

Die gegenseitige Kopplung von Schaltelementen des Verstärkers kann man vorteilhaft dadurch beseitigen, daß man alle Übertrager, Kondensatoren, Röhren usw. mit sorgfältig geerdeten metallischen Kappen umgibt und die Wechselspannungen gegen Erde führenden Leitungen durch geerdete metallische Hüllen abschirmt. Die Frage, ob sich die Rückkopplung nicht auch, wie beim Hochfrequenzverstärker, zur Verstärkungserhöhung verwenden läßt, ist wie folgt zu beantworten.

Bei übertragergekoppelten Verstärkerschaltungen besitzen die einzelnen Kopplungselemente starke Frequenzabhängigkeiten ihrer Scheinwiderstände. Es ist deswegen unmöglich, bei solchen Schaltungen eine frequenzunabhängige Rückkopplung einzuführen; denn jede wirksame Rückkopplung würde in dem gesamten Übertragungsbereich einzelne Frequenzgruppen stark hervorheben, andere unterdrücken. Die einzigen Verstärker, die nur aus frequenzunabhängigen Elementen zusammengesetzt sind, sind die widerstandsgekoppelten Verstärker. Deshalb kann man bei ihnen eine gleichmäßige Erhöhung der Verstärkungszahl im gesamten Frequenzbereich erzielen, wenn man die Rückkopplung mittels eines Widerstandes so bewirkt, daß erregender und rückgekoppelter Strom in Phase liegen. Da Anoden- und Gitterspannung ein- und derselben Röhre um 180° phasenverschoben sind, kann die Rückkopplung nur von einer Anode auf das Gitter der vorhergehenden Röhre stattfinden. Allgemein gesagt, muß die Rückkopplung eine gerade Anzahl von Röhren überbrücken. In Abb. 15 ist ein rückgekoppelter Widerstandsverstärker dargestellt.

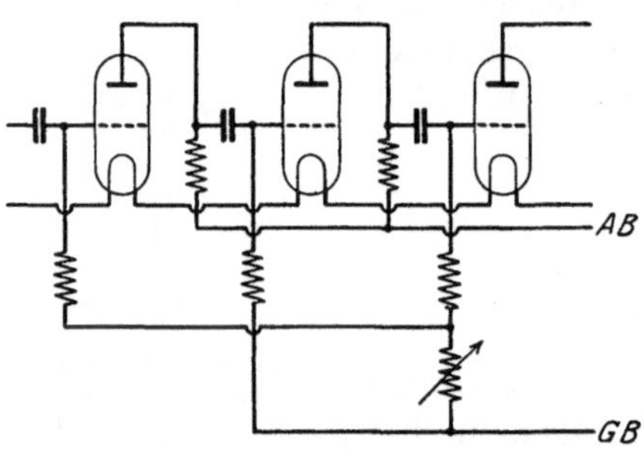

Abb. 15. Rückgekoppelter Widerstandsverstärker.

E. Abgebbare Höchstleistung.

Wir haben uns bisher mit der Frage der Verstärkung beschäftigt, wobei wir vorausgesetzt haben, daß nur der geradlinige Teil der Kennlinie benutzt wird. Es ist nun zu untersuchen, welche größte Leistung man einer Röhre, ohne Rücksicht auf die dabei erzielte Verstärkung, überhaupt entnehmen kann.

Die von den Verstärkern verlangte Freiheit von nichtlinearen Verzerrungen macht es erforderlich, nur den geradlinigen Teil der Kennlinienschar zu benutzen.

Das Arbeitsgebiet für die Röhren ist deshalb begrenzt durch zwei Gerade parallel zur Gitterspannungsachse, zwischen denen sich die geradlinigen Teile der Kennlinien befinden. Zur Vermeidung von nichtlinearen Verzerrungen darf man auch nicht im Gitterstromgebiet der Kennlinienschar arbeiten, weil beim Übergang vom gitterstromlosen in das Gitterstromgebiet der Kennlinienschar der Gitterwiderstand erheblich abnimmt. Für Röhren, die im negativen Gitterspannungsgebiet arbeiten, und das ist wohl bei allen Rundfunkverstärkerröhren der Fall, ist deshalb der Arbeitsbereich der Kennlinienschar durch eine Parallele zur Anodenstromachse im Abstand von —1 Volt begrenzt, da der Gitterstrom etwa bei —1 Volt Gitterspannung einsetzt.

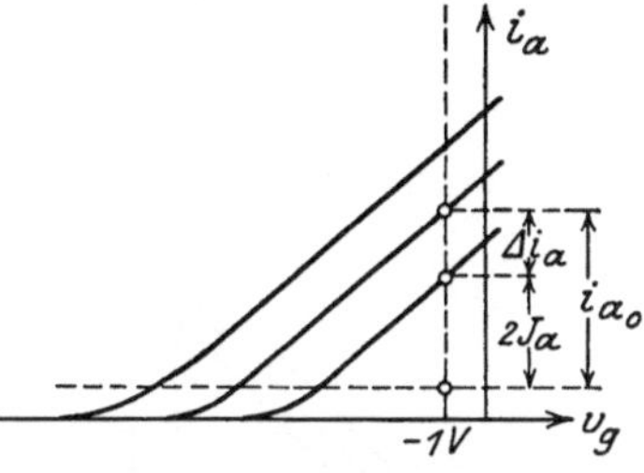

Abb. 16. Für lineare Verstärkung brauchbarer Bereich der Kennlinien.

Wir wollen zuerst den praktisch am häufigsten vorkommenden Fall betrachten, daß die benutzte Kennlinienschar nach oben durch die Emission nicht begrenzt ist (Abb. 16). Die Anodenstromzunahmen betragen längs des geradlinigen Teiles der Kennlinie, die der Anodenruhespannung v_{a_0} entspricht, i_{a_0}. Für einen bestimmten Belastungswiderstand R_a schwankt die Anodenspannung um einen Betrag Δv_a, so daß der Arbeitsbereich zwischen den den Anodenspannungen $v_{a_0} + \Delta v_a$ und $v_{a_0} - \Delta v_a$ zugehörigen Kennlinien liegt. Die dem Werte $v_{a_0} - \Delta v_a$ entsprechende Kennlinie umfaßt mit ihrem geradlinigen Teile einen Anodenstrom $i_{a_0} - \Delta i_a = 2\,J_a$, wo J_a die Amplitude des Wechselstromes ist. Nun ist

$$\frac{\Delta v_a}{\Delta i_a} = \frac{1}{SD}, \quad \text{also} \quad \Delta i_a = S \cdot D\,\Delta v_a,$$

$$2\,J_a = i_{a_0} - \Delta v_a \cdot S \cdot D,$$

$$\Delta v_a = R_a \cdot J_a.$$

Daraus folgt

$$2\,J_a = i_{a_0} - R_a J_a \cdot S \cdot D,$$

$$J_a = \frac{i_{a_0}}{2 + R_a \cdot S \cdot D}.$$

Die unter diesen Voraussetzungen von der Röhre an R_a abgegebene Leistung ist

$$N = \left(\frac{J_a}{\sqrt{2}}\right)^2 R_a = \frac{i_{a_0}^2}{2} \cdot \frac{R_a}{(2 + S \cdot D \cdot R_a)^2}.$$

Durch Differenzieren von N nach R_a erhält man als Maximalbedingung für N den Wert

$$R_a = \frac{2}{SD} = 2R_i$$

und die dazugehörige maximale Leistung

$$N_{\max} = \frac{i_{a_0}^2}{16} \cdot R_i.$$

Würde man $R_a = R_i$ machen, was zur Erzielung maximaler Verstärkung erforderlich ist, so wäre

$$N = \frac{i_{a_0}^2}{2} \frac{R_i}{(2+1)^2} = \frac{i_{a_0}^2}{18} R_i,$$

d. h. man würde eine nur um 10% geringere Leistung der Röhre entnehmen können. Errechnet man für diese beiden Belastungswiderstände die abgegebene Leistung bei gleicher Gitterwechselspannung, so ergibt die Wurzel aus dem Verhältnis der beiden Leistungen die Änderung der linearen Verstärkung Es ist

$$J_a = \frac{E_g}{D} \cdot \frac{1}{R_i + R_a}, \quad \text{also} \quad N = \left(\frac{E_s}{D}\right)^2 \cdot \frac{R_a}{(R_i + R_a)^2}.$$

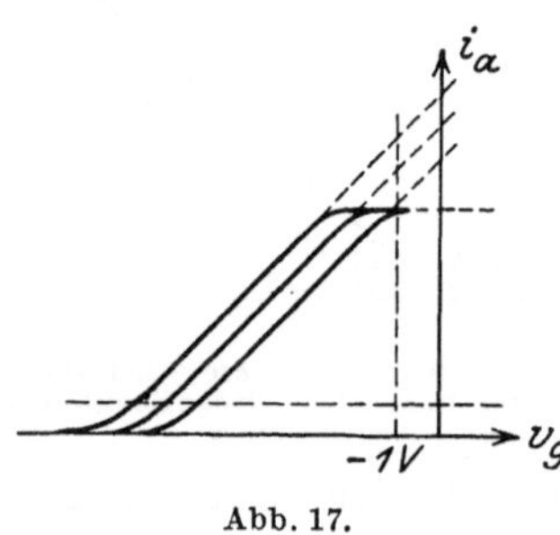

Abb. 17.

Für $R_a = R_i$ erhält man

$$N_1 = \left(\frac{E_g}{D}\right)^2 \cdot \frac{1}{4},$$

für $R_a = 2R_i$:

$$N_2 = \left(\frac{E_g}{D}\right)^2 \cdot \frac{2}{9},$$

d. h. die Verstärkungsänderung beträgt

$$\sqrt{\frac{N_1}{N_2}} = \sqrt{\frac{9}{8}} = 1{,}06.$$

In der Nähe der Anpassungwiderstände ist sowohl die Verstärkung als auch die Endleistung wenig von den Änderungen des Belastungswiderstandes abhängig.

Der zweite hier interessierende Fall ist der, bei dem die zum Anodenruhepotential gehörige Ruhekennlinie schon im negativen Gebiet die Emissionsgrenze erreicht, bei dem also das ausnutzbare Kennlinienfeld auch nach oben begrenzt ist (Abb. 17). Dieser Fall läßt sich leicht auf den ersten zurückführen. Wir denken uns zunächst die Kennlinienschar nach oben unbegrenzt. Dann erhalten wir nach obigem die maximale Leistung für $R_a = 2R_i$. Diesem Belastungswiderstand entspricht nun eine zu dem kleinsten Anodenspannungsmomentanwert gehörige Grenzkennlinie, die die Gerade $v_g = -1\,V$ bei einem bestimmten Anodenstromwert schneidet. Liegt dieser Schnittpunkt unterhalb der oberen Grenzkennlinie (Sättigungsstrom), so liefert auch für diesen Fall $R_a = 2R_i$ das Maximum. Liegt er darüber, so ist dieses Maximum nicht erreichbar, und man hat R_a größer, und zwar so groß zu wählen, daß die zu dem niedrigsten Anodenspannungsmomentanwert gehörige Grenzkennlinie den Schnittpunkt der oberen Grenzlinie des Kennlinienfeldes mit der Geraden $v_g = -1\,V$ schneidet.

Um den geradlinigen Teil der Kennlinienschar voll ausnutzen zu können, muß man durch Wahl der Gittervorspannung dafür sorgen, daß der Arbeitspunkt in die Mitte der Arbeitskennlinie fällt. Um diese Gitterspannung zu finden, bedient man sich einer Konstruktion nach Abb. 18. Man lege durch das Kennlinienfeld eine Gerade mit der Neigung der Arbeitskennlinie, also bei $R_a = R_i$ mit der halben Steilheit, bei $R_a = 2R_i$ mit der Steilheit $S/3$. Den Mittelpunkt des Teiles dieser Geraden, der in den geradlinigen Bereich des Kennlinienfeldes fällt, verbinde man mit dem Eckpunkt dieses Bereiches. Dann gibt der Schnittpunkt dieser Verbindungsgeraden mit der Ruhekennlinie den gesuchten Arbeitspunkt, der den geradlinigen Teil der durch ihn gehenden Arbeitskennlinie halbiert, also diejenige Gittervorspannung, bei der der volle Bereich der Arbeitskennlinie ausgesteuert werden kann.

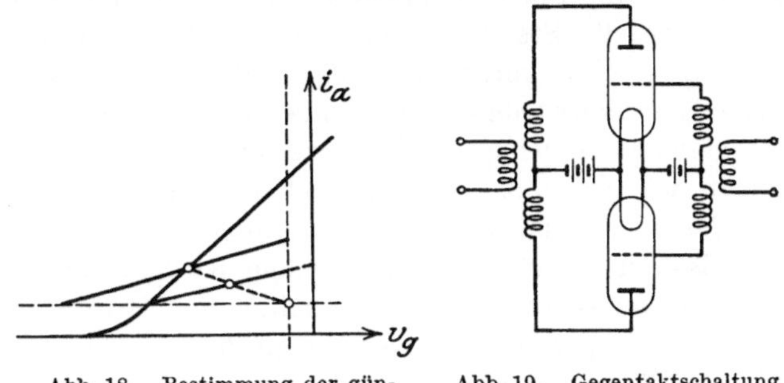

Abb. 18. Bestimmung der günstigsten Gittervorspannung.

Abb. 19. Gegentaktschaltung von Verstärkerröhren.

Eine Parallelschaltung von n Röhren, die im allgemeinen so ausgeführt wird, daß man die Gitter und Anoden miteinander verbindet und das System wie eine Röhre betreibt, ist gleichwertig einer Röhre mit gleichem Durchgriff und $n$facher Steilheit. Da die lineare Verstärkung proportional $\sqrt{S/D}$ ist, wächst sie proportional mit der Wurzel aus der Anzahl der Röhren. Es ist dabei nur zu berücksichtigen, daß die Gitterkathodenkapazität sich nicht störend bemerkbar macht. Da der innere Widerstand $R_i = 1/SD$ umgekehrt proportional n abnimmt und die abgebbare Leistung ihrerseits umgekehrt proportional dem inneren Widerstand ist, wächst die Leistung proportional mit der Anzahl der Röhren.

Bei der Gegentaktschaltung (Abb. 19) führt man die Gitterwechselspannung den beiden Gittern mit einer gegenseitigen Phasenverschiebung von 180° zu, wobei die Gitterruhespannung so gewählt wird, daß der Arbeitspunkt auf dem unteren Knick der Kennlinie liegt. Es wird dann die eine Halbwelle der Steuerspannung durch die eine Röhre, die andere Halbwelle durch die andere Röhre verstärkt. Durch Gegeneinanderschaltung der Anodenwicklungen des Nachübertragers gelangen beide Anodenströme mit richtiger Phase in den Verbraucher. Die Gegentaktschaltung zweier Röhren ist gleichwertig einer Röhre, die dieselbe Steilheit und denselben Durchgriff wie jede der beiden verwendeten Röhren besitzt. Sie liefert deswegen keine höhere Verstärkung als eine einzelne Röhre, wohl aber erstreckt sich der geradlinige Kennlinienteil der Ersatzröhre über den doppelten Bereich, so daß unter sinngemäßer Berücksichtigung der für die Leistungsentnahme oben angegebenen Regeln die Gegentaktschaltung die Leistung einer Röhre um das Vierfache übertrifft.

Röhren, die mit einer Kennlinienschar im positiven Gitterspannungsgebiet arbeiten, haben zur Zeit noch keine große Verwendung gefunden. Sie seien deshalb an dieser Stelle nur kurz behandelt. Bedeutung haben diese Röhren vor allem deswegen, weil sie schon bei verhältnismäßig niedrigen Anodenspannungen erhebliche Leistung abgeben. Der Anodenstrom wird durch die Steuerspannung $E_g + DE_a$ bestimmt. Da E_g positiv ist, genügen schon verhältnismäßig niedrige Anodenspannungen, um erhebliche Emissionsströme zur Anode zu befördern. Die Röhren können also, gleiche Anodenspannung vorausgesetzt, mit viel größeren Anodenströmen wie die mit negativer betriebenen arbeiten. Darauf beruht die hohe von ihnen abgebbare Leistung.

Nachteilig ist der Umstand, daß zwischen Kathode und Gitter ein nichtlinearer, mit der Gitterspannung zunehmender Gitterstrom fließt, der einmal Krümmungen in die Kennlinien bringt, dann aber auch einen variablen Gitterwiderstand darstellt. Man muß deswegen, um den Gitterwiderstand zur Vermeidung nichtlinearer Verzerrungen konstant zu machen, dem Gitterkreis einen Ohmschen Widerstand parallel schalten, der klein gegen den kleinsten Gitterwiderstand ist. Es ist deswegen zur Steuerung einer solchen Röhre ein bestimmter Leistungsaufwand erforderlich, so daß sie in ihrer Verstärkerwirkung erheblich gegen die oben betrachteten Röhren zurücksteht.

XII. Kunstschaltungen.

Von

G. Leithäuser (Berlin).

Nach der Einführung des Rundfunks stellte sich bald das Bedürfnis heraus, unter Benutzung des Lautsprechers zu möglichst großen Endlautstärken zu gelangen. Mit genügendem Röhreneinsatz war dieses unter Benutzung zweckmäßiger Schaltungen zu erreichen, es zeigte sich aber, daß die Anzahl der zu verwendenden Röhren immerhin so groß war, daß der Verbrauch von Heizstrom und Anodenstrom recht fühlbar wurde. Infolgedessen haben sich im Laufe der Zeit viele Schaltungen entwickelt, welche strenggenommen darauf hinausgehen, die Anzahl der Röhren zu vermindern oder unter Verwendung der gleichen Röhrenzahl dem Apparat ganz besondere Eigenschaften zu verleihen. Hierbei ist die Mitwirkung zahlreicher Amateure nicht zu unterschätzen gewesen. Aber andererseits ist die Anzahl der entstandenen Schaltungsmöglichkeiten auf ein so erhebliches Maß angewachsen, daß es sich lohnt, das Wichtige von dem weniger Bedeutungsvollen zu sondern und nach dieser Richtung die vorhandenen Schaltungen zu überprüfen.

A. Schaltungen zur Höchstausnutzung der Rückkopplung.

Eine wichtige Gruppe von Schaltungen von hoher Empfindlichkeit bezieht sich auf die höchste Ausnutzbarkeit des Schwingaudions. Bekanntlich ist das Schwingaudion, also das mit Rückkopplung versehene Audion eine Anordnung, welche durch die Verwendung von Rückkopplung bereits als sehr empfindlicher Empfangsapparat zu gelten hat. Die Ausnutzung der Rückkopplung kann im Wellenbereich von 200 bis 500 m recht weit getrieben werden. Es ist ja bekannt, daß der Empfänger bei Telephonieempfang außer der Trägerfrequenz die Seitenbänder mit empfangen muß. Betrachtet man die 300-m-Welle, so ergibt sich hier, daß außer der Schwingungszahl der Trägerwelle von 1 000 000 Hertz die Seitenbänder mit 990 000 und 1 010 000 Hertz mit aufgenommen werden müssen. Diese Frequenzdifferenzen bilden so kleine Unterschiede, daß sie selbst bei weitgehender Ausnutzung der Rückkopplung in der Einstellung der Abstimmung sich nicht zeigen; immerhin wird eine gar zu starke Annäherung der Rückkopplung an den Schwingpunkt sich auch in diesem Falle als Verzerrung in Sprache und Musik bemerkbar machen. Von Bedeutung ist beim Schwingaudion die Schaltungsart, nach welcher man die Rückkopplung einfügt. Benutzt man magnetische Rückkopplung mit Hilfe einer drehbaren Spule, so ist darauf zu achten, daß diese Spule durch ihre Kapazität keinen schädlichen Einfluß zeigt. Dieser kommt meistens dadurch zur Geltung, daß auch bei richtiger Wahl des Arbeitspunktes das Anschwingen „hart" erfolgt, während für eine gute Ausnutzung ein „weiches" Anschwingen erforderlich ist. Man kann durch die Regelung der Rückkopplung mit Hilfe einer Kapazität den Zustand des weichen Anklingens gut herstellen. Es sind jedoch einige Schaltungen ausgearbeitet worden, welche die Höchstausnutzung der Rückkopplung und damit die Einstellung der größten Empfindlichkeit besonders gut eintreten lassen. Die erste Gruppe von Schaltungen ist bekannt als „Flewelling"-Schaltungen, während eine zweite Gruppe den Namen „Superregenerativschaltungen" führt.

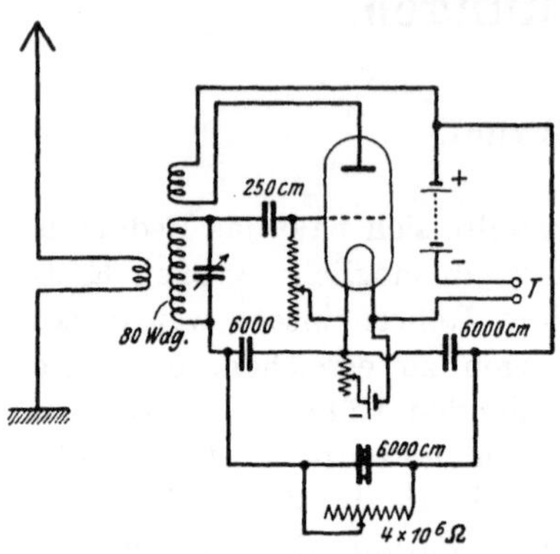

Abb. 1. Ursprüngliche Flewelling-Schaltung.

1. Die Gruppe der Schaltungen nach Flewelling. Die Flewellingschen Schaltungen benutzen den Umstand, daß beim Schwingaudion bei einfallender Trägerfrequenz das Gitter negativer wird. Erwirkt man durch die Schaltung, daß auch der Anodenwechselstrom des Audions das Gitterpotential automatisch negativer machen kann, so wird sich durch genügend starke negative Ladung ein Aussetzen der vom Audion erzeugten Schwingungen für gewisse kurze Zeiten erreichen lassen. Praktisch läßt sich dieses durchführen dadurch, daß man den Anodenkreis mit dem Gitterkreis in irgendeiner Weise „verkettet". Die praktische Ausführung der Schaltung geht aus den Abb. 1 bis 3 hervor. In der Abb. 1 ist die Antenne aperiodisch mit dem Gitterkreis des Schwingaudions gekoppelt (ursprüngliche Anordnung nach Flewelling). In der Verbindungsleitung des Gitterkreises mit der Kathode sowie im Anodenkreis liegen Kondensatoren. Durch einen weiteren Überbrückungskondensator von etwa 6000 cm ist eine Verkettung der Kreise

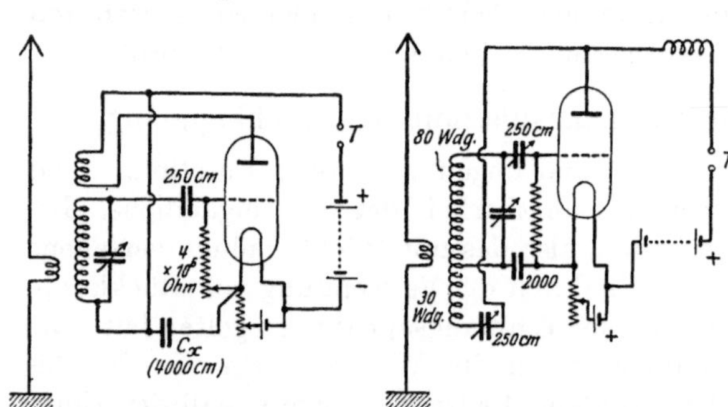

Abb. 2. Vereinfachte Flewelling-Schaltung.

Abb. 3. Verkettungsschaltung von Leithäuser.

bewirkt. Eine Vereinfachung der Schaltung ist in der Abb. 2 gegeben. Hier ist die Rückkopplungsspule mit einer Leitung mit der Belegung des Kondensators verbunden, welche der Glühkathode abgewandt ist. Man erkennt also, daß der durch die Rückkopplungsspule fließende Strom den Hilfskondensator mit durchfließt. Wichtig erscheint die Größe des Ableitungswiderstandes vom Gitter zur Kathode. Dieser Widerstand muß größer sein als beim gewöhnlichen Schwingaudion, da doch die negative Ladung des Gitters so groß werden soll, daß in bestimmten kurzen Zeiten die Schwingungserzeugung aufhört. Am besten wird man diesen Widerstand in der Größenordnung 3 bis 5 000 000 Ohm wählen und ihn gegebenenfalls regulierbar machen. Nach einer vom Verfasser angegebenen Schaltung läßt sich in besonders einfacher Weise die Wirkung der schnellen Unterbrechung erzielen, wenn man die kapazitive Regelung der Rückkopplung verwendet. In diesem Falle braucht man den Verkettungskondensator nur in die Verbindungsleitung zwischen Spule und Kathode zu schalten, ohne im übrigen erhebliche Veränderungen an der Schaltung des Schwingaudions vornehmen zu müssen (Abb. 3). Günstig erscheint es, den Kondensator vor dem Gitter veränderlich zu machen. Es genügt hier ein Kondensator von etwa 250 cm. Der Ableitungswiderstand wird auch hier 3 bis 4 Millionen Ohm betragen müssen.

2. Superregenerativschaltungen. Im Gegensatz zu der erwähnten Methode, welche rhythmische Gitteraufladungen zur vorübergehenden Unterdrückung des Schwingens verwendet, wird bei den Superregenerativschaltungen, welche von E. H. Armstrong angegeben sind, ein anderer Weg eingeschlagen. Man kann die Schwingungserzeugung eines Audions offenbar auch dadurch in gewissen kurzen Zeiten unterbrechen, daß man den Widerstand innerhalb des Gitterkreises oder des Anodenkreises oder auch in beiden Kreisen plötzlich verändert. Am einfachsten gelingt diese Widerstandsänderung dadurch, daß man in diesen Kreisen eine Hilfsschwingung auftreten läßt, deren Periode bedeutend langsamer ist als die von dem Audion erzeugte. Man benutzt also ein zweites Rohr, welches die langsamere Schwingung erzeugt und führt sie entweder dem Gitterkreis oder dem Anodenkreis zu. Zwei hierzu verwendbare Schaltungen sind in den Abb. 4 und 5 gegeben. Man erkennt in der Abb. 4 das Audion, welches aus der

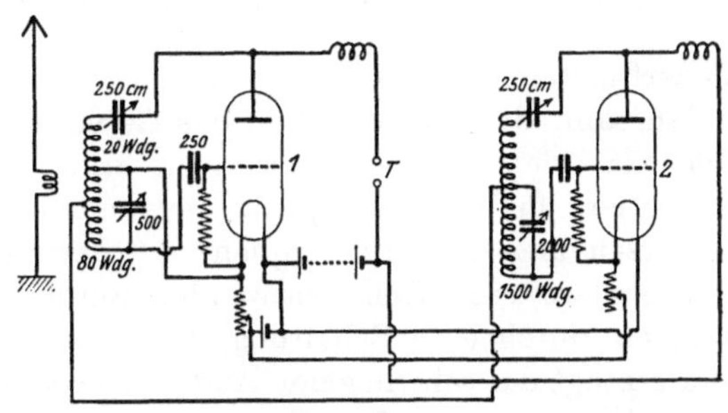

Abb. 4. Superregenerativschaltung mit 2 Röhren.

aperiodisch angekoppelten Antenne die von außen einfallende Energie empfängt, wobei die Rückkopplung hier durch eine Kapazität regelbar bis an den Schwingungspunkt getrieben ist, so daß die Schwingungen gerade einsetzen. Da man mit dauernd schwingendem Audion nicht empfangen kann, muß für ganz kurze Zeiten die Schwingungserzeugung unterbrochen werden. Dies geschieht durch die Ausnutzung der Schwingung des 2. Rohres. Man sieht, daß der Gitterkreis des 2. Rohres über einen Teil der Gitterspule des 1. Rohres mit der Kathode verbunden ist. Die vom 2. Rohr erzeugte Schwingung wird also durch ihr Auftreten im Gitterkreis des 1. Rohres, durch Veränderung des wirksamen Gitterwiderstandes, die Schwingung desselben beeinflussen. Für die Einstellung dieses empfindlichen Zustandes ist zu beachten, daß die Amplitude der Schwingungen des Rohres 2 einen bestimmten Wert haben muß. Man kann durch die Regelung der Kopplung, des Abgriffs an der Gitterspule 1, hierin eine Änderung treffen. Hinter dem Rohr 1 läßt sich ein Niederfrequenzverstärker einschalten. Ist die Hilfsfrequenz des Rohres 2 so langsam, daß sie bereits in das Gebiet der Hörbarkeit fällt, so läßt sich vor dem Niederfrequenzverstärker in geeigneter Weise ein Drosselsatz für diese Frequenz verwenden. Der Einsatz des 2. Rohres zur Erzeugung der Hilfsfrequenz ist darum nicht immer angenehm, weil ein weiteres Rohr verwendet werden muß. Man kann dieses ersparen durch eine Schaltung, wie sie in der Abb. 5 angegeben ist. Hier erzeugt das schwingende Audion sowohl die Hilfsfrequenz wie auch die aufzunehmende. Zur Erzeugung der Hilfsfrequenz wird die beim Sender bekannte Huth-Kühn-Schaltung verwendet, bei welcher nahezu abgestimmte Kreise zwischen Gitter-Kathode und Anode-Kathode liegen, während die Erzeugung der aufzunehmenden Frequenz nach einer üblichen Rückkopplungsmethode erfolgt. Die Hilfsfrequenz wird zweckmäßig in der Größenordnung von 15 000 Hertz gewählt. Die Windungszahlen der hierfür benutzten Spulen liegen in der Größenordnung von 1500 bei den gewöhnlichen Spulendurchmessern von 60 bis 70 mm. Die Empfindlichkeitssteigerung unter Anwendung dieses Ver-

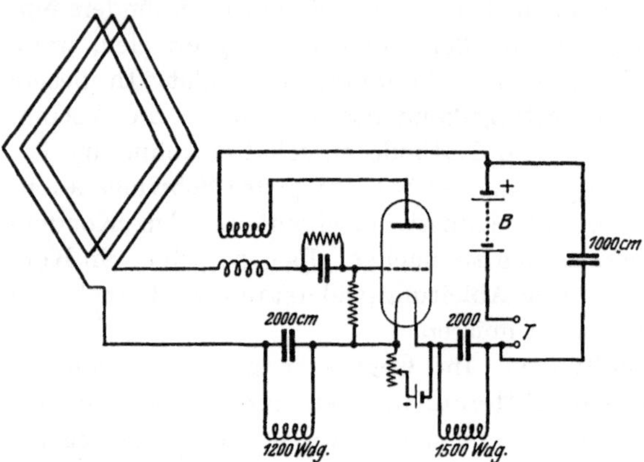

Abb. 5. Superregenerativschaltung mit einem Rohr.

fahrens ist beträchtlich, doch ist nicht zu verkennen, daß besonders bei großer Empfangsstärke (bei Verwendung offener Hochantennen) etwas Verzerrung festzustellen ist.

B. Hoch- und Niederfrequenzverstärkung in einem Rohr.

1. Mehrfachröhren. Bei dem Bestreben, möglichst geringe Röhrenzahlen und geringe Heizströme zu verwenden, ist man bereits frühzeitig auf den Gedanken gekommen, das einzelne Rohr mehrfach auszunutzen, d. h. dasselbe sowohl zur Verstärkung der Hochfrequenzschwingungen als auch der Niederfrequenzschwingungen zu verwenden. Die beste Art solcher Doppelausnutzung ist in Mehrfachröhren, z. B. in dem sogenannten Pentatron gegeben: ein Rohr mit 5 Elektroden, welches 1 Glühfaden, 2 Gitter und 2 Anoden besitzt. Schaltet man das eine Gitter und die eine Anode für das Schwingaudion, so läßt sich das 2. Gitter und die 2. Anode für eine Niederfrequenz-Verstärkerstufe ausnutzen. Da die Glühfäden der modernen Röhren bei Verwendung einer Thoriumlegierung sehr starke Elektronenemission aufweisen, so läßt sich auch bei geringer Heizenergie mit dem einen Rohre vom Ortssender bereits Lautsprecherempfang durchführen. Die Schaltung hierfür geht aus der Abb. 6 hervor. Um die Empfindlichkeit möglichst groß zu machen, wird man die Gitterspannung des Schwingaudions durch Verwendung sehr kleiner Abstimmkondensatoren im Gitterkreis oder unter Wegfall solcher und Verwendung von Variometern möglichst groß machen.

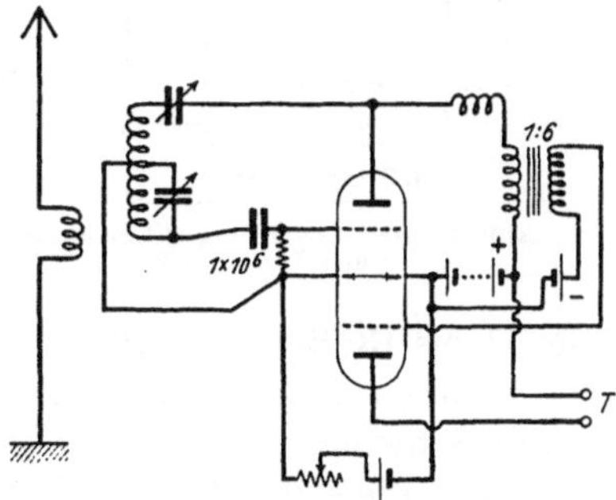

Abb. 6. Lautsprecherschaltung mit Zweifachrohr.

2. Reflexschaltungen. Bei Verwendung der normalen Röhren kommt man bei Mehrfachausnutzung auf die sogenannten Reflexschaltungen. Das Wesen der Reflexschaltung besteht darin, daß man durch eine oder mehrere Röhren die einfallenden Hochfrequenzschwingungen zunächst vorverstärkt, sodann durch einen Gleichrichter den niederfrequenten Teil abtrennt und diesen nun nochmals durch die Röhren zur Verstärkung hindurchtreten läßt. Bei der Verwirklichung einer solchen Reflexschaltung ist zu bedenken, daß durch diese Rückführung der Energie eine Rückkopplung im System zustande kommt. Es ist also besonders darauf zu achten, daß hierdurch keine Verschlechterung der Wiedergabe oder gar ein Pfeifen des ganzen Systems bedingt wird.

Ferner müssen die zur Rückführung des niederfrequenten Teiles bestimmten Organe für den Hochfrequenzstrom der jeweiligen Kreise durchlässig sein oder durch Parallelschaltung eines Kondensators hierfür geeignet gemacht werden. Besonders empfindlich und mit Pfeifneigung behaftet sind unter solchen Schaltungen alle diejenigen, welche als Organ zur Gleichrichtung das Audion verwenden. Es erscheint viel zweckmäßiger, zur Gleichrichtung einen normalen Detektor zu benutzen, zumal es sich ergeben hat, daß die Neigung zum Pfeifen hierdurch sehr herabgesetzt wird. In den Abb. 7 bis 10 sind einige Reflexschaltungen unter Verwendung von nur einer Röhre angegeben, während die

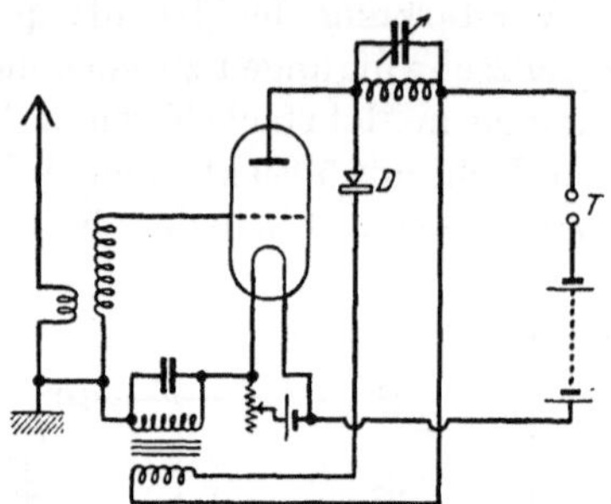

Abb. 7. Reflexschaltung mit einem Rohr und Übertrager.

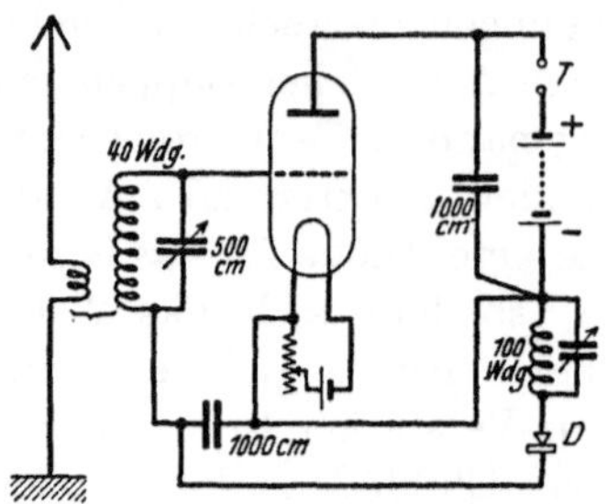

Abb. 8. Reflexschaltung mit einem Rohr und Kondensatorkopplung.

Abb. 11 bis 13 Reflexschaltungen mit mehreren Röhren darstellen und Abb. 14 eine solche für Niederfrequenzströme. In der Schaltung Abb. 7 liegt ein Schwingungskreis, abgestimmt auf die aufzunehmende Frequenz im Anodenkreis der Röhre. Die an seinen Enden herrschende Hochfrequenzspannung wird nach Gleichrichtung durch einen Detektor dem im Gitterkreis liegenden Übertrager wieder zugeführt. Letzterer ist auf seiner Sekundärseite durch einen Kondensator von etwa 1000 cm überbrückt. Da der vom Rohr verstärkte Niederfrequenzstrom über den geringen Scheinwiderstand der im Anodenkreis liegenden Spule hinwegfließt, bekommt das Telephon die verstärkte Niederfrequenzspannung in gleichem Maße, als wenn es direkt an der Anode läge.

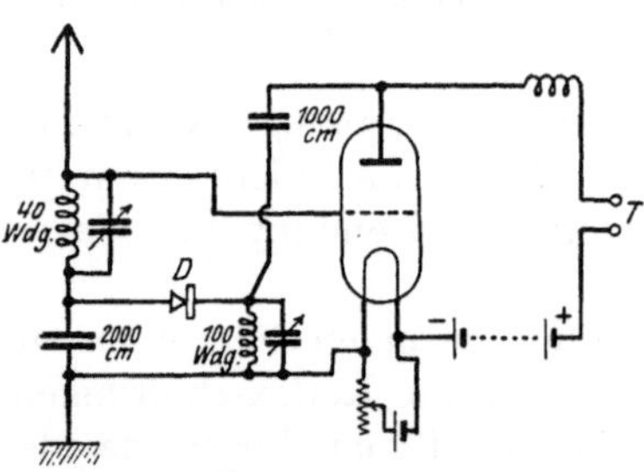

Abb. 9. Reflexschaltung mit Kondensatorkopplung im Antennenkreis.

Auch ohne Benutzung eines Transformators läßt sich die „Reflexion“ erwirken, wie dies aus Abb. 8 hervorgeht. Die Spannung des hochfrequenten Kreises wird über den Detektor direkt dem im Gitterkreise liegenden Kondensator zugeführt. Eine ähnliche Anordnung, bei welcher die Antenne nicht aperiodisch, sondern direkt mit dem Gitterkreis gekoppelt ist, geht aus Abb. 9 hervor, während Abb. 10 die Verwendung einer Rahmenantenne zur Reflexionsschaltung zeigt, bei welcher die an den

Rahmenenden liegende Hochfrequenzspannung über Detektor und Übertrager dem Rohr wieder zugeführt wird. Bei Verwendung mehrerer Röhren werden die Schwierigkeiten des Aufbaues erheblicher. Abb. 11 zeigt eine Reflexionsschaltung unter Verwendung zweier Röhren, bei welcher unter Verwendung des Detektors die Spannung aus dem Anodenkreise der zweiten Röhre wieder dem Gitterkreise der ersten in niederfrequenter Form zugeführt wird, während die erste Röhre in ihrem Anodenkreis sowohl die Anordnung zur Übertragung der Hochfrequenz als auch der Niederfrequenz aufnimmt. Die Niederfrequenzübertrager müssen durch Kondensatoren überbrückt sein. Dabei ist die Größe dieser Kondensatoren so klein zu halten, wie die Verhältnisse es erlauben. Zur Vermeidung der Übertrager läßt sich auch mit Hilfe von Widerständen, welche man in die Anodenkreise schaltet, die Spannung auf den Eingangskreis zurückübertragen. Dies geht aus den Abb. 12 und 13 hervor. In Abb. 12 ist die Spannung vom Widerstand der 2. Röhre, welche in diesem Falle als Schwingaudion wirkt, an einen im ersten Gitterkreis gelegten Kondensator geschaltet. Das 1. Rohr erstärkt diesen niederfrequenten Anteil noch einmal, wobei das

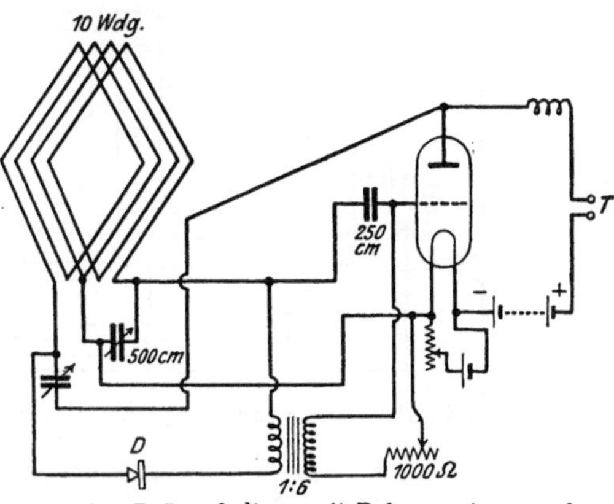

Abb. 10. Reflexschaltung mit Rahmenantenne und Übertrager.

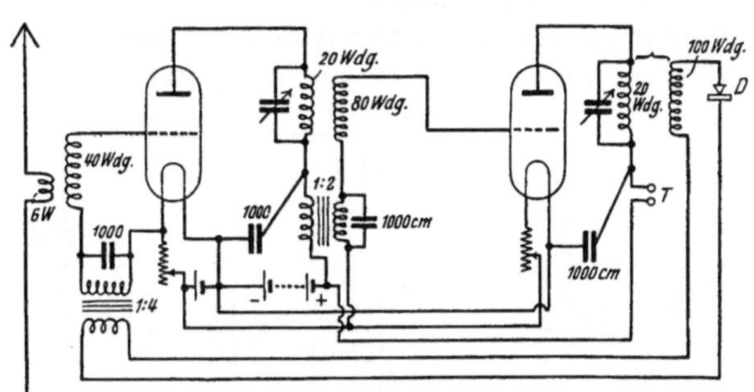

Abb. 11. Reflexschaltung mit 2 Röhren und Detektorgleichrichtung.

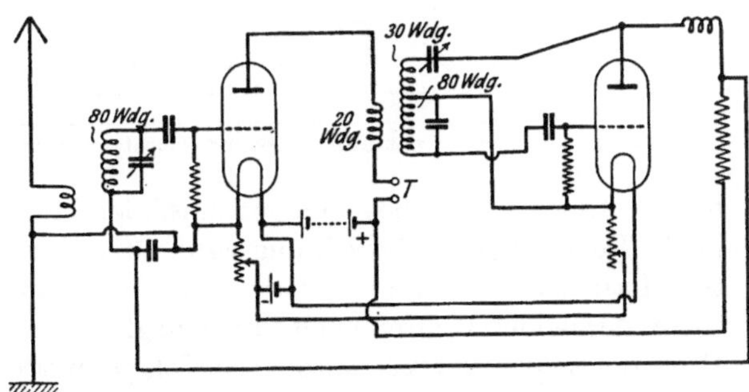

Abb. 12. Reflexschaltung mit 2 Röhren und Widerstandskopplung.

Empfangstelephon im Anodenkreis der 1. Röhre liegt. Der Kondensator vor dem Gitter der 1. Röhre muß in diesem Falle so bemessen sein, daß er den niederfrequenten Anteil ungeschwächt hindurchläßt.

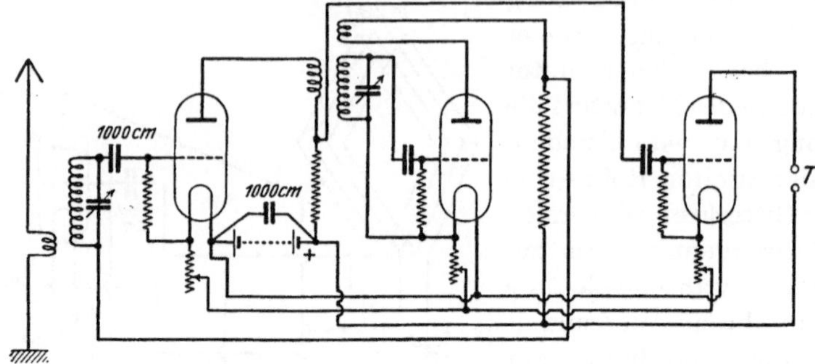

Abb. 13. Reflexschaltung mit Widerstandskopplung und Nachverstärkung.

In Abb. 13 ist eine Anordnung gezeichnet, bei welcher zur weiteren Verstärkung ein Niederfrequenzverstärkerrohr verwendet wird.

Eine recht zweckmäßige Reflexschaltung zur Verstärkung von niederfrequenten Strömen ist in Abb. 14 dargestellt. Sie dient dazu, 2 größere Röhren, welche meistens zur Endverstärkung verwendet werden, gänzlich auszunutzen und falsche elektrische Kopplungen unschädlich zu machen. Man verfährt hierbei so, daß die zu verstärkenden Spannungen zunächst die beiden Gitter im Gegentakt, d. h. in entgegengesetzter Phase erregen. Im Ausgang der beiden Anodenkreise liegt ein gemeinsamer Transformator mit Mittelabgriff. Dessen Sekundärwicklung wird zwischen die Mitte des Eingangstransformators und die Glühkathoden geschaltet. Hierdurch werden die Gitter der beiden Röhren noch einmal in gleicher Phase erregt, wirken also, als wären sie parallel geschaltet. Das Telephon oder der Lautsprecher liegt dann in der Verbindungsleitung der Anodenbatterie mit dem Mittelpunkt der Primärwicklung des Ausgangstransformators. Auf diese Weise lassen sich mit 2 Röhren große Verstärkungsgrade erzielen, ohne daß Verzerrungen auftreten, falls die Emissionsströme der Röhren stark genug sind.

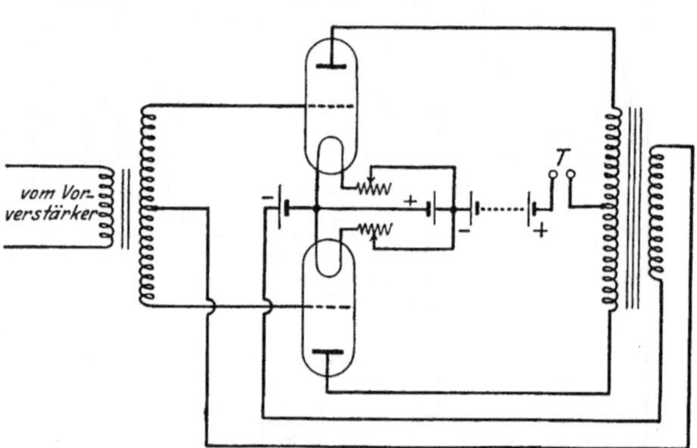

Abb. 14. Reflexschaltung mit Gegentakt- und Gleichtakterregung.

C. Schaltungen für höchste Selektivität.

1. Schaltungen mit entkoppelter Hochfrequenzverstärkung (Neutrodyn). Bei dem Bestreben, die Empfangsapparate höchst selektiv und höchst empfindlich zu gestalten, sind 2 Schaltungsarten mehr und mehr durchgebildet worden, welche in der heutigen Empfangspraxis an erster Stelle stehen. Die 1. Schaltungsart besteht in der Verwendung mehrstufiger Hochfrequenzverstärker, wobei jedoch jede Stufe eine besondere „Entkopplungsvorrichtung" besitzt, während die 2. Schaltungsart eine große Verstärkung der Hochfrequenzströme dadurch erzielt, daß man dieselben zunächst auf eine langsamere, aber noch unhörbare Frequenz transformiert und diese letztere zunächst weiter verstärkt. Die erste Art der Schaltung wird hauptsächlich verkörpert in den Neutrodynschaltungen. Staffelt man mehrere Röhren zur Verstärkung von Hochfrequenzströmen, so zeigt sich dabei, daß durch die Energieübertragung durch den natürlichen Kondensator jeder Röhre, der durch die Kapazität Gitter-Anode und gegebenenfalls auch durch den Sockel gegeben ist, das ganze System große Schwingungsneigung besitzt. Hinzu kommt noch, daß infolge dieser schädlichen Kapazitäten ein Sender mit großer Energie, wie der Ortssender, nicht ausgeschaltet werden kann, da er bei der Verwendung des Schwingaudions als letzte Röhre hier die Abstimmung durchschlägt. Die Anordnung von mehreren Röhren muß also Entkopplungsvorrichtungen aufweisen, durch welche die schädliche Energieübertragung von Rohr zu Rohr, falls dieselben nicht beheizt sind, ausgeglichen wird. Für diese Schaltungen zum Ausgleich sind mehrere Anordnungen praktisch erprobt worden. Die bekannteste ist wohl die Entkopplungsart nach Hazeltine. Die Methode dieser Entkopplung geht aus der Abb. 15 hervor. 2 Zweige, $a\,b$ und $c\,d$, seien durch eine kleine Kapazität c_1 miteinander gekoppelt, wobei b und d gleiches Potential haben sollen. Im Zweige cd soll kein Strom fließen. Parallel zum Zweige $c\,d$ liegt eine Spule von 2 gleichen Windungslagen, die in der Mitte verbunden sind. Es zeigt sich, daß man durch Verbindung des freien Endes derselben mit dem Punkte a über einen Drehkondensator die in der Spule entstehende Stromstärke so bemessen werden kann, daß die schädliche Energieübertragung durch den kleinen Kondensator c_1 hierdurch ausgeglichen wird. In der Praxis bedeutet dieser kleine Kondensator den Röhrenkondensator, während der zweite verwendete Drehkondensator durch einen zwischen die Gitter der einzelnen Stufen zu schaltenden, praktisch

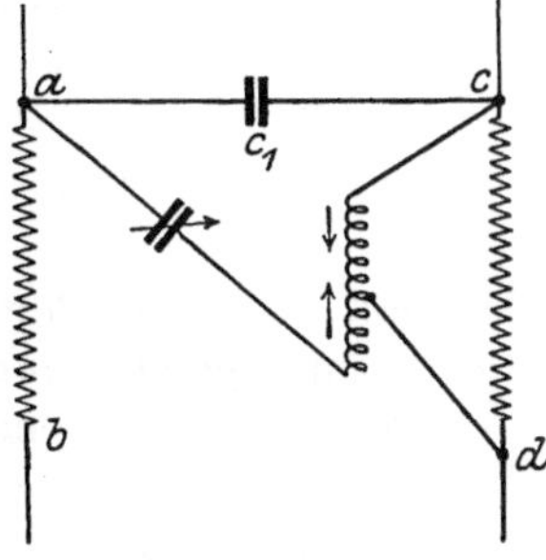

Abb. 15. Entkopplungsschema.

sehr kleinen Kondensator dargestellt werden muß. Die praktische Ausführung eines Apparates mit 3 Stufen zeigt die Abb. 16. Um den Kondensator zum Ausgleich nicht zu klein zu machen, empfiehlt es sich, die Leitung zum nachfolgenden Rohr nicht an das Gitter zu legen,

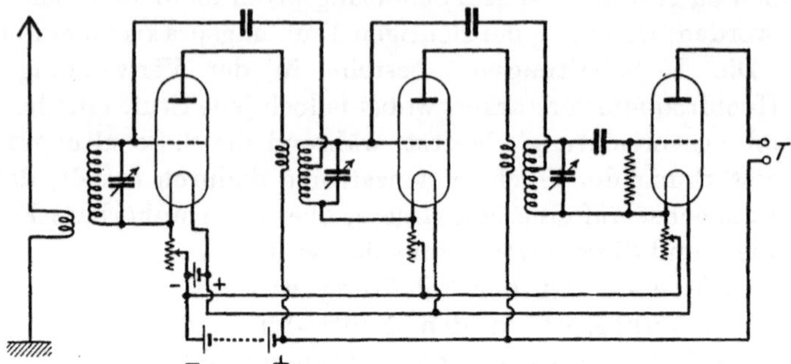

Abb. 16. Neutrodynschaltung nach Hazeltine.

sondern an einen Punkt der Gitterspule, welcher der Kathode näher liegt. Im allgemeinen genügen winzige Kapazitäten zur Einstellung des Ausgleichs. Die Kondensatoren werden oftmals gebildet durch ein Glasrohr von etwa 3 mm Weite und 5 cm Länge, in welches 2 Metallstifte eingeschoben werden, welche sich in einem Abstand von 2 cm

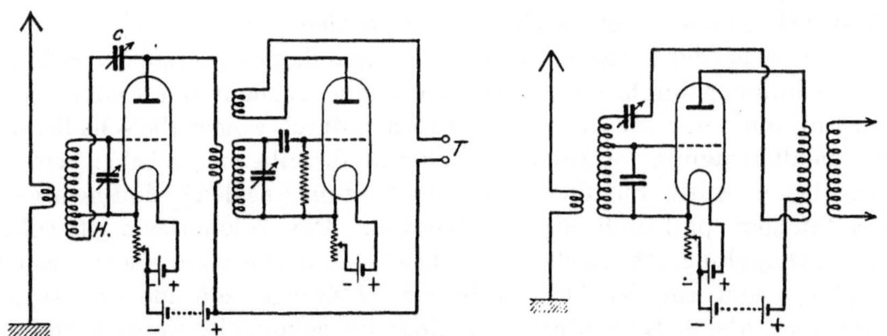

Abb. 17. Entkopplung nach Leithäuser.

Abb. 18. Entkopplung mit Hilfsweg.

mit ihren Enden gegenüberstehen. Zwei andere Entkopplungsarten, welche vom Verfasser herrühren, sind in den Abb. 17 und 18 dargestellt. Hier ist die Entkopplung im Röhrenkreise selbst vorgenommen. In der Abb. 17 erkennt man einen Hilfsweg *c*, bestehend aus einer Spule, deren Windungen gemeinsam mit der Gitterspule aufgewickelt sein können, und einen kleinen Kondensator, welcher mit der Anode verbunden ist. Es ist einleuchtend, daß der Spannungswert, welcher durch den inneren Röhrenkondensator auf die Anode übertragen wird, ausgeglichen werden kann durch einen in entgegengesetzter Phase zugebrachten Wert von gleicher Amplitude. Die letztere läßt sich mittels des kleinen Hilfskondensators *c* in einfachster Weise einstellen. In ähnlicher Art arbeitet die Schaltung der Abb. 18, nur mit dem Unterschiede, daß hier in dem Anodenkreis der Röhre auf magnetische Weise die Gegenspannung reduziert wird.

Beim Zusammenbau solcher Empfänger ist merklich darauf zu achten, daß die einzelnen Anodenkreise nicht direkt magnetische Kopplungen miteinander aufweisen. Man muß also für größere räumliche Trennung der einzelnen Stufen Sorge tragen. Gelingt es nicht, durch die Aufstellung der einzelnen Übertrager deren Beeinflussung zu beheben (vielfach werden dieselben mit 60° Neigung aufgestellt), so muß man zur metallischen Kapselung der einzelnen Teile übergehen. Dieses scheint in der Tat das beste Verfahren zu sein, um mehrere Kaskaden einwandfrei aufzubauen. Die Abmessung der Hochfrequenzübertrager sind für den Rundfunkwellenbereich von folgender Größe: Gitterspule 80 Windungen bei einem Spulendurchmesser von etwa 8 cm, Anodenspule 6 bis 8 Windungen. Die Kopplung mit der Antenne sollte als Variometer ausgebildet sein, so daß man den Kopplungswert 0 praktisch einstellen kann. Nur hierdurch kann ein Überschreien des Empfängers bei der Aufnahme stärkerer Sender ohne Mühe verhindert werden. Zur Verstärkung der Niederfrequenzströme wird ein Widerstandsendverstärker bei solchen Empfängern besonders am Platze sein.

2. Schaltungen mit Zwischenfrequenzverstärkung (Superheterodyn). Neben den erwähnten Empfängern ist die Klasse der Empfänger mit Zwischenfrequenz als besondere Gattung von Kunstschaltungen vielfach ausgeführt worden. Tatsächlich ist die Empfindlichkeit derartiger Apparate außerordentlich hoch. Allerdings ist auch die Möglichkeit der Störungen vornehmlich durch Telegraphiesender entsprechend groß, und daher muß auch hier beim Zusammenbau ausgiebig von metallischer Panzerung Gebrauch gemacht werden. Der benutzte Grundsatz bei diesen Schaltungen ist der, daß durch Einführung einer Zwischenfrequenz, deren Welle bedeutend länger ist als die aufzunehmende, eine große Verstärkung und Selektivität erreicht werden kann. Gewissermaßen moduliert man hier mit Hilfe der aufgenommenen Frequenz die von einem örtlichen Hilfssender erzeugten Schwingungen. Da man hierbei einen örtlichen Sender benötigt, so muß naturgemäß Vorsorge getroffen werden, damit nicht diese am Empfangsort erzeugten Schwingungen von der Antenne ausgestrahlt werden und zur Störung des Empfanges in der Nachbarschaft führen. Einige Schaltungen, welche Superheterodynschaltungen genannt werden, sind aus den Abb. 19 bis 22 ersichtlich. Sie bestehen grundsätzlich aus dem empfangenden Audion, welches unter Umständen eine Vorstufe zur

Vorverstärkung erhält, ferner aus dem örtlichen Schwingungserzeuger, einem Verstärker und Gleichrichter für die modulierte Zwischenfrequenz und einem Niederfrequenzverstärker. Das einfachste Verfahren besteht darin, daß die Schwingung des Ortssenders magnetisch in den Gitterkreis

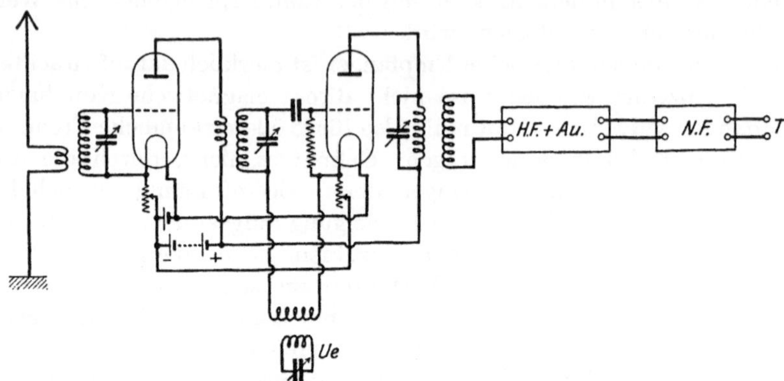

Abb. 19. Zwischenfrequenzschaltung mit Überlagerer.

des empfangenden Audions induziert wird. Der Anodenkreis des letzteren ist auf die Zwischenfrequenzwelle abgestimmt, und mit dem Eingangskreis des Zwischenfrequenzverstärkers gekoppelt. Da es außerordentlich auf die Kopplung des Hilfssenders mit dem Audion ankommt, ist es Aufgabe

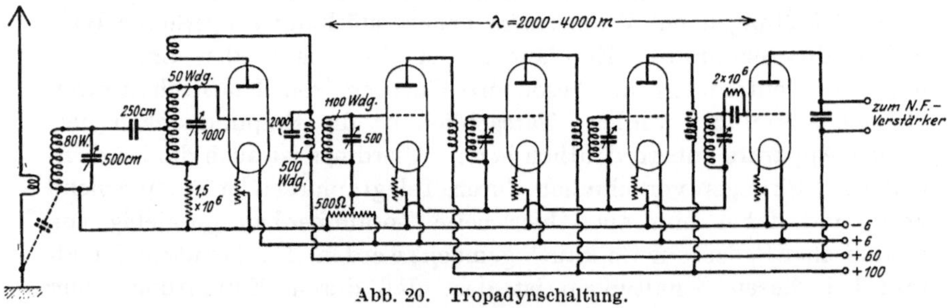

Abb. 20. Tropadynschaltung.

von Kunstschaltungen gewesen, diese Kopplung und damit die Modulation der Zwischenfrequenz besonders günstig zu gestalten. Solche Schaltungen sind in den Abb. 20 bis 22 erkennbar. Bei der sogenannten Tropadynschaltung (Abb. 20) wird der empfangende Schwingungskreis an den Mittelpunkt der Gitterspule und die Glühkathode des Hilfssenders angeschlossen, während das freie Ende des Kreises zur Herstellung der Hilfsfrequenz über einen Widerstand mit der Kathode verbunden wird. Hierdurch wird verhindert, daß die vom Hilfssender erzeugte Schwingung aus der Antenne ausstrahlt und gleichzeitig die Ersparnis von einem Rohr erzielt. Bei der Ultradynschaltung (Abb. 21) erhält das Empfangsrohr keine besondere Anodenspannung, sondern liegt im Nebenschlusse zum Gitterkreis des Hilfssenders[1]). In der Verbindungsleitung der Anode des Empfangsrohres mit dem Gitter des Hilfssenders liegt der auf die modulierte Frequenz abgestimmte Schwingungskreis zur Kopplung mit dem Verstärker für die Zwischenfrequenz. In der Abb. 22 ist eine Schaltung gegeben, welche nach Art einer bekannten Senderschaltung die Modulation der Schwingungen des Hilfssenders vornimmt. Das empfangende Audion liegt hier als Parallelrohr zu dem schwingungserzeugenden, wobei zwischen den Anoden der Röhren der Schwingungskreis für die modulierte Frequenz eingeschaltet ist. Der Anodenstrom für beide Röhren wird über eine eisenhaltige Drosselspule und eine Drossel für Hochfrequenz beiden Röhren gleichzeitig zugeführt und verteilt sich somit auf dieselben[2]). Die Amplitude der Schwingung im Hilfsrohr kann durch den bekannten Rückkopplungsweg passend einreguliert werden. Da das aufnehmende Audion hier ebenfalls Anodenspannung erhält, kann auch die aufzunehmende Schwingung unter Verwendung von Dämpfungsreduktion von vornherein mit großer Selektivität empfangen werden[3]). Auch bei dieser Schaltung ist die Verwendung einer

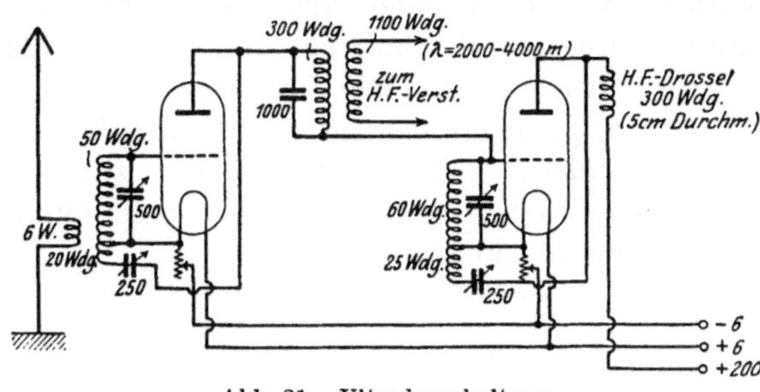

Abb. 21. Ultradynschaltung.

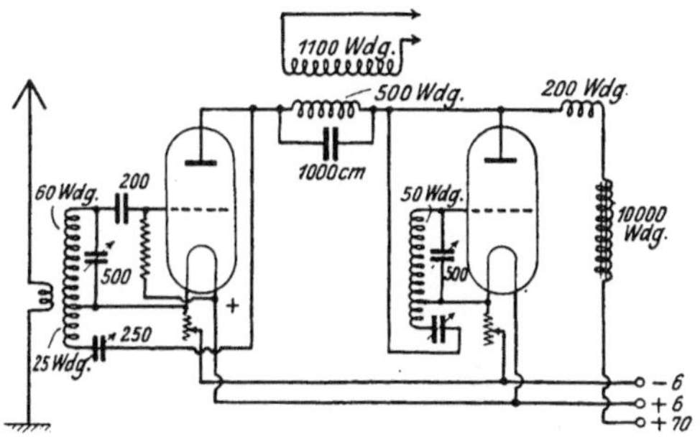

Abb. 22. Zwischenfrequenzschaltung nach Leithäuser.

[1]) Offenbar fließt im Anodenkreise des Empfangsrohres nur Strom, wenn gleichzeitig Gitter und Anode desselben positiv sind. Da die Frequenzen auf dem Gitter und der Anode jedoch etwas verschieden sind, so tritt hierdurch die Schwebungsfrequenz mit der Differenz der Schwingungszahlen und gleichzeitig eine Gleichrichtung auf.

[2]) Am besten wird der Anschluß für den Anodenstrom in der Mitte der Spule des zwischen den Röhren liegenden Schwingungskreises angelegt. In diesem Falle kann die Hochfrequenzdrossel fortfallen.

[3]) Man kann in dieser Schaltung ohne Schwierigkeit auch eine höhere Harmonische des Hilfssenders zur Erzeugung der Zwischenfrequenz verwenden. Dieses hat Vorteile bei der Aufnahme von kurzen Wellen.

Vorröhre, die sowohl zur Vorverstärkung der aufzunehmenden Schwingung dient, als auch verhindert, daß die Hilfsschwingung ausgestrahlt wird, von großem Nutzen.

Mit den Superheterodynschaltungen lassen sich selbst mit kleinen Rahmen Rundfunksender aus großer Entfernung aufnehmen. Am empfindlichsten scheinen die drei letzten angeführten Schaltungen in dieser Hinsicht zu sein. Besonders beachtenswert erscheint es, daß die Haupteinstellung hierbei nur durch zwei Kondensatorgriffe zu erfolgen braucht, von denen der eine zur Abstimmung der aufzunehmenden Welle, der andere zur Einstellung der richtigen Hilfsfrequenz zu dienen hat.

XIII. Anforderungen an die Einzelteile der Rundfunkempfänger; Gesichtspunkte für den Bau der Geräte.

Von

F. Eppen (Berlin).

In den bereits gehaltenen Vorträgen sind die physikalischen Grundlagen des Funkempfanges im allgemeinen, die bei der Funktelephonie auftretenden akustischen Fragen, die Ausbreitung der elektrischen Wellen sowie die Wirkungsweise der Elektronenröhren behandelt worden. Ferner hat Herr Professor Leithäuser im letzten Vortrage einige der wichtigeren Schaltungen besprochen. Wer nun von Ihnen versucht hat, selbst einen Apparat zu bauen, wird gemerkt haben, daß bei der praktischen Ausführung einer Schaltung, selbst wenn man sie in allen Einzelheiten übersieht, noch viele Schwierigkeiten auftreten. Vielfach erlebt man, daß die Schaltung, auch wenn alle Größen richtig dimensioniert sind, nicht das leistet, was man erhofft hat und was nach physikalischen Überlegungen von ihr gefordert werden muß. Dieser Mißerfolg kann seinen Grund einmal darin haben, daß die verwendeten Einzelteile nicht das leisten, was sie im vorliegenden Falle leisten müssen, und ferner können Fehler in der Anordnung die Schuld tragen. Ich möchte daher heute einiges vortragen über die an die Einzelteile zu stellenden Forderungen und ferner über Gesichtspunkte beim Zusammenbau der Apparate. Wie bekannt, hat sich bei Beginn des Rundfunks in Deutschland eine große Zahl von Firmen „auf Radio umgestellt", wie der Fachausdruck heißt. Da vielen von ihnen die nötigen Kenntnisse und Erfahrungen in der Herstellung elektrotechnischer Gegenstände fehlten, waren die Erzeugnisse minderwertig und drohten dem Rundfunk Abbruch zu tun. Aus diesem Grunde hat ein Unterausschuß der Hochfrequenzkommission des Verbandes Deutscher Elektrotechniker vor etwa $1^1/_2$ Jahren Leitsätze für den Bau und die Prüfung von Geräten und Einzelteilen für den Rundfunk herausgegeben, deren Bestimmungen ich im folgenden mit berücksichtigen werde. Ihrem Einfluß sowie besonders dem Wachsen des Verständnisses in weiteren Kreisen für die Leistungsfähigkeit der Geräte und Einzelteile ist es zu-

zuschreiben, daß minderwertige Erzeugnisse immer mehr vom deutschen Markt verschwinden.

Ich möchte nun zunächst die Anforderungen erläutern, die an die wichtigsten Einzelteile gestellt werden müssen, und beginne mit den Kondensatoren.

A. Kondensatoren.

Zur Abstimmung werden in Rundfunkgeräten meist Drehkondensatoren von 250 oder 500 cm Kapazität mit Luft als Dielektrikum verwendet. Die Anzahl der auf dem Markt befindlichen Konstruktionstypen ist sehr groß und demgemäß die Güte verschieden. Wo nicht sehr große Genauigkeit gefordert wird und von einer Eichung der Kreise abgesehen werden kann, erfüllen meist auch die einfachen und sehr billigen Ausführungsformen ihren Zweck. Wichtig ist nur, daß die zur Isolation verwendeten Stoffe ihre Isolationsfähigkeit auf die Dauer behalten, und daß ferner nicht etwa durch Verziehen Schluß zwischen dem festen und dem drehbaren System eintritt. Bei billigen Ausführungsformen wird vielfach sehr dünnes Aluminium für die Platten verwendet; diese werden dann, um ihnen die nötige Festigkeit zu geben, durch Eindrücken eines Musters versteift. Die hierdurch auftretenden inneren Spannungen führen bei Stößen, denen der Kondensator ausgesetzt ist, leicht zu Verbiegungen, wenn die Befestigung der Platten ungeeignet ist.

Die Zuführung zum beweglichen Teil wird häufig durch eine Spiralfeder oder eine in Spiralform gelegte isolierte Litze ausgeführt. Diese Ausführungsformen verbürgen sicheren Kontakt, rufen aber nicht selten bei der Verstellung des Kondensators im Fernhörer Geräusche hervor, wenn nämlich durch die Bewegung verschiedene Punkte der Feder Berührung miteinander bekommen oder die Isolation der Litze sich scheuert. Beides macht sich je nach der Verstärkung mehr oder weniger unangenehm bemerkbar. Bei einfacheren Ausführungen erfolgt die Zuführung des Stromes zum beweglichen Teil über Lager und Achse desselben. Wie die Praxis zeigt, läßt sich auch in dieser Form eine sichere Stromzuführung erreichen, wenn nämlich die Lagerung lang genug ausgeführt ist und Metalle verwendet werden, die gut aufeinander laufen. Verzichtet man auf eigene Zuführungen zum beweglichen Teil, so kann man den Kondensator ohne Anschlag ausführen. Dieses ist besonders bei Kondensatoren, deren bewegliches System große Masse hat oder mit einem großen Bedienungsknopf versehen ist, von Vorteil, da der Stoß gegen einen meistens einseitig angreifenden Anschlag häufig schon nach kurzer Zeit Verschiebungen der Platten des drehbaren Systems hervorruft.

Die Verwendung von Zwischenlagen mit höherer Dielektrizitätskonstante als Luft ist verschiedentlich versucht worden. Zweck hat sie nur dann, wenn die Kondensatoren aus irgendwelchen Gründen möglichst geringen Raum einnehmen sollen. Es hat sich jedoch gezeigt, daß eine wirklich gute Ausführung recht schwierig und dadurch auch ziemlich teuer ist. Bei billigeren Ausführungen treten schon nach kurzer Gebrauchszeit häufig Durchschlagen des Dielektrikums und störende Geräusche beim Empfang ein.

Durch die Art der Begrenzungskurve des beweglichen Systems kann man einen ganz verschiedenartigen Anstieg des Kapazitätswertes des Kondensators erreichen. Praktische Bedeutung haben die Kurven, die geradlinigen Anstieg der Kapazität, der Wellenlänge oder der Frequenz des Schwingungskreies ergeben. In der letzten Zeit sind von den verschiedensten Seiten die letzten beiden Formen der Plattenbegrenzung sehr gerühmt worden. Meines Erachtens überwiegt der Wert derselben nicht so sehr, wenn der Kondensator, was in allen Fällen nötig ist, gute Feineinstellung hat. Die Begrenzungsformen, die geradlinigen Anstieg der Wellenlänge oder der Frequenz ergeben, haben den Zweck, die Einstellung auf einen bestimmten Betrag bei kleinen Kapazitätswerten zu erleichtern. Die Einstellung auch kleiner Kapazitätsunterschiede ist aber auch bei Kondensatoren mit geradlinigem Kapazitätsanstieg gut möglich, wenn nur Sorge getragen ist, daß die Kapazität hinreichend fein geändert werden kann. Dieses läßt sich auf zweierlei Art erreichen, entweder, indem zum Hauptkondensator ein kleiner veränderlicher Kondensator von etwa 30 cm Kapazität parallel geschaltet wird, oder aber dadurch, daß der Hauptkondensator durch irgendeine mechanische Feineinstellung bequem um sehr viel kleinere Beträge verstellt werden kann, als es mit dem gewöhnlichen Drehknopf möglich ist. Für den Betrieb dürfte die zweite Art angenehmer sein, da ein kleiner Parallelkondensator nur eine bequeme Variation gestattet, wenn er etwa in der Mitte seines Kapazitätsbereiches steht. Ist dieses nicht der Fall, so muß man zunächst den Feinkondensator etwa auf diesen Wert stellen und dann mit dem Hauptkondensator so gut wie möglich auf den gewünschten Sender abstimmen und darauf mit dem Feinkondensator nachstimmen. Es ist also häufig ein Nachvariieren an den beiden Kondensatoren nötig. Ferner muß der Feinkondensator, wenn er auch bei kleineren Kapazitätswerten des Hauptkondensators genügend feine Regulierung ermöglichen soll, so klein sein, daß er bei größeren Kapazitätswerten nicht wirkt. Hinzu kommt noch, daß die Eichung des Kreises stets nur bei einer Stellung des Feinkondensators gilt.

Von der Feineinstellung des Hauptkondensators muß gefordert werden, daß sie für kleine Kapazitätswerte fein genug ist; bei großen ist sie auch verwendbar, man muß nur mehr an ihr verstellen.

Einige Ausführungsformen von Feineinstellungen zeigen die Abb. 1 und 2. Bei 1a nimmt ein auf einer Achse drehbarer Gummiknopf die

Skalenscheibe mit, gegen die ihn eine Feder drückt; er wird von einem Zahnrädchen angetrieben, das auf der Achse des Feineinstellknopfes sitzt. — Bei 1b wird ein auf der Achse des Feineinstellknopfes sitzendes Zahnrädchen unmittelbar gegen den Drehknopf des Kondensators gedrückt. — Bei 1c wird die Drehung eines Zahnrädchens auf eine Messingscheibe übertragen, die ihrerseits mit dem Drehknopf durch Reibung gekuppelt ist. 1b hat gegenüber 1c den Nachteil, daß man zur leichten Bewegung des Kondensatorknopfes den Feineinstellknopf so weit entfernen muß, daß das Zahnrädchen nicht mehr eingreift. Dieses Ab- und Anklappen der Feineinstellung ist sehr unangenehm, da hierdurch im Fernhörer äußerst heftige Knallgeräusche entstehen. Im Zusammenhang hiermit sei darauf hingewiesen, daß bei Bedienungsgriffen größter Wert darauf gelegt werden muß, daß durch ihre Betätigung keine Erschütterung des Apparates erfolgt, da auch leichte Erschütterungen Schwingungen der Röhrensysteme hervorrufen, die sich als Klingeln beim Empfang sehr störend bemerkbar machen. — Abb. 2 zeigt noch zwei mechanisch sehr gut ausgeführte Arten von Feineinstellungen. Zur Erzielung möglichst feiner Verstellung wird die Drehung des Feineinstellknopfes bei 2a mit Kegelrad und Schneckengetriebe auf eine Blechscheibe übertragen, die das drehbare System durch Reibung mitnimmt. 2b ist nach dem gleichen Prinzip gebaut, nur wird die Übersetzung ins Langsame durch zwei Zahnräderpaare erreicht.

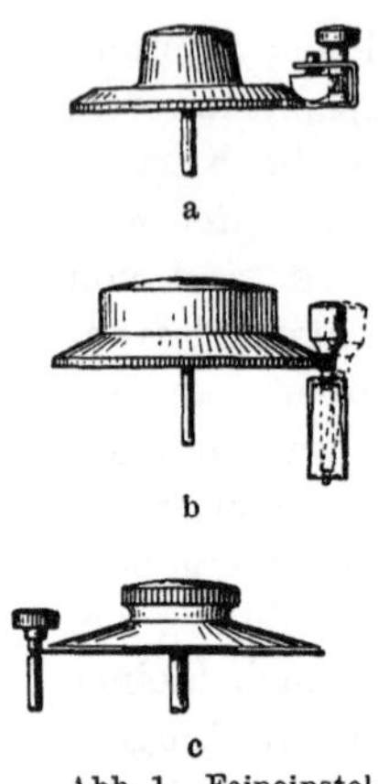

Abb. 1. Feineinstellungen von Drehkondensatoren.

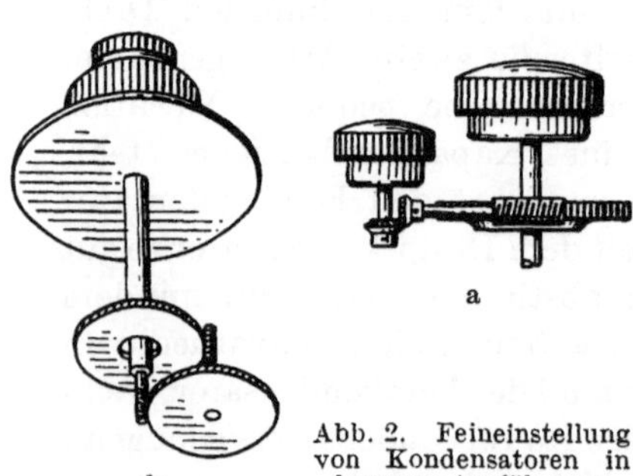

Abb. 2. Feineinstellung von Kondensatoren in besserer Ausführung.

B. Blockkondensatoren.

Blockkondensatoren werden in der Empfängertechnik für verschiedene Zwecke verwendet, zur Verkürzung der Antenne, zur stufenweisen Vergrößerung von Schwingungskreiskapazitäten, als Gitterkondensatoren, zur Überbrückung von Transformatoren und Batterien usw. Die erforderlichen Kapazitätswerte liegen im allgemeinen zwischen 100 und 2000 cm.

In den schon erwähnten Leitsätzen des VDE ist für Blockkondensatoren eine Durchschlagsfestigkeit von 440 Volt Gleichstrom und ein Isolationswiderstand von mindestens 10 $M\Omega$ gefordert. Da für diese Kondensatoren meist geringe Verluste und geringes Volumen gefordert werden, führt man sie zur Zeit fast ausschließlich mit Glimmer als Dielektrikum aus. Zum Schutz gegen den Einfluß der Luftfeuchtigkeit sind die besseren Ausführungsformen im Vakuum paraffiniert oder ganz vergossen. Eine Reihe von Ausführungsformen zeigt Abb. 3.

Abb. 3. Blockkondensatoren.

C. Spulen.

Da man für den Rundfunk jetzt mit einem Wellenbereich bis etwa 2000 m zu rechnen hat, müssen die verwendeten Spulen eine Induktivität bis etwa 2 mH, das sind $2 \cdot 10^6$ cm haben. Durch Einführung der Kathodenröhren in die Empfangstechnik ist die Bedeutung der Dämpfung bei den Spulen nicht mehr so groß wie früher, als man nur den Detektor kannte. Man braucht daher auf ihre Beseitigung beim Bau von Empfangsgeräten nicht mehr in dem Maße Rücksicht zu nehmen. Von großer Bedeutung ist aber die Vermeidung von Eigenkapazitäten in den einzelnen Spulen, da einmal durch sie bestimmte Frequenzen bevorzugt werden, wodurch leicht Störungen auftreten können, und da sie ferner die an den Klemmen der Spulen auftretende Spannung vermindert, was im Hinblick darauf, daß die Röhren Spannungsindikatoren sind, möglichst vermieden werden muß. Die in der Empfangstechnik verwendeten Spulen, die sich aus den beiden Grundformen, nämlich der einlagigen Flachspule und der einlagigen Zylinderspule, entwickelt haben, sind sämtlich in dem Bestreben ersonnen, möglichst hohe Kapazitätsfreiheit zu erzielen. Um dieses zu erreichen, muß man zur Isolation ein Dielektrikum hohen Widerstandes und niedriger Dielektrizitätskonstante, also am besten Luft, verwenden, und ferner muß man Punkte der Wicklung mit hohen Spannungsunterschieden möglichst weit voneinander entfernen. Die Eigenkapazität von einlagigen Zylinder- und Flachspulen läßt sich dadurch vermindern, daß man die einzelnen Windungen nicht unmittelbar nebeneinanderlegt, sondern sie mit einem Abstande von einem und mehreren Millimetern wickelt. Neuerdings wird eine schon alte Spulenform wieder viel verwendet, nämlich einlagige Flachspulen, die wie der Boden eines Korbes geflochten sind. Da hierbei die einzelnen Windungen nicht parallel liegen, sondern sich kreuzen, werden die einander nahe gegenüberstehenden Flächen und damit die Kapazität klein. Letztere sinkt weiter, wenn man die Windungen nicht durch einen Körper unterstützt, sondern die Spule frei tragend verwendet, was bei Lackierung der Wicklung möglich ist.

Die genannten Wicklungsarten finden hauptsächlich bei kürzeren Wellen Verwendung, für längere würden die Spulen zu große Dimensionen bekommen. Zur Erzielung größerer Induktivitätswerte muß man mehrlagige Spulen benutzen. Würde man nun z. B. eine Zylinderspule in der gewöhnlichen Art mehrlagig wickeln, so stiege die Eigen-

Abb. 4. Spulenarten.

kapazität enorm an, da Punkte mit großer Spannungsdifferenz einander nahe kommen. Man hat daher für mehrlagige Zylinderspulen schon früh die sogenannte Stufenwicklung ersonnen, die noch jetzt zu den besten überhaupt bekannten Wicklungsarten zählt. Sie hat aber den Nachteil, daß sie sich bei kleinen Drahtstärken nur schwer und maschinell wohl überhaupt nicht sauber herstellen läßt. Daher wurden, da ja für den Wellenbereich bis etwa 600 m, in dem sich der eigentliche Unterhaltungsrundfunk abspielt, die Verwendung von Litzendraht keinen Vorteil bietet und man daher auf Volldraht und, wegen der mit Röhren leicht erzielbaren Dämpfungsreduktion, auf sehr kleine Querschnitte gehen kann, andere Wicklungsarten erdacht, die auch bei mehrlagiger Spule eine Herabsetzung der Eigenkapazität bringen und maschinell hergestellt werden können, nämlich die Honigwaben und die sogenannten Ledionspulen.

Abb. 4 zeigt Ansichten der verschiedenen Spulenarten, und zwar ist *a* eine Zylinderspule mit gewöhnlicher Wicklung, *b* eine gleiche Spule in Stufenwicklung, *c* ist eine Korbbodenspule, *d* eine Honigwabenspule und *e* eine Ledionspule. In Abb. 5 ist ein Wickelschema einer Zylinderspule in gewöhnlicher und in Stufenwicklung dargestellt. Abb. 6

zeigt das Wickelschema der Honigwaben (*a*) und der Ledionspule (*b*). Beide Spulenarten werden auf einem zylindrischen Kern von etwa 20 bis 30 mm Länge gewickelt, der in der Nähe seiner Ränder je eine ungerade Anzahl von Stiften trägt, wie aus den Darstellungen in der Mitte der Abbildung hervorgeht. Zahlentafel 1 zeigt Eigenkapazität und Eigenwelle der verschiedenen Spulenarten. Die untersuchten Spulen hatten gleiche Induktivität und etwa gleichen mittleren Wicklungsdurchmesser.

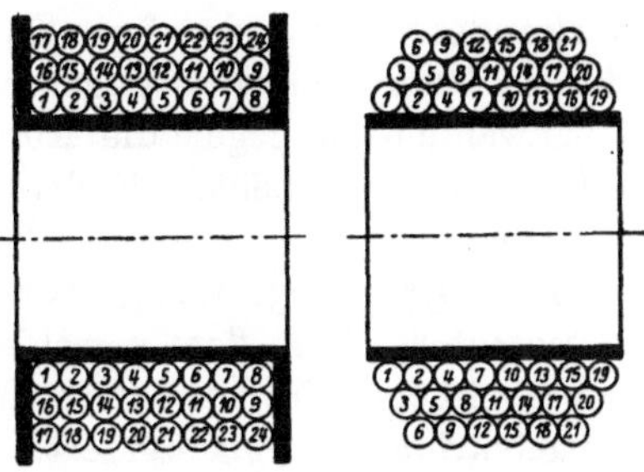

Abb. 5. Wickelschema von Zylinderspulen.

Zahlentafel 1. Eigenkapazität und Eigenwelle verschiedener Spulen.

Spulenart	L cm	C_0	λ_0
Zylinder, einlagig	300 700	36	200
„ zweilagig, stufenweise	300 700	39	215
Korbbodenspule	300 700	39	215
Ledionspule	300 700	39	215
Honigwabenspule	300 700	89	325

Bisher wurde angenommen, daß der Induktivitätswert nicht verändert werden soll. Werden aus irgendwelchen Gründen verschiedene Induktivitätsbeträge gebraucht, so werden häufig zur Vereinfachung der Bedienung und zur Kostenersparnis an einer Spule mehrere Abzweigungen angebracht. Wenn die Anordnung so ist, daß an den Enden der Spule grundsätzlich irgendein anderes Schaltelement, z. B. ein Kondensator, ein Röhrenanschluß od. dgl., liegt, so ist gegen die Verwendung von Abzweigen nichts einzuwenden. Dagegen sollte vermieden werden, daß an dem einen oder dem anderen Ende

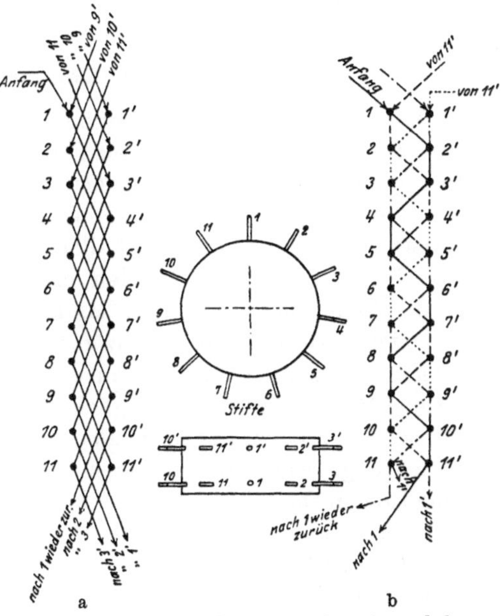

Abb. 6. Wickelschema der Honigwaben- (a) und der Ledionspule (b).

Stücke der Spule frei bleiben, da der nicht benutzte Teil einer Spule eine bestimmte Eigenfrequenz hat, die mit der eines nicht aufzunehmenden Senders zusammenfallen und Störungen hervorrufen kann. Das zuweilen verwendete Mittel, das freie Ende kurzzuschließen, ist wegen des hierdurch bedingten Leistungsverlustes nicht empfehlenswert. Nichts einzuwenden ist gegen die Abschaltung von Windungen, wenn sie so erfolgt, daß an beiden Enden stets genau gleiche Stücke unbenutzt bleiben.

Zur Erzielung stetig veränderlicher Induktivitätswerte dienen Variometer. Von den verschiedenen, in der sonstigen Funktechnik gebräuchlichen Formen hat sich im Rundfunkempfängerbau besonders das Kugelvariometer eingebürgert. In den meisten Fällen haben die beiden Kugeln keine vollen Körper, sondern die einzelnen halbkugelförmigen Teile des Variometers werden bei der Herstellung so lackiert, daß die Windungen vom Wickelkörper abgenommen werden können und fest aneinanderhalten. Je zwei der Halbkugeln werden an einem festen bzw. an einem um eine Achse drehbaren Ringe befestigt und sind ziemlich widerstandsfähig. Neuerdings sieht man auch Kugelvariometer, bei denen die Einzelwindungen nicht fest aneinanderliegen, sondern in der Art von Korbbodenspulen gewickelt sind. Es ist nicht recht einzusehen, was dieses für einen Vorteil bringen soll, da der Hauptbetrag der Eigenkapazität zwischen den beiden Kugeln liegt und die erzielbare Variation wegen des größeren mittleren Abstandes der Wicklungen verhältnismäßig klein ist.

D. Kopplungen.

Zur Übertragung von Energie von einem in den anderen Kreis ist in der Funktechnik die induktive Kopplung am meisten verbreitet. In manchen Fällen wird gefordert, daß bei einer bestimmten Verstellung des Bedienungsgriffes der Kopplung sich der Betrag derselben stark ändert, während in anderen Fällen, z. B. bei der Rückkopplung, gerade das Gegenteil verlangt werden muß. Die Änderung des Kopplungsgrades hängt in sehr hohem Maße von der Art, wie die Spulen voneinander entfernt werden, sowie von ihrer Größe und ihrer Form ab. Wegen der großen Zahl der in der Praxis vorkommenden Kopplungsformen ist es hier nicht möglich, auf Einzelheiten einzugehen.

Bei allen beweglichen Spulen sind die Zuleitungen von besonderer Bedeutung. Sie geben vielfach Anlaß zu Störungen. Je weniger die Zuleitungen bei einer Verstellung der Spule bewegt werden, um so seltener treten Störungen auf. Aus diesem Grunde haben sich im allgemeinen Zuleitungen durch hohle Achsen gut bewährt. Wo eine derartige Ausführung nicht möglich ist, empfiehlt es sich, die Zuleitungen so anzuordnen, daß sie sich nicht aneinander scheuern können, da die

Erfahrung lehrt, daß hierdurch sehr leicht störende Geräusche auftreten können.

Bei den für veränderliche Kopplungen vorgesehenen Schwenksockeln wird oft zuwenig Gewicht darauf gelegt, daß die Spulen in jeder Lage feststehen müssen, aber auch mechanisch leicht bewegt werden können, da besonders bei der Dämpfungsreduktion auch kleinste Verstellungen ohne jeden Ruck möglich sein müssen.

Bei auswechselbaren Spulen dienen meistens die als Stecker ausgebildeten Anschlüsse gleichzeitig als Träger der Spulen. Hiergegen ist nichts einzuwenden, wenn die Stecker so fest in den Buchsen sitzen, daß auch bei schneller Bewegung der Spule keine Unterbrechung des Stromes eintritt, da besonders Unterbrechungen an Rückkopplungsspulen heftige Knackgeräusche ergeben.

E. Widerstände.

Widerstände werden in Rundfunkempfängern zur Regelung des Heizstromes, zur Gitterableitung und außerdem zur Erzeugung eines Spannungsabfalles bei Widerstandsverstärkung verwendet. Unter den auf dem Markt befindlichen Konstruktionen von Heizstromregulierwiderständen befinden sich leider nur sehr wenig gute. An einen derartigen Widerstand muß man die Anforderungen stellen, daß er eine möglichst feinstufige Regulierung des Stromes ermöglicht; die Schleiffeder muß aus sehr gutem Federmaterial hergestellt sein, damit sie nicht mit der Zeit erlahmt; da der Widerstandsdraht durch die Erwärmung oxydiert, muß die Feder fest schleifen; ferner muß der Widerstand so eingerichtet sein, daß der gleitende Kontakt gleichzeitig mehrere Windungen berührt und daß nicht etwa, wie es bei billigen Konstruktionen vorkommt, beim Übergang von der einen zur nächsten Windung eine Stromunterbrechung eintritt. Ebenfalls findet man bei manchen Konstruktionen, daß sich der Draht bei der Erwärmung stark längt, so daß die einzelnen Windungen, durch den Gleitkontakt zusammengeschoben werden. Beim Weiterbewegen des Kontaktes überspringt dieser dann mehrere Windungen und es tritt gleich eine bedeutende Änderung in der Stärke des Heizstromes ein. Die angeführten Mängel rufen beim Empfang Knattern hervor, das bei den großen Anodenstromstärken der Oxyd- und Thoriumröhren eine Stärke annehmen kann, die, wenn man mit Kopfhörer empfängt, Beschädigungen des Ohres hervorzurufen vermag. Daß man Widerstandsdraht, der sich ja ziemlich stark erwärmt, nicht gerade auf Zelluloid wickeln soll, wie es schon geschehen ist, sollte eigentlich selbstverständlich sein.

Als Gitterableitungswiderstände werden meistens Stäbchen aus Silit verwendet. Sie zeigen jedoch, wie aus den Untersuchungen von Alberti und Günther-Schulze hervorgeht, die unangenehme Eigenschaft, daß ihr Widerstandswert sehr stark von der angelegten Spannung abhängt. Die genannten Herren geben in ihrer Untersuchung an, daß bei Erhöhung der angelegten Gleichstromspannung von 10 auf 400 Volt der Widerstandswert von 564000 auf 14300 Ohm sinkt. Der Sollwert betrug 80 000 Ohm. Ferner ändert sich der Widerstandswert durch den Einfluß der Luftfeuchtigkeit stark, weswegen die Widerstände paraffiniert werden müssen. Neuerdings werden von verschiedenen Firmen Widerstände auf den Markt gebracht, die diese Erscheinungen in weit geringerem Maße zeigen und, da sie in Glas eingeschmolzen sind, der Einwirkung der Luftfeuchtigkeit nicht unterliegen. Am besten dürften Metallwiderstände sein, bei denen das Metall durch Kathodenzerstäubung auf Glas niedergeschlagen ist. Kürzlich ist auch ein Widerstand auf den Markt gekommen, bei dem das Widerstandsmaterial gallertartig ist und dessen Widerstandswert durch Verstellung der Elektroden im Verhältnis 1 : 20 geändert werden kann. Es scheint sich ähnlich wie Silit zu verhalten. Abschließende Erfahrungen liegen mit diesem Widerstand meines Wissens noch nicht vor. Seiner Verwendung am Gitter von Röhren dürfte seine ziemlich große Kapazität gegen Erde, die durch seine großen Abmessungen bedingt ist, hinderlich sein. Die Vermeidung schädlicher Kapazitäten ist besonders bei allen an das Gitter von Röhren anzuschaltenden Teilen von größter Bedeutung.

Die Anforderungen, die an die im Anodenkreis von Widerstandsverstärkern liegenden Widerstände gestellt werden müssen, sind etwa die gleichen wie bei den Gitterableitungswiderständen. In der Hauptsache ist für sie möglichste Unveränderlichkeit des Widerstandswertes bei wechselnden Spannungen von Bedeutung.

F. Röhrenfassungen.

Da über die Röhren bereits in einem früheren Vortrage gesprochen ist, brauche ich hier nur auf die Fassungen einzugehen.

Wie schon bei den Gitterableitungswiderständen betont wurde, muß auf möglichst geringe schädliche Kapazität der an Gitter und Anode der Röhre anzuschließenden Teile gesehen werden. Dieses gilt natürlich in erster Linie für die Röhrensockel und die Fassungen. Ferner muß bei ihnen ein sehr hoher Isolationswiderstand, mindestens 50 $M\Omega$ gefordert werden, da sonst die Gitterableitung nicht durch den Gitterableitungswiderstand bestimmt wird. Daß dieses bei vielen billigen Fabrikaten der Fall ist, erkennt man daran, daß man die Gitterableitungswiderstände entfernen kann, ohne die geringste Änderung in der Wirkungsweise des Empfängers zu bemerken.

Von besonderer Bedeutung für störungsfreien Empfang ist die Güte des Kontaktes der an den Röhrensockeln angebrachten Steckerstifte in den Buchsen der Röhrenfassung. Zur Erzielung der für einen guten

Kontakt an jedem der Steckerstifte nötigen Federung hat man zwei Wege beschritten, entweder führt man die Steckerstifte selbst federnd aus, indem man sie im einfachsten Falle schlitzt, oder man führt die Steckerstifte massiv aus und verlegt die Federung in die Buchsen des Röhrensockels.

Die Ausführung der Steckerstifte in der Art der Bananenstecker kommt, nachdem aus wirtschaftlichen Gesichtspunkten der sogenannte internationale oder Europasockel mit nur 3 mm starken Steckerstiften in Deutschland genormt ist, nicht mehr in Frage. Soll aber dennoch die Federung in die Steckerstifte verlegt werden, so bleibt kaum etwas anderes übrig, als sie durch Schlitzen derselben zu erreichen, wie es schon jetzt bei vielen Röhren gemacht wird. Diese Art der Federung ist zwar

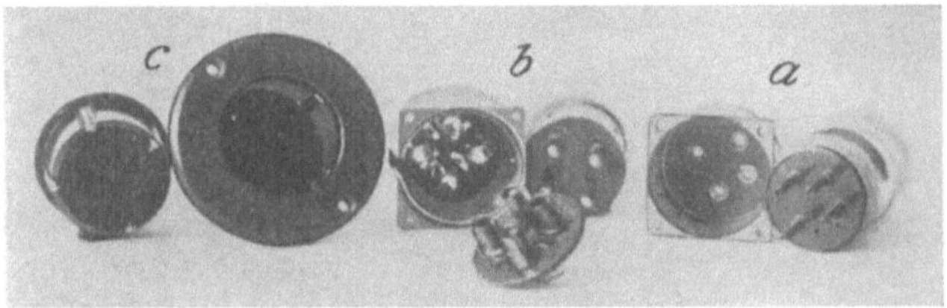

Abb. 7. Röhrenfassungen und Sockel.

einfach und billig, gibt aber auch sehr viel Anlaß zu Störungen, und es wäre erwünscht, wenn die vielleicht teuere aber bessere Art, nämlich ungefederte Steckerstifte und federnde Fassungsbuchsen, allgemein angewendet würde.

Abb. 7 zeigt verschiedene Röhrensockel, und zwar a) den sogenannten Europasockel mit federnden Steckerstiften, b) den sogenannten deutschen Sockel mit federnden Fassungsbuchsen, c) einen kürzlich auf den Markt gekommenen Röhrensockel, bei dem die schädlichen Kapazitäten im Sockel und in der Fassung der Röhren dadurch vermindert werden, daß die Anschlüsse an den Rand des Sockels verlegt sind und dadurch erheblich größeren Abstand voneinander bekommen.

G. Knöpfe und Skalen.

An die Bedienungsknöpfe der Kondensatoren, Heizwiderstände, Kopplungen usw. muß man die Forderung stellen, daß sie sich auch bei längerem Gebrauch nicht von ihren Achsen lösen, und ferner, daß sie eine möglichst bequeme Bedienung der einzelnen Teile gestatten. Hierfür ist ihre Größe und Form maßgebend. Knöpfe, an denen viel reguliert wird, wie z. B. die der Kondensatoren, sollen einen Durchmesser von mindestens 40 mm haben, an seltener bedienten Teilen, wie z. B. den Heizwiderständen, können sie auch kleiner sein. Einige

Beispiele sehen Sie auf dem nächsten Bilde (Abb. 8). Von den Knöpfen mit kleinerem Durchmesser sind die hinterdrehten bequemer für die Bedienung.

Die Befestigung der Knöpfe auf der Achse erfolgt meistens durch eine seitlich eingebohrte Druckschraube. Selbstverständlich ist es völlig ungenügend, wenn diese Schraube nur in dem Preßmaterial gehalten ist. Vielfach ist an der einen Seite des Preßteils ein Metallstück eingepreßt, in dem das Gewinde für die Schraube sitzt. Besser ist es, wenn der Knopf eine Metallbuchse hat, in der eine oder zwei Druckschrauben angebracht sind. Da die Knöpfe meist mit vorgebohrten Löchern geliefert werden, ist es häufig sehr schwer, sie auf etwas dünneren Achsen zu befestigen, ohne daß sie schlagen. Diese

Abb. 8. Drehknöpfe.

Mängel umgeht eine auch sonst sehr gute Befestigungsart, bei der in der Mitte des Knopfes eine geschlitzte Buchse sitzt, die außen konisch ist, durch eine Schraube in den Knopf hineingezogen werden kann und dadurch den Knopf sehr fest zentrisch auf der Achse festpreßt. Vielfach haben die Knöpfe unten eine Verbreiterung, auf der gleich die Skala eingepreßt ist. Man spart auf diese Weise eine eigene Skala, muß aber den Nachteil in Kauf nehmen, daß die Skala links herum zählt; es passiert also leicht, daß man 55° einstellt, wenn man 65° einstellen will. Meistens haben die eingepreßten Skalen auch noch den Nachteil, daß die Strichstärken groß sind. Hierdurch wird eine genaue Einstellung erschwert.

H. Isolierstoffe.

Bei ihnen muß man auf hohen Isolationswert, geringe Feuchtigkeitsbeeinflussung, niedrige Dielektrizitätskonstante und niedrigen Verlustwinkel sehen. Eine Zahlentafel über die letzten beiden Größen hat Herr Dr. Salinger gebracht. Über das Verhalten der künstlichen Isolierstoffe bei Hochfrequenz liegen noch wenig Untersuchungen vor. Von großer Bedeutung ist, daß die Oberfläche der Isolationsstoffe den Einflüssen der Luft widersteht, da sonst Eichungen usw. sich beständig ändern. Bei den Preßmaterialien, wie Hartpapier, Pertinax usw., empfiehlt es sich, die Schnittflächen mit Schellack zu überziehen, da an diesen Stellen Eindringen von Feuchtigkeit und damit Nachlassen der Isolation beobachtet ist. Bei Verwendung von Holz empfiehlt es sich, stromführende Teile stets durch eingesetzte Buchsen aus Hartgummi zu isolieren.

J. Besprechung der einzelnen Schaltungstypen.

Nachdem die wichtigsten Einzelteile für den Bau von Empfängern besprochen sind, wäre der Bau der Apparate selbst zu behandeln. Ehe man aber hieran gehen kann, muß man sich über die zu verwendende Schaltung klar sein. Die Zahl der möglichen Schaltungen ist sehr groß. Ein näheres Eingehen auf sie ist hier unmöglich und auch nicht mehr erforderlich, da sie in den vorhergehenden Vorträgen bereits besprochen worden sind. Ich möchte nur einige Worte zur Charakterisierung der wichtigsten Schaltungstypen sagen.

Bei der großen Zahl von Rundfunksendern, die in Mitteleuropa arbeiten, wird man bei Verwendung von Röhren mit Primärempfängern in den seltensten Fällen auskommen; 2 Abstimmkreise dürften das wenigste sein, was man zur Erzielung eines einigermaßen störungsfreien Empfanges nötig hat. Soll der Empfänger auch für den Empfang fernerer Sender verwendet werden, so schaltet man vielfach vor das Audion ein Hochfrequenzverstärkerrohr, das aber nur dann einen wesentlichen Zuwachs an Lautstärke bringt, wenn es neutralisiert ist. [Neutrodynschaltung]. Da allerseits Lautsprecherempfang gefordert wird, muß man, um die hierzu nötigen Lautstärken zu erzielen, meistens mit einer zweifachen Niederfrequenzverstärkung rechnen. Daraus ergibt sich dann der wohl am meisten verbreitete Vierrohrempfänger, wenn einigermaßen große Endlautstärken auch bei der Aufnahme fernerer Sender gefordert werden. Ob man hier ein Rohr durch Reflexschaltungen sparen soll, erscheint mir fraglich. Einmal erzielt man mit 3 Röhren, von denen die eine doppelt benutzt ist, fast nie die Lautstärken, die man mit 4 Röhren bekommt, und ferner besteht stets die Gefahr, daß durch die Zurückführung der Energie Rückkopplungen niederfrequenter Art und damit Verzerrungen in der Wiedergabe auftreten.

Seit einiger Zeit arbeiten viele Geräte mit sogenannter „aperiodischer Antenne“. Dieser Ausdruck ist falsch. Die Antenne ist nicht aperiodisch, sondern nur nicht auf die aufzunehmende Frequenz abgestimmt. Der Grund, weswegen man in dieser Form arbeitet, liegt lediglich darin, daß man einen Kondensator und einige Spulen sparen kann; für den Empfang bietet sich kein Vorteil. Wenn häufig der Wegfall eines Bedienungsgriffes für die nicht abgestimmte Antenne angeführt wird, so scheint mir dieser Vorteil nur sehr gering zu sein im Vergleich zu dem Nachteil, daß man die im Felde zur Verfügung stehende Energie so schlecht ausnutzt. Der Zustand der stark verstimmten Antenne läßt sich übrigens jederzeit leicht wiederherstellen, wenn man den Antennenkondensator groß macht und die Kopplung zum nächsten Kreis fest. Dann braucht man den Antennenkreis zunächst nicht zu bedienen, kann aber jederzeit die Antenne lose koppeln und sie scharf abstimmen. Hierdurch erhält man meist noch eine Zunahme an Lautstärke, sicher aber an Selektivität. Besonders macht sich übrigens die Zunahme an Lautstärke gegenüber der nicht abgestimmten Antenne beim Empfang der Telephoniesender auf längere Welle (Königswusterhausen, Daventry, Paris) bemerkbar. Hier ergab sich bei einem sonst guten Apparat durch Abstimmung der Antenne eine Lautstärkezunahme von etwa 1 : 10, ein Betrag, der sich schon deutlich bemerkbar macht.

Ein weiterer Grund, der das Arbeiten mit nicht abgestimmter Antenne unvorteilhaft erscheinen läßt, ist der, daß die Kombinationswellen stark hervortreten, die beim gleichzeitigen Senden mehrerer Sender in den Empfängern hervorgerufen werden, die sich nahe an beiden Sendern befinden. Ist die Antenne nicht abgestimmt, so erzeugen beide Sender starke Ströme ihrer Frequenz, die stärkere Kombinationsfrequenzen ergeben, als wenn die Antenne auf eine Frequenz abgestimmt ist und die andere kaum aufnimmt.

Bei Empfängern mit 3 und 4 Röhren findet man nicht selten, daß das erste Rohr galvanisch mit dem Antennenkreis gekoppelt ist. Der Sekundärkreis liegt dann hinter der ersten Röhre. An sich ist gegen diese Schaltung nichts einzuwenden. Es hat sich jedoch in der Praxis gezeigt, daß bei ihr Störungen durch vagabundierende Ströme, z. B. von Wechselstromnetzen, erheblich stärker sind als in Geräten, bei denen die Antenne induktiv mit den an der Röhre liegenden Abstimmteilen gekoppelt ist.

Die von Hazeltine angegebene Neutrodynschaltung hat den Zweck, die schädlichen Wirkungen, die durch unvermeidliche Kapazität zwischen Gitter und Anode sowie zwischen den Zuleitungen entstehen, durch eine kapazitive Gegenkopplung aufzuheben. Sie ist eine große Erleichterung, wenn man mit mehreren Hochfrequenzverstärkerröhren und dazwischen liegenden Abstimmkreisen arbeiten will, da sonst bei derartigen Anordnungen kaum zu vermeiden ist, daß der Apparat selbst zu schwingen beginnt. Zur leichteren Auffindung fernerer Sender empfiehlt es sich, bei den Neutrodynschaltungen eine bedienbare Rückkopplung vorzusehen.

Empfänger mit Zwischenfrequenz, denen ja der Gedanke zugrunde liegt, die aufzunehmenden Frequenzen durch Überlagerung so weit zu erniedrigen, daß der bekannte Hochfrequenzverstärker mit Drosselkopplung gut verwendbar wird, erfordern 6 und mehr Röhren, leisten dann aber auch Vorzügliches. Eine gewisse Schwierigkeit liegt bei ihnen darin, daß man zur Erzielung großer Lautstärken an den Eingang der Hochfrequenzverstärkerkaskade einen Abstimmkreis legen muß, der auf die durch die Überlagerung erzeugte Schwebungsfrequenz abgestimmt sein muß. Um die Bedienung zu vereinfachen, empfiehlt es sich, den Eingangskreis der Hochfrequenzverstärkerkaskade nicht variabel und nicht allzu schwach gedämpft zu machen und den auf den Sender abgestimmten Kreis sowie den die Hilfsfrequenz erzeugenden gleich zu dimensionieren und beide so miteinander zu koppeln, daß die Frequenzdifferenz stets einen konstanten Wert behält, nämlich den, auf den der Eingangskreis der Kaskade abgestimmt ist. Auf diese Weise ist das Auffinden ferner Sender sehr erleichtert.

K. Zusammenbau der Apparate.

Hat man sich für die im vorliegenden Falle günstigste Schaltung entschieden, so folgt als nächstes die Festlegung der Größe der einzelnen Schaltelemente, nämlich der Spulen, Kondensatoren, der Widerstände usw. Soll der Empfänger den Wellenbereich von 150 bis 2000 m haben, so muß man verschiedene Selbstinduktionsstufen verwenden. Im einfachsten Falle wird man dem Empfänger eine Reihe auswechselbarer Spulen passender Größe mitgeben. Für den Bedienenden wird die Auswechslung vereinfacht, wenn die Spulen durch mechanischen Zusammenbau zu Sätzen verbunden sind. Bedingung hierbei ist aber, daß die Überlappung der Sätze groß ist, damit das Verhältnis von $C : L$ nicht zu groß und damit die Lautstärke klein wird.

Außer den besprochenen Einzelteilen empfiehlt es sich, noch einen Gesamtausschalter für den Heizstrom sowie ein Voltmeter, das wahlweise an die Fäden der Röhren und an die Anodenspannung gelegt werden kann, vorzusehen. Die Verwendung von Schaltern besonders in Hochfrequenzkreisen ist nach Möglichkeit zu vermeiden, da sie, wenn sie nicht sehr gut in der Federung und sicher im Kontakt ausgeführt sind, zu sehr viel Störungen Anlaß geben. Von Hand bediente Umsteckvorrichtungen sind vorzuziehen. Hier mögen noch einige Bemerkungen über die Ausführung der Verbindungen gemacht werden. Man muß bei ihnen, entgegen der sonst in der Apparattechnik gebräuchlichen Art, die Bildung von Winkeln usw. möglichst vermeiden und stets den kürzest möglichen Weg wählen. Ebenso dürfen die hochfrequenzführenden Leitungen nicht gebündelt werden. Die Anschlüsse sind entweder fest zu verschrauben, oder was besser ist, zu verlöten. Hierbei muß peinlichst auf die Vermeidung von säure- oder chlorhaltigen Lötmitteln gesehen werden. Es empfiehlt sich, möglichst alles mit Kolophonium zu löten.

Als sehr wichtiges Moment folgt jetzt die räumliche Anordnung der einzelnen Teile zueinander. Von ihr ist das einwandfreie Arbeiten des Apparates in hohem Maße abhängig, da sie von großem Einfluß auf die Selektivität des Apparates sowie auf seine Lautstärke und die Güte der Wiedergabe ist. Bei der Anordnung der hochfrequenzführenden Teile muß besonderer Wert darauf gelegt werden, daß schädliche Kopplungen möglichst verringert werden. Ein Beispiel für schädliche Kopplungen ist es, wenn man bei einem Tertiärempfänger den Sekundärkreis öffnen kann, ohne daß eine merkliche Änderung an Lautstärke eintritt. Hier besteht also durch ungeschickte Anordnung oder Leitungsführung eine derartig feste Kopplung zwischen dem ersten und dritten Kreise, daß die Energie den Sekundärkreis zur Übertragung nicht nötig hat. Zur Vermeidung von schädlichen Kopplungen muß man zunächst die einzelnen Hochfrequenzkreise so klein wie möglich bemessen, d. h. man muß die einzelnen Teile eines Kreises möglichst nahe aneinanderlegen. Verschiedene Kreise, die z. B. durch Röhren miteinander gekoppelt werden müssen, sind so zueinander anzuordnen, daß nicht z. B. die Spule des einen Kreises im Streufelde der des anderen liegt. Auch Kondensatoren verschiedener Kreise dürfen nicht nahe aneinandergelegt werden, da sonst ebenfalls Kopplungen durch elektrische Felder stattfinden. Diese letzteren kann man vermindern, wenn man die einzelnen Kondensatoren mit gut geerdeten Mänteln umgibt. Hat man durch nahes Aneinanderlegen der einzelnen Teile eines Kreises kurze Leitungen erreicht, so ist es selbstverständlich, daß man die zu den Röhren führenden Leitungen ebenfalls möglichst kurz halten muß. Hieraus ergibt sich die Forderung, daß die Röhren nicht rein nach äußerlichen Symmetriegründen angeordnet werden dürfen, sondern an die Stellen zu setzen sind, wohin sie nach ihrer Wirkungsweise gehören. Das einfachste und sicherste Mittel, schädliche Kopplungen zwischen verschiedenen Kreisen zu vermeiden, besteht darin, daß man sie weit genug auseinanderrückt. Man kommt dadurch bei vier- und Mehrröhrenempfängern zwangsläufig auf die bekannte langgestreckte Kastenform, die aufklappbar ist und die Röhren im Innern enthält. Bei geringeren Röhrenzahlen lassen sich auch andere Kastenformen ohne Nachteil verwenden. Maßgebend muß jedoch stets das Bestreben sein, möglichst geringe schädliche Kopplungen und damit klare elektrische Verhältnisse zu bekommen. Größe und Form des Kastens dürfen nicht ausschlaggebend sein. Die Formen, die die Apparatkästen haben, sind sehr verschieden. Sie lassen sich aber auf 4 Grundformen zurückführen, die sich durch die Stellung der die Bedienungsgriffe tragenden Platte unterscheiden. Letztere ist wagerecht, senkrecht oder in einem kleinen Winkel zur senkrechten oder zur wagerechten Lage angeordnet. Die letzteren beiden Anordnungsarten ergeben die sogenannte steile oder flache Pultform. Der Zweck der flachen Pultform ist nicht recht ersichtlich, sie wird daher auch selten verwendet. Die steile Pultform ergibt gegenüber der senkrechten Anordnung der Vorderplatte ein gefälligeres Aussehen und eine leichtere Ablesbarkeit der Skalen. Für eine senkrechte bzw. etwas schräge oder aber wagerechte Platte der Bedienungsgriffe ist maßgebend, ob man annimmt, daß der Bedienende vor dem Apparat sitzt oder steht. Bei wagerechter Bedienungsplatte ist ein Ablesen der Skalen usw. nur möglich, wenn man vor dem Apparat steht, während dies bei senkrechter oder etwas schräg gestellter Platte besser möglich ist, wenn man vor dem Apparat sitzt. Da letzterer Fall häufiger sein dürfte, ist diese Anordnung vorzuziehen. Bei ihr muß man darauf sehen, daß die hauptsächlich zu bedienenden Knöpfe, also die der Kondensatoren mit ihren Feineinstellungen, der der Rückkopplung sowie die etwaiger empfindlicher Kopplungen, so niedrig liegen, daß man sie bequem bei auf dem Tische ruhenden Unterarm bedienen kann. Die seltener zu bedienenden Apparatteile, wie z. B. Heizwiderstände, können unbedenklich nach oben gelegt werden.

Beim Bedienen von Empfängern macht sich die sogenannte Hand- oder Berührungsempfindlichkeit besonders unangenehm bemerkbar. Hierunter versteht man die Erscheinung, daß sich bei manchen Empfängern die Abstimmung ändert, wenn man Bedienungsgriffe berührt bzw. sich dem Empfänger nähert. Besonders störend ist die Handempfindlichkeit bei Fernempfang leiser Sender, da man dann die Rückkopplung meist stark ausnutzt. Hier passiert es nicht selten, daß die Rückkopplung beim Entfernen der Hand einsetzt oder daß ein Sender, der leidliche Lautstärke hatte, mit der Entfernung der Hand verschwindet. Verursacht wird diese Erscheinung durch eine Änderung der Kapazität einzelner Teile gegen Erde — als solche ist auch der Körper anzusehen —, wodurch eine Verstimnung des Kreises eintritt. Besonders leicht tritt Handempfindlichkeit an Kondensatoren auf, da bei vielen Ausführungsformen die Achse leitend mit dem drehbaren Paket verbunden ist und bis in den Knopf hineinragt. Ist dieser dann klein, so ist die Kapazität gegen die Hand ziemlich groß. Vermindern kann man die Handempfindlichkeit einmal durch große Knöpfe, wobei man natürlich besonders darauf achten muß, daß nicht etwa die Halteschraube des Kopfes bis an die Berührungsfläche herausragt. Die Annäherung der Hand an die Achse und die mit ihr verbundenen Teile wird unschädlich gemacht, wenn man den Kondensator so schaltet, daß der drehbare Teil an einem geerdeten Punkt der Schaltung, also z. B. an die Batterie, angeschlossen wird, was meist möglich ist. Die Änderung der Erdkapazität des festen Teiles des Kondensators bei Annäherung der Hand, die meist nicht so groß ist, wird hierdurch nicht behoben. Sie fällt weg, wenn man den Kondensator nicht unmittelbar an der Vorderplatte befestigt, sondern ihn weiter nach hinten setzt. Die Achsen der käuflichen Kondensatoren müssen dann verlängert werden, was zweckmäßig so geschieht, daß man zwischen die Kondensatorachse und das neue Stück, das den Knopf tragen soll, ein Stück Isoliermaterial setzt. Hierdurch wird die Berührungsempfindlichkeit der Achse des Knopfes ebenfalls beseitigt. Ist man aus irgendwelchen Gründen gezwungen, den Kondensator an der Vorderplatte zu befestigen, so läßt sich die Handempfindlichkeit beseitigen, indem man, wie schon gesagt, die Anschlüsse günstig wählt und die Vorderplatte entweder ganz aus Metall macht oder sie mit einer dünnen Metallschicht belegt. Dieses kann durch Belegen mit Blech, durch Bekleben mit Stanniol oder durch Aufspritzen einer Metallschicht auf das Holz erfolgen. Für gute Verbindung der Metallschicht mit der Erde ist zu sorgen.

Wir wären damit zur Frage der Panzerung des Empfängers überhaupt gekommen. Mit ihr wird ein doppelter Zweck verfolgt. Einmal will man die schädlichen Kopplungen aufeinander verringern, sodann will man verhindern, daß das starke Feld eines in der Nähe liegenden Senders von dem Sekundär- bzw. Tertiärkreis aufgenommen wird. Zur Beseitigung magnetischer Kopplungen muß man die betr. Kreise mit dünnem Eisenblech panzern, während zur Abschirmung elektrischer Felder Kupfer, Zink usw. genügt. Von verschiedenen Seiten ist vor einer nicht genau durchprobierten Panzerung gewarnt worden, und mit Recht, denn wenn manche Firmen ihre Empfänger bei genau gleicher Anordnung der einzelnen Teile mit und ohne Panzerung verglichen hätten, so würden sie zweifellos bemerkt haben, daß die Panzerung in der verwendeten Form nicht nur nichts nützt, sondern sogar schadet Man kann finden, daß zuweilen die Abstimmschärfe der Kreise durch die Panzerung ganz bedeutend sinkt, was daher kommt, daß Metallmassen in die Felder der Spulen kommen. Ferner kann man beobachten daß bei manchen Anordnungen anstatt der beabsichtigten Verminderung der schädlichen Kopplung der Kreise eine Vermehrung eingetreten ist. Dieses ist darin begründet, daß durch die räumliche Anordnung der Panzerung Schaltungsteile, die eine hohe Spannung gegen Erde haben, große Kapazität gegen die Panzerung bekommen und dadurch miteinander gekoppelt werden. Die angegebenen Mängel sind darauf zurückzuführen, daß die Panzerung zu nahe an die hochfrequenzführenden Teile herankommt. Genaue Vorschriften, wie die schädliche Wirkung einer Panzerung vermieden werden kann, lassen sich bei der Verschiedenartigkeit der einzelnen Fälle nicht geben. Bevor man also eine Panzerung endgültig ausführt, ist es nötig zu probieren, ob sie die gewünschten Wirkungen auch tatsächlich hat.

In der kurzen Zeit konnte ich Ihnen nur einen Ausschnitt aus den Erfahrungen geben, die wir im Telegraphentechnischen Reichsamt an einer großen Zahl von Empfängern gesammelt haben, ich hoffe aber, daß meine Ausführungen dazu beitragen werden, daß manche jetzt noch den Apparaten anhaftenden Fehler in Zukunft vermieden werden.

XIV. Rundfunkwellenverteilung. Zusammenfassung der wichtigsten Grundlagen für den Empfängerbau; Typenbeschränkung.

Von

H. Harbich (Berlin).

A. Wellenverteilung.

Um erkennen zu können, welcher Bau von Empfangsgeräten in der Zukunft am zweckmäßigsten sein wird, muß man sich vor allem darüber klar sein, wie in Europa in der nächsten Zeit der Rundfunksenderbetrieb organisiert wird. Der Rundfunk verwendet heute die Wellen von etwa 200 bis 600 m fast ausschließlich und ferner noch eine Anzahl von Wellen zwischen 1000 und 2000 m. Wir wissen, daß der Empfang dieser längeren Wellen auch auf verhältnismäßig große Entfernungen noch sehr gut ist, da einmal die langen Wellen bei ihrem Fortschreiten längs der Erdoberfläche nicht so sehr der Absorption unterworfen sind und gleichzeitig die Erscheinung des Schwundes (Fading) bei den langen Wellen nur in geringem Maße auftritt. Bei den kurzen Rundfunkwellen ist die Absorption längs der Erdoberfläche so stark, daß für die Übertragung auf größere Entfernungen nicht mehr, oder nur in geringem Maße, die längs der Erdoberfläche fortschreitenden sogenannten Oberflächenwellen in Frage kommen, sondern die Fortpflanzung auf den von der Sendeantenne in den Raum hinaustretenden Raumwellen beruht. Da diese Wellen in den Bereich der sogenannten Heaviside-Schicht gelangen und sie von dieser unregelmäßig wieder zur Erde reflektiert oder zurückgebeugt werden, ist dadurch ein unregelmäßiger und unzuverlässiger Empfang bedingt. Danach müßte man sich eigentlich fragen, warum man nicht den Rundfunk von vornherein hauptsächlich auf den langen Wellen aufgebaut hat. Nun liegt die Sache so, daß in diesem Bereich nur sehr wenige Sendestellen, welche gleichzeitig nebeneinander arbeiten sollen, untergebracht werden können. Es wäre demnach nur möglich geworden, jedem größeren Lande eine solche Welle zuzuteilen; so hätte z. B. ganz Deutschland durch die Sendestelle Königswusterhausen versorgt werden müssen. Wenn wir auch von Königswusterhausen aus Detektorreichweiten bis 200 km aufzuweisen haben (wobei natürlich eine gute Hochantenne und freie Lage der Empfangsstelle vorausgesetzt ist), so wäre aber, selbst wenn die Station auf die vielfache Stärke ausgebaut würde, ein Detektorempfang mit einfachen Mitteln (Zimmerantenne usw.) nur in ganz beschränktem Maße möglich. Gerade um den Rundfunkteilnehmern den Empfang mit den einfachsten Mitteln möglich zu machen und dadurch vor allem den Rundfunk zum Allgemeingut zu erheben, ist es notwendig geworden, so viele Stationen wie möglich zu errichten. Dies konnte man aber nur unter Zuhilfenahme der kleinen Wellen machen. Tatsächlich ist ja auch der Wunsch nicht nur bei uns in Deutschland, sondern in allen anderen Ländern außerordentlich groß, die Zahl der Sender noch wesentlich zu erhöhen. Leider ist dies aber kaum mehr möglich. Wenn man den Abstand zwischen 2 nebeneinanderliegenden Rundfunkwellen auf 10 000 Hertz festlegt, was schon außerordentlich wenig ist, so kann man in dem Bereich von 200 bis 600 m nur 99 gleichzeitig arbeitende Wellen unterbringen. Bei der bisher erfolgten Verteilung unter den europäischen Staaten, die von dem Weltfunkverein in Genf vorgenommen wird, waren diese Wellen fast alle an vorhandene Sender vergeben worden. Aber Staaten wie Rußland, Rumänien und Polen, die bisher dem Rundfunk noch sehr fernstanden, verlangen jetzt natürlich auch die Zuteilung von Wellen, die ihnen nicht verweigert werden kann. Die Ausbreitung des Rundfunks auf Wellen über 600 m ist unmöglich, da auf dem Gebiet von 600 bis 750 m die tönenden Schiffsstationen arbeiten, und es läßt sich gewiß nicht behaupten, daß der Rundfunk wichtiger ist als der Funkverkehr der Schiffe in See. Vor allem ist international auf der Welle 600 m der Notanruf für Schiffe in See festgelegt. Es ist deshalb auch ausgeschlossen, daß der Rundfunk die Wellen bis 600 m wird benutzen dürfen, da international ein gewisses freies Band zu beiden Seiten dieser wichtigen Welle verlangt werden wird, damit nicht Notanrufe durch andere Sender übertönt werden können.

Durch die Einführung der ungedämpften Wellen liegt allerdings die Sache so, daß mit der Zeit längere Wellen für den Schiffsfunkverkehr bevorzugt werden dürften; so arbeiten heute schon alle großen Schiffe mit ungedämpften Sendern in dem Bereich von 2000 bis 2500 m. Aber die kleinen Schiffe, die keinen ausgedehnten Telegrammverkehr besitzen, werden in absehbarer Zeit kaum den tönenden Sender verlassen, da ihr wenig geschultes Personal nicht in der Lage ist, den komplizierteren Röhrensender zu bedienen. Außerdem würden die Kosten für diese neuen Sender nicht aufgebracht werden können. Ja, selbst wenn in Deutschland Mittel hierfür vorhanden wären, so würde es doch zwecklos sein, die deutschen Schiffe mit langen Wellen auszurüsten, solange nicht international festgesetzt ist, daß dies alle

Schiffe tun müssen. Die Ausdehnung des Wellenbereichs über 600 m ist also wenigstens vorläufig aussichtslos.

Unter 200 m wäre der Bereich noch frei, und man könnte hier z. B. in dem Bereich von 150 bis 200 m noch eine verhältnismäßig große Zahl von Wellen unterbringen. Aber nach den Erfahrungen, die man mit diesen kleinen Wellen gemacht hat, ist auch dieser Weg kaum gangbar, denn innerhalb der Städte tritt bei diesen kleinen Wellen eine so große Zahl von Störungen durch Absorption usw. ein, daß der Empfang auch schon in der Nähe dieser Sender ganz unzuverlässig ist.

Man hat deshalb nach einem Ausweg in der Weise gesucht, daß man die einem Lande zugeteilten Wellen in zwei Arten teilt. Einmal in Wellen, die nur einmal in Europa verwendet werden, sogenannte Einzelwellen (ondes exclusives) und in solche Wellen, die in Europa mehrfach vergeben werden, die Gemeinschaftswellen (ondes communes). Die ersten Wellen sollen die Sender erhalten, die von größerer Bedeutung sind und die auch auf größere Entfernungen empfangen werden sollen. Die zweite Art von Wellen ist für kleinere Sender bestimmt, deren Bereich nur in kleinem Umkreis um ihren Aufstellungsort zu gehen braucht. Man hat danach die 99 Wellen, die zur Verfügung stehen, geteilt in 83 Einzel- und in 16 Gemeinschaftswellen. Rechnet man damit, daß diese 16 Wellen je 8 Sendern zugeteilt werden, so würde man also rund 200 Wellen unterbringen können. Die Gemeinschaftswellen sollen an Sender verteilt werden, die mindestens 800 km auseinanderliegen. Die Versuche, die mit derartiger gleichzeitiger Belegung von Wellen vorgenommen worden sind, zeigten in Berlin, daß ein Empfang bis 10 km Entfernung vom Sender völlig einwandfrei ist, selbst wenn die Trägerwellen nicht genau gleich sind. Bis 30 km Entfernung ist er noch brauchbar. Die Versuche in England, Frankreich und Belgien, die gleichzeitig stattfanden, zeigten sogar die Brauchbarkeit bis 50 km Entfernung von dem Sender. Die Brauchbarkeit wird erhöht, wenn die Trägerwellen genau gleichgehalten werden, was durch besondere Mittel, z. B. Quarzkristalle, erreicht werden soll. Es ist damit zu rechnen, daß diese Welleneinteilung angenommen werden wird. Die Folge davon ist, daß man noch mehr als bisher Empfänger brauchen wird, die nur auf den nahen Sender gerichtet sind. Die Aufnahme der 100 Gemeinschaftswellen auf größere Entfernungen ist unmöglich. Das muß man bei Entwicklung der verschiedenen Empfängertypen beachten.

Bei der Fabrikation von Empfängern und Einzelteilen ist ferner noch zu berücksichtigen, daß der weitaus größte Teil der Rundfunkteilnehmer auf Sportleistungen durch den Empfang ferner Stationen verzichtet; er will vielmehr erstklassige Darbietungen haben, die aber nur in einem Umkreis von 50 bis 70 km um den Ortssender zu erwarten sind, da in größerer Entfernung Fadingerscheinungen schon recht störend wirken. Alle Rundfunkteilnehmer, die weiter ab vom Sender liegen, werden sich am besten auf den Empfang einer Großfunkstelle mit langer Welle, z. B. Königswusterhausen, einstellen. In manchen Gegenden wird es vielleicht noch als ein Übelstand betrachtet, daß von Königswusterhausen bisher nur das Berliner Programm verbreitet wird. Grundsätzlich steht nichts im Wege, auch Programme von weiter gelegenen Sendestellen zu verbreiten, es müssen aber erst die erforderlichen Leitungsverbindungen nach diesen Orten geschaffen sein. Man darf jedoch nicht vergessen, daß zur Übertragung von guter Musik eine unverzerrte und störungsfreie Weiterleitung von elektrischen Strömen mit den Periodenzahlen von etwa 50 bis 10 000 Hertz erforderlich ist. Der Umbau solcher Leitungen, der natürlich sehr hohe Kosten verursacht, kann nur allmählich vor sich gehen, und zwar nur gemeinsam mit anderen Umbauten an den Kabeln oder bei neuen Kabelverlegungen. Die Deutsche Reichspost hat bereits mit dem Umbau solcher Leitungen in dieser Weise begonnen. Da die Sprache, sofern nicht besonders hohe Anforderungen an sie gestellt werden, auch noch bei der Übertragung von Periodenzahlen bis 2500 Hertz gut verständlich bleibt und der Reichspost heute in ihrem Kabelnetz im sogenannten Kernvierer solche Leitungen schon in größerem Umfange zur Verfügung stehen, ist es allerdings heute schon möglich, wichtige politische Ereignisse und hervorragende wissenschaftliche Vorträge aus entfernten Städten über den Sender Königswusterhausen zu übertragen.

Wir wollen uns nun den einzelnen Empfangsgeräten selbst zuwenden.

B. Detektorempfänger.

Wenn auch mit dem Detektorempfänger an und für sich wegen seiner Billigkeit große Geschäfte nicht zu machen sind, so darf man doch nicht vergessen, daß der größere Teil aller Rundfunkteilnehmer mit Detektorempfänger arbeitet. Es ist daher der Detektor selbst ein sehr wichtiges Handelsobjekt. Leider sind die meisten Detektoren heute noch wenig gut ausgeführt, und das Versagen des Detektors ist in vielen Fällen darauf zurückzuführen. Der Detektor muß leicht verstellbar sein, jedoch so, daß man seine Einstellung von außen ohne weiteres prüfen kann. Dann muß sie so fest sein, daß sie sich nicht durch Zufälligkeiten jeden Augenblick verändert. Wir wissen, daß der Detektor als Gleichrichter wirkt, da seine Charakteristik, d. h. die Abhängigkeit des durch den Detektor fließenden Stromes von der am Detektor wirkenden Spannung, eine von der Geraden abweichende Kurve ist. Je nach der Form dieser Kurve enthält der durch den Detektor fließende Strom Glieder, die der eintreffenden Spannung proportional sind, Glieder, die quadratisch sind, und noch Glieder höherer Ordnung. Die Verzerrung, die alle unsere Gleichrichtereinrichtungen besitzen, muß leider in den Kauf genommen werden. Sie ist weiter die Ursache dafür, daß die Übertragungen, die von fremden Stationen auf den Ortssender über einen Empfangsapparat erfolgen, schon deswegen schlechter sein müssen, weil hier diese Verzerrung zweimal auftritt, einmal in dem Empfänger, der die Darbietungen von dem auswärtigen Sender aufnimmt, und im Empfänger des Rundfunkteilnehmers. Da sich diese Verzerrungen multiplizieren, wird natürlich das Endergebnis immer ein verhältnismäßig schlechtes sein. Der Detektor hat den Vorteil, daß, abgesehen von dieser grundsätzlichen, bei jedem Gleichrichter vorhandenen Eigenschaft, weitere Verzerrungen nicht eintreten können. Er kann wohl unempfindlich werden, läßt sich aber dann durch Neueinstellen wieder auf die alte Güte bringen.

Sehr zu empfehlen wäre es auch, mit einem Hilfspotential zu arbeiten, da man dadurch den Detektor auf den empfindlichsten Teil seiner Charakteristik einstellen kann. Zweckmäßig ist dann das Hilfspotential so anzubringen, daß man es nicht nur verändern, sondern auch umpolen kann. Als Hilfspotential genügen zwei in Serie geschaltete Trockenelemente, so daß größere Kosten nicht entstehen.

Wie verhält sich nun der vom Detektor gelieferte gleichgerichtete Niederfrequenzstrom zur Form der Charakteristik und vor allem zur Stärke der ankommenden Zeichen? Der dem Telephon zugeführte gleichgerichtete Strom J_{gl} ist proportional dem Quadrate der dem Hochfrequenzkreis zugeführten Spannung E und der Krümmung der Detektorcharakteristik, wie die folgende Gleichung zeigt:

$$J_{gl} = \frac{E^2}{4} \cdot \frac{d^2 i}{d e^2}.$$

Einmal wächst also der gleichgerichtete Strom mit der Krümmung der Charakteristik, was ja selbstverständlich ist, und dann mit dem Quadrat der Stärke der ankommenden Zeichen. Umgekehrt nimmt er aber mit dem Quadrat der Zeichenstärke ab. Wenn also die ankommenden Zeichen auf den 10. Teil herabgehen, so sinkt der vom Detektor gelieferte Strom auf den 100. Teil. Dies hat zur Folge, daß man beim Detektor von einer Reizschwelle spricht, da mit kleiner werdenden ankommenden Antennenströmen, also auch kleiner werdenden Detektorspannungen, die gleichgerichteten Detektorströme so klein werden, daß sie sich auch durch Niederfrequenzverstärkung nicht mehr auf den erforderlichen Wert bringen lassen. Theoretisch wäre dies allerdings möglich, da wir ja theoretisch beliebig viele Röhren im Niederfrequenzverstärker in Serie schalten können. Praktisch läßt sich dies aber nicht erreichen, da man meistens schon bei Verwendung von mehr als drei Röhren ungewollte Rückkopplung hat und außerdem Unregelmäßigkeiten in der ersten Röhre, wie z. B. durch stoßweise Emissionen infolge unreiner Heizfäden, sich als starke Geräusche hörbar machen. Man muß also in diesem Falle schon zu den Hochfrequenzverstärkern greifen, die, wie man daraus ersieht, im Endergebnis eine höhere Wirkung geben können, selbst wenn sie an und für sich viel weniger wirkungsvoll als der Niederfrequenzverstärker sind. Denn geht z. B. die Antennenstromstärke auf den 10. Teil herab, so wird ohne Hochfrequenzverstärker der Detektorstrom auf den 100. Teil herabsinken. Verstärkt der Hochfrequenzverstärker selbst nur auf das 3fache, so wird die dem Detektor zugeführte Spannung den 3. Teil von vorher, also der Detektorstrom etwa den 10. Teil besitzen. Es wirkt dann also der Hochfrequenzverstärker so, als ob er um das 10fache verstärkt hätte.

C. Anodengleichrichtung.

Wir wissen, daß die Kennlinie eines Rohres an dem oberen und unteren Ende eine ähnliche Form wie die Charakteristik des Detektors besitzt. Es müßte also möglich sein, auch eine Elektronenröhre als einfachen Detektor zu verwenden, wenn man dafür sorgt, daß in dem genannten Bereich gearbeitet wird. Der obere Knick ist jedoch wenig festliegend, da durch Änderung der Heizspannung sich der Knick außerordentlich verschiebt. Fester steht dagegen der untere Knick, und man könnte eine Röhre ohne weiteres als Gleichrichter verwenden, wenn man mit Hilfe eines Potentials dafür sorgt, daß der Arbeitspunkt in diesem Knick liegt. Man macht dies aber nicht, da einmal die Einstellung mit Hilfe des Hilfspotentials unbequem ist und außerdem die Röhre auf diese Weise nicht wirtschaftlich ausgenutzt wird. Die Gleichung zwischen gleichgerichtetem Strom und Zeichenstärke ist dieselbe wie beim Kristalldetektor.

D. Gittergleichrichtung. Audionschaltung.

Man verwendet heute ausschließlich die Röhre mit der Gittergleichrichtung, und zwar vorzugsweise in der sogenannten Audionschaltung. Der Gitterkreis wird durch einen geeigneten Kondensator abgeriegelt und dieser durch einen großen Widerstand überbrückt. Für die Gleichrichtung ist bei dieser Schaltung nicht der Verlauf des Anodenstromes, sondern der Verlauf des Gitterstromes in Abhängigkeit von der Gitterspannung, also die Gitterkennlinie, maßgebend. Bei dieser Schaltung stellt sich das Audion ohne weiteres von selbst in das wirksame Bereich. Im Gleichgewichtszustand, bevor ein Zeichen eintrifft, muß ja der durch den Gitterwiderstand W fließende Strom J_g auch der Bedingung genügen $J_g = E_g/W$, wenn E_g die Gitterspannung ist. Dort, wo die dieser Gleichung entsprechende Gerade die Gitterkennlinie schneidet (Abb. 1), befindet sich der Punkt des Gleichgewichtszustandes. Wir müssen jetzt nur noch dafür sorgen, daß die Anodenkennlinie so verläuft, daß die Mitte ihres geradlinigen Teiles etwa über diesem Punkte liegt. Dies erreicht man durch richtige Wahl der Anodenspannung. Treffen nun Zeichen auf, dann werden entsprechend der Krümmung der Gitterkennlinie in den positiven Spannungszeiten mehr negative Elektronen auf das Gitter fließen als in den negativen. Dieser Überschuß an negativen Elektronen macht das Gitter negativer, wir bekommen die bekannte Verschiebung der Gitterspannung nach dem Negativen und dementsprechend eine Verschiebung des Anodenstromes, die sich als Gleichrichterwirkung geltend macht. Auch hier wird die die Gleichrichtung bewirkende Krümmung der Gitterkennlinie eine Verzerrung hervorrufen. Es muß aber auf jeden Fall vermieden werden, daß die Anodenkennlinie falsch liegt und der Anodenstrom in die Krümmung dieser Kurve hineingerät, weil dadurch eine weitere Verzerrung eintritt, die außerdem noch die Gleichrichterwirkung der Schaltung verschlechtert.

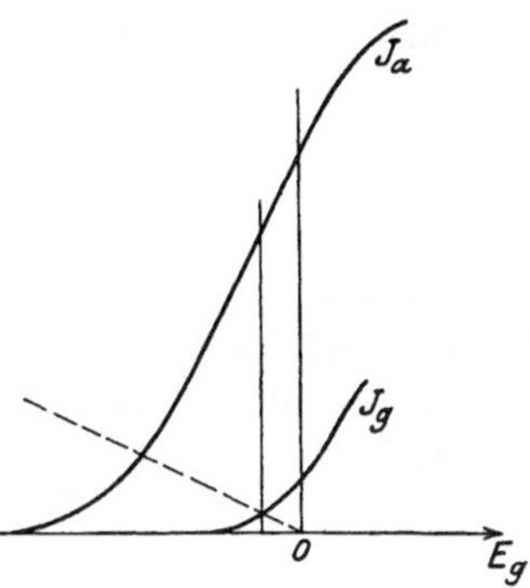

Abb. 1. Gittergleichrichtung.

Der Sperrkondensator im Gitter soll wesentlich größer als die Kapazität Gitter-Kathode gemacht werden, damit er nicht die Wirkung auf das Gitter verringert. Rechnet man mit einer Kapazität zwischen Gitter und Kathode von 30 cm, so wird man die Sperrkapazität nicht wesentlich unter 300 cm machen können. Aber andererseits soll diese Kapazität möglichst klein gemacht werden, damit durch die ankommenden Zeichen die Spannung genügend rasch voll erreicht wird, es kann sonst der Fall eintreten, daß die Musik dumpf klingt. Der Gitterwiderstand soll möglichst groß gemacht werden, weil dadurch ein langsameres Abfließen der negativen Ladung erfolgt und die Audionwirkung vergrößert wird. Andererseits darf er wieder nicht zu groß sein, weil sonst leicht bei größerer Lautstärke das Gitter zu stark negativ wird, so daß das Audion zu sehr im Negativen arbeitet und die Gefahr besteht, daß es vollständig aussetzt. Bei sehr großen Lautstärken tritt dies sogar schon bei normalem Gitterwiderstand ein. Darauf ist ja auch das Versagen vieler Audionempfänger in der Nähe der Sender zurückzuführen. Man soll daher in diesen Fällen durch ganz kleine Antenne und lose Kopplung dafür sorgen, daß das Audion nicht überlastet wird. Ferner werden durch atmosphärische elektrische Erscheinungen nicht nur in den Empfängern Störungen verursacht, sondern es wird besonders bei zu großem Ableitungswiderstand sehr häufig ein vorübergehendes Aussetzen des Audions bewirkt. Es hat auch keinen Zweck, den Widerstand zu groß zu machen, z. B. über 5 $M\Omega$, da dann die Isolationswiderstände (namentlich im Röhrensockel) in dieselbe Größenordnung kommen und den Widerstand überflüssig machen. Wir sehen, daß das richtige Arbeiten mit dem Audion viel weniger einfach ist als beim Detektor.

Die Abhängigkeit des gleichgerichteten Stromes J_{gl} von der ankommenden Zeichenstärke E ist hier durch die Gleichung gegeben .

$$J_{gl} = \frac{E^2}{4}\left(\frac{\frac{d i_a}{d e_g}}{\frac{1}{R} + \frac{d i_g}{d e_g}}\right) \cdot \frac{d^2 i_g}{d e_g^2}\,.$$

Wir haben hier wieder dieselbe Gleichung wie beim Detektor, nur kommt noch der mittlere Ausdruck hinzu. Das letzte Glied drückt die Krümmung der Gitterkennlinie aus.

Für

$$S = \frac{d i_a}{d e_g} = 3{,}3 \cdot 10^{-4}\, A/V\,,$$

$$\frac{d i_g}{d e_g} = 2{,}5 \cdot 10^{-6}\, A/V\,,$$

$$\frac{d^2 i_g}{d e_g^2} = 4 \cdot 10^{-6}\, A/\nu/V\,,$$

$$R = 5 \cdot 10^6$$

erhält man

$$J_{gl} = 100\, E^2 \cdot 10^{-6} A\,.$$

Im Vergleich hierzu bekommt man mit Hilfe der Anodengleichrichtung

$$J_{gl} = \frac{E^2}{4} \cdot \frac{d^2 i_a}{d e_g^2} = 10\, E^2 \cdot 10^{-6} A\,,$$

also 10 mal weniger.

E. Empfangsverstärker.

Bei den Empfangsverstärkern sind, wie wir aus früheren Vorträgen wissen, die wichtigsten Gesichtspunkte, die zu beachten sind, folgende: Die Gitterspannung der Verstärkerröhre soll ganz im Negativen liegen, damit kein Gitterstrom fließen kann. Einmal würde durch den Gitterstrom die Leistung des Verstärkers wesentlich herabgesetzt, denn der Transformator wird durch den Gitterstrom sekundär belastet. Aber außerdem kommt noch hinzu, daß in dem Bereich, in welchem der Gitterstrom nicht linear verläuft, durch sein Auftreten Verzerrungen entstehen müssen. Wir wissen ferner, daß die größte Leistung des Verstärkers erreicht wird, wenn der äußere Widerstand gleich dem inneren Widerstand ist. Der innere Widerstand ist etwa 30 000 Ohm, also muß auch ein äußerer Widerstand von derselben Größe angestrebt werden, jedoch ist es nicht notwendig, dies genau einzuhalten, und es genügt schon ein äußerer Widerstand von 10 000 Ohm, um einen guten Wirkungsgrad zu erhalten. Die gebräuchlichen Telephone mit 2000 Ohm Widerstand und mehr, besitzen einen scheinbaren Widerstand von dieser Größenordnung, so daß man von einem Ausgangstransformator aus diesem Grunde absehen kann. Aber der Transformator hat noch den Vorteil, daß er das Telephon bzw. den Lautsprecher vor dem besonders bei großen Röhren starken Anodengleichstrom schützt, der unter Umständen das Telephon zu stark vormagnetisieren oder entmagnetisieren kann. Zu diesem Zwecke kann man aber auch an Stelle des Transformators eine Eisendrossel (Abb. 2) setzen, zu der das Telephon mit einem Serienkondensator parallel liegt. Den Kondensator nimmt man etwa zu 4 μF, die Induktivität der Drossel muß mindestens 1 Henry betragen, da sonst die tiefen Frequenzen zu schlecht wiedergegeben werden. Primär muß bei Niederfrequenzverstärkern stets ein Transformator verwendet werden, da ja der Widerstand am Gitter sehr groß ist. Man wird deshalb Eingangstransformatoren mit möglichst großer Übersetzung wählen. Über die Transformatoren wird noch später gesprochen werden. Bei Hochfrequenzverstärkern ist die Anpassung nicht durchführbar und auch nicht so wichtig, da ja hier die Kapazität zwischen Gitter und Kathode schon eine große Rolle spielt, so daß der Scheinwiderstand am Gitter viel kleiner wird.

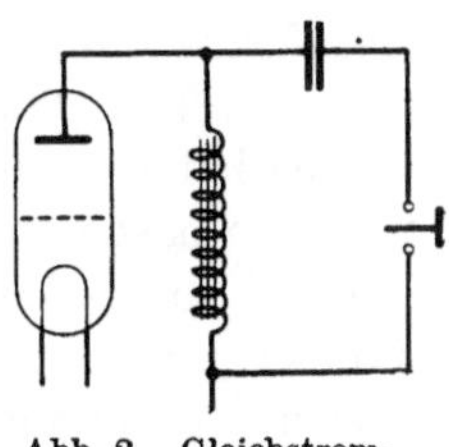

Abb. 2. Gleichstromschutz des Telephons.

In dem Vortrag von Prof. Barkhausen wurde gezeigt, daß die wichtigsten Größen beim Verstärker der innere Widerstand, die Steilheit der Anodenkennlinie und der Durchgriff der Röhre sind, und daß sie durch die grundlegende Gleichung

$$R_i S \cdot D = 1$$

zusammenhängen. Der lineare Verstärkungsgrad ist gegeben durch die Formel

$$\sqrt{\frac{N_a}{N_g}} = \frac{1}{D}\sqrt{\frac{\mathfrak{R}_a \mathfrak{R}_g}{(R_i + \mathfrak{R}_a)^2}},$$

für $\mathfrak{R}_a = R_i$ wird

$$\sqrt{\frac{N_a}{N_g}} = \frac{1}{2}\sqrt{\frac{S}{D}\mathfrak{R}_g}.$$

Daraus ergibt sich die Verstärkung bei einer Welle von 600 m unter sehr günstigen Verhältnissen zu 2,5, bei Niederfrequenz ebenfalls unter sehr günstigen Verhältnissen zu 25 für eine Röhre.

F. Transformatoren.

Die Transformatoren sollen nicht zu klein gebaut werden, damit auch bei starker Lautstärkeänderung im geraden Teil der Magnetisierungscharakteristik gearbeitet wird. Es ist darauf zu achten, daß der Anodengleichstrom, der durch den Transformator fließt, nicht etwa durch Vormagnetisierung den Arbeitsbereich des Transformators in den Knick der Kurve verschiebt. Dies ist besonders wichtig bei größeren Röhren, wie man sie heute oft für Lautsprecher verwendet. Man kann sich hier am besten helfen durch genügende Größe des Transformators. Ferner soll man nur eisengeschlossene Typen verwenden, um Rückkopplungen zu vermeiden. Aus diesem Grunde ist auch noch die Einkapselung zu empfehlen. Sehr wichtig ist, den Bau von Transformatoren anzustreben, die innerhalb 50 bis 10000 Perioden keinen Frequenzbereich bevorzugen, da sonst Sprache und Musik nicht einwandfrei wiedergegeben wird. Unsinnig ist es, die für Telegraphieempfang gebauten Verstärkertransformatoren zu verwenden. Denn bei Telegraphieempfang bevorzugt man den Ton 1000 und baut die Transformatoren hierfür mit einer Resonanz bei etwa 1000 Hertz, wodurch natürlich die Verstärkerwirkung für diese besondere Frequenz stark erhöht wird. Bei Telephonieempfang müssen aber solche Transformatoren stark verzerren. Hat man keine Transformatoren, die im ganzen Frequenzbereich ohne Resonanz arbeiten, so hilft man sich oft dadurch, daß man sie durch einen Parallelwiderstand dämpft. Dadurch wird wohl die Resonanz unterdrückt, aber natürlich der Wirkungsgrad des Verstärkers herabgesetzt. Der Bau von verzerrungsfreien, genügend großen Verstärkertransformatoren ist daher dringend zu empfehlen. Die Engländer und Amerikaner, die im Rundfunk in manchen Dingen voran sind, haben dies schon vor etwa 2 Jahren erkannt. Es werden heute auch bei uns von mehreren Firmen solche guten Transformatoren gebaut, man sollte aber dem Beispiel des Auslandes folgen und solchen Typen die Frequenzkurve beigeben, damit der Käufer weiß, woran er ist. Als Eingangstransformatoren nimmt man solche, die primär etwa 2000 bis 3000 und sekundär 30 000 bis 70 000 Windungen haben. Das Übersetzungsverhältnis ist etwa 15 bis 20. Der Widerstand ist primär etwa 500, sekundär 15 000 bis 40 000 Ohm. Bei Zwischentransformatoren nimmt man meistens ein kleineres Übersetzungsverhältnis von 2 bis 4; die primäre Windungszahl ist 15 000 bis 20 000, die sekundäre 30 000 bis 60 000. Bei den Ausgangstransformatoren wird herabtransformiert. Man nimmt etwa 15 000 bis 20 000 Windungen primär und 4000 bis 6000 Windungen sekundär. Sehr zu empfehlen ist, sowohl primär als auch sekundär einen Mittelabgriff vorzusehen, um die sich immer mehr einbürgernde Gegentaktschaltung (siehe später) möglich zu machen.

Damit der Transformator die tiefen Frequenzen gut überträgt, soll er eine möglichst hohe Induktivität (d. h. hohe Windungszahl) haben. Die Grenze der Übertragungsfähigkeit nach oben wird hauptsächlich durch die Streuung bestimmt, die möglichst klein sein soll.

Damit in dem zu übertragenden Frequenzbereich keine Resonanzstellen auftreten, die Verzerrung hervorrufen würden, soll die Eigenkapazität der Wicklungen möglichst klein sein. Diesen Forderungen läßt sich am besten durch eine geeignete Anordnung und Verteilung der Wicklungen entsprechen.

G. Widerstandsverstärker.

Um Verzerrungen durch schlechte Transformatoren zu vermeiden, wird der Niederfrequenzverstärker häufig auch als Widerstandsverstärker (Abb. 3) ausgeführt. Da man hier aber auf die Spannungstransformation verzichtet, also dem Gitter der folgenden Röhre nur eine verhältnismäßig kleine Spannung zugeführt werden kann, ist der Verstärkungsgrad dieser Verstärker kleiner als die der Transformatorenverstärker. Die Formel für den verstärkten Anodenstrom in Abhängigkeit von der Gitterspannung der vorhergehenden Röhre und dem Anodenwiderstand errechnet sich folgendermaßen:

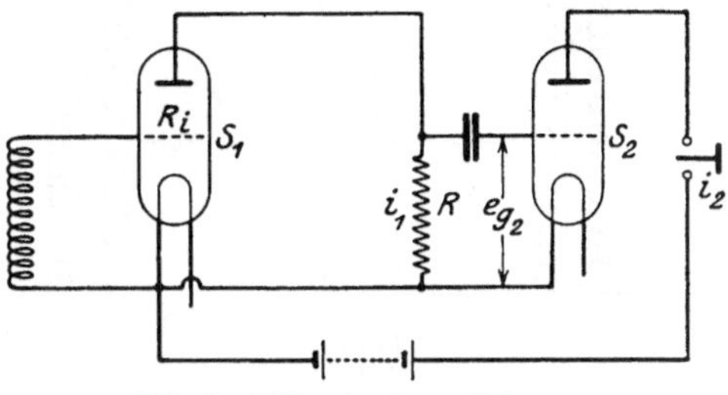

Abb. 3. Widerstandsverstärker.

$$d e_{g_2} = R\, d i_1 = R S_1 d e_{g_1}, \quad S = \frac{1}{D_1} \frac{1}{R + R_i},$$

also
$$d e_{g_2} = d e_{g_1} \frac{1}{D_1} \frac{R}{R + R_i}$$

ferner ist
$$d i_2 = S_2 d e_{g_2},$$

sonach
$$d i_2 = S_2 d e_{g_1} \frac{1}{D_1} \frac{R}{R + R_i}.$$

Man sieht daraus, daß der Durchgriff der auf den Widerstand arbeitenden Röhre möglichst klein sein soll. Aber kleiner Durchgriff verlangt andererseits wieder große Anodenbatterie, um im Negativen der Kennlinie zu arbeiten. Außerdem wird durch kleinen Durchgriff der Widerstand R_i groß, so daß dementsprechend wieder R größer gemacht werden muß. Man nimmt R am besten etwa $4\,R_i$. Bei größerem R gewinnt man nicht mehr viel, muß aber die Anodenbatterie entsprechend größer nehmen. Man nimmt also etwa $R = 150\,000$ Ohm. Die größere Anodenbatterie und der kleinere Verstärkungsgrad sind die Nachteile des Widerstandsverstärkers.

Widerstandsverstärker werden sehr häufig auch als Hochfrequenzverstärker ausgeführt, da man ja bei diesen ohnehin auf die Transformatoren verzichten muß.

H. Gegentaktschaltung.

In letzter Zeit führt sich immer mehr die Gegentaktschaltung (push-pull, Abb. 4) für Niederfrequenzverstärker ein. Die Schaltung hat den Vorteil, daß an den beiden in Gegentakt arbeitenden Röhren nur die halbe Gitterspannung wirkt, so daß auch in jeder Röhre nur der halbe Anodenstrom fließt. Will man z. B. einen Lautsprecher für größere Lautstärke benutzen, so muß man schon Röhren von 15 bis 20 mA Sättigungsstrom nehmen, z. B. ein Rohr RE 97. In der Gegentaktschaltung kann man aber mit kleineren Röhren von etwa 8 bis 10 mA auskommen. Man nimmt z. B. 2 Stück RE 89. Diese Schaltung hat außerdem noch den großen Vorteil, daß der Anodengleichstrom im Transformator angenähert Null ist, so daß keine schädliche Vormagnetisierung entsteht.

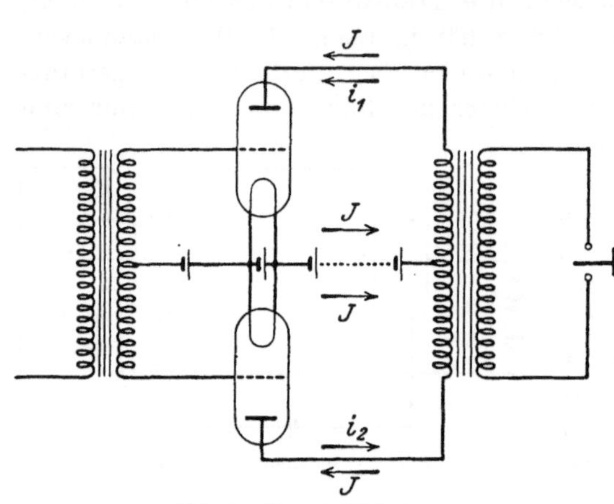

Abb. 4. Gegentaktschaltung.

J. Rückkopplung. Schwingaudion.

Gewöhnlich wird die Rückkopplung in der bekannten induktiven Weise ausgeführt. (Abb. 5). Leithäuser hat die kapazitive Rückkopplung eingeführt, die noch durch besondere Anordnung verfeinert werden kann. Schaltet man nach Abb. 6, so wird vollständige Entkopplung erreicht, wenn beide Selbstinduktionshälften gleich groß sind und man den Kondensator C gleich der Röhrenkapazität zwischen Gitter und Anode macht (Brückenschaltung). Durch Änderung der Größen kann man eine sehr feine Rückkopplungseinstellung erhalten, auf die es ja beim rückgekoppelten Empfang sehr ankommt.

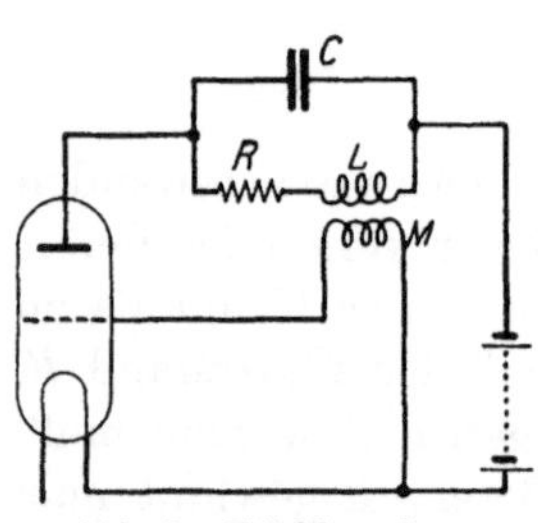

Abb. 5. Rückkopplung.

Die Rückkopplung wirkt auf den Schwingungskreis so, als ob seine Dämpfung verringert wird.

In der Schwingung $i = J e^{bt} \sin \omega t$ wird der Dämpfungsexponent bei einer Rückkopplung nach Abb. 5

$$b = -\frac{CR + \frac{d i_a}{d e_a} L - \frac{d i_a}{d i_g} M}{2\,C\,L} = -\left(\frac{R}{2\,L} - \frac{\frac{d i_a}{d e_g} M - \frac{d i_a}{d e_a} L}{2\,CL}\right).$$

Ein Kreis von der Bemessung des obigen Schwingungskreises hätte die Dämpfung $R/2L$. Durch die angenommene Verbindung mit der Röhre verringert sich seine Dämpfung um das zweite Glied. Darin ist di_a/de_g bei größeren Verstärkerröhren etwa $0{,}3 \cdot 10^{-3}$ und di_a/de_a etwa $0{,}3 \cdot 10^{-4}$. Man übersieht sonach den Einfluß der Rückkopplung M.

Durch die Verminderung der Dämpfung steigt der Strom in dem Schwingungskreis stark an, die Lautstärke in einem so geschalteten Empfänger steigt bei kleiner Anfangslautstärke bis auf das 50fache und noch weiter. In der Nähe des Senders, also bei großen Anfangslautstärken bringt die Rückkopplung sehr wenig, etwa das 2fache und darunter. Dies ist leicht aus der Theorie der Rückkopplung zu ersehen (Abb. 7). Zeichnet man die Schwingkennlinie, so gibt bei reiner

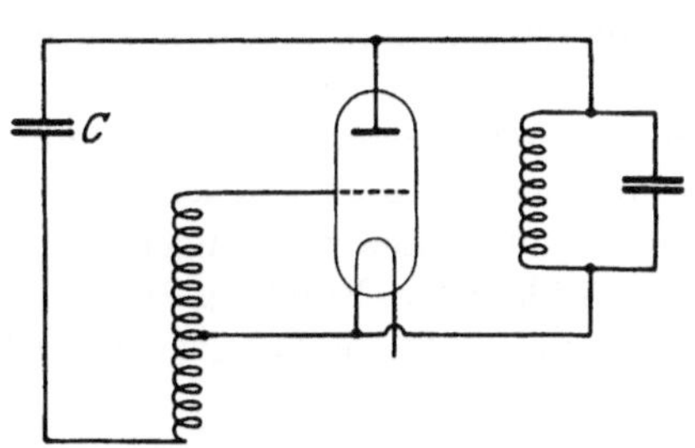

Abb. 6. Entkopplung.

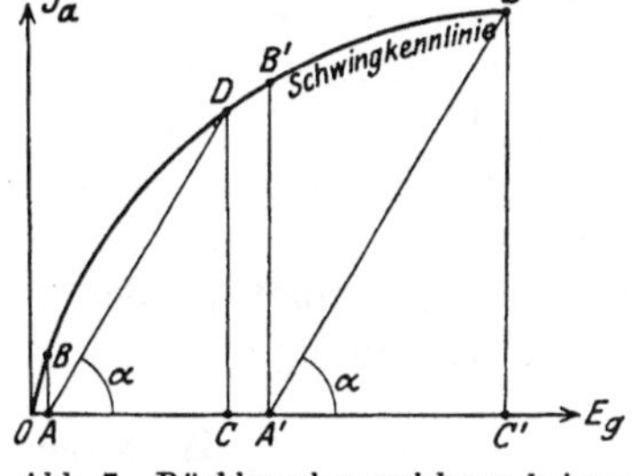

Abb. 7. Rückkopplungswirkung bei verschiedenen Lautstärken.

Selbsterregung der Schnittpunkt der durch den Nullpunkt gezogenen Geraden $J_a = E_g \frac{CR}{M}$ mit der Kennlinie den Gleichgewichtszustand der durch die Rückkopplung erzeugten Schwingung. Bei Fremderregung allein gibt die Vertikale durch diese Fremd-E_g, z. B. durch OA bei kleiner, oder OA' bei großer Erregung die Größe von J_a durch AB bzw. $A'B'$. Bei einem rückgekoppelten Empfänger addiert sich beides, und man bekommt die Größe von J_a durch CD bzw. $C'D'$. Man sieht, daß bei kleiner Fremderregung die Rückkopplung eine Verstärkung von AB bis CD, bei großer Anfangslautstärke nur eine Verstärkung von $A'B'$ auf $C'D'$ bringt.

Trotz der hervorragenden Verstärkereigenschaft der Rückkopplung soll sie doch mit Vorsicht angewandt werden. Besonders wirkungsvoll ist sie nur in der Antenne, da deren Dämpfung weitaus die größte von allen Empfangskreisen ist. Aber hier ist die Gefahr des Störens fremder Empfänger außerordentlich groß. Man hat daher in manchen Schaltungen auf ihre große Wirkung verzichtet und hat eine Vorröhre zwischen den Rückkopplungskreis und die Antenne gelegt. Da das Abschirmen der Antenne von den Rückkopplungsschwingungen sehr schwer ist, gelingt es aber kaum, die störende Fremdwirkung der Rückkopplung durch eine solche Röhre genügend zu unterdrücken. Bei modernen Neutrodynempfängern wendet man oft in der Audionröhre für das leichtere Suchen eine Rückkopplung an. Da hier die Hochfrequenzröhren gegeneinander entkoppelt werden, kann man durch richtige Ausführung die Rückkopplung nach außen unschädlich machen. Wird bei einer Empfangsanordnung die Rückkopplung in einer der ersten Röhren angebracht, so soll man immer darauf bedacht sein, daß durch sie die Amplituden der Anodenströme nicht zu groß werden und über den Knick der Kennlinie hinausgehen, da sonst starke Verzerrungen eintreten. Ferner soll man die Rückkopplung nicht bis zu besonders großer Dämpfungsreduktion treiben, weil man zu scharfe Resonanzkurven erhält und der Empfänger besonders bei längeren Wellen nicht mehr das ganze Frequenzband der Telephonie gleichmäßig aufnehmen kann. Andererseits hat eine große Dämpfungsreduktion natürlich den Vorteil einer großen Abstimmschärfe.

Bei billigen Empfängern, die weit reichen sollen, wird man eine starke Rückkopplung schwer entbehren können. Man soll aber dann auch wissen, daß mit Verzerrungen der Musik aus den angeführten Gründen gerechnet werden muß. Bei erstklassigen Empfängern sollte die Rückkopplung nur verwendet werden, um das Suchen zu erleichtern.

K. Superheterodynschaltung.

Die Verwendung von Hochfrequenzverstärkern wird um so schwieriger, je kleiner die Welle ist, wie wir aus der Formel für den Verstärkungsgrad gesehen haben, aber die Leistungsfähigkeit wird ebenso dadurch herabgedrückt, daß es nicht ohne weiteres gelingt, Transformatoren oder Drosseln von genügend hohem Widerstand für den Anodenkreis zu erhalten, bzw. daß es nicht gelingt, mit diesen genügend hohe Gitterspannungen für die folgende Röhre zu schaffen. Drosselspulen und besonders Transformatoren haben eine große Eigenkapazität, die eine Verringerung des Widerstandes hervorruft. Man verwendet deshalb in den Anodenkreisen und Gitterkreisen Sperrkreise, die aber nur dann wirken, wenn sie einigermaßen auf die Empfangswelle abgestimmt sind, wodurch die Bedienung erschwert wird. Die heutigen Hochfrequenzverstärker arbeiten daher nur auf Wellen über 2000 m gut. Man hat deshalb bei Rundfunkempfängern eine Zwischenfrequenz eingeführt, die mit der ankommenden eine Schwebung von etwa 100 000 Hertz, also eine Welle von 3000 m gibt. Diese Welle, auf der der Hochfrequenzverstärker vorzüglich arbeitet, wird abgestimmt und über einen solchen Verstärker dem Audion zugeführt. Durch diese Schaltanordnung wird auch noch die Abstimmschärfe sehr groß. Denn ist die Empfangswelle $\lambda = 300$ m (Frequenz $= 1\,000\,000$ Hertz) und wird so überlagert (mit der Frequenz 900 000 Hertz), daß man eine Zwischenfrequenz 100 000 Hertz, Welle 3000 m erhält, so würde eine Störwelle von 303 m (Frequenz = 990 000 Hertz), also von nur 1% Unterschied, in der Zwischenfrequenz schon einen Unterschied von 10% geben.

Die starke Verstärkerwirkung des Hochfrequenzverstärkers und die große Selektivität sind sehr große Vorteile dieser Schaltung. Leider haben viele Ausführungen nach dieser Schaltung große Nachteile. Einmal kann die Überlagerungswelle, die in das Bereich der Rundfunkwellen fällt, ausgestrahlt werden und den Nachbarempfang stören. Ferner wird der eigene Rundfunkempfang mit solchen Empfängern sehr häufig außerordentlich stark durch Telegraphiegroßstationen gestört, die auf den Wellen über 2000 m außerordentlich eng aneinander eingesetzt sind. Die Bedienung solcher Apparate ist sehr oft für Laien schwierig, so daß man nur ganz hervorragend gut ausgeführte Geräte mit einfacher Bedienung für eine allgemeine Einführung empfehlen kann.

L. Reflexschaltung.

Wir wissen, daß man diese Schaltung erhält, wenn man die Niederfrequenz hinter dem Audion oder Detektor vor das Hochfrequenzrohr rückkoppelt, um dieses Rohr auch als Niederfrequenzverstärker zu verwenden. Wesentlich ist, daß diese Rückkopplung zu keiner Schwingungserzeugung führen darf. Aber die Gefahr von Schwingungserzeugung, die bei einer niederfrequenten Rückkopplung immer besteht, ist sehr bedenklich. Es entsteht sehr leicht das häßliche Heulen. Ferner ist besonders darauf zu achten, daß die Gitterspannung immer im geradlinigen Teil der Kennlinie bleibt. Das Gegenteil tritt sehr leicht ein, da sich die Hochfrequenz- und Niederfrequenzwellen in der Röhre addieren. Daher soll man starke Heizung (langer geradliniger Teil der Kennlinie), hohe Anodenspannung und hohe negative Gitterspannung nehmen. Die Ersparnis an Röhren ist durch diese Unsicherheiten im Betrieb und die damit verbundenen Verzerrungen der Musik viel zu teuer erkauft. Diese Schaltung ist daher zur allgemeinen Einführung nicht zu empfehlen.

M. Neutrodynschaltung.

Für den Empfang auf große Entfernungen ist die Neutrodynschaltung (Abb. 8) sehr geeignet. In der Schaltung werden mehrere Hochfrequenzröhren, ein Audion und mehrere Niederfrequenzröhren verwendet. Die Hochfrequenzröhren und das Audion werden gegenseitig entkoppelt, so daß ungewollte Selbsterregungen nicht auftreten können. Im Anoden- oder im Gitterkreis der Audion- und Hochfrequenzröhren verwendet man abgestimmte Kreise, um eine genügend große Verstärkung zu erhalten. Die Abstimmung aller dieser

Kreise erfolgt zweckmäßig durch einen gemeinsamen Knopf. Es ist aber notwendig, jedem dieser Kreise eine getrennt zu bedienende Feineinstellung zu geben. Die durch kleine Kapazitäten von 10 bis 20 cm erzielte Entkopplung kann bei einem kleinen Wellenumfang des Empfängers konstant eingestellt bleiben. Bei Übergang von kleinen auf große Wellen muß diese Entkopplung nachgestellt werden, jedoch ist die Einstellung nicht fein, so daß sie durch entsprechende Marken jederzeit zu finden ist. In die Audionröhre wird man zweckmäßig eine Rückkopplung legen, um das Suchen zu erleichtern, jedoch soll man bei Empfang zum mindesten mit der Rückkopplung sehr stark zurückgehen, wenn man sie nicht ganz ausschaltet. Störungen durch eine zu starke

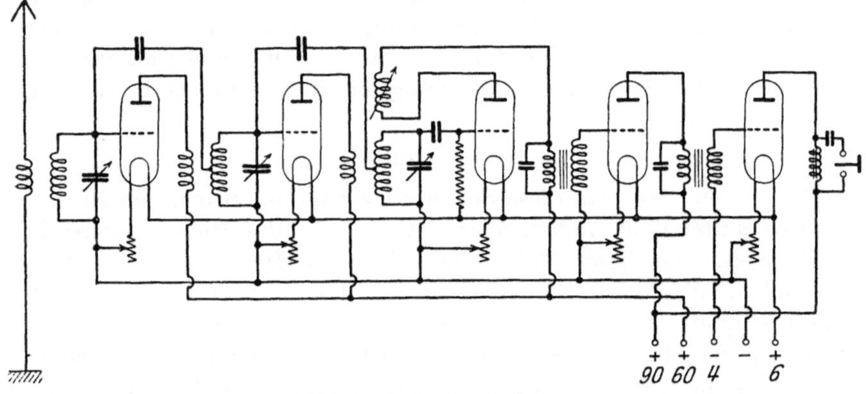

Abb. 8. Neutrodynschaltung.

Rückkopplung nach außen sind hier nicht zu befürchten, da eine Übertragung über die vorderen Röhren zur Antenne wegen der Entkopplung kaum zu befürchten ist, wenn unmittelbare Kopplungen von dem rückgekoppelten Kreis zur Antenne beim Bau des Empfängers vermieden werden. Als Hochfrequenzröhren, von denen man gewöhnlich 2, höchstens 3 in Serie schaltet, nimmt man kleine Röhren, mit einem Sättigungsstrom von etwa 3 bis 4 mA. Als Anodenspannung genügen 60 Volt, um die Kennlinie genügend weit ins Negative zu verlegen. Die erforderliche negative Gitterspannung erreicht man durch einen Widerstand im Heizstromkreis. Als Audion nimmt man zweckmäßig schon eine größere Röhre mit einem Sättigungsstrom von 8 bis 10 mA, ebenso für die 1. Niederfrequenzröhre. Die Zahl der Niederfrequenzröhren ist gewöhnlich 2, höchstens 3. Das letzte Niederfrequenzrohr, welches auf den Lautsprecher arbeitet, soll ein größeres Rohr mit einem Sättigungsstrom von etwa 20 mA sein. Als Anodenspannung nimmt man hier 90 Volt. Außerdem ist hier zweckmäßig eine besondere negative Gitterspannung von 4 Volt anzuwenden. Wir müssen bei den großen Amplituden in der letzten Röhre auf jedem Fall dafür sorgen, daß diese ganz im Negativen vor dem Einsetzen des Gitterstromes verlaufen und daß sie nicht über den geraden Teil der Kennlinie der Röhre hinausgehen. Die Verwendung von mehr als 3 Hochfrequenzröhren macht die Entkopplung schwieriger, und sie ist schon sehr von der Welle abhängig, wodurch die Einstellung erschwert wird. Man darf daher nicht über 3 Hochfrequenzrohre hinausgehen. Ebenso wird man nicht mehr als 3 Niederfrequenzrohre verwenden, da hier sonst auch die Gefahr der Selbsterregung zu groß wird. In dem Hochfrequenztransformator zwischen dem Hochfrequenzrohr einerseits und dem Audion andererseits nimmt man 50 zu 150 Windungen. Die Niederfrequenztransformatoren haben die schon besprochenen Werte. Man nimmt zweckmäßig den Ausgangstransformator des Audions mit einem Übersetzungsverhältnis von 1 : 6, den 2. Transformator mit einem von 1 : 2.

N. Typenbeschränkung.

Im Interesse einer hervorragenden Ausbildung der Empfangsgeräte und vor allem, um sie so billig wie möglich herstellen zu können, also das Absatzgebiet zu vergrößern, ist es unbedingt erforderlich, die Zahl der Typen soweit als möglich zu beschränken. Das Verlangen nach ganz besonderen Schaltungen, die dann in den meisten Fällen außerordentlich enttäuschen, dürfte ja wohl gerade aus diesem Grunde ziemlich nachgelassen haben. Wir müssen Geräte auf den Markt bringen, die einfach bedienbar sind, den berechtigten Anforderungen genügen und vor allem das halten, was mit ihnen versprochen wird. Für die große Zahl von Detektorempfängern muß man bestrebt sein, gute Detektoren zu konstruieren. Der Detektorempfänger selbst wird zweckmäßig als induktiver Primärempfänger gebaut. Da auch die Rundfunkteilnehmer mit einfachen Detektorempfängern immer mehr und mehr bestrebt sind, sich einen Lautsprecher zu beschaffen, dürfte es eine dankbare Aufgabe sein, einen guten Zweirohrniederfrequenzverstärker und zwar mit hervorragenden Transformatoren zu bauen. Nimmt man 3 Verstärkerröhren, so ist unbedingt zu empfehlen, die dritte Röhre in irgendeiner Weise abschaltbar zu machen, um nach Wunsch mit einer kleineren Verstärkung arbeiten zu können. Das Ändern der Lautstärke durch Verringern der Heizstromstärke birgt die Gefahr in sich, daß die Charakteristik verkürzt wird, so daß mit Verzerrungen gerechnet werden muß.

Als billigen Empfänger für große Reichweiten wird man den Rückkopplungsempfänger nicht umgehen können. Man verwendet zweckmäßig ein Audionrohr mit Rückkopplung und einen Zweirohrniederfrequenzverstärker, jedoch soll man bei diesem Empfänger immer auf die Gefahr, die die Rückkopplung hinsichtlich der Güte der Wiedergabe mit sich bringt, aufmerksam machen. Als einwandfreier Empfänger für den Empfang auf große Reichweiten ist der Neutrodyn- und Superheterodyn-Empfänger zu empfehlen.

Ferner wird sich immer mehr der Bedarf an guten Lautsprecherempfängern für den Ortssender herausbilden. Man soll hierzu ein Audion ohne Rückkopplung mit 2 Verstärkerröhren nehmen, wovon die letzte mindestens 15 bis 20 mA Sättigungsstrom besitzt.

Bei dem Bau von Empfängern sollen zweckmäßigerweise noch folgende Punkte beachtet werden. Um Störungen soweit als möglich vom Empfangsgerät fernzuhalten, verwendet man eine aperiodische Antenne, die lose mit dem ersten Kreis gekoppelt wird. Der Empfänger muß metallisch gekapselt werden, und zwar soll man auch die Anodenbatterie mit einkapseln. Die Röhren soll man möglichst in Serie heizen, um Strom zu sparen. Bei Mehrrohrverstärkung soll man das letzte Rohr abschaltbar machen. Die Verringerung der Lautstärke durch Herabsetzung der Heizung ist, wie schon ausgeführt wurde, der Güte der Wiedergabe nachteilig.

Lehrbuch der drahtlosen Telegraphie. Von Dr.-Ing. **H. Rein.** Nach dem Tode des Verfassers herausgegeben von Geh. Reg.-Rat Prof. Dr. **K. Wirtz,** Darmstadt. Zweite Auflage. In Vorbereitung

---

Radiotelegraphisches Praktikum. Von Dr.-Ing. **H. Rein.** Dritte, umgearbeitete und vermehrte Auflage. Von Geh. Reg.-Rat Prof. Dr. **K. Wirtz,** Darmstadt. Mit 432 Textabbildungen und 7 Tafeln. XVIII, 559 Seiten. 1921. Unveränderter Neudruck. Erscheint im Juli 1927

Drahtlose Telegraphie und Telephonie. Ein Leitfaden für Ingenieure und Studierende von **L. B. Turner.** Ins Deutsche übersetzt von Dipl.-Ing. **W. Glitsch,** Darmstadt. Mit 143 Textabbildungen. IX, 220 Seiten. 1925. Gebunden RM 10.50

Die Vakuum-Röhren und ihre Schaltungen für den Radio-Amateur. Von **J. Scott-Taggart.** Deutsche Bearbeitung von Dr. **Siegmund Loewe** und Dipl.-Ing. Dr. **Eugen Nesper.** Mit 136 Textabbildungen. VIII, 180 Seiten. 1925. Gebunden RM 13.50

Die Grundlagen der Hochvakuumtechnik. Von Dr. **Saul Dushman.** Deutsch von Dr. phil. **R. G. Berthold** und Dipl.-Ing. **E. Reimann.** Mit 110 Abbildungen im Text und 52 Tabellen. XII, 298 Seiten. 1926. Gebunden RM 22.50

Die Grundlagen der Hochfrequenztechnik. Eine Einführung in die Theorie von Dr.-Ing. **Franz Ollendorff,** Charlottenburg. Mit 379 Abbildungen im Text und 3 Tafeln. XVI, 640 Seiten. 1926. Gebunden RM 36.—

Hochfrequenzmeßtechnik. Ihre wissenschaftlichen und praktischen Grundlagen. Von Dr.-Ing. **August Hund,** beratender Ingenieur. Zweite, vermehrte und verbesserte Auflage. Mit etwa 270 Textabbildungen. Erscheint im August 1927

Aussendung und Empfang elektrischer Wellen. Von Prof. Dr.-Ing. und Dr.-Ing. e. h. **Reinhold Rüdenberg.** Mit 46 Textabbildungen. VI, 68 Seiten. 1926. RM 3.90